全面提高女人的魅力指数
成就聪明女人的幸福人生

# 这样做女人更聪明

## ——改变女人一生的智慧真经

杨海珊　主编

西安电子科技大学出版社

**图书在版编目(CIP)数据**

这样做女人更聪明：改变女人一生的智慧真经 ／ 杨海姗主编. —西安：
西安电子科技大学出版社，2015.7
ISBN 978－7－5606－3735－8

Ⅰ.①这…　Ⅱ.①杨…　Ⅲ.①女性－成功心理－通俗读物
Ⅳ.①B848.4－49

**中国版本图书馆 CIP 数据核字(2015)第 119766 号**

**敬启**

　　本书在编写过程中，参阅和使用了一些报刊、著述和图片。由于联系上的困难，我们未能
和部分作品的作者(或译者)取得联系，对此谨致深深的歉意。敬请原作者(或译者)见到本书
后，及时与我们联系相关事宜。联系电话:010－84853028 联系人:松雪

总 策 划　杨建峰
策划编辑　高维岳
责任编辑　阎　彬
出版发行　西安电子科技大学出版社(西安市科技路 41 号)
电　　话　(029)88242885　88201467　　　邮　　编　710071
网　　址　www.xduph.com　　　　　电子邮箱　xdupfxb001@163.com
经　　销　新华书店
印刷单位　北京德富泰印务有限公司
版　　次　2015 年 7 月第 1 版　2015 年 7 月第 1 次印刷
开　　本　889 毫米×1194 毫米　1/16　　　印　　张　27.5
字　　数　700 千字
印　　数　1～5000 册
定　　价　59.00
ISBN 978－7－5606－3735－8
XDUP 402700

如有印装问题可调换

# 前　言

## PREFACE

　　自古以来,人们常常以"头发长见识短""花瓶"之类的词语来形容女人。可是,女人真的只是外表美丽的弱智者吗?其实不然,女人的智慧不像美丽的外表可以一眼即见,而是需要细心地观察,慢慢感悟。现代女性比历史上任何时代的女性更有魅力,她们是更好的妻子、更好的母亲、更好的朋友,而且她们更有知识。我们可以很自豪地说,这是一个崭新的时代,这个时代的女人比过去受到了更好的教育。

　　聪明女人,一生如花。美丽可能随光阴的逝去而逐渐褪色,而聪明却可以长久保存在女人身上。在这个时代里,女人成功的机会比任何时候都多。对绝大多数的女人而言,她们并非缺少实现幸福的愿望,而是她们不懂得怎样去实现。如果女人善于发现和培养自己的能力,并找到适合自己能力的土壤,那么,女人也会获得成功。

　　其实,女人生来就有独特的生存优势,这些并不仅仅是人们传统眼光中的姿色、风情等,而是来自于女性强大的内在潜能和人格魅力。聪明的女人不是要丢掉镜子,而是能够从镜子里走出来,不为世俗偏见所束缚,不盲目描摹他人所谓风度之美。聪明的女人会积极争取实现目标的力量,在紧急的情况下,爆发出惊人的潜力。

　　人生中最大的悲哀莫过于没有发现自己巨大的潜能而虚度一生,而女人一生中最大的遗憾莫过于没有去发现、发挥和利用自己的生存优势,最终与精彩的人生擦肩而过。作为女人,你不必把自己看扁,说自己不如男人,你可以换一种眼光,让自己超越男人。

　　现代社会,竞争越来越激烈,人心也越来越复杂,人们往往将其最真实的一面掩藏起来,在为人处世方面人们也总是表现得真真假假、假假真真,让人难以捉摸其内心的真实想法。这不仅给我们在人际交往方面造成了很大的障碍,还给我们的工作、学习、生活带来许多不必要的麻烦。因为看错人,有些女人甚至付出了整个人生做代价。本书教你怎么做聪明女人,怎样了解别人内心最真实的想法。

　　《这样做女人更聪明:改变女人一生的智慧真经》系统地为女性朋友介绍了如何通过各个方面去了解一个人,以及通过对自我的重新定位去设计自己的成功人生。本书文字通俗易懂,事例详略得当,涉及的知识内容广泛,涵盖了生活的各个方面。《这样做女人更聪明:改变女人一生的智慧真经》蕴藏着巨大的内在力量,可以帮助广大女性实现内心的升华。通过阅读这本书,相信每位女性朋友都可以从中找到提升自己的良方。

# 目录

C O N T E N T S

# 第一篇　聪明女人如何让自己更美丽

## 第一章　聪明女人会装扮自己

## 第二章　聪明女人会保养自己

# 第三章 聪明女人因健康而美丽

# 第四章 多方位展示自己的"美"

# 第二篇　聪明女人如何为人处世

## 第一章　聪明女人处世有方

## 第二章　善用自身魅力进行社交

## 第三章　聪明女人拥有自己的人脉圈

# 第三篇　聪明女人如何玩转职场

## 第一章　聪明女人懂得职场法则

## 第二章　了解职场禁忌,学做聪明女人

# 第四篇　聪明女人有情商

## 第一章　做一个高情商的女人

# 第二章 聪明女人不会被情绪左右

# 第三章 聪明女人永远不抱怨

# 第四章 聪明女人要有好心态

# 第五章　聪明女人应随着年龄而改变

# 第六章　聪明女人懂得主宰命运

# 第五篇　聪明女人要有财商

# 第一章　聪明女人会存钱

## 第二章 聪明女人会理财

## 第三章 聪明女人会消费

# 第六篇 聪明女人如何对待婚恋

## 第一章 聪明女人能够主宰自己的爱情

# 第二章　脱下婚纱变主妇

# 第三章　聪明女人要幸福也要"性"福

# 第四章　做一个有魅力的妻子

# 第五章　跳出婚姻误区

# 第七篇　聪明女人如何教子

## 第一章　善于与孩子沟通

## 第二章　懂得如何爱孩子

# 第三章　懂得如何教育孩子

# 第四章　懂得如何帮助孩子学习

# 第五章　懂得如何让孩子更阳光

# 第六章　懂得如何让孩子更优秀

第一篇

聪明女人如何让自己更美丽

# 第一章　聪明女人会装扮自己

## 妆容：尽显完美的"八字真言"

无论你身处社会的哪个阶层，是不是富有，都应该学一些基本的化妆技巧，这是女人爱自己的一种表现。化妆不仅能改变女人的外貌，还能改变女人的内心，增强女人的信心，让女人更自信、更从容地面对人生。爱美而聪慧的女人都懂得用化妆来弥补容貌的缺憾，色彩、线条、层次，能让女人瞬间光彩起来。其实完美妆容并不复杂，掌握下面的"八字真言"并加以熟练运用，你也可以成为化妆高手。

**正确**

正确是化妆最基本的要求，是化妆一定要把握的基本原则。比如画眉毛，要知道眉毛正确的起始点和高度、角度等，否则即使你画得再用心，也逃脱不了给人不顺眼的感觉。一般来说，眉头的起始位置和内眼角的位置是一致的，"三庭五眼"所说的"五眼"便是在两个眉头之间可以放下一个眼睛的长度，如果眉头超出内眼角，两眼之间距离过短，人会显得压抑、狭隘，相反如果两眉间距离过宽，人会显得呆板、缺乏活力。因此，在初学化妆时，一定要搞清楚各部位化妆的基本要求。

**准确**

准确是在正确基础上的进一步要求，掌握了正确的化妆原则，在具体操作时还要做到准确，落笔要娴熟，准确地把正确的化妆原则体现出来。比如说唇形化得好不好，不能单一地从大小、厚薄等方面来评价，还要学会与自己的脸形、气质及将要出席的场合相配合。要达到准确的化妆效果，需要经过充分的练习。

**精致**

精致其实是化妆过程中比较容易达到的，只需要在化妆过程中多一些细心和耐心，再加上有每时每刻保持形象不松懈的意识，就能使自己的妆容给人以精致的感觉。比如涂口红时一定要注意边沿是否整齐清晰，粉底是否薄厚均匀，有无浮粉现象，眉毛修得是否整齐，有无杂乱现象，等等。要做到精致，需要的只是你的反复练习和坚持不懈。

**和谐**

和谐是化妆的最高境界，和谐的妆容能自然而得体地表现出你的个性和品位。和谐包含三个层面,一是妆面的和谐,表现在各个部位的化妆上,风格、色彩都要统一,比如眉形如果是柔美型的,那么唇形也要画成柔美型的,如果眼影是暖色调的,那么口红也要相应地涂成暖色调的,这样才能在整体上达到一种和谐的效果。和谐的第二个层面是妆面与整体形象的搭配。面部妆容要与你的发型、服饰、饰物等相搭配。和谐的第三个层面是妆容与外环境的和谐搭配。比如你要表达的气质、情感,你将要出席的场合,你从事的职业等等。

化妆不仅仅是一种美化外表的手段,而且也是情感的表达,它可以体现出女人的生活态度。妆容精致的女人能够传达出她热爱生活、尊重别人、在乎自己以及生活态度积极这样的信息,这样的女人往往具有吸引人的魅力。

**智慧寄语**

化妆不仅能改变女人的外貌,还能改变女人的内心,增强女人的信心,让女人更自信、更从容地面对人生。爱美而聪慧的女人都懂得用化妆来弥补容貌的缺憾,色彩、线条、层次,能让女人瞬间光彩起来。

# 色彩:好衣服,色彩最重要

我们都知道服装有三个最基本的要素:款式、面料和色彩。每个要素都可以影响服装语言的表达。但在这三个要素中,色彩往往处于最突出的位置。不知道生活中大家是否注意过,当见到一个女人的衣着让你为之一动、过目不忘时,一定是色彩最先吸引和打动了你,而且这种吸引往往不是某一种色彩,而是很好的色彩组合和搭配,带给你强烈的视觉冲击和审美愉悦感。因此要使自己的衣服穿得有品位、有气质,首先要考虑服装的色彩,一是服装本身所有的,即面料本身的色彩是怎样的;二是看这种色彩与自身是否搭配。

### 暖色型女人

一些传统的色彩并不适合你,它们会把你的那种自然色彩遮掩住。应该选择大红而不是紫红色的服装。如果你的肤色较白,那么选择白色的服装会使你看上去特别漂亮。如果你想突出身上的其他部分,那就不要穿黑色的裙子。赤褐色或黄棕色的口红与你所有的服饰都相配。

### 冷色型女人

这种色型的女人不宜穿棕色、米色、土黄色和奶油色服装。穿和蓝色相近的服装将会使你的冷色彩看起来协调,而用紫红色、淡黄色和玫瑰红来衬托白色服装,将有损于你形象的严肃性。

### 明亮型女人

这种色型的女人宜穿戴深浅颜色相同的或色彩单一的服装,如以天蓝色为基色与其他相对较灰暗的颜色匹配。

较柔和的颜色对于其他人来说可能较合适,能产生一种温馨的感觉,但对于你却是最不雅致的。

### 深色型女人

深色型女人应配中性或深色的服装,并用鲜艳的色彩来点缀,像黑色配橄榄绿,天蓝配艳黄色,青绿色配黑色等。但不能穿淡色的服装,那样会与你的肤色产生极大的反差,严重影响色彩的协调感,给人一种不健康的印象。

### 淡色型女人

淡色型女人显得精神。对于这种色型的女人，绿色是最佳颜色，适合穿中性颜色的服饰，应避免穿黑色。

如果一定要穿诸如海蓝色之类的深色的服装，那就一定要选择与柔和一些的淡色相配。

如果你天生就喜欢色彩艳丽的服装，那就一定不要太招摇了。

### 柔和型女人

这种色型的女人往往给人一种文静温柔的印象，由于性格上的因素，很多颜色的服装都适合你。

鲜艳的服装能使你看上去别有动人之处，但并不意味着你就局限于其中。

颜色强烈一些或与浅色相搭配的服装比较适合你。如果周围的人都穿单一色调的服装，那也只有特别深或特别浅的颜色才会使你看上去漂亮些。

**智慧寄语**

要使自己的衣服穿得有品位、有气质，首先要考虑服装的色彩，一是服装本身所有的，即面料本身的色彩是怎样的；二是看这种色彩与自身是否搭配。

# 搭配：巧妙穿衣，变出花样美女

要全面评价一个人的品位与涵养，外表虽然只是一个很小的方面，但往往是最直接的。女人的妆容、发型、服装乃至一只手表、一对耳环都直接折射出你对生活的要求和时尚的品位。它们就像一面忠实的镜子，将你的情趣、修养以及格调清清楚楚地映照出来。穿衣也是这个道理。真正优雅的女人，穿的衣服不刻意彰显颜色款式，不夸张，却可以让人细细品味。女人要懂得如何把衣服穿得舒服、熨帖、得体，懂得如何穿出自己的气质品位！

### 充分考虑自己的身高和体形

#### 1. 体形娇小

体形娇小的女性，可选择简洁流畅风格的服装，使身材显得修长。

宜选用素色衣料，即使选用花布，也应以素雅小花为宜。

全套服装包括鞋袜，宜全部同色或选择相近色，统一的颜色可增加视觉上的高度。

宜选择 V 字领、方领等显露脖颈的领型，避免高领或太累赘的领型。

宜穿长 T 恤式的衫裙，衫裙狭长不卡腰，裙摆上不要有印花图案，可使身材见长。

造型简洁、狭长贴身的西裤可使腿部显长。

颜色偏深的丝袜与高跟鞋会使双腿显得修长动人。

在款式上，宜穿白色高跟鞋，选用与服装颜色对比强烈的面料做衣领，以能起到修长身材的作用；大裤筒的喇叭裤、衣肩过宽的上装都不合适；不宜穿长裙或低腰类的裙、裤和笨重的鞋子，以免降低人们的视线，暴露出身材上的缺点。

#### 2. 身材矮且丰满

身材不高而丰满的女性，可利用衣着来创造高度。

单一色可使身材有变高的感觉，选择同色的鞋袜效果更佳；直条、单襟都有增高的作用。

宜选择纯色的面料,不宜选用闪光发亮的鲜亮衣料或大型图案的花色布和格子面料。

应尽量选择式样简单的服装,避免一切横向扩展的线条,衣领可选择V字形的,能使短颈显得稍长。

可选择直身的上衫,可使你的身材产生增高的效果。

穿瘦长、紧身的裤子,如牛仔裤,也能使矮腿增长。

不宜穿下摆有印花的裙子。

避免质料硬的衣服,应选择柔软贴身的面料,它能使你的身材看起来显得修长。

### 领型与自己的脸形应协调

**1. 椭圆脸形**

可选择所有式样的衣领。

**2. 长脸形**

不宜穿V字形领口或开得很低的领口,应选择水平领样,如一字领、方领、高领等,在视觉上有缩短脸部的作用。

**3. 圆脸形**

不宜选择大圆领、前阔后狭的领样,而应选择V字形领和方形开关领或尖形领样,能使脸形显长。

**4. 方脸形**

不宜选择方形或横形领样,而应选择细长的尖领、小圆领或双翻领等,以增加柔和感。

**5. 三角脸形**

可选择V字形领或大敞领,以减少下领的宽大感,增加上额的宽度感。

**6. 尖脸形**

宜选择能多遮盖住颈部的领样,以大翻领为最佳,还可选择秀气的小圆领或缀上漂亮花边的小翻领等,以使脸部看起来较为丰腴。

智慧寄语 _____

真正优雅的女人,穿的衣服不刻意彰显颜色款式,不夸张,却可以让人细细品味。女人要懂得如何把衣服穿得舒服、熨帖、得体,懂得如何穿出自己的气质品位!

# 发型:亮出你的形象标识

自古以来,头发都被当作女性的标志,也是决定女性美的一个重要因素。美丽的头发会使平凡的人显得更美。头发带给女人的不仅仅是美丽,更是一种生命的象征。一种适合的发型,不仅能弥补一些脸形上的缺憾,还能突出你独有的气质和风采,亮出只属于你的形象标识。

### 根据脸形定发型

不适合脸形的发型,即使发型再美,也不好看。因此,脸形与发型的配合是很重要的。一个别出心裁的女性,会根据自己的脸形选择出最适合自己的发型,而不会对流行发式盲目追从。

**1. 圆形脸**

由于圆形脸的人通常会显得小孩子气,所以发型不妨设计得老气一点,头发要分到两边而且要有一些波浪,脸看起来才不会太圆;也可将头发侧分,较短的一边可向内略遮一颊,较长的一边可自额顶做外翘的波浪,这样可使脸显得更长。此外,应注意不要留刘海儿,否则会使脸看起来更圆。

### 2. 长形脸

长形脸的人适合留较长的发式,前穗头发遮住前额,前顶部头发不宜高梳,应向两旁分散,以从视觉上增加头部的宽度,缩短其长度,充分表现出丰满的面部轮廓。发式为长发童花式较美,也可采用7:3或更偏分的头路,这样可使脸看起来较宽。

### 3. 方形脸

方形脸的人适合留中分头路的短发,前穗略短不宜多,顶部要高而蓬松,两侧适合帖服向后梳。或者两侧及后面可做波纹,左右两颊垂发应成波状。要尽量体现出丰盈的发波,把方形脸的四个棱角遮住。

### 4. 椭圆形脸

椭圆形脸的人,其发式宜采用中分头路,左右均衡椭圆形脸,可将脸部两边的头发梳蓬,能使脸看起来宽一点儿。

### 5. 三角形脸

三角形脸的人,其发型最好将头发向上后梳成宽型,而在颈后留一点儿头发,使下巴看起来不会太宽。也可按7:3的比例来偏分,使额部看起来显得宽阔。发型以波浪式或用发卷增加上方的力量为宜。

### 6. 倒三角形脸

由于脸颊至下巴的线条是倾斜的,因而必须注意头发的长度,假如头发的长度仅蓄留至耳朵的旁边,则更强调了脸颊的倾斜感,头发应以4:6偏分法来使额部显得小一点儿。发型要做成大量的发卷显得蓬松,并遮掩部分前额。轮廓要丰满,前额要显得自然大方。

## 体形也是选择发型的重要参考

发型与体形有着密切的关系,发型处理得好,对体形能起到扬长避短的作用,反之就会夸大形体缺点,破坏人的整体美。具体来说,各种体形和发型的配搭原则如下:

### 1. 高瘦型

该种体形的人容易给人细长、单薄、头部小的感觉。要弥补这些不足,发型要生动饱满,避免将头发梳得紧贴头皮,或将头发搞得过分蓬松,造成头重脚轻的感觉。一般来说,高瘦身材的人比较适宜于留长发、直发。应避免将头发削剪得太短薄,或高盘于头顶上。头发长度到下巴与锁骨之间较理想,且要使头发显得厚实、有分量。

### 2. 矮小型

个子矮小的人给人一种小巧玲珑的感觉,在发型选择上要与此特点相适应。发型应以秀气、精致为主,避免粗犷、蓬松,否则会使头部与整个形体的比例失调,给人一种大头小身体的感觉。身材矮小者也不适宜留长发,因为长发会使头显得大,破坏人体比例的协调。烫发时应将花式、块面做得小巧、精致一些。也可以选择盘头,可以给人一种身材增高的错觉。

### 3. 高大型

该体形给人一种力量美,但对女性来说,缺少苗条、纤细的美感。为适当减弱这种高大感,发式上应以大方、简洁为好。一般以直发,或者是大波浪卷发为好,头发不要太蓬松。总的原则是简洁、明快,线条流畅。

### 4. 短胖型

短胖者显得健康,要利用这一点打造一种有生气的健康美。譬如选择运动式发型。此外应考虑弥补缺陷。短胖者一般脖子显短,因此不要留披肩长发,尽可能让头发向高度发展,显露脖子以增加身体高度感。头发应避免过于蓬松或过宽。

一种适合的发型,不仅能弥补一些脸形上的缺憾,还能突出你独有的气质和风采,亮出只属于你的形象标识。

# 染发:先让头发"色"起来

染发技术一经问世就受到了世界各地不同年龄女人的厚爱。如今,染发更是早已成为家常便饭,任何一家美发店的发型师都会满足客人要求的颜色,以便增加发型的时尚感。染发可以迅速改变一个人的形象,甚至连神韵也变得不一样了。

和所有的流行一样,染发也常常带着几分盲从。一色的黄、一色的红或者是没有目的染颜色,并没有达到扮靓的时尚效果,反而进入了另一种误区。那么该如何选择适合自己的发色呢?

一般来说,选择发色首先要考虑的是肤色的问题。肤色的深浅可以作一个简单的区分:皮肤白皙的适合范围较广,深色系的染发能使你看上去沉着干练;浅色系的染发可表现你的青春活力。肤色较黄较黑的,切记不要浅染,无论那种黄、红多么的娇嫩,它们都会使你的脸看起来灰暗粗糙。这时,深栗色和深酒红色是最佳选择,它们能弥补你肤色的不足。

其次,在选择发色上还要考虑自己的职业。如果是从事相对保守和固定职业的女性,如公司白领、职业经理人、教师等,最好选择接近发色的深色,如深棕、蓝黑、暗红等相对接近自然的颜色,选择挑染的效果,可使头发看起来更有生机。如果是从事时尚行业的女性,如化妆师、造型师,或在艺术、媒体等行业工作的女性,则可以选择较为开放、大胆、张扬的发色,如葡萄红、紫色、黄色等,这些发色更能彰显出你的职业魅力。

在染发工艺上,大多数人还不太讲究,认为只要把颜色"刷"满全头就算大功告成。其实,为了使你的发型富有层次、动感,挑染比整体染更能出效果,整体染会给人一种很戏剧化的印象。挑染的颜色可以多种变化,讲究的挑染颜色能使你的新发型变得有生命力。

如今市场上有很多快捷、方便的家用染发用品,这些染发用品使人们省去了去美发店的时间。并且,有很多产品在颜色的定位上还是比较符合东方人的特点的。需要提示的是,无论你是自己在家完成染发,还是到美发店借助专业人员染发,都不可忽视头发做定期护理,尤其是发质不好的女性,爱美的同时不要忘了关心头发的健康。

染发可以迅速改变一个人的形象,甚至连神韵也变得不一样了。

# 耳环:耳边摇曳的魅力符号

自古以来,耳饰就是女性扮靓容颜最倾心的宠物,是女性耳垂上特有的饰物。充满动感的耳饰可以衬托出佩戴者的妩媚迷人。耳饰的历史非常悠久,早在一千多年以前,耳垂穿孔佩戴耳环,就已成为妇女们美容的重要内容。

耳饰与服装色彩的搭配要和谐统一，它们之间的色彩配套有"主体色彩"和"点缀色彩"之分。服装属于主体色彩，耳环属于点缀色彩。它们之间色彩搭配的原则是：耳饰要服从服装的主体色彩。如果耳饰与服装的主体色彩搭配得当，那么耳饰就能起到画龙点睛的作用。就色彩而言，有冷暖、明暗、对比、调和之分。耳饰与服装的相互搭配能产生柔和的调和色和强烈的对比色。柔和的调和色调产生于同色调的配合，可以使耳饰与服装相辅相成；强烈的对比色调源于对比色的调和，可以使耳饰与服装达到相得益彰的效果。

耳环的款式造型、材料、色彩，都与服装的面料、色彩、形式有密切的关系。只有合适的、巧妙的佩戴，才能取得良好的效果。丝绸、软缎等轻薄型面料，适合佩戴贵重的、精致的耳环，这种搭配使整体形象显现出一种轻盈、俏丽、优雅的美感。过大的耳环、粗犷的造型，在绸缎面料的对比下会显得有些笨拙。呢料、裘皮、绒线等厚重型面料，应佩戴珍贵的珠宝耳环。不但耳环的质量要好，造型还应该适当地规则化，以显示着衣者的高贵与典雅。如果用过于轻薄的材料，容易与厚重的面料不相称，那么就会影响整体装束的风格。

耳饰除了具备色彩效应之外，不同材质折射出的色彩光泽也有所不同，如黄金的灿烂、宝石的耀眼、珍珠的洁白、玉石的清纯……这些迷人的色彩光泽，如果与服装色彩相互辉映、相互点缀，那么会使服装更具魅力。流行的金质耳环往往设计讲究，做工精湛，戴上显眼夺目而耐人寻味。无论是花形、动物形还是几何图形的金质耳环都别具一格，高贵迷人。白金耳环适合一年四季佩戴，也可搭配各种颜色的衣服，它与深色服装相互对照能显得更为突出，也可以与浅色服装相配，互相衬托。钻石耳环是适合所有人佩戴的耳环，光彩照人，色彩缤纷，能和任何衣服相搭配，别有一番浪漫的情致，使所有女士平添妩媚。无疑，宝石的耳环式样具有最大的设计空间，戴不同宝石的耳环象征不同的含义，值得你仔细品味：祖母绿耳环赏心悦目，令人联想到草地和树叶，寓意前程似锦；蛋白石耳环安详宁静，象征希望和幸运；蓝宝石耳环优雅沉静，象征道德和忠诚；红宝石华贵而明快，象征友谊与爱情；紫水晶则温暖和谐，象征健康长寿；珍珠耳环优美多姿，含蓄淡雅，使你风姿绰约……怎么样，选择你最喜欢的耳环，戴上它一定会给你带来好运的！

**智慧寄语**

自古以来，耳饰就是女性扮靓容颜最倾心的宠物，是女性耳垂上特有的饰物。充满动感的耳饰可以衬托出佩戴者的妩媚迷人。

# 项链：颈上的"链链"风情

项链是女性必不可少的装饰品之一，优雅的颈部配上一条项链，不仅能显示你的高雅气质，更能有力地衬托出你美丽的面容。而且戴什么样的项链，怎么戴项链，更是女性着装风格的标志。

## 脸形与项链搭配

### 1. 长脸形
可佩戴镶宝石的细短项链，来增加脸部的宽阔感。

### 2. 方脸形
可戴较长的项链，并配上钻石、红宝石或蓝宝石等宝石项坠，以增加脸部的柔和感。

**3. 圆脸形**

其佩戴原则是使两颊变窄、上下变长。可佩戴细长的"V"字形项链并配以坠饰,以增加脸部的轮廓感。

**4. 椭圆脸形**

又叫鹅蛋圆脸形,无论佩戴何种式样的首饰都可以。当然,如果佩戴中长项链,则会进一步衬托出脸部的优美感。

**5. 正三角脸形**

其特点是额窄颚宽。在发型蓬松的鬓角上戴些色彩醒目的首饰,可以增加脑门宽度,佩戴带坠饰的"V"字形下垂的项链,可以减少脸下部的宽阔感。

**6. 倒三角脸形**

又叫瓜子脸形,适宜佩戴细而短的项链,以增加脸下部的宽阔感。

### 肤色与项链搭配

**1. 红润肤色的人**

可佩戴色彩鲜艳的项链,如带坠饰的 K 金项链、铂金项链,显得健美。

**2. 洁白肤色的人**

可选佩戴浅色或艳色带宝石的项链,如镶嵌红宝石、蓝宝石及其他有色宝石的 K 金项链,以显示文静、秀美。

**3. 皮肤略黄或灰青的人**

可选购多种类型的项链,如铂金、铂金镶钻、铂金镶红宝石或蓝宝石、水晶项链、珍珠项链等,能增添优雅和刚毅感。

**4. 偏黝黑皮肤的人**

可佩戴粗犷风格的金项链,以显示出率直爽朗的风格。

### 服装与项链搭配

项链有不同凡响的力量,一款十分平凡的服装,会因为有项链的装点而放出光彩。

一身洁白的连衣裙,适合任何鲜艳色彩的宝石项链。最为清新爽朗的是一串天蓝宝珠长项链,红玛瑙项链也非常活泼,这是两种不同季节的搭配。全身的红色着装配以象牙项链,会非常引人注目,而且十分协调雅致。全身的宝蓝色着装配以象牙项链同样清丽迷人。骨雕项链配这两身衣服也有可观的效果。

一身深黑或一身素白,敞开的领口,可佩戴黑白相间的项链,能流露神秘的美感。黑白条纹和黑白方格的服装,也可这样搭配,能显得统一、美观。墨绿色的露背装,佩戴钻石型的项链和手链,会显得既含蓄又高贵。黑毛衣搭深绿色的窄裤,佩戴绿松石项链可为之增色。

*智慧寄语*

项链是女性必不可少的装饰品之一,优雅的颈部配上一条项链,不仅能显示你的高雅气质,更能有力地衬托出你美丽的面容。

# 丝巾:柔滑丝巾,柔软女人心

在装饰品领域,丝巾是最具有女人味的,一如领带之于男人,充满着女性特有的别致与风情。

虽然只是小小的一块布，但丝巾点缀出来的效果可用"万绿丛中一点红"来形容，整个人会因它而充满了神采。面对时代与科技的演进，丝巾美学有了新的风貌，以披肩、围巾、领巾等多种形式现身，丰富了时尚衣着。丝巾就像魔术师手中的手帕，可以不断花样翻新，不仅可以创造个人的独特形象，还能节省置装预算。翻翻衣橱，有各种色系款式衬衫、西装、套装的你，为什么不多买几条丝巾呢？

丝巾的艺术价值几乎可与宝石及绘画媲美，但是如果仅仅重视其单独的观赏效果的话，也仅仅是一块漂亮的布而已。只有将其与一定的衣装巧妙搭配，才能充分展现丝巾灵动的效果，发挥画龙点睛的作用。同一款丝巾的不同系法可以产生不同的佩戴效果，帮助你尽情挥洒女性的魅力。

那么我们该如何挑选出一条既适合自己又出彩的丝巾呢？当你被货架上一条漂亮的丝巾吸引时，首先要做的是将其贴近脸部，看一看与脸色是否相配。如果与脸色不配，不要犹豫，应立即舍弃。需要注意的是，有些丝巾的色彩设计虽然无懈可击，但与自己喜爱而适合的颜色之间还存在着一定的差别。这种情况应将各种颜色作一下比较，再从远处照镜子，确认与体形及服装整体氛围相辅相成，当然后背效果和侧面效果也不能忽视。

### 丝巾与脸形的搭配

#### 1. 圆形脸

圆脸的人，要想拉长脸部轮廓，最好将丝巾下垂的部分尽量拉长，强调纵向感，并注意保持从头至脚的纵向线条的完整性，尽量不要中断，这样脸就会显得长些。

在系花结的时候，应选择那些适合个人着装风格的系结法，如钻石结、菱形花结、玫瑰花结、心形结、十字结等。应避免在颈部重叠围系或系过分横向以及层次感太强的花结。

#### 2. 长形脸

选择左右展开的横向系法，它不仅能展现出领部朦胧的飘逸感，而且可以减弱脸部较长的视觉效果。如百合花结、项链结、双头结等，都很适合长形脸的女性。另外，蝴蝶结也很适合长形脸的女性。系法就是先将丝巾拧转成略粗的棒状后，再系出蝴蝶结。应该注意的是，丝巾不要围得过紧，尽量让丝巾自然下垂，渲染出朦胧的感觉。

#### 3. 倒三角形脸

从额头到下颌，脸的宽度渐渐变窄的倒三角形脸的人，会给人一种严厉的印象和面部单调的感觉。可利用丝巾让颈部充满层次感，再系一个稍微大一点儿的结，会有很好的调节作用。如带叶的玫瑰花结、项链结、青花结等。

这类女性在佩戴丝巾时应注意减少丝巾围绕的圈数，下垂的三角部分要尽可能自然展开，避免围系得太紧，并要注重花结的横向及层次感。

#### 4. 四方形脸

两颊较宽，额头、下颌宽度和脸的长度基本相同的四方形脸的人，容易让人觉得不够柔媚。因此，系丝巾时，要尽量做到颈部周围干净利索，并在胸前打出些层次感强的花结，再配以线条简洁的上装，就可演绎出优雅的气质。丝巾的花结可选择基本花、九字结、长巾玫瑰花结等。

### 丝巾与服装的搭配

如果丝巾与服装不相配，那么也只会白白浪费你的资财。要明确自己的目的，是想与办公室着装相配，还是要在晚宴上一展风采。如果有足够的挑选余地，那么还可考虑与头发颜色、口红颜色或提包等饰物的配合。当你的丝巾搭配让自己满意时，一定要充满自信，完全不必顾虑太多，只要你已经花了心思进行搭配,即使有小小的失误,别人也会认为是你的个性所在。

智慧寄语

在装饰品领域,丝巾是最具有女人味的,一如领带之于男人,充满着女性特有的别致与风情。虽然只是小小的一块布,但丝巾点缀出来的效果可用"万绿丛中一点红"来形容,整个人就会因它而充满了神采。

# 胸针:胸前绽放的美丽

胸针一般别在服装的前胸部位,可以正中,也可以偏于一侧;可以别在西服的衣领,也可以别在前胸口袋处,有较大随意性。一枚小小的胸针,佩戴在不同的面料上,或是与不同样式的服装相配,所产生的点缀效果乃至整体的审美效果都是不一样的。

在线条不对称、不规则的服装上,如果将胸针别在正中部位可起到平衡的作用。在西服套装的领子边上别一枚带坠子的胸针,可使套装的庄重之中增添几许活跃的动感。如果服装的色彩比较单纯,那么可以佩戴有花饰的胸针。装饰感很强的胸针可以在高贵与端庄中更显出独特的神采。如果上衣是多色彩的,下穿黑色的裙或裤,那么,在花上衣上别黑色的胸针,一定会有极佳的效果。因为黑色胸针与黑裙上下呼应,加上领圈、衣襟等黑边装饰,能使黑色所形成的点、线、面装点整体的色调。

胸针的造型不一定都是复杂的、装饰味极浓厚的,有时简单的造型照样能起到良好的点缀效果。蓝紫色的连衣裙,翻出白色的领,落落大方,用白色方框形钻石胸针,可使大片的蓝紫色有一种透气的感觉。色彩单纯,造型简约,可令整体的美感十分显著。穿着半高领的休闲服,佩戴造型抽象的胸针,会增添青春的气息。短衣短裤,现代浪漫的少女装束,别一枚树叶形胸针,则会显得俏皮又可爱。

冬季的服装,面料常以厚重、挺括为主。胸针可选择金属类、嵌宝石类或有重量感的。夏天的衣服面料多为丝绸之类的轻薄型织物,如果佩戴大而偏重的胸针容易使面料下坠,影响美观。因此,细巧轻盈的胸针适合于夏季服装的佩戴。春秋两季的服装,面料丰富,款式多样,色彩绚丽,佩戴胸针的选择范围也大,但色彩搭配常常是主要的问题。如果羊毛衫或其他闪光面料的服装在衣领、前胸、袋口等有闪光饰边,那么就将胸针点缀在较单纯的上衣上,这样才能充分显示其装饰的作用。身着高级面料的服装或礼服,则应慎用塑料、玻璃、陶瓷等材料制成的胸针。因为这类胸针与高雅的服装极不协调。

此外,一些古典的胸针,也可以别出新潮式样。许多古典的小饰件,稍稍动动脑筋就能搭配出新意。古典胸针十分小巧精致,既细腻又有品位,佩戴在时装上,有文雅的气质。单个小巧胸针,也许显得单调,若是一簇簇地挂在衣服上,却很是创新,款式不同的胸针搭配在一起,有洒脱的风度。特别好看的胸针,别在夸张的首饰上,会使珠链、耳坠、手镯更加夺目。纯色的丝巾,丝质的光泽,用古典胸针作点缀,平凡中可见气质。甚至长裤子、手套也有胸针的位置。帽子是挂胸针的好地方,随自己的喜爱戴上近乎标志的胸针,是十分能衬托性格的。也可把胸针扣在外衫上。在一件直身长衫的背部腰间扣上款式不同的胸针,数量随意,把外衫轻轻向后拉紧一些,这将是绝无仅有的特色。古典胸针的文雅气质融入新潮,使服装变得更有趣味。

智慧寄语

一枚小小的胸针,佩戴在不同的面料上,或是与不同样式的服装相配,所产生的点缀效果乃至整体的审美效果都是不一样的。

# 丝袜:透出绝对女人味

大部分女性都很讲究着装搭配,对身上衣着的每一部分都格外注意,但是往往只顾搭配服装、佩戴饰物,而忽略了丝袜。丝袜搭配不当或穿着失态,也会破坏着装的整体效果。所以女性一定要学会必要的丝袜搭配技巧。

## 搭配要和谐

丝袜的色彩首先要与时装、鞋子的色彩协调一致。穿浅色的衣服时,请勿穿深色丝袜。如黑裙、黑鞋配黑色透明丝袜。如果鞋子本身颜色很杂,那么要尽量选择接近裙子底色或鞋上较深颜色的袜子。花色衣服宜配素色袜子,带花点的丝袜可配素色衣服,肉色丝袜与任何服装色彩搭配都较和谐。

其次要与服装、鞋子的款式相一致。如较正规的西装就不可配花色丝袜;在穿旗袍或短裙时最好配连裤袜;着薄裙时应穿透明丝袜,给人以轻快活泼感。

大花图案和不透明丝袜适宜配平跟鞋,图案细小和透明丝袜宜配高跟鞋。服装款式越复杂,丝袜越应简单、清爽。

## 配合腿形穿丝袜

腿粗的女性适合穿深色、直纹和细条纹丝袜;腿形短的人宜着深色无图案的丝袜;腿部较瘦的人宜穿浅色丝袜、不透明丝袜或颜色鲜艳的丝袜;腿形优美者不妨选择色彩鲜艳的丝袜。

## 穿丝袜要注意场合

对于日常忙于上班的职业女性,不妨选一些净色的丝袜;社交时宜穿着灰调的丝袜,酒红、黑、灰、紫色会让你显得庄重、高贵、沉稳;在家里可以选择一双性感十足的带蕾丝边的透明丝袜。

另外,着丝袜时不可"露空",即不能穿短得使腿分为两部分的丝袜,不论是裙还是裤,下摆、裤角都要盖过袜头,不要让袜头露在裙摆、裤角外面,以免失态。没有弹性的袜子应使用吊袜带,否则袜子总往下褪,频频撩裙提袜有失大雅。

### 智慧寄语

丝袜搭配不当或穿着失态,也会破坏着装的整体效果。所以女性一定要学会必要的丝袜搭配技巧。

# 鞋子:秀出双足的美丽秘密

对女人来说,鞋与她们更有着解不开的情缘,一双好鞋不仅护着女人的纤纤玉足,而且透露出女人的多样情怀。女人的优美姿态,很大程度上与鞋有着密不可分的关系。很多女人都有这样的经历,穿着高跟鞋和穿着平底鞋走路的感觉是完全不一样的。不管你是否喜欢高跟鞋,它确实能带给女人非同寻常的感受。因为穿上高跟鞋后,为了要平衡身体的重心,你会不由自主地变得挺拔起来,将身体的重心由脚跟移到脚尖,这样就使得步履变得轻盈起来,走姿也自然而然变得优美起来。而且穿上高跟鞋后不仅身材显得更加苗条,还增长了双腿的长度,使女人看起来更加亭亭玉立。当然,长期穿高跟鞋会对女人的身体健康造成一定的影响,为了避免对健康造成危害,最好不要选择鞋跟超过5厘米的高跟鞋。

对女人来说,鞋的选购和使用非常重要。要想达到鞋与形体美完全统一,买鞋时首先要考虑它的舒适度。一双不舒服的鞋,会使你因不得不改变行走姿态而破坏体态,而且长期穿不合脚的鞋还会严重影响形体。其次,要根据自己的经济能力选择鞋的价位,一般好的鞋子在舒适度和外观上都比较让人放心,所谓"一分价钱一分货",如果条件允许,那么最好体验一下一双昂贵的鞋子所带来的感受。另外,还要考虑自己的实际需要。对于职业女性来说,一般不要选择鞋跟过高,或过于花哨的鞋子。鞋跟过高的鞋子会限制你的活动范围,降低工作效率;太过花哨的鞋子会给人一种不庄重的感受,甚至会让人对你的工作能力产生怀疑。不同的工作岗位都有不同的具体要求,不妨多观察一下同行女士们的选择。

鞋子在使用的过程中也需要你的爱护,尤其对于皮鞋来说,保养非常重要。如果不加保养,一双2000块钱的鞋子很快就会跟500块钱的鞋子没什么两样。所以要保持鞋子的干净和清爽,采用正确的洗刷方法,对于当下季节不穿的鞋要清洗干净,搽上保养油放起来。

对女人来说,鞋已经不仅仅是一件实用品,更多的是一件装饰品,一双精致的、搭配合理的鞋子能提升人的整体品位。甚至有人说:"每个女人都应该有一双好鞋,因为它会带你到美好的地方去!"真是一个美好而浪漫的理由!姐妹们不妨也去用心选购一双自己喜欢的鞋子,并且好好地爱护它们,足下生辉地走到人生更美好的地方去!

### 智慧寄语

对女人来说,鞋与她们更有着解不开的情缘,一双好鞋不仅护着女人的纤纤玉足,而且透露出女人的多样情怀。女人的优美姿态,很大程度上与鞋有着密不可分的关系。

# 采购:你的衣橱你做主

"人靠衣装,马靠鞍",衣装是影响一个人魅力的重大因素,一套得体的衣服能让人增色不少,相反,一套搭配欠佳的着装,即使再名贵也会让人觉得不伦不类,穿衣不单单是为了彰显个性,更重要的还是为了美观。站在商场里琳琅满目、款式多样、花样百出的漂亮衣服面前,该把哪些衣服带回到自己的衣橱呢?冷静地分析、细心地挑选,找出真正适合你的衣服,你的衣橱你做主!

首先,要目的明确,主次分明。穿衣有三层境界:第一层是和谐,第二层是美感,第三层是个性。

购买衣服时可以根据下面三个标准选择,不符合其中任何一个的都不要把它买回家:你喜欢的、你适合的、你需要的。

衣服有助于展现女人的曲线,设计出色的衣服还能掩饰一下先天的不足,尽展完美的S曲线,衬托出苗条、修长的身段,让你女人味十足。

应该多花些时间和精力翻阅一下服饰类杂志,留意一下服装的搭配,不仅能让你以10件衣服穿出20款搭配,而且还能锻炼自己的审美品位。

无论你的职业是什么,一件品质精良的白衬衫都是你衣橱中不能缺少的,没有任何衣饰比它更加能够千变万化。

Mix&Match（即一反传统和常规的搭配方式，强调随意自由组合）的原则不仅体现在色彩的搭配上，而且也可以用在便宜与贵的、新的与旧的衣饰的搭配上。

每个季节都会有新的流行元素出台，一个聪明理智的人不会盲目跟风，让自己变成潮流中一个微小的因子，反而失去了自己的风格。最好的方式是购买经典款式的衣饰，耐穿、耐看，同时加入一些潮流元素，使全身上下因这一点而充满新意。

黑色是都市永远的流行色，但如果你脸色不太好，穿上黑色则愈会彰显病态，那么灰色这种既靓丽又不会太跳的颜色是这类人的最佳选择。

不要选自己喜欢的色彩，而要寻找适合自己肤色的色彩，一定要注意，服装虽是穿在自己身上，却是给别人看的。

逐步建立属于自己的审美方向和色彩体系，不要让衣橱成为一个令人眼花的万花筒。选择白色、黑色、米色等基础色作为日常着装主色调，而在饰品上活跃色彩，有助于建立自己的着装风格，给人留下清晰深刻的印象。而且由于色彩上不会冲撞，有助于提高衣服间的搭配指数。

### 智慧寄语

找出真正适合你的衣服，你的衣橱你做主！

# 第二章 聪明女人会保养自己

## 好肌肤提高你的魅力品级

有人说:"世界上最美丽的服饰也比不上一身美丽的肌肤。"平滑、细腻、光洁的肌肤在视觉上就可以传递出美好、善良和愉悦的信息。甚至有人说,女人的肌肤是女人魅力品级的一种标识,是女性修养、生活品质和性情的一份特殊的说明书。每个女人都要重视自己的肌肤保养,虽然皮肤的颜色和肤质大部分是遗传的,但后天的保养也很重要,它对于女人的美丽是"悠悠万事,唯此为大"的大事。其实,每个女人都可以也应该是美丽的,只不过许多的美丽还在沉睡罢了。

皮肤好要好得恰到好处,首先要体现在脸上。一张姣好的、修饰过的女人的脸,简直就是一道美味,当我们品尝它的时候,我们得到的不仅是审美的愉悦,而且还有精神的满足、欲望的延伸以及爱情的物化等。

因此,女人应该时时把肌肤保养放在心上,从认识肤质到掌握正确的护肤方法,从年轻的时候就要开始呵护自己的肌肤,做足"面子"工夫!

### 分清肤质

**1. 油性皮肤**

油性肤质的肌肤,皮脂分泌较旺盛,需要清爽型的化妆水,化妆水还必须有保湿的作用,但是,擦完化妆水后记得要搽上清爽乳液。若是有收敛水,记得在最后步骤再搽上它,这样有助于毛孔收缩。若是有控油的产品则可免掉收敛水,直接搽上化妆水与乳液即可。

**2. 干性皮肤**

干性肌肤的人应用保湿滋润型的保养品,并确实做好基础护肤步骤中的乳液及精华液的保养才行。如果你的肌肤不仅缺水,而且缺油,就必须使用含油分的乳液做保养。在干燥的冬天,最好养成敷脸的习惯来加强保湿。夏天的时候只需要注意乳液、精华液的补充即可。另外,眼睛部位容易干燥,别忘了用眼霜给予呵护。

**3. 中性皮肤**

中性肌肤的保养相当简单,只要确实做好基础护肤步骤即可。平时,可稍加留意肌肤皮脂分泌的情形,如果发觉出油有点儿多,就将步骤中的柔肤水改为收敛水,轻拍于脸部,以收敛毛细孔。此类肤质本身的保湿能力没有问题,因此若过度使用高效保湿营养品,反而容易造成相反效果,使肌肤的保湿能力降低。总之,只要按照基本步骤,确实做好保养工作,想拥有健康无瑕的肌肤是轻而易举的。

### 4. 混合性皮肤

混合性肌肤同时拥有油性与干性两种肤质。此类肤质的保养,不如其他肤质的保养那么容易。必须特别注意脸上的两个部位,一个是T字部位,一个是脸颊部位。所以,必须适当给予T字部位控油,而脸颊部位则必须着重保湿。

## 皮肤的四季护养

皮肤对季节和气候的变化是相当敏感的,即使是油性肌肤,在冬天也同样会显得干燥,这说明皮肤不是常处在恒定的状态。所以,娇嫩的肌肤如果不加以妥善照顾,就容易出现发炎、长雀斑和老化的现象。

春季,皮肤的状况最不稳定,这是因为季节更替,皮肤要适应从寒冬转为春暖的变化所致。所以这个季节要留意皮肤过敏,注重防晒和保湿。

夏季,汗水和皮脂分泌旺盛,虽然汗水能帮助排热,但汗液同时也是细菌滋生的温床,所以夏天应勤于沐浴。另外,夏日的强烈紫外线照射,是首先要防范的。

秋天,气候干燥,预防雀斑和皱纹的产生显得尤其重要。

冬天,进出室内的冷暖空气的交叠,是使皮肤干燥的主要原因,所以最好在沐浴后,搽上美容霜之类的保养品,以防止皮肤水分的蒸发。在步入暖气间时,也要注意室内空气湿度的调节。

智慧寄语

女人应该时时把肌肤保养放在心上,从认识肤质到掌握正确的护肤方法,从年轻的时候就要开始呵护自己的肌肤,做足"面子"工夫!

# 如何在空调房里保护自己的肌肤

炎炎夏日里,每天你穿得很时尚漂亮,出入那位于城市中心的气派高大的写字楼,在办公室里敲击着键盘、吹着空调,演绎着你的职场梦想。

在外人眼里,这真是一种让人羡慕的生活。可是当你脸上的皮肤因为吹空调而变得越来越干燥,再也没有了往日的水灵娇嫩时,你还会觉得这样的生活很幸福吗?

在这样的环境里,你该如何保养皮肤呢?

### 1. 时刻记着要洗脸

不管是清晨起床还是下班回家,你最应该做的一件事就是洗脸。洗脸时最好用自来水,先用水润湿脸,然后用洗面皂、洗面奶轻揉面部,再初步洗去脸上的泡沫等碱性物质,最后把碱性物质清洗干净,避免在脸部残留,这对保护面部皮肤是很重要的。

### 2. 随时补充水分

空调房间一般偏于干燥,人长时间待在屋子里,会有嗓子发干口发渴的感觉,人体皮肤也会因酸碱度不平衡而受到影响。预防的方法是注意补充身体和皮肤的水分。常吹空调的女性,为了维持体内的水分平衡,在白天要按时按量饮够6~8杯白开水,千万不要在口渴时才喝两三杯,同时要多吃新鲜的蔬菜、水果。

### 3. 选用具有保湿作用的护肤品

只补水而不保湿是没有什么效果的,滋润肌肤的关键就是要选择合适的保湿类化妆品补充水分,如爽肤水、保湿乳液以及眼部保湿除皱精华液等。它们不仅可以强化还可以修补真皮网状组织,具有非常好的保湿功能,能够让皮肤变得丰润、光滑、富有弹性。

另外,如果你长时间地待在空调房里,皮肤很快就会变干,所以你最好常备一瓶保湿喷雾或保湿面膜。保湿喷雾用来随时补水,保湿面膜在下班后有重要约会或者活动时,可以快速保湿。

此外,放置一两盆清水在空调房间里,也能起到很好的保湿效果。

### 4. 定期做美容

有空调的房间内外温差较大,如果频繁进出,忽冷忽热的温度变化极易使皮脂腺功能失调,从而导致皮肤疲劳,出现皱纹、过敏等很多美容问题。

特别推荐的方法是尽量给皮肤一个适应的过程,并且每个星期固定做1~3次清洗、保养、敷面护理,使皮肤抗恶劣环境的能力有所增强。

### 5. 多给皮肤"吸"氧

为了保持室内凉爽,大部分有空调的房间都紧闭窗户,室内新鲜空气相对不足。屋内氧气不多实乃皮肤大敌,皮肤一旦缺氧,就会渐渐失去本应该有的红润色彩,开始泛黄,甚至变得苍白。

因此,空调房应严禁吸烟,同时放置一些绿色植物,或者到户外走走,活动活动,都是增加氧气、保护皮肤的好方法。

其实,干燥和污染是每天吹着空调办公的女性皮肤的最大敌人,如果采用一定的防护措施,注意清洁皮肤、补水和修护,就可以让肌肤一直处在最理想的状态。

---

**智慧寄语**

干燥和污染是每天吹着空调办公的女性皮肤的最大的敌人。如果采用一定的防护措施,注意清洁皮肤、补水和修护,就可以让肌肤一直处在最理想的状态。

# 试试草本护肤

身处现代都市,办公室里的环境越来越恶劣:一年四季在空调吹拂、电脑辐射与各种压力的挑战下,我们的肌肤越来越需要呵护。如今,草本护肤日益成为时尚。相对而言,草本不但温和天然,而且不容易导致皮肤刺激或过敏,安全性较高,尤其是随着崇尚自然和环保的风尚盛行,人们越来越青睐草本护肤和草本生活。

### 1. 金钗石斛

兰科多年生附生草本,又称千年润,传说它是一种长生不老的仙草,由王母娘娘栽种,是我国古代文献中记载的九大仙草之一。味甘淡微咸,寒,性属清润,清中有补,补中有清。《神农本草经》曰:"补五脏虚劳羸瘦,强阴,久服厚肠胃。"

### 2. 山药

薯蓣科缠绕草质藤本,味甘,平,为滋补药中的上上品。《本草纲目》曰:"益肾气,健脾胃,润皮毛。"金元四大家之一脾胃派创始人李东垣曰:"治皮肤干燥,以此物润之。"

### 3. 天门冬

百合科多年生草本,又名天冬,味甘,寒,肥厚多汁,纯以柔润养液为功。《本草汇言》载:"天门冬阴润寒补,使燥者润,热者清。"《日华子本草》曰:"天门冬润五脏,益皮肤,悦颜色。"

### 4. 鲜生地

玄参科多年生草本,味甘,苦寒,气清质润。《本草征要》曰:"地黄合地之坚凝,得土之正色,为补肾要药,益阴上品。"《医学启源》载:"凉血,(润)使皮肤燥,去诸湿。"

智慧寄语

草本不但温和天然,而且不容易导致皮肤刺激或过敏,安全性较高。

# 女人的眼,女人的媚

每一个女人都想拥有美丽迷人、会说话的眼睛。眼睛不美,即使其他部位再美,也将失色。

如果眼睛明亮动人,那么其他部位即使差了些,也照样可以留给别人美的印象,因此,眼睛的美化是不可忽视的。即使你没有秋水双眸,如经过得当的化妆,也能使你楚楚动人。除了化妆之外,基本的保养与运动,也是不可或缺的。眼睛的美容除了对眼睛本身的养护之外,还包括睫毛、眉毛的修整与化妆。

要想使眼睛灵动、晶莹、闪现魅力、增加对异性的诱惑力,就应当对眼睛加以特别的保护,不但使它美丽,而且要使它健康。

## 外护

如果说眼睛是心灵的窗户,那么我们的眼睑就是它独一无二的窗帘,为眼睛提供保护和清洁的作用。所以说,眼睛的保养,在很大程度上是指对眼部皮肤的护理和滋润。眼部周围的皮肤拥有的皮脂腺非常少,所以是最纤薄最敏感的,很容易处于缺水的状态。想保持眼睑的平滑明净,就要重视补充足够的水分。

每天早晚的眼部护理程序,尤其是在干燥的季节和环境中更不能忽视。在早晨,轻柔的啫喱状眼部凝露是年轻肌肤最理想的选择,而在晚上可以选择更富有滋养以及修复作用的眼部精华液和眼霜。还有,定期做眼膜能使眼部肌肤重获生机,让你的眼睛时刻如秋水般澄澈明净。

选择眼部使用的产品,最关键的原则是安全,一定要选用经过眼科检测的产品。对眼部的彩妆,一定要使用眼部专用的卸妆液,不仅卸妆快捷容易,而且不会损伤到娇嫩的眼睛及眼部肌肤。当然,即使是选对了产品,仍然要注意卸妆的手势应轻柔细致。

## 内养

眼睛应有充分的休息,眼睛疲倦除了影响美丽之外,还会伤害眼睛。首先要知道怎样避免眼睛疲倦,其次要知道疲倦了应当怎样休息。

一般造成眼睛疲倦的原因,第一是在光线不足的灯光下阅读;第二是做细小的工作,令眼睛太过专注而产生疲劳;第三是用不正确的方法看电视。阅读时光线要足够,在电灯下阅读,应该选择80～100瓦的灯光,电灯的位置应该高于视平线,书的位置应当放于灯的一边,才能避免反光,书与眼睛之间应保持35～40厘米的距离。有些工作,如抄写、打字、统计、速记、做针线等,这类工作很容易使眼睛疲倦,所以做一段时间后,应让眼睛休息2～3分钟,休息的方法是让眼睛看远处的东西,如墙壁、天花板,如果能凭窗眺望两分钟更好。

眼睛是对光线最敏感的器官,紫外线对眼部肌肤的伤害当然不用多说,同时过多的强光刺激还会增加患白内障的概率。养成在明亮的光线下戴太阳眼镜的习惯,这在保护眼睛的同时,也有效防止了因强光照射引起的眯眼而使得皱纹提早出现。

眼睛不清晰而混浊,是美容上的缺憾,也是身体上的一种病态。眼睛明亮与否,与营养有密切的关系。食物与这种情形有很大的关联,一般而言,眼睛出现混浊的人,多是由于过分吃肉类、细粮类等食物,而对鲜果、蔬菜等食物吸收太少。宜多吃有利于眼睛的食物和水果,例如鱼类、动物肝脏、橙汁等。

睡觉前若能够用鲜奶洗眼,也是最优良的美眼方法。用鲜奶来洗涤,一方面可将眼睛所留存的不需要物质清除;另一方面由于鲜奶含有酵素及多种营养成分,不只对眼睛有补充营养的作用,还有清洁作用。

茶叶含有维生素C,茶叶中的单宁酸也非常丰富,所以对养护眼睛都有很大功效,睡觉前用茶水洗眼,对保养眼睛有很好的效果,尤以清茶类如龙井、寿眉等未经制炼的茶叶较佳,所以饮茶对美容来说也是一个良好的方法。

智慧寄语

要想使眼睛灵动、晶莹、闪现魅力、增加对异性的诱惑力,就应当对眼睛加以特别的保护,不但使它美丽,而且要使它健康。

# 呵护女人的"第二张脸"

女人的双手,在社交中扮演着重要的角色,向来被誉为女人的"第二张脸"。然而手又是一个特别容易衰老的部位。手部的皮脂腺很少,角质层发达,所以很容易变得干燥。当老化的角质层堆积,手看起来就显得粗糙、黯淡、没有光泽。我们的双手不仅像面部一样长期暴露于阳光和空气之中,受尽风吹日晒,而且在日常生活中还要经常接触洗衣粉、肥皂、洗涤剂等一些碱性及去脂性的物质。再加上我们用手来写字、敲键盘、做家务、拨电话、拿东西,所以手很容易因外界环境及生活习惯而受损。尤其是到了冬季,温度、湿度的下降会使双手肌肤变得粗糙,甚至蜕皮、皲裂。其实只要你稍加照顾、好好保养,想留住完美无瑕的纤纤玉手也是不难做到的。

## 均衡饮食

在冬季到来的时候,我们常发现双手上的倒刺增加了。其实这是肌肤太干燥、角质层有裂纹所致。如果很久仍不愈合,那就表明是缺乏维生素C和维生素B,此时你就该多吃一些富含维生素B和维生素C的食物,如蔬菜与水果。此外,不妨在你的饮食中多补充一些可防止肌肤干燥的维生素A、维生素E和锌。在哈密瓜、胡萝卜、蛋类中,可获取丰富的维生素A;从杏仁、青菜、水果中可获取维生素E;海产品、牛奶中则富含锌。需要牢记的是,如果你有偏食的习惯,千万要改掉。记住,全面地从食物中摄取营养,才能让你的肌肤充满活力,这样,双手上出现的问题也就容易解决了。

## 细心呵护

### 1. 常备护手霜

手背上的皮脂腺少,必须经常补充油和水分。做家务时,双手免不了会接触洗洁精、皂液等碱性物质,手部肌肤容易变得粗糙,所以每次洗手后都应及时涂上护手霜。更年期女性手背肌肤如有紧绷感觉及少许细纹,宜选用一些性质较温和、含甘油、矿物质的润手霜;如果肌肤属敏感干性肌肤,宜选含有薄荷、黄春菊等舒缓成分的滋润霜。另外,涂抹方法也很重要,很多人都是抹在手上随便涂几下了事,这样吸收效果不好,而且不均匀。最好是先将护手霜挤在双掌中搓热,然后在手心、手背、手指和指甲上都涂抹上护手霜。接着用一根手指按摩涂抹,温热的感觉不但很舒服,而且会使吸收度提高。

### 2. 橄榄油护手

做家务的时候,可以顺便为双手做保养。把手洗干净,涂上橄榄油,先戴上透明胶手套或医用手套,再套上橡胶手套去干活儿。双手不仅可在橡胶手套的包裹下做保养,而且还可避免双手被清洁剂的皂碱伤害。

### 3. 双手也要防晒

白天出门前,除了脸上涂防晒霜之外,手部最好也涂上,以防紫外线伤害。

### 4. 洗手时要用温水

因为过热的水会使手部的皮肤干燥变粗,而过凉的水又不能完全洗净手上的污垢。选购洗手液或香皂时,应选择成分中以含维生素 E 和维生素 B 为主的,要避免购买碱性过强的产品。

### 5. 用醋浸手好处多

做完家务后用醋水泡手,能达到护肤的目的。方法很简单,在半脸盆温水中加入一茶匙食醋,混合均匀后,将双手浸入其中,从手背到指尖反复按摩 10 分钟,之后抹上护手霜即可。另外,用柠檬水泡手也能收到同样的效果。

智慧寄语 _____

女人的双手,在社交中扮演着重要的角色,向来被誉为女人的"第二张脸"。然而手又是一个特别容易衰老的部位。

# 养发先要会洗发

正确洗发是保养头发的关键。日常生活中,很多人洗头发时像洗衣服一样反复搓洗,殊不知,这样洗发后头发会纠结成一团,不用护发素根本无法理顺。而且像洗衣服一般扭搓揉洗的手法,很容易使头发绞结、摩擦而受损,甚至在拉扯中扯断发丝。

正确的洗发步骤是,洗发前先用宽齿梳将头发梳开、理顺,用温水从头皮往下冲洗头发,洗发水挤在手心中,揉出泡沫后均匀地抹在头发上。然后用十指指肚轻轻地按摩头皮几分钟,再用手指轻轻捋发丝,不要将头发盘起来或搓成一团,要保持发丝垂顺。

拥有美丽秀发的大 S 徐熙媛告诉我们,洗头发的时候一定要用指腹搓头皮,每一寸头皮都要被洗发水的泡沫覆盖,并且用指腹搓过每一寸头皮,这样头皮才会洗得干净。大 S 还说不要弯着腰洗头或倒着洗头,因为倒着洗头必须抬头看,很容易长出抬头纹。

另外还要特别注意的是,头发一定不要干洗。干洗头发是发廊流行的洗头方式,直接将洗发产品挤在头发上,然后喷少许水揉出泡沫,按摩十几分钟后冲洗掉。边享受舒服的按摩边看着满头的泡沫,很多人觉得干洗更干净,也更护发。但这种想法和做法是大错特错的。干燥的头发有极强的吸水性,直接使用洗发剂会使其表面的活性剂渗入发质,而这一活性剂只经过一两次简单的冲洗是不可能去除干净的,它们残留在头发中,反而会破坏头发角蛋白,使头发失去光泽。另外,中医认为洗头发的时候做按摩很容易使寒气入侵。理发师在头发上倒上洗发水,就开始搓揉头发,再按摩头部、颈部。按摩使头部的皮肤松弛、毛孔开放,并加速血液循环,而此时头上全是冰凉的化学洗发剂,按摩的直接后果就是吸收化学洗发剂的时间大大延长,张开的毛孔也使头皮吸收化学洗发水的能力大大增强,同时寒气、湿气也会通过打开的毛孔和快速的血液循环进入头部。

智慧寄语 _____

一头秀发可以衬托一个女人的美丽,增添女人动人的光彩,所以美丽女人要学会正确洗发。

# 换季时脸上总长痘怎么办

虽然早就过了青春期,但是脸上还不时地冒出痘痘,面对别人"还年轻"的善意安慰时,心里是不是特想把这些"后青春期痘痘"一股脑儿消灭掉?

成人痘,也就是"后青春期痘痘",与青春痘的不同之处在于:青春痘是因为油脂分泌旺盛堵塞了皮脂腺囊引发细菌感染而造成发炎形成的;而成人痘绝大部分是因为压力、环境改变、内分泌失调、不良的生活习惯、日夜颠倒的作息时间而形成的,而且一般都会长在下巴、唇角附近的 U 型区里。

25～35 岁都市女性的混合性肌肤最容易滋生成人痘。

虽然成人痘看上去和青春痘一样,但事实上,对付它们却需要两种完全不同的对策。

### 1. 保持肌肤清洁,并采取相应的清洁措施

由于"成人痘"出现时肌肤油脂分泌已经减少了,所以如果采用控油、控痘、去角质的方式,会令原本就缺水的肌肤雪上加霜,不但不能有效地"灭痘",反而会产生更多的问题。

保持肌肤的清洁是对付痘痘的关键,千万不能用手去挤。你可以遵医嘱选择一些合适的除痘产品,同时服用一定的维生素 B 抑制皮脂的过度分泌,或者从药店买一瓶碘酒(因其具有极强的杀菌和消炎作用),用棉球蘸着擦患部,早一次晚一次,2 天即可痊愈。

如果痘痘长在额头上,刘海就必须被夹起来,让痘痘彻底"曝光"。因为头发和手指一样,并不干净,在刘海隐藏了痘痘的同时,也导致了额头皮肤细菌的滋长。

另外,那些含有磨砂成分的洁面乳和干透后才能撕下的面膜都有很强的刺激性,绝对不能用。

### 2. 选择合适的洗面奶

面部肌肤堆积过多的角质也容易长出痘痘,所以在挑洗面奶时建议选择深层清洁型,而不要选择控油型洗面奶。

### 3. 睡个好觉

要保证足够的睡眠时间,而且最好在晚上 10 时以前入睡。因为晚上 10～12 时之间是肝脏排毒的最佳时间(中医认为,肝火太旺盛,容易引发痘痘),而肝脏排毒只能在深度睡眠状态下进行。

### 4. 少化妆或不化妆

在皮肤不太好时,应尽可能不要化妆。痘痘一两天是治不好的,当因工作、社交的需要必须化妆时,可以化淡妆,但要谨慎选择化妆品并且让它们在脸上待的时间尽量短些。化妆时可以选择清爽型粉底,加强重点化妆即可;卸妆时要卸干净,以免影响痘痘的治疗效果。

### 5. 放松心情,舒缓压力

焦躁不安、烦恼的情绪会影响激素调控,破坏身体平衡,从而助长成人痘。所以,保持快乐豁达的心情也很重要。

"冰冻三尺,非一日之寒",祛除小痘痘不是一朝一夕的事,关键是要养成好习惯,保持清洁,均衡营养,同时要记住:快乐一点!

智慧寄语

祛除小痘痘不是一朝一夕的事,关键是要养成好习惯,保持清洁,均衡营养,同时要记住:快乐一点!

# 妙用牛奶护肤

传说中，著名的埃及艳后克娄巴特拉最喜欢的就是洗牛奶浴，因为她深信牛奶可以清洁皮肤，还能美白。事实上，牛奶的确有很好的美肤效果，任何一个女人都可以妙用牛奶洗出嫩滑的肌肤。

**1. 牛奶 + 面粉 = 优质面膜**

把牛奶与面粉调和能自制出优质面膜，对中性肌肤尤其适用。但是，需要注意的是，如果是油性肌肤，就要用脱脂乳而不是牛奶；如果女性年龄处于 20～40 岁之间，对牛奶不需要进行任何加工。丰富的乳脂对改善皮肤干燥的现象非常有效，而去脂的牛奶面粉面膜对肤质状况可以有非常大的改善效果。

**2. 食盐 + 牛奶 = 告别皮屑**

用牛奶和盐调和可以令肌肤的粗糙现象得以改善，还可以去掉皮屑，让肌肤更加光滑。方法是，把一杯食盐预先融化在一个小罐子里，之后把食盐水倒进已经放好温热水的浴缸里，再加入 4 杯等量的脱脂奶粉。然后就可以躺在这个为自己特制的浴缸里了，先不着急洗浴，而是需要浸泡一段时间，大约 20 分钟以后，再开始正常的洗浴流程。只要每周使用 1 次，皮屑就会与身体说"拜拜"了。

**3. 燕麦 + 牛奶 = 去掉斑点**

如果肌肤出现一些并不是特别严重的痤疮、雀斑、黑头、面疱等症状，可以用燕麦面膜解决，每天只需要 10 分钟。方法是，取燕麦 2 汤匙，与半杯牛奶调和，然后用小火煮，取下晾至温热的时候涂抹在脸上就可以了。

**4. 维生素 E + 酸奶 = 清除污垢**

购买维生素 E 时，记住要买足 400 个国际单位，将维生素 E 倒进空碗，之后往碗里放酸奶 2 汤匙、蜂蜜和柠檬汁各半汤匙，调和拌匀后往脸上涂抹，15 分钟后，用温水冲洗，水温一定不能过热或过凉。洗后的皮肤会明显有光泽，然后还要用含有活性乳酸菌的酸奶轻柔按摩脸部，让其深入肌肤，这是为了彻底清除毛细孔的污垢。

**5. 冰牛奶 + 碎豆腐 = 晒后修复**

牛奶除了饮用、美白皮肤外，还有消炎、消肿和舒缓皮肤的功效。如果皮肤被太阳晒伤了，牛奶是很好的修复液体。用牛奶修复晒后肌肤很简单，先把牛奶冰起来，然后把化妆棉浸在冰牛奶里，再用冰牛奶洗脸，最后在红肿发烫的部位敷上被冰牛奶浸透的化妆棉，这样可以立即起到舒缓止痛的效果。用冰牛奶洗完脸后，可以把豆腐弄碎装在薄纱布袋内，用来搓揉脸部，可以让皮肤白皙、光滑。如果脸部皮肤被晒得红肿疼痛，可以先用冰牛奶漂洗，然后再把被冰牛奶浸泡过的纱布敷在脸上，可以减轻疼痛及发红的症状。如果疼痛感没有减小，那就需要赶快就医了，因为这说明皮肤已经发炎了！

**6. 酸牛奶 + 奶油 = 告别皱纹**

把等量的酸牛奶和奶油混合调匀后敷在脸上，20 分钟后用清水洗去。这种方法可以收敛皮肤，如果能坚持长期使用，则可以消除脸上的皱纹，使皮肤更加润滑，对中老年妇女或面部皱纹较多的孕产妇尤其适用。

**7. 鲜牛奶 + 橄榄油 = 增加皮肤弹性**

取 50 毫升的鲜牛奶，往里面加入 4～5 滴橄榄油，再加入适量的面粉，调匀后敷在脸上，20 分钟后用清水洗净。坚持使用这种方法，可以增加皮肤的活力和弹性，并让皮肤变得更加润滑与洁白。

**8. 香蕉 + 牛奶 = 皮肤清爽滑润**

取半只熟香蕉，捣烂成泥状，往里面倒进适量牛奶，把调成糊状的物质敷在脸上，15～20 分钟后用清水洗净。坚持使用这种方法可以让使皮肤清爽滑润,对脸部的痤疮及雀斑也有一定的祛除效果。

**9. 牛奶＋草莓＝告别干燥肌肤**

取 100 毫升牛奶、50 克草莓,将二者捣烂如泥,调成糊状,涂抹在脸上 20 分钟,之后用清水洗去。这种方法对皮肤干燥、老化有一定的控制作用,可以使皮肤绽放光泽,看上去更加湿润、细腻。

**10. 酸奶＋蜂蜜＋柠檬＝健肤**

取酸奶、蜂蜜、柠檬汁各 100 毫克,用 5 粒维生素 E 与其一起调匀,涂抹在脸上 15 分钟左右,之后用清水洗净。这种方法可以让表皮的死细胞脱落,同时促进新细胞生长,以此达到皮肤健美的目的。

**11. 酸奶＋杏仁粉＝治粉刺**

以 5：2 的比例将酸奶和杏仁粉一起调成糊状,敷在脸上 15 分钟左右,然后用清水洗净,对面部粉刺或小疙瘩有不错的治疗效果。

**12. 牛奶蒸气面浴＝美容保健**

取鲜牛奶 250 克,将其放在锅内,上火烧,烧开后改为慢火,目的是让沸腾的牛奶在锅里产生蒸气,这时把脸放在蒸气上面,注意闭上眼睛,并保持一定的距离,让牛奶蒸气吹向面部。此刻,脸上会有湿润舒服的感觉,时间根据自己的情况而定,可以是几分钟,也可以是十几分钟。如果能够每天坚持一次牛奶蒸气面浴,一段时间之后会感到面部皮肤红润、光滑、柔软、白嫩,这种方法还可以消除疲劳,其原因是牛奶营养丰富,加热蒸发后可以促进面部血液循环,并使新陈代谢的速度加快,起到美容保健的作用。

**13. 牛奶＋醋＝消除眼皮水肿**

牛奶对收紧肌肤也有一定的功效,如果眼皮在早晨起床时出现水肿,可以用开水把适量的牛奶和醋调匀,然后在眼皮上反复轻按 3～5 分钟,再把毛巾加热后敷在眼睛上。如此一来,眼皮水肿就会马上消失。如果想更省事,可以将两片化妆棉浸在冻牛奶中,然后敷在水肿的眼皮上 10 分钟左右,再用清水洗净即可。

智慧寄语

牛奶的确有很好的美肤效果,任何一个女人都可以妙用牛奶洗出滑嫩的肌肤。

# 用简单的按摩让面部肌肤始终保持弹性与活力

女人的脸部很多时候要暴露在外面,风吹、日晒、流汗或灰尘的污染,这些因素都会使皮肤变得干燥、老化,从而失去弹性。经常按摩经络不但能够促进血液循环,清除污垢,加速新陈代谢,还可以使皮肤保持光滑细嫩。

洗浴后是按摩的最好时间,因为沐浴后,血液循环加快,体温上升,这个时候效果比较明显。入睡前轻柔地按摩脸部,对恢复皮肤弹性也很有帮助。

按摩时,必须均匀地涂按摩霜,使手指更具有滑动感(也可用乳液代替按摩霜)。按摩时手最好顺着皮肤的方向做,或者与皱纹成垂直的方向进行,可以按照自己喜欢的方式做。为了避免与皮肤产生太大的摩擦,按摩时千万不可太过用力。按摩时,可以听听自己喜欢的音乐,以增强节奏感,松弛身心。准确地讲,应该从脸部的中心往外侧像画螺旋一样地按摩。但一定要注意的是,千万不能逆向按摩。

下面,就告诉大家一些增强皮肤弹性和活力的具体的按摩方法:

(1)按摩霜要适量,大概取樱桃大小,点在脸上主要部分,均匀涂抹于整个脸部。

(2)嘴的周围是环肌,按摩时,要在两侧嘴角做半圆按摩。

（3）鼻子的两侧特别容易积存油质，可比别处稍稍用力按摩。

（4）眼睛的周围也是环肌，要轻轻地按压眉头，在眼睛的四周按摩。

（5）额头应该做螺旋状按摩，方向是由内往外。

（6）做脸颊按摩时，也要由内往外做螺旋状按摩。

（7）下巴部分由内向外做螺旋状按摩，皮肤粗糙的地方要做细致的按摩。

（8）脖子按摩也要和脸一样细致，用手背对着下巴往上轻拍。

按摩后，还要做进一步的护理。用面巾纸将脸部擦拭干净，如果可以，最好用热毛巾擦脸，既能感到很舒服，还能提高按摩的效果。注意，如果用热毛巾敷脸，必须在毛巾还有一定的余温之前进行。温度要适当，不可过热。

智慧寄语 _____

经常按摩经络不但能够促进血液循环，清除污垢，加速新陈代谢，还可以使皮肤保持光滑细嫩。

# 如何在上班路上有效地呵护肌肤

无论你上班是开车、坐车，还是骑车、走路，你的肌肤都面临着多种来自外部环境的"摧残"。尤其是当有汽车从旁边经过或从有废气排出的工厂前面走过时，你就更要小心了，说不准肌肤的每一个细胞都已经受到了污染较重的空气的伤害。所以，即使上班时间很仓促，你也不要忽视损伤肌肤的"隐形杀手"，防范措施一定要用心做好，让肌肤永葆青春。

### 1. 给肌肤充分补水

也许，你总是担心早上上班会迟到，所以在路上你迈大步子，蹬快车。可是这样赶时间会让身体大量出汗，从而堵塞毛孔，造成肌肤酸碱失衡。再加上干燥的冷风吹在脸上，肌肤的水分会跟着流失，嘴唇会起小碎皮。所以，在出门前要给肌肤加强保护，眼霜、保湿霜和润唇膏之类的每天都不可缺少。

也许，你现在每天开车上下班，并且车上还配有空调。所以即使在匆忙的上班途中，你也一样悠然自得。可是别忘了，肌肤很容易挥发水分，如果在有空调的房间，会变得更干，再加上空气不流通，肌肤呼吸不到新鲜的空气，这对肌肤的血液循环非常不利，会造成肤色晦暗。因此，在上车前你要记得喷爽肤水和抹保湿霜，给肌肤补充足够的水分。如果在开车途中你感觉肌肤紧绷，在红灯路口停车时，可以抓紧时间往脸上喷保湿水。另外，尽量少化浓妆。

### 2. 保护好双手

方向盘或公交车的扶手上细菌比较多，当你的手接触到它们时，就会很容易把细菌带到手上。并且，手如果经常用力太猛或者总是摩擦，手心会起老茧，变得粗糙、干燥。所以，如果在车上有时间，尽量多做做双手按摩；下车到办公室后马上清洗双手，并记住要搽护手霜。

### 3. 不要用手揉眼睛

在车上，也许你还处于睡眼蒙眬的状态，所以当车子在红灯路口停下来的时候，你通常会用手揉眼睛或脸。如果有这个坏习惯，那就赶快改掉吧！因为那样不仅会把细菌带到脸上，还会让肌肤长细纹呢。

### 4. 恢复面色红润

当肌肤经历了冷风，温度会急速降低，血液循环也会缓慢下来，所以脸色变得发紫发青。

如果你不想到了办公室后被同事看到你不健康的脸色，那么一定要在进入办公室后先用双手拍打脸部,促进血液循环,这样可以帮助面色恢复红润。

### 5. 彻底清洁

空气中的粉尘是上班路上如影随形的"杀手",特别是在走路或骑车的途中,身体处于运动状态,毛孔张开,粉尘更容易附着在脸上。如果清洁不彻底,毛孔就会变得粗大,黑头也会逐渐明显。因此,到办公室后,你要第一时间洗掉脸上的粉尘,防止黑头出现。

所谓"清水出芙蓉,天然去雕饰"。每一个女人都梦寐以求拥有晶莹剔透的肌肤,评定女人是否美丽的首要标准就是要看她的皮肤是否靓丽。虽然遗传会在很大程度上决定着皮肤的颜色和质地,但后天的保护也很重要。

智慧寄语 _____

即使上班时间很仓促,你也不要忽视损伤肌肤的"隐形杀手",防范措施一定要用心做好,让肌肤永葆青春。

# 土方法也能出效果

其实,在生活中,有一些美容护肤的方法很简单,甚至有点土,但却可以给那些爱美的女性带来不错的美肤效果。如果能够慢慢地培养这些习惯,一定会受益匪浅。

### 1. 醋水去油光

如果女性的肌肤是油性的,那么每天起床都会发现脸上泛着油光,洁面皂的确可以去掉多余油分,但角质层也可能会被破坏掉。如此一来,内油外干,油脂只是暂时性地消失,过一会儿还会大量分泌。在盆里倒入 30 摄氏度左右的温水,然后倒入一瓶盖白醋,用这样的醋水洗脸,既可以去油光,又能清洁表皮多余的皮脂,使皮肤的角质层不受伤害。洗完脸后皮肤会感觉到光滑紧绷,再涂抹上合适的保湿产品,就可以防止皮肤内干外油的现象。

### 2. 化妆棉清洁化妆品

化妆棉不仅是用来擦脸和卸妆的,还可以用来清洁化妆品。比如唇膏、睫毛膏、粉底液的旋盖处常常容易被溢出的膏体弄脏,既不卫生,也容易使细菌滋生。这时候,可以用沾了卸妆水、卸妆油的化妆棉擦拭弄脏的地方,污垢就会很容易清洁干净了。

### 3. 纸面膜发挥余热做颈膜

在脸部敷了 15 分钟的纸贴面膜不要轻易丢掉,可以把它整体移到颈部再敷 15 分钟,这就是颈膜了。用的时候把头部略往后仰一点,然后将面膜敷在下巴下面的头颈连接处,这样做的目的是保持颈部与面部肤色一致。

### 4. 每天加热涂抹护肤品

一般来说,女性使用护肤品时都是直接涂在脸上,其实这样做的护肤效果可能会差不少。正确的方法是,在涂抹护肤品之前,包括精华、乳液、霜类等所有产品,最好先用双手揉搓 10 下,目的是通过手温给护肤品加热,然后再往脸上涂抹。等脸部把护肤品全部吸收后,再揉搓脸部 10 下,之后将全脸轻轻按压,以帮助皮肤提高吸收能力。如果每天都能这样坚持,一段时间后,脸部会更加红润健康。

智慧寄语 _____

其实,在生活中,有一些美容护肤的方法很简单,甚至有点土,但却可以给那些爱美的女性带来不错的美肤效果。

# 如何轻松解决皮肤最常见的暗黄问题

皮肤暗沉归根到底是老化的原因，皮肤老化的主要杀手是紫外线，紫外线会造成纹理混乱、血液循环不畅、黑色素积聚等问题。皮肤老化初期的症状有皮肤发暗、肌肤粗糙、松弛、有小皱纹等，所以，当发现自己的皮肤发暗发黄的时候，千万不要视而不见，而应该及早进行护理。

**1. 纹理混乱**

表面特征：皮肤干燥、松弛。

解救方法：及早防紫外线，防止皮肤老化。

隔离紫外线的工作每天都要进行，春天是紫外线强度比较弱的时候，但它依然对肌肤存在"杀伤力"。所以，在春天尽情踏青、郊游的同时，更要懂得时刻呵护自己的肌肤。

**2. 黑色素积聚**

表面特征：以颧骨高处为中心，暗沉感觉严重。

恶因分析：紫外线随时存在，黑色素沉积越来越严重。

解救方法：美白和去角质的护理要定期进行，同时防晒工作不能放松，无论晴天或阴天，都要进行。

春天万物复苏，是美白的好时候，在春天对皮肤进行美白护理的效果最好！

**3. 血液循环不良**

表面特征：整体肤色发暗，感觉有层阴霾。

恶因分析：室内外温差如果比较明显，就会让血液循环更加不顺畅。

解救方法：可以选择按摩和盆浴的方法，其用来改善代谢循环比较有效，另外不能忘记睡眠要规律、饮食要平衡、运动要适当。

面部按摩的纹路和基本方法是：

(1) 从头部开始，经下颌至两颊，向上向外均匀地按摩。

(2) 沿嘴周围做环状按摩可以防止口角松弛和下垂。

(3) 对面部肌肉轻按、轻拍可提高其弹性，延缓衰老。

*智慧寄语*

皮肤老化的主要杀手是紫外线，紫外线会造成纹理混乱、血液循环不畅、黑色素积聚等问题。

# 别让第一道皱纹轻易侵袭到你

女人最美的衣裳是有个好皮肤，即使有再漂亮的衣服，若没有好的皮肤，一切就都会大打折扣。

淡淡的妆容就像一件轻薄的衣裳，当汗水冲淡了粉底与胭脂，皱纹、松弛的皮肤就不能再被掩饰了。要想做一个永葆青春的女人，似乎有些困难。

其实，我们应该学会做自己皮肤的医生，既可以未雨绸缪，也可以在出现问题时及时对症下药。最好的办法是，在问题出现之前就用正确的方法来避免第一道皱纹。

**1. 阻击目标一：眼睛**

仔细观察你眼睛下方的肌肉，是否开始出现松弛了呢？有眼袋吗？一定要趁早解决它，这些现象都会造成皱纹的形成,它将成为暴露你年龄的祸根。

可以经常用眼膜或者西瓜皮、黄瓜片等来贴眼,这会很好地滋养你的眼部肌肤。你还应该养成用眼霜的好习惯,护肤的常备武器就是滋润型的眼霜。

女人最好不要经常看文字和电脑荧屏,不应连续长时间地用眼,不要狠揉眼睛。化妆时动作要轻,不要使劲地拉扯眼部皮肤。

要避免不良表情,如使劲眯眼看东西,或者长时间地让眼睛在阳光照射下工作,还有趴在桌子上午睡,将眼睛和面部压出皱纹等等。

至于黑眼圈的形成,则和我们平时的生活习惯密切相关,要想告别黑眼圈,最有效的方法就是养成良好的生活习惯。

### 2. 阻击目标二:肘部、膝盖

女人很容易忽视肘部、膝盖这类部位的保养,使它们干燥、蜕皮,毫无光彩。赶紧动手吧,让它们也变得光彩一些。

首先将2大匙蜂蜜、1匙柠檬汁和1匙宝宝油搅拌成糊状,用热毛巾敷肘(膝)部等需要护理的部位;然后将已经调好的糊状剂抹在上面,用双手按摩;3分钟后,用热毛巾擦拭干净,喷水;最后一定要抹营养油,你马上就会感觉肘(膝)柔滑不少。

### 3. 阻击目标三:颈部

女人常常把大多数工夫花在脸上,而忽略了颈部这一重要的细节。

其实,颈部肌肤比脸部更娇气,很少有油脂分泌。频繁地扭头、摇头,颈部更容易过早出现松弛、干燥和皱纹,尤其是在25岁以后,那些最先老化的皱纹会慢慢加深。预防颈部皱纹,自己动手做颈部按摩是最简单的办法,不要忘记每天使用颈部护理霜。

还应选择合适的寝具,因为如果床褥过于柔软会造成臀部和脊背呈W形下陷,导致颈骨前倾。睡觉时比较科学的做法是选择稍硬一些的大枕头,枕头最适宜的高度在8厘米左右,摆放在脖子的凹陷处。

### 4. 阻击目标四:臀部

臀部因为基本不曝光,似乎不用担心会出现皱纹的问题,所以总是得不到女人们的重视。殊不知,臀部肌肉一旦松弛下坠,就是最致命的"皱纹",因为它会彻底破坏你完美的"S"曲线。防止臀部肌肉松弛与橘皮的产生关键在于要有意识地经常锻炼,多爬楼梯。

用手掌贴在臀部,将臀部往上提,做按摩动作,然后两只手放在臀部下方,双手顺着臀部弧形的方向往两旁提,再用双手抓住单边的臀部往外拉,最后利用揉捏的方式加快臀部的新陈代谢,促进血液循环。

在沐浴中或者沐浴后用瘦身产品按摩臀部,不但可以增强肌肤的弹性,还可以延缓橘皮组织的产生。

智慧寄语

我们应该学会做自己皮肤的医生,既可以未雨绸缪,也可以在出现问题时及时对症下药。最好的办法是,在问题出现之前就用正确的方法来避免第一道皱纹。

# 让气血流动起来可以保持青春

十七八岁的女孩儿,皮肤嫩嫩的,脸庞红红的,就跟红苹果似的,任何人看到都会说"气色真好!"这时的女孩子能够让人感受到无穷的青春活力。

为什么女孩子在十七八岁的时候气色那么好呢？用中医美容的话说，原因其实就是"气血充盈"这四个字，也就是说不但气血比较充足，更主要的是还要能流动起来，只有气血流动起来才能产生活力和美。

中医认为："所以得全性命者，气与血也。血气者，乃人身之根本乎！"就是说，人的根本是气血。又有"气为血之帅，血为气之母"之说，意思是指气既可以生血，又可以行血，同时还能摄血。仅有血而无气的推动，则血会凝住不能流动，结成淤血；仅有气而无血的存在，气就无所依靠，涣散不收。

所以，气血充盈很关键，而流动起来更重要。

《黄帝内经》认为"动以养形，静以养神"，只有动静结合才能"形与神俱，而尽终其天年"。《黄帝内经·素问·上古天真论》讲"动以养形"，是指运动能使人体气血旺盛，脉络畅通，可以使人体之气增强，使之畅通无阻，从而使人体抗病能力得到提高，使得机体强健、益寿延年。健身运动的方法应以"形劳而不倦"为准则，动与静必须做到平衡，即有静有动，这样才有利于人体健康。

"静以养神"是指让心情一直处于宁静、专一之中，能协调脏腑之气，使真气充沛，身体健壮而不易生病。《黄帝内经》明确指出"静则神藏，躁则消亡"。"静"是相对的概念，没有绝对的静止。心神宜静，指的是"精神专一"，并不是不用心神。如果完全不用心神，那么心神功能就会逐步退化。因此，合理地运用心神，能强神健脑。若心神动用太过，疾病也会因此而引起。心神应该保持安静，不是不动，而是不妄动。

人体气血的运行会直接受到人体的精神情志的影响。比如，当一个人生气的时候，气血便会上冲到大脑和脸部，让人看上去满脸通红。精神对气血的流动和运行非常重要，所以，我们应该尽量保持心态平和，避免情绪过于激烈地波动，不要出现过怒、过喜、过悲的现象，保持乐观的情绪，要多看事物好的方面。宣泄是将不良情绪排出体外的良药。

运动能使气血通畅，血液流通。因此，让气血流动起来的最好途径是运动，散步、健身、游泳等都是值得推荐的运动的好方法。运动贵在坚持，散步是现代人在繁忙的工作之余的最佳的运动方法之一。一种快走健身法最值得推荐，方法简单，效果明显：挑一个圆形的场地，先朝前快步走3圈，再倒退着走3圈，可以根据个人体力的好坏适当增减。

### 智慧寄语

气旺则血就不会亏，气虚就会导致血少；气通畅则血也通畅，气滞则血淤。只有气血流动起来才能产生活力和美。

# 调经是养血的关键

中医认为，女性"以血为本"，令头发亮泽、面容姣好、肌肤靓丽的前提条件就是气血充盈。尤其口唇及面部是统帅诸阴经、主生殖的"任脉"循行之处，面色的红润或枯黄，更与任脉的气血盛衰直接相关。故女子养颜关键要养血，养血的关键在于调理月经。

女孩子进入青春期后，每月通常要排出经血60～100毫升，一生中约排出25000毫升，达25千克以上。而且大部分女性都要经历怀孕、分娩、哺乳等过程，这些都与"血"息息相关。即使正常的女性，血液中的红细胞、血红蛋白也比男性少，仅为男性的五分之四。若不注重调理气血，容易出现面色萎黄、唇部没有血色、指甲松脆变形、肤涩发枯、头晕眼花、心悸失眠等血虚表现。严重者还会因为各个器官功能减弱而过早地出现颜面皱纹、头发花白，甚至面容憔悴，早显"老妪"之态。所以，女性容颜的呵护保养首先是要养血。

女性养血贵在调经。女性如果平时月经量过多，最好赶快在医生的指导下治疗。如女金丹、人参养荣丸、八珍益母丸、乌鸡白凤丸、安神丸等中成药,在养血调经驻颜方面都有着十分显著的功效,必要时可在医生的指导下选择服用。

女性在日常生活中该如何养血调经呢? 最重要的是生活要有规律。平时要注意:不要太过疲劳,保持睡眠充足;情绪乐观,避免多愁善感;注意保暖,千万不要贪凉,月经期间尤其要注意;不吸烟、少饮酒及浓茶;平时要多锻炼身体,多参加户外活动等。这些都是养血健身很有效的方法。青年女性要坚持多用冷水或温水洗脸,加强耐寒锻炼。在寒冷的季节或刮风的季节,每次外出回家,都要赶快先洗个热水脸,可用温湿毛巾把脸蒙住,让蒸汽湿润面部,以促进面部的血液循环。

此外,饮食调理对女性来说也要加强,切不可为追求体形美而盲目节食,导致营养不良而影响健康。女性要保持膳食平衡,平时应多摄入一些含蛋白质和维生素 C 较丰富的食物,适当补充铁剂。西红柿及含有维生素 C 的山楂、橘子、鲜枣等水果要经常食用,它们不仅能抑制面部黑色素的形成,同时还能减退沉着的色素。一些有调补作用的药膳,如阿胶红糖糯米粥、桑葚菠菜粳米粥、莲子桂圆汤、猪肝粥、当归羊肉汤、杞子红枣煲鸡蛋等,要不断地换着种类来服食,可补血养血,永葆青春。

### 智慧寄语

女子养颜关键要养血,养血的关键在于调理月经。

# 女人要吃一些适合补血养颜的食物

如今,随着生活节奏的加快和竞争压力的加剧,月经不调、痛经、肌肤黯淡无光、脸上长色斑等衰老现象在越来越多的女性身上出现,这让她们既苦恼又无奈。如何使自己的皮肤质地变得更好,让面容重新恢复青春靓丽呢?

其实,女性应该从内部调理开始,从根本上唤起好气色,延缓衰老,使青春常驻。可以通过补血理气、调整营养平衡来塑造靓丽女人,而食疗就是补血理气的最好办法。多食用补血、补肾的食物,如红枣、阿胶、桂圆、山药、红糖、白果、枸杞子、花生等,能从根本上解决气血不足的问题,同时加速血红细胞的新陈代谢,增强皮肤的保水功能,让女人自内而外都美丽。

阿胶,一直被称为"圣药",不但具有滋阴润燥、补血止血、调经安胎的功效,而且能使面色红润,肌肤细嫩,有光泽、弹性好,完全可以达到女人的美容要求。

补血最常用的食物是红枣,效果最好的就是生吃和泡酒喝。此外,红枣还可以在铁锅里炒黑后服用,能够治疗女性常有的胃寒、胃痛,再放入桂圆,就是补血、补气的最好食品,特别适合气血较虚的女性,如果再加上 4 ~ 6 粒枸杞子,同时又有治疗便秘的功效。

所以,女性想要改善肌肤,可以找点空闲时间好好调理一下,多喝点红枣桂圆枸杞茶。这种茶美容效果不错,不过,枸杞子、红枣和桂圆不要多放,几粒就好。平时也可以在早上上班后给自己泡上一杯,不但补气血,还能明目,长期对着电脑的女性朋友们特别适合饮用此茶。

其他补血组合:

(1)红枣、花生、桂圆,再加上红糖,加水在锅里慢慢地炖,炖到熟烂即可,经常吃,补血效果很显著。

(2)红枣、红豆同糯米一起加水熬粥,因红豆比较不易煮烂,可以先煮红豆,等到红豆煮烂了,再加入糯米、红枣一起煮,即可以成为一道补血的佳肴。

(3)10 粒红枣切开,10 粒白果去外壳,加水煮 15 ~ 20 分钟,每晚睡觉前吃,可以补血固肾、止咳喘,治尿频、夜尿多,效果非常显著。

(4)10粒红枣切开,10粒枸杞子,煮水喝,补血补肾的功效显著,且专治腰膝酸软,常年吃还可以养颜祛斑。

此外,补血的好食物还有:猪蹄加黄豆一起炖;甲鱼加上枸杞子、红枣、生姜一起炖烂;牛肝、羊肝、猪肝做菜、炖汤,或与大米一同煮粥;牛骨髓、猪骨髓加红枣炖汤;牛蹄筋、猪蹄筋加花生、生姜炖烂等。

智慧寄语

女性要从内部调理开始,从根本上唤起好气色,延缓衰老,使青春常驻。可以通过补血理气、调整营养平衡来塑造靓丽女人,而食疗就是补血理气的最好办法。

# 女人养气血的八个小诀窍

肌肤对一个女人来说当然很重要,但是肌肤只是"表",气血才是"里"。如果没有好气血,就不会有好脸色,也不会有很好的亲和力。

### 1. 别让自己成为咖啡因容器

据科学研究表明,现代人咖啡因摄入过多是一个普遍存在的问题,白领一族更为严重。一天当中,我们喝的饮料如咖啡、茶、可乐和运动饮料,都含有或多或少的咖啡因,而焦虑、心跳加速和失眠等问题主要是由咖啡因摄入过多所导致的,并且它还会间接影响到我们的脸色。

提示:咖啡因摄入过多容易让人们失眠,而睡不好觉就更不会有好脸色。专家建议我们每天可以通过喝开水、吃水果、喝粥等方式进行补水,以减少咖啡因的摄入量。

### 2. 挑剔一点蔬菜

美国的最新研究发现表明,西兰花、白菜等蔬菜不仅含有丰富的粗纤维,还能在消化过程中将体内多余的水分带走,防止发生水肿。如果你想第二天早晨醒来眼皮没有肿胀,可以在晚餐时多吃些这类蔬菜。

提示:菜花、莴苣、冬瓜也具有防止水肿的功效,爱美又爱健康的你可以适当多吃这类蔬菜。

### 3. 跳舞舞出好脸色

早春时节天气依旧寒冷,不容易坚持一般的运动。不如给运动添加点兴奋的调料,较好的选择就是跳舞。跳舞可以让我们血液沸腾,大汗淋漓,燃烧体内的卡路里,好脸色自然就会随之而来。

提示:好循环才能有好脸色,运动自然是最为关键的。绝大部分健康管理专家都会反复强调运动对健康的好处,而更快乐、更轻松、更适合女人的室内运动当然要数跳舞了。

### 4. 适当喝一些黄酒

脸色不好很多情况下是由于唇色黯淡导致的。中医发现大多数女性30来岁的时候都有脾虚之症,嘴唇发白、没有颜色是最明显的症状。平日里化妆看不出来,卸妆之后就会有诸如自己的嘴唇长期以来只是口红油彩的画板之类的感慨。想拥有美好的脸色,就要先拥有红润的唇色。而想拥有自然红润的唇色,就要时刻关注补脾。除了多吃山药等补脾食物之外,冷天里还可以喝一点黄酒佐餐,这是最传统、最有效的补脾良方,对于改善唇色很有帮助。

提示:可在黄酒中加入姜丝、话梅,让口感更容易被接受。但需要提醒的是,每天饮用要适量,一杯就好。

**5. 培养生活好习惯,不放过每天的排毒机会**

我们每天吃进去的食物经过消化会产生废物和毒素,这些毒素能不能及时排出体外对于面色的好坏很重要。食物进入人体后先经胃部消化,然后由小肠吸收,但是如果出现便秘的情况,停留在小肠的毒素就会通过血液流入身体的其他部位,从而使肌肤变得发黄粗糙,由此影响我们的好脸色。每天晨起喝一杯温开水是不错的解决方法,可以帮助唤醒沉睡的肠道,让我们轻松地开始新的一天。

提示:便秘的一大原因是食物纤维摄入不足。你要保证自己每天吃足七种蔬果。拥有好脸色的高招就是用蔬果汁来补充。

**6. 午睡,享受午间美容**

是的,对于上班族来说,中午能睡个小觉是很奢侈的事。但越来越多的研究发现,每天中午小睡对健康无论是现在还是将来都有益处。公司附近的SPA或者足底按摩的小店,都可以让我们疲惫的身心得到放松,即使是办公桌上的小憩也会对下午保持精力有帮助。

提示:午睡可以让大脑和身体得到休整,让女人们气色更好,精力更充沛。需要提醒的是,如果在办公桌上休息,最好把电脑关掉,以杜绝辐射。

**7. 山楂,每个女人都该吃的"好脸色"食物**

说到下午茶,很多女性都会想到软芝士做的提拉米苏或一杯奶泡浓郁的卡布基诺等西式的茶点。这些食品虽然味道诱人,但热量高,营养成分单一,而过多的脂肪会让肤色出现不均匀的状态。如果你爱美又爱健康,推荐你每天喝一杯山楂茶。因为山楂有明显的降低血清胆固醇、降血压、利尿、镇静等功效,能够增强心脏功能、增加冠脉血流、扩张血管、让面色红润,所以山楂是每个女人都要经常吃的保持"好脸色"的食物。

提示:除了山楂之外,也可作为每天小零食的还有红枣、无花果等,因为它们对女性的气色都有改善与提升的作用。

**8. 享受自然SPA,泡一个舒适的澡**

热水澡让整个身体迅速感到温暖,同时促进全身血液循环。如果第二天有约会,前一天晚上睡前泡个热水澡,第二天你会发现自己的气色比平时好很多。

提示:享受SPA是最有效的懒人被动制造好脸色的运动。如果再有植物精油和浴盐一起参与这场放松行动,这种体验将会是既享受又有效的。

**智慧寄语**

肌肤对一个女人来说当然很重要,但是肌肤只是"表",气血才是"里"。

# 大枣是补气血的佳品

人人都怕老,都怕丑,特别是女人。那么,怎样才能使自己青春永驻并变得美丽呢?其中一条经验是:每天都要坚持吃上三个枣,因为大枣的美容功效非常显著。

有一个叫皮皮的女孩,以前皮肤黯淡无光,脸上还时常会长出小痘痘,可是现在她的皮肤却变得粉红,有光泽,就连小痘痘也不见了。后来她告诉朋友,她的皮肤之所以有如此大的改变,全是因为红枣的作用。她每天坚持吃至少三个红枣,仅仅半年的时间,皮肤就变好了。

民间有"每天吃三粒枣,一百岁都不会显老"、"要使皮肤好,粥里加红枣"之说。

检测表明,枣中含有人体所必需的多种营养物质,如蛋白质、脂肪及多种矿物质元素钙、磷、铁等,含量较高的有维生素A、维生素B、维生素C,称得上"百果之冠"。红枣中还含有谷氨酸、赖氨酸、精氨酸等14种氨基酸,苹果酸、酒石酸等6种有机酸。这些都是对身体健康十分有益的化学成分。

中医认为,红枣是滋养血脉最好的食物,向来被民间视为补气佳品,对面容枯槁、气血不足等症有一定的医治作用。

现代医学表明,大枣中含有具有扩张血管作用的环磷酸腺苷,可以改善心肌的营养状况,增强心肌收缩力,对心脏的正常活动非常有好处。大枣中的山楂酸具有抗疲劳作用,能增强人的耐力。此外,大枣还可以缓解毒性物质对肝脏的损害。

可见,红枣有很高的药用价值。医学文献中记载着大量以红枣做食疗的药方:红枣去核,加胡椒水煮熟后,扔掉胡椒只吃枣,并把汤喝掉,能治胃病;用大枣100克煮水,食枣饮汁,每天吃三次,可以治疗贫血;将红枣与水、小麦、甘草煎汤饮服,可以缓解血小板减少、紫绀、妇女更年期发热出汗、心神不定、情绪易激动等症状。

正因为有如此的功效,红枣才被称为"木本粮食"。吃枣不仅可以治病,而且可以充饥,更可以强身健体。

吃枣时应注意不能吃腐烂的枣。大枣腐烂后,微生物大量繁殖,枣中的果酸酶继续分解果胶,产生果胶酸和甲醇,甲醇如果经过分解可生成甲醛和甲酸。吃腐烂的枣,轻者可引起头晕,重则危及生命,所以千万不能吃腐烂变质的枣。

### 智慧寄语

红枣是滋养血脉最好的食物,向来被民间视为补气佳品,对面容枯槁、气血不足等症有一定的医治作用。

# "气血"与女人一生的健康紧密相连

"气"在中医学上非常重要,因为它被看作人体生长发育、脏腑运转和体内物质运输、传递、排泄的最基础的推动力量。俗话讲的"断气"表明一个机体的死亡,一旦没了气,人就不再存在了。关于气,我们日常生活中用来表达的词语就更多了,"受气""生气""没力气""中气不足"等。气的最基本的功能主要是促进肌体的生长发育,加速机体的新陈代谢,帮助脏腑运动以及推动物质运输等。

"气"不仅有着推动作用,而且具有温煦作用、防御作用和固摄作用。

当"气"的运动表现不太正常时,也就是"气"不能正常运转的时候,我们的身体就会感到不舒服。"气滞""气郁""气逆""气陷"指的就是"气"运动失常的四种情况。

我们分别来看看"气"的失调会对女人的健康造成哪些影响。

"气滞"就是指气的运动不够通顺,最典型的表现就是胀痛。气滞的部位不同,导致出现的胀痛部位也不同。比如月经引起的小腹胀痛,就是气滞引起的妇科疾病最突出的表现。

"气郁"指的是气结聚在内,不能在身体内流通。如果气在体内流通不畅,那我们人体各个器官的运转、物质的运输和排泄都会随之受到一定的影响。如胸闷憋气、手脚冰冷,其实就是气在体内循环不通畅导致的,所以,冬天最好多吃饭、多运动,这样才能保证气血的正常运行。

"气逆"指的是气在体内上升的速度快而下降的速度慢给人体造成的疾病。气在人体中升降的运动都是有序的,上升作用能保证将体内的营养物质输送给大脑,维持各个器官在体内的功能;下降则是使进入人体的物质能够有序传递,并能向下汇集各种代谢物,通过大小便排出体外。如果上升作用过强,就会出现头部血液过多、头晕头涨、面红目赤、倒经(月经从鼻孔流出)、头痛易怒、月经过多、两肋胀痛,甚至昏迷、半身瘫痪、口角歪斜等症状,下降作用过弱则会出现饮食不正常,出现泛酸、恶心、呕吐等症状。

"气陷"和"气逆"有着不同,是指气在体内上升不足或下降太过。上升不足容易造成头部缺血缺氧或脏腑发生位置移动,出现崩漏、头晕、健忘、眼前发黑、精神不振等症状;下降太过则容易使食物的传输过快或造成代谢物的过度排出,从而出现拉肚子及小便频繁等疾病。

上面讲了人体的重要物质"气",接下来再讲一讲"血"。

血很重要的一个作用就是对人身体的滋养,它携带的营养成分和氧气是人体各个组织器官生存的物质基础。对女人来说,血更加重要:血充足,人会脸色红润,肌肤饱满丰盈,头发润滑有光泽,精力十足,感觉灵敏,活动也灵活。因为血是能将气的各种物质传递到全身各个脏器的最好载体,所以中医上又称"血为气之母",也可以解释为"血能载气"。

血的生成离不开以下两个因素,也就是说补血可以从这两个方面入手:

(1)脾胃的运化功能;

(2)气的充足程度。

脾胃是我们机体用来消化吸收营养的重要器官,同时它也可以产生出大量的血液,因此,在中医上有"脾生血"的说法,也就是说,只有脾的功能正常了血液才能充足。

气有增进血液循环的作用,因此,只有气充足,血液生成的速度才会快。中医上称"气能生血",也就是说如果血不充足应该先补气。

如果血不足或者循环不正常,就会造成身体的各种病症,比如失眠、健忘、烦躁、惊悸、面色无华、月经紊乱等。如果这样一直得不到改善,必将导致更严重的疾病。

人体生命、生理活动的基本物质主要是由气、血构成的,对女性来说,调养好气、血特别重要。由于女性的生理特点,月经时会消耗和流失一定量的血液,加之经期情绪、心理的变化,身体中的雌激素会有所减少,月经失调也就成了家常便饭。由此给肌肤带来的变化可想而知——肤色暗淡,眼圈发黑,脸上会长出痘痘,令人苦恼。下面给大家介绍一些简单而实用的补气养血的方法:

**1. 饮食调养**

平常要多吃一些含有优质蛋白质、微量元素(铁、铜等)、叶酸和维生素 B12 的营养食物,如红枣、莲子、龙眼肉、核桃、山楂、猪肝、猪血、黄鳝、海参、乌鸡、鸡蛋、菠菜、胡萝卜、黑木耳、黑芝麻、虾仁、红糖等,它们都可以起到补血活血的作用。

**2. 中药调养**

常用的可以生血的中药有当归、川芎、红花、熟地、桃仁、党参、黄芪、何首乌、枸杞子、山药、阿胶、丹参、玫瑰花等天然中药。食补和药补一起做成可口的药膳,能够很好地调节内分泌,达到养血的效果。

**3. 运动养生**

运动也是调养气血很重要的一个环节,平时可以练习瑜伽、太极拳、保健气功等有氧性运动。另外,传统中医学认为"久视伤血",所以对于职业女性来说,如果长时间坐在电脑前工作,应该特别注意用眼卫生及休息,防止因为过度用眼而影响到身体的气血。

**4. 经络疗法**

经常按摩头部、面部、脚部来消散淤血,并坚持用艾灸的方法来炙关元、气海、足三里、三阴交等重要穴位,是延缓衰老的非常有用的方法。

智慧寄语

"气血"是维持生命的最基本的东西,也会直接影响到女人一生的健康幸福!

# 第三章　聪明女人因健康而美丽

## 素食，都市女性新主义

英国有 1/6 的人口已经或正在考虑成为素食者，美国的素食人群占到人口的 1/10，悄然传播的素食文化，使得素食成为了时尚的标签而风靡全球。素食，已经成为一种全新的环保、健康的生活方式。人们不再钟情于鸡鸭鱼肉，既色香味俱全，又有利于身体健康的"现代素食"逐渐受到人们的青睐。而走在"素食风"前面的就是白领女性，她们时尚，有文化修养，经济实力也很强大，干脆成为了现代"素食主义者"，甚至还成立了俱乐部来宣扬吃素食。

现在，在餐桌上如若有人宣布她只吃素，不必大惊小怪。吃素，对绝大多数人来说，已不再是出于宗教的禁忌和约束。

姗妮是 2002 年加入素食一族的。"只有暴发户才喜欢叫一桌的生猛海鲜，而到五星级饭店里要几碟小菜才真叫酷。"在她看来，环保、爱护动物、素食等都是一回事，代表着一种"不受污染"的文化品位和环保意识。开始的时候，姗妮并不适应素食的生活，似乎每顿饭都要与大鱼大肉的诱惑作斗争。坚持一段时期后，她发现了食素的许多妙处，每天的心情变得平静了，不再像以前那么狂躁不安，也扭转了困扰她很长时间的失眠的毛病。从这以后，她成了一个连鸡蛋也不碰的完整意义上的素食派。

现实中，完全不吃荤的素食者少有，也很难坚持，如果非得严格食素，肯定会遇到诸多不便，恐怕连面对应酬时的山珍海味都无从下筷。不过，新素食主义者找到了折中的办法，那就是并非单纯摒弃荤腥，而是主要食用含有丰富营养素和微量元素的素食，辅之以乳制品、蛋、鱼，甚至少量的鸡肉。

"新素食主义"在现实生活中更具可行性，越来越多的都市女性都追捧素食所表现出的那种天然纯净、优雅健康的色彩，那格外切合女性温顺平和的天性。

食素的五大基本好处：

### 1. 吃出健康来

由于较低的脂肪含量，素食者的血压和胆固醇降低了。德国做过一次研究，偶尔才吃肉的素食者得心脏病的概率是一般人的 1/3，且只有一般人一半的人数得癌症。而且，食素的作用相当于食疗。

### 2.吃出美丽来

减肥的目的也可以通过食素来达到,素食能使血液变为微碱性,促进新陈代谢活动,从而把蓄积在体内的脂肪及糖分燃烧掉,达到自然减肥的目的。经常食素者由于肝腑器官运转良好,故而身体充满着生气,皮肤显得柔嫩、光滑、红润,吃素堪称是美容的好方法,可以由内到外全方位美容。

### 3.吃出聪明来

清爽之感往往整日都围绕着素食者,似乎人也变得更聪明了。事实上,这并非只是心理上的暗示,而是有科学依据的。让大脑细胞活跃起来的养分主要是麸酸,B族维生素居次,而谷类、豆类等素菜则是麸酸和B族维生素的"富矿",增强人的智慧与判断力的一个重要途径就是一日三餐从"富矿"里汲取能量,使人容易放松及提高专注力。

### 4.吃出文化来

素食,表现出了回归自然、回归健康和保护地球生态环境的返璞归真的文化理念。吃素,不但为了天然纯净均衡营养的摄入,更主要的是能额外地体验到摆脱了都市的喧嚣和欲望的愉悦。

### 5.吃出经济效益来

通常情况下,荤食在价钱上要贵于素食,也很少有用素食做成的"大菜"。所以,食素可以为我们的钱包省下一笔,食素不亦乐乎。

很多人一听到"素食"就马上摇头,觉得自己可能没有毅力彻底戒除荤腥。其实,只要仔细地把新素食主义的"入门大法"研究透彻,素食就会成为你的饮食中一个自然而且生态的习惯。

### 1.不用一味拒绝肉食

以为吃素就是要完全杜绝荤腥的摄取,这其实是个误区。吃素,并不意味着要彻底断绝荤食——从营养学的角度来看,对健康的一个损害就是彻底地拒绝荤食,肉类可以提供人体所需要的高热量,而我们每天必须适当补充高热量的食物。所以,最好坚持混合食用动植物食品,这样身体的营养才会均衡全面。

### 2.保证饮食均衡

每日的饮食,素食者要保证摄取到蛋白质、维生素 $B_{12}$、钙、铁及锌等身体所必需的基本营养成分。豆类、奶类以及谷类当中都能摄取到蛋白质;鸡蛋富含维生素 $B_{12}$,如果鸡蛋是你讨厌的食物,还可从酵母菌、大豆制品、人造黄油以及谷类中补充;富含铁的素食有奶制品、全麦面包、深绿色的多叶蔬菜、豆类、坚果、芝麻等;好的钙质来源于牛奶、酸奶与干酪;深绿色的蔬菜、种子、坚果、干果以及豆腐还可以提高体内锌的含量。

### 3.素食减肥要天然

如果想通过素食减肥,天然素食就应该作为你餐桌的主打,而不是我们在市场上所见到的精制加工过的白面、即食面、蛋糕等易消化的食物。天然的谷物、全麦粉制品、豆类、绿色或黄色的蔬菜等都是天然的素食。对含糖量高及高脂的天然素食要有节制地食用。吃惯肉类者刚开始素食减肥时别急于求成,可循序渐进,开始的时候吃两碟素菜尝试一下,等适应后再逐渐减少肉类及精制食物,最后再考虑以天然素食为主食。

### 4.避免暴露在阳光下

有些蔬菜(如芹菜、莴苣、油菜、菠菜、小白菜等)含有光敏性物质,一旦过量食用这些食物,然后被紫外线灼伤,就会出现红斑、丘疹、水肿等皮肤炎症,该症在医学上被称为"植物性日光性皮炎"。所以,暴露在阳光下是大量吃素的人的大忌。

### 5.控制膳食总能量

控制膳食总能量是素食者烹饪中要注意到的,特别是糖、烹调油的摄入量。尽量少吃甜食,保持清淡的饮食较为合适。

有关业内人士指出，当健康受到高血脂、肥胖病等的威胁时，素食主义其实正成为一种健康的生活方式。加入食素队伍的人越来越多，他们吃素的原因很简单，他们所倡导的素食并不是没有油水的"白菜豆腐"，而是营养丰富的物品。素食对于现代人，最切合实际的莫过于它在健康、美容方面的积极影响，并且还能潜移默化于人的性情。

智慧寄语 _____

目前，"吃斋"不念佛已变成了一种饮食的态度，并且走在时尚的前沿。

# 体验瑜伽抗衰老的魅力

与一般的运动方式有所不同，瑜伽是一种倡导身体和心灵统一在一起的生命哲理，能让身体各个机能得到协调和健康，更高层次的则是培养人们专心平静、冷静客观的平和心态，使人修身养性，获得身体、精神相统一的健康状态。这是其他健身运动无法达到和实现的一大特点。

从某种程度上讲，瑜伽提倡的身心合一是有一定科学道理的。瑜伽的修行可以分为 8 个阶段，也可以称之为 8 支分法，即约束、戒律、姿势和体位、调息、控制感官、内省、冥想、三昧（即身体与心灵的和谐，超脱的境界）。所有这些都是为了调整锻炼身心各方面的机能，使它们能够协调有序，均衡健康。

瑜伽中的姿势和体位的练习是一种不断加强的伸展运动，通过慢而有条理的伸展与收缩极大地刺激人体的肌肉、神经、内分泌系统和消化系统，调节血液循环和激素分泌，将身体内的没有用的物质排出体外。不间断的练习更加能够增强身体柔韧性，使体形变得修长匀称，增强肢体的灵敏度。而通过呼吸、冥想等练习，可以使神经变得安静，使心态平和，使人胸襟开阔、冷静沉着、处变不惊。

这样一种既可以锻炼身体又能锻炼精神的健身方式，并不需要任何辅助健身器械，更不会像其他健身项目（如球类、游泳等）受场地的限制。但练习瑜伽并不意味着仅仅是每天抽出一定的时间进行体位的训练或冥想，瑜伽运动的思想将体现在你生活的方方面面。比如，选择宁静自然化的生活氛围，清淡的饮食，舒缓的音乐，开朗平和的心境等。

从饮食方面来说，瑜伽提倡的是饮食要健康节制，认为饮食不仅影响身体，更重要的是还会对心灵和精神有一定的影响。瑜伽把食物分成 3 种：惰性食物、悦性食物和变性食物。所谓惰性食物就是容易引起怠慢、疾病和心灵反应较慢的食物，此类食物不但对心灵有害，对身体的害处也非常大，比如油腻的以及炸烤食物，尤其是肉食；悦性食物含有大量的营养，一般不会选用香料和调料，烹饪简单，食用这些食物能够促使身体变得健康、纯洁、精力充沛，使心灵宁静而又愉快，对身心都十分有益，包括一切新鲜、美味的蔬菜、水果、极少味素的食品、谷物以及豆类制品、牛奶；变性食物是指能够提供能量，对身体有一定好处但对心灵没什么益处的食物，会引起身体和心灵的浮躁不安。从食物成分上看，悦性食物含有较多的天然蛋白质和维生素，这种饮食是比较健康的。

除了这些以外，瑜伽饮食特别要注意的还包括：吃素食和饮食均衡，要每天坚持多吃些新鲜的蔬菜水果和坚果；饮食不能过度，要细嚼慢咽，吃饭只吃八分饱；每天要喝大量清水，大量的清水可以清洗人体在一天内所产生的毒素，预防过早衰老。

所以，选择瑜伽运动的人就相当于接受了一种健康绿色的生活方式。实际上，这也是为什么瑜伽会受到世界各地的女性朋友欢迎的原因。

下面,有3种能够让人们精神放松的瑜伽运动法,有兴趣的朋友不妨一试:

### 1.训练法

训练法又被称为放松训练或松弛训练。有意识地控制自己的心理、生理活动,降低唤醒水平、改善机体不正常功能的训练,能够让精神得到放松。这种方法最重要的就是通过瑜伽的调整姿态(调身)、呼吸(调息)、意念(调心)而达到松、静、自然的放松状态。近期科学研究表明,瑜伽能让身体感到放松,使放松状态下的大脑皮层降低活跃水平,减少交感神经系统的兴奋性,降低机体耗能,增加血氧饱和度,提高血红蛋白含量和携氧能力,提高消化机能,以及促进肌电、皮电、皮温等一系列能够增强营养性的反应,这对于调整机体功能、防病治病、延年益寿有很大的好处,更可以增强感知、记忆、思维、情绪、性格等心理素质。

### 2.诱眠法

诱眠法又被叫做放松催眠法或诱眠松弛法。发出一种放松暗示指令,让指令的接受者静卧,微闭双眼,大口吸气,慢慢呼气,精神安宁,注意呼吸节律;全身放松,感受到全身肌肉放松后的无力舒适感。同时也会形成一种暗示:"全身肌肉放松后,精神得到最大程度的放松,四肢不能动了,眼睛睁不开了,脑子也不想了。睡吧!睡吧!睡着了,精神彻底放松解脱了……"

### 3.意境法

意境法又称为意念放松法或想象放松法。平躺下后,用自身的意念去想象,心里浮现出一幅幅图画,心静如水,清澈安宁:一只美丽的天鹅从湖面上浮过,洁白的雪花从天上轻轻飘落;田里一个农民在犁地,一匹马拉着车子;安详地站着一头母牛,一只孔雀在开屏;海洋上激扬着浪花,孩子们在嬉戏;蓝天清澈,朵朵白云飘过头顶;我在这诗情画意中,心旷神怡,感到非常轻松、舒适和愉快;我被陶醉了,我的心非常平静。

智慧寄语

瑜伽是一种倡导身体和心灵统一在一起的生命哲理,能让身体各个机能得到协调和健康,更高层次的则是培养人们专心平静、冷静客观的平和心态,使人修身养性,获得身体、精神相统一的健康状态。

# 女人跳绳会延缓衰老

传统中医学认为,人体有十二条正经,手和脚各六条。跳绳时,手握绳头,不停地做旋转运动,能刺激手掌与手指的穴位,从而保证手部经络的畅通,使分布于手和上肢部的6条经络全部畅通,贯通大脑,对大脑、脑垂体等组织起到刺激的作用,增加脑神经细胞的活力,提高思维能力;脚上则交错汇集了6条经脉及众多穴位。跳绳可以加速人体的血液循环,使人精神焕发,精力充沛,行走有力,更主要的是还可以以此来通经活络、健脑益智。

跳绳是比较容易开展的健身运动,没有时间和地点的限制,也不需要特别的运动器械,所以,多数人愿意采用这种方式锻炼身体。跳绳最大的效果就是健脑,因此有了"要健脑,把绳跳"的俗语。

跳绳还是一项全身都能达到锻炼的运动,跳绳主要是锻炼后肢弹跳和后蹬,手臂同时摆动,腰部则配合上下肢活动而扭动,腹部肌肉收缩以便让腿能抬得更高。跳绳时,呼吸加深,胸、背、膈、腹等所有与呼吸有关的肌肉都能得到很好的锻炼。跳绳时大脑也必须不停地运动。因此,跳绳既可以锻炼大脑,又可以锻炼全身的神经系统。

根据医学研究证明,当大脑正常工作时,所需的血液量比肌肉多15到20倍,大脑的耗氧量占全身耗氧量的20%～25%。因此,脑组织对缺氧、缺血特别敏感。运动有利于提高心脏功能,加快血液循环,使大脑得到更多氧气与养分。凡是有氧运动都对大脑有一定的促进作用,特别是弹跳运动,能把更多的能量输送给大脑。从这个角度来看,跳绳是最适合健脑要求的运动之一。

跳绳看上去并不难,但在运动时要讲究方法,特别是要掌握好运动量。每分钟弹跳达到100次以上的跳绳,连续5分钟,相当于跑750米;持续跳绳10分钟、慢跑30分钟或者跳健身舞20分钟都能消耗掉相同的热量。跳绳是比较消耗热量的运动,因此只要达到活血醒脑的目的就行了,过度运动会产生疲劳感。

跳绳前做好充分的准备活动是十分必要的。跳绳是一项运动量较大的活动,练习前一定要活动好身体的各个关节,特别是脚腕、手腕和肩关节、肘关节,一定不要忽视。

跳绳要注意选择场地。不要选择土地或者高低不平的水泥地,最好选择条件较好的室内体育馆。跳绳时要选对服装,最好穿运动服或宽松轻便的服装,选一双软底布鞋或弹性较好的运动鞋,这样活动起来会使你感到轻松舒适,更主要的是不会造成你脚部受伤。

练习跳绳不能操之过急,开始练习时,动作要由慢到快,由易到难。初学者可以先学单人跳绳的各种动作,然后再学较复杂的多人跳或团体跳绳动作。

跳绳运动一般没有时间限制,但要避免引起身体不适,饭前和饭后半小时内最好不要跳绳。

### 智慧寄语

跳绳可以加速人体的血液循环,使人精神焕发,精力充沛,行走有力,更主要的是还可以以此来通经活络、健脑益智。

# 根据自己的年龄制订运动计划

不同年龄阶段的女人其身体有着较大的差异,因此要根据自身身体的条件与年龄等因素采取相应的运动。在此给你制定出具体的运动计划仅供参考:

**1.20岁左右的窈窕淑女**

这个年龄阶段的女性,身体各项基能都相当正常,心律、肺活量、骨骼的柔韧度、稳定性及弹性等各方面都能达到最优的标准。从运动医学的角度上讲,这个时期运动量偏多对身体造成的负面影响比运动量不足要小,所以,各种运动对这个年龄阶段的人来说都是可以的。

锻炼没有特别的时间要求,一天一次,隔天也可以,每次大约做30分钟增强体力的锻炼,可以采用举重的方法,负荷量不宜超过肌力的60%,要坚持到肌肉觉得疲劳为止(每次大约需做10～12次),如多次练习并不觉得累,可以加大器械重量的10%,一定要让主要肌群都得到锻炼。然后做20分钟的心血管系统锻炼,慢跑、游泳和骑自行车等都是不错的选择。

**2.30岁左右的风韵女人**

这个阶段的女性,身体已经不如年轻的时候了,此时如果不注意加强锻炼身体,对耐力非常重要的摄氧量就会逐渐下降。30岁后,女性的关节经常会发出一些声响,这可能是关节病的先兆。所以,为了使关节保持较高的柔韧性,女性在多做伸展运功的同时,还要不断加强心血管系统的锻炼。

锻炼最好每隔一天做一次,每次进行5～30分钟的心血管系统锻炼,如慢跑或游泳,强度不能像20来岁时那样猛。然后做20分钟增强体力的锻炼。与20岁时相比,试举的重量要轻一些,但可以增加做的次数。

5～10分钟的伸展运动,重点是背部和腿部肌肉,长期在办公室工作的人更要注意常做伸展运动。方法是仰卧,努力让膝关节碰到自己的胸部,也可以试着采用举双腿的方法,尽量举高,保持30秒,反复数次。

### 3. 已过不惑之年的女人

超过40岁的女性要多做些有利于保持较好的身材,同时又能预防常见的老年疾病(如高血压、心脑血管等病)的运动项目。

在这个年龄阶段的女性由于体能较之前有了些差异,所以锻炼的强度不要过大,一个月坚持八次即可,内容包括:25～30分钟的心血管锻炼,如慢跑、游泳、骑自行车等,运动的强度一定要保证身体可以吃得消;10～15分钟的器械练习,器械重量要比30岁时的轻一些,因为运动强度太大会造成身体上的伤害,但次数不妨多些,为了避免发生意外,最好不使用哑铃,而用健身器械;5～10分钟的伸展运动,在活动时尤其要注意活动各关节和比较容易萎缩的肌肉。

适合女性锻炼的运动项目主要有:太极拳、打网球、游泳、慢跑、跳舞、散步、打高尔夫球等。

### 智慧寄语

不同年龄阶段的女人其身体有着较大的差异,因此,要根据自身身体的条件与年龄等因素采取相应的运动。

# 做个健康的"水美人"

女人是水做的,清纯,卓尔不群,超凡脱俗。但是,如果女人脱离了水的滋养,情形又将变得怎样呢? 干瘪,失去水灵,这是最直接的表象,进一步肯定是面临衰老,女人的独特魅力全然丧失。

日益恶化的环境、阳光的灼晒、电脑辐射、年龄增长、皮肤衰老、代谢减缓等因素以及本身属混合型肌肤都会令肌肤水分流失,粗糙、暗哑,这样一来,诸多的肌肤问题就出现了。二十多岁的女人,如果为身体补水成了有意识的行为,就会推迟生命的脚步。做美人,更要做水美人,任何灵丹妙药也抵不上如此。

尿量减少是人体缺水的表征,尿中的很多成分浓缩造成结石,而缺水加上出汗多则可能增加血液的黏稠度。这样一来,血液就无法顺利地输送营养物质,从而引起营养不足等一些症状。但是相反,过量喝水也是一件不利于身体的事情,因为人体就如同一个水泵,水太多会引起水肿,心血管的承受能力也会降低。此外,频繁排尿也是体内水过多的表现,因此,人体内的矿物质很容易随着过量的尿液排走。值得指出的是,有的人渴了就喝,不渴就不喝,这也不是好习惯,因为"渴了"是机体的反应,表明身体细胞内水缺乏。人体细胞内外水保持钠钾离子的平衡,最开始的身体缺水,先动用细胞外的水,等细胞外的水不够了,细胞内的水就得动用了,而"渴了"就是细胞内也缺水的反应,所以要赶紧喝水不要耽搁。定时喝水是一个好习惯,有利于健康,不要等渴了才喝。

因为杯子分大小,每个人从食物中摄取其他水分的量也不同,所以不一定要八杯。你要自己做个评估师,根据喝汤多不多,水果吃得多不多、运动多不多、出汗多不多、自己日常大概需水比一般的多还是少等估计自己的喝水量,一般来说,喝八杯1000毫升左右的水基本就可以满足身体的需要了。另外,关于喝水的频率和习惯,不必去制订与食谱一样的时间表。达到一定的量,喝水的目的就达到了,稍微需要讲究的是:因为人体经过一晚上的休眠和蒸发,早上可以适当多喝一点水;晚上要适当减少,因为夜尿多了会造成肾的负担过重;饭前人在饥饿状态时因为有胃酸分泌,喝水太多会影响胃酸的分泌浓度,从而影响消化。

## 补水三大误区

### 1. 晨起喝淡盐水

许多女性认为夏季盐分流失过多,因此,往往在早晨准备一杯淡盐水。事实上,生理学研究者认为,早晨起床时血液呈浓缩状态,此时如饮一定量的白开水,血液便会在很短的时间内得到稀释,纠正夜间的高渗性脱水。而喝淡盐水则会更加口渴,因为加重了高渗性脱水。

### 2. 长期喝纯净水

女性善感,"纯净水"能够清理肠道,让人感觉纯净。但事实上,纯净水是一种酸性水,它的 pH 值在 5.0 ~ 7.0 之间,只有在弱碱性状态下喝这种水才有益于健康。长期喝纯净水,反而使人体内有益的生命元素向体外流失,这样会导致体内环境失去酸碱平衡,从而加速人体老化。

### 3. 警惕酸味饮料

采用柠檬酸作味剂是果汁饮料配方上独一无二的方法。如果柠檬酸食用过多,大量的有机酸会骤然进入人体,当摄入量超过机体对酸的处理能力时,pH 值在人体内就会出现不平衡的征兆,导致酸血症的产生,使人疲乏、困倦。尤其是夏季,天气炎热,人体动辄出汗,会损失大量的电解质,如钾、钠、氯等碱性成分,体液呈酸性往往源于大量酸味饮料的摄入。因此,在夏季过多摄入添加有机酸的酸味饮料对身体有害。

### 4. 甜饮料的陷阱

如果一口渴就出去买有味道的饮料水,是相当危险的。可乐、雪碧、芬达的含糖量是 11%,比起苹果、西瓜等水果,其含糖量高得多,一听 350 毫升的可乐所含的能量与一片面包、一个玉米比起来相差不多。各种果汁的含糖量与此相当,甚至还要更高于它。脉动、她/他、激活等看上去像水的维生素饮料也含有 3% 的糖分,如果痛饮一番,一个人的体重肯定就会慢慢地升上来。

## 正确的饮水策略

### 1. 碱性饮料是首选

当人体的血液 pH 值在 7.4 左右(内环境呈弱碱性)时,人体达到最理想的状态。由于现代人对肉食、加工食品与油腻的酸性食物情有独钟,再加上缺乏运动、心理压力过大等原因造成身心高度紧张,致使酸性物质阻塞体内,身体处于亚健康状态,长期偏酸性。因此,夏季适当饮用茶、醋、蔬果汁这样的碱性饮品,对维持人体的酸碱平衡很有好处。

### 2. 8 杯弱碱性天然水

为了身体健康,不能多喝饮料。因而,每天畅饮 8 杯弱碱性天然水才是正道。那么,如何鉴别哪些水是对身体有利的弱碱性水呢? 一般来说,重视水的酸碱度的品牌都会在瓶贴上标明 pH 值,比如法国的依云(pH7.2),还有国内农夫山泉的产品。

### 3. 富含天然矿物质的水

夏季炎热,流失较多的是水分和矿物质,因此,选择饮用含天然矿物质(非人工添加)的水是非常有必要的。远离污染的水才是好的天然水,水质经过蓄水岩层过滤矿化,含有丰富的钾、钙、钠、镁等人体所需的矿物质和微量元素,是大自然对人类的馈赠。它的 pH 值均衡,大多呈弱碱性。而人工的矿物质水则可能比纯净水更酸。

智慧寄语

女人因似水而拥有天生的娇媚,女人因似水而被视作人世间一切诱惑的根源。因此,女人要学着做个健康"水美人"。

# 经期运动要讲究方法

我们很小的时候就常听妈妈说经期不应吃冰冷食品,要尽量少做剧烈的运动等理论。每到月经期,女性的身体就仿佛进入了一个短暂的休眠期。也有很多平时喜欢运动的女性发现,经期的"休眠"过后,对运动的主动性会明显减退,需要重新调整才能再次进入运动状态。而一个月后这样的现象又将重复上演。

其实,月经期间做些适量的运动是非常有必要的,尤其是对那些已经习惯了经常运动的女性来说。运动医学专家的观点是:凡是身体健康、月经正常的女性,经期适当的运动可以帮助神经系统的平衡,可以促进肌体血液循环以及腹肌、骨盆肌的收缩与放松、加速经血排出的速度,对缓解痛经也有一定的作用。可是,什么样的运动才能称得上是"适当"的呢? 首先让我们了解一下伴随着生理周期的开始,我们的身体会有什么样的变化。

女性的生理周期大致可以分为三个阶段,受到激素的影响,这三个阶段都表现出不同的生理和情绪上的反应。运动状态也是具有周期性的,根据生理周期变化来调整运动周期,可以更好地达到运动的效果。

**1. 第一阶段(月经开始1~10天)**

这个时期雌激素分泌较多,成年人基本上都会持续14天左右。这时情绪相对容易变得低落,常有压力感。尤其是月经开始的前3天,精神状态及情绪都是最差的。性腺的变化很容易影响到免疫系统,精力、体力以及身体的免疫能力降低。运动的表现一般到第5天逐渐开始恢复。

运动建议:这个阶段不应做剧烈的运动,而应该尝试做较为轻柔和舒缓的运动,比如瑜伽、太极等相对缓和的徒手运动。它们能够促进身体血液的顺利流通,缓解压力。但是要避免做容易产生腹腔压力、腿位过高的动作。

要根据自己的身体状况决定月经的前3天采取什么样的运动形式,尽量以舒缓放松为主,避免力量性练习。一旦在运动过程中感到疲累,应立即停止运动,进行休息,千万要避免发生出血过多或低血糖的现象。

月经后期可以根据自身的情况采取慢走、慢跑等有氧运动,但应避免进行对技巧性和反应性要求过高的运动,如网球、壁球等,因为在这一阶段哪怕是一个小小的失误都很有可能造成情绪的不稳定。在这个阶段还应尽量避免长距离慢跑、跳跃、游泳、投掷、扣球等负重量较大的运动。

经期如果有咯血、哮喘、关节痛等并发症以及痛经的女性,最好保证休息,停止一切运动。

**2. 第二阶段(月经开始11~19天)**

月经周期正常的女性通常会在月经第14天时排卵,雌激素达到顶峰后回落,孕酮激素分泌开始加速。在排卵期开始前的4~5天,身体里的碳水化合物、脂肪和蛋白质的吸收和消耗都较快,这个时候最适合进行有氧运动。在这几天里,雌性激素与雄性激素都会进入分泌旺盛期,能够保存一定的水分。若不进行适当的有氧运动,会造成水肿。

运动建议:可选择有氧运动,如跑步、骑车、游泳等,持续时间可以相对长一些,因为这一阶段是消耗热量和脂肪的最佳时期。韵律操、搏击操等练习也可以尝试一下。

**3. 第三阶段(月经开始20~28天)**

孕酮激素的分泌到月经的第20天左右达到高峰,并逐渐下降。运动能力在这个阶段也会随之降低,精神会变得有些烦躁,体重有所增加(一般会增加1千克左右)。这个现象不用担心,这是因为即将到来的月经使身体产生比较轻的水肿造成的。

运动建议：第三阶段的前4天要适当增加运动量，增加一些有氧运动的持续时间。这样可以很好地避免水肿，促进血液循环，使得卵子能够正常顺利地剥落，预防痛经现象的发生。增加一定的力量项目的锻炼。这个阶段的后4天，要适当减少运动的时间、频率和强度，多增加一些休息，迎接下一次月经的到来。

# 哪些运动适宜冬天做

冬季是最容易减肥的好时候。因为人在寒冷运动中所消耗的热量比在温暖环境中要多得多，脂肪在这个时候最容易被减掉。

## 1. 在冬季减肥效果最好

冬季气温下降，人的胃肠需要大量的血液来供应，消化吸收功能增强，饭量自然增加，因此冬季是最易发胖的季节，但如果能在这几个月中保持体重没有增加，则发胖的可能性基本为零。此外，因为冬天比较寒冷，气温比较低，在寒冷运动中所消耗的热量比在温暖环境中要多得多。而且，冬季锻炼的特点多以次数较多、间歇短、重量偏轻为主，这正好和脂肪形成的规律相一致，所以，冬季减肥正当时。

## 2. 有氧运动减肥最有效

冬季减肥应该做哪些锻炼呢？有氧健身运动是最有效果的减肥运动。所谓有氧运动是指在运动的过程中，通过呼吸所得到的氧能够被不间断地输送给肌肉，在酶的作用下代谢糖和脂肪以提供能量，比如骑车、步行、上楼梯、跑步、游泳等运动都是特别有利于减肥的有氧运动。

## 3. 半蹲比仰卧起坐更有效

绝大部分人在冬天都不爱动，不过，有些人会坚持在每天睡觉前做上几个仰卧起坐，想用这些锻炼抑制住冬季发胖的腹部，但是往往达不到预期想要的结果，反而不利于保持自己的运动积极性。

如果仰卧起坐每一次训练达不到150次，是无法起到减肥效果的。因为做仰卧起坐虽然很累人，但它并不能消耗掉人体过多的热量，还不如半蹲、俯卧撑等动作所消耗的能量多，更不可能达到跑步所消耗的热量。所以，在冬季里仰卧起坐并不是效果很明显的减肥运动。

## 4. 爬楼10分钟消耗800千焦能量

如果冬天气候寒冷不太适合外出锻炼，可以利用室内的条件，比如，尽量选择爬楼而减少乘坐电梯。爬楼能消耗掉更多的热量，每天只要爬楼10分钟，就可以消耗掉将近800千焦的能量。每天看电视间隔的时候，抽出20分钟，做做半蹲、侧踢腿、原地跑步、左右踏步等都是相当有利于身体健康及脂肪代谢的。只要动起来，就会有效果。

冬季，人的免疫力较低，这个时候比较容易生病，因此冬季健身计划的另一个重点是通过有效的锻炼预防疾病。但是，不正确、不合理的锻炼不但不利于减肥及身体健康，还会因导致身体不适而生病。

# 有五种不好的运动习惯要远离

去健身房并不一定能让你得到很好的锻炼。以下这些运动习惯很常见，而效果却往往让人大失所望：

**1. 边看书边锻炼**

如果你正在集中精神地看一本时尚杂志，那你就没法同时关注你正在进行的运动。运动的时候阅读是一件特别糟糕的事情。如果你去锻炼，就要把所有的精力都用在关注你的身体上。如果你需要同时做点别的，为了不让锻炼变得那么枯燥，可以戴上耳机看电视，那样不会像阅读时那么需要集中注意力。

**2. 运动到大汗淋漓**

运动到大汗淋漓可能让人感觉这次锻炼的量已经达到了要求，但这其实只让你失去了几千克水。除了对健康没什么好处以外，什么效果也起不到。出汗过多会导致肌肉抽筋和其他运动伤害。所以，运动时要保证有瓶水放在你的手边，以便随时补充水分。

**3. 只骑固定脚踏车**

只骑固定脚踏车或在跑步机上跑步是达不到力量训练的效果的。"步行一英里你可以消耗400千焦；但同样是在20分钟内，如果做器械负重运动，你可以消耗1200~1600千焦。"力量训练可以帮你保持身材，延缓因为衰老带来的肌肉松弛。

**4. 绕开举重练习**

女士们经常担心练习举重会使自己的肌肉健壮得看起来像健美运动员，其实不用怕。以为举重或力量练习会促进女性长出大块的肌肉其实是大多数人产生的误解。除非你同时打了生长激素，否则做举重练习不会让你长出大块的肌肉。

**5. 饿着肚子做运动**

饿着肚子做运动和开着一辆没有油的坦克没有什么太大的区别，你的身体需要能量来保证运转。一些健康的食品，如燕麦粥或香蕉，能够在开车到健身房的路上就被消化掉，并提供接下来你要做的运动所需的额外能量。这一点在上午运动时尤为重要，因为一夜的消耗，你的胃已经空了，热量已消耗完了，你需要给胃里增加些食物，让它重新启动。

智慧寄语

有些运动习惯并不合适，虽然有很多人这样做，但效果往往让人大失所望。

# 多锻炼手指可以健脑

人的手指灵活在某种程度上可以带动大脑。双手上的经络与大脑有着非常密切的关系，多动手有助于健脑。

科学研究发现，经常活动手指能够很好地刺激大脑细胞的发育及生长，对身体健康十分有益。国外有一位学者指出，对大脑来说，最重要的是手指要经常高效率地活动，这样大脑才能更有活力，才能更牢固地记住东西。医学专家在对大脑和手指之间的相互关系做了多年研究之后指出：如果想让孩子头脑灵活，智力开阔，那就必须经常锻炼他手指的灵活能力，因为手指的活动可以在某种程度上极大地刺激大脑皮层中的手指运动中枢，然后刺激大脑并进一步促进智力的发展。

人的大脑细胞总共有140亿个左右，伴随着人们年龄的增长在逐渐减少。人一过20岁，脑细胞死亡的速度就十分惊人，平均每天可以死亡10万个之多，到35岁时就已经差不多丧失5亿个了，人过了60岁，大脑中的细胞就会较之前减少十分之一。这就是为什么人到中年后常常感到精力不足，到老年以后思维能力、记忆力出现减退的生理原因。从大脑皮质的"感觉"和"运动"机能方面来说，手指对大脑的刺激在大脑接收的所有信号中占的比重最大。因此，常常活动手指刺激大脑，能够对延缓脑细胞的衰老退化起到很好的作用。

有关保健专家认为，人到了40来岁以后，如能经常活动活动手指，将有助于大脑血流通畅，这样不但能够起到健脑的作用，还可预防老年痴呆的发生。

那么，女性朋友怎样活动手指才算是科学的呢？可以从以下几方面做起：

**1. 双手并用**

平时用右手比较多的女性要多锻炼左手，如用左手提物，关门窗、翻书等；平时用左手比较多的女性应锻炼右手。这样就能比较均衡地对大脑的左右半球产生刺激，从而使左右脑平衡地发展。

**2. 训练灵活性**

多用指尖从事一些比较精密的活动，比如，经常拉拉小提琴等乐器，也可以动手做做手工、小雕塑等来训练手指的灵活性。

**3. 手指的敏感性训练**

皮肤触觉不敏感，直接影响到大脑感觉中枢。因此，应该尝试着让手指经常接受冷热等刺激，以此提高皮肤的敏感性。

**4. 手指的柔韧性训练**

这是提高大脑工作效率的最有效的方法，如伸屈手指、练习书法、进行美术创作、织毛衣、弹奏乐器等。

除以上几点外，女性朋友还可以经常做做下面的一套"手指保健操"来训练自己的手指，办公室女性更应该好好练一练。

（1）每天早晨先活动小拇指，将小指向内折弯，再向后拔，反复做屈伸运动10回。

（2）用拇指及食指抓住小指的中间位置，早晚揉捏刺激这个穴位10次。

（3）将小指按压在桌面上，反复用手或其他物品对它进行刺激。两手十指交叉，用力相握，然后突然猛力拉开，给予肌肉一定的刺激。

（4）刺激手心，每次捏掐20次，可以促进血液循环，还可以安定自律神经。

（5）经常揉搓中指尖端，每次3分钟，有益于大脑的血液循环。

上述方法可以交替使用，每天选用2~3种，同时，要想方设法地做各种运动来锻炼手指。如，当乘车时可以采用双手紧握栏杆或紧紧抓住吊环的方法，利用车子的颠簸产生的震动刺激手掌；没事的时候用手指不停地拍击椅子把手，只要能活动手指或刺激手掌的方法都不妨一试。

*智慧寄语*

经常活动手指，能够很好地刺激大脑细胞的发育及生长，对身体健康十分有益。

# 伸懒腰也可以是一种抗衰老的运动

有些女性可能会在长时间的工作或学习后感到疲乏，这时候只要伸个懒腰，就会觉得全身都很舒服。

事实上，即使还不是很疲劳时，试着伸几个懒腰，也会觉得舒适。

如果经常一个姿势坐着，不妨起身伸伸懒腰，把头仰向后方深深地打一个大哈欠，对于工作疲劳的人来说，它可以加速血液循环，提高新陈代谢，让更多的氧气进入到细胞中。

打哈欠时会将嘴张得很大，吸一口气然后很快但又很均匀地呼气，就在这么短的时间内也可以让胸中的废气吐出，加大血液中氧气的浓度，去除大脑中枢的困倦感。

比较有效的方法如伸懒腰、打哈欠，其最好的方式是保持身体直立，将双臂张开尽量向后伸展。将头后仰，身体挺直且要让上半身的肌肉一直绷紧，然后张嘴使劲地打一个大哈欠。然后再吸一口气，屏住呼吸一会儿再慢慢地吐气。这样可以增加呼吸的深度，使身体各部位都能获得更多的氧气，这时大脑也同时吸收了大量的氧气，因而能提神醒脑。这是一种很好的抗衰老运动，特别是针对于用脑过度或者工作疲劳的人。

为什么这样一个普通的动作能产生如此作用呢？因为伸懒腰时可以使人体的胸腔器官对心、肺形成挤压，有助于帮助心脏得到更好的运动，从而使更多的氧气供给到身体的各个组织器官。

同时，由于上肢、上体的活动，可以将大量含氧的血液供给大脑，让人立刻感到清醒舒适。人体解剖学、生理学告诉我们，全身体重约是人脑重量的50倍，但脑的耗氧量却占全身耗氧量的1/4。由于人类可以直立行走，因此上肢和大脑的血液和氧气的供应会略显不足。

经常坐着而少运动，加上用脑工作量比较大，很容易引起大脑缺血、缺氧，容易造成头昏眼花、腿麻腰酸等症状，所以经常伸伸懒腰、给四肢做些锻炼对恢复精力是绝对有好处的。

伸个懒腰，做做深呼吸运动，将头部尽量向后仰，双臂尽量向后伸展，这样流入头部的血液会增多，大脑得到的营养物质也会相应增多；这样一伸一缩的运动，还能活动到腰部，让腰部肌肉逐渐发达起来，变得更加强壮有力；同时还能保持脊柱处于合适的位置，防止驼背的形成，对身体的健美有一定的作用。

**智慧寄语**

伸懒腰时可以使人体的胸腔器官对心、肺形成挤压，有助于心脏得到更好的运动，使更多的氧气供给到身体的各个组织器官。

# 第四章　多方位展示自己的"美"

## 释放自己的真正风采

女人与男人不同,她们的世界异彩纷呈,美丽妖娆。在如此缤纷的世界里,女人如果一味地掩饰真我,拘束自身,就会给人以不真实甚至做作的感觉。所以,女人一定要学会释放真正的自己,活出真我风采。一个有修养的女人是非常懂得并乐于展示自己的,这样可以活得动人而洒脱,这样的女人也最容易得到别人的宠爱。

大街上有两个年轻的女孩子正在谈笑,可能正在聊之前发生的一件事。其中一个女孩身材较高,她的表情很丰富,配合着自己讲述的内容。女孩时而吐下舌头,很是调皮;时而又扬下胳膊,青春美丽。另外一个女孩被她逗得不行,捂住肚子开心地大笑。

这一切吸引了一旁的导演,他已经观察她们很久了,她们的神情和笑声非常富有感染力!两个女孩都长得很漂亮,高个儿女孩尤其引人注目,她有一双大而明亮的眼睛,脸上散发着迷人的青春光芒!导演带着其他工作人员走了过去,因为这正是他想要找的演员。

当女孩子知道自己正对着镜头的时候,很吃惊,她们显然已经明白了导演的意图。高个儿女孩的笑容没有了,青春活力没有了,她把一双手端放在腹前,竭力想让自己看上去更优雅一些。面对镜头,她压抑着内心的喜悦,一时间竟没有了言语,因为她的确不知道应该说什么,只好僵着脖子,绷紧下巴,之前的活泼神色一扫而光,看上去就像橱窗里摆放的模型。最后,导演选用了那个捂着肚子笑的女孩子,虽然她之前要比高个儿女孩略为逊色。

导演说:"我选用这个小姑娘只有一个原因,就是当她听到有成为演员的机会后就高兴得蹦跳起来,然后情不自禁地摇晃着她那位正在镜头前摆优雅姿态的朋友。要知道,一个好的演员必须能够自然地表现自己!"

人生如戏,每个人在生活中都会扮演着各种各样的角色。要想让自己的人生过得精彩,就要尽力地活出真我的个性。工作中你是员工或管理人员,家庭中你是子女同时也会为人父母;在家里你是娇羞的妻子,而办公室则需要你成熟干练……漂亮的女人们要懂得,自己的角色随时都在发生变化,要想被别人喜欢,就需要做一个角色切换自如的人。

母亲需要慈祥,父亲需要严厉,这并不是严格的规定,也并没有哪个条款规定明星必须高雅。在教育问题上,每个父母都有不同的教育方式,但唯独教育孩子保持自我的真实才是最为成功的;许多成名的女歌星或者女影星,无论她们所依靠的是美丽的容貌还是动人的嗓音,她们都有一个共同点,即保持本色。每个人的本色是真实存在的,因为每个人都有自己的特点和个性,这个真实的自我是你和别人相处时展示出的基本姿态。当你与别人交往的时候,你所需要做的并不是掩饰自我,故作姿态,而是应该坦然地释放出自己真实的性情,秀出自己真实的风采。

有些女孩子性格开朗大方,但却为了让大家喜欢而故作矜持,努力装出文静的淑女模样;有些女性已人到中年,但却偏偏想扮成活泼可爱的青春少女,殊不知虽然自己有点犹存的风韵,却没有了稳重、端庄、成熟、优雅……很多女人为了赢得别人的喜爱和尊敬,总是把最真实的一面隐藏起来,用自以为大家喜欢的姿态对人,或者为了取悦于人而不断地对自己说:“一开始的印象非常重要,一定要表现好!”然而,她们越是这样做越是适得其反,这种心理让她们觉得自己真实的一面根本不能见人,也生怕有一天真实的自己被别人发现,于是她们越发显得矫揉造作、不知所措。掩饰真实的自我是一种做作,是不自信的表现,想用从他人那里模仿来的优点替换自己的本色的念头是错误而愚蠢的,这样做的结果是既辛苦又得不偿失。

### 智慧寄语

保持自己的风采远比掩饰自我要好得多,因为“一家之言”要比“人云亦云”更讨人喜欢,更能给人留下好印象。

# 拥有一颗热情的心

玫瑰是一种热情之花,可以给人带来生命的热情。无论哪一种颜色,都会让人感觉兴奋。如果你有着与玫瑰一样的品质,那么你一定能够光芒绚烂、魅力四射。

英国著名前首相狄斯雷利认为:“拥有一颗热情的心,这是一个人成为伟人的唯一途径。”美国大思想家爱默生也曾说过:“如果没有热情,任何伟大的事都无法办成。”热情是生命的原动力,也是一个女人在社会上、工作中待人处世的法宝。当一个女人有着充分的热情和活力时,她就会散发出无穷的魅力。热情,就是一个人保持高度的自觉,把全身的每一个细胞都调动起来,用心地去完成自己所渴望的工作,做自己想做的事。要想点燃生命中潜藏着的动力与激情,就必须有真正的热情及富于生命力的思想。

人是一种感性的“动物”,当别人用热情来包围自己时,总是能不知不觉地释放自己的情感,试想,谁能拒绝热情之人的亲近和宠爱呢?每个人都喜欢热情的女人,女人的热情最能点燃男人的爱火。热情的女人有着丰富细腻的感情,能够懂得生活情趣,她们通常体贴、友善、真诚且喜欢迎接挑战、探索人生。男人们与这种女人交往时会觉得轻松,不用戴任何场面上的面具。当然,冷美人也是美女的一种,但常常会让人对其敬而远之,因为她给人的感觉是拒人于千里之外。

男人也好,女人也罢,在遇到别人对自己热情时,即使一个原本很冷漠的人也会被那热情所感动,所有的不开心和冰冷都会臣服于这暖人的热情。

张军有一天起床后发现自己感冒了,他浑身乏力,连衣服都穿不上,只能痛苦地躺在床上,整个人昏昏沉沉。苦熬一个小时后,女友小敏来了。她发现张军病了,立刻给他熬了一锅热粥,又把房间打扫了一遍,还叮嘱张军要注意开窗换气,吃清淡的食物,不要再吃辣椒了。张君喝完粥后,女友又将一粒感冒药送到了他的嘴边。小敏一直陪着张军聊天解闷,直到张军睡着才离开。

试想,当一个人被这样的热情之爱温暖时,即使再严重的感冒也不觉得难受了,因为心里已经充满了爱与感动。

爱是女性热情洋溢、活力四射的秘密，而热情则意味着热爱生活，热爱生命。爱是生活中最重要的精神养料，每个人都会因为这种养料而精神百倍，昂然奋进。爱与被爱都是幸福的，都可以使自己的生命绽放绚烂，飘逸芳香。

如果一个女人对什么事都漫不经心，只一味地关心自己的世界，看不到丝毫的热情与活力，那么她的周围会有朋友吗？可能只是自己一个人自斟自饮吧。相反，一个热情的女人，她的世界又会是什么样呢？或者在乡村，或者在城市，她都会大方自然地以热情如火的姿态面对人世百态。你要明白，别人对你的态度取决于你对别人的态度，将心比心是一个很有哲理性的道理。热情的女人总是有着无穷的魅力，她们朝气蓬勃，充满了力量。如果这个女人是一个企业的领导，那么她的热情就可以感染她的下属与同事，从而产生一种亲和力，使他们自觉地愿意接近她；当她工作结束回到家的时候，她的热情和活力又感染周围的人们，让家人们温暖快乐，让邻居们友爱和谐，也会让来访的客人在很短的时间内消除陌生感，从而使气氛融洽起来。总之，热情的女人永远是受欢迎的，也是非常容易得到大家的宠爱的。

热情是一种心灵上的兴奋，它深深地根植于每个人的心里，并扩充至整个身体，从某种程度上来说，你的思维和情感是受热情所控制的。热情能将人心里一种神奇的力量唤醒，让人散发出一种炽热并且神奇的光辉，那种光辉就是一种魅力，可以随时吸引并感染他人。一个充满热情的女人，人们从她的姿态和眼神中就会看出她的兴趣、为人和性情。她的热情可以直接告诉对方，对彼此的这次见面，她发自内心地喜欢。她们可以把热情很自然地传递给对方，可以将谈论的中心转移到他们最感兴趣的事情上，他们会感觉到和她一起的快乐。

露西是一个快乐的美国女孩，快毕业的时候，她参加了一个图书展览会。她对图书一直有着极大的热情，正因如此，她始终希望能去出版行业工作。但是露西没有任何的工作经验，几次面试都没成功，"我们需要有丰富工作经验的员工，你现在还不太合适，以后有机会我们再合作吧……"面试官总是这样对她说。

露西的确没有什么经验，她只是热爱这个行业罢了。可她并没有因为被拒绝而沮丧，她依然对那些在图书展览会上富有经验的书籍制作者所介绍的封面的工艺和选题的创意有着极大的兴趣。展会上，有一位中年男子吸引了她，他是一位出版人，当时正在和前来订书的批发商谈论图书进货问题。中年男子在谈论那些书的制作过程时很骄傲，就像一个母亲正在谈论自己的孩子一样，脸上始终洋溢着激动而热情的光彩。"这个人真的很热情，我从来没有见过像他这样的人！"露西一边在心里感叹一边在一旁认真倾听，但是她无法离那个出版人更近。书商们陆陆续续地走了，那位出版人突然走到露西面前对她说："你好，我注意你很久了，你一直都很认真地听着！""是的，您讲得太好了，而且您那么热情，我真的很感动！"露西欣喜地说。

之后，出版人又和露西谈了一些内容，当他知道露西想进入出版行业时很高兴，并且热情地说："我们公司需要你这样的人，你来我这里做事吧！"

"我一点经验都没有！"

"只要有热情，一切都不是问题！"

露西终于找到了自己喜欢的工作，她很热情地对待它，把工作做得非常出色。

出版人因为热情敛聚了露西的心；露西也因为热情得到了出版人的认可及一份理想的工作。这就是热情的力量，神奇而真实，只要拥有它，即使你在某些事情上做得还不够好，别人也会原谅你，因为"有热情，一切都不是问题"。才华固然重要，但热情更重要，否则，再有才华也无法展现。

既然热情如此神奇,那么女人在漂亮之外还应让自己多一点热情,这样就可以充满动人的活力。做个热情的玫瑰般的女人其实很容易,主要就是培养热情的心理,然后积极采取行动,并且将这种心理与行动一直保持下去,直到你发现自己变得热情了为止。威廉·詹姆斯是美国心理学之父,他发明了一个"好像"的方法。这种方法很简单,当你希望变成哪种人时,你就一直去想象,然后你会发现自己逐渐地变成那种人了。如此可见,当你心情很沮丧时,你可以"假装"成很乐观的样子,用不了多长时间,你就会开朗乐观起来,这是一种心理暗示。原本只是想象中的样子,随后便在不知不觉中接受了这种心理暗示,于是就变成真正乐观快乐的人了。这个原则也可以运用于增加热情上。如果你一开始就"装成"很热情的样子,可能会觉得不自在,效果也不会很明显,但你不要气馁,只要能一直坚持做下去,直到有一天,你一定会感觉到有许多热情涌进了心里,生活充满了活力。生活中,我们可以坚持以下几个方面来锻炼自己的热情活力:

(1)走路时要昂首挺胸,不能随意低头。散步时注意挺起胸膛走,宽阔的视野能让你的心情变得愉快,而且如此走路比低头走路能消耗掉多一倍的热量,对保持体形十分有效。

(2)每天上下200级左右的楼梯,这样可以让你精神焕发。

(3)每天吃完饭后坚持运动15分钟,并且坚持饭后就收拾餐桌、打扫厨房,做家务的时候可以让一个人不知不觉地体会到一种充满活力的温馨和热情。

(4)不要久坐,即使看电视也不要一味地坐着,可以做一些简单的运动。工作时,可以利用倒水、倒咖啡的时间活动活动,如果需要找同事不要打电话,亲自走过去也是一种锻炼。

(5)多参加社交活动。擅长交际的人不容易生病。女性要尽量扩大自己的交际范围,多与朋友们来往。

(6)学会感恩,学会宽容,善待身边的每一个人,也要善待自己,对生活充满爱心。

(7)让自己保持心态上的开朗乐观,经常保持微笑,欢笑是很强大的医生,它能增强免疫系统,而且还能消耗热量、调节心情。

当一个女人既漂亮又热情时,她在生活中会处处受到照顾,受到宠爱。在任何情况下,她都不会丢弃自己的热情。热情这种机会并不需要在生活中刻意寻找,它就在每个人的身边。我们要做的就是让自己细心一点,然后把自己的热情感染给其他人。比如,看到一个小孩子摔倒了,帮助他站起来,搀扶走路不方便的老人过马路等,这些事情很小,遇到了就应该尽力去做,这都是在展现自己的热情。热情源自于内心的爱,千万不能让热情在心理利益的驱使下变质,也不要陷入热情的误区。在这些问题上,应该注意以下几点:

**1.热情也有度,对象不同,热情的程度也就不同**

热情是为了体现自己的关爱,虽然人们都喜欢热情大方的女人,但是也要注意对象是谁,注意把握热情的度。对自己的家人、好友可以表现得亲近些、随意些,而对同事或者陌生人则不能表现得过于热情,可以通过对他们进行帮助来表达自己的热情。

如果对一些男性朋友,尤其是关系不太熟的朋友过于热情,很有可能会让对方误会,甚至想入非非,那你就跳进黄河也洗不清了。即使所面对的男性朋友很熟悉,关系很好,也要注意热情的度。如果太过热情,也很有可能让对方产生其他想法,他们心里很可能会想:她什么意思呢?难不成对我有想法?出现这样的情况反倒不利于你的交际活动了。如果一个男性朋友过生日,比较恰当的做法是在他生日那天发一条祝福的短信,或者送一点小礼物。但是如果你自作主张为对方安排了全天的生日活动并送了价值不菲的生日礼物,那可就热情过头了。

另外,需要注意的是,对婚姻或者恋爱范围以外的男性朋友不要发生肢体上的接触,握手就可以了,而且,不要对某个人太过热情,尤其是在许多人面前,避免被别人误解。即使你与那个男性朋友特别熟悉,也尽量不要出现拍拍打打、勾肩搭背等热情的肢体语言。

当然，如果你不能做到一定温度的热情，就会让别人感觉到虚假、冷漠、不易接近，让人产生距离感和陌生感，恐怕就不会有人乐于接近你了。

### 2. 注重场合和分寸，女人不要热情过火

女人在热情上要注意一种误区，即不要让自己的热情源源不断，无边无际，分量太足，所谓物极必反。女人的感情尤其宝贵，不能随意拿出对待爱人的热情来博爱众生，否则，热情就会贬值了，而且这如火的热情还可能把对方烧焦了，让别人误以为你心理可能有问题之类的。

例如，快到中午了，有邻居到你家借几棵小葱准备做排骨汤，你把葱借给她后，又找出自己的菜谱，把N多种排骨汤的做法详详细细地讲给对方听，并一边讲一边描述自己的心得体会。等你讲完后，午饭时间早就过了。可想而知，从此以后，邻居是否还敢再登你家的门呢？

### 3. 女人的热情不要涉及对方的私人领地

热情需要有分寸，千万不能涉及他人的私人领地，不然，热情就成了对别人的入侵和不尊重。让对方心情愉悦是热情的前提，女人们必须谨记。例如，有个新来的同事，为了体现对她的热情，你絮絮叨叨地问起对方以前的事情，包括她的工作过程、收入以及婚姻状况等，如果同事是个单身男人，你可能还会把自己的好朋友介绍给他，甚至连见面的日子也要当场定下来。这些表面看上去固然是热情，但并不适合每一个人。有的人并不希望自己的故事被别人反复询问，也并不是每个人都希望身边有另一个人陪伴，这就是侵犯了他人的私人领地。一旦热情侵犯了别人的私人领地，所获得的结局只有一个，那就是对方已经在心里把你拒于千里之外了。

---

智慧寄语

热情就像一缕无私的阳光，既能温暖自己，也能温暖别人。

# 女人应该拥有自信

如果一个女人可以从骨子里散发出一种自信，那么即使她的面孔并不漂亮，也会让别人刮目相看，人们会从心底里感叹：这个女人多可爱啊！

女人如果知道自己想要什么、能要什么，就等于有了自己的独立思想，而思想独立的前提是自信。这样的女人即使外表并不十分漂亮，她凛然高贵的气质也会由内而外地散发出来，那种气质清新而高雅，自然而华贵，会不知不觉地征服别人。这种女人，无论是男人还是女人，都会喜欢与之交往，因为与这样的女人交往没有任何压力，轻松而愉快。

一定不要把自己看得一无是处，不要总是认为自己什么都做不好，当你自卑地躲闪别人的目光，当你总觉得别人比自己强的时候，你的美丽形象便开始打折了。喜欢自己是拥有自信的首要条件，如果你连自己都不喜欢，又怎么能让别人喜欢你呢？女人一旦自信起来，就会有一种不一样的吸引力，这会使女人变得更加潇洒妩媚，更加光彩照人，也会更快乐，更坚强，更有勇气。

女人自信的时候是最美的。古往今来，人群中那颗最闪亮的明星永远属于最为自信的女人。自信的女人喜欢符合自我风格的穿戴，喜欢用自己的方式寻找爱情，她们深深懂得幸福婚姻的秘诀。自信的女人拥有内涵，她们是职场上一道亮丽的风景，是交际场上盛开的鲜花。自信的女人心态积极乐观，她们会把这些最阳光的东西随时传递给身边的人，比如爱人，比如孩子，比如朋友。自信的女人即使相貌并不出众，没有国色天姿的容貌，没有闭月羞花的迷人，但是，她们总是拥有一份从容不迫和豁达乐观的自信，可以在使自己幸福的同时也使别人感到温暖。这样的女人懂得满足与珍惜，懂得怎样实现自己的价值并抓住自己想要的幸福。

自信的女人,不会在挫折面前低头,不会在困难面前弯腰,可以坦然地面对生活中所遭遇的一切艰难困苦,并在克服困难中完善自己、提升自己,努力让自己变得更加完美。虽然世界上没有真正的完美,但是自信可以让自己接近完美,这也是一种"最美"的体现。因为自信,女人可以看到自身的价值和迷人的魅力,也可以体会到生活中的美好和温暖。每个人都有一些人生中的重要时刻。之所以说这些时刻重要,是因为一个人的成就往往取决于某些短促的瞬间。在这些时刻,怎样选择将决定自己的未来,而这些,都需要充满自信,敢于面对。

恋爱时的女人如果缺乏自信,总是患得患失,心事重重,就无法感受到因为爱情而带来的甜蜜快乐,应该有的光泽也不会在她的脸上表现出来。一个女人只要拥有自信,即使不漂亮,也会因为爱情的滋润变得灵动美丽起来,因为她会一直坚信自己找到了幸福的另一半。人们都说新娘子是最美的,可是如果新娘子缺乏自信,少了对将来的信心,即使婚礼那天打扮得美若天仙,也会给人一种缺少光彩的感觉,因为只有自信的新娘子才能绽放出那种快乐亮丽的幸福光芒。当一个女人将为人母的时候,如果自信不足,就会顾虑忧心,整天担心自己不能向母亲这个角色完美转变,那她就会失去作为母亲的风采。而一个自信的女人就不一样了,她总是告诉自己,自己是最称职的母亲,而在自信的哺育下,宝宝也会健康快乐地成长,这种心理状态会为宝宝树立良好的榜样,这么自信的母亲,她脸上焕发出的向往是最拨动人心弦的美丽光彩。

有自信的女人不怕困难,不怕吃苦,有勇气去坦然面对一切,即使遇到或失败或残缺的生活也不会因此而失去积极乐观的信心,她们总是努力向好的方向发展。这种女人,她们有可能没有漂亮的外表,却拥有最能感染人、折服人的内涵,因此可以散发出足以倾倒众人的魅力。女人的自信是品性,它可以让女人拥有一种神奇的气质,一种具有震慑力的向心引力。只有拥有自信,才能拥有自己的精彩人生,才能拥有缤纷的大千世界。自信可以让一个女人拥有这个世上最缤纷、最完美的宠爱。女人的一生会因为自信而精彩,也会因为没有自信而黯淡。

> 马润是一个普通的女孩子,毕业于河北农业大学,她的家庭经济状况一般,没有什么背景。如果只是看她的教育背景,很少有人能把她和外企的高级主管联系在一起。然而,没错,马润做到了。她的成功离不开自信,她相信自己的能力,对于一切可能都不会心存放弃之念。
>
> 马润的第一份工作并不理想,因为她没有名牌大学的教育背景。为此,她坚持学习外语。只是为了改变自己,她开始了漫长的充电之旅。马润先后上过许多外语培训班,花费了很多时间、精力和钱财。当然,她的付出得到了回报,她的英语水平提高得非常快。马润意识到了自己的变化更加自信了,她对未来充满了信心。之后,马润决定去外企应聘。因为有着出色的外语能力,马润顺利地进入了外企。从此,她有了自己的发展平台。由于工作能力突出,马润很快就被提拔为办公室的主管。

人生可以平平淡淡,也可以轰轰烈烈;生活可以过得粗茶淡饭,也可以过得锦衣玉食。但是自信却是无论如何都不能缺少的,每个人都应该乐观积极地面对生活,学会生活。自信是信任自己的心灵力量,能够调动平时一直潜藏在意识中的精力、智能和勇气,这时别人看到的将会是蓬勃向上、富有朝气的你。自信的女人在处理事情的时候总是会挥洒自如、灵活应变,从来不会出现优柔寡断、畏畏缩缩的情况。人们都乐于接近自信的女人,都喜欢她们带着温暖的微笑和坦然的气息。

任何人都不要太在乎别人对自己的看法和评价,要对自己的人生有一种坚信的态度,要相信:人虽然并不是完全为自己而活,但至少要用自己的想法和态度去活。别人可能会帮你一时,但谁都不会一直帮助你,对任何人都不要处处依赖,哪怕是自己的父母。一切事情最终要靠自己去解决,这才是处事的态度,而独立则是女人自信的第一步。女人可以柔弱,但不能懦弱,不要总是以颓废消沉、痛哭流涕来博得他人的同情,女强人并非人人都可以做,但至少我们要学会迎难而上。

那些躲躲藏藏、畏前惧后的胆小鬼会让人们从心里鄙视,只有那些乐观向上的自信者才会获得别人的尊敬,因为那种不服输的力量是每一个人都愿意接受的。

有些人因为身体的缺陷或者不足而不够自信,她们也许身材矮小,也许说话口吃……于是,她们给自己找了无数条不需要自信的理由。只是她们忘了,自信是没有任何借口的!只要努力发现自己的优点并努力培养自信心,那些"缺点"就会自动走开,因为眼睛小或者鼻子不够挺根本不能成为被人厌恶的理由。你可以尝试以下几个增强自信的小技巧:

(1)和他人交谈时,总是在心里对自己说:我的优点很多,别人都能感受到,我的不足根本无所谓;

(2)虽然我不是位高权重,但是我的讲话是极其重要的;

(3)别人不过如此,我的准备已经很充分了;

(4)把注意力集中到对方的身上,不要总被自己所谓的"缺点"干扰;

……

女人一定要多给自己一点信心,不要总是折磨自己,一味地把自己封闭起来。女人应该挺起胸膛,从容地展示自己的气度和自信。无论你身在何处,无论你身份如何,在这个大千世界中只有一个独一无二的你。自己的生命本身就是一首动听的歌,世界上没有绝对的完美。所以,你要做的就是坦然地接受自己,并不断丰富自己,发挥自己的本色,活出一个自信而真实的自己,让生活中的每一天都充满灿烂的阳光。

### 智慧寄语

在任何情况下,女人都应该拥有自信,坚信自己是世间独一无二的,没有任何人可以替代。

# 尊重别人,让他感到自己很重要

如果想让别人对自己敞开心扉,真正地获得他人的情感与信任,最好的方式就是让他人感受到你对他的重视,感受到你对他本身以及对他的所作所为真正感兴趣。每个女人都希望别人重视自己,希望别人呵护和宠爱自己,因此,有修养的女人懂得,只有让他认为他在你的心目中无法取代,才能激起他对于你的兴致,进而拉近彼此的距离,获得他的照顾和宠爱。

每个人都不愿意一直听对方谈论自己的所有幸福与成就,否则,会让他们觉得自己没有受到你的重视,感觉不到自己的重要性。他们希望你能够与他们谈论他们感兴趣的事物。如果你总是愁眉苦脸,一副忧心忡忡的样子,别人也不会喜欢你,因为任何人都喜欢阳光与快乐,喜欢笑容与和善。

> 小安德烈跟随爸爸妈妈来到餐馆吃饭,爸爸对服务员说:"给我们来一份咖喱鸡、一份烤鱼、一盘青菜,以及一份水果色拉,黄油面包,噢,对了,还有两瓶啤酒。好了,就先这样吧!"
>
> "我应该有一份炸鸡翅!"小安德烈的妈妈说。
>
> 小安德烈静静地坐在一旁看着,最后害羞地低下了头。
>
> "哦,好的,请稍等,美味食品马上就会送过来。"侍者微笑着说,"怎么,小帅哥,你看上去不太开心,你不需要特别点些什么吗?"
>
> 小安德烈吃惊地问:"你是在问我吗?"
>
> "对呀!我觉得你可能会喜欢吃炸薯条,像你这么大的孩子都喜欢吃这个!"

"是的，我非常喜欢……"小安德烈看了看坐在对面的父母。

"我们点的食物已经足够了，安德烈"。妈妈转身对服务员说，"上菜吧，不要再问他了……"

"可是，我喜欢吃炸薯条……"小安德烈小声地抗议着。

"好的，我知道了，炸薯条马上就会被送上来！"服务员对着小安德烈说，"你是我重要的客人！"

小安德烈激动地告诉自己的爸爸妈妈："听到了吗，我是重要的！我是她重要的客人，她刚刚就是这么说的！"

一个年幼的孩子尚且因为感受到自己的重要而开心，由此可见，"自己是重要的"是每个人内心深处的信念。

杜威曾经说过，希望自己被别人重视是人类本质里最深处的驱动力。简单点说，你一定也在心里认为过，自己比周围的人都更有可取之处，至少在有一些方面，你是非常优秀的。因此，在与人交往的过程中，我们要记住这个重要的法则：尽量让他感觉到自己的重要，给予他充分的重视。

在宠物世界里，人们总是会对狗多一些喜爱，这是什么原因呢？如果你养过狗，你就会发现，狗这种动物总是表现得与人很亲近，对它的主人很依赖，似乎没有主人它就难以生存下去了。它会让你觉得自己很重要。如果你离开它，它会紧张地找你，继而跟在你身后，寸步不离；当你终于可以把它甩掉时，你心里也会被它可怜的样子所触动。当你回到家的时候，它会远远地迎接你，看到你后就会向你跑去，然后欢快地舔你、蹭你，围着你不停地转。所有这些情况，都能让你——它的主人感觉到自己是个重要的人物。这也是狗为什么能一直被人们喜爱的原因——它极强地满足了人们的尊严和渴望受重视的心理。

其实，很多人为了让别人重视自己，为了能够得到别人的尊重与肯定，常常喜欢表现自己，有的人甚至还喜欢夸大自己。如果你刚好"迎合"了这些人的这种心理，就会满足他们的心理需求，你自然就会成为受大家欢迎的人。即使是一个不漂亮女人，如果能用自己的方法让他人感觉到自己很受重视，也会激起男人的本性，从而得到他对你的温柔与宠爱。

**1. 经常说他的好话，让他意识到自己的价值，从心底里快乐起来**

把话题放在对方感兴趣的事情上，他会有一种受宠若惊的感觉。他会感觉到你的宽容与大度，你不是总在考虑自己的问题，而是更多地考虑了别人的感受。一旦明白这一点，他就会非常愿意和你在一起交谈。

**2. 经常使用表达其重要性的请求语气**

"可不可以帮我一下，我需要你的帮助……""麻烦你，能不能……""请"等。这类话总是能让别人觉得自己是有价值的，他们会觉得自己很棒，可以解决你的麻烦，让整个事情继续正常运转。

**3. 要尊重对方的意见、决定和意愿**

一定要尊重别人的意见、决定以及意愿，因为表达自己的意见、决定和意愿是一个人的自由与权利。尊重他们的表达内容，也就是尊重这个人独立的人格和思想，要尽量做到承认他的存在与价值。

**4. 直接告诉他：你很重要**

"你很重要"这句话有着极其强大的作用。对爱人说时，是对他最高的奖赏；对孩子说时，是对他们最大的鼓励；对朋友说时，是对他们最好的认可；对员工说时，是对他们最高的评价；对上司说时，是对他最大的信任……任何人听到这句话都会为之感动。

在生活中，还有一种方式可以让别人觉得很受重视，那就是记住别人的名字。有很多人都不会去刻意记住别人的名字，除非自己有求于他。很多人觉得这是一件太小的事，根本不重要，不值得花费自己的时间和精力。这些想法都是错误的,其实,记住别人的名字将会给自己的人缘带来非常大的好处。当一个女人能够准确地记住别人的名字时,她会获得更多的喜欢与宠爱。因此,一定要记住：与某个人认识之后,应当主动地询问其全名,并同时确认正确的写法,如果能及时地把名字和对方的容貌特征联系起来,再尽可能多地了解对方的一些背景资料,那就再好不过了。如果在刚开始交谈时有意识地称呼对方的名字,会让对方心里很舒服,可以帮助彼此加深印象,而印象正是良好关系的开端。当然,有时候,暂时忘掉了对方的姓名是不可避免的情况,这时候不要犹豫,最合适的做法就是向对方表示歉意,并礼貌地再次询问其姓名,然后牢牢记住。

记住别人的姓名可以很容易地让别人喜欢你、亲近你、宠爱你。试想一下,如果一个仅有一面之缘的朋友能在若干年后准确无误地叫出你的名字,你会不会觉得很惊喜?

**智慧寄语**

如果想让别人对自己敞开心扉,真正地获得他人的情感与信任,最好的方式就是让他人感受到你对他的重视。

# 懂得赞美可以为一个女人赢得更多宠爱

赞美可以拉近人与人之间的距离,可以增进人与人之间的感情,赞美能让世界充满快乐、温暖与美好。如果一个女人懂得赞美,她就会表现出自己的一种博爱,一种气度,一种美德,一种境界,一个须仰视才可见的高度。没有人会在漫长的人生中一帆风顺,而赞美和鼓励则是一剂良药,是黑暗中的一道光芒,它可以让人们在暴风雨来临时看清方向,可以给世界带来光明、感动和祥和。爱情会因情人间的赞美而更加滋润甜蜜,家庭会因亲人间的赞美而更加幸福美满。美国著名作家马克·吐温曾经说过：“只需要一句赞美的话,我就可以多活至少两个月的时间。”

一个有修养的女人懂得,由衷的赞美是一件神奇的礼物,可以温暖他人而且不用自己破费。当你赞美别人的时候,你会觉得内心被幸福和快乐填满了。赞美别人就是肯定自己。只有对自己有信心,才能由衷地赞赏别人。因为在赞赏别人特点的过程中,你也对自己的眼光和思想进行了肯定；在肯定别人优点的过程中,你也同时肯定了自己的气度和胸襟。一个懂得赞美的女人总是很招人喜欢,因为别人会觉得她宽容大度。

一个懂得赞美的女人拥有智慧和素养。一个懂得赞美的女人知道赞美不仅仅是一种抒情方式,还是一种内心的释放。当一个女人赞美别人时,她自己也在悄悄地提高,从而获得更多；反之,不懂得赞美即看不到别人的优点,她的眼中只有别人的缺点与不足。赞美别人一次就是让自己的心灵得到一次净化,不但能吐尽胸中的阴霾,还可以让别人如沐春风。当一个女人处于职场中时,赞美是一种成本低但回报高的人际交往法宝。赞美是对别人的才华、能力、长处以及一切优点的认可和尊重。如果生活中没有了赞美,那么将变得索然无味。赞美可以帮助你获得真诚与友善,当你用心地赞美别人的优点时,别人就会对你更加亲近。

小王一直是留长发的,但她却突发奇想给自己剪了一个短发,第二天上班后,好几个同事见了都问她：“小王,那么好的头发为什么要剪了呢?”小王正为这事郁闷呢,因为理发师并没有剪出她想要的发型。她一听大家这样问,心里更加窝火了。同屋的张大姐看到后走了过来,她笑着称赞小王的短发剪得好,清爽漂亮,更有职业感了。大家会意了,也一起夸赞小王的新发型好看。小王的怨气不知不觉地在这鼓励赞美声中消失了。“这真不是我想要的发型,当时我剪完还和理发师吵了一架,早上来的时候也一直在生气,甚至差点与一个客户吵起来。后来听了张大姐她们那些话,我的气就于无形之中消了,心里也觉得舒服顺畅了,看客户也觉得顺眼了,真希望天天听到让我开心的话!"

每个女人都希望得到别人的赞美,这就要求我们首先学会赞美别人。赞美是对别人的优点与成绩的肯定,它与恭维不一样。生活需要赞美,人们也需要赞美,赞美是一件好事。不过,想要做好这件好事,却并不容易。如果赞美一个人时不看时间、场合,即使你完全发自真心,也得不到对方的好感,甚至还会把好事变成坏事。所以,开口前我们一定要掌握以下技巧:

**1. 赞美要真诚**

用真心来赞美别人。并不是任何赞美都能使对方高兴,只有真诚的赞美才能温暖别人,只有名副其实、发自内心的赞美,才能显示出它的光辉和魅力。

赞美的内容应该是对方真实拥有的,而不能无中生有地胡乱赞美,更不能赞美别人的缺陷和不足。比如,不要夸一个嘴巴大的人:"呀,你的小嘴真可爱!"这种赞美不但不会换来好感,反而会使人反感,造成彼此间的误解和隔阂。

赞美一定要情真意切。虚假的赞美实际上是一种奉承谄媚,在让别人感到莫名其妙的同时还会给人留下油嘴滑舌、狡诈虚伪的印象,令人反感。例如,你对一个长相很普通的女孩儿说:"你真是漂亮极了。"对方肯定会认为你所说非所想。但如果你重点并细致地夸她的服饰、谈吐、举止等方面,她一定会高兴地接受。

赞美他人的闪光点,这样可以使赞美显得更真诚。闪光点需要发掘,可以从外在仪表和内在气质入手:仪表方面如穿衣打扮,包括穿着、领带、手表、眼镜、鞋子等,头发、眼睛、眉毛、身体、皮肤等;内在气质如兴趣爱好、特长、品格、气质、作风、学历、经验、气量、心胸、处理问题的能力等。找到对方真正的闪光点就可以贴切地赞美对方了,尤其要赞美对方那些最得意而别人却不以为然的事,为的是让对方获得认同感;当对方取得某种成功时,立即送上赞美;赞美你所希望对方做的一切。

为了使对方容易接受,可以运用第三者赞美。比如,我听说你升职了之类的。

**2. 赞美要因人而异**

要想让赞美产生最佳效果,就需要有针对性。人的素质有高低之分,年龄有长幼之别,赞美时一定要因人而异,突出个性。与老年人交谈时可以对他们过去的事情多加称赞,因为他们总是希望别人记住自己年轻时的突出业绩与雄风;而和年轻人交谈时,则可赞美他们拥有创造才能和开拓精神;在商人面前,头脑灵活、生财有道是他们比较喜欢听的;称赞有地位的干部时,最好说他们为国为民,廉洁清正;面对知识分子,最好的赞美是称赞他们知识丰富、品性淡泊……当然,这一切都不要浮夸,要有事实依据。

**3. 赞美要合乎时宜**

赞美也需要观人物、看场合,不能赞美起来没完没了,应该适可而止。例如,当某人见义勇为的事迹见诸报端时,可以于第一时间打去电话询问,以表达自己真诚的赞美。当一个朋友计划做一件有意义的事时,最开始的赞美可以激励他创业的决心,中间的赞扬可以鼓励他再接再厉,而事情成功后的赞扬则要肯定他的成绩。

**4. 赞美要适度,恰如其分**

真正的赞美一定要恰如其分,赞美的效果往往会受尺度的直接影响。赞美与恭维不同,使用过多的溢美之词或者一味空洞地吹捧只会让人觉得虚伪,对方听到这些话后也会感到不自在、不舒服,甚至难受、厌恶。例如,你有一个唱歌很不错的朋友,你如果对他说:"你的歌声太动听了,全世界数你最棒。"这样的话别人听了就会觉得虚伪,结果只能使双方都难堪。如果你换个说法,可能效果就会好得多，比如你说："哇，太好听了，你唱得真好，韵味真足。"你的朋友一定很开心，说不定还会为你再唱一曲。过犹不及，这是古人总结出的道理。赞美之言一旦滥用，就变成吹捧或谄媚，赞美者不但无法得到对方的好感与微笑，反而要吞下被置于尴尬地位的苦果。

赞美过头不但不利于彼此关系，而且还有损于自己的形象。过度地赞美会给别人信口雌黄、油滑虚伪、轻浮肤浅和工于心计的感觉，对沟通毫无好处。另外，如果过度奉承，别人还有可能会觉得你是在有意讽刺他，揭他的伤疤，因为他自己都没觉得有多好，这会造成不愉快的气氛，还有的人会义正词严地更正你说的那些事实。例如，评价一个虽然善良但性格上有些懦弱的人："你是我见过的最善良的人，而且我还特别钦佩你雷厉风行的气度……"对方即使不说心里也会犯嘀咕：她怎么这样说呢？她了不了解我？她是在挖苦我的懦弱吗？

赞美别人时，话语要适量，太多的溢美之词会显得有失真诚。赞美的话不要说太多，说多了就会没有意义，别人听这些听得多了，不但心里不会高兴，而且还会因此小看你。如《红楼梦》中，刘姥姥进大观园时，对每一样东西都赞叹不已，最后被大家所取笑。此外，赞美也并非只用一类词语，比如逢人便道"好"。有时，一个目光、一个手势、一个友好的微笑也都能起到赞美的作用，收到意想不到的效果。

总之，为了避免弄巧成拙，在与人相处时，应该根据对方的优点和长处给予恰如其分的赞美。

### 5. 雪中送炭

从某种意义上讲，功成名就的人并不太需要赞美，最能体现赞美的强大作用的是称赞那些因被埋没而默默无闻或身处逆境的人。他们正处于困难之时，一旦被人当众真诚地赞美，便有可能重新振作精神，建立起成功的信心。因此，赞美最有实效的做法是"雪中送炭"，而非"锦上添花"。

一句美好的赞美可以感动别人，给予他们摆脱困境的动力，也可以成为他们终生难忘的美好回忆，成为事业生活的力量源泉。发自内心的赞美，就像一张信用卡一样，只不过，它是一生有效的。聪明的女人们要懂得，无论处在什么场合，都要好好地使用赞美，这个世界会因为赞美而充满和谐、甜蜜的快乐音符。

**智慧寄语**

赞美并不仅仅是一种付出，从生命能量的观点来说，它是一种能量转换，因为你自己也会因为赞美别人而获得更多的力量。

# 第二篇

## 聪明女人如何为人处世

# 第一章　聪明女人处世有方

## 睿智的女人能屈能伸

"能屈能伸"是《史记》中的一个成语。

女人的一大特性是坚韧。能屈能伸的女人能承受大喜大悲，她们办事干练，行动敏捷，且不为感情所累；遇阻时能审时度势，全身而退，一旦时机合适还会东山再起。

何谓"屈"？屈是拉开的弓；何谓"伸"？伸是射出的箭。屈是伸的前奏，伸以屈作为铺垫；伸是屈的目的，屈是伸的手段。只有拉得紧，才能射得远。

女人在工作、生活中扮演着诸多角色，要想在方方面面都表现出色、妥善处理并不容易。有时，为了更长远的发展，委屈一下也在所难免。

屈伸之间彰显的是女人处世的大智慧。

屈，是难得糊涂，是一种谦恭，是能在困境中求存，是能在负辱中抗争的"忍"，是与世无争中的"和"。

以退为进、以柔克刚、以弱胜强都是屈的表现形式，是"无可无不可"的两便思维，这种思维有着"有也不多，无也不少"的自如心态，从而达到"不战而胜"的境地。

善于屈伸的女人在社交中能够左右逢源，对她们而言，没有失败，只有沉默，此沉默是面对挫折与逆境的力量，会在积蓄中爆发。

大丈夫要能屈能伸，女人同样如此，很多成就了非凡人生的女人正是凭借着这样的智慧获取成功的。

武则天14岁入宫，成为唐太宗的一个嫔妃。当时，她对统万民、御天下的唐太宗倾慕不已，甚至梦想着自己有朝一日也能够像太宗那样呼风唤雨。然而，要想做到这些，她必须像太宗那样身居高位、手握兵权，有无上的权力和威严。她深知，要想实现这个目标，就必须能屈能伸，太过锋芒毕露则会死于非命。于是，武则天把"目标"隐藏在心底，只是利用自己身为女人的魅力尽心尽力地侍奉太宗皇帝，很快就得到了太宗的依赖和亲近。当唐太宗病危之时，有意让她陪葬，武则天岂会甘做陪死的人？面对危急，她断然舍弃皇宫中的一切，出家当了尼姑。她想："只要保全了性命，总有东山再起的时候。"选择出家当尼姑是当时流行的一种悔罪修身、表示虔诚的方式。武则天的举动不但表达了对太宗的忠贞，更保全了自己的生命，为自己的长远计划留下了回旋的余地。她在特定情况下做出这种选择让人钦佩，也正是这种能屈能伸的智慧成就了她日后一代女皇的功业。

在封建社会,一个女人要想成就一番事业,困难何其之多,更何况是要成为一国之君、开天辟地的一代女皇。武则天的成就固然有众多的机缘巧合,但也离不开她高深的情商。正因为她能屈能伸,在最适当的时候做最恰当的事,从而渐渐地扩张了自身的势力,取得了权势。

在现实生活中,女人和男人相比,处于弱势一方。要想取得不凡的成就,除了丰富的知识和不可或缺的外界辅助力量之外,能屈能伸的处世智慧更是成功女人最有力的帮助。

莎莉·拉斐尔是美国一家自办电视台的节目主持人,曾两度获得全美主持人大奖,每天收看她的节目的观众有800多万。她被誉为美国传媒界的一座金矿,无论到哪家电视台,她都会带来巨额的回报,堪称最受欢迎的主持人。然而,就是这样一位主持人,却曾因为过于自我、不肯适应时下节目的风格,而遭遇了职业生涯中18次被辞退的经历。

最初的时候,她想成为美国大陆无线电台的主持人,但是电台负责人因为她是一个女性难以吸引听众而拒绝了她。

心高气傲的她不以为然,她想,凭着自己的外貌找到一份主持人的工作很容易。她来到了波多黎各,希望会有好运气,但是不懂西班牙语的她不断地遭遇拒绝。这时,她意识到必须将自己的姿态放低,这样才能迎合不同电视台的风格,没有谁仅仅因为美貌而录用她。于是,她花了三年多的时间攻克西班牙语,并且到一家小电视台义务打工。期间,她应一家通讯社的委托到多米尼加共和国采访暴乱,不仅没有工资,还自付了200多美元的差旅费。

她不停地工作,也不停地被辞退。但就在这不停地被辞退的过程中,她越来越能适应不同电视台的风格了。一个合格的主持人应知应会的本领,她都学会了。1981年,她到纽约的国家广播公司推销她的访谈节目策划,终于得到了首肯,但那家公司却让她先做一个政治类节目。她对政治一窍不通,为了适应政治节目的需要,她开始恶补政治知识,不眠不休。1982年夏天,她主持的以政治为主要内容的节目开播了,她一改往日同类型节目的沉闷,凭着娴熟的主持技巧和平易近人的主持风格使广大听众对讨论国家政治活动充满了兴趣,获得了无比的成功。一夜之间,她主持的节目成了美国最受欢迎的政治节目。

拉斐尔在放低自己的姿态后,人生有了新的转折。如果她一直高傲于自己的美丽,只会不停地遭到淘汰。

聪明的女人能在屈中处世,在屈中做事,也能在伸中立志,在伸中立业。

**智慧寄语**

女人在社会上闯荡,能屈能伸是一件法宝,所有的困难和挫折、厄运和耻辱,都会在屈伸的转换中化成追求幸福的力量。

# 学会在适当的时候向人求助

在人际交往中,不是每个女人都是贵族,但却有一些女人有着贵族一般的骄傲,她们绝不肯开口向他人求助,哪怕自己遇到了天大的困难,也一个人扛着,其实这是十分愚蠢的做法。

聪明的女人在人际交往中懂得向别人求助,她们在求助时常常会考虑到对方的现实情况,不会事事都求人帮忙。当她楚楚可怜地向朋友们提出合理的要求时,人们会带着怜香惜玉的态度向她伸出援助之手。

古代的国家对人的等级划分十分严格，那时的人们被分为贵族和平民，贵族高傲，平民低贱，两者之间互不交往。因此，许多平民对生来即有很高地位的贵族充满了仇恨，认为不公平。有一天，有一位贵族妇人在出外游玩的时候不慎落入河中，眼看就要被水淹死了，这时刚好有一位平民从河边经过，可想而知，平民是不愿意跳到寒冷的河水中去救一位贵族的。因为平日里这些贵族从不肯放下身份与平民说话，但是这位落水的贵族妇人见到有人从这里经过，如同抓住了一根救命稻草，早已把身份之类的想法抛到九霄云外去了。她对着岸上的平民大声地喊着："求求你救救我，求求你……"贵族妇人竟然用这么恳切的口气与自己说话，这位平民的心被触动了，深埋在心底的助人之心被激起，于是他立刻跳入河水中将贵族妇人救起。

贵族妇人深知这时候如果用赏赐的方式感谢这位自尊心极强的平民，一定会被他唾弃。因此她除了连连道谢之外并没有提到钱的事，平民见她竟然没有贵族的架子，心里也非常高兴。聊天中贵族妇人得知平民的儿子非常喜欢学习，可是国家却不允许他们上学读书，所以贵族妇人将这个孩子认做自己的义子，把他送到城市中最好的贵族学校学习。读书改变了这个孩子贫穷的命运，他长大之后做了一名出色的医生。有一年，贵族妇人的亲生儿子不幸患上了一种不治之症，巧的是关于这种疾病的研究专家正是平民的儿子，抱着一丝希望的贵妇人找到平民的儿子，终于救回了自己儿子的命。

身为贵族的她当然了解贵族与平民之间身份的差别，更理解平民对自己的仇视心理，于是她放下架子，哀求对方救自己，从而促成了她与平民之间交流的开始。

在人际交往中，每个人都有需要他人帮助的时候，肯向他人求助不是什么坏事，这恰恰能证明你也是一个能够帮助别人的人。人与人之间的交往正是因为有了相互间的帮助与关怀，才形成了大大小小的交往圈，而每一个人际交往圈集合起来就组成了社会大环境。所以说，社会是由人与人之间的互相帮助开始的，因此，人际交往中的女人要学会适时地开口向他人求助。当然，这种求助要立足于他人的现实情况之上，要合理。就像故事中的那位贵族妇人，她考虑周到，在生死关头顾及了平民的骨气，利用了对方的善心，因此抛弃了贵族的架子，用她的诚恳换来之后的回报。所以，人际交往中的女人不要错过任何人生的机遇，只要善于利用女人特有的聪明和细心，一连串的惊喜就会发生在向他人求助的女人身上。

### 智慧寄语

适时地求人帮助，这样不但能帮自己解决困难，而且会让助人者得到一种心理上的满足，甚至还会收获意外的惊喜。

# 多一点感情投资

处于集体之中，职业女性更要做好感情投资。在日常的社会交往活动中，多投入些感情，会有更加丰富的收获。

作为女人，对于感情总是格外重视，感情用事成了她们的性情特征。但对于聪明的女人来说，重感情是良好的品德，而恰当使用感情投资，更是社交中的大智慧。

懂得感情投资的人，能够俘获更多的人心。只要以情动人，在危难时刻就会有力挽狂澜的作用。

由于管理混乱，一家工厂濒临倒闭。后来，投资者新聘任了一位能干的女经理，希望改变现状。女经理到任三天，就发现了问题所在：偌大的厂房里，一道道流水线如同一道道屏障，员工之间的交流被割断了；而机器的轰鸣声和试车线上滚动轴发出的噪声更让工作信息无法传递。

更重要的是，因为业绩不好，之前的领导者都一个劲儿地抓生产任务，而将大家休息聚餐、厂外共同娱乐的时间压缩到了最低线，从而使员工们情绪低落，没有松弛谈心的机会。结果，陷入了恶性循环，他们工作的热情大减，人际关系的冷漠也使员工们本来很坏的心情雪上加霜。工厂内部出现了混乱，口角不断发生，不必要的争议也开始增多，有的人还干脆破罐破摔，致使业绩越来越差。

意识到这一问题，女经理果断地决定以后员工的午餐费由厂里负担，而且让大家都坐到一起吃饭，说话聊天，放松心情，并且讨论工厂的发展，共渡难关。在员工看来，工厂可能到了最后关头需要大干一番了，否则大家都得没饭吃。而女经理的真实意图在于给员工们一个互相沟通了解的机会，以建立信任空间，这样彼此间的人际关系就会进一步改善。

每天中午吃饭的时候，女经理还亲自在食堂的一角架起烤肉架，为每位员工烤一份肉。女经理的一番辛苦没有白费，在那段日子里，员工们餐桌上谈论的话题都是如何解决工作效率，大家纷纷献计献策，寻求最佳的解决途径。

这位女经理的决定承担着相当大的风险，免费的午餐使生产成本增加，但她成功地拯救了工厂内不良的人际关系，使所有的员工都回到了一个和谐的氛围中。依旧轰鸣的机器声已经挡不住人们内心深处的交流了，两个月后，工厂业绩神奇般地回转，5个月后，工厂终于开始赢利了。时至今日，这个工厂还保持着这一传统，午餐时大家欢聚一堂，由经理亲自派送烤肉。

现在的企业都讲究建设企业文化，人情味是否浓厚是最佳的晴雨表，这一点正是重视感情投资的体现。

职业女性更要做好感情投资的工作，尤其是身处职场时。在日常的社会交往活动中，感情投入得多一些，收获总会更加丰富。俗话说："人上一百，形形色色。"在不同的情景下，对不同的人，女人进行感情投资的方式应该有所区别。细心的女性总是会注意各种细节，时刻表现出对他人的关心。

俗话说："一分耕耘，一分收获。""感情投资"的效果可能比较缓慢，但绝对有着高回报率，而女人在操作时则要更加细致和深入。

其一，雪中送炭的感情投资能温暖人心。如果在别人危难时伸出援助之手，别人就会为你的行为而感动，于是这种感情就播下了种子。当然，锦上添花也未尝不可，但效果不如雪中送炭。

其二，因势利导的感情投资催人奋进。看到他人得意时要给予肯定，泼冷水的方式不可取。虽然你的话是忠言，但逆耳的感觉会让听者怀恨在心。例如，男人追求女人时，你奉劝女人要小心提防。你的好意不容置疑，不过在那种情况下，她恐怕很难听得进去。同样，当她失意时，作为最好的朋友，关心和鼓励是你必做的功课。

其三，感情投资要不断创出新意。给人关心不能用一成不变的方法，老招数用得时间长了，会让人感觉平淡。偶尔给对方来个惊喜，变一下感情投资的方式和节奏，其效果会格外好。

感情投资不能太过浅显，好像蜻蜓点水，而应真心实意，且有深度。进行感情投资的女人要用巧计，而不是用心计，应该保持一颗真诚和善良的心。

智慧寄语

女人应当结交更多的朋友，丰富自己的生活，并用感情投资为自己的人生发展推波助澜。

# 选择合适的话题，拉近彼此的距离

聪明的女人都知道，在人际交往中，只要找到了双方都感兴趣的话题，就能将交往顺利地进行下去。

一位机关干部和一位中学的教师，看似没关联，可当他们到同一家做客，便发现他们分别是主人不同时期的同学。他们可以围绕"同学"这个突破口进行交谈，相互认识和了解，最后也成为朋友。聊天过程中，多听听对方的话，首先要仔细地分析、认识对方，然后在闲谈中不断地发现新的共同关心的话题。

生活中经常会发现这样的女人，她们能够很快地与人打成一片，见什么人都有话可说。由于她们在任何交际场合都能有说有笑，人缘极好，因此消息很灵通，在与人竞争时无形中就占了先机。她们之所以能成功，就是因为她们拥有了可与别人交谈的话机，让人觉得与她一见如故、相见恨晚。那么，我们怎样才能像她们那样，快速找到与人聊天的话题呢？

## 1. 寻找彼此的共同点

如果是在朋友家遇到陌生人，那么朋友肯定会为彼此做介绍，说明双方与主人的关系、各自的身份、工作单位，甚至个性特点、爱好等。细心的人很快就能从介绍中发现对方与自己的共同之处，于是，轻轻松松地找到可以聊天的话题。一个人的心理状态、精神追求、生活爱好等，都或多或少地在他的表情、服饰、谈吐、举止等方面有所表现，如果你能做到细致观察，就不会放过对方的特点，从而找到彼此能够沟通的地方。

在火车上，一名中文女教师见对面座位上的一个年轻人正在看一本文学名著，于是主动与他交谈："你是学什么专业的呀？"对方回答："我是学中文的。""哎呀，咱们是同一个专业的，我也是学中文的，你是哪个学校毕业的？"于是，两个完全陌生的人由此打开了话题，只是因为女教师细致地发现了那本文学名著。

察言观色发现的东西，要与自己的情趣爱好相结合，如果你对此事物并不了解，如何打破沉闷的气氛？否则，即使发现了共同点，也仍然无话可讲，或讲一两句就卡壳了。

## 2. 投石问路

陌生人相遇，为了打破沉默的局面，就要开口说话。有人以打招呼开场，有人以讨论天气开场，有人以借书借报开场。

周小姐在医院里候诊，邻座坐着的一位大姐主动和她闲谈："你是来看什么病的？听口音不像本地人，你老家是哪里的呀？"当她得知周小姐是山东青岛人时，很高兴地说："我以前出差去过青岛，那儿真美。那您在什么单位工作呀？"就这样，她们亲切地交谈起来，等到就诊时，她们已经成为朋友了，还互邀对方有时间到自己家做客，准备长期交往下去。

## 3. 用闲谈打开办事之门

要想发现陌生人和自己的共同点，就一定要懂得分析别人的话中之意，也可以在对方和自己交谈时揣摩对方的性格。

在公共汽车上，一个急刹车，小张踩到了旁边一位老者的脚，她忙道歉说："对不起，对不起。"老先生笑容满面地说："你是哈尔滨人吧？"小张转惊为喜，老先生说："我在哈尔滨工作了3年，但那已经是10年前的事了。现在，哈尔滨变化挺大吧？"就这样，一路下来，小张和老先生谈得很投机,而老先生就是小张所在学校的教授。于是,小张成了老先生家中的常客,在学业上受益匪浅。可见,通过细心揣摩对方的谈话,可以找出双方的共同点,使陌生的人变成朋友,甚至交往终生。

闲谈好比一把钥匙,可以轻易地打开办事之门。在闲谈中根据不同人的兴趣爱好选择不同的话题,用闲谈的方式入手,可以比较容易地开启对方的心扉,甚至探知对方的心灵深处,激起对方情感的共鸣。此时再求人办事,自然顺利得多。

有一次,一位年轻的女销售员为了联系业务去拜访某公司总经理。一进经理办公室,只见墙上挂了几幅装裱精致的书法条幅。销售员稍微懂一点书法,便和经理闲谈起来:"经理,看来您对书法一定很有研究。嗯,这幅隶书悬针垂露的用笔,具有多样的变化美!"经理一听,顿生好感,想不到一个销售员还懂汉代曹全的悬针垂露之法,一定是书法爱好者,连忙热情地招呼说:"请坐,请坐下细谈。"就这样,因为一幅书法,销售员和经理结成了知己,当后来销售员谈业务之事时,自然就万分顺利了。

通过闲谈,双方发现有价值的东西,关系迅速融洽,事情也好办多了。闲谈并不"闲",而在生活中,聪明的女人总能抓住闲谈的机会,得到他人的认同,产生一种共鸣。一旦建立起共识,就能建立良好的关系,一些事情也就显得轻而易举了。

**智慧寄语**

在人际交往中,只要找到了双方都感兴趣的话题,就能将交往顺利地进行下去。

# 别给自己戴"高帽子"

人人都喜欢戴"高帽子",被人称赞自然是好的。但在人际交往中,我们不妨摘下"高帽子"和大家一起分享快乐。

当你独自顶着"高帽子"孤芳自赏的时候,身边的人会对你怨恨有加,甚至想夺取你的"桂冠"。当你把"高帽子"摘下来和大家一起分享时,得到的则是异口同声的称赞。

这个月,一位年轻的销售女主管获得了不错的业绩,她手下的业务员谈成的生意总额超出同级部门两倍多。按照公司业绩的提成管理制度,主管的奖金将是一笔不小的数目。老板很高兴有这样一位得力的助手,为了鼓舞她,决定在公司的例会上把她推为典型,大加赞赏,还特意安排这位主管作演讲。

这位主管意气风发,在讲话中把所有的业绩都归功于自己调配人员的技巧如何巧妙,处理大订单如何果断和聪明,以及加班如何辛苦。其实她说的并没有太多的错,而且并无太大的夸张成分,因此她坦然地接受了员工对她的祝贺和上司对她的表扬。结果,她忘了向上司的信任表示感谢,更没有提及同级部门的合作和下属的努力。更要命的是,当大家开玩笑让她请客庆祝一番的时候,她却一本正经地说:"我得奖金你们用得着这么起劲吗?下次我会拿更多,到时再考虑考虑……"

可是到了下个月,这位主管不仅没有拿到想象中的奖金,而且当月的奖金也因为没有完成销售任务而被扣掉了。可悲的是,她没有注意到下属越来越懒散,故意不配合她的工作,同时,老板也开始为难她了。

一个工作勤勤恳恳的人最终不一定能成为受欢迎的人，这不是什么怪事。"好人有好报，恶人有恶报"的观念不能用在此处，因为"好人"也有令别人不乐于接受的瑕疵，而这些小毛病往往会阻挡人气，让自己受到排挤。独享荣誉是一个最容易让别人胸怀不满、心生恨意的不良习惯，即使是好人，犯了这个错误也要受到惩罚。试想一下，一大群人或平起平坐，或不分上下，你给自己戴了一顶漂亮的"帽子"，相形之下，别人就矮了，黯淡了。于是乎，他们把你的存在当成一种威胁，虽然你并没有做任何伤害别人的事。没有人喜欢受到别人的胁迫，更没有人愿意和一个无法给人安全感的人相处，自然而然，独自享有荣誉、心安理得地把高帽子往自己头上戴的人最终都会变成孤家寡人，如何能得到大家的欢迎和敬重呢？

"居功"的确可以凝聚别人羡慕的目光，让自己有成就感，但实际上，居功自傲的人从来不会有好结果。想一个人独占功劳，企图让光环仅仅环绕自己一个人，那不是自私就是愚蠢。其实，见不得别人比自己好，是人性的一大弱点，但却普遍存在。独享荣誉就是抢别人的好，让别人记恨自己。这样，不仅不会给自己带来多少好处，还会引起众人的嫉妒。如果你谨记这个忠告，就将受益匪浅。在戴高帽子的时候谦虚谨慎能够得到好评，无论在什么场合都适用，而且屡试不爽。比如你的学习有了提高，取得了一定的成绩，一定要感谢老师的培养、同学的帮助、父母的鼓励，这是理所当然的。哪怕是嘲笑嫉妒过你的人，也不要冲他们扬扬得意，毕竟他们也刺激了你的进步。工作有了业绩，升职了，加薪了，不妨和同事们庆祝一番，对老板说声"谢谢"，感谢下属的配合与支持，这种真心将会得到众人的回应。回到家中不要心安理得地吃饭、睡觉，要拥抱一下辛勤操持家务的爱人和父母，传达你的感性和爱意。如果你真的这样做了，相信你会惊奇地发现，你身边的人都团结在你周围，扶持着你走向更高的地方，对于你的成就，他们绝不会嫉妒或冷眼旁观，而是真心地祝贺。主动把"高帽子"馈赠给别人，别人反而会更加敬重地为你戴上；你感谢别人帮助你获得了荣誉，别人也会感谢你，至少他觉得你眼里、心里有他。

智慧寄语

聪明的女人，应该记住重要的一点：别给自己戴"高帽子"。

# 第二章 善用自身魅力进行社交

## 声音的神奇性

不仅在情感中,工作中的女人也要利用声音推动事业的发展。语调平顺、声音柔和的人会让人觉得踏实、稳重,领导更愿意把工作交给这样的人;声音高昂、语素稍快的人会让人觉得中劲十足,热爱拼搏;而公关与贸易中温柔的言语、亲切的声音多半能够取得更好的效果。

聪明的女人会使自己的语言充满感染力,经过"包装"而变得更加优美动听。

我们往往有这样的感觉,从不同女人的口中说出同样的话,效果可能大不一样。因为她们说话时的声音、语调等不同,就反映了她们此时的感情也不同。美妙的声音可以使女人的形象更加完美。

女播音员的声音都很美,但这不一定是天生的,广播学院就是专门训练她们声音的地方。而且,我们常常会发现,一个播音员在电视、广播里的声音和现实生活中是有区别的。由此看来,作为平常人的我们,也可以通过后天的努力,打造出自己的完美声音。以下一些训练技巧可以尝试:

### 1. 讲究音调的高低变化

如果你在和别人讲话时始终保持同一个音调,对方不睡觉才怪。为了不让人昏昏欲睡,你需要适当调整自己的音调,从而达到讲话的目的。否则,即使说的内容再精彩也不会引人注意,还可能使别人厌恶与你交往。

### 2. 保持口齿清楚

大舌头说话没人爱听,所以每个音节之间都要有恰当的停顿,不要有太多的尾音。

### 3. 根据实际情况调整声音大小

注意控制音量,声音太大了会使人觉得你在装腔作势。音量太小会使人听着费劲,同时,也是胆小怯懦的表现。一般应该根据听者的远近,适当控制自己的音量,既让对方听得清楚,又不过于吵闹。

### 4. 说话速度应追求一种有快有慢的节奏感

单调如一的声音,如同催眠曲,令人厌烦。所以,在一些主要词句上可以放慢速度强调,在一般内容上则稍微加快变化。随着内容和情绪的变换,及时更换说话的音量和音调,可侃侃而谈如涓涓的流水,也可慷慨激昂似奔泻的瀑布。这样说话才有高潮、有舒缓、有喜忧,才能引人入胜、扣人心弦。

### 5.可以随时练习用腹腔发音

只用嗓子说话很累，所以要练习腹腔音，不但可以保护你的嗓子，还可以让声音听上去更沉稳有力。外国电视里的主持人和播音员的声音都很低沉，有力度，他们比较注重腹腔音，自然而不做作。由于东方语言的发音方式和西方语言不一样，所以我们更要借鉴好的技巧，不断提高自己的声音魅力。

靳羽西在刚开始当电视主持人的时候，曾经专门找语言学专家请教说话的技巧。通过学习，她的声音有了改善，越来越好听。

优美动听的声音是靠自己训练得来的，有个笨而实用的方法可以不断纠正自己的声音：用录音机录下自己的声音，然后放给自己听，就能感觉到差别。如此反复地练习，反复地听，长期坚持下去，不断地弥补不足，就能提高声音的质量。

**智慧寄语**

把握优美声音的原则是非常重要的。最基本的原则是：首先要使用得体的语言；其次是在不同的环境使用不同的语气和语调；最后才是在音色和音量上找寻最佳效果。倘若你牢记这三点原则，然后再辅助一系列的声音训练方法，一段时间以后，你一定会感受到声音变化所带来的惊喜。

# 什么样的声音让人迷醉

女人的声音可以成为穿透男人灵魂的旋律，男人总会在自己最隐秘的思绪中细细地咀嚼女人的声音。有些女人的声音刻板、机械，就跟电脑程序差不多，根本不可能让人产生幻想。

声音总是以非常鲜明的个性体现出女人味，这正是让男人喜欢的地方。很多有感情经历的男人，总是在他们的记忆最深处藏着难以忘怀的声音。

亮的女友去美国读书了，亮一个人在北京寂寞地独自生活。其间，许多女孩都向他抛来橄榄枝，但却没有一个人能够打动他的心。女友三年里只回来过一次，亮觉得她的模样都和记忆中不一样了，可是她的声音仍然那样甜美。在亮的心里，总是掠过女友远在美国的轻柔声音。他们每周都通电话，互诉衷肠，即使隔着千山万水，女友那略带轻浮的温柔声音也足以安慰亮。每次挂完电话，亮的心头都久久挥不去那个声音，这一切使得他沉醉其中。于是，就这样，他等回了远行的女友。

女人要想征服男人，威胁、撒泼和自杀都是下下策。其实，征服男人的方法很简单，只需要你温柔的声音。现在的男人工作压力大，事情繁多，身体劳累，潜意识里也想去威胁人，也想去撒泼，如果女人再拿这些东西面对男人，他们自然会严厉抵制。男人只会被柔情打动，用它对付男人，就犹如磁铁吸引钉子。女人可以通过声音来表现柔情，只要男人被这种柔情粘住，就会乖乖地听从女人的安排。

时代的变化让人们变得急躁，女人的声音也越来越尖锐而快速，听来犹如速食品一样毫无滋味。所以，找些时间练习那或迷离、或甜美、或磁性的声音，让别人听了之后就再也放不下。

### 1.迷离的声音

这种声音的典型代表是旧上海金嗓子周璇的声音，还有很久以前老电台里的播音主持的声音，柔媚的、软软的、甜甜的，让男人沉迷。但现在的女人独立了，强大了，和男性有了同等的权利，不知不觉地提高了嗓门，不再留意用声音打动男人了，这真是得不偿失的行为。

**2. 甜美的声音**

20 世纪 80 年代初,邓丽君的名字家喻户晓,人人喜欢,就是因为她那甜美而清新的声音。这声音能够让男性浮躁和迷惘的心得到适缓平静,有的人甚至于沉溺其中,忘记一切。

**3. 磁性的声音**

这种声音以蔡琴为代表。用这种声音演绎女性柔美的味道,别有一番滋味。蔡琴的歌特别适合在雨天听,那是一种很美的情景。而男人听到这种声音时,会不由自主地体会到这种女人的心情。

**4. 性感的声音**

性感的声音是一个比较模糊的概念,但有个基础的标注,那就是柔美。如果是一个尖利的声音,怎样都不会听出性感来。因此,柔美是通向性感的关键。

男女在一起时,声音可以起到情感催化剂的作用,女人有情时,声音会自然地柔美起来。大多数恋爱中的女人的声音都是妩媚的,她们说话的感觉和声调与平时明显不同。这种充满爱意的甜言蜜语让男人融化、亢奋,不管她平日如何雷厉风行,给男人的感觉都是最好的。女性的声音如能回归到自然和柔美,便是征服男人的一件看不见的利器。

聪慧的女人应该不断改变自己,尤其是自己的声音,要让它更加柔和、有个性、接近心灵的需要,这样才能震撼男人的心房。女为悦己者容,其中也包括声音,为心爱的人改变自己的声音,让自己的声音展示出真正的价值与魅力。

**智慧寄语**

女人要想哄好另一半,声音不可或缺,好听的声音如泉水叮咚,使生活如诗如画,是好女人的象征。如果想让男人欣赏你,就要从声音开始;如果要让男人爱恋你,更要从声音开始。

# "魅力"的发声练习

优美语音的标准:

(1)说话时的音量适度,以对方的感知度为准,不能太高或太低。

(2)说话时的音调较低,要有轻重缓急、抑扬顿挫。

(3)说话时的速度适中,有恰当的停顿,让对方听清楚你的中心思想。

(4)说话时的音质圆润,富有磁性和吸引力。

(5)说话时的咬字清晰,发音标准,字正腔圆,尽量克服地方口音或杂音。

(6)说话时的感情真挚,富有感染力,能引起听者的共鸣。

(7)说话时的声音辐射范围较广,轻松自如。

(8)说话时的气息流畅,收放自如。

(9)说话时的用语规范,文明得体。

练声也就是练嗓子。在生活中,那些饱满圆润、悦耳动听的声音让人听了很舒服,而沙哑干涩的声音则提不起人们的兴趣。所以,锻炼出一副好嗓子,练就悦耳动听的优美语音,将有助于我们人生事业的发展。声带不像身高,二十几岁就定型了,只要每天拿出十分钟认真练习,声音就可以慢慢改变。

**1. 第一步,练气**

练声先练气,气息是人体发声的动力,气息的强弱直接关系到音质的好坏。气不足,声音无力;气过猛,又会损伤声带。因此,练声要先学会用气。

吸气:小腹收缩,深呼吸,将整个胸部撑开,吸足气。专业人士称此法为闻花法,你可以想象闻到一股香味时的感觉,但吸气时不要提肩。

呼气:呼气时要让气慢慢地呼出。气息越长,人的声音越稳定,尤其是演讲、朗诵、辩论时,有时需要较长的气息,慢而长的呼气可以保证语言的完整。呼气时可以把嘴微微闭上,留一条小缝让气息慢慢地通过。你可以每天到室外、公园去练气,天长日久定会见效。

**2. 第二步,练声**

人类语言的声源是声带,也就是说,气流振动声带发出了声音。

在练发声以前必须做一些准备工作。第一要放松声带,试着用轻缓的气流振动它,让声带有点准备,然后发一些比较轻缓的声音,循序渐进。如果一张口就大喊大叫,就会损伤声带。这就像我们在做激烈运动之前必须做准备动作一样,以防声带拉伤。

声带活动开了还不够,口腔也需要做准备活动。作为共鸣器之一,口腔的重要性更大,声音的洪亮、圆润与否和口腔有着直接的联系。

口腔活动可以按以下方法进行:

(1)进行张闭口的练习,活动面部的咀嚼肌,等张口说话时肌肉就舒服多了。

(2)挺软腭。只要学鸭子叫"gaga"声,就可以自然地挺起软腭。

人体还有另一个重要的共鸣器——鼻腔。大部分人只会在喉咙上发声,声音单薄,音色较差,如果用上胸腔、鼻腔这两个共鸣器,就会有底气多了。学习牛叫可以帮助我们联系胸腔和鼻腔发音,但我们一定要注意,不要只用鼻腔共鸣,否则会造成鼻音太重。

还有,很多人都早起练声,不过,千万不要在早晨刚睡醒时就到室外练习,身体刚刚苏醒,贸然开练会伤嗓子。特别是室外与室内温差较大时,冷空气进入口腔后会刺激声带,所以冬季练声要做好充分准备。

(3)练习吐字。吐字好像和发声没关系,但实际上二者不可分割。只有发音准确无误,才能保证吐字"字正腔圆"。

刚上小学时都从拼音开始学,而每个字都是由一个音节组成的,每一个音节又是由字头、字腹、字尾三部分组成的。从音韵学来说,字头就是我们所说的声母,字腹就是韵母,字尾就是韵尾。

有一句话叫"咬字千斤重,听者自动容",强调的是吐字发声时一定要咬住字头。发字头音时嘴唇一定要有力,然后利用字头的力量带响字腹与字尾。字腹的发音一定要饱满、充实,口形要正确。不管什么字,发音的时候都要保持声音是立体的,而不是横着的;应该是圆的,而不是扁的。但是,一般人都容易发出扁、塌、不圆润的声音。字尾属于归音,一定要做到完整,将音收住,不要念"半截子"字。当然,字尾也不能把音拖得过长,否则会显得拖沓。如果我们能按照以上的练习要求去做,那么圆润、响亮的吐字就离你不远了,你的声音也会变得悦耳动听了。

最后介绍一些有效的发声辅助练习:

(1)深吸一口气,然后开始数数,看看能数多少。

(2)慢跑20米,然后朗读一段文章,尽量克制喘气声。

(3)按字正腔圆的要求读下列成语:英雄好汉、兵强马壮、争先恐后、优柔寡断、光明磊落、心明眼亮、深谋远虑、果实累累、源远流长、五彩缤纷、海市蜃楼、山清水秀。

(4)多练习绕口令。下面提供几个经典的例子:

①八百标兵奔北坡,炮兵并排北坡炮;炮兵怕把标兵碰,标兵怕碰炮兵炮。

②哥挎瓜筐过宽沟,赶快过沟看怪狗;光看怪狗瓜筐扣,瓜滚筐空怪看狗。

③洪小波和白小果,拿着箩筐收萝卜。洪小波收了一筐白萝卜,白小果收了一筐红萝卜。不知是洪小波收的白萝卜多,还是白小果收的红萝卜多。

这样的练习做多了,说话的发音就会有所改变,变得越来越清晰圆润。说话也是一门艺术,是控制发音系统的过程。一个人只要有健全的发音器官,就可以通过科学的方法不断地练习,然后熟练运用发声的技巧。如果不能正确地控制和协调身体的各发音器官,不对自身的声音缺陷进行修补,要想拥有有魅力的声音是非常困难的。

电视节目主持人准确清晰、端庄悦耳的声音让人听了很舒服,而且听着他们的声音注意力也不会分散。要知道,主持人也并不一定天生就有一副好嗓子,他们都是经过严格的发音训练才有如此出色的音质和音色的。所以,不要畏难,积极地练习发声,只要你每天坚持十分钟,即使原来的音色不好,也能练就有魅力的嗓音,让他人不知不觉地进入你的声音磁场。

**智慧寄语**

锻炼出一副好嗓子,练就悦耳动听的优美语音,将有助于我们人生、事业的发展。

# 保护自己的声带

声带就是你的声音泉,在你出生的时候,它随着你那洪亮而清澈的啼哭奔突而出,这个时候,声音泉流出的是最干净、最富有生命力的泉水。等你到了青春期,声音泉就不再清澈见底了,随着泥沙的卷入,宽度得到扩展,于是渐渐走向了沉稳和力量。有的人善于保护声音泉,基础的音色不曾改变过,只是在语调和音调上有所变化而已。但是,那些抽烟酗酒、大喊大叫的人却无视声音泉,滥用嗓子,用各种污染物毁嗓子,以至于声音变沙哑,甚至生出各种咽喉疾病,不仅声音魅力没有了,人的魅力也没有了。女人一定要懂得保护声音泉,保持它的纯净,让它汩汩地流淌在你的唇边。

能够给人留下美好的回味和遐想的,总是甜美圆润或浑厚磁性的嗓音。但是,如果不好好保护娇嫩脆弱的嗓子,一旦损坏了,就好比损伤了的乐器,再也发不出动听的声音了。但凡有好嗓子的人,都和声带保养脱不开关系。

许多歌星都十分注重嗓子的保养,且有一套自己的保护办法。

林忆莲:"我的护嗓方法非常简单,平日不吃煎炸、油腻的食物,酸的饮料也不怎么喝,多休息,保证睡眠,而且在演出前绝不吃热的食物。"

范晓萱:"我常以水果代茶水,西瓜是我的最爱,所以嗓音才特别润。"

台湾歌手陈盈洁:"我抽烟、吃麻辣,但是从不熬夜,所以嗓子能得到充分的休息。"

叶倩文:"平日多喝蜜糖水,少吃冷饮。录音前不会吃油炸类食物,至于演唱会前,尽量不吃东西,硬的食物绝对不碰,若真的太饿,就喝汤面之类的流质食物。平时穿衣服也会特别保护喉咙,例如穿高领衣服、戴颈巾等,以免嗓子受寒。"

当然,每个人的先天条件有差别,保护声带的方法也各有差异。玛丽亚·凯丽从不注意保护嗓子,她说:"烟照抽、酒照饮,我还爱吃辣。要开声嘛,大叫几次便可以了。"这简直是上天的恩赐,让她拥有坚韧而动听的嗓音。不过,凯丽还是有用嗓禁忌的,即唱歌前不能喝香槟,也不能吃得太饱。对于没有好嗓子的我们,更要注意保护嗓子。

首先,保养声带应该学会如何正确地发声。专家研究说,70%的人不会"说话",主要是指他们的发音方式不正确。不管什么时候说话，都不要用力过度，而要用柔和的气息发声。运用声带发声就像打鼓一样，响鼓不用重锤敲，只要力量适度，方法正确，就能发出合适的声音。声带极为娇嫩，用气过猛或用力过大都容易损坏声带。所以，一定要杜绝拼命地喊叫，经常练习发声，巩固发声方法，提高发声水平。

此外，身体健康是嗓音良好的保证。日常生活中，不要过度熬夜，饮食要有规律，让整个机体处于正常有序的状态中。

我们都知道，当身体不适时，声音往往也会发生病变。比如在感冒时，声音会变得沙哑和粗糙，这时要尽量让嗓子休息。女性在生理期期间也应该注意适度用嗓，此时声音会会变得沉闷、干涩、沙哑，音调变得低沉，这是因为月经期声带会充血，黏膜也不坚固。如果不注意休息，甚至还过度唱歌、说话毁嗓子，就会导致喉肌紧张，声带肌及其表面的黏膜也会因受到突然的冲击而出血，影响发音。因此，经期应避免用嗓，除正常柔声说话外，一定要尽量放松嗓子。

鼻炎、慢性咽喉炎、扁桃体炎等疾病是嗓子的杀手，直接影响嗓子的健康，一旦发病，要及时地标本兼治。注意日常饮食，坚决不碰强刺激性食物，多喝开水，少说话，保持嗓子的休眠状态。在较长时间用嗓后，不要马上吃太冷或太热的食物。

还有，由于"发音器官"与"呼吸器官"紧密相关，一些润肺的食物要多吃，比如琵琶膏、纯杨桃汁、葡萄柚汁、胖大海、罗汉果等。如果要做长时间的讲话，最好事先喝一杯热水，而冷的东西是绝对不能碰的。嗓子有点发炎时可以用冰块消肿，而热茶的茶碱成分则会让喉咙干涩，所以长期饮茶对嗓子也不好。咖啡中过多的酸性物质会滋生口腔黏性物质，导致发音时产生过多的唾液，进而影响声音的质量，所以也不建议饮用。如果喝汤，要用清淡的素汤代替油脂过多的荤汤。

最后，还应注意避免一些用嗓的坏习惯，如说话太快会影响呼吸，也会加重用嗓负担。通常而言，不要一口气说太多的话。

下面提供一些简便易行的保护声带的偏方，如果你因为一时高兴，抽烟、喝酒、唱歌，毁了嗓子，或者需要长时间用嗓，都可以试一试。

**1. 拌吃银耳**

将银耳洗净泡胀，撕成条块状，先用开水烫过，再用凉开水漂洗，拌醋食用，每日两次，食量不限。

**2. 拌吃芹菜**

把芹菜洗净切好，热水烫过后拌醋吃，每次一小盘，每日2次。

**3. 饮凉浓茶水**

将茶叶25克用开水冲一大杯浓茶水，冷却后再慢慢饮用。

**4. 吸入风油精**

在洁净的手帕上点几滴风油精，放在鼻孔上吸入，每日4~6次。

**5. 冷敷脖颈**

用冷水或冰水浸湿毛巾，敷在前颈喉头上，每次20分钟左右，每日3~4次。

**6. 试试鸡蛋茶**

取新鲜鸡蛋一只，打成鸡蛋液，用滚开水把鸡蛋冲成蛋花儿，加少许白糖和香油，趁热喝下。

---

智慧寄语

时不时地清嗓子看起来很不错，但实际上只会加重声带的紧张度，给声带造成损伤。

# 女人拥有充满魔力的声音

美人鱼,传说是居住在深海里的水之精灵,虽然拥有美女的容貌,但却是人与鱼的结合体,不能在陆地上行走。长久以来,美人鱼和人类是互不干扰的。但是有一天,一场暴风雨突然而至,美人鱼救起了因风暴打翻了船桅而跌落海中的王子,并将他送回岸边,于是,美人鱼的心就留在了这片土地上。

她苦苦哀求巫女的帮助,以她天籁般的声音换取像人类一样修长的双腿,即使走路的时候如针刺般疼痛,她也要走到陆地上去看一看王子。可他们再次相遇的时候,王子已经爱上了一位公主。但是美人鱼不后悔,她就想待在王子的身边,即使天亮时会变成泡沫。

"妹妹,求求你了,用这把匕首杀死王子吧!这样你才不会在明日的第一缕曙光下化为泡沫!"美人鱼的姐姐们从大海里发出呼喊,望着剪断头发的姐姐们,拿着用姐姐们柔顺、美丽的秀发换来的匕首,美人鱼犹豫了。爱上王子是否是一个错误的意外?是否要亲手杀了王子,用他的生命保全自己的生命?美人鱼放声大哭起来,没有王子存在的世界是多么没有意义啊!于是,她在最后的那一刻,把匕首沉入了黑暗、寂静的海底。

"神啊!请倾听我最后的奢侈的心愿吧!请让我唱完最后一首歌,请让我把埋藏在心底的爱唱出来吧!"美人鱼张开嘴巴,发出哀伤的歌声,久久地飘荡在平静的海面上:"无法言出的疼痛,那是因为我爱上了王子。即使无法用声音传达,也把它寄托在贝壳上。在睡梦前倾听,倾听我对王子的爱……"歌声仿佛是天堂传来的回音,而美人鱼化作泡沫,永远地消失在温柔的曙光中,消失在海的尽头、天的末端。

声音也是女人的武器,它代表着这个女人的基础特征。每个女人都不要忘记保护自己的声音,否则,就会像美人鱼——失去了美妙的声音,也失去了王子的爱情。

"声音是女人裸露的灵魂",女人的性情、体态甚至肤色和发型都与她的声音有关系,识人能力强的人可以从女人的声音中感觉出这个人的一切。

生活中,女人的声音常常比思想更重要。人们总是喜欢声音好听的女人,即使她很稚嫩,人们也会说她很纯真、可爱;而一个女人即使头脑聪明、行动力强,如果没有好听的声音,也难以让人产生好感。

很多女人懂得打扮、穿衣服、戴首饰、喷香水,甚至去学习礼仪,却不懂得善用声音。还有的女人,声音是悦耳的,非常好听,但却因为过度的装饰显得做作,使人反感。男人迷恋女人的声音,需要女人的声音是谦和真诚的,否则男人的自尊就会受到伤害,会有鱼骨卡喉的感觉。男人对声音的记忆胜过其他,如果他反感某种声音,一旦听到就会厌恶不已。

聪明女人会在悦耳的声音中注入自己的个性特点,让声音变成迷人的风景。这样的声音是最有力的,它能够融化男人的心。一个调音师,时时精心地听着每一个音节奏出优美的音乐,声音的力度、音阶和速度,聪明的女人需要学会掌控。而温柔的语言、亲切的态度、婉转的音调与平和的旋律,这一切都会让一个面貌平庸的女人变得极富女人味而使其魅力倍增。

拥有这种声音的女人,即使有一天皮肤黄了,皱纹爬上了眼角,其魅力也永远不会消失。

女人的声音也是一面镜子。聪明的男人能根据女人的声音分析出自己在女人心中的价值,明白自己的地位,从而知道该如何对待这个女人。女人的声音有时也是男人情感的反照,男人真诚时,女人的声音就显得真诚;如果女人的声音变得阴阳怪气,那是因为男人虚伪。

因此,通过女人的声音,可以细细地品味她的情感与思维。很多男人喜欢分析女人的声音,在女人的声音中感受到无穷无尽的乐趣。

有对男女一直在电话中恋爱,他们十分迷恋对方的声音,甚至为此不愿见面。后来,男人的事业发展了,不少女孩追他,可他只爱电话中的那个女人。他最上瘾的事就是听女人在电话里的声音,不仅充满柔情,而且还会吃醋生气,这令他觉得十分享受。

女人对美的需求是多层次、多方位的:有了修剪头发、整理仪容的需求,便有了许多美发店;有了美容的需求,便有了大街小巷雨后春笋般的美容院;有了魔鬼身材的诱惑,便有了减肥、健美中心;更别提美甲店、色彩店、SPA水疗、心理美容、礼仪训练等,越来越丰富。然而,当女人懂得声音的魅力时,又有几人能够去训练自己的声音呢?

女人的声音像音乐,有无限的组合性。其实,对于女性来说,声音的魅力是相对容易修炼和保持的,而且具有很大的增长空间,只不过很多人还没有意识到并重视提升这方面的魅力。实际上,声音源自体内,每个人都可以驾驭自己的声音,且不受条件和金钱等因素的限制。再者,声音是一种听觉感受,少了视觉感受的复杂性,成本和代价都相对较低,因此可以说声音训练是现代女性必要的修炼项目。当女人真正认识到这一点,充分开发自己声音中的魔力,那么命运或许会随着声音的改变而改变。

### 智慧寄语

在不同的环境中变换不同的语气,在音频、音色和音量中寻找到最佳效果,这是女人说话的基本要求。

# 了解自己的声音

魅力是由多方面因素复合而成的。对于女孩子而言,青春美好的外貌在20岁就已经达到了人生的巅峰,未来再努力,也只能走下坡路。随着年龄的增长,一些天然的青春与美好会渐渐减少,如果对内在的气质修养不加以练习,那么人就会渐渐开始贬值。修炼魅力很像储蓄,平时积蓄得越多,最后获得的总值就越大。年轻的时候常常以为自己可以吃老本,结果老了的时候却发现什么也没有。所以,女人一定要及早训练自己各方面的素质,而声音就是你最有力的储蓄。它不但不会随着时间的流逝而褪色,而且会因为你的成熟而焕发出愈加诱人的魅力。

自然、诚恳、充满自信和富有活力的声音是最有魅力的声音。所以,要想应用好声音,首先应该分析和了解自己的声音状况,然后扬长避短,有针对性地进行相应的训练和调整。

用录音笔或MP3录下自己的声音,看看哪些地方好,哪些地方不足,然后慢慢训练,改变声音。注意,一定要录下你最自然真实的声音,收集你平时日常生活中的各种声音,如与他人交谈时的声音,公司开会时的发言等,这样才能收集到分析时所需的各种有用的声音。有时候你会发现,连自己都不认识自己的声音了,完全不像自己平时所听到的那样,这是因为我们讲话时所发出的声音不但经过空气传声,还会穿越脸部与咽喉引起振动,和他人听到的空气传声有很大的区别,所以人们通常并不熟悉自己真实的声音。

听到了自己在各种情况下的真实声音后,才能去糟粕、留精华,让自己的声音更加动听悦耳。下面是几种让人感觉不舒服的声音,检查时可做参照,有助于分析自己的声音效果:

**1. 声音过细**

很多人认为声音细弱是女性发音的特征,即所谓的女人味。这其实是种误解,虽然女性的声音委婉柔美非常重要,但声音过细反而给人懦弱、缺乏主见和工作能力的印象。

**2. 声音过尖**

尖而刺耳的声音是一种比较神经质的声音,人们很反感这种声音,它说明声音的主人过于敏感、缺少自控力、心胸狭隘、不易沟通。并且,过尖的声音连说话都像是在吵架,即使你和颜悦色,也会让人不高兴。

**3. 语速过慢**

犹豫不决、缺乏自信、魄力不够的人语速会很慢,更有甚者,会让人觉得其智商或情商有问题,总是比平常人慢半拍。

**4. 语速过快**

偏于自我、急躁、情绪易波动、做事缺乏持久力的人语速很快,这种人固执己见、缺少合作精神、思想偏激,甚至使人觉得他们缺乏修养。

**5. 语音含糊**

这种声音常常意味着缺少安全感,目标不明确,做事缺乏原则,没有条理性。而且,爱耍心计、凡事留一手的人也会语音含糊,给人以不够真诚、城府太深的错觉。

**6. 腔调做作**

这种声音是轻浮、功利、缺乏内涵和自信的表现。做作的女人会让男人产生本能的抗拒心理,自以为可爱实际上很可恨。

没有人的声音是绝对完美的,通过以上叙述,你是否发现了自己的弱点?没关系,有魅力的声音是可以练出来的,要想让你的声音被众人喜欢,并且有自己的特色,就需要对语速、音调、音色等加以训练,从而带给人愉悦的感受。

**智慧寄语**

有魅力的声音是可以练出来的,要想让你的声音被众人喜欢,并且有自己的特色,就需要对语速、音调、音色等加以训练,从而带给人愉悦的感受。

# 优雅,这种语言最美丽

一个女人的举止和姿态往往是她的个人宣言,她不必说话,就能让别人感受到与众不同。

有一次,航班因为雷雨天气延误了。一位旅客指着一位年轻的空姐大声斥责道:"因为飞机延误,我的事都办不成了,这可是很急的事情。这个损失谁来负责?我要索赔!我要告你们!你们说不飞就不飞,把我们顾客当什么了?如果没有急事谁会坐飞机?不就是图快嘛!连这个都做不到,你们还能干什么?"

那位年轻的空姐被骂得满脸通红,支支吾吾地解释说:"先生……您误会了,不是我们……不想飞,是忽然有雷雨天气……"这个旅客根本不听她解释,挥手示意她走开,那动作就像驱赶一只苍蝇。

那个旅客还在发着牢骚,一位年长一些的乘务员走了过来。她微微倾身,保持45度角的交流角度,耐心地倾听着顾客的责骂,一句话也不多说。果然,她的姿态使得旅客渐渐平静了下来，这时，她才诚恳地表示道歉："先生，对此我表示十分真诚的歉意。我知道，飞机不能按时起飞给你造成了很多不便，但我们是为了保证您的安全。现在航路上有雷雨，暂时不能起飞，一旦天气有所好转，我们会立刻起飞的，请您耐心等待。"

这位旅客的脸色不再难看了，情绪也不再那么激动，他有点无奈地说："我只希望能够早些起飞。"然后就闭上了眼睛，默默地坐在那里。

这位空姐是个交流的高手，因为她知道，旅客心中有愤怒，不让他发泄完心中就会不舒服。所以，她采取了一个同盟者的姿态，耐心地听他发牢骚，尽量使他感觉舒服，这样乘客就不会再激动，而且会觉得自己挺没意思的。

大概半个小时后，飞机还是无法正常起飞，那位旅客又不耐烦了。这时，乘务长亲自出动了。她是中国最早的乘务员之一，是航空公司返聘回来辅导新一代年轻乘务员的。

乘务长端来一个小托盘，里面有一杯水，一个用热的湿毛巾折成的毛巾花。来到那位旅客面前，乘务长温和地说道："先生，打扰您了，天气比较热，请喝杯水吧。这是毛巾，您擦擦手。"她亲切的言语不卑不亢，让旅客不好发作，他把毛巾拿在手里，热乎乎的毛巾让他感觉很舒服。

"先生，飞机暂时还不能起飞，很抱歉。机长正在联络塔台，也许很快就会有消息了。今天很多航班都延误了，包括您一会儿将要转乘的飞机。所以，仍然不会耽误您转机。等飞机落地后，我会来接您，陪您一起去办手续，好吗？"

这番话让旅客无可挑剔，他再也无法抱怨了，因为乘务长已经替他把所有的事情都考虑到了。况且他也明白，乘务员是决定不了飞机起飞的。于是，他礼貌地答谢了乘务长，安静地等待着。

其实，乘务长能做到和承诺的东西十分有限，而这个旅客最后可能也不会让乘务长陪着自己办手续，但是这样一番体贴的行动，却迅速抹去了旅客的不快。

可见，得体的姿态也是我们的语言。举止优雅的人，如同初春绵绵的细雨，使干燥的人际关系变得润泽。因此，请你牢记：喋喋不休的语言永远无法达到预期效果，不如用诚恳优雅的姿态辅助语言，帮助你实现自己的目的。

智慧寄语

举止优雅的人，如同初春绵绵的细雨，使干燥的人际关系变得润泽。

# 说者无心，听者有意

成功女人开口说话的大前提就是小心说话。这件事看起来简单，但真正做到很难。人们说话时，我们不仅要关注他的语言，更要看清他的内心。如果一个女人只顾自己把话说完，而忽略了"对方听完之后的感想"，那么恐怕得罪了人都不知道是为什么。

说者无心，听者有意，这个"听者之意"无疑是不好伺候的。很多人会对说话人的本意进行曲解，甚至造成不良反应。同样的一句话，不同的人说，不同的人听，都可能产生不同的效果。

成功女人说话往往会让人开怀大笑；而不会说话的女人则可能得罪、伤害他人，其中利害可知。所以，女人应该尽量避免说一些有伤人之嫌的话，张口一定要小心。可能你是无心的，但仍会给他人造成莫名的痛苦。

有个女人请客，看看时间已经快到点了，但桌上却只坐了一半的人，她心里很焦急，便自言自语地说:"怎么搞的,该来的还不来?"一些敏感的客人听到了,心想:"该来的没来,那我们是不该来的?"于是,他们找了个借口走了。

　　女主人一看这种情况,更着急了,便说:"怎么这些不该走的,反倒走了呢?"剩下的客人一听,又想:"走了的是不该走的,那我们这些没走的倒是该走的了!"于是,他们也都走了。

　　最后一个朋友猜测大家可能是太敏感了,因此为了劝慰女主人留了下来,并说道:"你说话前应该先考虑一下,否则,一旦说错了,就不容易收回来了。"女主人大叫冤枉,急忙解释说:"我并不是叫他们走哇!"朋友听了气不打一处来,恼怒道:"不是叫他们走,那就是叫我走了。"说完,最后一个朋友头也不回地离开了。

每个人都有自己的心思,社交中说话做事一定要慎重,多思多想,免得被敏感的人听了去,惹来一堆麻烦。很多人都会对他人所说的话产生曲解,"听者之意"一直是说话之人的心头大患。如果说话人小心点,就会避免很多不必要的误会。

具有卓越口才能力的圣罗兰和具有超强的组织能力的苏菲亚·罗兰曾表示,为了照顾听者的感受而说话的确很难。从"听者有意"的角度管好自己的嘴,需要长期练习,更需要说话人多几个心眼儿。

### 智慧寄语

在为人处世当中,说话的方式是要有所考究的。不但遣词造句要小心,甚至连说话的口气、音量的大小也要格外慎重,否则就很容易遭到他人的曲解。

# 避免让言语冲撞了对方

成功女人在社交场合中会时刻注意谈话的内容,尤其是与初次见面或者不是很熟的朋友聊天时,一定会仔细斟酌语言,尽量避免谈及一些让人尴尬或者敏感的话题。要知道,如果触碰了他人的"逆鳞",就会给自己带来麻烦。

　　在一次宴会上,尚文慧向邻座的太太讲起了某校长的秘密事,并用满口嘲笑鄙视的语气说了很多不恭敬的话。

　　等她说完后,那位太太问她道:"小姐,你知道我是谁吗?"

　　"哦,对哦,我还没有请教你贵姓呢。"她回答道。

　　"我就是你说的那位校长的妻子!"

　　尚文慧窘住了,这是多么尴尬的事情啊!她脑筋急速运转着,突然想到了什么:

　　"那么,你认识我吗?"

　　"不认识。"那位太太摇头作答。

　　"哦,还好,还好!"尚文慧如释重负地吐了口气。

这虽然是个笑话,但故事中尚文慧所犯的错误却值得人们警醒。随便对人说话,触碰了别人的"逆鳞",后果不堪设想。交谈的气氛被破坏了不说,还会给自己留下后患。

女人在与人交谈时要懂得有所保留,绝对不能谈论对方禁忌的话题,更不能深入别人的禁区。而最危险的情形莫过于以下几种:

**1.当众谈对方的隐私和错处**

当众谈及对方的隐私和错处,不但会令对方觉得难堪,恼怒不已,也会让他人觉得你没有修养。如果不是为了某种特殊需要,交往中要尽量避免接触这些敏感区。在有必要让对方知道他的缺点时,聪明的女人会用委婉的话语暗示他,让他感到有压力从而改正缺点。一般人在对方"点到即止"的暗示下会知趣地收场,因为要顾及脸面。如果你当众揭人家的短,既然面子都没有了,人家一定会跟你要赖争执,让双方都下不了台。对于一些纯隐私、非原则性的错处,最好的办法是装聋作哑,追究对谁都没有好处。

### 2. 故意渲染和扩大对方的失误

说话总有疏漏的地方,在交际场上,人们可能会讲一句外行话,搞错一个人的名字,念错一个字,被人抢白两句等等。遇到这种情况,说话的人已经很尴尬了,他不希望更多的人知道这个错误。所以,即使你发现了这样的错误,也要装作不知道。如果你大加张扬,故意搞得人人皆知,甚至抱着幸灾乐祸的态度,拿人家的失误做取笑的笑料,定会让对方怒不可遏。这样做不仅对事情的成功无益,而且一旦伤害了对方的自尊心,他就会无比痛恨你,甚至伺机报复你。而且,人们对这样刻薄饶舌的人并不欣赏,因此,你还会损伤自己的社交形象。

### 3. 不给人留点余地

一些竞争性的文体活动,比如下棋、球赛等,讲究"友谊第一、比赛第二"。但很多人就是看不透,尽管只是一些娱乐性活动,也拼命去争,希望成为胜利者。有经验的社交者,在自己取胜把握比较大的情况下,会适可而止,适当地给对方留点面子,从不把对方逼上绝路。如果你可以全胜,不如三局两胜,让对手也赢一两次。尤其在对方是老人、长辈的情况下,你若毫不相让,让他狼狈不堪,可能会引起他们的不满,让你无法收拾。其实,既然不是正式比赛,那么就应该让比赛成为交流感情、增进友谊的机会,又何必造成不愉快的局面呢? 在其他的事情上,道理也一样。你的多才多艺不需要全部表现,而要给别人一点表现自己的机会;或许你足智多谋,可以一个人搞定难题,但也要让别人有表达意见的机会。"一言堂"、"独风流"是不利于社交的。

### 4. 参与对方的阴谋

人际交往中免不了针锋相对,尤其是小帮派之间。如果数人密谋什么事,你偏要积极参与,出谋划策,一旦事情败露,你就是始作俑者之一。所以,要懂得明哲保身。与人交谈,当涉及某些阴谋和某些隐私时,装聋作哑,走为上计,为了图新鲜去打探、参与某些阴谋,到头来只会惹祸上身。

### 5. 过早说深交话

在交往中自然要结识新朋友,此时必须慎重。如果你对他有一定的好感,可以多说些共同的话题,但不能剖腹掏心。二人毕竟是初交,缺乏更深切的本能性了解,过早地袒露自己的一切,或者与对方讨论敏感话题,很可能带来麻烦。因为没有几个人会相信浅交者所说的话,他们很可能会当作玩笑说出去,这样你就会陷入被动,甚至遭遇难堪。除非是好友,否则不宜说深交的话。

善于言辞的女人说话要懂得忌口。有的女人口齿伶俐,因此不管见到谁都口若悬河、滔滔不绝。要知道,言多必失。若因言行不慎而让别人下不了台,或者把事情办砸了,只能自己吃苦果。所以,过度地讲话是不礼貌的,也是不明智的。

首先,政治、宗教等话题尽量少谈,因为每个人对此的态度和立场都不同,如果不能理性探讨,很可能会出现争论。即使有些人基于礼貌并不当场与你争论,但你完全对立的态度一定会让他心中十分不舒服,因此可能会在无意中得罪了人而不自知。

其次,避免询问他人的穿着、饰物等的价格。这类话题是女人的禁忌,一旦问出,众人都会感到坐立难安。有些美丽的打扮不一定花了大价钱,所以只要夸赞别人的妆容就行了,没必要问背后的金钱价值。否则,对方可能会以为你在暗讽她。

再次,不可谈及他人的年龄。交际场上问女士年龄是犯忌讳的,这点大家都知道。所以,女人之间问年龄也要小心谨慎，以免得罪人。

　　最后，切勿形成小圈子。社交的目的就是结识更多的人，在这种环境中要照顾到所有人。如果你只和熟悉的朋友聊天，将其他新朋友冷落一旁，时间久了，你就不再会有新朋友了。所以，成功女人会利用倒酒、点餐，或者上洗手间的形式，巧妙地更换交谈对象。

　　　智慧寄语
_____

　　成功女人在社交场合中会时刻注意谈话的内容，尤其是与初次见面或者不是很熟的朋友聊天时，一定会仔细斟酌语言，尽量避免谈及一些让人尴尬或者敏感的话题。

# 培养说话风度

　　一个女人是否具有吸引力，取决于她说话是否有魅力，也关系到她是否具有良好的人缘。会说话的女人能够自如地与别人聊天，并表现出足够的自信。与人谈话时，她内在的涵养、气质能够传达给对方，从而使人乐于与她交谈。

　　要想成为一个有魅力的女性，培养自己良好的说话风度是首要因素。所谓说话风度，是一个女人的内在气质在言语上的表现，说话即能体现涵养。在谈话过程中，优雅的谈吐是很重要的，就好像一个人整洁干净的仪表，能使对方感到舒适愉快。如果你能熟练而自然地运用文雅的辞令，即使偶尔开个玩笑，说些俏皮话，也充满文化底蕴，无处不渗透着你的涵养、气质，那么与你交谈的人就会很快乐，而且敬重你。注意交谈的距离，是与人交谈时需要注意的。距离过近或过远都有失礼貌：距离过远，会使对方产生你不愿意与之接近的感觉，以为你嫌恶他；距离过近，稍有不慎就会把口水溅到别人的脸上，而且会给人以压抑感，令人生厌。如果对方是异性，还会戒备你，甚至发生误会。

　　与别人讲话时，你的一举一动都能显示出你的教养。抖动腿是常人通用的缓解紧张情绪的动作，但却是一种很不礼貌的举止。谈话中，缺乏自信的人会抖动腿脚。由于会带动座椅一起抖动，从而影响他人。

　　在交谈中不自觉地挠头摸脑说明你过于拘束或怯场，也是一种不雅的行为，而且还不卫生。他人会为此轻视你，认为你缺乏社交经验，不懂礼貌或不善言谈。

　　在社交场合谈话不能选择冷僻的话题，而应选择大家都可介入、方便发表意见的话题，例如天气、当天新闻、家常琐事、环境布置等。不要只和个别人聊天，这样会使他人倍感冷落。要想成为一个愉快、受欢迎的谈话对象，就要确保言谈准确、清晰、有礼貌、风趣。

　　此外，不要谈论疾病、死亡等不愉快的事情，而且，荒诞离奇、骇人听闻的事也要尽量避免谈及，至于黄色淫秽的事则绝对是禁忌。有文化的人会谈一些健康的、有益于活跃气氛、相互沟通的事情。如果谈话中发现对方表现出反感，一定要及时表示歉意，并更换新的话题。对于对方不便回答的话题，不要打破沙锅问到底。

　　对方说话时，要尽量倾听，让对方把话说完，不要轻易打断或插话，以示尊重。万一需要插话或打断对方，应用商量、请求的口气先征得对方的同意，问一声："请允许我打断一下好吗？""我提一个问题好吗？"否则对方会认为你轻视他，或者对他的话题不感兴趣。

　　与别人交谈时，态度要诚恳，最好不要装腔作势、言不由衷；如果别人说错了话，有失误之处，不能嘲笑、讽刺，以免伤了他的自尊心。

　　交谈虽然要真诚，但又不能什么都照直了说。对别人不愿谈及的事应当尽量避开，如果对方有生理上的缺陷、残疾，用语必须谨慎。

交谈中对某个问题发生争论时，少用"肯定""绝对""保证"之词，武断只会带来更多的争执。

讲话要注意分寸，不能感情用事，动不动就情绪激动。

交谈时如果对方所谈的内容你不感兴趣，表现出不耐烦或直接冷场时，不要索然无味地离开，这样双方都很难堪，而应该换个双方都感兴趣的话题继续谈谈。

与别人交谈时应该注意时间，不要滔滔不绝，耽误了别人的事情。如果在夜晚交谈，更应考虑对方的休息和明天是否要早起等情况，不能长谈到深夜。

不要喋喋不休，长舌妇没人喜欢。有些女人为了表示自己的热情，总是喜欢拽住人家唠叨家长里短，其实都是废话。如果别人对你的话题不感兴趣，或者还有其他事情需要做，那一定会在心里对你很反感。

不要太清高、太矜持。有些女人总是爱摆出一副高高在上的架势，以显示自己的与众不同，其实这很容易招人讨厌。因为清高孤傲的人不容易接触，所以大家都不会理你，渐渐地，你就会变成孤家寡人了。

不要太沉默。有些女性比较文静内向，人越多的地方越不爱说话，显得比较沉默。这个习惯会妨碍你与别人的交往，还可能会引起别人的误会，以为你瞧不起人。这样一来，你的形象分就会大打折扣，人缘事业也会跟着下滑。

良好的说话风度，往往具有很大的吸引力。但这是自然流露的，而非为了风度而风度。故意装出来的风度反而显得矫揉造作，甚至是搔首弄姿，惹人厌烦。你应该按照自己的个性、身份以及说话的对象和说话的场合，调整说话的方式，真实地表达自己的风格。

**智慧寄语**

良好的说话风度和魅力会让女人成为一个语言上的贵族。

# 交际中眼神的作用

从交际功能看，能够接受非语言交际行为的、最有效的身体部位是眼睛，而在可见范围内发出非语言交际信息的也是眼睛。眼神可以传达出多种语言信息，它的运用有一定的讲究。

首先，不同的含义和信息可以通过不同的眼神传递，而接受信息的一方则可以通过观察眼神获取信息。这主要取决于瞳孔的变化。一般来说，瞳孔的扩大表示爱、欢喜或兴奋，传达出的是正面的信息。相反，瞳孔的缩小则传递出负面的信息，多半是消极、愤怒和戒备等。研究表明，当某人极度兴奋激动时，他的瞳孔比正常情况下大四倍多；而当人愤怒或消极的时候，瞳孔可以缩小到"蛇眼"的程度。在商场上，有经验的高手可以根据对方的眼神观察出他是否有兴趣购买物品，从而决定要价的高低。

其次，在口语交际中，组织、控制、启发、鼓励听众也可以利用目光，这能帮助有声语言制造一个有利的交际气氛。以领导主持会议为例，许多领导走上讲台并不急于开口发言，而是先用目光扫视整个会场，台下立刻就会安静下来了，从而起到组织和控制的作用，使与会者进入听讲状态。会场出现冷场时，领导会投之以鼓励的目光，台下准备发言的人便有了信心，踊跃发言。如果会场纪律松懈，很多人在下面开小会，领导就会投过去严厉的目光，并停留一会儿，自然就没人敢讲话了。善于用目光驾驭会场，使会场井然有序，是每个领导必修的功力。

最后,眼神还有反映深层心理的作用。眼睛的神态最容易表达明确的情感,正所谓"眼睛是心灵的窗户"。但有些反映深层心理的眼神,不是看一眼就能明白的,而要认真窥测捉摸才能弄懂。例如,在人际交往中,有的人会有意回避视线交流,这说明他试图掩饰一些东西或有所愧疚。

交际的双方要从特定的语境中根据目光的变化揣摩出对方的心理语言。例如,在商业洽谈过程中,如果你发现对方的眼神闪烁不定,就说明他的精神不稳定,而且为人可能也不太诚实,由此可见谈判时要特别小心谨慎,以防上当受骗。所以,在人际沟通中,以坦诚的目光表达自己真挚的情感是获取他人信赖的最佳方式;同时,我们也要善于解读他人眼神中的信息,从对方眼神中挖掘其深层心理,只有通过不断练习琢磨,才能运用眼神进行有效的沟通。

人际沟通中,眼神发挥着极为重要的作用,要想拥有良好的人际关系,就要学习眼神艺术。

### 1.注意视线接触的时间

与人交谈时,视线接触对方脸部的时间不得少于谈话时间的30%,也不得多于谈话时间的60%。保持在这两个数值之间,可以表现出你真诚的谈话热情。时间太短,对方可能以为你对谈话的内容不感兴趣;时间太多,则给人压迫感。所以,在谈话过程中,应掌握好这一时间度。

### 2.注意视线停留的部位

一般情况下,从视线停留的部位可以反映出三种人际关系状态:一是亲密注视,即视线停留于两眼与胸部之间的三角形区域;二是社交注视,即视线停留于双眼与嘴部之间的三角形区域,是社交场合常见的视线交流位置;三是严肃注视,即视线停留于对方前额的一个假定的三角形区域,这种注视方式能营造严肃的谈话气氛,使对方感觉到你有正经事要谈,这样双方的态度都会认真起来,而你也掌握了主动。在人际交往中,视线停留部位的确定要根据关系的亲密程度来确定,也可以依据语境、场合来确定。例如,社交场合运用社交注视;讨论正式话题,或与下属交代事情则运用严肃注视;朋友间的交谈,使用亲密注视等。

### 3.注意眼神变化

眼神的变化能准确地传递某种信息,不同的视觉方向代表着不同的含义,如俯视表示忧伤,仰视表示思索,正视表示庄重,斜视表示蔑视等,使用的时候要加以区分。眼神的变化要想自如协调,必须和声音、形体动作相互配合,不能将眼神和语言、肢体分开,这样就会有作假的嫌疑。眼神变化后,即完成了一个意思的表达,要立刻恢复常态,否则会干扰对方的理解,产生形不达意的后果。

*智慧寄语*

人际沟通中,眼神发挥着极为重要的作用,要想拥有良好的人际关系,就要学习眼神艺术。

# 衣着形象是另一种语言

有句老话叫做"人不可貌相",说的是以貌取人会出差错。但是,我们却无数次证实,虽然人们知道这个道理,然而,真正与人交往的时候,还是会从一个人的外貌去判断他的人品性格。尽管这种方法十分片面、很不科学,但是却得到了广大社会群体的认可,并积极地实施着。由此可见,在与人交往时,一个人的外在形象能给我们直接的、真实的感觉。至于他的内在,比如涵养和性格,则只有经过较长时间的观察才能看出来。

具体说来,形象是说话者文化素养和情趣的反映,它在人脑中起着微妙的作用,可以达到语言难以达到的效果。为了在第一时间给人留下好印象，你必须注意自己的形象，这将有助于你得到别人的认同。假如你给人一种诚恳的感觉，那么别人就会十分信赖你，从而相信你所说的话。

你可能对老师所说的话言听计从，也很容易被一个你仰慕已久的专家所折服。如果对方是一位颇有声望的领导或明星，你可能会毫不犹豫地认为他所说的话是对的。这都能说明一个人的形象决定了他在旁人心中的可信度。你在逛街，一个陌生人走来向你推销商品，如果对方衣冠不整、口齿不清，你绝对不会相信他卖的是好东西；反之，如果对方衣冠楚楚、谈吐不凡，你就更容易相信他所说的话，很可能将产品买下来。

另外，社会学家发现，当我们与陌生人第一次接触的时候，往往在七至二十秒内就会对他做出判断，而这无疑是外在形象的影响。但是，这种在极短时间内形成的印象却会持续很长一段时间，甚至可以延续一辈子。这就是我们为什么本能地喜欢或讨厌一些人的原因。

衣着是人外在形象的一部分，人们对衣着有着自己各种各样的判断。举个简单的例子，商场里，衣着光鲜的人会得到殷勤的服务，而穿得邋遢的人则可能遭人冷眼。一个娱乐节目的主持人如果穿着一套笔挺的西装，人们一定会觉得十分可笑；而一个政府发言人如果穿着一套休闲服装出现，有几个人会相信他的话？甚至有人会认为他是冒牌货。所以，合适的衣服可以让人看起来更舒适，更符合其特质。

如果需要更高一点的要求，那就是衣服应该衬托出你的品味，而不是单纯地包裹。而且，穿衣服要因时因地地选择款式，不能胡乱搭配。一位少女去出席高级宴会，她穿着比较休闲的衣服，看起来确实很顺眼，但是如果她要走上讲台发表演说，那这身衣服就不合适了。高级的宴会上应该穿着正式，虽然不必珠光宝气地戴一身，但也应该与个人的气质、个性和年龄相符合。少女穿得相对简单、青春一些，没有什么，但一定要保证自己的神情也是青春活泼的。

一个人的穿着打扮，包括服装的颜色、式样、档次饰物的搭配，都与他的性格爱好、文化修养、生活习惯紧密相连。通常而言，一个注重穿着打扮的人，他的责任心和可信度会超过常人。

以下的问题是在穿着方面需要注意的：

(1)装束要适度。花枝招展只会让人暗暗耻笑，真正吸引对方的是你的内在魅力。

(2)要擦亮你的皮鞋。如果你需要上台讲话人，则更要加注意这一点。

(3)穿着要舒适。男士的领带不必太紧，女士的高跟鞋一定要合脚。

(4)不要把你的衣服口袋塞满，能扔的杂物就扔掉，否则会让你看起来像刚从杂货店出来。

(5)不要让你的铅笔等物品从衬衫口袋或者西服口袋里面露出来，那很不礼貌。

**智慧寄语**

在与人交往时，一个人的衣着形象能给我们直接的、真实的感觉。

# 沟通中的手势技巧

人在紧张、兴奋、焦急时，都会有意无意地表现在手上。手势作为仪态的重要组成部分，必须学会正确地将其使用。同时，手势也是人们交往时不可缺少的动作，在体态语言中最有表现力，俗话说："心有所思，手有所指。"

说话的时候，合适的手势往往能够带来很好的效果。

**1.指示手势**

你可能想为对方指出一些人、物或者方向，这个时候，手势是不可或缺的。借着手势说"你"

"我""这边走",很容易使对方理解,而且不需要任何过多的情感表达。

### 2. 模拟手势

如果你想告诉听众自己所描述的东西是什么样子的,你就需要用手势比划,把它的大致形状描绘出来。例如,一个人讲述自己在身患重病的时候得到了许多人的关心,人们送来各种礼物。其中有一个只有四五岁的小女孩,送给他一个很大的苹果,使他十分感动。在叙述中,此人用手势比划出那个苹果的形状和大小,这种手势语的运用能起到很好的作用。

### 3. 抒情手势

这是一种抽象感很强的手势,我们常常使用,如兴奋时拍手、恼怒时挥舞拳头等。

### 4. 习惯手势

任何人都有自己特有的手势,在说话时常常会不自觉地表现出来。这种手势的含义一般不会确定,只是强调说话内容,随着说话内容的变化而改变。

需要强调的是,为了增强谈话效果,谈话中人们往往会做出各种相应的手势,手势的正确与否将会直接影响谈话的效果。

### 5. 手势的使用要适度

手势虽然是加强说话感染力的一种辅助动作,但不能喧宾夺主。说话时,应使身体自然地坐着或站着,手放好,说话的主要工具依然是声音。在必要的时候,用面部表情配合声音,传达各种要强调的、有趣的部分。当声音和表情都不足以表达感情的时候,才能让手帮你的忙。不要以为手静静地放着不动是笨拙的事情,相反,说话时毫无节制地挥手才蠢笨可笑。有人统计过,说话过程中70%是无须"动手动脚"的。

乱动手有两种情况:一种情况是纯粹下意识的举动,如拉耳掰手,转动铅笔,玩手指之类,主要是为了掩饰内心的不安,或者打发无聊,有人称这是一种"视觉障碍物";另一种情况是有些人主观上为加强语气而特意采取的手势动作,但由于无法掌握好分寸,致使双手无规律地乱摆,常常出现过度表现的动作,如,用刀劈似的以表示刚强,用像原始人向苍天祈雨时的手势表示盼望……由于手势使用太频、太多,所以有许多都是无意义的。在社交活动中,这种手势往往反映出一个人的根底浅、轻浮或狂妄,是很不得体的。反之,不随意乱动,稳重、诚实和温雅的充分显示,才会令人敬慕。

### 6. 发挥手势的基本原则

当感情强烈时,语速会不由自主地加快,动作也会为了节奏协调而变快;音调提高时,手势不但要强有力,幅度也要相对加大。做任何手势时,都不要结束得太快,保持一定的时间,让信息传达出去。例如,当你说话时伸直食指,帮助你表示某种意思时,在说完这句话之前最好保持此手势。

还要提及一点,一些不礼貌的动作手势切忌在说话中使用。比如,用手指着别人的鼻子尖,用脚不耐烦地敲地,以及一些侮辱性的动作,都会把友好的交谈演化成争论甚至打架。在公共汽车上买票时,如果售票员用不礼貌的手势把车票递给你,你一定会心生不快,因此想方设法地找茬指责她一顿。

---

*智慧寄语* _____

手的魅力并不亚于眼睛,完全可以充当女人的第二双眼睛。

# 体态可以使女人的优雅气质得以展现

体态对女性整体形象的塑造有着不可估量的作用，与相貌有着同等的重要性，二者共同显示出女人的气质和风度。外表相貌是天生的，而体态则完全是后天塑造的，可以通过训练达成理想状态。

体态语言由两部分组成：一是指说话双方的空间距离；二是指说话时所表现出的各种不同的身体姿势。

体态语言运用时讲究准确适度、自然得体、和谐统一。

根据说话内容、说话环境、说话对象、说话目的的需要，准确恰当地运用体态语言，是为准确适度。

自然得体，就是要求体态语言的运用不故作姿态，而要综合考虑自己的身份和交际场合。无论是从审美的角度，还是从表达功能的角度，自然、得体的体态可以带来美感，且符合特定的环境情况。

和谐统一包括两个方面：一是体态语言和有声语言的统一配合；二是各种体态语言要求一致而协调。只有做到体态语言和有声语言的统一配合才能准确地表达自己的思想感情和愿望；而体态语言的协调一致，则可以让谈话更有可信度。

古人强调"坐如钟，站如松，行如风"，就是一种体态要求。在社会交际中，对姿势的基本要求有：秀雅合适，端庄稳重，自然得体，优美大方。我们可以做具体地分析：

**1. 稳重的坐姿**

在各种场合，都要力求做到"坐如钟"。坐得端正、稳重、温文尔雅能赢得他人好感，也是坐姿的最基本要求。

入座时应轻、缓、稳，保持动作的协调柔和，神态从容自若。若离椅子较远，则可以走到椅子前再平稳坐下；若穿裙子则应注意提裙，不要踩了裙角。一般应从椅子左边入座，起身时也一样，这是不可更改的规则。如果要挪动椅子的位置，应当轻拿轻放，把椅子移到欲就座处，然后坐下去。直接坐在椅子上移动位置，是有违社交礼仪的。

落座后，面带微笑，双目平视，嘴唇微闭，挺胸收腹，腰部挺起，上身微向前倾，重心垂直向下，双肩平正放松，双膝并拢，手自然地放在双膝上；也可以一脚稍前，一脚稍后，两臂曲放在沙发的扶手上，掌心向下。坐椅子时，一定不能坐满，只坐 2/3，脊背刚刚可以靠在椅背上就行。端坐时间过长，可以将身体略微倾斜以保证松弛的状态，头面向主人，双腿交叉，足部重叠，切记脚尖朝下，斜放一侧，双手互叠或互握，放在膝上。但是，穿着西装裙的女士不要交叉两脚，否则容易走光，可以将两脚并靠，向左或向右一方稍倾斜放置。起立时，右脚先向后收半步，然后再站起来。

**2. 端正的立姿**

在各种场合，都要保持"站如松"的姿态，站得端正、挺拔、优美、典雅。

站立时，应挺胸直腰，上体自然挺拔，双肩保持水平。注意头部要头正颈直，双眼平视，嘴唇微闭，下颌微收。两臂自然下垂，手指并拢自然微屈，腿膝伸直，脚跟并拢，身体重心在两足中间脚弓前端位置。

站立的姿态要有直立感，即以鼻子为中线的人体应大体成直线；横看要有开阔感，肢体及身段不能缩在一起,要有舒展的感觉;侧看要有垂直感,从耳与颈相接处至脚的踝骨前侧应该大体成直线,这样才会有庄重大方、秀雅优美、亭亭玉立的美感。

**3. 优雅的走姿**

在各种场合,都要做到"行如风"。优雅、轻盈,有节奏感的走姿让人精神奕奕,旁人看了也很舒服。

行走时,应昂首挺胸,两眼平视,收腹直腰,肩平不摇,双臂自然前后摆动,脚尖微向外或向正前方伸出,脚跟尽量形成一条直线。起步时身体微向前倾,让前脚掌承载身体的重量,行走中身体的重心要随着移动的脚步不断向前过渡,不能将重心后移,否则会显得笨拙。注意在前脚着地和后脚离地时伸直膝部,胸膛向前移动应该是迈每一步的前提,而不是腿独自向前伸。女士的步履应轻捷、娴雅、飘逸,步子尽量小,显得温柔、娇巧。现代女性多穿高跟鞋,不仅能增加身高,还能辅助肢体收腹挺胸,显示自身走路的动人的身姿和曲线美。时装模特儿的猫步向来被人们称赞,这恰是她们用走姿来展现服饰、展现个人魅力的方式之一。

英国哲学家培根认为:相貌的美高于色泽的美,而秀雅的动作美,又高于相貌的美,这是美的精华。女性的形体在运动中会形成各种姿势,有必要使这些姿态变得优雅端庄,唯有如此,才能在社交中保持良好的形象。

*智慧寄语*

一个女人即使再漂亮,如果"站无站相""坐无坐相",也不会引起他人的好感。

# 第三章 聪明女人拥有自己的人脉圈

## 结交一些能给自己带来机会的朋友

有些女人觉得自己在能力、人品各个方面都不比别人差,甚至有的地方还胜过别人,为什么别人可以有那样的机会,而自己却没有呢? 究其原因,就是因为那些人身边有能为她提供机会的朋友。所以,成功女人的要诀是与能带给自己机会的人保持亲密的友情关系。由此可见,编织自己优秀的人脉网,选择能带给自己机会的人做朋友,这是必须做的。

历史上最伟大、最具影响力的高级时装设计师夏奈尔,引领着世界时装界的先锋。在过去的100年中,无论是在时装设计上,还是在对人生的态度上,她都堪称女性典范。

但是没有几个人知道这位"时装女王"曾有不幸的童年。她出生于法国一个贫困的家庭,12岁时,病魔夺去了她的母亲,追求享乐的父亲把她丢给一家修女主办的孤儿院,然后就离开了。在孤儿院长大的夏奈尔从未享受过家庭的温暖和亲人的关怀。

恰恰是这段悲惨的经历,造就了夏奈尔向困难挑战的性格。她相信,只要自己主动争取,就没有办不成的事。而她一路走来,给予她最多支持的就是能为她带来机会的朋友。

1910年,夏奈尔认识了鲍伊——她生命中最重要的朋友,他关心夏奈尔的想法并培养她的个性。鲍伊资助夏奈尔开设了一家女帽店,从此,夏奈尔开始了不平凡的一生。一年后,夏奈尔在巴黎声名鹊起,开始走入巴黎的上流社会。

但是,就在夏奈尔的人生刚刚有起色时,车祸降临到鲍伊身上,夏奈尔失去了她的支柱。然而,夏奈尔并没有倒下,她克制住巨大的伤悲,勇敢地站了起来。她发誓,要凭借自己的智慧和坚强创造新的人生辉煌。

1913年,振作起来的夏奈尔借助来自法国上流社会的朋友的帮助,在度假胜地杜维尔开设了一家时装店,并推出了简单舒适、款式合体的针织羊毛运动衫。此款运动衫一出,立刻引起服装界的轰动。几年后,夏奈尔终于登上了时装界的最高峰。

后来,在很多时尚界的朋友的帮助下,夏奈尔得以在更广阔的领域推销自己的设计。1931年,夏奈尔认识了几位美国好莱坞的女星,彼此很快成为好友。于是,夏奈尔为她们主演的影片设计了独特的服装,并因此大获成功。

直到今天,夏奈尔设计的套装仍然是美国职业女性的标准服饰,它象征着独立、自尊、自强。夏奈尔因此获得了"世界上50位最伟大的服装设计师"的称号。

一匹好马可以带领你飞驰到梦想的地方,一个好朋友可以帮助你实现自己的愿望。成功女人所结交的朋友绝不是无能平庸之辈,而是能给她们带来机会的有价值的朋友,而她们自己也会从这些优秀的朋友身上学到很多东西。

所以,平日休息的时候不要待在家里,而要走出去多参加一些社交活动。无论什么活动,只要加入并参与,一定会有所收获。下班后也不要匆匆地往家赶,多和朋友聚一聚,建立自己的人际关系网,这将有益于你的生活和事业。

**智慧寄语**

成功的女人总是把每一段美好的友谊化作迈向成功的步伐。

# 你所结识的人可以左右你的成功

卡耐基是美国的钢铁大王及成功学大师,他经过长期研究得出一个结论:"专业知识对于一个人的成功只有15%的作用,而其余的85%则取决于人际关系。"

所以,不管你是做什么工作的,只要学会处理人际关系,就已经走完了成功之路的85%,而个人的幸福之路也由此完成了99%。正因为如此,美国石油大王约翰·D.洛克菲勒说:"我愿意付出任何可以得到的本领,只求换取与人相处的技能。"

这是一个人脉的年代,像鲁滨逊那样的孤胆英雄是无法生存下去的。尤其是一个女人,要想成功,更不能忽视人脉的影响力。

2005年1月28日,赖斯成为继克林顿政府的玛德琳·奥尔布赖特之后美国历史上的第二位女国务卿。

1954年,赖斯出生在美国亚拉巴马州的伯明翰,她的父母分别来自赖斯家族和雷家族,其祖先都是早期美国的黑人奴隶。1965年,11岁的赖斯跟随父母前往首都华盛顿,一家人在宾夕法尼亚大道上悠闲地散步,最后在白宫大门前停下来。当时,就是因为他们黑色的皮肤,一家人被阻拦在白宫外,不能进去参观。他们在那座举世瞩目的建筑物前久久徘徊,父亲因此鼓励小赖斯长大后去当美国总统,堂堂正正地走进白宫。而赖斯转过身平静地告诉父亲:"总有一天,我会打破肤色的禁忌,在白宫的屋子里工作。"

除了决心和努力,真正促使赖斯改变命运的是约瑟夫·科贝尔教授。科贝尔教授是前中欧国家的外交官、前国务卿玛德琳·奥尔布赖特的父亲。有一年春天,赖斯参加了约瑟夫·科贝尔教授的政治课。在课堂上,约瑟夫·科贝尔教授一段关于苏联和斯大林统治历史的讲述让赖斯对苏联问题产生了强烈的兴趣和热情。

从此,赖斯坚定不移地跟随约瑟夫·科贝尔教授,开始了她的政治人生。而约瑟夫·科贝尔则担任起学业导师和"明智父亲"的双重身份,像发现千里马的伯乐一样,精心地培养着赖斯。可以说,与约瑟夫·科贝尔教授的结识是赖斯生命的转折点。

约瑟夫·科贝尔和他的国际关系课是赖斯最为宝贵的财富。科贝尔倾其所能地指导赖斯,在国际关系和苏联政治的研究领域为其开拓了研究方向。而俄罗斯文化的一切,包括文学、艺术、音乐等,都极大地引起了赖斯的兴趣,她如饥如渴地学习着,已经掌握了法语、西班牙语、德语的她开始迫不及待地学习俄语。可以说,科贝尔在赖斯的生活中扮演了一个决定性的角色。

对女人未来的发展而言,结识什么样的朋友极为重要,不论从哪个角度讨论,都毋庸置疑。假如我们把人际关系比作大脑的神经网络，那么其中的每一个神经元就是一个朋友，突起的神经元越多，证明与周边的信息传输就越多，也就比别人更加灵敏，从而更容易走向成功。

有人说："男人靠能力赚钱，女人靠人脉赚钱。"这句话说得不无道理。刚刚大学毕业的时候，人们需要勤奋敬业、吃苦耐劳、不计报酬地付出才能引起他人的重视，然后才有机会做更重要的事情。若工作几年以后仍然受到他人尊重，则绝不是靠像当年那点加班熬夜、拼搏不息的虎劲儿了。此时精力衰退，一个人不能当两三人用，所以通过以往工作所结交的朋友和通过结交的朋友而建立起的交际圈子就成了最重要的武器。

随着年龄的增长，人的精力和体力都会下降，知识也会落伍，而唯一在增长的就是人脉。所以，一个人要想成功，只靠专业知识技能是不行的，超强的人脉才是关键。

即使你拥有很扎实的专业知识、惊世的美貌，甚至还有雄辩的口才，只要没有足够的人脉关系，你也很难成功地完成一次商业谈判。相反，如果是一个成功的女人，她就会主动去认识那些关键人物。在人际关系的协助下，还有什么事情办不到呢？所结识的人物不同，产生的力量也不同。成功的女人，一定要多认识高能力者。

### 智慧寄语

即使你拥有很扎实的专业知识、惊世的美貌，甚至还有雄辩的口才，只要没有足够的人脉关系，你也很难成功地完成一次商业谈判。由此可见，结识可以左右你成功的朋友是你走向成功的一个重要条件。

# 有贵人相助，小女子也能成大事

女人不能忽视的一笔潜在财富——贵人。女人势单力薄，没有贵人相助，无论做什么事都会举步维艰。结识的贵人越多，女人的力量就越强，成功的概率也就越大。

其他女人办不了的事情，到了成功女人的手上，可能一个电话就圆满解决了。或者，平常女人累死累活仍不能解决的问题，成功女人却能轻轻松松地搞定。归根到底，就是因为成功女人有贵人相助。

虽说是金子就会闪光，但那只是能被人看得见的光。现实生活中不乏这样的人，相貌堂堂，胸怀大志，才华满腹，不但学历高，而且工作能力强。但是，他们却始终郁郁不得志，甚至沦为失败者，成为别人眼中的负面教材。真的是这些人"命苦"吗？当然不是，恐怕就是因为他们没有贵人相助。

利用贵人办事是一种交际手段，早已得到社会的承认，也是成功女人们的正当追求，对社会进步有着积极的意义。

清光绪年间，周炳记木号的老板为了生意愁眉不展，因为镇江地区的木材大都堆在江里储存。为此，每年向清政府缴纳的税帖就有几千两银子。木号的老板们都想向知府大人送礼，希望他能因此放宽税帖。可这位知府自称清正廉明，所有送礼的人都被拒之门外。

就在这时，镇江知府大人为母亲做80大寿的消息传开了。周炳记老板的夫人听了愁眉顿开，高兴万分，这可是一个千载难逢的讨好知府的机会啊！知府大人是远近闻名的孝子，对老夫人的话言听计从。如果能打动这位老夫人，不就等于说服了知府大人吗？

周夫人派人打听得知，老夫人平日里最喜欢花。这让周夫人犯了愁，眼下已经进入寒冬，到哪里找鲜花呢？忽然，周夫人灵机一动，有办法了。

老夫人做寿这天,周夫人早早赶往知府大人的后衙。周夫人一下轿,丫环们就将一条绿色的绸缎铺开,从大门口一直铺到后厅。周夫人在地毯上款款而行,每一步都留下一朵梅花印,这样,朵朵梅花一直"开"到老夫人的面前。老夫人见此心花怒放,笑得眼睛都眯起来了,周夫人忙祝老夫人"寿比南山,福如东海",老夫人听了连忙请她们入席。

寿宴上了24道菜,周夫人也随之换了24套衣服,每套衣服都绣着一种花,从牡丹到桂花,从荷花到杏花……看得老夫人眼花缭乱,眉开眼笑。这一天,她把一年四季的花都看了。等到宴席结束,已经博取了老夫人欢心的周夫人借机说出希望请知府大人高抬贵手,放宽木行税帖的请求。老夫人正在兴头上,岂有不答应的?她忙叫儿子过来,吩咐他放宽周炳记木号的税帖。母亲开了"金口",做孝子的岂敢不答应?

从此,周夫人成了知府家中的常客,每次来都要"借花献佛",哄得老夫人十分开心。而孝顺的知府大人也因母命难违,不由得对周老板照顾三分。得此好处的周老板暗中感叹:自己一个大男人都办不成的事,竟让一介女流轻轻松松地办成了。

由此,我们不能不佩服周夫人利用贵人的能力。

对于成功女人来说,事实就是这样,如果不能结交关键人物,许多事情总是难以取得进展;而一旦你与关键人物成了朋友,事情就迎刃而解。所以,成功女人要极其用心地打造自己的贵人关系网,并与之保持联系,为自己完美地解决问题而努力。

*智慧寄语*
___

成功女人要极其用心地打造自己的贵人关系网,并与之保持联系,为自己完美地解决问题而努力。

# 利用贵人的能力成功

当今社会,事业分工越来越精细,每个人的能力都局限住了,有的人只能做一种事情,最多也只能在三两个领域里吃得开。思维敏捷巧舌如簧的律师可能对推销工作一窍不通,善于管理的企业家不一定懂融资技巧,技术精湛的专家多半缺乏商业思维,而能力出众的公务员或许不善于处理人际关系……这种局限可以在一定程度上突破,但是无法彻底瓦解。毕竟,没有人能够成为一个无所不能的超人。

所以,利用贵人的能力和别人的优势为自己铺路,是成功女人走向成功的捷径。

荷莉·艾美利亚出身寒微,16岁就辍学开始独自谋生。但是,她有着很强的进取心,为自己定下了创办服装公司的志向,而且一步一步不露声色地完成自己心中的理想。

18岁那年,艾美利亚成为斯特拉根服装公司的业务员。斯特拉根服装公司是当时著名的时装公司,在这里艾美利亚学到了很多东西,奠定了自己开拓事业的基础。

艾美利亚找到一个朋友,二人用7500美元开办了一家服装公司。在她的悉心经营下,小公司的生意进展很好。但是,这不能满足艾美利亚的壮志雄心,她认为与别人做一样的衣服绝不可能获得最终的成功。于是,她开始构思设计别人没有的产品,以此在服装业中获得新的成就。

要想这么做,就需要找一个优秀的设计师做自己的合伙人。但是到哪儿去找这样的设计师呢?一天,艾美利亚外出办事,一位少妇所穿的蓝色时装吸引了她,这件衣服的款式十分新颖别致，艾美利亚不由自主地紧跟在少妇身后。少妇以为她是心怀不轨的小偷，等艾美利亚解释清楚后少妇才转怒为喜，并告诉艾美利亚这套衣服是她丈夫戴维斯特设计的。

于是，聘请戴维斯特的念头在艾美利亚心里升起。经过一番调查，她发现戴维斯特果然是一位很有才能的人。他曾在三家服装公司做过服装设计工作，能力特别强。巧的是，他最近刚刚离开一家公司，因为他提出的一个新颖的设计方案被不懂设计的店主否决了，而且态度蛮横无理。一气之下，戴维斯特辞职不干了，而这一切都为艾美利亚聘请他提供了更加有利条件，艾美利亚更有信心了。

可是，当艾美利亚登门拜访戴维斯特时，却吃了闭门羹，这令艾美利亚十分难堪。但艾美利亚知道意气用事是有才华的人的特性，她必须用诚心才能感化他。所以她并不气馁，继续殷勤地走访戴维斯特的家，表达自己的诚意。艾美利亚求贤若渴的态度终于打动了戴维斯特，他接受了艾美利亚的聘请，二人开始合伙设计新服装。

戴维斯特的确不负希望，不仅设计出很多颇受欢迎的款式，而且想出用人造丝来做衣料，成为服装行业的第一人。由于这种服装造价低，款式别致，又占尽先机，使得艾美利亚的服装公司业务蒸蒸日上，不到10年，她的公司就成为服装行业中的"一枝独秀"。

不难看出，促使艾美利亚成功的不只是她自己的努力，更有戴维斯特的设计之功，如果没有他的才华，艾美利亚不会有这样的成就。而艾美利亚在最初意识到戴维斯特将成为自己事业上的贵人时，就不顾一切地"拉拢"他，使之成为了自己的合伙人，从而为自己的服装事业开辟了走向成功的捷径。

自己的能力有限，这是每个女人都应该意识到的，因此一个人永远无法做好所有的事情，即使精力无限充沛，也有累垮的一天，所以需要利用别人的能力达到自己的成功。尤其是生存在这个社会分工越来越细的社会，利用贵人的能力几乎可以将所有前进道路上的困难磨平，使之变得相对简单。如果你试图拒绝利用贵人的力量，想做独行侠，迎接你的就只有失败了。

一滴水怎么样才能不干涸？答案是将其融入大海。同样，即使一个人的本领再大，其力量也是渺小的，如同一滴水之于大海。所以，利用贵人的能力是一种双赢手段，可以依靠彼此的力量成就事业。办事的时候讲究合作精神，找一个好搭档，借助彼此的力量，实现共同的目标，从而也能成就自己。

### 智慧寄语

利用贵人的能力和别人的优势为自己铺路，是成功女人走向成功的捷径。

# 走近成功人士，学习成功经验

古语说："近朱者赤，近墨者黑。"成功女人必须培养自己向成功人士学习的能力，并多结交有能力的人，多拜访那些建功立业的高人。这样，一方面可以转换自己的机运，另外还可以为求人办事打通一条渠道。

经常与成功人士保持来往，可以使自己的力量更加强大，因此，那些没有价值的人际关系就必须尽量回避。这不是世故圆滑，而是成功女人向上的力量。

向成功人士学习，把注意力放在比自己有能力的朋友身上，这样可以在交友中领略到对方的人格精神。有人曾说过这样的话："如果要我说一些对青年有益的话，那么，我会劝你时常向成功人士学习。无论就学问还是就人生而言,这都是最有益的。向成功人士学习是人生最大的乐趣之一。"

阻碍我们成功的不是别人,而是我们自己。克服心理障碍往往是人生中最持久、最难决出胜负的艰苦战役。如果你拥有许多能力强的优秀朋友,就相当于多了许多辅助的力量,这样才能够在这场没有硝烟的战役中轻易取胜。因为这些优秀的人会告诉你取胜的诀窍和成功者的捷径——为你打开方便之门。

为此,女人们不必故作矜持,在事业和人生的前进道路上,该模仿的时候就模仿,如果万事都靠自己去领悟发现,吃一堑长一智,我们一定会变得呆板,从而落后于人。所以,我们要坦然地与成功人士站在一起。

与伟人缔结友情,这不是易事,没有谁能第一次做事就赚到一百万。不过,究其原因,不是因为伟人们的出类拔萃不好接近,而是你自己内心的恐惧和不安,还有那点儿怯懦。有的人之所以容易失败,是因为不善于和成功人士打交道,总是把自己放在自卑者、失败者的位置上。

玛利亚生活在美国西部的一个小镇上,她刚刚成为一家铁道电信事务所的雇员,此时,她刚满15岁。因为她的独树一帜的工作态度,很快,玛利亚就受到人们的关注,18岁时她当了管理所所长。后来,她又到西部合同电信公司工作,并最终成为新泽西州铁路局局长。当她的儿子开始上学读书时,玛利亚给了儿子一个忠告:"在学校要和成功人士的孩子交朋友,有能力的人,他的孩子也会很优秀……"

千万不要认为这种态度太势利,以成功人士为榜样并向之学习一点也不可耻。朋友与书一样,好的朋友不仅是良伴,更是老师,能让我们受益无穷。

许多女人喜欢在不如自己的人身上找安慰,但只有向成功人士学习,才能对照出自己的不足,才能激励我们前进,才能成就事业。所以,我们必须获得优秀的朋友的帮助,不能安于现状,没有勇气往前走。

与成功人士拉近距离并不是太难的事情,这早已被证明。有一个方法:你可以先将你所在城市的著名人士列出一张表,再把将会对你的事业有所帮助的人也列出一张表,然后开始设法接近他们。参加活动,到这些人常去的公共场所,如果你每星期结交一位这样的人,不久你就会惊奇地发现,你的人生已经发生了改变。

不少人总是与比自己差的人交际,以此产生优越感,结果自己越来越差,因为从不如自己的人身上是学不到任何东西的。你所交往的人会改变你的生活:与愤世嫉俗的人为伍,你就会沉沦、愤慨,无力安心工作;结交那些心态积极、乐观奋进的人,你就在追求快乐和成功的路上迈出了最重要的一步;同乐观的人为伴能让我们看到更多的人生希望,这些人对生活的热情具有很强的感染力;而多多接触成功人士,则能促使成功的女人们更加成熟。

*智慧寄语*

成功女人必须培养自己向成功人士学习的能力,并多结交有能力的人,多拜访那些建功立业的高人。

# 经常灌溉友谊之树

人与人之间的关系,想要巩固好,就要经常联系。成功女人把朋友间的经常问候当作最好的感情投资,就算再忙也要抽出时间给朋友打个电话,哪怕是发个邮件或短信,给他们一个非常普通的问候。只有这样,才不会让你们之间的关系降温,甚至他们还会惊喜万分,因为这表示你很重视他们的存在。

明智的女人在平时就会表现出对别人的关心和问候,这样才能在自己陷入困境的时候得到别人的帮助。

2000年《财富》杂志公布了"全球女企业家50强"排名榜,名列榜首的是世界上最优秀的女企业家——卡莉·菲奥里纳。

菲奥里纳是惠普公司创建60年来历史上第一位女首席执行官,她的父亲是联邦法院的法官,母亲是一位画家。她在童年时代就深受父母的影响,立志要做成功女性。因为父母的关系,她游历过很多国家,增长了见识,而最大的收益是她结交了许多朋友。在父亲的影响下菲奥里纳到加州大学学习法学,她最受同学们欣赏的是乐于助人的精神,因此她与大家的关系处得非常好。后来,她考入斯坦福大学,一面扩大朋友圈,一面依然和这些要好的老同学常来常往。

25岁时,加入美国电话电报公司的菲奥里纳在推销工作中崭露头角,随后又到该公司的设备部门成功地帮助公司在日本、韩国等国家开办了大型合资企业。由于业绩突出,她成为公司北美销售部的首位女性总经理。郎讯公司成立时,她被任命为公司副总裁,从而成为美国商界最具实力的女性。

但是,眼前的成功并没有让菲奥里纳迷失,每当约见老同学、老朋友时,她依然是从前那个热情活泼的小女孩,并始终与大家保持着紧密的联系。

当卡莉·菲奥里纳加盟惠普的时候,公司已有80多个业务分支。见身为高级领导的菲奥里纳如此年轻,朗讯公司那些资深男性自然而然地开始嫉妒,他们根本就瞧不起她。这个时候的菲奥里纳工作困难重重,事业举步维艰。

好在菲奥里纳的老朋友帮助了她,大学时期的知心同学纷纷为她出谋划策。在大家的帮助、支持下,菲奥里纳于1999年7月出任CEO,通过整合,提出了新的公司理念:集中精力考虑顾客的需要,而不是惠普的工程师的要求。经过一番努力,当年朗讯公司的股票收益为30亿美元,这样的业绩令菲奥里纳名声大振,那些嫉妒她的人自然也就闭了嘴。

由此可知,适时地向朋友表达自己的问候和关心是加深感情的最佳方式。比如,记住对他们而言比较重要的日子,逢年过节多联系:能当面祝贺问候最好;无法脱身时,可以想办法表达自己的祝愿。

**智慧寄语**

感情的加深必须依靠不断的交往,在相处中逐步体现你的关心、热情和帮助。

# 好人脉需要日常的经营和维护

人与人之间的友谊不是临时建立的,它需要日常的维护。成功女人之所以能够建立起强大的人脉,正是源于她们长期的人际交往联系。在平时,成功女人会充分重视对人脉的经营和维护,使双方的亲密关系得以保持和加强。

人是有感情的动物。成功女人相信,只有做好自己感情账户的日常保养,才会很容易地赢得对方的信任。那么当她陷入困境,不得已求人办事的时候,就可以利用原先建立起来的信任换来鼎力相助。

成功女人会加倍重视人际关系日常的经营和维护,因为根据感情投资分类研究发现,这样可以使人际关系的回报率大为增加。

杜雪梅是一家大型公司的董事长。作为一个女人,她就是因为重视人际关系日常的经营和维护,才在事业上取得成绩的。

杜雪梅的信条是:为了加强与员工之间的感情维护,公司多花一点钱绝对值得。人际关系的日常经营和维护花费不多,但能换来员工高积极性所产生的巨大创造力,这种投资效果是任何事物都无法比拟的。

人人都需要爱。日常感情的经营和维护正是通过满足别人人性的需要、感情的饥渴而进行的投资,这种投资迎合了人们内心的期盼,自然成了一种最有效的感情投资。

日本企业家松下幸之助十分注重感情的日常经营和维护。每次看见辛勤工作的员工,他都要亲自沏上一杯茶,送到对方面前,并充满感激地说:"太感谢了,你辛苦了,请喝杯茶吧。"不管什么小事,松下幸之助都不忘对下级表达他的关爱和关怀,所以他获得了员工们一致的拥戴,同时,他们也将"松下"做成了国际品牌。

女人无论在工作上,还是在交际时,一定要多投入对别人的关心,时常帮助别人。如此一来,当你求人办事时,谁还会拒你于千里之外呢? 人类最奇特的东西就是感情,只要你平时注意经营自己的人脉,将投资多用在感情方面,就必然会不断增加感情账户上的储蓄。

智慧寄语

成功女人之所以能够建立起强大的人脉,正是源于她们长期的人际交往。

# 老朋友间也需要礼尚往来

常言道:"有礼走遍天下,无礼寸步难行。"提醒众位女同胞,千万不要到有求于人的时候才想起这一条,当然,相知多年的老朋友就不需要这么"客套"了。

成功女人绝不会不同意这种观点。乔安娜是七家连锁超市的负责人,她说:"在工作之余得到老同学、老朋友的问候和礼物,是我最最开心的事。朋友之间更需要礼尚往来,礼可以简单随意些,只要能传达情谊就行了。朋友间的往来最好频繁些,不要等到节日来临时才往来,友谊在这样的惊喜连连中会变得更加稳固。"

礼尚往来是维系昔日好友之间感情的最佳手段,象征着浓厚情意的礼物可能很简单,但只要是来自友人的赠予,就绝对珍贵无比。老朋友之间联络感情,小礼品是必备的,可以根据各位朋友的喜好,进行精巧的设计,使人"爱礼及人"。在欧美,因为有严格的商业法规,所以送大礼物反而会惹下麻烦,倒不如小礼品来得贴心有意义,这样做还很适合于当地的文化和礼节。

朋友是以感情为基础的,彼此相处得好是相互信任的结果。既然是朋友,必定性格相近,兴趣相投,所以挑选礼物时就可以投朋友所好,给他带来惊喜。收到礼物后,朋友可能会真诚地感谢道:"还是您最了解我。"这是因为在朋友看来,最贵的礼物绝不是最好的礼物,甚至你什么都不用送,只要多陪陪他,逛逛街、相约一起去打球、看电影、爬爬山,就是一份不错的礼物。

朋友有很多种,如熟悉的、才交往几次的、甚至未曾谋面的等,对朋友的了解程度决定了送礼的难易程度。而且,给朋友送礼的时机也非常多。新年、生日、离别、出国以及各种喜庆日子,都是适合送礼的时机。当然,频繁送礼,多年之后很可能会江郎才尽,再也想不出更好的送礼的点子。那么,就让成功女人向你介绍一下朋友间礼尚往来的心得吧!

**1. 送朋友礼物不求贵重**

朋友之间,没有比友谊更珍贵的礼物!俗话说,君子之交淡如水,只要友谊坚固,一杯水也是好礼。

一张贺卡,一枝鲜花,或者一本小书,都会使挫折中的朋友感动不已。由于这里面包含着你对他的鼓励,有时,甚至一个微笑就够了。同样,在朋友意气风发、前途顺畅的时候,即使微薄的礼品也是对他的激励和鞭策。

**2. 投朋友所好**

朋友间的礼尚往来要以彼此的了解为基础,要知道他本人最喜欢什么,这样,爱屋及乌,受礼者自然会对你的礼品十分受用。给朋友送礼是一门艺术,有其约定俗成的规矩,送给谁、送什么、怎么送都讲究技巧,如果瞎送、胡送、滥送,只会受苦。所以,一定要借鉴一些成功的送礼经验,吸取失败的教训,让好朋友高高兴兴地收下你的礼物。

**3. 兴趣为上**

共同的爱好和相近的志趣促使两个人走到一起,成为好朋友。因此,给朋友送他感兴趣的礼物能表明你对你们之间友谊的重视。

**4. 送礼就送土特产**

土特产的意义就是让人尝个鲜,无论是亲朋好友,还是商务朋友,对于土特产都不会拒收,否则会显得他们小家子气。

**5. 巧借名目**

如果想送给朋友烟酒一类的东西,一定要找个适当的理由。比如,跟他打声招呼:"今晚去你那儿聚一聚,我带酒,你准备菜。"到时你们喝一瓶留一瓶,烟酒之类的也就顺便留下了。既送了礼,又加深了感情,这绝对是高超的送礼技巧。

**6. 真诚很重要**

给朋友送礼要真诚。若有求于朋友时才去送礼,即使用重磅礼物和糖衣炮弹轰炸,也有悖于朋友的道义,谁还会收礼呢。

智慧寄语

礼尚往来是维系昔日好友之间感情的最佳手段。

# 不要让友谊随着谈话的终止而结束

与人交谈的时候气氛融洽,是使人愉快的过程。可是有时候,一旦谈话结束,友谊就消失得无影无踪了。

成功女人当然不会让这样的事情发生。在她们看来,任何一段友谊都应该有深远的影响,不能断绝在交际之后。所以,当交谈必须在某一时刻结束时,成功女人会慎重地选择结束谈话的方式。用唐突、傲慢的语气结束谈话可能会毁掉之前和谐的谈话气氛,到头来功亏一篑。

　　为了不让友谊随着谈话的终止而结束,选择结束谈话的最佳时机是极其重要的。比如,我们可以采取的最为委婉的方式:"你好,这是我的名片,欢迎你随时打电话过来。""你的电话和地址我都有了,如果我需要,会打电话给你的。""现在是下午三点,你是否有其他的安排?""现在是上午11点,要不要留下来一起吃午饭?"

　　也许你想结束谈话的同时对方也正有此意,那就要留心对方的暗示。一旦发现对方利用"身体语言"表达出想结束话题的意思,就要趁势提议结束谈话,如"您还有别的事情吧,那我们以后再谈吧"。

　　如果是你自己想结束谈话,又不好意思直接说出来,也可以用肢体语言暗示对方。比如时不时地焦虑地看一眼手表,还可以做出疲倦的样子,这样和你说话的人就便能理解其中的深意了,从而知趣地结束谈话。

　　如果对方没有看到你的暗示,或者没有理解你的意思,就应当主动结束谈话。但此时说话一定要用礼貌的语言,比如"占用你的时间太多了""影响您的休息了"等,这些话意思明显而不伤人。或者你可以邀请对方再次见面:"非常高兴认识你这个朋友,与你聊天是一件令人高兴的事情。我今天比较忙,下周可以一起去看电影,你认为怎么样? 我给你打电话。"

　　如果你与对方谈的是一笔交易,那么,你的结束语将更加重要。一次好的结束语可以巩固你的交易,反之,则会毁了一桩生意。据统计,一个冠军销售员50%的销售量来自于如何结束客户反对意见的谈话,40%来自于克服拖延的能力,10%来自于坦率说"不"的能力。

　　所以,一定要注意与交易对象结束谈话时的用语。你可以说"我们将会保证在4月20日交货,如果您觉得没问题,在这里签个字就可以了"。也可以说"我确认一下,您要的产品一共36件,单价是80元,总金额是2880元,明天送货"。或者说"恭喜您做出了明智的抉择,您选择了一件非常好的产品。"或者说"谢谢您,我会尽全力为您提供最佳的服务,我心里特别感激您对我的信赖。"再或者说:"对不起,时间不早了,我还有个客户等着用这个产品。您可以考虑考虑,我随时为您服务,谢谢。"

　　我们常说要善始善终,以谈话建立起来的友谊需要完美的结尾,这样才算是成功,才能为你们以后的交往打下稳固的基础。所以,不要让友谊随着谈话的终止而结束。

### 智慧寄语

任何一段友谊都应该有深远的影响,不能断绝在交际之后。

# 不同类型的人要不同对待

　　成功女人有修养,有智慧,她们不仅知道在自己的成长道路上维系友谊极为重要,更明白维系友谊要因人而异,如果总是一视同仁,就会留下隐患。成功女人有包容性的眼光及能容天下事的大度,因而得以与不同类型的朋友建立友情。即使发生争执,成功女人也不会针锋相对,而会根据不同人的不同特点采取措施,避免发生正面冲突,从而保护友谊不受无端的伤害。

　　为了更好地维系友谊,成功女人会采用不同的方式对待不同类型的朋友。

　　成功女人把无私的好人当作真朋友,因为这种人的确是天底下最善良的人,值得人信任。或许这些人不会引起旁人的注意,但一定会得到成功女人的青睐。成功女人会把这种人当作真心无私的朋友,相处时毫无利益之分。

成功女人尽量做到少与傲慢无礼的人打交道。这种人一般以自我为中心，常常盛气凌人、唯我独尊，让人感觉很不好。和这种缺乏自知之明的人打交道或共事，一旦掌握不好分寸，就会惹来麻烦。如果因为必须打交道，长话短说，简洁明了地把事情交代完就行。如果求他办事，则另当别论，恐怕必须低三下四了。

成功女人会放慢与沉默寡言的朋友谈话的节奏。这种人性格内向，不善交际与言辞，但骨子里不可能没话说。和他共处，需要把谈话节奏放慢，给对方缓冲的机会，然后多挖掘话题。一旦谈到他擅长或感兴趣的事，他的心门就会被打开，滔滔不绝地向你倾诉。

成功女人不能与过分糊涂的人共事。遇事糊涂的人不可靠，他们注意力不集中，记忆力低下，理解能力也不够。这种人不是理想的共事伙伴，他们行动缓慢，迟早会拖后腿。但交朋友，这种人很有人缘，因为看起来随便、大度，所以要慎重对待。

成功女人知道性格古怪的朋友不可深交。这种人的古怪性格多半是天生的，甚至有遗传因素在里边，但他们不势利，也不会跟小人同流合污。当然，和这种人交往可能会莫名其妙地与他们产生矛盾，但不要记恨他们。因为他们心无城府，不会记挂在心，过些时候仍然会像从前一样对你。彼此间不要试图改变什么，所以过深的交往不可取，也不能对他们有过激的行为和言语。

成功女人不会与轻狂高傲的人计较。轻狂的人容易被人看不起，从上司到同事，从亲友到路人，都会对他们嗤之以鼻。他们处处都想显得与众不同，显得比别人优越，好像他们上知天文，下知地理，什么都知道，但其实只会当众卖弄。实际上，这种人的内心是极其自卑的，他们多半目光短浅，没见过什么大世面。对这种人，与之计较是下策，他既然喜欢吹嘘自己，那就由他去吧。就算他贬低了你，你也不要与他争执，因为与一个在层次和境界上都低于自己的人争执，是自取其辱。

与不同的人相处，要有良好的沟通技巧，区别对待。其中，要积极地看待对方的行为，找出其值得学习的地方。人生道路漫长，要利用与人交往的机会多多学习新的知识，以增加彼此的感情。

---

**智慧寄语**

成功女人有包容心，有能容天下事的大度，因而得以与不同类型的朋友建立友情关系。

# 适时推销自己

如今的社会不再是个"酒香不怕巷子深"的社会，纵然我们是"皇帝的女儿"，要想嫁出去，也难免要走出深宫，主动把自己推销出去。

在这个世界上，真正比我们聪明的人只有5%，可比我们笨的人也是5%，我们大多数人都是普通人。既然这样，我们凭借什么打动买家，证明自己比别人有更高的身价、更值得他选择呢？下面是几个自我推销的技巧。

**1.确定交往对象**

请考虑一下你在公司里喜欢与哪些人交谈？他们对你的期望是什么？你有哪些特点能够对你的"对象"产生影响？请注意观察优秀同事的行为准则，并学习他们的长处。

**2.善用别人的批评**

许多营销部门利用民意调查表，方便让消费者了解产品的好坏程度。你也应了解别人对你的评价,应该坦诚地接受批评,吸取教训,并要留心弦外之音。例如,如果你的上司说,你干活很快,那么在这背后也有可能包含着对你的负面评价。

### 3. 要善于展示自己

要多多展现自己的优势。例如,你的语调是否庄重,还是令人讨厌?语调与握手和微笑一样,足可以阐明一个人的多重性格。

### 4. 精心包装自己

超级市场的货架上灰色和棕色的包装为什么那么少?出现这种状况的原因是,大家都不喜欢这些颜色的包装。你若不想成为滞销品,也应当检查自己的"包装"——服装、鞋子、发型。要经常改变自己的"包装",让人有焕然一新之感。

### 5. 说话要明确

讲话要简明扼要,不要用"也许"或"我想只好这样"等词句来表达。上司一般都喜欢下属态度明确,不论对人还是对事。

### 6. 占领"市场",建立关系网

你在公司里的知名度怎么样?如果想要自己得到别人的关注,可以在夏天组织一次舞会或与同事们一道远足。需要我们与以前的上司多多联系,建立一张属于自己的关系网。

### 7. 适当地表露自己的成绩

不要怕难为情,大胆地讲出自己取得的成绩。没有必要总是谦虚,你得学会表扬你自己,尤其是在上司面前。不过时机一定要把握好,要不显山不露水地提及。

### 8. 不要害怕危机

如果你负责的项目失败了,不要慌张,而应勇敢地承担责任,积极寻找解决问题的办法。在紧张状态下头脑清醒、思路敏捷的人,会得到领导的青睐。

总之,女人想要把自己的身价提高,就需要适时适地"炒作"自己、推销自己。

**智慧寄语**

女人想要把自己的身价提高,就需要适时适地"炒作"自己、推销自己。

# 交朋友时放低自己

这是一个人人都需要向外推销自己的时代。

绝大多数人都喜欢在别人面前露出自己的优秀,而掩藏所有的缺陷。实际上,真正聪明的人,事先会告诉对方自己的缺点,而留着许多优点等别人慢慢发现。这也就是为什么,一些看起来各方面都完美的女性竟然不讨人欢喜,而那些有明显缺点的人,却往往讨人喜欢。

之所以出现这种情况,是因为一般人与完美的人结交时,总难免因为自己不如对方而有点自卑。如果发现别人有缺点,就会减轻自己的自卑,也就更愿意与之交往。你想,谁会愿意和那些让自己感到自卑的人交往呢?所以,不完美之人,更容易让人觉得可亲、可爱。

从另一个角度来看,人无完人。如果一个人总是表现得很完美,倒很容易使人感觉很假。或者说,故意把自己表现得很完美,这本身就是一个缺点。

一个善于处世的女性,常常会故意在某些地方流露不完美,让人一眼就看见她"连这么简单的事都搞错了"。所以,在与人交往时,我们要学会适当地犯一些不足挂齿的小错误,不要在人前显得过于完美。

好莱坞有一位这样的国际知名演员。一次，他在进影棚演出之前，一位朋友提醒他，纽扣上下扣反了。他低头看了看，一边向朋友道歉一边赶紧扣好纽扣。可等他的朋友走开以后，他又把纽扣上下重新扣反。一个年轻人看见了这整个过程，便不解地问他是怎么回事。这名演员说他在演的是个流浪汉，扣反纽扣正好表现出他不注重形象、对生活失去信心的一面。年轻人更是困惑地问道："你该解释是演戏的需要？"这位演员坦然地笑着说："他提醒我是当我是朋友，是出于对我的关心。假如我一定要解释清楚，就极有可能让他认为我做事有准备，有一定原因的。久而久之，谁还能指出我的缺点，在他们眼里，我的缺点也是个性，而恰恰这正是我要完善的地方。"

有些人总是善于发现别人身上的不足，与其等着别人来发现，不如引导他人关注你的缺点。同时，放低自己，就等于把别人抬高了许多。当被人抬举的时候，还有谁会放置不下敌意而攻击你呢？表面上来看，缺点无益，实际上却给自己搭了一个获得好人缘的梯子。

---

**智慧寄语**

有些人总是善于发现别人身上的不足，与其等着别人来发现，不如引导他人关注你的缺点。同时，放低自己，就等于把别人抬高了许多。当被人抬举的时候，还有谁会放置不下敌意而攻击你呢？表面上来看，缺点无益，实际上却给自己搭了一个获得好人缘的梯子。

# 提高自己的交友水准

有人说，要判断一个人，只需看他身边的朋友。所谓"近朱者赤，近墨者黑"，朋友之间的价值观念、性格气质都会相互影响，聪明的女人要适当地提高自己的交友水准，而提升自己的素质修养要借助自己高质量的朋友圈。想一想，你和童年的小伙伴在一起，学到的是否是如何玩"跳房子"的游戏？你和中学的好伙伴学到的是不是也只是一些学习上的小技巧？你和大学的好友学到的是否是哪个商场要打折了的消息。这样想来，如果你身边的朋友都是这样的人，你会知道现在哪个行业最有发展前景吗？你能明白如何投资才可以赚钱吗？你会知道女人应该找一个什么样的另一半才是最大的幸福吗？

相同的精神追求，才可能使你们有共同的语言。只有拥有同样的人生信仰，你们才能彼此发现、彼此懂得、彼此珍惜。所以，该是你提高交友档次的时候了。只有在更高一层的精神领域里，你才有可能遇到属于你的伯乐。

同一宿舍的两个快要毕业的女生在聊天。她们中一个光艳照人、谈吐不凡，另一个却愁眉苦脸、未老先衰。第一个女人感慨道："我认识的人都好强，他们刚毕业不久，就买房的买房，买车的买车。我从他们身上学到了好多东西。现在的生活对我来讲，每一天都过得很充实，需要我去实现的梦想也很多。"第二个女人却苦笑着说："我认识的人都不如我，好多都是咱们以前的同学，大家过得差不多。我现在就想安于现状，别无他求了。"

导致两个曾经同寝室的姐妹人生观不同的原因是什么呢？那就是她们的朋友圈不同，朋友的质量不同。一个女人的朋友都比自己成功，她从自己朋友身上学到很多，也拥有了很多积极的心态，她一直为了自己的目标奋斗。而另外一个女人，处在和自己一个水平，甚至还不如自己的朋友圈里,时间一长,她觉得每个人的生活状态应该都会差不多,所以也就不思进取了。

提高自己的交友水准,可以弥补自身的不足,促使你学习朋友身上的优点,拓展自己的知识面。如今,不再是女子"大门不出,二门不迈"的时代。虽然是女孩,不仅要走出去认识他人,与他人交往,而且要与成功人士交往。如果一个人只生活在她自己堆砌的城堡里,就不会有太大的建树,只有与强者做朋友,时间长了,你才会用成功者的思维思考,当你的想法向成功人士靠拢时,你自然会朝着成功的方向迈进。

智慧寄语

提高自己的交友水准,可以弥补自身的不足,促使你学习朋友身上的优点,拓展自己的知识面。如今,不再是女子"大门不出,二门不迈"的时代。虽然是女孩,不仅要走出去认识他人,与他人交往,而且要与成功人士交往。如果一个人只生活在她自己堆砌的城堡里,就不会有太大的建树,只有与强者做朋友,时间长了,你才会用成功者的思维思考,当你的想法向成功人士靠拢时,你自然会朝着成功的方向迈进。

# 学会和他人分享

无论是机会、利益还是其他各种人们都想得到的东西,你越吝啬,越会有更多的人觊觎,适当地分享既能保证你的利益,别人也会对你更加衷心,而一旦你有需要时,你便能从他们那里得到更多。很多女人吝啬分享,担心别人得利,其实就意味着自己的失利。其实你选择了分享,能给自己又增添了一份人情。

金楠是一家外企的高级白领,因为公司有很大的规模,她所在的宣传部门就设立了两个办公室。金楠的办公室在6层的最里边,非常隐蔽,透过窗户的玻璃,可以眺望不远处公园的美丽风光。因此,公司的许多同事都喜欢到她的办公室聊天,哪怕只是临窗看看公园,也能驱散些工作的劳累。因此,休息时候,金楠的办公室依然很有人气,大家坐在一块儿互相交流工作心得、谈谈公司规章的缺陷,并且公司的管理人员,也很乐意来金楠的办公室与大家一起交流。

金楠却私下抱怨去她办公室的人太多,影响了她正常的工作。于是,她就在办公室门的把手那儿挂了一个牌子,上面写着"工作中"。这样,金楠可以安心的工作了,窗外那一大片美丽的风景也可以自己独自享受了。

开始时,一些同事还是会频繁地在休息时间到她的办公室串门,但是,金楠总是以她在工作为由,说自己没时间休息。久而久之,同事们不再来她的办公室了,即使来办公室,也只是因为工作的关系。一段时间后,金楠被公司的同事孤立起来,同事们都不愿和她交流,工作中出现了问题,同事也不再热心地帮助她。再后来,由于公司的经营出现了一些问题,不得不裁减人员,裁员名单排在首位的就是她。

由于吝啬与同事分享办公室的美景,金楠为此付出了失去工作的代价。吝啬是一种极端自私的表现。任何人都有自私的一面,人都是自私的,然而在人际交往中,公私兼顾也并不那么困难。所谓礼尚往来,来而不往非礼也。人敬你一分,你回敬三分,这当然好,回敬一分,也不为过。如果你只是单方面让别人尊敬你,但是你却没有以同样的尊敬对待别人,这就会得到"吝啬"的评价。

仔细想想，我们是否也有这种毛病呢？小时候有好玩的玩具，我们只顾着自己玩；有了好吃的，自己偷偷藏起来；上学时别人借笔记，我们撒谎自己没带拒绝了同学；买了一件漂亮的衣服穿给朋友看，朋友也想买一件时我们却撒谎那件同款卖光了；老板给了我们一个"肥差"，我们却不愿意他人一起做，想要自己独立完成……

有舍得才会有回报。所谓"拿人手短，吃人嘴软"，乐于拿出自己的东西与人分享的人，人缘总不会太坏。人是社会性动物，没有谁能够独立生活。人与人之间无法避免交往，我们也总有需要别人帮忙的时候。所以，不要舍不得去分享自己的东西，有时只是一杯小小的可乐，或许就可以得到一位一生的挚友。

所以，女人的目光不要太短浅，心眼也不要太小。学会分享，其实是一项"长远投资"，有利于提升我们的形象，我们的生存环境也容易因此被改善，非常有利于我们在社会中的个人发展。

**智慧寄语**

女人的目光不要太短浅，心眼也不要太小。学会分享，其实是一项"长远投资"，有利于提升我们的形象，我们的生存环境也容易因此被改善，非常有利于我们在社会中的个人发展。

# 珍惜自己的友谊

很多人以为，结交朋友，只是为了工作更方便而已。事实上，建立属于自己的人脉，是为了让自己在事业的发展中得到帮助，也是为了给自己的生活寻找到一些可靠的支持，朋友在关键的时刻会体现出他的重要性。女人要有事业和财富，但也要有自己的朋友，朋友是无价的，他们不仅会给你的生活带来喜悦和幸福，还能在你最困难的时候向你伸出援助之手，帮助你渡过难关。

聪明的女人会珍惜自己的朋友。朋友，是我们心灵的依靠，是我们一生中最宝贵的财富，是我们最最可靠的人脉基础。那么，聪明女人要怎么珍惜友谊呢？

**1. 患难见真情**

没有谁的一生能够过得平平坦坦。我们都有遭遇挫折和陷入困境的时候，这时候我们都需要别人能够帮我们一把。比起那些锦上添花的人，聪明的女人更会看中那些雪中送炭的人，因为这种情谊是更值得珍惜的。

中国古代有很多关于患难之交的故事，相信可以给我们一些启迪。晋朝有一个人，名叫荀巨伯，他冒险救助朋友的故事被广为流传：

有一次，荀巨伯去朋友家拜访，看到朋友生病了，当时战乱四起，民不聊生。朋友劝荀巨伯："我已经快不行了，这儿很危险，你快走吧！"

荀巨伯却说："你把我当成什么人了，我从大老远地来看你。现在你重病在身，而且城池也快保不住了，我怎么能够丢下你就这么走了呢？"说完他就去给朋友买药去了。

朋友还是坚持让他走，荀巨伯却安慰他说："你放心疗养吧，我会在这一直陪着你的，我哪儿也不会去的！"

这时门被几个士兵撞开了，冲着他喝道："你们是什么人，现在全城的老百姓都走了，你们为什么还没逃走？"

荀巨伯指着朋友说:"我朋友重病在身,我不能独自苟且逃生。"他一副正气凛然的样子:"请你们不要为难我的朋友,有什么就冲着我来吧!"

士兵听他如此慷慨激昂,看着他大义凛然的样子都被感动了,说:"想不到你是这么重义气的人,我们怎么忍心伤害你们呢?"说完,他们转身走了。

荀巨伯的故事体现了朋友之间的患难真情,这种精神着实让人感动。

我们要珍惜身边的患难之交,在自己成功的时候,我们不要瞧不起那些暂时潦倒的人,要多帮助他们,难说有一天他们也会帮助到我们的。

### 2. 没事也要多问候

美国电影明星德鲁·巴里摩被评选为"全球最美丽的100人"之后,曾分享她青春永驻的秘密:"快乐使人美丽,同样快乐的人也能感染到身边的朋友,让他们觉得自己也是美丽的。"想要笼络住更多的人脉,聪明的女人会表现得很热情,给他们的朋友们带来贴心的温暖。

友谊也是需要用智慧去经营的,好比我们在"朋友银行"中开了一个友情账号,我们要学会取得里面的财富,也要在适当的时候往里面存点东西。这样可以增加你的信用额度,让你在关键的时刻适当的透支友情。如果我们光出不进,账户有归零的一天,那样你就永远失去了友谊。因此,我们要记得经常和我们的朋友们联络,哪怕只是随便聊聊天寒暄下都可以,这样我们才能一点点的积累起友谊,这样也是为了以防我们在遇到困难的时候孤立无援。在平时多和他们联系,在他们遇到困难的时候帮助他们,友情就是在这种你来我往的关系中建立起来的。这能为你赢得好的口碑,而且对你结交新的朋友也有所帮助。我们要加以练习这些技巧,才能更好地建立一个良好的人际关系网。

其实,我们每个人的大部分时间都在为了生计而奔波,根本没有过多的时间花在经营友谊上,这样友谊会变得越来越不牢靠,终有一天还会崩溃。本来熟悉的亲友会因为疏于联系而变得陌生,这多可惜呀。我们应该珍惜和不同人的友谊,把这些当成必要的东西来好好的经营。

我们总是有很多理由不去看朋友,但最主要的原因还是因为我们缺乏诚意。遇到了麻烦再去向朋友寻求帮助,朋友可能会觉得你只是在利用他。这样,对你的印象也就不好了,试想,谁都不愿意和一个只是利用自己的人做朋友吧。

当你遇到了困难,你才想起某人可以帮你解。但是仔细回想一下,以前他有求于自己的时候,自己有没有帮助过他呢? 现在这样贸然去找他,会不会太失礼了?

面对这样的情况,你一定会后悔莫及的想:要是我平时多和他们联系联系就好了呀!

法国小说《小政治家必备》教导那些想在政界有所成就的人,一定要留心时政的变化,必须掌握20个将来最有可能成为总统的候选人的资料,并且牢记它们,然后按照顺序去一一拜访这些人,并且和他们保持良好的关系,这样,不论将来他们之中的谁做了总统,一定会对自己有所提拔的。

我们平时要多和人去交流,这样才能建立起双方的交情来,才能让人赏识你,不然,哪怕你再厉害,也不会被重用的。

我们不能因为结识了新朋友,就忘了老朋友。世界在变化,我们的知识在不断更新,但有的东西是不能更改和遗忘的,朋友就是其中最重要的一项。不要在遇到困难的时候才想起你的朋友们,朋友没事也可以多约出去玩玩,如果你每次都是带着目的去找他的,你的朋友还愿意再见到你吗? 没有时间只是我们的借口。

在商场中,很多成功人士不见得有多强的能力,但他有今天的成就是因为他的人际关系搞得非常好,因此才从人群中脱颖而出。很多人会在得意时忘形,这是自负自大的表现。他们往往只对结交那些成功的人比较感兴趣，他们看不起比自己差的人，这样很容易让人觉得你趋炎附势。其实我们应该这样想，想要结交那些比自己成功的人，我们即使付出再多，多方效劳，对方也会觉得很普通，不会对我们增加多少好感。但如果我们稍稍帮助了身处困境的人，他们肯定会对我们感激涕零的。这样，当他再次成功的时候一定不会忘记我们的。

这个世界上很多东西是有奇妙的因果联系的，我们不知道自己会不会因为今天做的事而获得明天的成功，所以，我们要平等地对待每一个人、每一个机会。我们要学会平等待人，因为我们不可以得罪君子，更不能得罪小人。

只有建立在互利互惠基础上的关系才能是真正长久的关系。所谓"互利"就是双方都要学会付出，不要光想着占便宜，但一点亏也不肯吃的。朋友之间要学会礼尚往来，别人送你了礼物你也要及时回赠一个同等价值的，不要让人觉得你小气；所谓"互重"，则是尊重身边的每一个人。请千万记住，风水轮流转，今天小小善因，可能会结出美好的善果！

### 智慧寄语

聪明的女人会珍惜自己的朋友。朋友，是我们心灵的依靠，是我们一生中最宝贵的财富，是我们最最可靠的人脉基础。

第三篇

聪明女人如何玩转职场

# 第一章 聪明女人懂得职场法则

## 学会用脑子听话

用耳朵听话,用嘴巴沟通,这是显而易见的,但潜规则却说要用脑子听话,用眼神沟通。

初来乍到的行政部职员婷婷一身稚气,因为公司不大,所以行政部有时候也兼做一些类似秘书的工作。可惜婷婷不知道公司两位高层张副总和李副总是面和心不和,结果捅了篓子。

有一次,婷婷给老板写年终报表分析,她先按李副总设计的表格作报告。过了两天,张副总问婷婷报表有没有什么格式,婷婷就把给李副总的那份报告给了他。殊不知,对于李副总的意见,张副总从来都要提出反对的意见。可是,张副总嘴上没说什么,只是冷冷地把婷婷叫进来让她按自己的思路重新设计表格,重新做报表,还开玩笑般不冷不热地加了一句:"这可是有知识产权的,要保密哟。"婷婷不明就里,就照着张副总的话做了。结果,两头没讨好。

后来,婷婷终于了解了两位副总的矛盾,原来他们的争斗已非一日,大到争权争利、争人缘,小到争外出公车的品牌,都要显出个人的身价。为了不得罪两位领导,下属们都是小心对待。许多时候,张副总的话没错,李副总的意见也没错,不光要用耳朵听,还要用脑子想。

在高人的点化下,婷婷才知道自己碰到了公司运作最艰难的事情,其中滋味只可意会不可言传。面对两个领导,是向左走还是向右走,就看脑子做出的判断对不对了。

李副总的小表妹赵丽丽也在公司上班,那次在给客户做培训时不小心砸坏了一个价值8000元的机头。当着张副总的面,李副总不得已皱着眉头严厉地对婷婷说:"要查,要按公司规定罚款,决不能敷衍了事!"

这次婷婷可学乖了,先是查找能够遵循的公司制度,然后给行政部出了个方案:扣发赵丽丽一个月奖金。这下,既惩罚了赵丽丽,也满足了李副总。原来,赵丽丽的奖金还不到1000块,和8000元的机头钱相比,根本不算什么惩罚。婷婷执行方案的时候还特意设计了说辞:非故意损坏要酌情惩罚,情节严重的要照价赔偿。赵丽丽是在工作中把机头弄坏的,当时还在讲课,自然不是故意的,所以就酌情惩罚了。

事后,李副总追问婷婷的解决方案,还故作镇定地说惩罚力度不够。婷婷巧妙地道出了上述理由,李副总没再说话,点点头让婷婷走了。从那以后,李副总见到婷婷时和蔼多了,再也不横鼻子竖眼睛的了。

潜规则暗示了公司的一种潜在文化和行事规则,老员工们对此深有体会。如果新员工对此尚不了解,那么就嘴巴勤一点,多请教资深同事。面对左右不是的情况,既不能把自己的上司不当回事,也不能把他们的话真当回事,要有弹性地执行任务,只要保住上司的面子就行。

**智慧寄语**

面对左右不是的情况,既不能把自己的上司不当回事,也不能把他们的话真当回事,要有弹性地执行任务,只要保住上司的面子就行。

# 给上司留点指导的空间

潜规则告诉我们:做事要多请示上司,功劳得让给上司,一切行动都要归功于上司的指导。

张晓敏从事人力资源专员工作三年,既能干又努力,人缘特别好。但奇怪的是,尽管她付出了巨大的努力,可仍旧原地踏步,没有升职的机会,倒是那些不如她的同事却接二连三地升了职。

张晓敏的确能干,但上司就是不喜欢她。问及原因,是因为张晓敏不懂得照顾领导的面子和感受。

比如,每次开会老板都指定张晓敏做会议记录,可她从来不会让直接主管李虹过目整理出来的文件,总是直接上交给老板,从而博得一阵夸赞!张晓敏帮其他部门做事,也从不事先请示李虹,凡事自己做主,反正老板喜欢她这样的人,结果就留下了隐患。

部门要买个投影仪,李虹让她询价做性价比,然后汇报。张晓敏拿到供应商资料后多方比较,自作主张就订了货,还对李虹说出一大串理由,好像她做事是多么的圆满。最后,张晓敏的确得到了好口碑,但李虹却又将升职机会给了别人,张晓敏叹道:"唉,上司真是瞎了眼了!"

其实上司一点也不瞎,人家心里比什么都清楚。那些表现出色、从不出事、也不需要老板指点的人,极难得到领导的重用和认可,甚至会让上司厌烦。因为人都有私心,你太完美,上司无法发挥他的指导能力,就会面子全无,而你也就不会和"进步"或"改正"之类的词挂钩。这时,完美就是你的缺点!倒是那些大错不犯、小错不断,而且喜欢和上司接近的人,轻而易举就能得到提升。因为他们犯错的时候给老板预留了发挥的空间,让上司很有成就感,所以提拔他们时上司可以骄傲地宣布"是我培养出来的"。

由此可见,满足一下上司的虚荣心是必要的一招。为了便于接受上司及时的指导或帮助,聪明的女人应该留下破绽让领导觉得自己技高一筹,这要比职员自己埋头苦干更重要。

对于下属而言,由于缺乏职业经验,总会做错事,或者某些工作,即使费尽心思也找不到正确的思路和方向……对于这些情况,如果能经常跟上司沟通和交流,让他知道你在做什么,及时得到上司有针对性、具体性的指导和帮助,那你的成长将是飞速的。

那么,怎样才能得到上司的指导和帮助呢?

不要怕自己做的事情被上司知道,如果上司不清楚我们在忙些什么,彼此之间缺乏沟通和了解,那所谓的提醒和指导就只能是幻想。随时把自己的动向和工作告知上司,以便他们能够尽早发现问题,从而给予指导或帮助。或许,很多人是因为害怕犯错被骂而拒绝这么做,但不这样做,结果只会更糟。

对某些下属而言,一旦把自己暴露出来,就会被上司找到毛病,好像被监控了一样,容易遭受批评。但事实上,有几个上司的批评或指导是出于恶意的呢?纵然上司的批评或指导有时会过激,但不能因噎废食,为此拒绝上司的指导。上司们大都希望自己的下属能快速成长,独当一面。因此,为了自己的升迁,不妨大胆地暴露自己。所以,记得每天或定期向上司汇报自己的工作和感悟,把你的工作心态和意识告诉领导,唯有积极主动的人,才更容易被关注和重视。

智慧寄语

　　记得每天或定期向上司汇报自己的工作和感悟,把你的工作心态和意识告诉领导,唯有积极主动的人,才更容易被关注和重视。

# 用好自己的虚荣心

　　爱慕虚荣是女人的天性,这并没有什么错。如果利用好你的虚荣心,反而会推动你各方面的发展,因为恰到好处的虚荣心可以给女人一颗不服输的心!

　　谈及女人的虚荣心,大家立刻会想到"爱面子""拜金"等贬义词。但事实并非如此。通常来说,两个女人一旦碰面,自然就会彼此仔细打量一番,然后议论对方的服装、首饰的价钱,以及在哪里买的,攀高比低,这的确不太好。

　　在莫泊桑的短篇小说《项链》里,马蒂尔德因为有虚荣心,为了在舞会上引起他人的注意,向自己的一位朋友借来项链。尽管舞会取得了成功,但她却乐极生悲,因为那条借来的项链丢了。为了还回同价值的项链,她负债破产,辛辛苦苦地做了十年的苦役,付出了沉重的代价。但最后,朋友却说那条项链是假的,根本不值得如此。可见,虚荣心有时候真是害人不浅。

　　爱美是每一个女人的天性,在自己经济条件允许的状况下,买昂贵的首饰、提包、衣服无可厚非。如果能把自己打扮得更美丽,还能带来好的心情,必要的虚荣心当然值得。很多女人都觉得,如果能够嫁给有钱的男人,就意味着少了几年白手起家的打拼,也不用为了节省一点儿钱而斤斤计较,更不用为生活的各项开支而精打细算。自己喜爱的化妆品可以任意购买,不停地上美容院,豪宅名车、豪华大餐,什么都不缺。

　　然而,凡事都具有两面性,如果为了贪图享受、为了满足虚荣心而将以上视为追逐目标,便会走向极端。如马蒂尔德那样,为了点滴虚荣心,付出如此之大的代价,可叹可笑。比如在婚姻方面,若把金钱作为择偶的标准,有几个人能获得真正的爱情?

　　既然虚荣心是不可避免的,不如大大方方地接受,而不要自欺欺人地说自己真的没有任何虚荣心,那么所有的人都会嘲笑你在撒谎! 甚至有人会为此怀疑你根本没有上进心,太懒惰了! 现在已经是21世纪了,适当的虚荣心是我们不断前进的动力,没有它,就没有竞争意识。

　　人在江湖,怎么可能没有一点虚荣心呢? 之所以付出,就是期望得到一声赞赏,如果只是甘于做默默无闻的小草,那就永远别想得到鲜花和掌声。虚荣心并不是可怕的恶魔,很多时候正是因为有了虚荣心,人们才去竞争,才去拼搏。虚荣心往往也是一种动力,有时候还会给你的生活增加光彩。

　　郑秋香在外企工作了六年,业绩不错,但她却总是得不到提升。一年一度的公司成立庆典又临近了,郑秋香决定利用这个机会让同事们都注意到自己。往常公司庆典时,公司都要求员工穿着晚礼服,不过,由于担心抢了领导的风头,许多员工依然穿得很低调。但这一次郑秋香花足了精力和财力,以一个全新的形象出现在庆典上,夺得众人的眼光和赞许,甚至被评为当晚最有魅力的女性,许多原来没有注意过郑秋香的人都以为她是新来的。一个月后,公司内部招聘客服总监,一向不受重视的郑秋香就因为庆典上的一次光彩照人而顺利当选。

　　托尔斯泰说过:"没有虚荣心的人生几乎是不可能的。"恰到好处的虚荣心不仅可以令人更光彩照人,也会让人的心情更加愉快。

　　适度的虚荣其实是一种积极的心理暗示,有了它,女人的心情就会变好,而且能刺激女人用行动践行誓言,即使很困难的工作也能完成。只要正确对待虚荣心,它就可以推动女人奋发前进。

当你做出了成绩却一直没有被别人认可的时候,其原因可能并不是自己不够优秀,而是缺乏吸引别人注意的能力。你的虚荣心被压制了,而同时,光辉前途也被压制了,聪明的女人不妨运用一下虚荣战术!

智慧寄语 _____

适度的虚荣其实是一种积极的心理暗示,有了它,女人的心情就会变好,而且能刺激女人用行动践行誓言,即使很困难的工作也能完成。

# 让自己远离钩心斗角

不管什么样的女人,来自何种阶层,文化程度如何,背景关系如何,都会钩心斗角,仿佛天生的一样。或许前一秒还是一起逛街、畅谈的姐妹,下一秒就变成了兵戈相向的敌人,而平日相互倾诉的隐私和秘密,此时此刻则变成了打击对方的武器。很多人都觉得这太可怕了,却不能参透其中的奥秘。其实,女人的钩心斗角是女人用来捍卫自己事业、爱情、利益的一种手段。

女人在职场中钩心斗角,一则为名利,二则为权力,还有的是为金钱。总体上来说,这是一种极为寻常的职场心理,间接地表现了人们的心机或欲望。只要在职场,这种现象就一定会存在,而且永远不变。不管你是经理,还是员工,都必须时刻准备面对这样的对手。为了不被对方丢在你面前的"炸弹"伤到,你需要小心对待。

为了战胜工于心计、钩心斗角的人,有几招应对办法要学一学:

**1.不要四面树敌**

职场无深交,但四面树敌绝不是好办法。进入单位后,要尽量低调圆滑。即使不得已进入某一派系后,也要尽量中立,保存实力最重要。

**2.学会察言观色**

要想获得晋升,察言观色是基础。具备了敏锐的观察能力,则所做的每件事、所说的每句话都能把握好尺度,获取最佳时机。除了直接领导和最高领导外,还要记得别得罪公司内部的关键人物,因为他们的一两句话可能胜过你千辛万苦得到的业绩。

**3.锻炼沟通能力**

人们常常对"拍马屁"的人嗤之以鼻,但不可否认,这种人的沟通能力很强,在业绩相当的前提下,他们能更快地让上司了解和赏识自己。于是,属于你的升职机会就落到了他的头上。

**4.学会放弃,难得糊涂**

陷入激烈的职场争斗时,千万别恋战,要学会放弃,保持平常心态,不要斤斤计较。尽量避免和有利益冲突的人打交道,因为这种人精于算计别人。万一中招,也别和他们针锋相对,否则更惨。"难得糊涂"在于糊涂的时机,什么时候糊涂取决于你不糊涂的程度。装糊涂的技巧很深,既不能让人觉得你没有主见,又不能让人觉得你难以相处。

**5.懂得分享,化解危机**

做点燃自己并且照亮别人的蜡烛,这不是无谓的牺牲。如果你只照亮自己,你的前途将一片黑暗;只有照亮了别人,才可能让自己被人记住。

智慧寄语 _____

其实,女人的钩心斗角是女人用来捍卫自己事业、爱情、利益的一种手段。

# 职场丽人晋升智慧法

女性进入职场，最大的一个瓶颈就是难于升职。在小公司还好些，一旦进入一些中型企业或者大型企业，晋升基本无望。

那么，职场中的女性如何做才能有升职的希望呢？

**1. 要具备升职的能力**

如果想升职，就一定要提升自己的能力。假设你是一个普通职员，想升迁到主管位置上，那么，亟待提高的就是你的专业素养和能力。你需要具备相应的管理能力，以利于管理下属；还需要熟悉相关部门的知识，以利于跟他们合作等等。假如你觉得自己还有点距离，那么就要加紧脚步努力攀爬，"等爬上去再学习"的想法是不现实的，除非那些任人唯亲的人，没有哪一个上司愿意把职位交给一个上任后再充实的人。

决定你能爬多高的是能力。当然，能力并不是一个简单的观念，而主要由以下4个部分组成：

（1）知识：具备相关的、已经组织好的信息，必要时熟悉运用。

（2）技巧：能将困难或复杂的技术简单化。

（3）信念：坚信自己能完美地表现。

（4）态度：表现积极的态度，高水准地执行。

但是，并非所有的能力都有助于你事业的发展，不同的职业要求具备不同的能力。所以，寻求新的发展，就意味着你所具备的能力必须与新的岗位相匹配。

**2. 要掌握职场晋升之道**

（1）找准职场晋升点

女性很容易迷失在职场竞争中，当她们发现晋升之路越来越渺茫时，往往会对自己失去信心。然而，自信是女性职场晋升的法宝。当然，职场里，最难的一件事情就是获得上司的信任和欣赏。不过，不管你的经验如何，都无需感觉沮丧，唯一要做的事情就是干好手头的工作，任何事情都是有转机的。

职业女性如果能够获得公司前辈的让步和信任，就会在单位快速成长起来，首先是素养与能力得以提升，再下一步职位薪水也会好起来，到那时就能真正要风得风，要雨得雨，跟现在的你完全是天壤之别。

从某种程度上来说，正是前辈的让步和信任，才让年轻人的晋升成为可能，而不单单是年轻人努力的结果。这就是为什么很多人很努力，最后的结果却并不理想的原因。为何会出现这种情况呢？一句话，在奋斗的方向上产生了偏差。

（2）学会和上司唱双簧

上任以后，有一个直接上司掌管你，这个直接上司将在很大程度上决定你在公司里的职业发展。所以，任何时候，你的直接上司都是你的负责对象。

①对上司让步。有求于人先予人。任何一个人都不可能是完人，不管上司多么优秀，多么知识渊博，都会有一些缺陷在工作当中显露出来。当上司在做自己的工作时，这些缺陷还能够因为刻意遮盖而隐藏掉，但当上司实行管理时，缺点往往就会暴露出来，一旦碰到这种情景，你就要坚决拥护领导，哪怕再多的人怀疑他的能力。不过，并不需要特意表现出来，你只要设法在工作中把那些领导做下的漏洞弥补好就可以了，或者说，你明里暗里在跟上司唱双簧，迟早上司会对你的心思了如指掌。

②对上司信任。要想获得重用，就必须获得上司的信任。一个连上司都不信任的人，获得提拔和培养根本无从说起。

尽管有时候你认为你的上司不值得信任，但公司高层肯定知道其中的原因，那就是你没有找到上司的优点。

人无完人,只有对上司表现出足够的信任,你才能宽容地对待上司表现出来的缺点,并在工作中努力修正,以实现或达到部门的绩效,简单地说就是,跟上司"唱双簧"肯定是一个不错的方式。

若你能够把自己的优点与上司的优点很好地结合起来,就能实现公司的初衷,只有单位发展了,你的晋升空间才会加大。

③向上司借力。你在跟上司唱双簧共同建设部门时,高层的领导对此一目了然。从公司角度出发,一个知道团队配合、宽容和信任的员工,才是合格的好员工,公司会关注你为单位做出的一切成绩。

当公司出现职位空缺时,也许获得该岗位的机会非你莫属,而这个机会实际上正是来自于上司的推荐。

只要努力工作就能升职,这种想法是很不切实际的。不管你的工作有多努力,如果没有人向上面推荐,那么,只有你的上司和你自己知道你曾经努力过,在其他部门出现职位空缺时,没有人会想到你。向上司借力,目的就是希望上司推荐你,不管是部门内部还是部门外部,上司对你有最直接的发言权。谁都希望值得信赖的朋友担任要职,这是人的本性,这样一来机会就会青睐一些能力较高的员工。

渴望晋升无可厚非,满意的职场生涯是人人向往的。获得公司前辈的让步和信任,学会跟上司唱双簧,以获得上司的支持与提名,可谓是行之有效的职场晋升法宝。至于如何去把握,就看你个人的造化了。

**3. 熟知影响职场晋升的5个认识误区**

(1)上司应该知道我想升迁。如果你想进步,必不可少的一项就是上司的支持。花一些时间构思工作计划,找机会向上司陈述你的目标和态度。在得到上司的支持之前,不要结束会面。"您愿意帮助我吗?"这种关键性问题在会面时务必提及。

(2)如果与别的经理接触过密,你的上司将会感到威胁。假如某件工作上司没有做好,他(或她)会感到威胁。如果你很希望在某个部门工作,在那个部门建立关系就变得很必要。对于那个部门正在进行的工作要感兴趣,让他人知道你有着上进的愿望;在那个部门需要帮助时尽量帮忙,但是不能影响到自己的本职工作,否则你的上司感到的就不只是威胁而是愤怒了。如果你坚持这样做,一旦那个部门有空缺,人们就会首先想到你。

(3)同事是我最好的朋友,(他)她不会和我竞争新职位。真正的友谊一般不存在于同事之间,如果新职位的报酬比目前提高了10% ~20%,大家就会去抢它。要牢记,办公室不是喝茶的地方,友谊永远不可能排在第一位。即使很喜欢同事,你也必须专注于工作,不要因为毫无意义的闲聊而分散精力,很有可能因为这一关口就被别人领先了。

(4)人们应当知道我是一名勤奋工作的员工。哪怕你工作上再勤奋,也未必一定能获得很高的回报,你必须时不时地为自己吹吹喇叭。

(5)看人事公告是获知新职位的唯一途径。通过办公室的小道消息,你能够知道几乎所有的事情。如果你漫不经心,那么重要的消息很可能就错过了。你可以借出入其他部门办公室的机会与人寒暄:"嗨,周末郊游玩得怎么样?"用这样的问话开头,别人很容易和你打成一片。但要记住:不要逗留过长的时间。否则,就会给人留下不努力工作、四处游荡"包打听"的印象。职场中的行动底线是不能做旁观者而要做参与者。为了你自己的职场前途,首先要做的就是采取积极的行动,不要光顾着看人家如何进步。

**4. 了解外企女性快速晋升的6大要素**

(1)有中外教育背景

外企不断对中国本土人才委以重任,因为他们肯定和认同本国的人才发展策略。据调查,外企的本土高层管理人才中,90%的人是高学历,并且有过留学或出国培训的经历,外籍华人也有不少。

（2）有出色的特长

有价值是入职外企的前提,人力资源部门选择你,就是因为你有价值,有专长,他们安排职位时首先考虑到的就是你的特长,在这个职位上,你应该能够完全胜任工作。如果连本职工作都胜任不了,那前途对他而言将是虚无的,下一步可能就是被裁员。

（3）有较强的应变能力

优秀的员工通常不拘泥于现在所取得的成绩和方法,而愿意尝试新的方法。未雨绸缪,主动积极地挑战新的工作。外企是外国公司在中国的分支机构或办事机构,管理层经常进行人事变动与调整,这都是公司为了适应市场竞争的需要,这些变化有可能对你的职位和工作带来变化,如何保持正常的心态迎接变化、适应变化,是想进外企工作的人必须有的最起码的心理素质。你只有适应变化,才能担越来越重的担子。

（4）有强烈的责任心

员工的职责就是完成本职工作,当工作在8小时内未完成时,加班就属于分内的事。你要对自己的工作抱有极大的热忱,只有这样,公司才会给予你相应的报答。外企鼓励员工主动提出升职要求,因为外企认为,你要求担当一定职务,就表明你愿意承担更多的工作任务,体现了你有信心和向上追求的勇气。

（5）有学习能力

外企认为,利用一切机会学习是优秀员工的特征,因为这样才能吸收新的思想和方法,善于从错误中吸取教训、从错误中学习,不再犯相同的错误。当今社会没有前途的往往是那些不爱学习的人,因为大学所学的知识在工作中只能占20%,80%以上的知识需要在工作中学习。如果一个人不上进就意味着他无法接受新知识、新技能,既无潜力可挖,更无发展可言。

（6）有团队协作精神

外企重视团队的作用,知道个人的力量是微乎其微的,只有团队才能克服更大的困难,获得更大的成功。管理的精要在于沟通,沟通出了问题,管理也随之出现问题,上级要与下级沟通,下级也要积极和上级沟通,两个部门之间更要沟通,不沟通就会产生隔阂,一走了之肯定不是好办法,不管是从公司角度还是从个人角度,大家都认同善于沟通的人。

*智慧寄语*

决定你能爬多高的秘诀是职场晋升的智慧法。

# 同上司身边的男人搞好关系

同性之间通常比普通的异性朋友之间更有话题,女人对这一点肯定非常了解。每个女人或多或少都有几个闺中密友,她们可以相伴逛街采购、谈天说地、聊聊秘密,相比之下,普通男女朋友一起做这些事的情况则少之又少。也就是说,女人如果想做一件事,无论是运动、逛街还是聊天,如果选择的不是自己的老公或是男友,多半就是自己的一两个好姐妹。

其实男人之间也存在类似的规律。如果男人想去健身房做做运动,或是去某个茶馆聊聊天,抑或是工作结束后找几个人喝酒,如果他不是抱有追求某位的目的的话,就多半会选择找个男性朋友陪同。男人们之间总会有女人参与不了的话题,或是女人不愿意参与的话题,好比球赛和汽车。

因此,如果你的上司是个男性,那他身边的男下属总会有与他志同道合的,这些人同上司的关系一定不仅仅是工作中的上下级关系。由此便知,当你的部门中需要决定一些事情时,而当你的上司征询意见时,这些上司身边的男人说的话一定比其他人更具有说服力。

为什么要这么说呢?不妨从女人的角度上看看问题,如果换作你是上司,你的一个女性下属时常陪你一起逛街、喝咖啡,还会时不时地将一些美容产品与你分享,当然,你们也可以在休闲娱乐的同时也探讨一些工作上的问题,在开部门会议时,当这个女下属提出某项提议的时候,你对这项提议的关注度绝对高于他人的提议。说不定在一个长达几小时的会议中,你可能对其他人的发言心不在焉。

万万不要认为只要展示出"实力",你就会被上司刮目相看,有时候,上司信任的人的一句话往往就能毁掉你尽心做的完美策划,相反,倘若你能和这些有机会进言的人搞好关系,即便不小心出些差错,他们也会帮你美言,让你轻松渡过难关。

当然,这并不是要让女人们去做她们能力范围外的事,比如参与到男人的运动中:

一同去健身房?不!上司绝对不想被女下属看到自己跑了几步就气喘吁吁的样子!

一同打篮球?不!女人根本不可能有体力和男人一起打球,而如果不上场参与,只是做个拉拉队,那意义就不大了!

一同喝酒?不!男人之间可以喝得烂醉,即便是在马路边狂吐也无伤大雅,可如果女人也醉得不省人事就真的是颜面扫地了。

事实上,很多场合里女人都不易参与到男人之中,所以最好的办法就是寻找上司身边的男人下手。因为这时候,主动权就转到了你的身上,你可以选择一些合适的场合同这些人进行交流。

曼柔在公司和上司几乎没有多少交集,哪怕是在用一个会议室里,她也很少表达自己的意见,通常就是听听指示,做做记录,当然,这与上司的脾气也脱不了关系。曼柔有一个大男子主义的上司,从来不屑于女下属们的意见,即便有很多是非常有建设性的意见,他也会极不耐烦地无情跳过,转到他认为在职场更有能力的男人身上。因此,很多女性员工从进公司的第一天起,如果与曼柔在一个部门,都会被告知这一点。正是如此,并不只有曼柔在会议上少言寡语,大部分的女性员工都会闷不作声。

尽管这样,平时与曼柔关系较好的几个同事却都很费解,她平时的一些主张或建议常常能够被部门采纳,甚至有时曼柔提出个提议没几日,部门就已经开始实施了。难道上司和曼柔心有灵犀?否则如此巧合的事不可能再三发生啊。

其实,曼柔当然没有那种与上司心有灵犀的本领,虽说上司是一个大男子主义者,但并不代表全公司的男人都是如此。而曼柔在无意中发现,同部门的几个男同志的关系与上司甚好,更巧的是这几个人中也有几个是曼柔认为比较好说话,能聊得起来的。于是,她就时不常地在下班的时间找他们吃个饭,时间长了关系也就更熟悉了。后来每当曼柔有一些对自己部门或对自己有利的想法时,便会以吃饭、喝茶、唱歌等各种各样的理由把这几个男同事中的一个或几个约出来,在无意间透露出自己对一些事情的看法,男同事们在茶余饭后自然也了解到曼柔的意图,他们则会在恰当的时候将这些想法说给上司,这自然就会造成上司和曼柔心有灵犀的假象。

那么拉拢上司身边的男人,有什么技巧?

### 1. 话题

女人最喜欢聊的话题前三项中必定要有"八卦",不管是各位明星或是身边人,但男人对这些毫无兴趣。就像男人觉得女人的话题索然无味一样,女人对男人乐于讨论的事情一样感觉无聊至极,所以异性之间通常是话不投机半句多。可现在是女人们有求于人,因此,迎合男人们的兴趣就变得十分有必要了。也许聊男性感兴趣的球赛、汽车的时候，女人会觉得乏味至极，可如果边聊边想着自己的事业道路，你就会动力十足了。

**2. 应酬**

有一些应酬女人不太适合参加，例如酒吧，不过并非女人完全不能参与其中。你可以用一些方法收买酒吧的服务生，给你的是非酒精类饮品，这样非但不会喝醉，还能参与到男人讨论的话题之中。

此外有些诸如聚餐，或是女性适合的运动，比如保龄球，女性就能参与其中。即便有些时候男人会"忘了"叫上你，你不要碍于面子，不要让人邀请才参加，应该主动为之。

**3. 小贿赂**

礼物，没有人不喜欢。想要上司身边的这些人帮你办事，适当的表示才利于人家帮你，可以不失时机地请他们美餐一顿，如果有家属的也不妨一同邀请，以避免误会。如果吃饭不是一个最佳的选择，你也可以给他们买些非误会性的小礼物。

智慧寄语

万万不要认为只要展示出"实力"，你就会被上司刮目相看，有时候，上司信任的人的一句话往往就能毁掉你尽心做的完美策划，相反，倘若你能和这些有机会进言的人搞好关系，即便不小心出些差错，他们也会帮你美言，让你轻松渡过难关。

# 男女之间交往的分寸要注意好

有研究表明，人与人之间的空间距离要保持在一定的尺寸之内。亲人和恋人的距离在15～45厘米之间；熟人和朋友一般在45厘米～1米之间；而社交距离的范围比较灵活，近可1米左右，远可3米以上；至于公共场合人与人的距离，通常都是在3米以外。如果越过了界限，就会引起人们的不安和敌意。物理上的距离是可以测量的，但是合适的心理距离却是一门更加深奥和复杂的学问。"距离"可以给人自由和安全感，但同时给人烦恼和忧愁的也是"距离"，最佳的"黄金距离"就必须因人而异。

在女性交往中的男人通常都是由同学或者客户关系发展成为朋友的，那么男女间真的没有纯洁的友谊可言吗？

在社交中，女性往往能遇到对自己有好感的男性，倘若两个人还有业务往来，关系应该不会太僵。怎样有个合适的尺度，才既不会伤害别人，也不会引起不必要的误会呢？

不少男士在和某个女性交往一段时间后便会觉得"我们这么要好，无话不谈，我又时时刻刻关心你，我们恋爱是迟早的事"。可是女方却不一定这么想，她们总觉得一旦两人做了那种把"窗户纸给捅破了的事"，今后就无法在一起工作或在生活中面对对方了，况且这种关系必定会伤及无辜。

应该说这种边缘性的交往方式绝非医治心灵创伤的神奇药水、填补心灵空洞的救命稻草、报答对方帮助的无价礼物。所以谨慎理性地把握交往的分寸则是女人要做的事，不要给对方留下幻想的空间。由此在社交活动中，同男性交往要注意以下事项：

**1. 不宜过分亲昵**

过分亲昵不仅会使自己大失身份、引起人们的反感，而且还易于产生不必要的误会。即使是已经确定关系的恋人，过早地流露出亲昵和过分热情也是不恰当的。

**2. 不宜过分冷淡**

冷淡会伤害男方的自尊心，通常也容易让人认为你孤芳自赏、冷艳高傲。

**3. 不必过分拘谨**

在与男性的交往活动中，该说就说，该笑就笑，要握手就握手，要并肩就并肩，过分的拘谨反倒使人厌烦；反之，过分的随意也不佳，男女毕竟有别，有些话题只能在同性之间交谈，有些玩笑更加不合适在异性面前显现，这都是需要注意的。

**4. 不要饶舌**

在谈话中故意卖弄自己的学问一直说个不停，或在争辩中强词夺理不服输，都是不讨人喜欢的。当然，也不要过于沉闷，总是缄口不语，或只是"噢""嗯"的回答，哪怕你此时面带微笑，也容易使人扫兴。

**5. 不可太严肃**

太严肃会让对方认为你不容易相处，但也不可太轻薄。幽默感是很讨人喜欢的，但有意出丑，就适得其反了。

掌握好交往的分寸是男女交往中的关键，这全靠你自己去细心体会与把握了。

**智慧寄语**

谨慎理性地把握交往的分寸是女人要做的事，不要给对方留下幻想的空间。

# 与同事保持和睦关系时避免张扬

今时今日，竞争日益激烈，喜欢表现自己是人之常情。但是过分张扬的人很难自保其身，相反，可能会给自己带来一堆敌人，招人嫉恨。成功女人为了能够长期与同事保持和睦的关系，从来不会在同事面前炫耀自己的成功。她们认为，表现自己的最高境界就是让人看不出你在表现。所以，与同事和睦相处的技巧是成功女人的必备法宝。

在现代人际交往与竞争中，充分发挥自己的潜能，表现出自己的优势，对女人而言十分艰难。但是，要想成功就必须接受社会赋予的挑战。要分场合、分方式地表现自己，不能使自己看上去矫揉造作，或者假惺惺的，好像是在做样子给别人看似的。特别是在众多的同事面前，只有你一个人表现得特殊、积极，往往会被人认为是在故意地显摆自己，结果得不偿失。

同事需要关心的时候一定要付出关心，工作要进展的时候就必须出力，这才是聪明的表现；反之，为了张扬自己不惜抓住一切机会，自以为是"关心别人""雄心勃勃"，到头来只会让同事觉得你虚伪做作，再也不愿与你接近。

成功的女人要避免过分张扬，可以用简单的方法与同事长期保持和睦的关系。

首先，展示教养与才华的自我表现是很正常的，只有愚蠢的人才刻意地自我张扬。卡耐基曾指出，如果我们只是想在别人面前表现自己，使别人对我们感兴趣，那么将不会有真心实意的朋友，更不会有太多的朋友。

喜欢自我张扬就像孔雀喜欢炫耀美丽的羽毛一样，是一种心理需求，甚至有人说："张扬是人类天性中最主要的因素。"但刻意的自我表现却会使热忱变得虚伪，自然变得做作，与其这样，还不如不表现。

爱张扬的人不论谈话的主题是否和自己有关，总希望突显自己的长处。这种人虽说可能被人高估为"具有辩才"，但也可能被认为是"口无遮拦显得轻浮"或者过于自恋，暴露出其自我显示欲的缺点，让人产生排斥感和不快情绪。

据说丘吉尔自我表现时经常使用夸张的词汇，但是在关键时刻他却会说："我们应该在沙滩上奋战，在田野街巷里奋战，在机场山冈上奋战——我们，决不会投降。"丘吉尔不停地说"我们"，而非"我"，可见其心意。

善于利用张扬个性来表现自我的人通常会不露声色地表现自己，以此得到众人的欣赏。这些人与同事进行交谈时绝不用"我"，而是说"我们"，因为前者给人以距离感，而后者则使人觉得比较亲切。"我们"这个字眼很特殊，代表着"你也参加"的意味，使人产生一种"参与感"，还会在不知不觉中把与自己意见相异的人拉拢过来，并按照自己的意图影响他人。

善于利用张扬个性来表现自我的人说话时没有带"嗯""哦""啊"等停顿的习惯。这些语气词都有犹豫的倾向，让人觉得是一种敷衍、傲慢的官僚习气，从而使人产生反感。

在办公室里，同事之间本来就处于一种隐性的竞争关系之下。如果你想引起大家的反感和排斥，大可以刻意地张扬自己的独特，把同事们推到对立面。

"张扬自我"的另一个误区就是经常在同事面前显示自己的优越性。这样的同事我们常常见到，他们通常思路敏捷、口若悬河，但只要张嘴就令人感到狂妄，因此别人很难接受他的任何观点和建议。

张扬的人一定会遭遇失败，因为他们总是想让别人知道自己很有能力，以为只要处处显示自己的优越感就能获得他人的敬佩和认可，结果却于无形中失掉了在同事中的威信。

法国哲学家罗西法古有句名言："如果你想得到仇人，那就表现得比你的朋友优越吧；如果你想得到朋友，那就让你的朋友表现得比你优越。"

人人都希望得到别人的称赞，尤其是在办公室里，每个人都会不自觉地维护自己的形象和尊严。如果某位同事的谈话过分地显示出自己高人一等，那么无形之中是对他人自尊和自信的挑战与轻视，对方产生排斥心理乃至敌意也就不足为怪了。

> 马嘉慧是人事部门的科员，她虽然精明能干，但从未得到领导的重视，而且在很长一段时间里几乎没有一个朋友。她每天都在同事面前使劲吹嘘自己在工作中的成绩，还说有很多人找她帮忙做事，或者有一些无名先生送来礼物示好等等。但同事们听了之后不仅没有分享她的成就，反而心生不满。她整天自认为春风得意，高兴得不行，殊不知，同事们早已开始反感她的自大和强烈的表现欲，渐渐地与她疏远了。

成功女人会以相互理解、平等互惠为原则，处理同事之间的交往。正所谓"投之以桃，报之以李"，妄自尊大、张扬自己、小看别人、过分自负的人终究会引起别人的反感，以至于将自己陷入孤立无援的境地。当别人都对你敬而远之时，你如何长期与同事保持和睦的关系呢？

---
智慧寄语
---

妄自尊大、张扬自己、小看别人、过分自负的人终究会引起别人的反感，以至于将自己陷入孤立无援的境地。

# 不要和同事有金钱往来

在企业中，金钱是一个很微妙的东西。从古至今，为了金钱争得你死我活的人太多，夸张一点说，什么发展啊，前途啊，说到底就是能挣多少钱养活自己。在金钱问题上，显规则告诉我们同事间要互相帮助团结友爱，潜规则却教会我们不可不争的残酷。如果太在乎所谓的正当的人际关系，不计较金钱，反而会阻碍职场里的资金往来。

对此,聪明的女人应该认识到,在竞争激烈的办公室里,必须暗中关注金钱竞争,这样才能免于吃大亏。

客户主任孙妮就曾有一件很尴尬的糗事。月底时,她再度成为"月光女神",日子过得极为痛苦,偏偏又赶上交房租,孙妮实在没办法了,只好向同事侯艳求助。主任第一次开口借钱,侯艳怎好拒绝,于是很痛快地帮孙妮解了燃眉之急。

3000块钱,不大也不小,但孙妮没法一次还清,只好一次次厚着脸皮请人家宽限几天。最后一次,侯艳一面笑嘻嘻地说不着急,一面说前几天给女儿交学琴费虽然要用钱,不过她已经想办法解决了。孙妮听了竟然信以为真,没心没肺地连声道谢。旁边的人听见了,悄悄告诉她,人家侯艳就是暗示你赶紧还钱呢!再说了,你满身名牌居然拖着3000块钱不还,谁信呢?

孙妮这才意识到自己的荒唐行为,第二天马上找到同学拆墙补洞,才算把这一层羞给遮住。至于这赖账不还的坏口碑,也花了很长时间才修补回来。

"同事"的本质是以挣钱和事业为目的走到一起的,虽然平时关系不错,甚至感情浓厚,但涉及钱的问题还是要拎拎清。离开了办公室这一亩三分地,还不是各自散去奔东西。

有些时候看似一块两块钱的小事,但人家心里可能一直惦记着,所以才有"亲兄弟,明算账"的说法。只要金钱理清楚了,什么同事朋友都没有问题,但若是搞不清楚,亲兄弟也会慢慢疏远你,甚至还会把你的事情告诉别人,以后就没人敢和你来往了。

金钱不是万能的,但没有金钱是万万不能的,赚钱养家是我们工作的目的。所以,由金钱产生的矛盾太普遍了,我们要格外慎重。面对金钱方面的纠纷不能大意,不能因小失大,把小事变成大问题。同事之间最好不要有债务关系,能避免的尽量避免,懂得委婉回绝。

智慧寄语

在竞争激烈的办公室里,必须暗中关注金钱竞争,这样才能免于吃大亏。

# "平庸"的同事不能得罪

人人都说外企公司的人个个精明强干,张颖过关斩将地进了外企后,心想:不过如此!前台秘书整天忙着搞时装秀;销售部的刘丽天天晚来早走,三个月了也没见她拿回一个单子;还有统计员秀秀,就是一个吃闲饭的,统计全厂203个员工的午餐成本是她每天唯一的工作。张颖惊叹,原来在竞争激烈的商界,还有如此闲云野鹤的职场生活。

那天,张颖去行政部找阿玲领文件夹,刘丽和秀秀也来要文件夹,恰好就剩最后一个文件夹了,张颖笑着抢过来说先到先得。秀秀不高兴了,说:"你刚来哪有那么多的文件要放?"张颖听了不以为然:"你有?每天做一张报表就啥也不干了,你又有什么文件?"秀秀猛得拉长了脸,阿玲连忙打圆场,毫不客气地从张颖怀里抢过文件夹递给了秀秀。

回到座位上的张颖越想越气,刘丽端着一杯茶悠闲地进来了,说:"怎么了妹妹,有什么不服气的?秀秀她小姨每年给咱们公司500万的生意,你有那个本事吗?"说完,就打着呵欠走了。

下午,阿玲拿着新文件夹来向张颖道歉,说她得罪不起秀秀,因为那是老总眼里的红人。至于刘丽,别看人家平时不干活,但她社会关系广泛,不少部门都得请她帮忙呢,每年都能拿回一两个政府大单,足够吃一年的。张颖说:"那你就得罪我呗。"阿玲吓得连连摆手:"不敢不敢，在这里我谁也得罪不起呀。"

张颖听了，反而愣住了，半天说不出话来。

不要奇怪办公室里的特殊现象，有的同事天天无所事事，喝茶看报就打发时间了，下班准时走人，而领导竟然一句话也不说。你觉得他们是走关系的平庸之辈，因此抱不平，气愤不已，却不知道人家的实力在背后。

工作中努力敬业的同事值得所有人尊重、学习，但有资格懒散悠闲的同事，绝不能随便得罪，因为他们全都有底牌。要知道，老板不是傻瓜，平白无故白领工资的人哪会留着，那些看似游手好闲的平庸同事说不定担当着救火队员的光荣任务，当你们都不顶用的时候，老板还需要他们往前冲呢!

因此，你要习惯办公室里的一切现象，接纳每个人，要知道闲人也必然有他的出奇之处。即使你不屑于与他们为伍，也要表现出对他们的尊敬。自己的事情努力做好，和他们搞好关系，说不定哪天你还需要他们给你指点迷津呢。而且，同事之间如果产生矛盾，闹得太僵，你极有可能受伤，毕竟闲人有他们的"本钱"。

总之，对于那些平庸的同事，不要任性地主观臆断。只有处理好和"平庸"同事的关系，你才能在办公室坐稳。

### 智慧寄语

只有处理好和"平庸"同事的关系，你才能在办公室坐稳。

# 学会和同事处理好关系

同事是和你一起工作的人，是你的搭档，但他们有时也是你的老师。聪明女人要学会和同事处理好关系，这是自己的人际网中很重要的一部分。

你的同事有很多东西都是值得你学习的。下面的这几个故事，充分地说明了这个道理。

紫璇是一个刚刚进入职场的应届生。开始上班时，她还很不习惯，只知道每天按时上班，老板让做什么就做什么。但是后来她发现自己的工作范围越来越大了，很多不需要她的东西都成了她的工作内容，例如打扫卫生，整理桌椅，有时还会因为做得不好被领导批评。紫璇觉得很委屈，她觉得一定是有人刻意针对她，让她做这些不该做的工作。她也不知道这个时候应该反抗还是继续这么干下去。

后来，一位资历较长的同事告诉她说，这是公司的规矩，新人一定会受到这样的待遇的，这样可以更好的提高新人的抗挫折力和加强他们的服从力，只要熬过去就好了。紫璇在明白了真相后，干活变得不再那么消极了，甚至还会主动帮助同事，终于得到了同事和领导的肯定。紫璇之所以能够坚持下来，还得多亏那位前辈。

小瑞大专毕业后，到某家企业担任了文员的工作。看着很多自己的前辈可以如此游刃有余的处理好工作的内容，她觉得很没自信，变得很自卑。从内心里觉得自己不如别人，还为此伤心地哭过。后来她听从了前辈的建议，发现了自己打字速度很快的特点，这样，在完成本职工作之后，她会利用剩下来的时间来帮助同事打资料，因此，她很快就获得了同事们的喜爱，也从中结识了不少朋友，工作也越来越顺心了。后来，她还凭借出色的工作能力从同级的同事中脱颖而出，获得了升职的机会。

雅娟和丽萍是同事，丽萍的家乡在山东省的一个小县城，她比雅娟早入公司3年。丽萍很敬业，她对待工作十分认真，几乎每天都会加班到很晚。虽然她的工作并不忙，但每个周末丽萍都会去办公室看看。她对工作这么认真,大家笑她是个"工作狂"。在生活上,丽萍对人很爽快的,也非常喜欢和不同的人交朋友,跟大家一块去玩。周末,丽萍经常会把雅娟这些朋友叫到家里来吃饭,最多的一次,居然有三十多个人去了,狭小的空间一下变得拥挤不堪了,大家都很开心,丽萍和丈夫也为此忙得不亦乐乎。因为经常往来,大家越来越喜欢她了。后来单位提拔了一个领导,居然就是雅娟父亲的同学,这真是个巧合。

有一次,雅娟去探望父亲的这位朋友,无意间说到了丽萍。雅娟没带任何目的的,像唠家常一样的随意说了自己对丽萍的好印象。但就是这样的一次机会,丽萍得到了提拔,成为了项目主管,她本来就很有能力,加上又非常勤奋,于是这个项目取得了很大的成功。丽萍因此成为了总设计师了。其实在雅娟看来,这不过是一件很普通的事,但丽萍总是很感激雅娟的帮助。

从上面的故事中,我们可以知道,同事对你的工作起着很大的帮助作用。所以和同事搞好关系,也是非常重要的。

其实每个同事都有自己的人生经验和工作经历,这些东西都是值得我们学习借鉴的。他们会让我们知道怎样才能更接近成功,会在我们快要坠下悬崖的时候拉我们一把;他们甚至还能预知我们的未来,告诉我们很多人生哲理,让我们豁然开朗。同事是工作中与自己最亲密的人,和他们处好关系,对我们的发展是很有帮助的。

和谐、融洽的同事关系能愉悦我们的身心,让我们更顺利的开展工作,促进我们事业的发展。反之如果同事关系紧张,经常发生矛盾,就会影响我们的工作状态,让我们陷入无穷的烦恼中。

我们要明白,同事之间存在利益冲突是必然的,但我们不要总是担心自己的功劳被他人抢走了,在没有利益的时候,我们还是应该处理好彼此的关系的,一旦发生利益冲突,大家都要采取公平竞争的方式。不论是谁最后取得了胜利,输的那一方都一定要真心祝福对方。如果在公司中建立了和谐的人际网,我们就更容易了解公司的情况,对于自己在公司的前途也就更有帮助了。

所以说,我们在公司中,不但要巴结好我们的上司,更要笼络好我们的同事。同事是我们可靠的同盟但也是竞争的对手,我们要公平的竞争,合理的处理好彼此关系。

俗话说得好,"同行是冤家"。平时大家可能看起来关系很好,但是在这种和谐的假象背后,矛盾还是必然存在的。如果你在公司的表现很好,领导也很器重你,但是一直不被重视,你就要多从你的同事关系方面来检讨一下自己了。

同事因为工作环境相同,所以有很多共同的语言和目标。要想和同事处理好关系,我们就要注意自己为人处世的方法。而且可以站在对方的角度来思考问题,如果你是对方,你会喜欢什么样的同事。

我们要时刻对同事保持友好。我们每天有8小时都是在工作的,同事是我们面对最多的人。要想长期和谐共处,就一定要发自内心的喜欢彼此才行。同事有困难了,帮他一把。同事有烦恼了,听他说一说。同事有秘密了,帮他保管好。

有人会觉得:"我对别人好,他不见得也会那么对我。而且他是我的竞争对手,帮他不就是在害自己吗?"有这种想法是不对的。你帮助了别人,他们一定会从内心里认可和感激你的,如果以后你有了相同的麻烦,他们也一定会帮助你的。最差的同事关系就是,因为利用与同事关系交恶,甚至反目成仇,如果能在这个时候选择放手,对你们都好。

**智慧寄语**

同事是和你一起工作的人,是你的搭档,但他们有时也是你的老师。聪明女人要学会和同事处理好关系,这是自己的人际网中很重要的一部分。

# 第二章　了解职场禁忌，学做聪明女人

## 你可没有工夫去充当知心姐姐

在激烈而又残酷的职场战争中没有谁可以一帆风顺。因此，总不免会有些怨男怨女，迫切希望在夜晚昏暗的灯光下将自己内心的积怨一吐为快。不是为了寻找他人的惺惺相惜，也不是为了能得到帮助让自己的境况有所改善，只是为了给自己的郁闷情绪找一个适宜的释放口以重新获得饱满的激情与动力。

倾吐完烦恼之后的人眉飞色舞，听的人会是怎样的一种面部表情呢？在女性群体中经常会有一些姐妹们聚在一起诉说衷肠，但在职场这种事还是能免则免。就算你不会成为同事面前的怨妇但也不要充当善解人意的知心姐姐。否则，以下这些将会在你的现实生活中得到映射：

### 1. 心情和判断受到影响

一个活在喜剧、笑话的阳光世界的人和被深埋在悲剧的阴霾之下的人，两者的心态肯定是大相径庭的。如果同事的哀怨成了你生活的必然旋律，你的嘴角还怎能泛起微笑。久而久之你的判断也会受到影响。即便刚开始她的抱怨可能不会引起你的一丝共鸣，可是不要忽略了耳濡目染的强大同化力，潜移默化中你也会在她一次次对公司制度不合理的抱怨中被同化；在她对上司不公平的抱怨中而"发觉"上司对某人确实情有独钟；同样会因为她对某位同事不讲道理的抱怨而给这位原本印象甚好的同事冠以霸道之名。其实，悲观主义色彩多半是爱抱怨之人的共性，而你如果没有强大的抵抗力和控制力的话，就会很容易受到影响，这对工作是绝无帮助的。

### 2. 被上司误解为同种类型的人

即便你有着强大的意志力和坚定的信念，轻易不会被同化和影响改变，也可能有一些其他不利的因素带给你生活上的改变。物以类聚，人以群分，由于你经常倾听，必然有很多与她单独接触的机会，这就不免给上司造成一种人以群分的真实错觉，而一旦他怨妇的"特质"被上司发现，你也就会很幸运地成为拥有此特质的一分子。而如果上司进一步了解到他对公司和上司本人的抱怨时刻不休时，便会很自然的认为你对公司原来"居心叵测"。

### 3. 被上司误解为闲人

就算上司想得单纯些，不轻易误解别人，但也不得不怀疑你对工作的态度和责任心，因为世上没有哪个成功人士会把大量的时间和精力花在倾听别人的唠叨上。这种情况下，上司对你重用的信心还有多少就显而易见了。

在公司里，书兰是个热心肠的人，对于他人的请求，只要自己有时间和能力，总是会竭尽全力倾囊相助。可最近她却有些苦恼，公司中有一个女同事是老职员了，却不知为何总也无法得到上司的器重，升职加薪与她绝缘，而年终大会上低奖金的获得者却与她缘分深厚。

一次，书兰和这个女同事在等电梯时随意攀谈了几句，可万万没有料到，给自己惹来麻烦的竟是这几句简单的闲聊。其实书兰当时下班正要回家，刚好电梯间只有她们两个人。大家的闭不做声让空气中弥漫着令人压抑的尴尬的味道。书兰和她不熟，但仍想尽力打破这尴尬的气氛，看到她手上有一摞文件，便随口问了一句"这么敬业，回家还要加班啊"。对方递来了一个无奈的眼神，"就是啊，晚上公司悄无声息的，我一个人有些害怕，拿回家做比较方便。"

书兰以为和这个同事的交集不会再有什么发展了。谁知道几天后，在一次午饭时间这个女同事竟然主动来找书兰。先是寒暄了几句，接着便向书兰说起自己那犹如黄河之水滔滔不绝的烦心事。什么为公司做那么久受到的待遇却与自己的付出不成正比啊，公司同事对她有偏见之类的。书兰当然对这其中的原委心知肚明：待遇永远是与自己的能力对等的，她那很一般甚至有些差的工作能力又怎能奢求得到一个好的待遇。

包括流言蜚语和别人的抱怨在内，不要认为你只要守口如瓶就可以明哲保身。其实在工作场合，甚至工作以外的场合这些非工作的东西不仅不能说，也最好不要听，因为你很难保证不会有那么一些麻烦来光顾你。念在她在公司这么多年，没有功劳也有苦劳的份上，她才免于被开除。同事们对她并没有偏见，没有人不想和有能力的人合作，更没有人不愿通过和有能力的人合作以提升自己。更何况她性格有些孤僻，所以谈不上别人对她有偏见或者欺负她，只是大家和她的共同话题真的很是有限……尽管如此，书兰也觉得直接当面揭示别人的缺点不好，所以只是说了一些场面话给她些许安慰。

一次的安慰并不能起到很好的作用，隔三差五这个同事就来找书兰。虽然书兰心里极不情愿，但也不好意思拒绝。于是好多工作时间便在强忍的倾听中被浪费掉。原本十分轻松就可以完成工作的书兰却只能花费更多的时间才能完成任务。

书兰的工作一直十分出色，深得上司的满意，而且上司正准备在最近的一次人事变动中给她升职。可意外总是早过明天到来，上司在这个时候听到"书兰和这个女同事不仅形影不离、接触频繁，而且经常对公司和上司暗地里议论嘀咕"，这一下子使书兰在上司心目中的好形象消失殆尽，最终升职机会给了别人。

其实，谣言就是上司从书兰的竞争对手的口中听到的，上司是个推崇"人以群分"观念的人。他觉得老和那些没有能力的人在一起，你也不会有什么上进心。因此，当那位女同事和书兰走得很近的事被书兰的竞争对手发现时，心里便只是胜券在握的窃喜。

如果你想作一个想进取、发展事业的职场女性，就要时刻提醒自己做一个绝缘体，和别人的啰里啰唆断绝一切联系。不然只会浪费你的时间和精力，如果妄想通过倾听使自己的人气得到提升，最终你会发现这是多么幼稚且得不偿失的行为。

怎么样将哀怨杜绝在大门之外呢？

什么样的人通常会成为爱抱怨之人一吐为快的"下手者"？那些专心倾听，善于倾听并能给予有效安慰甚至跟他们有共同抱怨对象的人当然是最佳合适人选。所以，有心计聪明的女人应该适当地显示自己的"无能"，哀怨就自然被隔绝在千里之外了。

### 1. 没有反应

面对同事的抱怨时,先要深藏起对她"遭遇"的深表同情,也不要频频点头,不然你无法保证她是否会把你这交谈中的习惯动作误解为你的赞同。因此,你要在不停止工作的情况下当耳边风一样来听。

### 2. 不耐烦

面对她的抱怨,你一直表现出的烦躁不安的状态,或者漫不经心一边听一边还忙着别的事情,并时不时地打断一下,恐怕她本打算跟你娓娓而道的心情也被破坏殆尽了吧。

### 3. 不给机会

喜欢抱怨的人总是紧锁双眉面色愁苦,看到她走来时你就应当知道她要来抱怨了,这时你就要断绝给她的机会,应当赶快躲开或装成很忙的样子,尽量不要给她创造与你单独相处的机会。

### 4. 不为她说话

人们诉苦多半只是为了从别人那里获得慰藉并得到赞同。当她抱怨公司和某位同事得到的不是你的安慰和支持,反而是对自己的否定对公司和同事的"申冤"时,想必她也不会给你第二次倾听其抱怨的机会了,因为没有人会"自取其辱"再次使自己更严重的受挫。

### 5. 岔开话题

面对别人的抱怨时,你要趁机插入新的话题,或谈谈自己郁闷的心情,抱怨抱怨自己生活中的烦心事,不给对方话题的进入留一丝缝隙,从而使之无法进行。数次之后,她就会知趣地离开了。

---

**智慧寄语**

---

倾吐完烦恼之后的人眉飞色舞,听的人会是怎样的一种面部表情呢? 在女性群体中经常会有一些姐妹们聚在一起诉说衷肠,但在职场这种事还是能免则免。就算你不会成为同事面前的怨妇但也不要充当善解人意的知心姐姐。

# 太过于友爱和善是罪过

我们要始终相信"人善被人欺"是一句真理,这话一点儿没错。很多女性认为只有充分利用女性的亲和温柔,充分地展示友爱和善才能在竞争激烈的职场中取得良好的人际关系,下面初兰的最终结局不得不使我们对此论断做出新的思考。

初兰虽是职场的新人,却有很高的抱负,成为职场上呼风唤雨的女强人一直是她的追求。在刚刚踏入公司的那一刻起,她便为将来的发展做着打算。要想搞好人际关系,与同事相处好是一个重要方面,因为此刻身边的每个人都有可能成为未来自己事业的贵人,所以必须认真小心对待。因此,初兰认为只要自己对每一个同事都客客气气的,就能和大家搞好关系,从而为自己打下良好的人际基础,将来在公司提升的可能性也就会提高。

同事之间互相帮忙是难免的,因为初兰的好相处,大家也都会找她帮些小忙,比如复印个文件,整理一下资料,帮忙叫一下外卖,早晨顺便带一杯咖啡等举手之劳的小事,初兰的有求必应果然有了一些成效,每位同事对她都是面带微笑,同事们对她的"喜爱"让初兰喜出望外,让她坚持认为自己这样做一定会使自己的人缘变得很好。

这种得意并没有持续很久，一次她无意之中听到了几个同事的议论："现在人力资源部门招的人真的是越来越差了啊！""你是说新来的叫初什么的那个吧？""初兰。""我老是记不住她的名字。那女生倒是挺热心挺友善的，但实际工作能力看起来好像不怎么样啊。""就是啊，一天到晚四处转悠，搞得大家都不能安下心工作了！""算了，你也没少让人家帮你买咖啡。""整天干一些偷工减料的活却能拿那么多的工资，换谁谁不想做啊！"

初兰感到非常震惊和气愤，还有点儿听不进去了，原来自己一直以来的善意帮忙留给同事的却只是这样的"骂名"和坏印象，原来大家并不喜欢她。

初兰其实有着很强的工作能力，至少她在公司的成绩已经很好地证明了她作为一个刚入职场的新人的实力了。只是由于态度和善，使人们忽略了她的工作成绩而只看到她在人际关系上的表现。再加上工作时间总是被"使唤"去做这做那的，也就失去了一部分精力去工作，因此她的成绩平平，没什么突出的表现，甚至被同事忽略也就不足为奇了。

初兰不知道，她的善意不仅没有被同事接受，在上司那里也没有得到好评，因为没有任何公司招员工是为了让她来打杂，而不是要她在公司业务上专心努力。当端着咖啡匆匆忙忙来到公司，或者在别人办公桌面前乐悠悠地整理材料的她被上司看到时，就不得不将她定性为不务正业的人了。

初兰当然想改变这种现状，更不想继续被误会下去，所以做出一些改变便显得很有必要。于是，她开始回绝同事的各种要求，以拿出更多的时间和精力专心工作，可这时的改变还能挽回些什么呢？除了同事们见到她时逐渐减少的笑脸，便是人们在办公室的小声议论"世上永远没有甘于奉献的老好人""所有的好不过是为了达到某些不可告人的目的而伪装出来的而已"……

初兰友爱和善的"老好人"形象消失殆尽，取之以的只是同事们口中"装腔作势"的评价。

友爱和善是人类的美德并没有错，毕竟没有人喜欢整日阴着一张脸的人，但凡事都是过犹不及的，过分的友爱和善只会演变成懦弱，友爱和善在如战场的职场中更是要谨慎对待，否则，错误只会愈加严重。过分的友爱和善所带来的后果也是我们无法阻止和想象的。

威严与友爱和善似乎天生就是无法相生的，正如一个和善友爱的人很难在同事之间建立威严，也许你认为同事之间应该是平等的互相友爱的，可是不是所有的事情都能用感情来解决的，当上司想要提拔某人时，你怎会出于友爱甘于让出升职机会？威严似乎是所有上司共有的标签，一个上司可能平时表现得很亲切，那只是想表现一下自己的"爱民"情怀，在关键时刻总会表现出严肃的态度。以德服人，同时也要用威严感来征服手下。而一味的友爱和善恰恰形成了与威严对立的个性，无论你有多强的能力，只要没有威严，上司都会觉得你懦弱或者难成大器，而将你剔除于提升的备选名单中。

也许最初你不过只是想以友爱和善来保持和同事的良好人际关系，可凡事开始容易结束难，虽然刚开始只是帮忙做一些琐碎的杂事，但当你的行为纵容了他人的习惯时，这些杂事便变成了你的义务，这义务的含义就是同事们不会因你的和善态度而感动，而是认为这一切都是你的理所当然。久而久之，你就会多了一项兼职：勤杂工，成为呼之即来挥之即去的受气包，因为他们知道好欺负的你没有脾气可以闹。

通常情况下，作为一个团结的团队应该荣辱与共，但由于你是这个团队中友爱和善的"老好人"，这时你就应该义无反顾地一个人担下团队的错误，因为他们知道这是你不可推卸的责任和义务，同时你也根本不会计较，不会发脾气。

认为你的友爱和善是事出有因：你要相信这个世上没有一个人会是单纯的好或坏的，好人没好报的故事不只是传说。当你刚开始表现出友爱和善的态度时，周遭的人便会拿出十二分的怀疑去追查你的别有用心；或许有能力的人往往不是那么友善吧，当大家发现你一贯以友爱和善著称时，则有可能认为你是一个工作上的弱者，因为有能力的人是靠实力说话的，而身为弱者的你只能靠好人缘在公司混下去，而如果上司也是这样想，那你的职业未来恐怕只能是阴雨天了。

### 智慧寄语

友爱和善是人类的美德并没有错，毕竟没有人喜欢整日阴着一张脸的人，但凡事都是过犹不及的，过分的友爱和善只会演变成懦弱，友爱和善在如战场的职场中更是要谨慎对待，否则，错误只会愈加严重。过分的友爱和善所带来的后果也是我们无法阻止和想象的。

# 收起自己的愤怒和不满

职场如战场，在这个"炮火连天"的地方，人们进行着内心最顽强的抵抗，虽然在这里人们闻不到弥漫的火药味，但在这里的每一个人无不使出浑身解数，战争的激烈程度绝不比真正战场上逊色，甚至比战场更能锻炼一个人的全方位素质。

假设一下，如果你的上司是一个不辨是非、不分青红皂白随意辱骂下属的人；如果你的同事是一个平时喜欢偷工减料、推卸责任、安于享乐，但在关键时刻却勇于邀功的人；如果你的下属是一个毫无实力，只因为有强硬的后台就在你手下无所事事而你又不敢动之丝毫的人，你还能否意志顽强……

职场繁杂的工作和沉重的压力经常会让你觉得怒火中烧而又无法排遣。

经常发怒的人不会在职场上纵横驰骋，但偶尔发怒对职业生涯的影响也不容小觑！

没有谁是没有脾气的，只看你能不能忍了。

在职场中发脾气永远不是标榜你强势的好行为，因为没有人会对一个大发雷霆的人有好感和好印象。而当别人都认为在一些状况下你应该无法抑制内心愤怒的宇宙时，你却出乎意料地保持镇定，用冷静的成熟姿态去解决问题，那么你身上流露出的成熟魅力和豁达情怀自然会使他人折服并给予致敬：上司会看到你身上的领导潜力和价值，加大对你的器重；同事会对你刮目相看，甚至把你当作偶像一样崇拜；而下属则会认为他们跟的是一个拥有大将风范的领导，从而在对你逐日增加的敬佩中努力踏实工作。

如何熄灭自己熊熊燃烧的怒火呢？

（1）降低声音：愤怒的显著标志就是高分贝的声音，降低声音能够压抑并缓解情绪上的冲动，使自己起伏的心情得到安抚。

（2）语速放慢：语速过快有时类似争吵，它在一定程度上会引起或者加重人们内心的激动情绪，放慢语速刚好可以使人们的激动情绪变得安稳下来。

（3）挺直胸部：这绝非是让你做出高人一等的理直气壮的姿势，当人们想要争吵或开始争吵时，身体总是向前倾，双方彼此接近的躯体会造成感觉上的压迫而产生紧张局面，而挺直胸部、向后仰能够让紧张的气氛得到缓解，使激动的情绪得到平静。

（4）听音乐、做运动：音乐对人们心情的影响是巨大的，轻快、欢乐的音乐会使人们的紧张激动情绪得到舒展，如果能随声哼唱，发怒的情绪也就会渐渐稳定下来了。在运动流汗的同时，随着汗液的排出也能够将不快排到身体之外。

（5）找个出气筒：在公司发怒是一种不礼貌且不负责任的行为，在公司以外的场合，你的愤怒就没有人约束了,对着家里的靠垫或枕头,来个拳打脚踢,任你使出各种独门绝技,随意谩骂毒打,一解内心的郁闷之情。

(6)只听不说:人与人的交流永远不会是顺顺畅畅的,因为我们每个人都有着自己的想法,如果在交谈的过程中让你有怒气,千万不要张口就冲撞起来。一个真正成熟的人会先听对方把话说完,在倾听时抱着虚心的态度,即使有不同的意见也只是埋在心底,尽量做到通情达理,或许最后你会发现原来自己的想法真的没有别人的周到,因为你的理智而避免了一场无谓的争吵。

(7)冷静一下:有时候争吵和怒火只是在一瞬间就被点燃的,当你冷静下来,愤怒过后就会为自己当初的幼稚和冲动懊悔,一切都没有必要大动干戈,但因为一时的冲动,大吵大闹之后什么都无法挽回了。所以欲怒时先要静,愤怒只会伤害自己身体而不是解决问题,很多时候愤怒过后留给你的只是反思和后悔。

(8)换位思考:有时候很多矛盾的产生就是源于人们不能换位思考,一切只考虑自己的立场没有考虑其他人的感受,尤其当涉及面子问题时,更坚定地维护自己的面子死不认输。这时候如果争吵,矛盾会越来越深,但大多时候造成争吵的只是鸡毛蒜皮的小事。所以,当想要发脾气时,多从他人的立场和角度去审视自己,或许一场战争就可以完全被避免了。

(9)想想高兴的事:高兴的事情总是容易被人们忽略,而难过伤心的事情却深埋在心底挥之不去,然而只有高兴的事才能带给人们愉悦的感受。在办公室工作久了或者不顺了,你心情糟糕到想要发怒时,不妨想想同事和上司对你的赞美,想想和爱人、友人、家人在一起的美好时光,你的心情就会舒缓很多。

(10)向朋友、家人诉苦:办公室只需要你的努力勤奋,永远无法盛放你的不满和愤怒,但办公室以外的场合却可以将这些怨气一吐为快。郁闷的情绪是需要合适的时间和地点去发泄的,长时间将不满的情绪积累在心中不仅影响工作更对自己的身体造成伤害,当愤怒累积到了一定程度就会让人难以忍受以致发脾气,这时向家人或朋友倾诉就是一种很好的排泄方式,既能降低郁闷度,也能缓解压力。

**智慧寄语**

职场繁杂的工作和沉重的压力经常会让你觉得怒火中烧而又无法排遣。

经常发怒的人不会在职场上纵横驰骋,但偶尔发怒对职业生涯的影响也不容小觑!

# 办公室里的助人为乐不可取

助人为乐本是传统美德,可在办公室里助人为乐,最后你就只有哭的份了。

琪琪是个刚毕业的大学生,因为年龄最小,加上踏入社会不久,办事一向小心谨慎,努力成为一个大家都喜欢的新人。

想要得到大家的喜欢就不能拒绝别人的一些小要求。琪琪是单身,平时除了上班就没什么其他活动了,因此每当休假日值班,王大姐、李大哥需要陪家人度周末时,值班任务都是琪琪的事,反正一个人在家和在公司差别不大,琪琪每次都答应,可一开始是帮忙,时间长了就变成值班专业户了。

炎热的夏天,如果有人大喊"好热啊",琪琪就会主动请大家吃冷饮,反正办公室人少也花不了多少钱,可日积月累,一个夏天下来,琪琪买化妆品的钱都不够了。琪琪怎么不心疼?

可看着大家都对她十分满意，琪琪安慰自己，作为新人这也值了。

时间长了，琪琪就变成了公司的"大好人"，上班时帮人带早点、送材料、帮人值班加班，甚至有一次还帮人接过孩子；下班后陪这个买衣服、陪那个做头发，一天下来琪琪忙得焦头烂额却还乐此不疲。直到有一次，同事王大姐嘀咕自己的化妆品用完了，琪琪热心地问她用的哪个牌子，恰巧琪琪回家的路上有这个牌子的专卖店，就这样，给王大姐带化妆品又成了琪琪的新任务。不巧的是，琪琪说的那家专卖店这款产品缺货，要几天才能到货，为此，琪琪每天晚上都步行回家，目的就是看看化妆品有没有到货。连续问了三天，琪琪还没觉得不耐烦，王大姐却埋怨起来："琪琪啊，化妆品怎么买了这么久？我都没用的了！"

"我去的那家没货了，需要等几天才到，某某路那里不是也有一家吗？你好像从那边走，要不你去那里问问？"

"你怎么不早说啊，我也知道那里有专卖店！"王大姐听到要自己买显然有些不乐意。

王大姐不高兴，难道琪琪高兴吗？本来是帮忙的事，怎么莫名其妙的变成了自己义务了？回到家中，琪琪好好地想了想，来公司快大半年的时间自己都做了些什么？除了每天的工作，大部分时间都花在帮忙上了，自己快变成了勤杂工了，刚开始还能听到同事客气地讲"谢谢""麻烦你了"的话，可现在这些都变成了自己的义务了，被他们呼来唤去的。自己为什么一定要这样，难道自己真要一辈子靠这种事搞好人际关系吗？

很多职场女性都会陷入这个怪圈，试图通过帮助别人来获得同事们的认可，以搞好自己的人际关系。可是这可能给你的交往带来不利影响，当你的助人为乐成了一种习惯，渐渐地，大家会认为你干这些是应该的，久而久之，同事们反而感觉不到你是在帮助他们。如果你有一两件事不办、办不成、没办好，就变成了你的罪过。因此，这种通过时常帮助同事以和他们搞好关系的方法不可取。

大部分喜欢助人为乐的职场女性的动机几乎都是为了和同事搞好关系，这个出发点固然没错，但方法就大错特错了。如果你们的关系来自于你对他们的百依百顺，那他们所表现出来的对你的好感绝不是发自内心的，而是由于你对他们的帮助，因为你的帮忙给他们解决了许多麻烦，一高兴自然就会对你露出笑脸，这是人们的正常心理和行为表现。但是，如果有一天你不再帮助他们，这个好感就会立刻消失。

所以，这种通过时常帮助同事以和他们搞好关系的方法不可取，用不着用心维护的，因为这样的关系不牢固。

智慧寄语

通过时常帮助同事以和他们搞好关系的方法不可取，用不着用心维护的，因为这样的关系不牢固。

# 远离"老板圈"

明明是普通员工，却被划到了老板圈。这样有什么不好？假如真遇到这种情况，你可要谨慎小心了。

首先，老板、上司会认为你不切实际，存在不轨之心。作为一个普通员工，不脚踏实地地做好自己的本职工作，反而幻想自己和老板在同一高度，对于这样爱幻想的人，上司一般不会对你委以重任。

其次,没有同事与你为友。他们会认为你想攀高枝,而且看不起他们,对他们不尊重。没有了同事们的合作,你也不可能在事业上有所成就。

大部分的时候,被划到老板圈的人往往不是自己的选择,而是在一定原因的作用下被人误会,或者你的行为被他人扭曲得如此。然而老板不会从你身上获取信息,只要通过某些人的流言谣传就能够让他们相信。究竟为什么会发生这样的事呢?如果你正处于这样的状况又该如何应对呢?

### 1. 薪水明显高于他人

什么样的人会有高薪水?上司,老板。假如你的薪水比级别相同的同事高出很多,就会被大家认为你跟他们不是一个圈子。除此以外还有什么圈子适合你?很显然你就被划入老板圈了。即使有些特殊的职业,例如销售性的工作,薪水的差距几乎来自于销售业绩的提成多少,而你的高薪水可能是因为努力赢得的业绩而得到的,然而大家还是不会把你与他们归为一个圈子。

高薪水不是你的错,谁都不会为了人际关系而放弃高薪水,把含在嘴里的实惠吐出来吧。真正的解决办法并不是在薪水上做文章。实际上,如果你真的主动提出减少薪水——当然很少有人会这么做,那些人依然不会对你有好感,把这看作你的自我展示,可以想拿高薪水就拿高薪水,想降低薪水就降低薪水,还有人会想你这是从另一角度藐视他们。

其实,这些人无非是有一种嫉妒的心理,谁都渴望得到一份高薪水的工作,但如果他们因为能力不强、实力不够而实现不了的时候,就会产生"吃不着葡萄说葡萄酸"的想法,即使他们把你划进老板圈,和他们不是一个圈子,可实际上却是讽刺的意味。因此分析出了产生这种情况的原因,正确的做法是:观察其他人的长处,利用他们的长处适时的夸奖他们,让他们感觉到骄傲,重点是要有足够的耐心化解他们心中的嫉妒。

### 2. 不断升职

也许你的薪水并不比其他人高,可是你的工作得到老板的赏识,或是对你连连提拔,这和给你高薪水的道理是一样的,一定会遭到别人的嫉妒。解决的方法也是要利用他们的心理,就是尽量让大家认为你没什么特别之处,你有你的优势,别人也有值得大家赏识的地方。

### 3. 抢风头

欧妮是个十分能干的职场女性,虽然职场经验少,但是对待工作认真利落,几次大型的活动都被她搞得有声有色,所以得到老板的赏识。每一次部门召开会议,到了交流意见环节,总是第一个问欧妮的看法,而欧妮也会毫无忌讳地、滔滔不绝地讲出自己的想法,伤害了很多在部门资历比她深很多的老员工。

由于在公司的职业发展正旺,而欧妮结婚也没几年,因此她希望先在事业上打拼几年,然后再考虑要孩子的问题。没想到这种私事,却在公司被传得乱七八糟。大家都说欧妮不想生孩子的原因,是她害怕孩子成为她事业上的绊脚石。后来流传的主题就变成欧妮是个有野心的女人,而后传着传着就跟要不要孩子一点儿关系也没有,大家开始疯传她多么着迷于官位,甚至流传出了欧妮打算在多短时间内就爬上老板的位子,在大家的眼中,她一心只想着升职。久而久之,她就被划到了"老板圈"。可想而知这个消息也传到了上司那里,不管上司是否认为欧妮有抢自己位子的想法,都对她的野心有所防备,虽然上司也知道这些都是办公室里的谣言,可是谣言也不是凭空想象的,欧妮平时一定也有这方面表现。

很快,同事把欧妮抛出了他们的圈子,同事和她总是意见不一致。虽然欧妮自己根本不知道哪里得罪了其他同事,但她心里明白同事都讨厌她。

这就是典型的锋芒毕露,作为一个进入公司不久的新人,还没有建立好人际关系就拼命抢风头表现自己的能力,在没有与同事深入交往的情况下必定会遭到别人的误会。尽管欧妮自己并不是目中无人,不把其他同事放在眼里,可是她的所作所为却很容易遭到误会。

解决的办法其实很简单，就是迷途知返，做人要低调，而且要多与同事沟通，尽可能地让他们多了解你，知道你的本性，并开始接受你。一旦他们对你的本性有了深入了解，再高调一点也不会招惹是非了。

### 4. 摆错了自己的位置

有些人抱着多做多得的态度，什么事都想知道，什么事都要加入。做了很多不是她们分内之事的事，这样也会让人产生误会，认为你野心太重会阻碍他们的发展。

如果你多做了同事应该做的事，他们会认为你抢风头；假如你抢了老板的事做，上司会认为你想要取代他们的位子。所以，虽然你只是想借此积累经验，或是本着为部门负责的态度，但实际上却招致了其他人的不满。

解决的方法很简单，干好自己分内的事就好。除非别人求助，否则自己就不要做越界的工作。

那么怎么才能够远离"老板圈"呢？

### 1. 提早备战，做出计划

在一个团队工作，离不开分工与合作的共同努力，既然有分工，就会有重要和次要的角色区分，如果你充当的是重要的角色，而且在完成工作过程中没有障碍，就有可能成为同事眼中突出的人，随时有可能被人误会并演变成为"老板圈"的人。因此明确了自己的位子的同时，还应该早做规划，在工作的整个过程中注意他人对你的协助作用，强调团体的作用，这么做就不会被人误会。

### 2. 从最弱的人下手，瓦解对方战线

不管你是如何被划到"老板圈"的，一旦这种事发生在你身上，你和其他人就已经处于对立的两方了，要打破对方的战线，从对方最容易击破的人入手胜算最大，经常接触这样的人，和他们聊聊家常，让他们尽可能多地了解你，久而久之攻下他们。

### 3. 考虑他人的利害得失

在处理人际关系的观念中，最重要的是重视对方的价值，因此在对人处事的时候，应该总是以客观的立场来考虑利害得失，不要伤害其他人的利益，时间长了，他人也不会对你有损害。

**智慧寄语**

明明是普通员工，却被划到了老板圈。这样有什么不好？没有好处，假如真遇到这种情况，你可要谨慎小心了。

# 第四篇

## 聪明女人有情商

# 第一章　做一个高情商的女人

## 用宽容化解怨恨

有些女人因为在乎和计较的东西太多了,常常很忧虑。而成功的女人懂得,善待自己才是关键,学会从容和放弃,让自己的内心世界充满阳光。

成功的女人遇事不会太冲动,而是站在别人的角度上看待问题。比如在大街上发生了自行车相撞,或者被别人踩了脚之类的琐事,她会觉得没什么,一下子就过去了,宽容地一笑就离开了。有时,只要一个简单的微笑,一句幽默的话,就能化解人与人之间的矛盾和怨恨。即使工作中有些误会,她们也会用宽容的态度去理解别人。

76岁的格林太太,已经拥有了一家布艺工厂和一座位于市中心的摩天大厦。她一个人生活了40年,生活无忧中带着点孤单,她做梦都没有想到竟然能享受晚年的幸福。

约翰是格林太太的儿子,可是他在17岁那年,被一群流氓乱刀砍死了。那段时间里,她活在悲伤之中,心中满是报复。只要看到那些衣着不整、叼着烟卷、狂歌猛喊、脏话连篇的少年在大街上游走,她就会很冲动。就这样,她陷入了更深的痛苦当中。后来,她在一次"拯救灵魂"的公益活动中,碰到了苍老的牧师保罗。保罗看出格林太太的忧郁,便迈着不稳的步伐向她走了过来,站在她面前对她说:"我听说了你的事情,怨恨是永远解决不了问题的。你知道吗?这些孩子都是被父母过早地抛弃和被社会歧视的。从他们出生那天起,就不知道什么是温情,什么是爱!所以他们都是很可怜的。"

"可是,他们夺走了我的孩子约翰!"格林太太满是怒气地说。

"那也许是个意外,如果你愿意放下这些怨恨,他们将会变成您的小约翰!"

参加完了"拯救灵魂"的活动后,格林太太听从了保罗的建议。她每个月都要留出两天时间去少年监狱,探望那些曾经让她痛恨的孩子们。开始时确实有些不自在,可通过一段时间的接触,她发现这些孩子不像他们外表所展现的那样坏,他们渴望母爱和家庭的温暖。

于是,格林太太像这个组织的其他成员一样,领养了两个黑人孩子。每个月她都要带上自己最拿手的食物去探望他们两次。两年后,当她的这两个孩子出狱之后,她又认领了两个孩子……就这样,到现在为止,她已经拥有了二十几个孩子。他们每个人都从她那里得到了一种超越母爱的亲情,而她也从他们的身上看到了小约翰的影子。他们即使离开了少年监狱,回到社会中,也常常与格林太太联系,还会定期和她共进早餐,帮她做些家务……

格林太太没有想到她挽救的那些孩子竟然让她享受到了晚年的幸福。

一个女人之所以常常会心烦意乱，是因为她们放不下怨恨，感觉所有的人和事都跟自己过不去。而格林太太学会宽容之后明白了许多，心情也豁然开朗起来了——再多的伤心都是没有用的，报复只会让自己更加痛苦；不如宽容地对待，退一步，原谅别人也等于原谅自己。

"宽容"在英文的牛津字典里面的含义是原谅和同情那个受自己支配且无权要求宽容的人。格林太太用她的宽容心把仇恨变成了比亲情更亲的爱，原谅了自己的仇人，并且用自己无私的爱感化他们，所以她享受到了晚年的幸福。

其实，现实中，我们在人际关系中也要遵循这种规律。放下怨恨，于人于己都有利。事事与人斤斤计较，甚至想变本加厉地去报复，这会使得女人失去人生的幸福。就像乔西·布鲁泽恩说的："航行中有一条规律可循，操纵灵敏的船应该给不太灵敏的船让道。"

**智慧寄语**

成功的女人，懂得从容和放弃，懂得善待自己。

# 以忍耐和宽容面对社会

杨澜曾经给年轻的女性朋友们这样一个建议："女人到了二十几岁后，就要慢慢地学会忍耐与宽容了，社会不是可以让我们随意任性的，那些大小姐的脾气要慢慢地收敛了，因为发脾气不会给你带来任何好处，反而会让你成为被人指责的没有教养的女人。给那些不友好的人善意的微笑，既能够让对方无地自容，也能表现出自己宽容大度的一面。忍耐并不是懦弱，也不是伤自尊，而是宽容。放下你所谓的骄傲吧，退一步也许更容易得到你想要的，不仅可以体现出你的涵养，而且还能让你变得很有魅力。"以忍耐和宽容去面对这个社会，就是杨澜保持优雅平和的秘诀，也是一个智慧女性在这个社会生存必须掌握的法则。

给人面子，既无损自己的体面，还能给别人留下好印象。不斤斤计较、不苛刻待人，会让你有更多的时间和精力工作。胸襟广阔、能容人容物是现代女性追求的境界，因为大度和宽容能给你的生活带来很多意想不到的好处。在短暂的生命里程中，学会宽容意味着你会生活得更加快乐。这样你的人生就会比别人更精彩丰富。

能够宽容别人，可以释放出更多的心灵空间来关注别的事情，而且能够得到别人的宽容。如何才是真正的宽容呢，我们可以像下面这样做：

**1. 在怨恨以前，换位思考一下**

面对你恨的人，不妨换个角度来想想这个问题，也许你会发现自己也有错误，或者对方不得不这样做。了解了对方的苦衷和无奈后，你还会恨他吗？

**2. 不要把所有人都当成敌人**

不要觉得所有人都是在针对你，这样会将你自己陷于一种孤立的状态中。这样的心思是宽容的大敌。大多数情况下没人会故意伤害你，当感到不平时，你不妨心平气和地和对方谈一谈。因为通常对方可能也没有意识到自己伤害了你，如果你告诉了他，他自然会加以改正，就不会再这么做了。

**3. 待人不要苛刻**

很多情况下，我们之所以产生苛责、怨恨的情绪，都是因为自己或者别人没有达到我们所要求的标准。这个时候你不要以自己的标准去苛责他人，因为人无完人，没有人可以完美得连一点缺点都没有，所以你也不要太严格要求别人。

高山因为承育土石树木，所以才变得雄伟；大海容纳了河流，所以显得辽阔。"大肚能容，容天下难容之事；开口便笑，笑天下可笑之人。"如果我们能以这样豁达的心态来生活的话，生活中很多不开心的事就会因此变得微不足道了。记住：任何事情退一步就会海阔天空。学会宽容地看待事情也是疼惜自己的一种方式。

### 智慧寄语

给人面子，既无损自己的体面，还能给别人留下好印象。不斤斤计较、不苛刻待人，会让你有更多的时间和精力工作。胸襟广阔、能容人容物是现代女性追求的境界，因为大度和宽容能给你的生活带来很多意想不到的好处。在短暂的生命里程中，学会宽容意味着你会生活得更加快乐。这样你的人生就会比别人更精彩丰富。

# 随时保持快乐的心情

我们在生活中经常看到满面愁容的女人，她们总是因为一些琐碎的小事情而烦恼，抱怨不止。这样的女人如何才能得到幸福呢？

每个女人的内心都渴望能够拥有快乐，但她们所扮演的社会角色总是忽视她们的快乐。不说工作的压力，光是在家里就足够女人忙活的了。一个女人要扮演的角色很多，家里所有的事情都需要她操心，比如，丈夫的西装要配什么领带，孩子的作业情况等，每天都有做不完的事情。

聪明的女人总是能在平淡的生活中找到属于自己的甜蜜和温馨。累的时候，丈夫的温柔体贴，孩子的活泼可爱，自己的能力被老板认可，遇到困难得到陌生人的帮助……所有这些都可以产生快乐的心情。

你要想时刻拥有快乐心情，不妨试试下面的方法：

**1. 记录下快乐的理由**

女人的心又敏感、又细腻。养成写日记的习惯，每天都把遇见的人物、事件记录下来，久而久之，便会拥有一大笔财富，那就是生活中的各种美好。没事的时候翻开看看，会发现以前的不愉快的事情都已经忘掉了，但是那份快乐却一直在你的心里留有余热。

**2. 满足自己的食欲**

周日的时候去超市大肆采购一番，抱着一大堆自己喜欢的食物，你的心情会出奇的好。所以说，女人对食物有着特殊的感情。

**3. 偶尔奖励一下自己**

在一些特殊的日子里，女人会用礼物来改变自己的心情。在你没有收到礼物的时候，自己奖励一下自己，比如，去买衣服或鞋子，去做美容和按摩，或者给自己买一束鲜花，这样心情会变得豁然开朗。

**4. 合理分配时间**

如果你厌倦了平淡的生活，不妨按照自己喜欢的方式分配一下时间。比如，安排某一天为打球日、某一天为逛街日、某一天为学习日、某一天为睡觉日，这样你的生活就会变得很充实、很快乐。

**5.多花点时间爱自己**

女人要懂得宠爱自己,一个星期里面一定要给自己做个美容,吃一些燕窝、维生素片,再做一些面膜……让自己时刻都保持着最佳状态。这样,你将会发现自己的魅力无限大。

**6.改变家居环境**

每天回到家中都是同样的感觉,时间长了审美观就会变得很乏味。适时地改变一下家里的风格,心情自然就会变好。

**7.做一点善事**

所谓"予人玫瑰,手留余香",这句话是很富有哲理性的,在你能力充足的时候,多帮助一些弱势的人。记住,什么时候都不要太计较,无形当中你会变得很快乐。

**8.定时给自己充电**

女人保持魅力的方法是经常给自己充充电,否则,就会被社会淘汰。你要试着去体验不同领域带来的兴趣和成就感,你将获得不同程度的满足感。从繁忙的学习中能获得充实的感觉。

**9.每天进步一点点**

今天要比前一天多做一两个仰卧起坐,这样也能带来不同的效果,你会不知不觉地变得很快乐。

**10.养成储蓄的习惯**

买个可爱的小猪存钱罐,摆在床头旁边,可以用它作为旅游和买衣服的资金。每天存一点,这样就可以养成存钱的好习惯。

快乐的女人就像一阵春风,给别人带来舒适的感觉。快乐的女人身上有一种吸引人的魅力,女人只要拥有无私奉献的爱心,自然就会很快乐。

*智慧寄语*
_____

聪明的女人总是能在平淡的生活中找到属于自己的甜蜜和温馨。


# 别让贪婪影响自己的快乐

有的女人把大量的拥有看作幸福的根源,问其原因,往往是因为别人已经拥有的自己还没有。

世界上找不到完全相同的两片树叶,当然,两个相同的人也是不存在的。每个人对每件事物、每天的生活都会有自己独特的感受。问题在于许多人经常无视自己手中所拥有的幸福,反之,一见到别人所拥有的就十分羡慕。在她们看来,得不到的就是最好的,别人拥有的自己也一定要拥有。在这种攀比之心的驱使下,她们盲目地追逐着,不顾及自己的实际情况,而忽略了自己所拥有的非常珍贵的东西:快乐。

在这个充满欲望的都市中,很多女人为了别人已经拥有了而自己却还没有的东西深感苦恼。因此,她们对别人拥有的光芒奋力追逐,把人生的快乐看成是贪婪地拥有,却忘记了当一个人拥有一件东西之后,总会有更加美妙的东西在等待着她去追求,永无止境,最终只能累死在路上。当她们不断地争取之后却发现自己已经很累很累了,这种贪婪像一只很大很大的虫子,不停地吞噬着内心的健康,把原有的宁静和幸福感都抛到九霄云外去了。所以,女人,别让贪婪蛀蚀你的快乐。

在我国南方地区有一种猴子,非常喜欢偷吃农民的大米。依据猴子的特点,当地的农民发明出来一种捕捉它们的独特方法。农民们把一只葫芦形的细颈瓶子固定好，系在大树下，再把猴子最爱吃的大米放在瓶子里，然后静候猴子的到来。到了晚上，猴子来到树下，十分高兴瓶子里面有它们爱吃的米，因此把爪子伸进瓶子去抓那些大米。这个瓶子的妙处就在于猴子的爪子刚刚能够伸进去，等它抓满一把大米时，拔出爪子就成了不可能的事。贪婪的猴子对到手的大米根本不想放弃，就这样，它的爪子一直抽不出来，只能死死地守在瓶子旁边。直到第二天早晨，农民把它抓住的时候，它仍然只顾着抓住大米，死活不肯放开爪子。

原本可以在山林中欢快玩耍的猴子，仅仅因为贪恋一小把米，就被猎人捕获了。贪欲的膨胀，使简单变得复杂，轻松变得沉重，快乐最终被淹没，人生的大部分痛苦来自于欲望的不能满足。拥有欲望，换一个角度看也许是一件好事，但是我们不应该放纵自己的欲望。

从前，有一个女人在沙漠边开了一家旅店，每天商人迎来送往的，热闹非凡。有一天，她的店里住进了一位非常富有的商人，这位骄傲的商人一坐下来就对这位女店主夸夸其谈。他说："我在土耳其存着一大批货，还有一批花色品种齐全的商品屯在印度，接下来我打算去亚历山大里亚住一阵子，听说那边机会更多，买卖好做些。我希望在那里挣到更多的钱，等我挣的钱可以装满我所有的房间了，享受生活就是我下一步的目标了，你觉得如何？老板娘，要不要和我一起去赚钱？"女店主淡淡地笑了笑，没有说什么。商人见后不高兴了，他接着说道："难道你不想让你的人生更加丰富多彩吗？整天守着这间旅店还不如走出去多挣点钱回来，挣一堆金元宝回来是多么痛快的事情呀！"

女店主微笑着说道："我不离开是有充分理由的，那些沙漠里的饥饿的商人如果从骆驼上跌下来，或是没有水快要渴死时，他们就没有赖以生存的水与食物了。如果很不幸他们死在了沙漠里，有我在，想念他们的妻子和儿女就不至于连亲人的尸体也找不到。"

这位骄傲的商人再次踏上了征途，女店主目送着他离去的背影，心中悄然想着：我知道其实你根本不会停下来，因为你想用黄金装满的只是你贪婪的心而非你的房子。但愿你能早点醒悟，回到你的家里与妻子儿女生活在一起，因为真正的幸福与快乐就在你温暖的家中。

很多女人的心理跟这位商人无异，她们想拥有更多物质上的财富，想拥有更多名贵的衣物和用品，想拥有更多金光闪闪的珠宝首饰，为了这些追求，许多的美妙时光和珍贵的青春年华都丧失掉了。当这一切都拥有了之后，却发现自己失去了生活最本质、最简单的东西——快乐。

对于奢侈生活的追求从来没有尽头，其实，快乐才是人生的关键。女人如果被物质所束缚，那么她就无法抵达平和幸福的彼岸。

智慧寄语

快乐才是人生的关键，女人如果被物质所束缚，那么她就无法抵达平和幸福的彼岸。

# 创造良好的交谈氛围

20 世纪 70 年代，心理学家亚历山大提出情境同一性原理。他指出，对于每一种社会情境或人际背景，人都有一种与之相配的最合适的行为模式，这种行为模式与其情境具有同一性，情境同一性就是由此冠名的。

在与人交往的过程中，人们发现，如果彼此能达到情感共鸣的情绪感受，那么这样的交往就能使彼此的关系得到进一步的发展。而心理学家认为：在交往过程中，人与人之间感情的认同和共鸣是由于人们在某一方面有着共同的体验和感受。因此,在进行社交活动时,我们应该积极创造情境同一性。就此,以下几个小建议可以供我们参考:

**1. 要创造良好的交往环境**

人所处的环境包括地点、气氛等一系列因素,都会影响人的情绪。在人际交往中,选择一个舒适的、气氛融洽的环境,会使人的心情到达一个舒畅的状态,从而使我们顺利地进入交往状态。

**2. 找到共同话题**

共同话题能够引导对方进入自己设置的情境,或者进入对方期望的情境,这样一来,情境同一性便出现了。

**3. 体会对方的情绪**

人的情绪是具有波动性的,要想促进人际关系,必须在好的心情状态下,情绪不好则可能对社交产生负面影响。因此,体会对方的情绪非常必要,因为只有这样才能体谅对方,才能做到心中有数,才能做出得体适宜的反应。

**4. 利用相似原理**

俗话说"物以类聚,人以群分",人们在交往时,感觉和谐的对象往往跟自己有很多的共同点,并且对同类有一种潜意识的好感。因此,要努力去发现彼此的相似之处,这样一来更容易使对方接受自己,进而成功地创造情境同一性。

**5. 需要塑造最利于交往的个人形象**

对于对方来说,我们的个人形象同样属于外界环境中的一部分,因此,重要的事情是塑造一个最有利于交往的个人形象。具体地说,可以从这几个方面进行努力:真诚微笑,耐心倾听,恰如其分地讨论对方感兴趣的话题。

通过制造"同一性"的情景,一个成功的开始便形成了。如何成功地继续话题也是非常关键的。良好的交谈氛围需要激起双方谈话的热情,毕竟交谈都是双向的。如何激发对方的谈话兴趣呢?

首先,你可以提问对方身上的亮点。你可以问对方"你的衣服看起来真不错,是在哪里买的?""你整个人看起来神采奕奕,有什么保养诀窍呢?"……

接着,加深谈话的层次,了解对方擅长的问题并表达向他学习的愿望。比如,对方是个教育工作者,你可以对他说:"目前的青少年管起来太费力了,面对那些鬼灵精我是一点儿办法都没有。您给我提几点可行的建议,可以吗?"

最后,不漏痕迹地将你要谈的整体方案摆出来。由于之前对方已经打开了自己的话匣子,出于对自身行为前后一致的心理需求,对方一定会给予积极的回应。

---

*智慧寄语*

一个优秀的女人懂得如何创造良好的交谈氛围。

# 女人得理也要饶人

俗话说:"让人非我弱,退步自然宽。"女人应该让自己宽容、大度一些,尤其是面对特殊情况的时候,在得理的情况下,不要揪住别人不放,为彼此保留一份面子,以理相让,解除与对方的隔阂,最后往往会皆大欢喜。

有些女人得理时便趾高气扬地对别人进行一番贬低,好像谁都不如自己,这就无形中树立了敌人，让对方本来认错的心态变成了仇恨。对方因你的得理不饶人放弃了道歉的心，甚至会为了和你争夺利益、报复你而设下各种陷阱，到头来，两败俱伤。所以，任何事情，即使得理也要让人，这不仅体现出了自己的一份大度，也能得到对方的感激。

得理相让并不是懦弱，而是坦诚地为别人打开一扇宽容的窗户，让对方可以轻松地透口气，同时也让自己有了活跃的空间，毕竟后退一步才能海阔天空。反之，得理不饶人会把自己的后路堵死了。

得理不饶人的女人仅仅看到自己有理的一面，从不考虑他人的感受，只顾随着自己的情绪张牙舞爪地讽刺别人。这种类型的女人目光短浅，没有远见，遇事宁可损人不利己，也不愿做出丝毫的妥协去实现双赢。

小嘉当会计不到半年，月底查账的时候因为算错了一个小数点，给公司造成了很大的损失。董事长为此降了女经理的职，女经理愤愤不平，便找小嘉发泄情绪。小嘉因为自己的错误觉得很愧疚，于是默默地站在那里接受女经理的指责，女经理见此越发来了精神，越说越难听，小嘉最终因为忍受不了女经理的话而哭了起来。其他同事实在看不过去了，赶忙把女经理推回了办公室，但自尊心受到严重伤害的小嘉还是决定辞职走人。结果，同事们纷纷议论女经理的为人，她得理不饶人的性格，使其在同事心中的地位急剧下降。

中国有句俗语："有理也要让三分，得饶人处且饶人。"小嘉缺少工作经验，犯了一次错误，需要他人的帮助和鼓励。女经理发泄情绪本就不是明智之举，她还以恶语伤人，这就更加不妥了。伤害他人即是伤害自己，既然一切措施都不能挽回坏的局面，不妨多鼓励一下新人，做一个得理饶人的女领导。

有人说："以势服人口，以理服人心。"得理时做到服人心，才是女人处世的睿智。女人在冲突中占据优势时千万别忘了"得饶人处且饶人"的道理，就事论事，不要进行人身攻击，切忌评论对方的人品和短处，否则矛盾一旦升级，就会造成不可弥补的伤害。得理饶人的女人是大众喜欢交往的对象，温柔而不软弱、通达而不世故、细心而不拘泥的优点，始终能征服大众的心。

**智慧寄语**

任何事情，即使得理也要让人，这不仅体现出了自己的一份大度，也能得到对方的感激。

# 第二章  聪明女人不会被情绪左右

## 让忧虑得到释放

你是不是曾经怀疑自己是世界上最爱忧虑的人？——经常忧虑各种各样的事；你是不是也爱经常发愁？——有时候脑子就像是一盒坏了的唱片一样，记录了很多的事，却混杂在一起？如果你是这样，那么你就有可能把每件事都弄糟了。如果因为你的悲观情绪影响了周围的人，那就需要改变了。下面教你怎样打破忧虑的锁链。

**1. 不要总是做最坏的打算**

忧虑的人经常为一种发自内心懊悔的声音而苦恼，而这种声音恰恰会让你撞上种种厄运。即使你做了最坏的打算，但这并不能阻止最坏的事情发生。事实上有时候经常是没能预料的事恰恰最终会击中你，让你偏离原有的轨道。所以如果你经常担心忧虑的事没有发生，那你就在为根本不存在的事浪费大量的精力，这真是得不偿失啊。

**2. 分清合理的忧虑和无端的忧虑**

当然有时候合理的忧虑也是提高自己的一种方式，它能帮你搞清楚在什么时候、在哪些地方做错了什么，或者是你还有哪些地方可能会犯错等等。但是，过多的忧虑则会干扰你正常的理智思考能力，导致你的情况变得更糟糕。如果你现在的一切良好，而你却在不断担心不好的事可能会发生，那很可能真的会导致不好的事情发生。

**3. 不要独自忧虑**

独自一个人忧虑非常不好，因为在你独自一人的时候，过度的忧虑有可能扩大事情的严重性，即使是一个小事务也会使你认为整个世界都将坍塌下来。当你独自忧虑的时候，你可以找一个相对乐观的人谈谈天，这样就会有效减轻你的忧虑了。例如，你也许担心自己喜欢的男人不给你打电话，这很正常，但是在还没有和他出去约会之前就担心他会骗你、会害你，那就显得有些愚蠢了。

**4. 要有计划**

不要让忧虑不断毒害你的思想，要制订有效的计划驱除它。这就要求你必须立刻行动起来，如果你欠债了，那就打电话给银行联系解决；如果担心胳膊上的肿块会导致大病，那就尽快去看医生。采取积极的行动能够让你重新找到原有的轨迹，从而控制自己的生活，同时还能让你觉得其实并不是那么容易受到伤害，这样你也就不那么忧虑了。

**5. 学会顺其自然**

生活中有些事是无论怎么努力也无法解决的，比如：你的某个朋友的行为总为她带来麻烦，你的妈妈除了看电视其他什么事都不做等等。这些不是你能左右的，所以可以换一个角度去思考，什么事都要顺其自然。忧虑是一种不好的习惯，如果不作出努力，不能及时做出智慧的选择，那你所有的时间都会浪费在忧虑上。

---

**智慧寄语**

优秀的女人要懂得如何打破忧虑的链条，幸福快乐地生活。

# 战胜悲伤

如果你遇到朋友不要你了或爱人抛弃你了，工作没有得到提拔等情况，就会感到失望。而战胜失望从古至今一直都是一个困难的过程。在失望时你可能还想着保持尊严，但现实却是在你的内心深处已经难过得快要崩溃了，这就是悲伤。不管是爱人让你心碎了，还是朋友让你伤心了，还是工作遇到挫折了，你可能都会感觉世界末日到了。而这在很大程度上仅仅是因为我们过高的期望而已，感到一扇通往未来的门被关上了，我们不可能成功了，所以打击很大。悲伤也许不是一个立刻能够克服的感受，那么就让我们来看一看在悲伤的不同阶段我们到底应该怎么办。

**1. 悲伤伊始**

在你刚开始感到悲伤时，你觉得似乎不能呼吸了，不知道自己到底在干什么。也许你会感到眩晕、恶心，甚至马上就要晕倒了。你感觉身体冰冷，出冷汗，也体会到了震惊的感受。绝不要低估震惊对自己身体和情感上的伤害，要想帮助自己，克服悲伤，首先需要表现出自己的感受，例如尖叫、大喊等，争取将所有的情绪都发泄出来。

然后，尽量找个信赖的人靠一靠、聊一聊，这也正是家人和朋友的用处。觉得自己受伤了，觉得痛苦不堪，在这时，你可以在痛苦中沉湎一两天。

**2. 一周之后**

现在你应该平静下来了，不再因为那些事情而感到震惊，尽管有可能心里还在难受，仍然不断思索自己到底做错什么了，到底是怎样出错的，仍然希望这只是个可怕的梦而已——这就是拒绝接受事实。现在，你在体力上的消沉一部分是因为血液中的复合胺和体内的多巴胺含量过低（复合胺和多巴胺是可以让你身体感到舒服的化学物质），它们负责控制身体适应压力的能力。你的肾上腺也没有正常地运转，这意味着你的身体一直处于高度紧张状态。结果，你发现你原有的饮食和睡眠习惯全都被打乱了，你会感到非常焦虑、非常不高兴。这时你需要自己帮助自己，多吃点巧克力或者一些有益健康的食品，如绿色食品和瘦肉等，因为这些食物中含有一种能提高你体内胰岛素的化学物质，胰岛素的增加能够在你的大脑中转化成复合胺，而它可以帮助你感到高兴一些。

**3. 一个月后**

这个时候你可能已经开始意志消沉了，并且不断地气愤着，但此刻已经到了战胜悲伤的最重要的阶段。意志消沉会使你对很多事情不再抱有希望；而气愤情绪接踵而至是因为只有气愤才会使你感到自己与悲伤的事联系在一起。这时你需要的是放弃歇斯底里的报复幻想，放下心中的不满与悲伤，对过往的事情释怀，这样你才能迈出人生新的步伐。如何开始新的生活才是你应该考虑的事。不要集中精力弄清楚到底自己上次做错了什么，而要选择接受已经发生的事,重新制订一个新的人生规划。你要记住一句话:当上帝向你关闭一扇门的时候,他一定会为你打开一扇窗。

悲伤就是虽然还想保持尊严,但自己的内心深处已经难过得快要崩溃了。

# 不要抱怨

抱怨他人有时候非常诱惑人,它能使你愉快。你是否想过:我们每天都在抱怨天气,抱怨我们的工作状况,抱怨我们的收入,还抱怨名人和他们的生活。电视节目是在抱怨,报纸有时也在抱怨,甚至素昧平生的人和我们搭话的目的也是为了抱怨和发牢骚。

下面这些迹象能够反映你是不是真正的抱怨女王:朋友们经常建议你往好的方面想,希望你改变一下自己的思路;别人总是问你有没有说过什么积极的话;家人曾努力地帮助你,给你暗示,教你怎样才能做一个比较乐观、容易满足的女孩。

抱怨的最大害处就在于它会让人上瘾,因为抱怨根本不用付出什么努力就可以批评别人。可是不幸的是,抱怨经常会让人沮丧、意志消沉,如果你不断地抱怨,那么过一段时间之后,你就会成为大家躲避的对象。下面让我们来教你怎样把自己从抱怨的泥潭中拯救出来。

**1. 停止抱怨**

是的,答案就这么简单! 你需要做的就是停止抱怨。首先你要注意看一下自己是如何养成抱怨的习惯的,然后不断告诉自己,今天你不会贬低任何人,不打算抱怨公共交通,也不准备为一些自己无法控制的事而生气,因为你不能改变它。如果你不能坚持一整天都做到这一点,那就从某一个时间段开始,看看自己到底能不能至少在某一次谈话中什么都不抱怨。

**2. 采取一些行动**

当然,有些事你是可以抱怨的。不过问题是,抱怨仅仅是一种消极的行为,它并不能改变什么,因为你只顾着抱怨了,而放弃做一些对改变你所抱怨的情况有用的事。比如:可以写封信或打电话给客户服务部,哪怕是直接面对你要抱怨的人,指出他到底哪些地方不合理或者有哪些不友好的行为。

**3. 打破抱怨的习惯**

你需要先弄清楚自己到底有多么爱抱怨,然后仔细想一想,身边的人总是听你重复同样的话会感到多么无聊啊! 如果你真的需要把牢骚发出来,那你就把它写出来。每次在你想要抱怨之前,提醒自己先停顿 10 秒钟,深深地吸一口气。尽量推迟从嘴里说出重复的抱怨之词,给大脑留出足够的时间,可以去想一些令你变得积极的话。

**4. 尽量找出事情积极的方面**

当你每次想抱怨的时候,你可以有意识地寻找一些积极的想法,比如,将精力放到另一件事上,这样可以使你从一个抱怨者转变成一个积极主动的人。这样会让领导对你另眼看待,从而能够促进你向更积极的方向努力,而你的朋友也会因为你的存在表现得更开心,更加愿意和你交流,寻求支持。

抱怨的最大害处就在于它会让人上瘾,因为抱怨根本不用付出什么努力就可以批评别人。

# 切莫嫉妒

你经常嫉妒吗？你对所有人都会带有一丝嫉妒的想法吗？你会因此而恨自己吗？其实并非只有你一个人如此。每个人都可能会有嫉妒之感。但是，如果让嫉妒感不断吞噬你的正确想法，吞噬你的各种人际关系，那你就危险了。下面来教你怎样控制嫉妒这种感情。

**1. 嫉妒是因为想有所得**

在生活中，当你的欲望没有得到满足时，你的嫉妒之情就会因此而生。当我们想拥有一样东西，而又不能得到它的时候，我们可能就会根本不想要它，或者努力否认我们曾经想要得到它。可是一旦我们看到别人得到了我们想要的却没有的东西时，我们的嫉妒之情就会浮出水面，因为我们感到自己受伤害了，觉得那个东西背叛了我们。

**2. 不要感到你得不到**

其实治疗嫉妒感觉的窍门就是：时刻提醒自己，别人是不可能偷走你的成功机会、爱情或者有用的东西的。即使他们真的有让你羡慕的东西，也要不断提醒自己，通过自己的努力，有一天你也会得到这些。其实嫉妒也有好处，那就是它能让我们看清楚我们到底真正渴求的是什么。如果她拥有男友的宠爱让你嫉妒，那你可能也会希望有一个人那样地爱自己；如果他们的成功事业让你感到嫉妒，这表明你其实想把工作做得更好。这就需要我们根据嫉妒的真实目的设定行动目标，而不是利用嫉妒抱怨。

**3. 不要喂养嫉妒**

你要记住其实受嫉妒伤害最深的是你自己。越是让嫉妒在你内心不断成长，你就会越痛苦。如果你总是告诉自己别人有你想要但却没得到的东西，你就会感觉自己越来越急躁，越来越没用，甚至会导致自己把能够真正得到的东西都弃置一边了。千万不要压抑你的感情，假装你没有这样想，而要敞开心扉，大声说出你的感受。这样做既能很好地释放你的嫉妒情绪，又可以让你明白到底是什么东西让你嫉妒。

**4. 爱情中的嫉妒是因为缺乏安全感**

在爱情中，如果你不断感到你的爱人只要遇到漂亮女人就会被迷得神魂颠倒，这可以说明两件事：

（1）你对自己没有信心，总觉得自己不够好，他注定会移情别恋；

（2）你过多地专注于他，以至于觉得他与任何女人都可能有暧昧关系。这种爱情嫉妒的唯一结果就是造成你不断地怀疑、恐惧、焦虑，最终导致你们的爱情破裂，因为他无法满足你，不论怎么向你解释都不足以消除你的疑虑。要想战胜这些，你就需要增强自信心，每天鼓励自己，觉得他非我莫属，这样才能放下心来，使你们之间的爱情重回正轨。

*智慧寄语*
_____

女人要想成功经营爱情，就必须懂得如何控制嫉妒。

# 化解怒气

怒气其实有许多种，如，"你对我做的事，使我现在非常生气"，这是一种理性的怒气；"你为什么不为我做这事，我很生气"，这是一种被宠坏了的、撒娇的嗔怒；当然还有"你做得太过分了，我真的生气了"，这是一种大声发泄的、真正的怒气。除此之外，还有许多别的坏脾气和怒气，这些全都是由于难以容忍的不公之感而不断燃烧起来的。如果你正在经历这些不同的怒气，那你可能到了需要去做些事情来管理这些怒气的时候了。

从大体上来说，生气可分为两类：向外爆发型（这种人习惯将阵阵怒气及时地发泄出来）和向内隐藏型（这种人经常将怒气压抑在心里，当受不了时，就会像核能一样爆发出来）。如果你属于前一种类型，那你很可能已经察觉到自己经常发怒是需要改进和控制的，但如果你属于后一种类型，你可能并不能明确地知道（或者不愿承认）自己生气的问题。这就需要你弄清一旦你的怒气爆发将会是多么可怕，而你可以决定自己需要什么样的帮助：如果家人和朋友都在怕你，那你就需要专业的帮助了；如果你只是不知道怎样控制怒气，那么答案只有一个，即增强自我控制能力。化解怒气的方法如下。

**1. 适时因事而怒**

当你感到自己的需要没有被重视或者没有得到满足的时候，你会怒不可遏，因为你觉得自己受伤了，你觉得别人没有把你当回事或者受到了不公的待遇。这时你生气并不是什么坏事，因为别人对你粗鲁无礼了，他们没有善待你，你是有权利生气发怒的。如果别人不小心撞到你了，但是马上道歉了，这时候你就不应该再生气了。

**2. 化解勃然大怒**

如果不能有效化解你的怒气，那么我们从教你怎样使自己平静下来开始。首先，在你将要发怒之前先慢一点闭上眼，从1数到10，再做个深呼吸。然后你会发现感觉可能好一点了，因为这样会阻止肾上腺素在体内分泌，阻止你的身体进入孤注一掷的疯狂状态。最后，尽量远离让你发怒的场所。如果你仍然怒不可遏，那么就再做一些身体上的运动：散散步或者慢慢地跑步，仔细想一想到底是什么正在让你的怒火快速燃烧。

**3. 与人交流**

这时你可以找个人坐下来一起聊聊天，告诉他你的感受，让他帮你分析分析你为什么会有这样的感受。是不是因为你对别人的期望太高了，还是一些小事触动了过去原本就存在的问题，或者仅仅是因为你近段时间压力太大、太累，因为不健康的生活方式而导致你怒火中烧。在你得到一些答案后，再考虑一下到底应该通过怎样的方式来战胜这些问题。

*智慧寄语*

如果你正在经历这些不同的怒气，那你可能到了需要去做些事情来管理这些怒气的时候了。

# 发脾气不会让自己变得安宁

如果我们的心中有不满，就总想发泄出来，很直接地用发脾气作为发泄的方式。有人认为，事情放在心里很容易憋出病来，所以，发脾气确实是最好的发泄方式。发完脾气以后，你会觉得心里很放松，情绪也不那么激动了。但这样做其实是不对的，因为我们每个人都是互相影响的，这样双方都会受到伤害。如果人人都用发脾气来宣泄自己的情绪，缓解愤怒，那么肯定会有更多的人用这种方式解决问题，到时候这个社会的风气将会变得无法想象。

心理学上有一个"踢猫效应"的故事：

一位老板急着去公司，闯了红灯，警察扣了他的驾照，他非常愤怒。他大声抱怨道："今天活该我倒霉！"

到了公司他把秘书叫进办公室，着急地问道："我交给你的五份信件打好了吗？"

"没有弄完。"秘书含糊地回答着。

这时候老板立刻爆发起来，用手指着秘书大声说："别看你在这儿干了三年了，这并不表示你可以在这里稳定地工作下去！不要找任何借口哄骗我！如果你不赶快打好这些信件，我就交给其他人去做了！"

秘书出来的时候，很用力地关上老板的门，抱怨说："仅仅因为我没有做好两件事，就要辞退我，哪还有天理啊！3年中，我一直都努力地在工作，还经常加班，我都没说什么，今天反而要辞退我，我的心情真是坏透了！"

秘书回家后心中还愤愤不平。进屋的时候，看到孩子正躺着看电视，而且短裤还坏了，她控制不住自己的愤怒，冲8岁的孩子嚷道："我跟你说了多少回了，放学回家不要瞎玩，你就是不听我的话，看来不给你点颜色看是不行了，罚你一个月不许看电视，今天不能吃晚饭，现在赶紧回你的房间，我不想看到你！"

8岁的儿子从沙发上起来，往自己的房间走的时候嘴里说道："莫名其妙！妈妈也不问我发生了什么事，回来就冲我发脾气。"正好猫走到他的面前，他用脚狠狠地踹了猫一脚，大声地骂道："滚出去！你这只死猫！"

这其实只是一个人的愤怒，可是经过了互相的影响，最后连猫也跟着受气。这只猫又将怎么发泄呢？所以，坏心情是没有尽头的。从这个故事中我们可以看出：在面对自己的不良情绪时，要尽可能地想办法控制，而不是直接发泄出去。

这里说的"控制"，不是说让你无论有什么事情都不说出来。可以想一下，我们每天面对不同的人，经历不同的事情，如果别人不小心踩了自己一下，或者在等公交车的时候被挤到了脑袋，突然间就觉得自己很委屈，就想找个人发泄出来，这样对吗？当然，这说明我们都应该把心态摆正，不要把事情闹大，要学会把事情变小、变没有。

我们每个人都是互相影响的，那么我们何不把心态放平，给别人一个好的心态呢？这样，我们从别人那里得到的也是一种好的态度。

**智慧寄语**

努力把心态放平，给别人一个好的心态，因为每个人都是互相影响的。

# 给情绪安一个闸门

现实生活中，这样的情况可能大部分女人都会碰到：本来只是一些鸡毛蒜皮的小事，在别人看来不以为然，放在她身上就成了不得了的大事，鸡飞狗跳。为此，经常损害朋友、夫妻之间的感情，同时本来能搞好的一些事情也被她搞黄了，甚至对个人的身心健康、事业发展都造成了极坏的影响。

怒气不亚于一座"活火山"，一旦爆发，伤害自己的同时更深深地伤害了他人。对此，很多女人也懂得其中的利害，可是一碰到事情就无法控制情绪，一遇到不顺心的事就急躁易怒，容易冲动。

你是一个情绪化的人吗？你是不是总是把喜怒哀乐挂在脸上，并且动不动就随意发泄不快与痛苦呢？你是不是也会遇到下面故事中莉莎的情况呢？

莉莎是一个脾气暴躁、容易出现情绪波动的女人，哪怕一件小事也可能和别人拗起来。

这样一来，她与别人的接触就变得尴尬了，在公司经常与人发生矛盾，结果男友也难以忍受她的坏脾气,和她分手了。终于有一天,连她自己都觉得整个人快要崩溃了。

她打电话向朋友詹森求救。詹森向她保证:"莉莎,现在可能做起来比较难,但是只要经过适当的指引,情况就会慢慢好转的。你现在要做的第一件事是让自己安静下来,好好体会生活的宁静。"

听了詹森的话,莉莎休了一个假,让自己的心情松懈下来,把以前那些烦人的事情先放一放。当她稳定了一段时间之后,詹森又建议道:"在你发脾气之前,一定要想一想是什么东西触怒了你。"

"你可以拥有两种思考,一种是让每件事情在你脑际里翻腾,另外一种是顺其自然、让思绪自由发挥。"说着,詹森拿出了两个透明的刻度瓶,然后分别装进了一半刻度的清水,随后又拿出了两个塑料袋。莉莎打开袋子,白色和蓝色的玻璃球充斥其中。詹森说:"当你生气的时候,就在左边的瓶里放一颗蓝色的玻璃球;当你克制住自己的时候,就在右边的瓶里放一颗白色的玻璃球。最关键的是,现在,你应该学会控制自己的情绪。如果你不试着控制自己的情绪,生活一团糟的情况还将延续。"

此后的一段时间内,遵照他的建议,莉莎严格执行。后来,在詹森的一次造访中,两个人把两个瓶中的玻璃球都捞了出来。他们同时发现水变成蓝色的就是那个放蓝玻璃球的瓶子。原来,这些蓝色玻璃球是詹森把水性蓝色涂料染到白色玻璃球上做成的,一旦水里放入这些玻璃球,染料就溶解进去了,水就变色了。詹森借机对莉莎说:"你看,原来的清水投入'坏脾气'后,也被污染了。感染到别人的肯定是你的言语举止,就像玻璃球一样。当心情不好的时候,要控制自己。否则,坏脾气一旦投射到别人身上,别人就会受到伤害,并且很难回到过去,所以,控制自己的情绪非常重要。"

莉莎后来发现,当按照詹森的建议去做时,她真的能把事情理出头绪来了。在此之前,她一定要发泄出来所有的不满和愤怒,许多麻烦就是这样造成的。

此后,有意控制情绪成了她的必修课。当詹森再次造访的时候,他惊喜地发现,溢出水来的竟是那个放白色球的瓶子!

莉莎越来越会控制自己的情绪了,慢慢地,莉莎已学会把自己当成一个思想的旁观者了。她能够很快发现不好的矛头,情绪失控的时候就及时制止。这样持续了一年,她逐渐能够控制自己的情绪了,生活因此而步入正轨,一位优秀的男士非常喜欢她,美好的生活又在向她招手了。

如果你也有和莉莎一样的问题,那学会控制自己的情绪就变得很重要了。

智慧寄语

怒气不亚于一座"活火山",一旦爆发,伤害自己的同时更深深地伤害了他人。

# 消除抑郁

如果你不断感到沮丧、抑郁或者身体无端地不舒服,那么你可能患有忧虑症了。最近,世界卫生组织一次调查中显示:全世界约有3.4亿人受抑郁影响。所以并不是只有你一个人如此,你不必认为只有自己受此折磨。你需要知道的是不管抑郁是暂时的还是长期的,你都可以寻求一些帮助,有时候这些帮助能够为你驱逐黑暗时光,甚至为你带来新生。下面教你怎么做。

**1. 寻求专业帮助**

任何患有抑郁的人首先需要做的就是尽快地去看医生,因为只有医生能为你提供有效的治疗方案。尽管对于大多数人来说迈出这一步将非常困难，但你要相信医生，相信他能给你提供正确的治疗方案，并且可以使你相信你不用再一个人对抗抑郁。对于大多数人，医生都劝导他们服用抗抑郁药物或者采取心理辅导疗法，或者二者相结合的疗法。要是你对采取的各种疗法迷惑不解，那就只需记住治疗的一个共同目标——将隐藏在你内心的各种情绪发泄出来，这样会使你放松心情，感觉变好。

**2. 将抑郁看作一种学习的过程**

其实感到抑郁并不代表你已经失败，感到抑郁只是你重新思考生活策略的一种方式而已。一般情况下，要是意识到正在采用的生活策略没有效果，而改变又不起作用的时候，你就会感到抑郁，这说明你在感情上需要暂时从这个环境中撤离，给自己一段时间思考。许多成功的人从经历低谷到重新征服世界之前都要经历一段这样的感情。

**3. 参加一项体育运动**

现今的社会需要思考的事情太多，让人精疲力竭，这时就需要一个强健的体魄，这也是为什么体育锻炼能帮助人克服抑郁的原因。多参加体育锻炼是对自己体能的一种挑战，它能真真切切地迫使你放弃现有的生活状态，而将注意力集中到呼吸上。一天只要坚持锻炼1小时，就能很好地打破你的思考瓶颈，并且能够使你保持良好的体形。有些体育锻炼还能像一些抗抑郁药物那样有效提高大脑血液中复合胺的水平，提高你的情绪，有益于体内天然止痛药——内啡肽的释放，这会使你的感觉更加良好。

**4. 与人分担你的感受**

多和你的朋友、家人或你信赖的人谈谈你现在的生活感受，可以减少你的抑郁感。你也许会认为这高估了谈话的力量，但当你真正去做的时候，你会惊讶地发现与人聊天就等于将问题分担出来。在谈话时你一定要追问自己，到底想要什么，你只是想聊聊天，还是想发泄一下，还是想要个好的建议？而且你一定要选一个你认为头脑清醒且富有理智的人，而不是一个会在你诉说的过程中高谈阔论自己生活琐事的人。由此，谈话能让你感到不那么沮丧，因为一旦与人分担忧愁后你就会明白：

(1) 你其实并不是一无所有；

(2) 在这个世界上并不是只有你倒霉；

(3) 今后的生活总是充满希望的。

*智慧寄语*

懂得在适当的时候寻求帮助能使你很快走出抑郁的阴影。

# 与爱人"和平相处"

在日常生活中，斗嘴、吵架、争论、甚至是冷战，这些熟悉的词汇能够描述你和爱人相处的情形吗？如果答案是肯定的，那么你要注意了，这说明你们夫妻间的行为有些问题，因为彼此相爱的人在生活中往往不会这么做。因为上面提到的这些交流方式不是那么美好，所以就不值得推荐了。首先，吵架这些行为会使夫妻双方对生活的热情不断消退，甚至会导致爱情出现危机，这些不是爱情中应有的行为。其次，这些行为会让其他旁观者觉得你们很可怕，而且会使双方都生活得很累。那么你想改变一下交流的方式吗？

**1. 尽量改变不好的生活习惯**

如果你不断地晚归,过度饮酒或常吃快餐食品,这会使你没精打采、疲惫不堪,导致你的性情越来越急躁,那你就可能经常会为生活中一些鸡毛蒜皮的事而大发脾气,从而将小事变成大事、将小吵变成大吵。所以,尽量对自己好一些,改变生活方式,让你变得健康起来,这会有益于你的大脑健康从而提高你的爱情生活的幸福指数。你需要做的只是每晚尽量睡足8个小时,尽量少吃点快餐食品(因为快餐食品中的糖分会使人精神不稳定),尽量不要晚归和过度饮酒。

**2. 你们是怎样吵架的**

经过大量研究显示,夫妻间吵架的方式与他们是否天生适合待在一起紧密相连。如果你是那种一旦吵架就把所有的陈年旧事,甚至鸡毛蒜皮的小事全都搬出来的女孩,那么一场关于看这个台或是那个节目的小争吵就可能会演化成一场世界大战,一场关于对方所做的每件不如你意的事的大抨击。如果你真的这么做了,那么你就是在扼杀你们之间的爱情,不断激化彼此的矛盾。在这种时候,你一定要克制自己,最好暂且只处理眼前争论的问题,一定要等到双方都冷静下来之后再讨论其他的问题。而且你需要学会用幽默的词汇尽量缓和争论气氛,尽量学会在有些情况下勇敢地承担部分错误(即使你感到自己不该受到谴责),因为这是为了使双方尽快停止争吵而作出的健康妥协。

**3. 停止斗嘴**

有时候夫妻间的斗嘴就好像是慢性毒药,使人上瘾。如果你在生活中发现自己总在不断地唠叨或者是对方唠唠叨叨、牢骚满腹,那你们双方就需要注意了,很多时候斗嘴都源于"影子综合征"。如果你(或者他)在自己的爱人身上看到了一些与自己相同的现象,而这些现象正是你不喜欢自己的地方,那么你就会不停地试图在爱人身上改变这些现象,这就是"影子综合征"。这和其他许多习惯一样,所以只要你在每次想唠叨之前,仔细想想你正在对爱人做些什么,而你又在对彼此的爱情做些什么,你就会停下来。

**4. 不要停止互相亲吻**

大量的例子表明:经常亲吻彼此的夫妻婚龄相对较长,而且幸福感更高。所以即使是在你生气的时候也要尽量做出一些表达爱意的小事。比如,一个亲吻,一个和善的手势,甚至是一句"尽管你让我很生气,但我依然还是很爱你"之类的情话,这些都能有效缓解争吵的形势,提醒你们为什么会待在一起。

**5. 不要步父母的后尘**

这听起来有些不可思议,但很多夫妻的确在不断翻拍着父母的婚姻生活。我们在婚姻生活中不经意间扮演了父母曾经演过的角色,这是因为我们从小就模仿父母,伴随着他们的婚姻生活不断成长。如果你的父母生活很好,那么你就是幸运的,但可悲的是大多数人都翻拍了父母婚姻生活中不好的故事。如果你发现自己越来越像妈妈,那么你很可能很快就会变成她了!

**6. 扮演好自己在家庭中的角色**

女人不要太独立,但也不能太依赖。因为男人不会喜欢霸道的"野蛮女友",过于强势的女性会让大多数男人望而却步。所以你可以有自己的主见,在适当的时候为他出谋划策,表现出女人特有的智慧,可是不要过多干涉他的工作。你也要注意,千万别把自己弄成只有依靠大树才能生存的藤萝,因为现今的社会已经给予了男人太多的压力,男人回家后应该是温馨的感觉。

**智慧寄语**
_____

千万别把自己弄成只有依靠大树才能生存的藤萝,因为现今的社会已经给予男人太多的压力,男人回家后应该是温馨的感觉。

# 原谅他们曾经伤害过你

也许你遇到自己最好的朋友把你的男朋友抢走了，或者前男友恰好在情人节那天抛弃了你，或者同事把你的好创意偷走并因此得到了提升的机会等。当你面对这些不幸时，你有百分之百的权利可以发怒、生气甚至发疯。但是，你应该静下心来计算一下时间：你到底为此已经记恨多久了？是几个星期了，还是几个月了？如果时间已经很久了，那么你就到了停止怨愤的时候了，你可以尝试着原谅别人。下面来教你怎么做。

**1. 看看自己记恨到什么程度了**

当一个人记恨某人或者生某人的气时，这种气愤可以持续很久很久，以至于最后你都习惯气愤的那种感觉了。如果是这样，那么我希望你还是赶快忘了它吧，因为那是不健康的感情，不利于你的正常生活。如果你不能或者不愿原谅那些伤害你的人，那么就从此时此刻开始换个角度审视自己的生活。你幸福吗？你是否还是和当初他们伤害你时一样？也许现在的你早已经和当初大不相同了，那么你为什么还要把不愉快的过去带到现在的生活中来呢？

**2. 你学到了什么**

尽管被人伤害是一种不好的回忆，但是你可以从中学到一些有用的东西。试问你自己，你从这种被伤害的经历中学到了哪些积极有益的事情呢？你是否从中看出了到底谁才是你真正的朋友？在未来的日子里，你更应该相信谁，更需要关心谁呢？如果你从中获得了答案，那么你所受的伤害就是值得的。

**3. 改变关注的焦点**

一个人生气时会消耗大量的能量和感情，而且发脾气经常会占去正常生活的很大一部分空间。如果你已经厌倦了生气发疯的感觉，那么你需要做的就是改变一下你关注的焦点，争取尽量往前看，不要一直留在痛苦的回忆里。想一想下一步你该往哪儿走，有谁会和你在一起，索性将那些陈旧的包袱放回它原来的位置，把它留在过去。

**4. 将原谅看作积极的行为**

也许有些人不愿意原谅别人，这是因为他们认为原谅别人就意味着伤害过自己的人不用为他的行为负责，是便宜了他们。其实选择原谅别人是合理的，因为原谅别人同时也是放过自己。原谅别人的好处在于：

（1）治疗自己，放弃过去，不需要让过去像一把锋利的刀总是不断刺痛你的心；

（2）吸取教训，获得宝贵的经验，使自己更加积极地生活下去。别人有自己的邪念和愧疚要驱除，你所需要做的是原谅别人，而这样做的最大受益者就是你自己。

**5. 大声说原谅**

如果你一直没有表达出感情，那么这种感情就会主宰你的思维，这就是为什么我们说把感情表达出来对你大有益处。如果这些年来你一直在告诉大家你是多么生气，那么一旦当你选择原谅了他人，你就不会再生气了，而这就更要大声而清楚地告诉大家你已经取得进步了。比如，开个聚会叫上所有的朋友庆祝一下，好好享受享受那沉重的愤怒感最终剥离心头的美妙感觉。

**智慧寄语**

其实选择原谅别人是合理的，因为原谅别人同时也是放过自己。

# 增强控制感

抑制自我和控制感是根本不同的两件事。前者是自己的不自信和恐惧，而后者则与自由有关。怎样区别这二者的关系呢？如果你是一个不愿为了搞笑而做一些傻事的人，一个不愿尝试新鲜事物的人，一个不愿冒险、不放弃安全感的人，那么你就可能是一个比较自我抑制的人，对你来说也许一点点控制的感觉都没有。下面是一些平衡这二者之间天平的方法。

**1. 直面焦虑**

如果你想拥有更强的控制感（少些自我抑制），第一步就是要看看你在大脑中收集了多少种焦虑的想法。尽管焦虑的想法是很正常的，但是在焦虑中摆正恐惧的位置非常重要。一定不要让自己被焦虑控制，而要让恐惧促使你冒险，促使你直面问题。

**2. 用信息武装自己**

信息是一种力量，如果有一些情况让你感到不安，或者无法控制时，那就要努力获得更多的信息，而且要在采取行动之前。一些有用的信息可以让你对情况更清楚，而且还能帮你找到应付的方法。例如，如果你对某个工作总结很担心，那就首先弄清楚有多少人需要你去总结，然后把时间定好，最后搜集必要的信息以表现得最出色。

**3. 不要作出过高的承诺**

有些事情如果承诺过高会让自己无法控制，知道自己的不足是增强控制感的关键。如果不是很擅长时间管理，就不要对别人保证自己可以同时经营好几个项目；如果不擅长处理人际关系，就不要应聘那种需要与很多人打交道的工作。你可能不能同时经营许多项目，但独立工作是你的特长，所以一定要强调自己的长处，化消极为积极。

**4. 作出决定**

这里的决定指的是那些对你有好处的决定，即使这种好处只是在大脑中想想也可以。人们虽然都有取悦别人的倾向，习惯对任何事情点头称是，但是，如果你觉得某件事情特别不适合自己，甚至对自己来说是一场灾难，那就要果断地选择退出，或者找到妥协的办法。比如你不喜欢集体度假，但你可以同意自己在集体度假中单独住一个房间，这样，不需要自我抑制你也能够控制形势。

**5. 不要操纵别人**

很多人都想用隐秘巧妙的方式去操纵别人，前提是在别人不知道的情况下，这样就可以达到控制形势的目的。只是有一点，将形势安排得对自己有利是操纵而不是控制。你要做的只是管理好自己。如果对自己的想法很清楚并且对自己的决定可以坚定地维护，那么，你就不会总是感到需要操纵别人了。

---

智慧寄语

抑制自我和控制感是根本不同的两件事。前者是自己的不自信和恐惧，而后者则与自由有关。

# 第三章　聪明女人永远不抱怨

## 自找快乐的女人总会收获快乐

想要收获快乐，就要收起女人悲悲戚戚、哀哀怨怨的习惯，在这个世界上最快乐的人不是那些生下来就富有的人，也不是那些天生就聪明的人，而是懂得自己去寻找快乐、自娱自乐、苦中作乐的人。

五年前，一场意外夺去了李青丈夫的生命。从此以后，她像很多有同样遭遇的人一样，一直备受寂寞之苦。

她丈夫去世一个月后的一天晚上，她问朋友："我该怎么办？我怎么才能再快乐起来？"

她的焦虑源于她的个人悲剧，她应该及时脱掉忧伤的外衣。朋友试着向她说明，并建议她及早从以往的灰烬中建立起新的生活、新的快乐。

她回答道："不，我现在已经不年轻了，而且孩子们都已经有了自己的家庭。我不相信我能再快乐起来，因为我觉得自己以后没有地方可去。"

这个可怜的母亲得了要命的自怜症，并且对治疗这种病的方法一窍不通。

有一次朋友对她说："你可以重建新生活、结交新朋友并培养新兴趣，以此取代过去的一切。你总不会认为自己是个需要别人同情的可怜人吧？"

由于过于自怜，她听后并没有什么反应。最后，她决定搬进已成家的女儿家里，让子女为她的快乐负责。

一次，母女相互辱骂之后，反目成仇，这是一次悲痛的经历。她又搬进了儿子家，但也好不到哪里去。

有一天下午，她哭哭啼啼地说，她的家人都不要她了，最后，她的子女给了她一层公寓让她自己住。

虽然她已经61岁了，但在感情上，她仍然是个小孩子。殊不知，一旦她期望全世界的人都可怜她，她就永远也不会得到快乐了，因为她已变成一个令人生厌的自私女人了。

爱和友情是不会像礼物一样包装得漂漂亮亮地送到你手上的。一般人都不了解，一个人需要努力让别人喜欢，却不能将爱、友情和美好时光当作合同来签订。

只是，她必须了解：快乐，不能将之视为救济金或施舍品一样理所当然，让我们面对事实！丈夫死了，妻子死了，但是法律没有限制还活着的妻子或丈夫寻求快乐的权利。我们必须让自己更可爱、更受欢迎才行。

在地中海碧波中航行的客轮中,有一位60多岁、一人独旅的而笑容满面的母亲。

她,同样失去了丈夫,曾经也非常悲伤,但是有一天早上醒来,她将悲伤的外衣丢掉,投身新生活之中,这是她第一次在海上掌握了快乐的窍门,也是她经常从沉思中获得的想法。丈夫一直是她的全部生命,但现在都已经成为过去了。她原本的爱好——画画,现在对她来说已经成为生活中不可或缺的了。画画陪她度过了最难过的日子,而且在事业上给了她最大的报偿。

曾经,她不愿抛头露面且羞于见人,因为长久以来,她的丈夫是她生活的支柱。她既没有好看的外表,也没有钱,她在迷茫中不知道自己该去干些什么,更不知道有哪些人会接受她,并且喜欢和她为伴。

她必须让自己被他人接受,她要自己去付出,而不是指望别人的付出,她终于明白了。

不久,朋友们就都争相邀请她去参加晚宴了,而且她还应邀到社区活动中心开画展。她擦干眼泪换上微笑;她忙着画画;她去拜访老朋友,提醒自己表现出欢乐的样子;她谈笑风生,从不在朋友家停留过久。

她在几个月后再次登上了地中海这艘客轮。很明显,她是这艘船上最受欢迎的游客,她对待每一个人都很友好,但是也会保持着一点距离,避免陷入私人恩怨中,而且不会伤害到任何人。在前一天晚上轮船靠岸的时候,她在舱房里举行的聚会中传出阵阵欢快的笑声,她用谦逊的方式回报旅程中所有的人。

此后,她已经知道如果想要得到别人的友情,就必须关心生活和奉献自己。这位女士又做了几次这样的旅行,不管走到哪里,她都能创造出友好的气氛,很受大家欢迎。

任何时候,我们都有争取快乐的权利,除了你自己,谁也无法剥夺。快乐永远属于自找快乐的女人。聪明的女人应该学会好好使用这项珍贵的权利,尽情享受生活的快乐。

**智慧寄语**

在这个世界上最快乐的人不是那些生下来就富有的人,也不是那些天生就聪明的人,而是懂得自己去寻找快乐、自娱自乐、苦中作乐的人。

# 可以"伪装"快乐

如果每天都叹息自己不如别人有钱、不如别人漂亮,你就真的会变成一个又穷又丑的女人。要知道,心想就会事成。那些一脸阳光明媚的女人,运气都不会太坏。当人们看到她们脸上的笑容时,也会自然地生出愉悦之情。能给别人带来快乐的人,怎么可能不快乐呢?

当我们尝到苦涩、笑不出来的时候,咧开嘴,给别人一个微笑,我们同样也会收到无数个微笑。当全世界都对着我们笑的时候,我们还有什么理由不快乐呢? 卡耐基告诉我们:"假装快乐,你就会真的快乐。"想一想,的确如此。

心理专家认为,假装快乐是一种快速调整情绪获得快乐的方法,虽然治标不治本,但的确有效。人类的身体和心理是互相影响、互相作用的整体,一些女性在生活或工作上遇到困难的时候,总是沉溺于悲伤的情绪中无发自拔,不愿参加任何团体活动。某种情绪还会伴有身体语言,比如,生气的时候会紧握拳头,呼吸变得很急促。然而,身体语言的变化也会带有情绪化的变动。比如,强迫自己去做一些微笑的表情，假装很开心的样子，就会发现内心开始涌动欢喜，我们果真变得快乐起来，这就是身心互动原理。

暖兮的气质像大多数宋词里描写的女性一样充满了忧郁，而且她的确是一个容易忧伤的女人。男友的几句无心之话会让她难受很久，甚至连领导稍稍变化的脸色她都能迅速捕捉到，几乎每一件不太愉快的事情，都会在她的心中存在很长时间。那些哀愁总是在她的脸上挥之不去，在长期的抑郁中，连她自己都觉得喘不过气来，人也变得很憔悴。

眼看妇女节快到了，向公司请了假的她不想参加公司的聚餐，而且还拒绝了大学舍友的聚餐邀请。说实话，暖兮也想参加，只是没有精神去参加，也不想去人那么多的地方，她看到姐妹们都愉快地去过节，觉得自己很难受，还不如一个人在家待着。

有一天，她有一个很重要的会议，但是看着镜子里颓废的自己，她失去了信心。她向朋友请教变得快乐和美丽的秘诀，朋友告诉她："你只要假装快乐，自己就会很快乐。"于是她照这个方法去做了。在这个会议过程中，她的表现很出色。

心理学家认为，改变一个人行为的同时也可以改变她的情绪。比如，我们看见孩子就会去逗她笑，结果孩子抿着嘴笑了笑之后，就真的开心起来了。导致一个人情绪改变的是行为，这说明我们摆脱坏情绪的方法就是在行为上先让自己快乐起来。心理学家艾克曼的最新实验表明，一个人总是想象自己进入某种情境，感受某种情绪，结果这种情绪十有八九真的会到来。一组故意装作愤怒的实验者，由于"角色"的影响，他们的心率和体温都会上升。

汉斯·威辛吉教授认为：假装快乐虽然无法在 30 天中把一个内向的人变成一个开心的外向的人，但却是迈向正确方向的第一步。"你不能只坐在那里等待快乐的感觉出现，反之，你应该站起来开始学习快乐的人的动作和谈吐"。

假作真时真亦假，当我们不快乐的时候，装作很快乐吧，装久了，即使是假的也会在不知不觉中变成真的。

----

**智慧寄语**

时不时地跟自己玩一个"假装快乐"的游戏，生活就会变得很有趣。

# 不要一味地吐苦水

一味地吐苦水，最终只会把自己淹没在苦水之中。因此，倾诉是缓解压力的一种方法，但不是解决痛苦的方式。

柔弱无助的女人总是反复倾诉自己的不幸，以为这样做能够引起别人的同情及保护欲望。但是，凡事都要有个限度。更形象一点地说，像"祥林嫂"一样不停地诉说自己的不幸遭遇，得到的只是看客悲剧心理的满足、饭后的谈资以及别人对你的厌烦。

电视剧《好想好想谈恋爱》中有一段剧情，女主人公谭艾琳和男朋友伍岳峰分手以后，几乎到了崩溃的边缘，她将自己所有的情绪都用在抱怨中：

"打死伍岳峰他也能懂得，他失去我是多么大的悲哀，而我呢，就能给他一次我的爱。他丢掉了我，他这辈子都没有这个福分了，他以为还有几个谭艾琳会出现吗？他真是没有眼力，他一定会有后悔的时候，等到那时候就再也没有机会了。"

"对我来说有的男人轻如鸿毛，有的重如泰山。伍岳峰就是鸿毛。我彻底把他给击垮了，他不理解女人,离开他是我明智的选择,他将永远碰壁,对,碰壁,碰得头破血流。而我经历过爱情的磨炼,我会笑到最后的。他完蛋了,这简直是太好了!"

就像这样的抱怨她还有很多,她把这些抱怨重复向所有的朋友倾诉。有一次,朋友因为忍受不了她的抱怨而对她说:"你已经抱怨一周了。听得我都想吐了,再听我就会疯掉的。"于是,在以后的生活中,她与跟自己相同情况的男人章月明一起抱怨自己的不幸,章月明的抱怨让经常抱怨的谭艾琳沉默了,直到她听腻了的时候,她就大喊道:"别说了,太没劲了,换个话题行吗,男人或女人,愤怒的是爱情、谩骂的是爱情、得意的也是爱情、悲伤的还是爱情,一辈子就只能生活在爱情里面吗?你别再跟我说这些了,我不想听了。别人可没有义务为你承担爱情受伤的后果,这是你自己的问题,你爱一个人就是你乐意的事,也没有人逼你,你知道什么叫敢做敢当吗?"

在歪歪斜斜学走路的时候,很多人都有过无数次的摔倒,孩子摔疼了就会大声地痛哭。如果这时你的父母担心地跑过来,把你抱在怀里,害怕你的身上受到伤害,对你说一些溺爱的话,你会听到这些话后就马上停止哭泣吗?答案是否定的。因为父母对我们的倍加溺爱会导致我们更加的委屈,于是倒在父母怀里大声地哭起来。但是如果父母慢慢地向你这边走来,对你说声:"站起来。"我们就没有什么委屈可言了,然后重新爬起来向前走。

我们如今已经不再是小孩子了,不应该再幼稚了。别总把自己的委屈向别人诉说,这样的撒娇,只会让我们的委屈不断放大。

智慧寄语

倾诉是缓解压力的一种方法,但不是解决痛苦的方式。

# 倾诉可以减轻痛苦

相信大多数女人都有自己的"闺中密友",闺密这个词听上去特别亲切。对于充满感性、心灵世界丰富多变的女性而言,闺密的作用已经大过了自己的丈夫。闺密间总是会聊一些秘密的小事,也会聚在一起发牢骚。而且,闺密总是在你不在的场合里毫不犹豫地代表和维护你的利益,她们总能在听到有人说一些不利于你的话时,坚决地予以制止和反驳……她们会在你哭泣的时候替你哀伤;在你欢乐的时候为你祝福。

闺密之间总会互相开玩笑,有时候那些乐趣是外人无法理解的。她们也会在繁忙的工作之余互相慰藉,重新体会单身小女人时的幸福生活。闺密有着很强大的力量,无论一个女人在外面怎样一本正经,在闺密面前,她都会回归自己的本来面目,最自由、最快乐。

三年前,小艾下岗了,她特别难受。在那段灰色的岁月里,小艾的丈夫并没有对她多一些体贴和安慰,每当小艾诉说内心的苦闷时,她的丈夫总会说:"行了,我每天多辛苦啊?好不容易下班回家,还要听你唠叨!"

小艾有个同性的好朋友,两人原是同事,因为投缘认了姐妹,现在又一起下岗了。每当小艾心情郁闷无人诉说的时候,她就会和自己的这位好姐妹絮叨絮叨,而她的姐妹总是真诚地安慰和鼓励她。由于对生活感到恐惧,小艾越来越看不惯丈夫了,幸好她有一个要好的朋友帮助和鼓励她自己。

朋友对她说:"现在的我们坚决不能让男人养活自己,我们可没有必要看男人的脸色生活。"

小艾听了这位朋友的见解后，突然间就开窍了。后来，在这位朋友的鼓励之下，她开始经营一个卖早点的小吃店，每天都起得很早去卖早点。辛苦是必然的，但是能得到幸福也值得了。

烦恼可以倾诉出来，有些事情同样也可以讲出来，心情是需要发泄出来才能变好的。友谊的关键是在分享快乐的同时，还能分担些忧愁带来的烦恼。不要把所有的事情都藏在心底，因为默默的自我消化是让你烦恼的根源。

放松心态，让自己慢慢平静下来，烦恼就会慢慢地消失。要不然结果可想而知，它会像爆发的火山一样，在顷刻之间决堤，心变得收不回来了，自己的心情根本无法平复下来，甚至连身边的朋友都不能劝解。跟要好的朋友抱怨时，不要多想，如果担心自己的弱点，那你的烦恼只会永远留在你的内心深处，无法走出。

你要用心倾听，并诚恳地接受朋友的安慰和鼓励，不要顽固偏执地坚守着那份苦恼，否则就会失去了倾诉的价值。倾诉不是为了把烦恼倒给别人，而是为了让烦恼化为云烟，消失在九霄云外，这才是倾诉的目的和初衷。

当一个人被心理负担压得透不过气来的时候，如果有人真诚而耐心地听他倾诉，他就会产生一种如释重负的感觉。倾诉，是缓解压抑情绪的重要手段，正所谓"一吐为快"说的就是这个道理。他会感觉到他终于被人理解了，内心有一种欣慰之感，进而使压抑感得到缓解，从而换一个角度思考问题，重新审视自己的内心世界，那些原来以为无法解决的问题也会迎刃而解。现代心理学中的理论把这种现象称为"心理呕吐"。美国心理学家罗杰斯认为，倾听能更加了解一个人，对于倾诉对象来讲，也有很特别的反映，心理会跟着改变。

心理学家研究和调查表明："与同性朋友保持亲密关系，有助于女性减小压力，同时还能使心态平稳下来。"

她们能明白对方的内心所想，并且能互相安慰，因为只有女人才最了解女人。闺密是女人值得珍惜的最大的财富，是彼此的医生。你如果有这样的同性好朋友，就是很幸福的人，珍惜友谊是彼此之间更好的桥梁！

### 智慧寄语

与同性朋友保持亲密关系，有助于女性减小压力，同时还能使心态平稳下来。

# 女人因怨恨而远离幸福

善良宽容的女人经过岁月的沉淀，越来越温和、宁静，而心怀不满的女人脸上则写满了冷寂，幸福也与她渐行渐远。

有些人一大早起来就开始抱怨生活，谁也没招惹她，她就怨老天爷：天这么闷，怎么不下雨呢？夏天就应该下雨，干吗不下雨呢？下了雨，她又说，下雨做什么呢？我的计划就是因为下雨泡汤的，真是烦人，还想不想让人好过了……不管是晴天还是雨天，天气总是她的一块心病。其实不止天气，生活中的诸事她都要抱怨一番，让她心怀怨气的事情总是没完没了的。

可是，怨恨又有什么用呢？生活还是老样子，我们的怨恨改变不了生活的一点一滴。然而，有一些人就是有这个习惯：什么也看不惯，不管看什么，都要说上几句，以发泄自己的情绪。他们利用抱怨，麻痹自己的心灵，甚至把外界的因素看作自己挫折失误的根源，寻求别人的同情。可是，生活对待每个人都是有苦也有甜的，同样的事情倘若别人经历了，也许没什么大不了的，一旦发生在你的身上,就问题一大堆,这是为什么呢?

一位老人,每天都要坐在路边的椅子上跟过往的客人打招呼。有一天,他的孙女在他身旁,陪他聊天。这时,有一位游客模样的陌生人到处打听消息,好像是想找个住宿的地方。

陌生人从老人身边走过,问道:"大爷,请问这个小镇还不错吧?"

老人慢慢转过来回答:"那你评价一下你原来住的地方吧。"

陌生人说:"在我原来住的地方,批评别人成了邻里的一种风气。邻居之间常说闲话,总之,那个地方让人很不舒服。我真高兴能够离开那个让人不愉快的地方。"摇椅上的老人对陌生人说:"那我如实告诉你,也许这里也一样。"

过了一会儿,一辆载着一家人的大车停下来加油,正好老人就坐在旁边。车子慢慢开进加油站,在老先生和他孙女坐的地方停了下来。

这时,从车上走下来的是父亲,他说道:"住在这市镇不错吧?"老人没有回答,又问道:"你原来住的地方怎样?"父亲看着老人说:"以前那个镇子大家相处很和谐,人人都愿帮助邻居。不管走到哪里都有人亲热地招呼我,说谢谢。我真舍不得离开。"老人看着这位父亲,和蔼的微笑在脸上绽放了:"其实这里也差不多。"

那位父亲向老人道谢后便驱车离开了。等到那家人走远,孙女抬头问老人:"爷爷,你为什么告诉第一个人这里很不好,却告诉第二个人这里很好呢?"老人慈祥地看着孙女说:"不管你搬到哪里,你自己的态度都会带到那里:你如果一直怨恨周围的人和环境,那么挑剔和不满就充满了你的内心,可是感恩的人,却能够看到人们的可爱和善良。我这个答案正是根据人的不同心理给出的呀!"

每个人看到的世界会因心态的不同而不同。如果一个女人的心中只有怨气,那么她的人生就是灰色的,她的目光只会为了生活中的不如意而停留,烦恼占据了她生活中的每个角落,她的心里也会充斥着沮丧和自卑。

生活中肯定有磨难,这一点是无法否认的。生活的五味瓶里,除了甜,没有什么是人们所向往的,可偏偏酸咸苦辣是生活中不可或缺的,正是因为这个,我们的人生才丰富多彩。人生需要苦难的洗礼,正是因为那些折磨过我们的苦难,我们才能把自己的不足一一发掘出来,才能逐渐完善自己。

目前的窘境不会一辈子干扰你。所以,即使现在面临困境,也不要因为悲观而落泪,坚持一下,总会遇到自己的晴天。生命,是苦难与幸福的轮回。只要在逆境中坚守,暴风雨就会有过去的一天,再委屈的事情,也能用博大的胸怀容纳,任何坎儿我们都能迈得过去。

当我们走出生活的阴霾,用乐观的心再一次丈量这个世界时,我们就会感觉到,生活原本是美好的,是我们一直在怨恨中扭曲了自己。

**智慧寄语**

怨恨,如同慢性毒药,把我们的生活一点点侵蚀,甚至会慢慢改变一个女人的面容。

# 别让自己变成祥林嫂

在女人那里,思考问题永远是没有结果的。即使天塌下来的时候,别人对待有些女人看世界的观点也只能一笑了之。现在的社会风气中,从家庭的纠纷到同事朋友的争执,从马路堵车到刚买的衣服打了折等，不要因为一件小事就随便生气，也不要拿自己的不愉快影响别人，打乱别人的生活节拍。抱怨太多，不仅会影响自己的生命之光，还会影响朋友之间的友谊，甚至把爱情的鲜花葬送掉，毁灭自己建造的乐园。

女人含嗔带怨的幽怨就像古代闺怨体诗词，让男人顿生怜香惜玉之意。然而，一旦看什么都不顺眼，做什么都不称心，幽怨过了头，就会如同祥林嫂一般让男人望而生厌、退避三舍了。一位被公认的好男人离婚了，问他为什么，男人痛不欲生地说："怨妇猛于虎啊！"他只做了一个形象的比喻：比如，看夜空，我看到的是满天星斗，她的眼里却是沉沉黑夜，还要对黑夜进行喋喋不休的抱怨。怨气就像锋利的双刃剑，刺得双方痛苦不堪，只好以分手了断。

对生命和生活缺乏感恩之心是怨妇的主要症结。人生短暂，生命非常宝贵，根本就没有任何理由可以为生活中的一地鸡毛而怨恨。生活是多彩的，有炎热的酷夏也有温暖的阳春，有刺骨的寒冬也有凉爽的金秋，任何人都不会永远走运或者永远倒霉，何必杞人忧天呢？

与其徒劳无功地浪费时间，不如转变心态，化解怨气，采取积极的行动，做一些行之有效的努力。再说，抱怨昨天，并不能改变过去，抱怨明天，同样不能对未来有益。要知道影响人生的绝不仅仅是环境，心态控制了个人的行动和思想，心态也决定了爱情、家庭、事业和成就。

那么，女人如何才能改掉抱怨、唠叨的坏毛病呢？再也没有什么比一个唠唠叨叨、成天抱怨不休的女人更让男人头痛的了。

每次开口抱怨之前，先问一问自己，值不值得抱怨。上帝待人很公平，他给你优点的同时也给了你缺点。你想要得到他的好，就得容忍他的不足。女人左右不了男人的性格，只能左右自己对他们的看法。抱怨男人顽固不化，却不知他很可能做事极有恒心和毅力；抱怨男人粗心大意、不拘小节，却不知他很可能天真率直、随和易处；抱怨男人自以为是，却不知他很可能真的聪明能干。想抱怨的时候，就朝好的方面想一想，便会释然。

人的性格与生俱来，很难为自己左右，更别说伴侣及其他人了。想一想他听了你的抱怨之后，能改变多少。

让我们尽力改造能改造的，平静地接受不能改造的，并且多从生活中学习经验和总结教训。有位太太常常说她先生心胸很狭窄，对人冷漠，但看他年纪轻轻的，却一直都顺顺利利，得到过很多人无私的帮助，真让人搞不明白，这究竟是为了什么。

如果你的抱怨非说不可，那么就要慎重地选择时机和地点。

（1）如果女人天天抱怨，男人就会觉得你说的话没有分量。所以，你要么不抱怨，要么就大"抱"一通，而且必须是你真正要抱怨的。

（2）男人的面子总是比什么都重要的。若伤了他的面子，他非但不会改，很可能还会怀恨在心，没有多少自信心的男人尤其如此。切记，绝对不能在人前或孩子面前抱怨丈夫。

（3）当他因为别的事心情不好，或者工作很忙的时候，不必抱怨。即使要抱怨，也要挑有空又安静的时候，逐条将你的不满说出来，希望他能改，并且告诉他如果不改，后果会怎样，你会说到做到的。也许你会说："不当场指出来，过一会儿就忘了。"但能让你很快就忘的，那一定不值得小题大做。

（4）希望他为你做点什么事的时候，在他心情好的时候抱怨。例如，有一次过生日，她丈夫问她许的是什么愿。她平时最讨厌丈夫回家晚也不打个招呼，而且还屡劝不改，所以她趁着这个机会说没有什么大的愿望，只是希望他晚上不能准时回家的时候，别忘了给家里人打个电话，让她不至于为他的安全担心。丈夫心里有点不是滋味，但想到妻子的生日愿望竟然是因为自己，便不想让妻子失望，因此慷慨地答应了。"要是做不到呢？""那就忘一次给你洗三天碗。"于是，两人很高兴地吃起蛋糕来。

总之,女人不要总是抱怨,应该宽容一些,这不仅是善待别人,更是善待自己!

无穷的抱怨会把快乐拒之门外,使你错过了身边的时光,辜负了宝贵的生命。

# 让自己成为"无毒美人"

不要一味地抱怨自身的处境,今天抱怨这个,明天抱怨那个,心里总是觉得不公平,这对于改善自身没有任何帮助。只有自己先静下心来深思一下,决心改变自己的态度,现在就实行,它才能向你的想法靠近。一分耕耘一分收获,不要盼望能在抱怨或感叹中获得改变,事情如何发展和你的行为举止是密不可分的。事在人为,只要你努力争取,梦想终能成真。

雪后,画家列宾要和他的朋友去散步,朋友看见路边有一片狗留下来的尿迹,马上就用雪和泥土把它覆盖了。没想到列宾先生看见后非常生气,他说,他一直都在欣赏这片带有琥珀色的尿迹。在现实生活中,当你总是抱着埋怨别人的心态时,你要懂得同样是一片狗尿,换个角度看就是很美丽的琥珀色,这完全取决于自己的心态。

不要抱怨你的收入不高,不要抱怨你住在破房子里,不要抱怨你空怀一身绝技没人赏识,不要抱怨你的生活不好。现实中有太多的不如意,就算生活给你的全是垃圾,你同样能把垃圾踩在脚下,登上世界之巅。

孔雀向王后朱诺抱怨说:"王后陛下,您赐给我的歌喉没有任何人喜欢听。可您看那黄莺小精灵,唱出的歌声婉转,它独占春光,风头出尽。我说这些并不是来这里无理取闹的。"

朱诺听到这些语言,重重地批评道:"嫉妒的鸟儿,你赶紧住嘴,你看你脖子周围如一条七彩丝带。当你行走时,舒展的华丽羽毛就好像色彩斑斓的珠宝出现在人们面前。你是如此美丽,为什么还要嫉妒黄莺的歌声?和你相比,这世界上没有任何一种鸟能像你一样受到别人的喜爱。某一种动物不可能具备世界上所有动物的优点,我赐给大家不同的天赋:鹰有勇敢和高大威猛;鸽子也有着敏捷;乌鸦则有预告未来之声。大家彼此相融,各司其职。所以我奉劝你丢掉抱怨,不然的话,作为惩罚,你将失去你美丽的羽毛。"

抱怨的人认为自己经历了世上最大的不平,她们都很善良,但都不受欢迎。她们往往忘记了其他人也可能同样经历过这些问题,只是心态不同,感受不同。

抱怨是每个人都会有的,然而抱怨之所以不可取,是因为:抱怨只会使以后的路更难走。抱怨的人在抱怨之后不仅让别人感到难过,自己的心情也会很糟,心头的怨气不但没有减少,反而会变得更多了。

常言道:与其抱怨,不如将其放下,去享受快乐。用超然豁达的心态面对一切,这样迎来的将是另一番新的景象。

与其抱怨,不如将其放下,去享受快乐。用超然豁达的心态面对一切,这样迎来的将是另一番新的景象。

# 有阴影，有光明

面对人生应该用一种轻松游戏的态度，上帝会对这样的女人报以微笑。并不是上帝更加眷顾这样的女人，而是这一类人更能找到生活的阳光面。

有一位心理学教授拿着半杯水走进教室问他的学生："这是什么？"这么容易又奇怪的问题让学生发懵了，大家都琢磨老师今天是不是有点犯晕了。然而，当教授让学生站起来时，大家发现其实这是一个很有哲学蕴涵的问题。有的学生说："这是一个半满的杯子。"有的却说："这个杯子明明是半空的。"

这只杯子是半空还是半满呢？同样是一个世界，一个令人悲哀的世界是悲观者的说法，乐观者则说这个世界充满着欢乐和幸福。很多时候，事物都有它的两面性，有快乐就有悲伤，有高兴就有难过，有幸福就有不幸，太阳的光芒到底是阴影抑或是明媚呢？关键在于你是要面对着阳光还是要背对着阳光。所以，女人，一旦不快的事情光临了你，把自己的心灵沉潜到不快是不明智的，要记得，只要是有阴影的地方，它的背面就一定有光明。所以，看到阴影时，它背后的阳光才是你应该注意到的。

人们常常把"游戏人生"这个词看成是一个贬义词，认为只有放荡不羁的人才能用得上这个词语。但是，这个词还有另外一种解释，那就是将人世间的种种不幸、种种不快乐，看成是一场小游戏，是上帝与民众的戏谑。如果说上帝让每个人都分担了不幸与苦难，那么女人将会比男人承受更多的苦难。因此，女人要比男人更加把人生的不如意看作一场小小的"游戏"。

在人生的摸爬滚打中，通过阴影看到背后的光芒是积极的人生态度，而只看光芒背后的黑暗的人则是消极之人。改变态度就是改变人生。以一种轻松游戏的态度面对人生，上帝自然会对这样的女人报以微笑。上帝之所以看似眷顾这些积极的人，其实是因为救赎者不是上帝，而是积极者本人。

把女人形容成月亮的说法很流行，没错，女人的确是月亮，月亮最大的特点就是迎接阳光、照亮自己、点亮他人，但月亮的背面谁又见到过呢？月亮的背面阴冷黑暗、痛苦难耐，但是月亮只把它皎洁光芒的一面展示给世人，这就是月亮一般的女人。所以，身为一个女人，不要忙于哭泣自己的悲伤，见到花落先想到花开，见到自己的影子要知道自己的背后还有一缕温暖的阳光。

**智慧寄语**

聪明的女人懂得如何寻找人生的阳光面，快乐地生活。

# "怨妇"不能做

在生活中，常有女性抱怨爱人不够体贴，孩子不听话；在工作中，也常有女性埋怨上级不会领导，安排工作不合理等等。她们只计较自己得到了什么，总之，对生活永远是一种抱怨，而不是一种感激。殊不知在自己和别人的得与失之间斤斤计较，她们的唠叨和抱怨根本不会带来什么改变，相反还会让别人对她产生不好的印象。

张丽现在是公司的行政助理，事物繁杂，可谁叫她是公司的管家呢，事无巨细，不找她找谁?一大清早就听见张丽在喊:"烦死了,烦死了!"她不停地抱怨着,同事的心情也受到了她的影响,皱着眉头说:"本来心情好好的,被你一吵也烦了。"

其实,张丽性格开朗,工作起来认真负责,虽说牢骚满腹,但是该做的事情一点都不拖延时间。张丽整天忙得晕头转向,经常为设备检修、购买一些办公用品、车补费用、买飞机票、订客房等事而忙碌……在这种时候,她真希望自己会变魔术。小李刚办完交电话费的业务回来,财务部就有人来领胶水,张丽拉着脸说:"你怎么总这么多事呢。不是今天领这个,就是明天领那个!再说不是昨天刚领过胶水吗?"张丽一边说一边摔着抽屉,从里面翻出一个胶棒,顺手就往桌子上一扔,说:"以后一次性把东西领完!"

大家正笑着,销售部的王娜急匆匆地冲进来,原来是复印机卡纸了。张丽脸上立刻晴转多云,她特别厌烦地挥挥手:"真烦,知道了!和你说一百遍了,先填保修单。"然后把单子一甩:"先填,我去看看。"张丽边往外走边嘟囔,"什么事都找我,怎么这么烦啊!"这可把对桌的小张气坏了:"这叫什么话啊?我招你惹你了?"

但是,整个公司的正常运转真是离不开张丽,她的态度虽然不好,有时候即使被她损得下不来台,也没有人说什么。怎么说呢?她不是把应该做的都尽心尽力地做好了吗?可是,那些"讨厌""真烦""不是说过了吗"……实在是让人不舒服。

年末的时候公司选举先进工作者,领导们认为先进非张丽莫属,可一看投票结果,50多份选票,张丽只得了12张。张丽很委屈:"我累死累活的,却没有人体谅……"有人私下说:"张丽是不错,就是嘴巴太厉害了。"

抱怨不仅伤了自身,也会影响其他人的情绪,喜欢抱怨的人不见得不优秀,但很难受欢迎。谁都不愿靠近牢骚满腹的人,怕自己也受到传染。抱怨非但于事无补,而且让你丧失勇气和朋友,还会让不明真相的人产生心理波动,甚至会破坏工作的氛围。

如果你觉得发牢骚不好,那么你就要把它变为动力。如果你还有发牢骚的空余时间,那么你就有时间把工作做得更好;如果你发现发牢骚什么也换取不来,那么就要用改变环境来寻找克服困难的方法。

娜娜35岁了,生活很平静,有着条件优越的幸福家庭。但是,最近她突然受到了很大的打击。丈夫在事故中失去了生命,留下两个小孩。这事刚过去不久,一个女儿的脸又被油烫伤了,医生告诉她孩子毁容了,她听后差点就崩溃了。好不容易她在一家小商店找到了工作,时间不长,商店就倒闭了。当时丈夫给她留下了一份小额保险,但是她没有交最后一次保费,因此遭到保险公司的拒保。

娜娜几乎绝望了。碰到一连串不幸的事情后,她思考着,为了自己和孩子,决定最后努力一次,尽力拿到保险补偿。在这之前,她一直与保险公司的下级员工打交道。当她要求和经理见面时,接待员却告诉她经理出去办事了。她站在办公室门口干等着,就在此时,机遇来了,接待员离开了办公室。她毫不犹豫地走进经理办公室,结果发现经理就在那里。经理人很好,而且还很有礼貌地问候了她。她有了信心,于是淡定地讲述了索赔时碰到的问题。经理派人取来她的档案,经过考虑后,决定以德为先,给予她赔偿,而事实上,从法律上讲,公司并没有支付赔偿的义务。工作人员听从经理的意见给她办了赔偿手续。

故事后来的结局很美好,经理很欣赏她的勇敢,给她安排了很好的工作,并且爱上了她。

所以,当遭遇不幸时,与其以消极抱怨的心态去面对,不如以积极的心态去化解,厄运不会长久持续下去。要相信,终有一天会雨过天晴,而且大雨过后天会变得更加蔚蓝。

人生有美丽的时候,也有阴暗的时候。有了美丽,我们才有活下去的信心;有了缺陷,我们才懂得如何弥补，以及为此而改变。因为，即使世界是美丽的，也有阴暗的时候。

"有所作为是生活的最高境界。而抱怨则是无所作为，是逃避应有的责任，是放弃应尽的义务，是自甘沉沦。"一位伟人曾这样说过。

不论我们遇到什么境况，如果只是来来回回地抱怨不断，就注定什么事都办不成，而且还会把事情弄得更糟。

真正有志气、有出息的女人从来不会抱怨。恐怕没有哪个女人愿意做一个没有志气、没有出息的女人吧？既然没有人喜欢爱抱怨的女人，那么，就把所有应该的和不应该的抱怨都一齐抛弃，开动脑筋，甩开臂膀，与其抱怨不如改变！

---

**智慧寄语**

不抱怨，不仅是一种非凡的气度，更是一种平和的心态。

# 不要总认为自己会倒霉

"福无双降，祸不单行"，越是倒霉的时候，就越容易遇上更倒霉的事，总把"倒霉"放在嘴边的女人，其实都是自己的心理在作祟，这样就很难走出倒霉的范围。因为这些女人总是往坏处想，总是用一些消极的思想去想事情，也就是为下一步的倒霉铺好道路。我们在心情不好的时候，比较容易跟人吵架，更容易拿孩子当出气筒，这样下去事情肯定会越来越糟糕。

比如，在电视剧结尾的时候，正好遇上停电；你天天带着伞，只要一天没带伞就会下雨；电脑一死机就会丢失重要文件；上班的路上总能遇到红灯；面包掉到地上总是倒霉的时候；银行排队时好不容易到了自己，正好下班；放了很久的东西，刚把它丢掉，才发现正好要用到；没有好看的外表的女人能嫁给好男人，想想自己的那位却没有什么本事；看到别人家的孩子各方面都很好，而自己的孩子却哪门功课都不如意……

还有比这些更糟糕的是：好不容易跟别人学会了炒股，没想到刚入市就碰上股市跌盘；看着房子在涨价就赶紧投资买了房子，没想到刚买不久房价就跌了；把钱都存在银行，结果出现了负利率，存钱反而变成了赔钱；孩子生病住院花了不少钱，准备去保险公司理赔，结果却碰上不合理条款人家拒赔。发生这样的事每个人都会很郁闷。没办法，只能自认倒霉了，谁让咱运气不好呢？

倒霉的事情就像一个恶性循环，不断地找上门来，不少女人都会发出这样的感叹——这是老天爷在跟我们开玩笑吗？还是真的"倒霉事都让我承包了"？

坏事总是比好事更能引起我们的兴趣，更能使我们无法忘怀，于是我们往往容易记住那些不愉快的经历，从而发出"喝口凉水都塞牙"的感慨。

28岁的芬妮就是一个很倒霉的女人，遇到的男人都像铁公鸡，没人为她花过钱。芬妮并不是个看重金钱的女人，男人请自己吃顿饭也算说得过去吧？可是碰到的这样的男人却是骗子，根本无心长期交往！

芬妮跟好友倾诉："真是倒霉啊！我怎么这么不顺，我遇见的男人不能全都是这样子吧？我这一辈子没亏欠过任何人，和媒人见面我都会送她份小礼物，可是有些媒人还是把我骗了！上次说介绍个老板给我，去大饭店狂吃一顿，结果是我买单！他们都是串通好的。真是倒了八辈子霉！"

刚说完自己情场不顺，芬妮又开始羡慕公司的两个女同事："人家命好啊，经理帮她们介绍了对象,有一对不但成了,而且还升职了,非常受宠。而我,谁也没得罪,可换了个经理就总跟我过不去,偏把我发配到恶劣的环境中去工作,让他的小秘在他身边享受,这个账我一定要算!"芬妮愤怒不已:"算那个经理倒霉,我把上辈子受的苦全发在他身上,要是他不让我干了,那我拼了老命也要把他从经理位子上拉下来!"

芬妮认为自己很倒霉,甚至还产生了报复心理,遇上这样的女人,谁都会害怕。从来没有谁比谁更倒霉,也没有谁比谁更幸运,其实任何事物都是相互的。像芬妮,为什么总把报复别人放在脑海里面呢?为什么总是抱怨自己倒霉呢?为什么就不能努力工作从中获得认可呢?情场中有不得意的时候就要先检查一下自己的性格或行事方式对不对。

其实,许多时候都是因为自己的疏忽大意造成"倒霉事"的发生,并非老天爷一定要跟自己作对。如果平时经常维护电脑,如清除垃圾、安装杀毒软件,就可以预防电脑死机等一切问题;抽时间打扫屋子,把暂时不用的东西都存放起来;投资的时候不要光看眼前,而要学习想到可能会赔多少,要有风险意识;买保险前先把条款看清楚,不明白的地方一定要咨询清楚,或者让身边有经验的朋友指教,免得出问题了得不到处理;孩子考砸不要责备他,好孩子都是夸出来的,应该多鼓励自己的孩子。

带着好心情去对待那些不如意的事,积极寻找原因以避免坏事情再次发生。遇事不顺利不要坐在那里烦恼,像个怨妇一样絮叨,否则,会连一个朋友都不敢再靠近你,而且还会对自己不利。所以,要想很快驱散心中的乌云,就要做个快乐的女神!

## 智慧寄语

现代心理学家发现,倒霉的人之所以总是觉得自己倒霉,是因为和幸运的人比起来,他们看问题的方式不一样。

# 第四章 聪明女人要有好心态

## 心累人才累

在现代社会里,女性每天都过得比男性更辛劳。家庭、职业、金钱,许多因素都成为了女性的压力来源,女性感到的压力远远超过男性。

除了社会外界因素,女性自身的心理因素也是造成压力过大的重要原因。女性事事追求完美,这成为内心压力感的来源,她们对家庭、事业的理想度太高,然而现实情况下,经济状况的紧张、工作的忙碌以及情感生活的波折都打破了女性天真的幻想,让她们感到恐惧、无所适从。

所以,女人累,主要是心累。心累是很难受的,很多人为此累倒了,有的则疲倦了。工作疲倦,便不思进取,每天混日子,庸庸碌碌过了一生;爱情疲倦,自然就没有了热情,精神气也不见了,导致爱情始终没有结果。累其实也是一种病,需要治疗,需要释放。所以,现在流行一个词:减压。持有"不完美"的观点,是帮助当今女性减压的重要方法。

**1. 不要对丈夫要求太高**

聪明女人不会过分苛责男人,她们知道在婚姻中最重要的是责任,而不是事事都十全十美。因此,聪明女人从不对丈夫要求过高。

(1)不要盯住他的钱袋不放

女人一般掌握着家中的财政大权,但要记住,男人并不喜欢只看重他们口袋里的钱的女人。所以,尽管自己对钱十分看重,也不要都放在脸上,要稍加掩饰,不然的话,即便你是为了过日子算计着每一分钱,也得不到他的好脸色,自然就会离幸福生活越来越远。

(2)不要盯住他的事业不放

男人的事业重于一切,即使在你看来那事业并不值什么。工作的好坏只有他自己才能评说,即使你不满意他挣到的那笔钱,也不要整天在他耳边唠叨,他会为此心烦,时间一长,就会开始厌烦你的没完没了了。

(3)不要盯住他的缺点不放

这世界上根本没有完美的人,如果自己不是完美的,也不要苛求他完美无缺。要懂得包容他的某些缺点,将眼光放在他的优点上,也许这样他才会甘心情愿地挣钱给你花,甚至帮你洗衣服、拖地。

### 2. 找好事业与家庭的支点

女人最终的角色定位多半是在家庭，是在婚姻生活，不再是可以任性的女孩了。但与此同时，也要积极地谋求事业的成就，在家庭和事业之间，必须做好平衡工作，使自己更加坚强有力。

通常而言，所有公司都要求员工敬业。工作繁忙，家庭事务繁多，这都需要女人花费更多的精力去解决。不同角色的冲突所产生的矛盾，是女人的内心产生压力阴影的源头，可以说事业与家庭的矛盾是从女人走入婚姻时就会产生的。处理这个矛盾一定要有足够的智慧，虽然家庭是自己的大后方，需要维持稳定，但也要为事业留下足够的时间和精力。毕竟，只有有了独立的事业才会有独立的经济基础，这样的女人才会不受制于任何事物，才会有独立的人格。

### 3. 不要对自己要求太高

每个人都有自己的抱负，有些人总喜欢给自己定一些力不能及的目标，不但把自己折腾得要死，还终日郁郁寡欢；有些人做事要求十全十美，一点点小过错都不允许犯，如此吹毛求疵，结果受害者是他们自己。聪明的女人会把目标要求定在自己的能力范围之内，只要尽全力做到便可以了，懂得欣赏自己已取得的成就，不用不现实的标准去判断自己，自然会心情舒畅。

### 4. 发泄愤怒情绪

人在生气时往往会丧失理智，失去常态，做出一些傻事。与其事后后悔，不如事前就懂得控制自己的情绪。发泄怒气有很多好的方法，如打球、唱歌、跑步，甚至可以像阿Q那样抱着笑骂由人的态度，这么做，至少可以让自己心情舒畅。

### 5. 不要过分坚持

从大处着手，眼光长远的人都是些做大事的人，只有一些无见识的人才会揪住小事不放。因此，凡事不要过分坚持，只要大前提不受影响，可以忽略些微小毛病，以减少自己的烦恼。

### 6. 放飞自己

在生活或工作中受到挫折时，不要总是纠结不放，不如停下来去做一些自己喜欢的事，如运动、逛街、爬山、睡觉和看电影等。等到自己心情平静时，再重新面对自己的难题，或许就会发现许多难题都迎刃而解，大脑变得异常清晰。

### 7. 找人倾诉

把烦恼埋藏在心底的人永远都不会高兴。只要不是重大隐私，完全可以将心事与好友们说说，这样烦恼便会减少许多，心情也会顿感舒畅。

### 8. 为别人做点事

帮助别人不仅是为了积德，在帮人的同时也可以使自己忘却烦恼，人自己存在的价值也得到了确认，没准还会为此获得珍贵的友谊，一举多得，何乐而不为呢？

### 9. 专注一件事

人的精力有限，不能过于分散。研究发现，构成忧思、精神崩溃等疾病的主要原因包括一项，那就是人们会因为处理过多的事务而压力过重，从而容易引起精神上的疾病。所以女性为了减少自己的精神负担，可以将精力专注于一件事，以免弄得身心俱疲。

### 10. 不要处处与人竞争

有些女人心理不平衡的原因是因为她们喜欢攀比，总是要和别人一较高下。这样常使自己处于紧张状态，压力就更大了。其实以和为贵是人与人相处的不二法门，只要你不把人家看成对手，谁会无缘无故地与你为敌呢？

### 11. 娱乐

娱乐是消除心理压力的最好办法，可以使人心情舒畅，而且有多种方式可供选择。

女人不要像蜗牛一样，总是背着重负前行。人活着都会累，关键在于能不能给自己的心理减压。过重的心理压力会导致身心疾病的产生，这对健康绝对无益。所以，女人在婚后要注意调整自己的心态，不断提高自己的适应能力，学会对各种现象作出客观的分析、正确的判断。只有这样，才能在生活中不惧怕困难，遇到矛盾时不退缩、不逃避、不忧愁、不沮丧，拥有足够的信心和勇气去面对和解决它们，使自己始终保持良好的心理状态。

智慧寄语

　　工作疲倦，便不思进取，每天混日子，庸庸碌碌过了一生；爱情疲倦，自然就没有了热情，精神气也不见了，导致爱情始终没有结果。

# 化解压力有妙法

　　现代女性所面临的生活和工作的压力越来越大，有些女性的身心健康已经受到了严重的影响。如何化解这些压力，至关重要。以下的一些方法，大家不妨试一试：

　　**1. 运用语言和想象放松**

　　通过想象，让自己的思维活跃起来，可以在短时间内放松身心，恢复精力。此法可以让自己得到精神小憩，从而变得平静安宁。

　　**2. 分解法**

　　把生活中的压力一一罗列出来，然后各个击破，你会发现，这些压力并不算什么，可以逐渐化解。

　　**3. 想哭就哭**

　　哭能缓解压力，所以不要害怕哭泣。心理学家曾给一些成年人测验血压，通过研究对比发现，87%血压正常的人都是会在恰当的时候哭的人，而那些高血压患者却很少流泪。由此看来，抒发感情对身心健康很有益。

　　**4. 遨游书海**

　　学习知识的时候，人会不自觉地忘却忧愁悲伤。读书可以使一个人在潜移默化中逐渐改变性情，变得心胸开阔、气量豁达、不惧压力。

　　**5. 拥抱大树**

　　在澳大利亚的一些地区，很多人都会在散步时选择拥抱大树，这是他们减轻心理压力的一种有效方法。当地人说："拥抱大树可以释放体内的快乐激素，从而神清气爽。而与之对立的肾上腺素，即压抑激素，则会因此而消失。"

　　**6. 运动消气**

　　现在出现了一种新兴的行业叫做运动消气中心。在那里，有专业的教练指导人们如何大喊大叫，通过扭毛巾、打枕头、捶沙发等行为发泄心中的烦恼、愤怒。此法可以借鉴到运动上来，做一些有氧运动也很有效。

　　**7. 看恐怖片**

　　有专家称，人们对工作的责任感造成了压力。对此，人们需要的是鼓励，是打起精神进一步面对压力。所以当放松已经失效的时候，倒不如激励自己去面对另类压力，例如看一场恐怖电影，没准能"以毒攻毒"。

　　**8. 嗅嗅精油**

　　在欧洲和日本，芳香疗法越来越受到女性的欢迎，这些从芳草或其他植物中提炼出来的精油能通过嗅觉神经对人类大脑边缘系统的神经细胞进行刺激或平抚,从而舒缓神经紧张和心理压力。

**9.多吃顺气的食物**

(1)萝卜能顺气健胃,有清热消痰的作用,十分适合气郁上火生痰者。青萝卜疗法最好,红皮白者次之。萝卜最好生吃,但有胃病的女性会因此刺激胃部,则可将其做成萝卜汤喝。

(2)啤酒能顺气开胃,消除恼怒情绪。但不能用白酒代替,有人生气后喝白酒,由于酒能助热,容易引起血压骤升、出血,反而生病。

(3)沏一杯玫瑰茶,让玫瑰花的香气顺理气息。

(4)藕能通气,还能健脾和胃。以水煮服或稀饭煮藕疗效最好,是养心安神的上品。

(5)茴香的子和叶都有顺气作用。炒菜,做馅料,都是不错的选择,可顺气、健胃、止痛,对生气造成的胸腹胀满疼痛疗效显著。

(6)山楂能顺气止痛、化食消积,可以缓解生气导致的心动过速、心律不齐等不适。

另外,如糙米、蔬菜、牛奶、瘦肉等含维生素 B 的食物,还有洋葱、大蒜、海鲜等含硒较多的食物,都有减压作用,每天多补充维生素 C 也有一定的帮助。

**10.穿上称心的旧衣服**

平时心爱的衣服裤子即使旧了,也要留着,郁闷时拿出来穿穿,心理压力不知不觉就会减轻。因为穿了很久的衣服会使人产生特殊的感受,容易沉浸在对过去生活的眷恋中,情绪也会为之高涨,从而缓解当前的压力。当人们穿上自己认为非常舒服的衣服时,心态会不自觉地摆正,就从而重新鼓起面对现实的信心和勇气。

最后教大家一套解脱精神压力的五节操:

第一节:站立呼吸。

身体直立,头微抬,双腿并拢,闭目宁神。右臂屈肘,自然伸开五指,轻微抚胸。左臂屈肘,自然伸开五指,轻微按腹,进行 10～20 次深呼吸,双手随之起伏。然后双手交换上下位置,重复进行一次。反复做 2～4 遍,整个过程中呼吸要均匀有节奏。

第二节:倾身呼吸。

身体直立,双腿并拢,距墙半步。双臂屈肘,自然伸开五指,双手稍向上扶墙,身体向前倾,展平肩臂,闭目宁神,进行深呼吸 10～20 次。还原后重新来一次,反复做 2～4 遍。整个过程中身体要倾斜挺直,挺胸收腹,保持呼吸均匀。

第三节:俯身按腰。

身体直立,双眼睁开,面带微笑,双腿并拢。向前弯腰俯身,双腿和后背保持挺直,目视下方。双臂屈肘向后,双手按腰向下至臀,配合均匀的呼吸,由腰至臀往复上下按压 10～20 次,也可以适当拍打、轻捶。反复做 2～4 遍,每遍间隔 2 分钟。注意身体要直立,不可太紧张,背腿挺直,按拍动作要轻柔。

第四节:转身展臂。

端坐椅上,右腿叠压在左腿上,上身向右转,目视身后。右臂屈肘,手扶椅背,左臂稍屈肘,五指并拢伸直。这时,保持上身不动,左臂向左伸展,尽量伸至身后,配合均匀的呼吸,左手臂伸展 10～20 次后。然后双腿及双手臂交换位置,上身向左转,右手臂伸展 10～20 次。如此反复做 2～4 遍,过程中上身要保持平直不动,双腿叠压坐稳,不要落下,展臂尽量有力。

第五节:弯腰扶地。

端坐椅上,睁开双眼,面带微笑。向前弯腰,双腿屈膝平直,双臂在双腿外侧向下直伸,五指自然伸开,用手指扶地。然后,抬起身体,开始吸气,停 3 秒钟;弯腰时再呼气,如此扶地 5 秒钟。反复做2~4遍,过程中呼吸与动作要协调一致,弯腰时胸腹尽量贴紧大腿,弯腿屈膝成直角,双臂伸直,手指一定要扶地。

现代女性所面临的生活和工作的压力越来越大,有些女性的身心健康已经受到了严重的影响。如何化解这些压力,至关重要。

# 心态积极,个性迷人

俗话说:"人如其面,各有不同。"大千世界中的每一个女人都有其独特的个性,性情温柔的、脾气火暴的、谈笑风生的、沉默寡言的……正因为如此,女人才会性情各异、风情万种,同时,每一个女人都希望自己的个性能够独树一帜、迷人万分。所谓迷人的个性,即指能够吸引人的独属一人的性格特征。那么,怎么才算有迷人的个性呢?

如果你温柔可人、乐观自信,同时还能做到有主见,具有极强的自制力,那么你就是一位拥有迷人个性的现代女性。许多美好的个性都取决于是否拥有积极的心态。

拥有积极心态的人具有个性吸引力,它会影响你说话时的语气、姿势和面部表情,你说的每一句话都会因此显得十分积极,乐观的情绪会感染其他人,甚至影响他们的思想。

拥有积极心态的女人面对生活和工作中的任何挑战都信心百倍,同时不畏惧困难,甚至越难越敢攀登。

拥有积极心态的女人从不唉声叹气,愁眉苦脸不是她们的表情,她们始终坚信任何事情都会好起来的。

拥有积极心态的女人不目空一切,不盲目清高,她们善解人意,对团队合作能力极为看重。

要想拥有积极的心态,你可以在生活中多做一些自我暗示:

(1)我一定会获得幸福的;

(2)我的能力很强,这件事不在话下;

(3)我的生活会一天天变得更好;

(4)现在就做,便能使梦想变成现实,继续努力;

(5)我健康,所以我快乐,我感觉很好。

如果你能一直这样暗示自己,乐观的情绪就会渐渐走向你,你也会因此更加快乐。

那么,什么样的心态才是积极的心态呢?

## 1.决心

最重要的积极心态是决心,它能决定人的命运。

决心,表示没有任何借口。拥有决心,就拥有了改变的力量,人生往往因此而得到新的发展。

## 2.企图心

企图心是一种成功的意愿,是对达成自己预期目标的期盼。

人人都想成功,但不能仅仅依靠一点希望,否则成功不会来临。首先,要有强烈的企图成功的心,这样即使遇到苦难险阻需要作出牺牲时,我们也不会退而求其次,或者干脆放弃。

所以,要成功,强烈的企图心必不可少,就像你有强烈的求生欲望一样。

## 3.主动

将命运交给别人安排的人永远处于被动,他们消极地等待机遇降临,可机遇却从来不关照他们。

凡事都应主动,主动才会有收获。被动的人只会将机遇送给别人,而主动的人则会得到机遇。

### 4. 热情

没有人愿意跟一个冷淡无情的人打交道,如果你是一个没有工作热情的员工,领导根本不会重视你。一事无成的人往往都是那些没有热情或者表现出三分钟热度的人,而成功者总能表现出持久的耐力,对所做的事情充满持续的热情。

### 5. 爱心

你一切行动力的源泉恰是你内心的爱。

缺乏爱心的人,没有人愿意接近他,更没有人愿支持他,因而可能让他远离成功。

爱心决定你的影响力和团结力,没有爱心的人想要成功,难上加难。

### 6. 学习

信息时代的核心是竞争力,要想让自己拥有竞争力就要不断学习。如今的信息更新周期已经缩短到4年左右了,落后于时代成为我们每天都会面临的危机。逆水行舟,不进则退,你不学习,别人学了,你便退步了,便失去了成功的机会。唯有比别人学得更多,知道得更多,你才有可能立于不败之地。

### 7. 自信

什么叫自信?不是你已经得到了觉得自己值得拥有的是自信,自信应该是相信自己能得到还没有得到的东西。

建立自信的基本方法有三个:第一是不断地取得成功;第二是认为自己能够成功;第三是将自己已经取得的成功形成一种神经语言,移植到你需要建立信心的新领域中,这样就会更容易成功了。

### 8. 自律

自律就是要克制人的劣根性,否则人性的弱点会拖累你走向成功的步伐。很多人拥有昙花一现的成功,根本原因就在于他缺乏自律,被劣根性、小毛病吞噬了。

自律,是人生的另一种坚强和快乐。

### 9. 顽强

成功有三部曲:敏锐的目光;果敢的行动;顽强的毅力。这其中,最关键的是要有持续的毅力,要顽强地拼搏。敏锐的目光能够帮助你发现机遇;果敢的行动可以帮助你抓住机遇;唯有持续的毅力,不断的拼搏才能帮你把机遇变成真正的成功。有一句名言:只要你坚持做一件事,那么你为之所放弃的就会在最后以另一种形式得到。

**智慧寄语**

积极心态,是能够应对任何情况的正确心态。

# 保持心理健康

社会的进步,科技的发展,让人们的生活压力越来越大,而追求高质量的生活也成了人们最大的愿望。尤其是女性,在生活和工作的节奏不断加快、竞争日益激烈的情况下,心理压力格外大,家庭和事业的双重压迫导致了许多心理问题。

什么样的心理才是健康的呢?

### 1. 情绪稳定乐观

稳定乐观的情绪是女性心理健康的主要标志,拥有此心态的人能适度地表达和控制自己的情绪,生活态度乐观向上。人都有喜怒哀乐,不愉快的时候都想释放情绪以期心理上感觉平衡。但是,情绪发泄不能太过分,否则会对生活产生一定的影响,甚至加剧人际矛盾,这终究是无意义的。即使是情绪稳定乐观的人也会有不高兴的时候,但他们能够合理排解,使积极情绪多于消极情绪,而且他们的喜怒哀乐会因此处于相对平衡的状态。

### 2. 人际关系和谐

心理健康的人,人际关系会十分和谐,因为他们信任和尊重别人,能够设身处地为他人着想,从而人们也会相信并尊重他们。这种人,无论从事什么性质的工作,和公司、部门的同事都能融洽相处,对家人也会很亲近。

当然,这些人不会和他人一点矛盾都没有,不过,他们总能在发生矛盾时积极主动地去解决,并以此取得良好的效果,从而维护良好的人际关系。

人际关系中,正面积极的关系和负面消极的关系共存,调节良好的人际关系对人的心理健康很有裨益。

### 3. 正确地认识自我

人要清楚地了解自己的优点和缺点,积极地发扬优点,并且主动地完善不足之处。这些人不会因为优点而骄傲自大,也不会因为不足而自卑。他们只会不断地弥补自己的不足,谦逊于成功之处,即使获得成功也能保持愉快乐观的态度。

### 4. 热爱学习、生活和工作

心理健康的人绝对是热爱生活的人,他们对生活充满好奇,喜欢学习,不断丰富自己。对他们来说,不但要按时上下班,更要富有创造性地去工作,努力完成工作任务。工作对他们而言是一种乐事。

### 5. 生活目标切合实际

为自己制订符合实际情况的生活目标,不要好高骛远,否则就会产生挫折感,从而失去前进的动力。

### 6. 与外界环境保持接触

人的需要是多层的,与外界充分接触可以让自己的生活更加丰富,精神状态也会更好,同时还能及时调整自己的行为,以便更好地适应环境。

### 7. 保持完美个性

女人个性中的能力、兴趣与其性格气质有着很大的关联。一个女人的心理特征必须完整、和谐,才能让能力得到最大的施展。

### 8. 具有一定的学习能力

为了适应社会的需要,人们必须跟上时代的步伐学习新知识。只有这样,才能使生活和工作都得心应手,少走弯路,也就更容易获得成功了。

### 9. 行动自觉果断

心理健康的人有着明确的目的,做事有方向,他们能果断地作出决定,并且可以始终如一地坚持自己的决定,不惧艰难困苦。

### 10. 有限度地发挥自己的才能

人的才能和兴趣爱好是需要展现的,但才能与兴趣爱好的发挥必须控制在一定限度之内,如果妨碍到他人利益,损害了团体,就会引起人们的反感,徒增烦恼,无益于身心健康。

那么,在充满竞争的现代社会里,怎么做才能保持心理健康呢?

第一,应该正确地认识竞争。有竞争就会有成功和失败,要学会胜不骄、败不馁,要有不甘落后的进取精神。

第二,对自己的评估要恰如其分,要客观,努力缩小"理想我"和"现实我"之间的差距。

知己往往比知人更难,人们对自我的认识总是很肤浅,所以会形成心理异常。

有些女性过分依赖环境,对自己的能力无法作出客观判断。一旦遭受失败就认为自己不行,并且因此束缚自我、贬抑自我,以致产生焦虑,最后毁了自己。

还有些女性能够明确自己做事的动机、目的,对自己的能力有适当的估价。她们从不随意说"我不行",也不会毫无顾忌地说"没问题"。她们充满自信,但很有分寸,懂得尊重人。在认识自我的前提下,她们总能战胜困难,最后取得成功。

接受现实的自我,选择适当的目标,通过良好的方法,坚持到底,决不放弃,就能胜利。不做自不量力之事,不要因此导致心理冲突和情绪焦虑,这样才能维持心理健康。

第三,面对现实,适应环境。

能否面对现实是一个人心理正常与否的重要标准。心理健康的职业女性总是能认清现实,活在当下。她们能发挥自己最大的能力去影响环境,从而改造环境,最终实现自己的主观愿望;在力不能及的情况下,她们又能果断改变目标,或另觅他法以适应现实环境。

在现实生活中,职业女性具备特立独行的精神,人云亦云、随波逐流不是她们的风格。失去自主性,焦虑就会产生,所以无论做人还是做事,都要有自己的原则。

另一方面,职业女性要注重朋友的忠告。过于自我,自以为是只会落得形影相吊。如果一个人的想法、言谈、举止总是与现实格格不入,受人质疑,又如何能获得心理健康呢?

第四,结交知己,与人为善。

乐于与人交往是很好的心态,有助于建立良好的人际关系,是职业女性心理健康的必备条件。良好的人际关系,可以帮助我们获得更多的信息,与人分享各种心情,从而促使自己不断进步,保持心理平衡、健康。

第五,努力工作,学会放松。

工作不仅仅是获取物质生活保障的工具,它还应该表现出个人的价值,从而使我们获得心理上的满足。一个人若能在团体中表现自己,那么他的个人社会地位也会提高。

另一方面,不少职业女性因为生活节奏的加快、工作的忙碌而产生紧张的情绪,倘若她们又不懂得放松,就会产生心理异常了。合理地安排休闲放松的时间,常常出去走走,多和朋友聚会,参加一些社会性的活动,可以让生活更加丰富多彩,不但精神愉悦,身体也会恢复健康。

智慧寄语

健康的心理对人们,尤其是女人非常重要,女性有必要关注自己的心理健康,让工作、生活更幸福。

# 宽松的心理环境需要自己营造

每个人都生活在纷繁的社会中,但同时也拥有自己的心灵小世界。

个人的内心是无法改变外部世界的,如果想要心情愉悦些,就只能在茫茫人海中营造属于自己的"心理乐园"。

通常而言,一个人的心境、心态决定着他是否愉快,是否有足够的能力适应外界的压力,并能与之抗衡。在职场竞争日益激烈的今天,人们的生活节奏不断加快,女性要懂得为自己营造一个宽松的心理环境,创造属于自己的"心理乐园"。

### 1. 认识事物的两面性

任何事物都具有两面性,利与弊总是同时存在,不可能缺少一方。聪明的女人应该懂得如何区别利弊的大小差距,从而"择其大舍其小"。趋利避害是人们做出选择时需要考虑的基础因素,只有利大于弊,事情才能做得好,但这要从长远的角度去看。眼前的利益再诱人,如果对后面的发展不利,那就应当舍弃,而要去追求潜在的、有发展前途的"大利"。

做事之前心里要有准备:有利有弊是不可避免的,趋利避害是很难的事情,所以即使遭遇失败,也不要因此失落,同时不要因为得到而狂妄。如此面对生活,就能心境坦荡没困扰。

### 2. 不要回首往事

人在遭遇艰难的时候最容易抚今追昔,于是,消极的情绪就不可避免地产生了。

美国前总统尼克松从政多年,结果因为"水门事件"被迫辞职,是20世纪美国历史上的第一个遭此坎坷的总统。年过八旬时,尼克松夫人逝世,老人再一次受到打击。但是,尼克松挺了过来,面对事业和个人生活中的不幸,他感慨地说:"不可回首往事,只能向前看,这才是长寿的秘诀。你要找些让你为它生存下去的事,否则生命很容易消逝。"正因为如此,他在卸任后埋头著书,完成了9部作品,畅销于世界各地。在他看来,过多地回忆只会给自己带来心理伤痛,于健康无益。

从心理学角度来说,回忆也可以产生一种心理压力。不管是幸福的回忆,还是悲伤的回忆,只要记忆涌上心头,总是别有一番滋味。过去的辉煌可能与今天的失落形成对比,过去的甜蜜也可能早已淡化,而痛苦的记忆却因为回忆变得更苦涩。所以,不要回忆往事,心情自然就会轻松许多。

### 3. 远离忧愁

在心理重创中,忧愁绝对是罪魁祸首。当用尽寻常办法都无法驱赶这个"杀手"时,还有一招"以毒攻毒"可以试一试。

有一个英国商人遭遇了生意上的失败,负债累累,萎靡不振,形同槁木。一天,他看见一个坐在轮椅上的残疾人,他的双脚被截断了,可仍然神采奕奕地向商人问"早安"。商人一瞬间受到了启发和刺激,羞愧难抑,他回到家里,在镜子上写下这样几句话:"我一直闷闷不乐,只因为没有鞋子穿,直到有一天我在街上看到了一个没有双脚的人!"从那以后,商人振奋精神,努力工作,不但还清了所有债务,还把生意越做越大。

当忧愁袭来时,你可以想象一些更糟糕、更痛苦的境遇,这样便会觉得现在的遭遇不算什么了。这种心理的自卫举措就是一种"以毒攻毒"的方法,用更糟糕的心境来抚慰现有的小挫折,心情自然会豁然开朗起来。

### 4. 理智消费

与别人攀比,不管是在生活上,还是在事业上,都很容易陷入"不平衡"的心理陷阱中。

国外有一位积攒了上亿财富的有钱人,有一个很怪的生活信条:过收入低的日子。为什么明明拥有大量财产,却要把自己的生活弄得很清贫呢?有钱人说:"钱多也是一种压力,我这样做不仅仅是节俭,更希望得到一种心理平衡。追求奢华会没有节制,而保持简朴的生活能消磨攀比的心理,这样反倒惬意。"

攀比、嫉妒是女人的天性,现在很多女人都希望职位一定比别人高,薪水一定比别人多,生活质量一定比别人好,结果在攀比中弄得精神紧张,郁郁寡欢。其实,舍去一些不切实际的生活目标可以为自己减压,避免自己为了过度的追求而变得疲惫不堪。

**5.学会宽恕**

宽恕是人间的一大美德,它的心理价值是不可估量的。

有一位政治家,年轻的时候曾在一个有钱人家干活,主人对他十分苛刻,百般刁难。后来那户人家破产了,而这位政治家却成为了政坛的风云人物。有一天,当那个破落家族的小儿子怀着不安和羞愧找上门来,希望政治家帮助他谋取一份工作时,政治家非常热情地接待了他,并为他安排了很不错的工作。

**智慧寄语**

一个人的心境、心态决定着他是否愉快,是否有足够的能力适应外界的压力,并能与之抗衡。

# 成功女人的心理调整

女人在职场上承受的压力比男人更大,因此,女人要想事业有成,良好的心理素质是必备的。进行有效的心理调整,可以帮助女人培养过硬的心理素质。那么,如何进行调整呢?

**1.拥有自信**

每天早上起床后,不妨对着镜子里的自己大声说:“我很好,我很好,我真的、真的、真的很好!”此种精神鼓励法可以使人一整天都充满活力。

**2.完整独立的自我**

成功女性要具备独立的人格。首先是经济独立,成功的女人有自己的工作,从不依靠任何人,坚实的经济基础不但可以维护她们的自尊,而且可以为建立家庭地位奠定基础。通过经济的独立,她们享受到了成就带来的满足感。其次,女人的精神更要独立,她们不是男人的附属品,不会冷落自己的朋友,交友、读书、娱乐等各种活动都是她们用以充实自己内心的方式。即使没有爱情的滋润,她们也会活得自在而潇洒,这是她们的生活准则。她们不会为不爱自己的男人折磨自己,也不会因为男人的承诺而满怀期待地傻等。成功的女性,不依赖别人的力量而活,她们只相信自己。

**3.宽容**

世间万象,对与错没有绝对的概念。许多女性都希望通过嫁人解放自己,希望以此衣食无忧,甚至锦衣玉食;而有些女性则独立顽强,要靠自己一步一步闯出一方天地。聪明的女性不管选择了哪一方,都不会因此与朋友产生隔阂。每个人都有自己的生活理念,自己的生存道路是自己选择的,理解他人的生活方式,对自己也是一种修炼。成功的女性能够包容、尊重别人的选择,而对自己的选择则能够坚持到底,决不放弃。

**4.“铜钱”性格**

成功女性的性格应该像一枚铜钱,外圆内方。外表一定要温柔如水,甚至可以圆滑一些,但内心一定要坚强,要有是非观念。她们没有狂热女权主义者的幼稚,更不会用一副盛气凌人的女强人的面孔去看人。她们可以区分坚强和强悍的差别,只要坚强,而不追求强悍。同时,她们也不会太过坚硬,而是懂得用最温柔的行为出击,争取属于自己的合理的待遇,找到自己最合适的位置。聪明的女人不是抛弃男人与爱情的工作狂,她们懂得用理智控制爱情的发展,同时又不过分依赖爱情。她们能够享受爱情带来的甜美,不刻意做作,让感情变得真挚而可靠。男人亲近她们,却从不敢轻侮她们。

### 5. 时时在进步

身处日新月异的科技时代,如果你原地踏步,就面临着被淘汰的危险。成功女性深深明白这一点,所以她们不断地充实自己的知识水平,提升自己的知识和技能。她们或许很聪明,但不一味倚仗聪明,而是通过后天努力地创造,不断增添信心,不断完善女人特有的雄心。

### 6. 幽默是最大的智慧

脸上的笑容是内心欢乐的体现,也是呈现给世界的一份美好礼物,美丽的笑容可以感染周围的人。没有幽默的智慧、不懂得自嘲的人永远闷闷不乐,烦心事总是围绕着她,一生也得不到快乐。成功女性懂得使用幽默,使用自我解嘲,知道如何排解苦恼。因为,她把快乐放在自己的手心里,而不是维系在别人的言行上。

### 7. 美丽是永恒的追求

女人都很贪心,尤其是对美的要求。成功女人不一定天生丽质,但都能通过适当的打扮来美化自己,让每一天的心情跟着衣妆亮丽起来。她们的美丽不是为了取悦男人,更不是为了虚荣,而是热爱生活与维护自尊的一种表达方式。

### 8. 酷

酷不是耍酷,而是一种遇事冷静、临危不乱的心态。成功女人不因为女人的身份而享有特殊待遇,她们不会在遇到危情时吓得脸色苍白,一边惊慌地哭着,一边往男人的怀里钻。她们独立,有头脑,更有胆量和智慧,以此克服困难。不过,她们不会因此而过于强悍,也懂得在什么时候安慰男人,展现出女性温柔的一面,照顾男人的自尊,从而赢得他真心的喜爱。

### 9. 活力四射

成功女性会竭力打理好自己的事业,她们踏实、勤奋、敬业,即使工作很普通,也能热忱地去经营,做一个有干劲的女人。但是,她们不会在职场上拼得头破血流,你争我夺,而是会为自己设定一个奋斗目标,一步一步地去完成、实现,最终拥有属于自己的事业。

### 10. 家庭事业两平衡

成功女性善于在家庭和事业之间求得平衡,可谓是走钢丝的高手。职场上,她们业绩出色;家庭中,她们面面俱到,无论发生什么,她们都能够从容应对。她们懂得在职业女性与贤妻良母之间进行角色的转换,从不将两者混淆,更不会因此让自己错乱难堪。

智慧寄语

女人要想事业有成,良好的心理素质是必备的。

# 第五章　聪明女人应随着年龄而改变

## 女人的一生决定于二十几岁

二十几岁,是女人一生中最美好最短暂的时光。二十几岁的女孩留着一头飘逸的长发,拥有健康的身体。青春是一种责任,它充满了理想与信念,充满了希望与激情,让我们深刻地感受到青春的激情在年轻女孩中间迸发、激荡和升华。

女人在二十几岁的时候学到的东西和遇见过的事情,是一生当中最宝贵的财富。在这个充满青春活力的岁月里,不断地树立新的目标,再用我们年轻的生命努力地去创造奇迹,实现我们的梦想,女人将会受益良多。

**1. 青春就是要敢想敢做**

高中刚毕业的小莲,开始了找工作的生涯。在这个大学生遍地都是的时代,几次碰壁后,拥有高中学历的她只找到了一份"电梯小姐"的工作。每天面对的都是不同的面孔,但每个面孔都是那么冷漠和陌生,而且无视她的存在。随着时间的推移她的思想发生着转变,她想:我才20岁,不能一辈子就这样被人看不起,待在这个狭小的空间里。想到这里,她做出了一个重要的决定:"重新返回校园,考入大学。"

对她来说,做出这个决定是很困难的,这将严峻地考验她的毅力。对她的家人来说,女儿放下书本这么久了,还能顺利地拿起来吗? 况且,回学校后,能受得了那么大的压力吗? 万一考不上怎么办,能再找到工作吗? 这同样是对心理的挑战。摆在面前的现实不但困难重重,而且顾虑很多,但在经过激烈的思想斗争后,她得到了家人的支持,毅然决然地选择了重返校园。

可想而知,放下书本那么久的她,数学和英语成绩非常差。在第一次考试中,她的英语只得了10分。看着自己红红的分数,小莲的心里像打翻了五味瓶一样,眼泪不经意地流了下来。在那次考试后,老师召集同学开了个会,在会上点了不及格同学的名字。但是,老师并没有点她的名字,她知道老师没有放弃她,她更不应该放弃自己,在这件事情上,老师让她明白,一定要放下心里的负担,奋发向上专心学习。

在后来的日子里,早晨5点,教室第一个出现的人总是她;晚上10点关门最后一个走的人也是她;她还利用课间、午休的时间,努力学习。每次坚持不住的时候,她都会想起自己的梦想和自己的父母,想想曾经经历过的那段痛苦的日子。就这样,在她的努力下,第二次英语考试她考了60分,这个坚强的姑娘再一次流下了泪水。这一次是激动的泪水,这个分数对其他人来说虽然是微不足道的,但对她来说,却意义重大。

坚持了一年之后，迎来了那个期待很久的六月，那个对高三学生不同寻常的六月。胸有成竹的小莲走进了考场，这将是她人生的转折点。苍天不负有心人，小莲以优秀的成绩考入了北京某名牌大学，实现了自己的梦想。

年轻就是要敢想敢做。小莲让我们懂得，用青春的激情燃烧岁月。她清楚地制定出一个目标，并且在现实中逐步实现。二十几岁，正是年轻气盛的时候，每个人心里都有着一个梦想，我们应该奋发向上地朝着自己的梦想前进和奋斗。

**2.把幻想变成触手可及的现实**

有一个很出色并且爱做梦的女孩叫梦梦，她一直对未来毫无概念，没有任何明确的理想目标。上大学的时候，她不想虚度周末的时间，于是去做兼职——在超市门口发传单，对她来说，这是受到启蒙的一份兼职。

那是一个非常寒冷的冬天，寒风凛冽，站在超市的外面被冻得浑身发抖的她，还要遭受路人的歧视，寒冷中遭受冷漠又觉得无助，使她感受到了这份工作的辛酸。当她看到超市进进出出的一家三口时，从心底里觉得那是一件非常幸福和快乐的事情，心中隐约产生了羡慕之意。就在那一刻，寒风彻底地吹醒了她的头脑，她心中暗想：自己要做一个收入不错的白领，周末可以自由自在地和家人一起逛街，买好多东西。虽然这是一个比较单纯的目标，但却很坚定。

在后来的日子里，她拼命地学习——别人学习的时候，她也在努力学习；别人休息的时候，她在努力学习。每当觉得累的时候，她都会想起那个寒冷的冬天，然后她就会为了自己的那个目标坚持不懈地奋斗。

吃得苦中苦，方为人上人。目标决定成就，她考取了某名牌大学的研究生。研究生毕业后她实现了自己当优秀白领的愿望。现在，每到周末她的一家三口就会幸福地去超市购物和逛街，走进超市的那一刹那，她仿佛看见了几年前的那个站在寒冷冬天中被风吹醒的自己的影子。

充满幻想是很多二十几岁女孩的思维方式，但是只有把幻想制定成目标，幻想才有可能成为现实，一个触手可及的现实。

二十几岁的目标更能造就人。不一定非要有着宏大的目标，其实一个小小的目标也可以让人受益匪浅。比如"我每天都早起10分钟背单词"坚持一个月，这件事听起来很简单，但是做起来却是一件很难的事情。每天坚持早起10分钟，一个月后毅力和词汇量都在突飞猛进的增长。

二十几岁正值青春年华，有着大把的青春可以肆意地挥霍，也有很多需要学习的事情和值得憧憬的未来，首先为自己制定一些近期和长远的目标，不管目标大小都会使你的青春更加精彩。

梦想就像一场疯狂的接力赛，青春就像一支被传递的接力棒，接力棒只有在疯狂的接力赛中才能发挥出它应有的光芒！

*智慧寄语*

女人在二十几岁的时候学到的东西和遇见过的事情，是一生当中最宝贵的财富。

# 二十几岁，扔掉理直气壮的想法

许多女孩到了二十几岁后，会变得比较任性，而且产生了一些稀奇古怪的想法，很叛逆。社会不是一个可以放纵任性的地方，不要过于骄傲，也不要认为自己是最优秀的，那些应有的理直气壮也要慢慢地收敛。请放下"理直气壮"的坏脾气，听取一些身边人给出的意见，在适当的时候忍耐一下,不仅可以体现出你的涵养,而且还会让你成为比较受欢迎的女孩。

小蕊是个家里很富有而且非常任性的女孩,她漂亮、善良、大方。大学时她认识了一个网友,刚开始的时候小蕊被男孩的帅气外表和甜言蜜语深深地迷住了,男孩自称是某名牌大学的高才生,小蕊信以为真。男孩很大方地为她花钱,而且常常约她出去玩,身边的朋友觉得事情很蹊跷,都劝她提防一下。可是这时小蕊的心早就深深地陷进了爱的世界,她对他说的话深信不疑,根本不理会身边人的意见。

过了一段时间,男孩得知小蕊是一个比较善良感性的女孩,就编了一些无中生有的谎言,以此骗取了小蕊的同情心。例如:父亲病了,家里需要很多钱,可是自己手里没有那么多钱,于是产生了退学的想法。单纯的小蕊看到自己所爱的人这么孝顺,更加对他产生了爱慕之意,她不想让心爱的人退学。因此,小蕊以要换电脑为借口,向家里要了一笔钱给了男孩。

男孩尝到了甜头,接连不断地用各种理由向小蕊要钱,痴情的小蕊被他的谎言所蒙蔽,甘愿掏钱给他。有一次,男孩说要为自己的将来做打算,想去深圳上学,需要一大笔钱,小蕊一听就编了许多跟父母要钱的理由。当父母开始怀疑她的时候,小蕊的理由都那么充分,父母也就没再问下去了。但她不知道自己再次受骗了,小蕊的朋友多次警告过她,可她已经把这个男人当成了自己的全部,根本听不了别人说他半句的不是,直到最后,身边的朋友都慢慢地与她疏远了。

当男孩从深圳回来的时候,小蕊激动地接过男孩手里的证书欢喜了好久,可她却无从得知这个证书是假的。最后,男孩提出要出国留学,这次要花的钱数目太大了,小蕊跟男孩商量要将此事告诉父母。男孩为了能得到钱,很纠结地答应了小蕊。

当小蕊把自己和男孩的所有事情都告诉父母后,饱经世事的父母经过商量之后,决定要在男孩出国前见他一面。晚餐的时候大家都很高兴,最后小蕊的爸爸要来男孩的身份证,说要帮他办护照用。第二天下午,男孩就被警察带走了……

原来,小蕊的爸爸一直觉得这些问题都很蹊跷,于是假借帮男孩办理护照之机,要来他的身份证,马上去公安局报案和调查。原来那个男孩是一名在逃的通缉犯,许多女孩都被他骗过!他遇到小蕊的时候,觉得她是一个非常痴情的女孩,而且家里又很有钱,因此产生了骗取其钱财的想法。小蕊知道此消息后,彻底崩溃了,被送进了精神病医院治疗。

小蕊被爱情冲昏了头,不顾身边朋友的劝说,弄得遍体鳞伤。二十几岁的女孩,涉世未深,一定要积极听取别人的意见,虚心接受亲人朋友的批评和长辈的教导,否则受伤最深的肯定是自己。

黎黎从小就是很优秀的女孩,非常勤快,可就是有一点非常不好:她永远都认为自己做的一切都是对的,听不进去任何人的意见。在公司里,她每天都提早上班,把办公室的桌子和地板收拾得干干净净。当其他人需要帮忙时,她也总是随叫随到。父母常常劝她:"有那么多时间不如多跑跑客户,别把时间浪费在跟工作无关的事情上面,而且还搞得自己身心疲惫。"

可是黎黎却有着自己的如意算盘,她觉得做这些事情虽然很累,但是用这样的方式能够得到大家的认可,大家都会喜欢她,只要付出努力,最后一定会升职、加薪。她从不听取父母的意见,仍然坚持投入自己的全部力量,以这种方式博得大家的认可,因而她的销售业绩根本没有什么大的变化。

同一部门的慧慧却和黎黎截然相反。她常常出去跑客户,一有空闲时间就去搜集资料和调查市场形势。做事认真细心、能力比较强的她,在公司内外建立了良好的人际关系网。

过了些日子,在公司公布的加薪名单中,没有勤劳的黎黎,却出乎意料地出现了月销售冠军慧慧的名字。

年轻的黎黎思想那么落后,以为体力劳动就能够换取在公司的位置,却不知道在这个高科技的时代,一切都要靠能力说话。她万万没有想到,正是因为她的叛逆,忽视了父母的意见，才白白浪费了大量的精力和时间。

二十几岁，总是有着自己独特的想法，总是觉得"天下唯我独尊"，活在自己的世界里。这个年龄段的人年轻气盛，总是"一意孤行"和"理直气壮"。刚毕业就认为这个社会是留给自己的，认为自己是个战士。殊不知，涉世之初，需要学习的东西还有很多。

年轻人应该多听听周围人和长辈们的意见。要静下心来学习他们的经验，毕竟他们是过来人，他们是站在你的角度上，出发点是为了你好。要虚心接受饱经沧桑的长辈们教给你的在校园里不曾学到的知识，这些知识将会让你受益一生。

丢掉"理直气壮"的想法，因为这种想法非但不会得到认可，反而会危害到你。多听听周围的朋友和长辈们的意见，从他们当中吸取一些经验！

### 智慧寄语

丢掉"理直气壮"的想法，因为这种想法非但不会得到认可，反而会危害到你。

# 二十几岁，不要总对事业充满幻想

俗话说，"初生牛犊不怕虎"，二十几岁的女孩会把一切都幻想得无比美好，她们什么都不怕，总是幻想自己有着很好的工作，有着丰厚的月薪和昂贵的跑车……在这个年龄段里，她们对未来抱有很多憧憬。

二十几岁的女孩们，要把幻想变为希望，在希望的道路上踏踏实实，稳扎稳打。注意细节才能实现未来，才能把希望变为成功。

"找工作"对每个大学生来说都是个很头疼的问题。他们的就业面临着很多现实问题，比如，专业问题、经验问题、户口问题等，而女生还要面临"性别"问题。

> 小佘是北京某本科院校毕业的大学生，各方面都很不错，而且成绩也非常优异，学的又是医学专业，刚毕业的她选择留在北京找工作。有一次她打电话去一家医院询问的时候，人家问："请问你是北京户口吗？"小佘说："不是。"医院那边马上说："哦，对不起，我们只要北京户口的。"小佘没有得到面试的机会，优秀的她面临的就是户口问题。

> 园园学的是比较热门的新闻专业，可是她在就业的时候遇到了性别的问题。面试的时候，她看到公司面试她的考官对她的回答很满意，于是放松了一下紧张的心情。这时，考官问园园："你有男朋友吗？"她惶恐地说："有。"然后考官说："如果你男朋友愿意来本公司工作，就可以顺便带上你一起来工作……"

像小佘和园园遇到的问题比较典型。现在很多大中城市的企业，为了能省去多余的开销，都希望招用本市户口的人员。而"性别"问题始终是人们最关注的问题，曾经有一家公司跟一个本科院校合作，公司一方对学校说："我们要是收你们一个女生，你们就必须给我们两个男生。"

国家政策法律一直都在"警告"企业不准性别歧视，可是仍然没有解决现实问题。由于女生要面临结婚、生育等现实问题，在特殊行业里根本无法将精力全部投入到工作当中，而且比较容易感情用事，因此企业为了自身的利益不愿意招收女生。

二十几岁的女孩们，一定要趁着现在好好积累各方面的经验，掌握本领，为自己的就业打下一个良好的基础，认真踏实地干好你的第一份工作。

在找到了第一份工作之后，很多二十几岁的女孩都希望很快得到加薪和升职，并没有全身心地投入到工作当中。其实,每位年轻女孩都应该具有踏踏实实工作的心态和素质。

阳阳在一家设计公司做职员,工作已经两年了,工作和收入都很稳定,她很喜欢现在的工作,虽然很累,但是她觉得她做的是自己比较喜欢的工作,因此很开心。

像阳阳这样能够踏踏实实工作的女孩确实有不少,但是也有一些个别的女孩,她们不甘于现状,对事业野心勃勃。

青青是位名牌大学的高才生,凭着自身优越的条件,很轻松地找到了一家开发计算机软件的公司。工作没什么难度,很单一、乏味。心高气傲的她还没熟悉工作,就开始了跳槽。几年间,她穿梭于不同的城市中,不停地找工作,不停地厌烦,不停地辞职,在她的脑海中形成了一个固定的生活模式,现在的她根本静不下心来干好一份工作,更别说工作的经验了。

她的时间和精力都浪费在了跳槽当中,现在的她收获的只有找工作的心酸经历。

对于女孩来说,二十几岁参加工作的时候,不管你喜不喜欢,都要认真地去做,因为这是你步入社会的第一份工作,你要懂得从工作当中积累经验和教训,因为这本来就是一个不断积累经验的阶段。放弃你不切实际的幻想,面对就业的困难,好好调整自己,给自己加油充电,真正优秀的人才,企业一定会很喜欢的。踏踏实实地做好你的分内工作,然后从工作中得到意想不到的经验。

同时,看问题要站在理智的角度上,不要感情用事,这样才能使自己渐渐变得成熟。在这年轻气盛的阶段,扎扎实实地学点真正的本领,为自己的将来建立一座坚固的桥梁。

**智慧寄语**

把幻想变为希望,在希望的道路上踏踏实实,稳扎稳打。注意细节才能实现未来,把希望变为成功。

# 不在三十几岁时被各种时尚所迷惑

女人在三十几岁的时候逐渐变得成熟,她们知道如何选择最适合自己的化妆品,坚持去健身房运动以保持苗条的身材,懂得根据不同的场合变换不同的造型,虽然已经不再是少女,但是浑身却散发着浓郁的熟女味道。

### 1. 不要过度追求"减肥时尚"

"减肥"——是所有女性朋友都讨论的话题。女人都想把自己最美的一面展现在男人的面前,所有女人都很注重自己的形象,因此常常把减肥的字眼挂在嘴边。女人都想像赵飞燕一样在男人的掌心中跳舞,展现自己的美丽。

君莲是个追求流行时尚的女孩,婚前,她对自己的体型就不是很满意,虽然当时的她160厘米的身高只有80斤。30岁生完孩子的她,体重已经达到100斤了,在别人的眼里这个体重并不重,但她不听取意见并开始了自己的减肥计划。

30岁的君莲开始了盲目的节食减肥。每天只吃水果,虽然体重减轻了,但是身体却出现了严重的食欲不振、乏力、易倦和抑郁等症状,到医院一看确诊为厌食症。这样一来,血压低、贫血、骨骼萎缩什么的都会随时出现,给她的健康带来了严重危害。

很多女性在减肥过程中盲目追求减肥速度,为了迎合这种减肥期望,很多减肥产品总是以快速的减肥效果承诺作为消费噱头。"几天内减掉多少斤"的广告用语频繁出现在产品包装上,消费者也总是乐此不疲地以减肥效果的快慢作为决定购买的重要因素之一,殊不知,这种盲目追求减肥速度的行为背后隐藏着巨大的健康危机。

三十几岁的女人们，追求的应该是内在的气质、真实的优雅，而不是过度追求"减肥时尚"。

**2. 穿出自己的品位**

三十几岁的女人应有不张扬的气质、自信和快乐，散发着迷人的魅力，让人久久心动，丰富的知识、阅历、情感、生活，是三十几岁的女人应该具有的品位。三十几岁的女人要开始学会爱惜自己，要注意生活的品质，然后享受生活。要凭着自己的想法去生活，这样事业才会进步，家庭才会幸福。

三十几岁的女人要常常学习时尚和品味。接近时尚真谛的女人，往往散发着迷人而又成熟的魅力。而品位不是用钱来衡量的，它不是可以在短时间内学成的一种修养。

无论是杰奎琳太阳眼镜后的典雅，还是穿着优雅的黑色连衣裙的赫本，留给我们深刻印象的原因是她们都穿出了适合自身的风格。三十几岁的女人要在这个年龄段里找到属于自己的风格，并将它展示出来。

三十几岁的女人要注重内在和外在的修养，要在不同的场合穿出不同的韵味，这样才会魅力十足，成为一个比较前卫且有气质、有涵养的漂亮女人。

晚礼服随着场合、年龄、身份的搭配，加上各种颜色的蕾丝，可以散发出一种朦胧的魅力。讲究的蕾丝提花效果和绣花图案能够给人一种视觉的享受，衣服上的小小点缀却有着很大的震撼，就凭这样小小的改变，就会提高你的时尚感。

了解自己的身材、气质、肤色，选择适合自己的小饰品。手表、珍珠、丝巾和细致的 K 金首饰都是不错的选择。只要你了解自己的优点和缺点，认识适合自己的饰品，展现你的独特美，你就会成为最美丽的女人。

人天生是不懂得时尚的，也不懂得什么是时尚，该怎么去追求和了解呢？要赶上时尚的脚步，必须多多听取朋友们的见解，看一些时尚报纸和杂志，从而学到适合自己的时尚美感。

三十几岁的女人要懂得什么是适合自己的美，只有选择了适合自己的美才能散发出女性的魅力。因此要以学会拒绝和放弃，应该把学到的流行元素和自身的审美基础融合为个人的时尚品位。

**智慧寄语**

三十几岁的女人们，追求的应该是内在的气质、真实的优雅。

# 不要在三十几岁时放弃自己的爱好

三十几岁的女人，在没有成立家庭的时候，总是有许多自己的爱好。然而，有了家庭之后，很多人放弃了这些追求。

三十几岁的女人，已经丢掉了年轻时候的幼稚与无知，增添了几分内敛和成熟。这样的年纪是女人真正绽放的时候，不要放弃可以给自己带来快乐的兴趣。

**1. 想逛就逛**

女人天生就喜欢逛街，平时或是节假日，商场几乎成了女人的世界。

小丽从小就爱逛街，小时跟妈妈和姐姐一起逛，结婚以后，节假日就跟老公一起去逛商场或超市。不管逛多久都不嫌累，要是在平时，多走一段路都会觉得很累。

三十几岁了，小丽还是和以前一样，会买一些生活所需品，而且还懂得"货比三家"，对物品的性价比也有严格的比较。现在的小丽经常能买到"物美价廉"的东西。

小丽是个很爱美的女人，不但把自己打扮得非常漂亮，而且会在压力大的时候自我调节。

她觉得在逛街的时候看到一些精致漂亮的饰品和衣服,可以让她忘掉压力,毕竟漂亮的东西能够让人赏心悦目、心旷神怡。但是小丽这种逛街只是为了消遣时间,从中得到心理的满足感,而不是为了买东西。这也是一种得到快乐和时尚元素的方法。

小丽每次逛街少则一两个小时,多则三四个小时,在小丽看来,不停地走动可以增加腿部力量,消耗热量,达到保持身材的效果。

三十几岁的女人,一定要保持自己的爱好,并且从中找回年轻的感觉,这样会让自己的身心更加健康。

### 2.想喝就喝

在烛光的晚餐中,优雅的女人端着酒杯,向绅士举杯示意,迷离的眼神中透着无尽的爱意。伴随着甜美的音乐,她举杯,喝下了浓浓的爱意。

别以为这是哪部爱情影片中的情节,这是发生在小爱3周年婚姻纪念日上的一幕,小爱就是那个优雅的女人,她是一个非常喜欢喝酒的女子。

如今,已经30岁的小爱并没有放弃自己的爱好,她常常会喝酒,从中慢慢地品味人生的真谛。

一个人的时候,小爱会放一些优美安静的音乐,让寂寞伴随着酒杯,再把它喝下去以排解自己的伤悲,只有在这个时候,与酒共舞,她的心才是温暖的。她明白怎样调节自己的悲伤,杂乱的事情在悠扬中被平息。慢慢地品尝酒精的味道,让口中的醇香的酒精蔓延到血液里,闭上眼睛,任由思绪在安静柔美的音乐中爆发。

女人在这种浪漫的气息中,与心爱的人对饮这杯酒,两人的深情随酒咽入心中,其魅力就会淋漓尽致地展现出来,在这种浪漫温馨的环境下,借着酒劲把不愉快的事情彻底忘却,这样会让爱意愈烧愈烈。

小爱不管多忙都会喝一点酒,这样她可以在平淡之中制造一些浪漫和激情。

女人三十几岁,有了家庭和事业,不再像自己一个人的时候那么自由自在,为了工作和家人,女人不会在乎放弃自己的爱好,而是全身心地投入家庭当中。但保持自己的爱好却是十分重要的,女人尤甚。因此,女人们一定要记得把自己的爱好坚持下去。

智慧寄语

在这鲜花绽放的时刻,三十几岁的女人千万不要放弃自己的爱好,一定要把自己的爱好坚持下去,这样可以为家庭和自己带来一些意想不到的快乐和幸福。

# 学会在三十几岁的时候接纳自我

三十几岁的女人好似一朵经历过风吹雨打依然顽强绽放的花朵,是那样的坚实和美丽;三十几岁的女人又好比一杯清淡的绿茶,从单纯走向成熟,看似很平淡却让人回味无穷。她们懂得付出和拒绝,懂得埋藏内心的秘密。

三十岁的女人,有了属于自己的工作和家庭,不再理直气壮,更多的是淡定和从容。在这个年龄里,最重要的是拥有平和的心态、感恩的心。

### 1.从少女到成熟女人

30岁的小雪,现在终于可以接受这个年龄了,因为她明白经历了曾经的沧海桑田,现在的自己已经变成了富有成熟魅力的女性,她的美不再只是一种感觉。她会用心去感受美丽,从中接纳美丽给她带来的幸福。

曾经在大学拿过歌唱冠军的小雪会唱很多种类的歌,歌声非常好听,男声高低音、女声高低音、快歌和慢歌,她都非常拿手。30岁的她,已经发生了转变,不再唱李玟的歌了,因为已经不合适了。但是她仍然经常和朋友一起去唱歌,她现在唱齐秦和邓丽君的歌,和年轻的时候截然相反,不再是单纯的唱,而是用心在唱,能够深切地感受到歌词的含义。

突然有一天,喜欢照镜子的小雪从镜子中发现自己长了一根白发,这使她很难以接受,并且给她的心灵带来了很大的打击,很长一段时间她都不愿意照镜子。最后,经过一段时间她终于想通了:现在的她,坚强、自信和美丽。

现在,她喜欢从镜子中看着自己的喜怒哀乐。对着镜子里的自己说说话,安慰一下,鼓励一下,她发现镜子可以改变自己的心情,还可以看到自己的内心世界。

小雪很坦然地接受了30岁的自己,用心灵去感受自己嗓音的甜美,虽然外貌不再年轻,但是依然可以看到年轻美丽的心和自信。

### 2. 有着不一样的美丽

三十几岁的女人,更加理智,更加放肆,依然有着对美丽的追求。她们用"聪明"来经营自己的生活,完善自己的生命。

已经三十多岁的李英爱被称为"氧气美女",有着清澈的双眼和婴儿般的皮肤。她现在依然是众多男人和女人心目中的偶像,成熟中带有清纯、甜美、高雅的气质。

你们知道年轻的时候曾被称为"玉女偶像""中国影视界四小花旦之一"的女子吗？她曾是中国当年最年轻的女性导演。她就是徐静蕾,曾经清纯可人的她,现在变得成熟而富有魅力。"老徐的博客"让我们重新看到了昔日的清纯少女,还是那么的有才情和稳重。《开啦》更使徐静蕾人气暴涨,她在人们心中仍然那么有影响力。

女人在三十几岁的时候富有成熟美,那种经受岁月磨炼的过程使这时候的女人更加美丽动人。所以,女人要对自己好一点。

三十几岁的女人经历着工作上的压力以及家务和生活中的琐碎小事情,这都会让她们提前衰老憔悴。女人在三十几岁的时候应该学会自我调节,学习瑜伽、茶艺……丰富自己的业余生活。不是为了有多大的成就,而是为了能够更好地改变自己的心态。

心情烦躁时,去大自然中品味鸟语花香,把自己的烦躁抛到九霄云外,收获一份清新,一份好心情,好好给自己放个假,这样你的视野会变得更加开阔,胸怀也会变得更加宽广;需要彻底放松就去KTV唱歌,或者去灯红酒绿的迪厅蹦迪,动感的音乐可以让你的压力彻底消失,还可以带着你的心一起释放。

三十几岁的女人要经常做一些锻炼,如跑步、骑车上下班、爬楼梯等有氧运动。平时要多培养一些运动爱好,这样就会有个健康的身体,形象和气质也会跟着变好。

三十几岁的女人,不会再为失去的往事感到忧伤,而会勇敢地接纳自己,因而这个年龄段的女人更有韵味,从单纯的少女变成了富有女人味的女人。三十几岁的女人经过岁月的洗礼后变得更有魅力、稳重且透着自身的修养,使自己在这个年龄中更加绚丽夺目。

**智慧寄语**

三十几岁的女人有着属于自己的魅力、优雅和稳重的成熟美。坦然地接受现在的你,绽放属于你的独特美。

# 四十几岁,不要一味羡慕别人

女人在四十几岁的时候,生活基本都会稳定下来,拥有稳定的事业和家庭。她们没有了当初创业的辛苦,不会再为世俗的名利而忙碌,她们拥有的更多的是自信和成就感,平凡的人生被她们握在手中。

女人四十几岁的时候,要好好把握自己所拥有的一切,用心享受自己的生活,追求一些自己的新目标。不要羡慕别人的花园有多么美丽,只要自己用心去做,用心去体会,就能感受到自己的花园有多美和多么独特。

40岁的秋婷到现在还在不停地羡慕别人,和不同的人进行比较。时至今日,她仍然没有领悟到"人比人,气死人"这句谚语的含义。

秋婷有一个上初中的儿子,孩子虽然很聪明,但是比较贪玩儿,学习成绩一直属于中等,她就总是拿朋友家、同事家的孩子跟自己的孩子做比较。秋婷天天都会指责儿子:"你看王阿姨家的小虎,这次考试又得了第一,你再看看你,怎么就没考个第一呢!"要不就是:"你看看田阿姨家的妙妙,每次都是自己洗衣服,而且还会帮家人洗,你看你呢? 洗过自己的衣服吗? 干过家务吗?""再看看对面的谭谭,周末总是待在家里,哪像你呀,天天都不着家!"

只要别人在秋婷面前炫耀自己家的孩子有多么优秀,她就回家把自己的孩子数落一遍。开始的时候,孩子总是忍着,后来慢慢长大了,就开始叛逆了,开始和秋婷对峙了:"你看谁好你就要谁去啊! 当初生我干什么!"经常甩开门就走,丢下秋婷自己在屋里生气。

秋婷不但跟别人比孩子,还跟人家比爱人。她也经常数落老公:"你看×××又升官了,你什么时候才能从小小的主任升上去呀!"要么就是:"你看看人家男人又买新车了,多有本事啊,你什么时候能买辆车呢!"要么就是:"你看看人家又给老婆买了件皮大衣,你什么时候能给我买啊!"

秋婷不停地在自己的老公面前夸别人的老公,老公听不下去了就会跟她吵:"你看他们好,你去找他们啊,跟我过穷日子干什么呢!""你以为我愿意啊! 我真是瞎了眼才会嫁给你!""你走,你走啊!"……无休无止的争吵常常会在这个家庭中爆发,最后她老公经常不回家了。

可以说,孩子的叛逆,老公对她的冷漠,都是秋婷跟人家攀比引起的。40岁的时候,家庭和事业都稳定了,于是自己就会有很多的空余时间。可是秋婷没有好好地利用这些空闲时间,总是进行无休止的攀比,因为羡慕别人而忽视家人的感受,导致家人都离她远去。秋婷其实也很幸福,只是没有用对方法,孩子只要用心地去呵护,自然而然地就会变得很优秀;男人40正好是事业最容易上升的时候,现在秋婷的老公已经是主任了,只要常常用一些宽容的话鼓励他,平常多关心他,让他把心放在事业上,他就会成功的。可悲的是,秋婷没有认识到自己的家庭多么温馨和幸福,她的脑海里只有无休无止的盲目的攀比,最终导致了家庭的破裂。

和秋婷不同的是,英微经常对家人说:"咱们家是最棒的,不要羡慕别人,不要和别人攀比,只要朝着自己的目标不断奋斗就行了。"

英微从小没有受过什么教育,生活在一个贫困的地区,虽然经历了人间沧桑,但是她却因此练就了非常好的心态,再加上智慧的头脑,她利用空闲的时间把孩子和老公照顾得非常好,所以她的家庭特别和睦,孩子学习十分优秀,老公也很上进。

每次孩子没考好,她就会鼓励孩子:"没关系,这次没考好不代表什么,谁都有失误的时候,你是最聪明的宝贝,妈妈相信你!"有时她也会教育孩子:"你不是特别想长大嘛,长大的标志就是自立,所以,你要经常做些家务来锻炼自己。"

最后，孩子和妈妈成为了无话不谈的好朋友，这说明她的教育方法很成功。

英微以一颗宽容温柔的平常心对待老公，英微知道老公每天在外面工作的不容易，于是等老公下班回到家中，她就会给老公一些鼓励和安慰，让他学会怎样释放自己的压力。老公很爱英微，并且在她的支持和鼓励下，已经在行业内小有名气并取得了一定成就。

英微的善解人意、宽容大度，劝导有方，更重要的是她"自家最好"的思想，创造了她幸福和谐的家庭。她不曾羡慕别人，更不会去攀比，她只看"自家的花园"，并且把空余的时间全都用于呵护"自家的花园"上。所以，她的"花园"在不知不觉中绽放着美丽。

同样的年龄，同样是一家三口，英微家的环境虽然不如秋婷家，但她是快乐的，而秋婷则是不快乐的，因为她把空闲的时间都拿去欣赏别人家的"花园"了，在她的眼里总是只能看到别人家的"花园"好。相反，英微懂得利用空闲时间来呵护"自家的花园"，最终使自家的"花园"开出了最绚丽耀眼的鲜花。

对于四十几岁的人来说，稳定的事业、家庭和健康的孩子就是无限的财富，这些是属于自己的最绚丽的"花园"。千万不要关注别人家的"花园"，那是很浪费时间和精力的事情。好好地用爱去呵护自己美丽的"花园"吧。

*智慧寄语*

千万不要关注别人家的"花园"，那是很浪费时间和精力的事情。

# 四十几岁，不要让经验成为桎梏

四十几岁的女人有着无穷的财富和经验。她们历经了创业时的艰辛，现在仍然保持着守业的勤劳；她们经历了亲情的离别和爱情的考验，现在不会再为感情的忠贞伤尽脑筋，而且还能保持着那份纯真的感情；对家庭无私奉献，经历了为人妻的她们，是那样的羞涩和喜悦。

经验丰富的四十几岁的女人，在各个方面都有能力处理好。

### 1. 不要抛弃经验

丽欣下岗后就在小区里卖水果，转眼间已经有10年了。她知道工作的艰辛，但她讲究的是"诚信为本"，所以很本分，卖东西从来不缺斤短两。

慢慢地，生意越来越红火，她产生了惰性，不再那么起早贪黑地干活了。人们来买水果的时候，她不是关着门就是没货，现在还经常不够斤数。小区里面的人宁愿去外面买水果，也不愿意去丽欣的小店，店面已经到了关门的地步了。

丽欣好好地思索了一下，自己的生意为什么会变成这样，凭着多年的经验，她有了转变——丢掉了惰性，进货很及时，每天都很早开门，很晚关门；给大家称的分量足足的。在她的努力下，小店的生意又变得红火了。

当初有了成功经验的丽欣，却没有好好地维持下去，只是追求享受，结果吃亏的还是自己。后来，她总结失败的教训，把它们用到实践中去，同时找出自己当初成功的经验，因此再次取得了成功。

### 2. 好好利用经验

结婚十多年的惠珍，对家里每个人的性格都了如指掌。

每当女儿不爱学习、不写作业、不帮着做家务的时候，惠珍经常骂她，可是她根本听不进去；如果打她，只会让女儿的情绪更叛逆，而且还会和惠珍对抗到底。后来，惠珍好好跟她讲道理,女儿很诚恳地接受,并且开始认真地学习和完成作业,现在还学会了做家务。

惠珍的女儿是由奶奶一手带大的,孩子和奶奶的感情非常好,所以她教育孩子的办法就是拿报答奶奶来激励孩子好好学习的斗志,这样孩子就会很努力地学习。当惠珍想让女儿帮忙的时候,她就会说:"妈妈上了一天班了特别累,女儿帮一下妈妈,好吗?"女儿知道惠珍有肩周炎,所以每次惠珍用这种语气跟她说话的时候,她总是很乐意地去帮忙。

惠珍当初对老公的脾气不是很了解,有一次,她让老公下班时买瓶酱油回来,老公马上说:"不管。"惠珍并没有理会老公说的话,男人嘛,工作比较忙,不买就不买吧,自己去买也一样。虽然当时对老公的回答很生气,但是很快就把这事给忘了。那天,惠珍先拎着一瓶酱油回家了,在她做饭的时候,老公又拎着一瓶酱油进门了。惠珍于是问老公:"你不是不管吗?"老公站在一旁傻笑着。

几次之后,惠珍知道了:老公其实是那种刀子嘴、豆腐心的男人。所以,后来惠珍想让老公带什么东西还是会告诉他,老公仍然一口否决,但是惠珍知道他肯定会买,从此以后再也没有买重样的东西了。

惠珍在与女儿的和丈夫的相处过程中,积累了很多经验,而且还能很好地利用这些经验,比如:女儿"吃软不吃硬",和女儿截然相反的是,老公"嘴硬心软"。了解了这些,就能很好地帮助她理顺和家人的关系了。

四十几岁,是有着很多故事和很多经历的年龄,同样还有着积累了四十年的丰富经验。比如饮食和穿衣方面、运动和保健方面,都有着良好的规律。在夫妻关系、教育子女、工作和生活的各个细节方面都积累了丰富的经验……

总之,经验是用时间积累起来的,好好地利用这些经验,让它发挥更好的作用,这样生活才会更加光彩夺目。

**智慧寄语**

不要丢弃好的经验和失败的教训,因为它们是无穷的财富,从中可以获益良多。

# 四十几岁,智慧与心态并重

女人在四十几岁的时候,有着丰富的知识和成熟稳重的修养,经历了许多坎坷,不管是事业还是家庭。经历过很多的事情以后,她们有着很高的悟性,能够透彻地看清世间的很多事情。她们的心态是值得我们学习的。

只有有了好心态,四十几岁的女人才能拥有绚烂的生活和永葆青春的秘方。她们凭着智慧和心态,在这个特殊的年龄里展现着自己的美丽。

于丹同样也是40岁的女人,她是个很传奇的女性,在2006年,她是电视界、学术界,以及出版界的奇迹。她能够成为人尽皆知的公众明星人物,靠的就是知识和智慧。

于丹从《百家讲坛》节目中走出,她写的《于丹〈论语〉心得》曾经日销售达到一万册,她写的《庄子心得》创造了13天销售百万册的出版奇迹。她主讲《百家讲坛》时,节目收视率为什么那么高?在这个学术图书渐渐消失的今天,为什么她的两本书能创造出神话般的奇迹呢?原因就在于她拥有渊博的知识和过人的智慧。

在一个访谈节目中,所有的嘉宾都在讨论一个关于中性美的话题,于丹从古代说到现代,引经据典,在场的其他大学教授甚至没有说上半句话的机会;在《艺术人生》中,于丹侃侃而谈，有理有据，让身为主持人的朱军毫无接话的机会；在《百家讲坛》里，于丹更是高谈阔论，自古到今，吸引和震撼了所有观众。

于丹从4岁就开始读《论语》，至今已经读到40岁了。其言谈举止足以反映出她的学识和才华，她的自信和智慧在其神态中体现得淋漓尽致。于丹曾经说过，2006年她的两个主题是孔子和孩子，学术上是孔子给她精神的寄托，现实中是孩子给她精神的寄托。她的美丽不仅透着睿智的光芒，而且还展现了一个母亲的慈爱。40岁的她既是学者也是母亲，她也曾"爱玩、爱闹，是一个无可救药的乐观主义者"。让人惊讶的是，有着这样的智慧的女人曾经也有着和凡人相同的经历。

于丹是北京师范大学的教授、中国古代文学硕士、影视学博士，现任中央电视台新闻频道和科教频道的总顾问、北京电视台首席策划顾问。在家庭中，她用心呵护孩子的成长和家庭的温馨，因为她爱自己的家庭。

作为一个40岁的女人，于丹拥有成功的事业、美满的家庭，她无疑是个成功者。对于这个年龄的女人来说，已经很知足了。而她拥有的这些资本，就是她渊博的学识和过人的智慧。她用自己独特的知识魅力，赢得了家人和广大观众的喜爱。

智慧是40岁的于丹的秘密武器。

四十几岁的女人，心态是决定这个年龄是否快乐的重要筹码。在失去了很多东西和得到了很多东西的同时，很容易迷失自己。如果死死抱住已逝的光阴不放手，就永远得不到快乐。女人要珍惜和享受现在来之不易的生活，因为生意有赔有赚，身体和生活也有好有坏，只有自己的心态才是生活是否幸福的关键。

已经40岁的金琳，岁月的痕迹让的她的脸变得很沧桑，但是她有着良好的心态，乐观的她看起来充满了活力和魅力。儿子没上大学的时候，她在家中一直是全职太太的角色。儿子上大学以后，闲下来的金琳就想找点事情做，正好小区有家杂货店要转让，于是金琳决定接手过来。

不顾家人的阻挠，她还是执着地把小店盘了过来。金琳把心都放在了工作上面，把进的货和售出的货都清楚地记下来，对待顾客也是态度很好、很亲切。

金琳的生意一直做得很好，这跟她的认真和本分是分不开的。即使在没有收入的时候，她也没有沮丧过，因为她的出发点不是为了挣大钱。

她现在不但没有闲下来，而且通过做生意认识了很多街坊邻居，空闲的时候大家就在一起聊天。她的心态很好，虽然是个小小的创业但也能从中获得更大的价值。

四十几岁有着平和心态的金琳争取到了属于自己的事业，她从创业中慢慢地滋养自己，从中体会更多的人生价值观，现在的她重新找回了一个崭新的自己。

四十几岁以后，没有了青春的貌美，也没有了昔日的娇嫩。然而，白发和皱纹正是母爱的厚厚沉淀。这是一种与众不同的另类美，美得那样让人动情。

女人在四十几岁的时候"腹有诗书气自华"，懂得运用自己的智慧。在她们眼里，美不再需要从外表上寻找，而是从自身的修养中绽放出来，从而散发出独特的魅力。她们用智慧当后盾，用心态来说话，于是拥有了长久和耐人寻味的美。

智慧寄语

四十几岁的女人，心态是决定这个年龄是否快乐的重要筹码。

# 第六章　聪明女人懂得主宰命运

## 主动抓住机遇

　　成功,有时确实要靠一些运气,但运气并不等同于机会,和机会相比,它更具有偶然性。有时,如果好运气来了,你躲也躲不掉的,但机会则不同,机会往往是需要靠自己去捕捉的,而非从天而降。

　　与男性相比,大部分女性通常更容易退缩,尤其是对于那些新鲜的工作,一般会表现得犹豫不决,因此而错过那些能够为自己带来成功的机会。而那些成功女性则总想不断地创造并努力抓住每一个能够表现自己的机会,她们懂得,新鲜的工作也许不能马上全部了解,但是却能够边做边学习,而且要在学习中充满信心地接受新的挑战,哪怕做错,也能获得一些新的经验。在职场中能否顺势而变,在机会中是否灵活应对,也是能否早日获得职场成功的关键条件之一。

　　好运需要自己努力,主动出击,在挑战中开拓前进并实现人生的价值。一旦发现可能使自己成功的机会就一定要全力以赴,坚持到底。只有这样,好运才能时时眷顾你。因为:

　　第一,主动出击是抓住机遇的最佳途径。生命中成功的机遇是珍贵的、稀缺的,甚至稍纵即逝,如果你能比具备同样条件的人更加主动,哪怕只是快一点点,也许那稍纵即逝的机遇就被你掌握了。

　　第二,"千里马"也应当寻找伯乐。世界上为什么总是"千里马"多而识马的伯乐少呢? 那是因为伯乐在明处,而"千里马"则在暗处。即使伯乐再有眼力,他的精力、智慧和时间也是有限的,坐等伯乐的发现可能会耽误你的一生。既然人人都知道"守株待兔"是愚蠢的举动,那么我们这些"千里马"为什么要坐守"雄才"而等待"伯乐"呢?

　　第三,时间不等人。时代在前进,一代新人换旧人,每个渴望成功的女人都应该考虑到自己追求成功所付出的时间成本。错过一次机遇,成功也许就需要多等待几个月、几年甚至是一生。

　　明白了这些道理,就会让我们产生一种紧迫感,及时修改自己的处世态度,舍弃懒惰,在每次机会面前及时主动地出击。这样,就可以使成功离我们越来越近了。

　　即使是有才华的女人,也一定要选择主动进取,创造机会,而不是消极地等待好运的降临。

　　杨澜就是这样的一个女人。小时候,她和普通的学生并没有什么两样,甚至在进入大学之后,她依然有一些不自信,可这一切都没有影响到她成功的人生。也许有人说,实力最重要,但是有时机会往往比实力更加难能可贵。1990 年,杨澜在北京外国语大学英语系学习,在一次偶然的面试招聘机会中，她经过了七轮考试，从众多的应聘者中脱颖而出。她正是抓住了这次偶然的机会才彻底改变了自己之后的人生道路。

此后不久，杨澜就出现在了央视舞台上。她借助《正大综艺》这个平台展现了自己独特的魅力，正是这一段时间，使杨澜获得了很多人梦想中的高知名度和关注度。直到1993年年底，正大集团总裁谢国民来到北京，在一次聚会中，谢国民认为杨澜还具有很大的潜力，应该出国学习新的知识，更多地丰富自己、提高自己。对此，杨澜没有认真，甚至认为谢国民只是在和她开玩笑，而此时谢国民却表示愿意无偿地帮助她去美国留学深造。

正是这次聚会，正是谢国民的几句话，又一次改变了杨澜的人生轨迹。1994年，杨澜毅然辞去央视的工作，选择了出国留学之路。在美国留学期间，她利用业余时间与上海东方电视台联合制作了《杨澜视线》这一节目，杨澜第一次以她特有的眼光看待并解读这个世界。凭借合作40集的《杨澜视线》，杨澜成功地从单一的娱乐节目主持人过渡到复合型传媒人才。回国后，由于无法再回到央视工作，1997年底，杨澜选择了加盟刚刚创办不久的香港凤凰卫视中文台。1998年1月，《杨澜工作室》在凤凰卫视正式开播，为了这个节目，两年时间里，杨澜一共采访了一百二十多位名人。这两年，杨澜通过与来自多个行业不同背景的名人交流，获得了极为丰富的信息量。两年后，杨澜已经有了质的飞跃。她拥有了世界级的知名度、丰富的传媒工作经验以及大量知名人士的关系资源，对她而言，要想进军商界，所欠缺的也许只不过是资本而已。

在退出凤凰卫视的工作之后，杨澜短暂沉寂了一段时间。2000年3月，她突然宣布收购香港良记集团，并将其正式更名为阳光文化网络电视控股有限公司。通过成功地借壳上市，这个公司为杨澜融资现金近2亿港元，杨澜希望利用资本市场打造出真正属于自己的传媒帝国。恰逢此时，传媒概念在资本市场上如日中天，阳光卫视也一路走高。但就在杨澜开始创业后不久，全球经济就发生了变迁，作为一家上市公司的管理高层者，杨澜感觉到了事业的压力，她几乎每天都在为公司的经营策略、企业怎么赚钱而操劳。面对国内一些主要省份电视台广告收入大幅下滑的窘境，杨澜更是感觉到了自己身上的担子有千斤重。

这一时期由于激烈的市场竞争压力，杨澜将公司的成本大幅削减，并逐渐摆脱亏损严重的卫星电视与香港报纸出版业务，同时，为了坚持下去，她还将自己的工资减少了百分之四十，这一切都让公司的所有员工重拾信心。终于，经过不断努力，阳光文化在2003财政年度中取得了赢利，摆脱了近两年的亏损。

杨澜曾说过："每个人都在不断成长，成长历程是一个不断前进的动态过程。也许你在某个时期会达到一种平衡，但是这种平衡必然是短暂的，甚至可能转瞬即逝。而整个成长过程却是永无止境的，生活中很多事是难以预料的，甚至你身边的那个人也可能会改变。尽量把握成长中可以把握的，这才是对自己的承诺。也许我们再怎么努力也成为不了刘翔，但是我们仍然能够享受奔跑的快乐。可能有人会阻挡你的成功，但却没人能阻止你的不断成长。换句话说，这辈子你可能不能成功，但是并不代表你不能成长。"

世界影坛最伟大的女演员之一葛丽泰·嘉宝，就可以说是一个善于抓住机遇并且能够在适当的时机展示自己才华的人。

小时候的嘉宝看起来是一个很平常的女孩，不过从那时起她就经常偷偷地跑到一家剧院里，站在那儿聆听演员们的歌唱。为了学习那些舞台上光彩夺目的大明星，有时她甚至把水彩颜料涂在自己的脸上。

在她14岁那年，她的父亲就因病去世了，她和母亲相依为命。为了帮助母亲减轻家里的负担,她不得不辍学到一家百货商店去挣钱。

有一天,在百货商店里发生了一件小事——正是这件小事使她走上了梦想中的成功之路。

她在卖帽子时向老板提议为商店里的帽子做一个广告,以便提高帽子的销售量。老板采纳了她为帽子拍广告片的提议,并决定由她来做广告片的模特。

正是那个广告片被一个目光锐利的电影导演偶然看见了,从此改变了嘉宝的命运。

这位精明的导演发现了广告片里的嘉宝那潜在的表演天赋,由于当时她还不满16岁,导演建议她去一所戏剧学校学习表演。

她在戏剧学校学习的时候,有一天,瑞典大导演斯蒂勒派人到那个戏剧学校寻找一名年轻的女学员去扮演一个小角色。嘉宝获得了这个难得的机会,在那个时候,她的名字还叫古斯塔夫森,而这并不是一个便于记忆的名字。

为此,导演将她的名字葛丽泰·古斯塔夫森改成了葛丽泰·嘉宝。

后来,嘉宝在她表演的艺术道路上取得了令人羡慕的辉煌成就,成为世界上最著名的女演员之一,在瑞典,她的知名度甚至比坐在王位上的皇帝还要高。

在人类漫长的历史长河中,有多少有才华的人就是因为在机遇来临的时候没有及时做出正确的选择,任凭那些机遇悄然流逝,而一生默默无闻。

如果你不甘庸庸碌碌地度过一生,就请牢记篮球大师迈克尔·乔丹的那句话:"如果你有才华,那么更需要抓住机遇去展示它。"

智慧寄语

成功,有时确实是要靠一些运气,但运气并不等同于机会,和机会相比,它更具有偶然性。在人的一生中,对于机遇的把握完全可以决定你能否成功。

# 不经历风雨怎么见彩虹

在人生的旅途上,能够顺顺利利一帆风顺的女人极少,对绝大多数女人来说,曲折、坎坷、磨难、困境多于坦途、顺利和成功。如果不能正视挫折、克服坎坷,终日在压抑、怨愤的心境中长吁短叹,时间长了就会越来越悲观消沉,身心疲劳,从而影响你的发展。

在困境中,不应放大痛苦与挫折。擦一擦头上的汗水,拭一拭眼中欲滴的泪花,坦然地笑一笑,面对困难继续前进吧!相信总有一天你会走出困境,那时迎接你的将是美好的大千世界,怡人的花花草草,还有挂在你嘴角边甜甜的微笑……

热播剧《大长今》里就讲述了这样一个故事:

一个普通的小女孩——长今,从一进宫就不断地受到其他小宫女们的歧视,迎接她的只有挫折与考验。

首先是小宫女们不准长今和她们睡在一起,到了晚上长今只好和连生在房间外面游荡。这时,长今想起了母亲对她说的退膳间里珍藏的饮食札记,就鼓起勇气和连生悄悄进入了退膳间,不料却打翻了皇上的夜宵:驼酪粥。长今因此受到了严厉的惩罚,甚至要取消她的考试资格。为了能够继续考试,长今苦苦哀求训育尚宫,最后虽然勉强保住了考试的资格,但却需要面对一个苛刻的条件:必须端起装满水的铜碗一直保持站立,直到其他小宫女考试结束以后才可以放下铜碗。

　　长今接受了这个挑战，从早上站到下午，又从下午一直站到晚上，并没有放弃希望，一直尝试着，终于感动了提调尚宫和训育尚宫，允许她参加考试。这是长今小时候遇到的最大的一个困难，她胜利了。然而，随着她不断地长大，尤其是身份暴露后，各种各样的更加困难的挑战接踵而至。最严重的一次就是长今需要挑战太后娘娘，而那一次的赌注是她的生命。在是否取消功臣田的问题上，太后娘娘与皇上有了不同的意见，而这时太后娘娘偏偏听信了谗言，拒绝接受医官的治疗，并以此来胁迫皇上改变主意。就在皇上即将放弃本意之际，正在服侍太后娘娘的长今勇敢地向她发出了挑战：长今给太后娘娘出了一个谜语，如果太后娘娘能正确说出答案，长今就要把自己的性命交给太后娘娘处置；如果太后娘娘不能正确说出谜底，就要继续接受医官的治疗。赌注开始几天后，太后娘娘放弃了，这并不是因为她不知道谜底，正确的答案今英早已通过崔尚宫告诉她了。在经过一番天人激战般的思想斗争后，太后娘娘明白了长今出这道谜语的用意，终于答应接受医官的治疗。长今就这样再次赢得了挑战，成就了自己的辉煌人生。

　　每一个实现理想的过程都必须经历无数的挫折与挑战，而每次失败都意味着将会有下一次挑战，而我们必须面对所有的挑战，没有退路，因为我们必须胜利。挑战一次失败了，那就再来一次，即使跌倒了也要从原地爬起来，继续面对它、挑战它、超越它。只有这样，我们才能实现心中的理想。

　　人生处处充满了挑战，而每一次挑战都是一次机遇，我们要时刻准备迎接每一次挑战，这样才不会失去可贵的机遇。没有什么困难是不能战胜的，只要你拥有坚定的信念、不变的决心，一路坚持下去，就一定能够到达成功的彼岸。

　　桑兰是著名的体操运动员。在第四届友好运动会一次普通的赛前训练中，意外发生了，桑兰没有顺利完成手翻转体动作，直直地落下，头部先着地，导致她的中枢神经严重损伤，双手和胸以下的部位从此失去了知觉。但当她苏醒过来以后，她坚强地面对现实，甚至没有流过一滴眼泪；从她重新出现在公众面前的那一刻起，她的面容依然浮现着灿烂的微笑。她这种纯真得让人既慨叹又敬佩的微笑，不仅征服了美国，征服了中国，也征服了整个世界。从那时起，她不再是一个普通的体操运动员，也不是一位高位截瘫的残疾人，而是一个微笑使者。她用自己她永远的微笑，让人们看到了一个对新生活充满渴望和希冀的活力四射的人。

　　人的一生有时真的很无奈。生活中许多的东西我们根本无法左右，如生存环境、工作条件，还有那突如其来的灾难等，但是我们要在生活中保持对自己的信心，学会去适应、去克服这些挡在我们前面的阻碍。即使出现不好的结果，聪明的女人也从不抱怨，不是盲目地等待，而是积极地为改变这种结果不断努力，不到最后一刻，绝不会放弃；反之，另外一些女人只会长叹"天意如此，非人力可为"，从来不去努力改变现状！同一件事，两种不同的心态，往往导致两种不同的命运。

　　台湾的罗兰女士曾说过："人人都有软弱的时候，只看她有没有方法使自己突破这种低潮，努力改变现状。假如你有力量，够坚强，能够战胜困难，就会发现成功总有峰回路转的时候。"

　　世上最令人喜欢的花香并不是出自于温室成长的花朵，而是出自于数九寒天经历过风吹雨打的腊梅。所以，不要因为眼前的逆境而丧失战胜困难的信心。

智慧寄语

　　人生处处充满了挑战，每一次挑战都是一次机遇。

# 换个不同的舞台

有一句俗话,"人挪活,树挪死。"

喜欢"搬家"的人,喜欢变化,憧憬新的环境。

喜欢"搬家"的人,不怕折腾,迎接新的挑战。

喜欢"搬家"的人,适应改变,追求新的刺激。

喜欢"搬家"的人,情愿付出,期盼新的希望。

所以,我们赞赏追逐改变、不断创造并适应新环境的"搬家"精神。

兵法云:"三十六计,走为上计。"主张在不利于己,且暂时无力扭转战局的情况下,善于退却,尽量减少伤亡,保存实力,等待转机。走为上计的方略其实不只限于兵法,对于政治、经济、思想、文化领域中的各种较量也是适用的。而对于普通人来说,走为上计的大部分表现就是换个单位,改变周围环境等,例如,从甲地搬到乙地,从这个部门调到那个部门。

对于一个事业成功的人来说,成功不仅仅取决于本人的能力、学识的高低,很大程度上也受到客观条件的影响和制约。假定在主观能力相同的情况下,客观条件的好坏就起到了至关重要的影响。而制约事业成功的客观条件大致有三种:一是工作外部条件,也就是环境因素,如资料、设备、单位的工作性质等;二是人际关系条件,也就是人文因素,如领导对你是否支持、同事之间关系是否融洽等;三是日常生活条件,也就是其他因素,如住房状况、父母、孩子的身体情况、甚至包括买菜买粮等等。在这三个条件中,前两个更为重要。

生活实践证明,年龄、能力、性别、文化程度等条件基本相同的人,因为工作单位环境的影响,一些年后,事业的进展往往大不相同。比如,在条件优越的名牌大学和研究院中工作,无论是否愿意,都会接触到各种丰富的资料,在这种近水楼台的情况下,如果不是朝三暮四、不思进取的人,一般都会学有所成;反之,在小作坊和小工厂这种外在因素较差的地方,要想获得同样的成果,不知要做出多少努力,克服多少意想不到的困难。因此,受外界环境的影响,有的人没花多大力气就已经硕果累累,而有的人努力了一生却两手空空,难怪有人埋怨自己没有找到一个好的地方。

当然,单位环境的好与坏,可能更主要地影响了人们满足程度的大小。好的工作环境能够最大限度地满足大多数人的利益需要,而相对差的单位则满足得相对少一些。其实,就算在同一单位,对于不同的个人而言,因为需要的不同,满足的意义和价值也大不相同。有时,单位的条件适合甲的需要,因此,对甲说来,这个环境就是好的;但是它却不能满足乙的需要,所以,乙就认为这个单位不好。

另外,环境的条件和人们的满足感都是不断发展变化的。有时候,曾一度被人说成是绝无仅有的好单位,随着时代的变迁,条件变差了,不再适合人们的发展需要了;或者虽然单位的条件没有变差,但人的需求水平提高了,要追求新的更高的目标了,那么原单位的条件就变得不能满足了……

所以说,一旦你觉得工作单位的条件不利于自己的发展,且在较长时间内你的工作也不会产生变化,那么可以考虑换个环境,换种工作环境。古语云:"良禽择木而栖,良臣择主而事。"讲的也正是这个道理。

庄淑芬是台湾广告界最德高望重的女人。早年,她作为女性,在阳盛阴衰的广告界里开创了企业领导人的先河,更参与打造了被誉为台湾广告界成功范例的奥美王朝。

庄淑芬认为一份好的工作应该具备3F，即fun、fame、fortune。对她来说，兴趣在工作中是第一位的："其实，如果你有足够的兴趣，那么完成任何一份工作都可以是很容易的，你在工作中不会觉得枯燥而会觉得做这个是蛮有趣的。"

所以说，兴趣是能否干好工作的先导因素，这个道理在庄淑芬的事业成功过程中有着充分的体现。

年轻时候的庄淑芬拥有着属于自己的理想："我一直向往两个工作，一个是做广告，一个是当记者。当然我更倾向于记者，所以我把当记者放在做广告之前。"

庄淑芬毕业于台湾东海大学。大学毕业后，她先学习做贸易，后又干过别的工作，但是因为对这些实在没有兴趣，在不到一年的时间里她换了四个工作。她梦想着到报社当记者，因为不是科班出身，所以经常碰壁，为此她不得不熄灭了当记者的梦想之火。

在刚开始的道路上，她先将方向定位在大众传播。庄淑芬从小就立志要干一番事业而非普普通通的打工，由于广告业与传媒有一些相似之处，她为了追求梦想进了台广——当国外部的英文助理。

这份工作对于庄淑芬来说相对轻松，以至于当时的主管一直担心她不会长久地干下去。而庄淑芬是个有梦想的女子，这个梦想就是希望早一点当上AE。

在刚刚开始进入台广国外部做英文助理时，庄淑芬就决定要坚持做两年，而且两年后一旦没有机会当AE，那么就自己请辞。在努力奋斗了一年之后，庄淑芬成功了，她做了一个品牌广告——"绿野香波"，从而使她成为台广有史以来的第一位女AE。

做了AE以后，庄淑芬慢慢地了解了一个道理：做自己真正有兴趣的工作比获得高薪更加重要。在成为台广的管理者后，她也用这个标准选拔人才：她有两个标准，一是专业技巧，一是人格特质，而且她常常会把人格特质放在专业技巧的前面考虑，因为它们的重要性是不同的。对于招聘的人，她喜欢他用功，也希望他待人热情，还有就是他对这个行业的尊重。对于那种抱着先进来试一试不行再换地方的人，她大多不会选择。

在工作中找到一个最合适的起跳点是一个人走向成功的基础，而找到一个合适的扩张点则是一个人打开成功之门的钥匙。庄淑芬用自己的选择，不断地向着成功前进，以实际工作印证这个真理。

广告圈是个人才荟萃的地方，个个多才多艺。在台广工作了3年之后，庄淑芬又去了联广。对于离开的理由，庄淑芬解释说："离开台广纯粹是为了提高自己，想学更多的东西。"在联广，她被安排在"业务司处"工作，从"沙威隆""脱普洗发精"到"黑松"，庄淑芬主要的工作就是负责许多国际和本土的知名客户。

在联广工作不久，庄淑芬又进入了一个以接待外商客户为主的华商广告公司，这次跳槽使她从AE直接跳到了公司的管理层。这是一次成功的转型，也为庄淑芬下一步的发展积累了宝贵的经验。

1985年7月1日，台湾奥美公司正式成立，几经波折的庄淑芬，这一次来到了台湾奥美的大门口。

也许是厌倦了漂泊，也许是不停地沉淀与积累，这一次庄淑芬成功地蜕变，恰好展现给了奥美一个最美丽的面孔。至此，她开始了台湾奥美历程。庄淑芬在奥美一干就是二十几年，变成了奥美永远的情人。对她来说，之所以二十多年保持稳定，主要是看重奥美公司良好的伙伴协作关系。在一个有团队精神的大公司工作，与一群优秀的人在一起奋斗，自己也会水涨船高，工作中的相濡以沫，使她获得了更多的积极影响。漂泊已久的她，终于找到了属于自己的一个扩张点和工作的常驻点。

她虽然不是奥美的缔造者,但自从她与奥美结缘之后,就有着诸多令人赞叹的功绩,一个又一个的成功令同行们对她不得不刮目相看。

2003年3月,庄淑芬出任北京奥美集团董事长,这对她而言又是一个新的挑战、新的工作扩张点。"北京有种粗犷、大气的感觉,有很多潜力与机遇。而上海则与香港、台湾更加相近,所以我要换一个完全不同的环境。这就意味着许多工作需要重新开始,原有的生活计划将被彻底打乱,北京是一个完全不同的战场。"庄淑芬认为这次工作的转变是自己与北京的一段缘分,也是一份新的挑战。

这就是庄淑芬,她坚持梦想,善于改变,终于在自己的旅程上获得了一个个成功。

**智慧寄语**

良禽择木而栖,良臣择主而事。聪明的女人也要懂得量身为自己选定舞台。

# 噩梦醒来已是满园春色

其实,每个人小时候都喜欢做游戏,做游戏的本身就是不断战胜挫折与失败而获取刺激与欢乐的过程。假如没有挫折与失败,再好的游戏也会变得没有趣味。试想,倘若人们在生活中也拥有这么一种阳光的游戏心态,那么也许遇到的失败与挫折就不会显得那般沉重和压抑了。

连孩子都能如此聪明地将挫折变成一种游戏,我们这些成年人为什么不能让痛苦沮丧的心态快活起来呢?其实,生活与游戏,二者并无差别,只是人们在游戏中身心放松,而在生活中精神紧张罢了。在游戏中你可以体味到打败困难的乐趣,同样,在生活中也可以将挫折视为游戏,而从中体味到积极的快乐。

在人的一生中失误是不可避免的,但必须认清失误的本质——失误者要清楚自己失误在哪里,而不能对自己的失误一无所知。

我们更不能害怕失误,因为恐惧不可能使一个人避开失误。

惧怕失误往往是女性常有的一种心理,也许自孩童时期起,就会有人向你灌输这种观念。如果不能正确克服这种恐惧感,那么失误也许将会与你终生相伴了。

其实,对我们来说世界上并不存在失误,看到这一说法,你可能会惊讶。所谓失误,只不过是别人对你做某件事所表达的看法。所以,你根本没有必要事事都按照别人的看法去做。只要向着你心里的目标,不断努力,那么失误就只不过是为最终获取成功的一次次尝试罢了。

有时,我们会遇到这样一种情形:你详细设计完成了某一任务的计划,然而却由于种种原因,使你无论怎样努力都无法实现。在这种情况下,千万不要将此事与自我价值等同起来,你只是没有完成某一件具体的任务,但这并不等于你整个人都失败了。你只不过是在某一段时间内没有成功,你还可以不断探索新的途径,积极尝试新的方法,直到最后获得成功。

托尔斯泰曾经说过:"想象中的恐怖要比现实中的恐怖厉害得多。"

知道反向思维吗?

有些时候,正面思维无法突破,反过来想一想也许能取得意想不到的效果。

同样的,有时故意从不好的角度想想自己,也许能够对自己了解得更清楚、更透彻。

总之,世间没有绝对的事物,所有的好与坏,得与失,快乐与痛苦,都是相生相克的孪生体,经常相互转换。只不过是何者为显现，何者是隐影而已。

　　林玲是某校的田径选手，常常代表学校参加各种比赛。

　　在一次全国性比赛中，她参加了4×200米接力赛，负责第一棒。

　　她拼命告诉自己，一定要建立领先优势，夺取胜利；而教练也叮嘱她务必发挥出最好水平，为第二棒队友创造获胜的先机。

　　林玲了解教练对她的期望，知道如果第一棒不能领先，跑第二棒的同学就有可能被其他选手挡住，不能及时起跑，那将会导致他们损失1/10秒的时间，而这1/10秒，常常是取胜的关键。

　　尽管教练、同学，包括她自己，都有足够的信心取得胜利，但仍有种隐忧悄悄升起。林玲知道自己是第一跑道，基于好奇，她侧头看了一眼邻近跑道的选手，结果当她发现站在起跑点的选手是X校最优秀的王玉梅时，不觉倒抽了一口冷气。

　　王玉梅是短跑好手，林玲曾在一百米的赛道上败在她手里，而如今赛程长，她又身负重任，林玲对自己能否胜过对方毫无把握。

　　她越来越觉得信心大失，就在她开始沮丧得想哭、想退出的时候，王玉梅走了过来，向她伸出看似友善的手，握手的时候，她信心满怀地看着林玲，调侃地说：

　　"我先到终点等你啊！待会见。"

　　林玲原本就脆弱，再加上这番话，她顿时感觉全身的力量好像都在远离自己，剩下的只有无边无际的愤怒和软弱的身体。

　　她用尽力量支撑身体，在思想的挣扎中，她猛地想起教练说的一句话：

　　"若是别人想以心理优势打击你，千万别让她们如愿。"

　　林玲这时恍若一个将沉的溺水者终于看到了一个救生圈，她使自己逐渐地平静、稳定，不断地积蓄力量。

　　随着发令枪声响起，王玉梅果然一马当先。场上所有选手都落在王玉梅后面，仿佛她就是第一名，而所有的人只有争取第二名的资格，林玲也以为自己只能第二个将接力棒交给队友，便将全部精神都集中在取得第二上。林玲事后回想起比赛说："若赛程只有100米，也许我真的只能拿第二了"，但是，在最后冲刺的时候，跑在最前面的王玉梅好像突然间变得越来越慢了。

　　这时，林玲以全速加快向前飞奔，终于超越了王玉梅，第一个将接力棒交到队友手中，当林玲越过她时，只听见她在挣扎喘气，她甚至快要停下来了。用田径场上的术语形容，就是她"烧尽"了。

　　比赛后，林玲已经不记得王玉梅当天的名次了，只清楚记得自己在终点线上等她的笑脸。

　　经过这件事，林玲明白了一个道理，即使拥有傲人的才华，要想获得最后胜利，也必须以稳健的步伐不断地跑完整个比赛；即使你落后100米，你仍然有可能在终点处等她。

在每一次预计的成功当中，总是隐含着各种各样失败的小因子；同样，在失败里，可能也埋藏着成功的契机。世间的事就是这样，没有"绝对"的定律，只有"相对"的变化。

智慧寄语

　　在人的一生中，失误是不可避免的，但必须认清失误的本质——失误者要清楚自己失误在哪里，而不是对自己的失误一无所知。

# 放弃永远够不着的苹果

有一个"苹果定理",它讲的是:如果把一个苹果挂在某个高度,人跳一跳就可以够到这个苹果,那么他一定会努力去抓住苹果。而如果把苹果挂到更高的地方,无论那个人怎样努力无法抓住苹果,甚至使用工具也够不着,那么,他会放弃,就不会一次次白费自己的努力。

或许你一直在不断地追求着一个目标,但你是否静下心来认真地想过,这个目标真的适合你吗?

不要做目标的奴隶,在你的生活中不是每件事都必须做,也不是每个目标都一定能实现,这些完全取决于你自身的条件。一件事如果开始没有成功,努力再试一次,若仍然不能成功,那么这时你可以思考一下失败的原因了,有时候我们要学会放弃毫无意义的坚持。

芭蕾舞演员李玉莲就是一个懂得放弃的人。

当年轻的她怀揣梦想参加了省芭蕾舞团的招生考试后,她认定她选择了值得自己一生从事的职业。

李玉莲凭着自己优越的身体条件和过硬的基本功幸运地通过考试,顺利进入了省芭蕾舞团。她以满腔的热情投入到日常的训练中,并在一些小型的演出中渐渐崭露头角。

这时,她遇到了命运的重大转折,当时团里正准备选用她作为大型芭蕾舞剧《宝莲灯》的第一女主角。但是在那个特殊的年代,她却由于父母的原因被送到农村接受"锻炼"。

这一去就是10年,然而,倔强的李玉莲始终没有放弃她那个登台演出的梦想。

十年后,她再次回到了令她魂牵梦绕的芭蕾舞团。团领导为了照顾她,仍安排她为重排《宝莲灯》的第一女主角。

李玉莲十分珍惜这来之不易的机会,她知道,这可能是她最后的一次表演,因为她已经三十好几了,如果不能登上舞台,就再也没有机会了。

为此,她发疯般地投入了《宝莲灯》的排练,凭着优异的天分以及对舞蹈极高的领悟力,她很快便找到了表演的感觉。但有一点却是她不愿面对的,那就是,已经三十多岁的她不可能再像原来年轻时那样轻盈灵巧了。

看着与她一起合作的年轻小伙子脸上那种无可奈何的表情,听着导演一遍一遍"重来"的喝声,再看着那些年轻姑娘们美丽曼妙的身影,李玉莲陷入了深深的沉思:是不是我的身体条件已经不允许我表演了呢,虽然团领导如此照顾我,可是否会因为自己而影响演出的效果,甚至是否会阻碍年轻演员的发展呢?

经过痛苦的抉择,李玉莲选择放弃表演。但她并没有放弃心中舞蹈的梦想,她从此成为团里的编导,把自己对舞蹈的热爱寄托在培养下一代新人的事业上。

经过几年的努力,她终于成为舞蹈界知名的教育家。

当你发现在自己与目标之间可能有着不可逾越的距离时,选择放弃它吧,也许另一条路正在通往成功的彼岸。

智慧寄语

一件事如果开始没有成功,努力再试一次,若仍然不能成功,那么这时你可以思考一下失败的原因了,有时候我们要学会放弃毫无意义的坚持。

# 不要让心灵空虚

女人要善待自己,当你在紧张的生活中感到焦虑的时候,一定要停下脚步,聆听心底的召唤,那些小梦想一旦有机会就要使之实现。

由于现代都市生活节奏快,生活压力大,人际关系复杂,加之职场的压力,女人们尤感空虚和无所皈依,有的甚至出现心慌、多梦的情况。其实,人的焦虑大部分是由内心空虚所致,人们只顾不停赶路,忘记了保养自己的心灵。所以,当都市女性感到心情焦虑不安的时候,保养好心灵是一件很必要的事情,做一做心灵的体操,让心灵深呼吸,不然,把自己陷入生活的沼泽是很不值得的。

那么,心灵不空虚的法宝是什么呢?

首先,在紧张的生活中留下一个小小的时间空隙给自己的心灵,探寻一下内心的真实想法。

曾经在一家医院的化验室外有两个取化验单的肿瘤患者,两人面对面坐着等,紧张的表情一览无余,一个紧张得手心出汗,另一个双手不停地搓来搓去,生怕化验的结果是恶性的。为了缓解紧张感,其中一个人对另一个人说:"如果我们真的离生命的终点近了,那么生命中的最后时光我们如何度过呢?"坐在他对面的那位患者抬起头说:"如果真的发现我身体里面长的肿瘤是恶性的,我就要尽量实现我年轻时的所有梦想。我想去云南旅行,我还想去阿尔卑斯山,听说这两个地方的风景很美,以前忙于生计一直没能启程;旅行累了,我还想在家里的阳台上好好晒晒太阳,看一看自己一直心仪但没时间看的书。生活太忙碌了,我在大学的时候有读书的习惯,一走上社会就抛到脑后去了。我还想……"

就在这时,医生叫他们拿结果了:这个内心充满梦想的人身体里长的肿瘤果然是恶性的,而另一位则是良性的。两人分手后,良性肿瘤患者在医院进行切除,另一个则去周游世界、晒太阳,实现自己所有的梦想。

一年后,在医院的走廊上他们又巧遇了,很不幸的是,那位当年切除了体内良性肿瘤的病人,因为出院后工作忙碌紧张失于调养,身体再次出现了问题,因为他切除的瘤非但没有痊愈,新的肿瘤反倒长出来了,恶性肿瘤不断在他的身体里面扩大,现在他每天只能无力地躺在床上。而另一个人则不同,心情舒畅身体健壮,当年的主治医生也很惊讶:怎么连健康的小麦肤色都出现在病人的皮肤上了呢,一切都证明,他现在的身体和心理状况在所有肿瘤患者当中是最好的。

难道当年一同坐在医院化验室门外的病友,觉得自己的人生中没有值得实现的梦想吗? 一定有,每个人都有自己的梦想。那么,为什么不到生命的最后时光,我们想不起来去实现呢? 而且,最重要的是,我们的梦到底蕴涵着什么? 当你内心不断地重复着"我想去旅行、我想去一座静静的山谷享受夕阳,冥思一下"的时候,那正是你的内心在紧张与焦虑的大石下的奋力呼喊。所以,女人要善待自己,当你处于人生的拐弯处不知所措时,一定要问问自己的最终愿望,不要让那些小梦想永远藏在心中。对待生活要看得开、放得下,给自己一点时间,有梦就去实现它。让放松的感觉时时光顾我们的心灵,让心在广阔的天空中自由呼吸,让心灵不再空虚,让我们彻底改变焦虑的生活。

其次,培养良好的喜好。

古人说人无癖不可交,意思就是一个懂得生活的人要有喜好。在生活中找一件事,无论是什么事,只要是能带来快乐的,合法、健康的,就是好事。无论是音乐、摄影、养宠物、集邮,只要这件事无论在什么时候都能给你带来快乐就好。爱好是女人找到发自内心的喜悦的源泉,通过这个爱好可以结交许多与你一样有着同样爱好和心灵沟通的朋友,让自己的生活多一份愉悦。将自己在这份爱好中得到的快乐与他人分享,更是其乐无穷。

再次,夜半无人静读书。

读书分为两种,一种是学业、技能上的学习,另一种是获取情感上的愉悦、怡情,易中天曾经说过"读书是为了谋心",就是这个意思。静谧的时光,一杯茶,一本好书,足矣。书能传达很多智者之言,和书的作者一起在书里做一次心灵上的沟通,焦虑紧张的内心也会随之平静如水。人们常说,书是人类的朋友,这样理解这句话更为确切:书是使那些没有机缘见面的人感悟人生和心灵的桥梁。

所以,当你的心在日复一日的紧张生活中渐渐变得干燥而荒芜时,也许应该用文字来滋润一下你的心田了。宁静的空间,空灵的心灵,好好照料一下自己久未关注的灵魂,让新的种子在心田里发芽。

亘古以来,女性们碰到的心灵问题大同小异,以前的人们也曾遇到过。看看别人是如何解决这一问题的,你的疑惑就能通过书籍得以解决。

最后,设立一个生活目标是必要的。

内心感到焦虑的人常常恐慌未来的走向,恐慌于不知道自己的未来会是什么样子。与其担心自己的未来,不如从现在开始掌握自己的未来并且创造美好的生活。

当新年的钟声再次敲响之时,一位母亲面对孩子们,给他们每人拿出了一小礼物:"在新的一年中有什么样的目标,谁说得最好就把最大的礼物送给谁。"姐姐体育成绩不好,这样说:"我想在新的一年中好好锻炼身体,争取得到好的体育成绩。"弟弟学习成绩不好,因此这样说:"我想在新的一年中门门功课都能及格。"最后,躲在一旁的小妹妹说:"有一个漂亮的笔记本我很喜欢,我已经存够一块钱了,只要我再坚持一段时间不吃糖,就可以买到它了。"听到小妹妹的话,母亲微笑着送给了小妹妹那份最好最大的礼物,并且对另外两个孩子说:"当你们还在打算的时候,她已经着手去实行了。"

没错,目标只是未来走向的一个标杆,必须真正地动手实现它。一个小小的目标会成为内心前进的方向和动力,从此你会为了实现它而远离焦虑和空虚。

当你感到空虚的时候,不妨静下来听一听自己内心的声音,平和地追寻我们的梦想,让我们的心灵得到充实。只有作一个有梦想并为实现梦想而努力的女人,内心才能够充实丰盈,远离焦虑。

智慧寄语 _____

只有作一个有梦想并为实现梦想而努力的女人,内心才能够充实丰盈,远离焦虑。

# 做能够把握自己命运的女人

一个女人如果能真正地把握自己的命运,做自己命运的主人,那她就能永远自信年轻,永远潇洒而有魅力。反之,如果一个女人总是听天由命,随波逐流,生命便成了一棵没有生机的树,或者是一朵塑料花,外表看着挺拔而妖娆,实则没有内涵,没有灵魂。

每个人的手中都有一把把握命运的金钥匙。一个女人完全可以因为自信而变得更加聪慧,因为坚韧而变得更有力量。无论遇到什么困难,都可以找到打败它的理由。只要一个女人能够自信坚韧地面对生活,她就能够使自己家庭和睦,事业成功,并让自己得到永远的呵护与宠爱。

做自己命运的主人绝对不是一句空口号,而是自己心中的意念,是在生活奋进过程中的心理能动力量,是积极的自我心理暗示产生出来的结果。看了下面的例子,你可能会有所感悟。

奥莉娅有两个儿子,但是学习情况很不乐观,为此她特意去了一趟儿子的学校。"你这两个儿子反应太迟钝了,"老师告诉奥莉娅,"我们只能让他们加入与自己能力差不多的阅读小组,校长也同意了这个处理方法。"老师继续说:"你的孩子们不会说英语,可能与你在家里只讲俄语有关。"

奥莉娅明白是自己的问题,因为她从小智力就很差,始终被列入反应迟钝者之列,后来没有办法,只好退学了。16岁那年,奥莉娅出嫁了,随后她生了两个男孩儿。如今,两个孩子也和她一样被列为低能儿,奥莉娅非常难受。她决心亲自帮助孩子,因此首先她自己需要去成人学院求学。

求学的道路很不顺利。她去求人帮忙,别人对她说:"你的履历表明你反应迟钝、智力低下,我不能推荐你上学。"奥莉娅非常伤心地回到家,一边哭一边鼓励自己:"别泄气,一定会有办法的!"她又去找孩子们的校长商讨办法,校长建议她到两年制的北方学院去试试。奥莉娅去了北方学院,她的执著感动了学院的登记员,答应给她一年尝试的机会,但是,"如果无法达到学院的考试要求,你还是得走"。就这样,奥莉娅一边上学一边兼顾家务,每天忙得焦头烂额。她的努力得到了全家的赞许,可是家人却不太相信她能坚持下去。

第一学年末,奥莉娅取得了相当不错的成绩,她惊奇地意识到:自己的能力和别人相比并没有相差很多,自己还可以拿一个大学学位。于是,奥莉娅又去了阿穆尔国立大学学习,而北方学院的学习她仍然在继续。就这样,奥莉娅每天4点起床,3年以后,她取得了初级学院学位,并同时取得了阿穆尔国立大学的理科学士学位,成绩优异。

可喜的是,在母亲的鼓励下,奥莉娅的孩子们也都有了很好的进步,他们的成绩一天天提高,自信心也随之增强,终于,他们可以和正常的孩子们一起学习生活了。

奥莉娅在1971年获得了文学硕士学位,并担任了由喀山国立大学发起的文化研究会的理事。此后,她又去攻读行政管理的博士学位,并利用空余时间在大学及青年夜校任教。1977年,奥莉娅取得博士学位,成了颇具威望的教育委员会的会员。1981年,她又被提升为阿穆尔国立大学的校长助理。奥莉娅原本被认为低能的两个孩子也在妈妈的不断鼓舞下努力进取,分别做了内科医生和律师。

一个被认为智力低下的人硬是凭借着自己的努力改变了命运。

有些时候,一旦你陷入挫折情绪中,就会感觉自己的命运并没有在自己的掌控之中,会生出"造化弄人""老天有眼无珠"等感慨。这时,一定要记住:不要轻言放弃,及时调整自己的情绪,战胜自己,用信心和勇气走出生命中的低谷,用微笑面对人生,把握命运。用自己的力量打造骄人的事业,创造幸福的家庭,让自己永远充盈着自信和欢乐,享受人生的精彩。并把这种心态感染给身边的人,让他们更加敬信自己,亲近自己,呵护、宠爱自己。

### 智慧寄语

一个女人完全可以因为自信而变得更加聪慧,因为坚韧而变得更有力量。

# 第五篇

## 聪明女人要有财商

# 第一章　聪明女人会存钱

## 储蓄是最安全的理财方式

最基本的理财方式就是把钱储蓄于银行,让它生小钱。管理财富的第一步就是检视自己的收支情况,用你的存折或网络银行的电子账簿让自己的收支状况一目了然。

其实,储蓄说起来好听,每一笔钱存起来,内心总是荡漾着满足感,好像多了几分安全感,但是月底一到,泡沫经济也就随之呈现:存进去的大部分又取出来了,而且不动声色,悄无声息地就不见了,买几件得体的衣服,买几本书,抑或是大伙儿聚在一起撮一顿,钱就这样飞走了。

但是,女士们一定要知道,一定数量的存款起码可以确保接下来的几个月生活无忧。目前经济形势走势不佳,没准什么时候你所在的公司就开始裁人了,如果你一点储蓄都没有,一旦工作发生变动,你就将非常被动。而一旦有储蓄作保障,你在经济上以及精神上就不会受困于这一次意外事件。另外,如果工作实在干得不开心了,你可以收拾东西走人,懒得理睬老板的嘴脸。所以,储蓄是必要的。无论如何,为自己留一条退路是十分应该的。

对于还没有养成理财习惯或者不善于自我操持财产的年轻人来说,每个月养成一个习惯,从收入中合理地抽取一部分,让这些钱躺到安全的银行里,这是你"聚沙成塔,集腋成裘"的第一步。一般建议提取 10% ~20% 的收入作为每个月的存款。当然,我们也要考虑到当前的实际情况与收支的浮动,并且根据这个浮动确定该存的钱数,一般是在 10% ~30% 之间浮动。而且一定要养成先存款、后消费的习惯。等到月末消费完毕再把余钱存起来是相当错误的行为,这样很容易让你的储蓄大计泡汤。

小晶刚工作不久,对于理财,她有着自己的一套。虽然月薪只有 2500 元左右,但小晶每个月都会细细考虑一下,然后大体按照三部分处理:1000 元存入银行,500~1000 元投资股票和基金,剩下的用于消费。目前,住在父母家的她不用担心吃和穿,她认为这个阶段是存钱的好时机。

专家分析,小晶的理财观念具有典型的特征:他们是家里唯一的孩子,一定程度上还是依靠父母的,尽管他们在经济上独立的愿望比较强烈。在理财上,他们虽然也开始涉及一些项目的投资,但因资金较少,所以储蓄依然是他们理财时的首选。

人民币存取方式有如下几种较为普遍:活期存款、定期存款(不同存期)、零存整取、定活两便、协定存款、通知存款等。每种存款方式长短不同,利息不同,每个人的具体情况不同,我们可以针对自己的情况做一个选择，以求达到方便使用和获取最大收益的目的。

我们以一年定期存款利率(2.52%)和活期存款利率(0.36%)为例，定期的收益大大高于活期。如果把每月用于储蓄的存款用定期存款的方式存起来，几年下来，你的存款利息也将是大大的一笔！

而且，随着存款时间长度的不同，我们还可以发现，活期存款与定期存款的收益差距越来越大。我们每天的工资收入也许只有个一两百，而只要花一点点时间到银行改变一下存款方式，这些收益就会轻易地跳进你的口袋！

看到这里，相信你应该已认识到储蓄非小事，合理储蓄不费时，但收益不小。

### 智慧寄语

管理财富的第一步就是检视自己的收支情况，用你的存折或网络银行的电子账簿让自己的收支状况一目了然。

# 临时储蓄可以应对突如其来的变化

身为现代女性，必须有面对现实的勇气，必须学会面对突如其来的变化。"天要下雨，娘要嫁人"，很多事情我们都无法提前预知，当生活变脸时，女性需要有一个"保险柜"作自己的坚强后盾。

年轻的小玲是典型的"月光族"。每个月收入不少，加到一起6000有余，可还房款、吃穿购物、美容减肥、朋友聚会是常事，一个月下来，口袋里只剩下一些零头。年初，小玲单位的一位同事因子宫肌瘤住院，生病开销挺大，再加上耽误上班丢了奖金，平时也不注重保险的购买，最后引起了经济状况的急剧滑坡。于是，小玲从中吸取教训，每个月减免一些可以节约的花销，留下一两千作为保障金，以防不时之需。虽然每个月少花了一千元，但她却心里踏实了很多，也不会被突如其来的状况压垮了。

职业女性的收入一般不成问题，生活可谓"无忧无虑"。这些人钟情于购置产业，车房都需具备，尽情享受，追求高品位生活，却忽视了为自己防范风险。要知道，工作的压力，家庭的压力，社会环境的整个态势等，往往使他们处于亚健康状态。从快乐的单身贵族到日后成家立业，职业女性正处于一个未雨绸缪的阶段，因为在这个阶段她们的人生将充满变数。对她们而言，为自己的关键时刻有所准备，使经济上不至于困窘，是非常有必要的。

**1. 准备一个"保险柜"**

"女性掌握理财权的时候到了！"这绝对不是妇女节时标榜的理念，更不是意在引起你与丈夫争夺家里的财权，而是女性在家庭里的特殊地位所决定的。

那么，可能有人会疑惑，女士们掌管财务权到底基于什么样的理由呢？

首先，女性是家庭日常开支的调控者，试问一个家庭的正常运转是谁在维护着？保姆费、日常开销费用、孩子的教育费、人情往来等。其次，女性并不一定是家庭收入的主要来源，但善于理财的天性决定了她对家庭里的收支状况一目了然。很多丈夫压根儿就不知道家里有几张银行卡，更别提卡里的具体金额了。

更重要的是，由于生理上的特点和社会就业的现状，使得大部分家庭丈夫的收入高过妻子，这样一来，女性们未来的养老储备就出现了一定危机；女性还经常是公司裁员或者被解聘的对象，因而必须准备自己的不时之需；一旦被解聘，女性很难立即在职场上找到称心如意的工作，并且本来女人们也需要更多的资金应付不时之需。

一个重要的理财观点是"鸡蛋不要放在一个篮子里"，女性理财也必须准备好三个柜子，分别装入不同的内容：一个被称为安全柜，家庭的主要来源受到影响或是遭遇裁员时，它主要用来保护你的家人和孩子；另一个可以称为投资柜，主要的作用是积累养老时必需的投资资金，你需要估计自己未来所需养老金以此得出目前投资所需要的投资收益率；最后一个是风险柜，可以购买一些股票或者基金等高收益、高风险的产品，从而获取额外的收益。

### 2. 至少准备 3~12 个月的生活费

牛萍女士，因在外企的销售职位，还是赚得来一些钱的，其丈夫也是外企职员，两人仗着每月 1 万多的工资进账，买下了一套 100 万的房子，贷款 80 万。这样一来，每月 5000 多的还款雷打不动。他们还喜好交朋结友，往日里应酬不断，年轻气盛的小夫妻少有积蓄。

就在这时，牛萍和老板产生了龃龉，盛气之下决定走人。当时她认为辞掉工作后还可以另谋高就，根本不发愁工作问题。

可没想到的是，就在辞职的同时，她发现自己怀孕了。

所谓生活的一道道坎，说的就是这些突如其来的意外。丈夫的收入不但要养家还要还贷，两人又没有积蓄，养活孩子面临一大笔支出，此刻卖房子的想法充斥着牛萍的脑海。紧急出手，价格上已经没什么优势了，更糟的是，心高气傲的小夫妇不得不另外租房以便安身。

如果未雨绸缪，牛萍就会把以往的开销做一个合理的规划，至少能让他们在一年半载之内无忧，也就不至于落魄至此了。

你可以存一笔费用作为"周转资金"，以便在失业的时候派上用场。你需要存储的确切钱数将以每月花销为依据。以牛萍女士为例，她的家庭应该储备 3 万到 10 万左右的资金，当然这其中包括房贷的支出。如果乐观一点，把夫妻同时失业的可能排除在外，她的储备资金应该是 3 个月到一年的工资收入，只有这样，才能维持自己的财务状况，不至于在失业、怀孕的当口受此一劫。

生活中谁都有可能出现危机，这时，你的财务必将面临巨大的挑战。由此可见，消费之余准备个保险箱以备后患，成了生活中一项不可或缺的内容。

**智慧寄语**

很多事情我们都无法提前预知，当生活变脸时，女性需要有一个"保险柜"做自己的坚强后盾。

# 严格执行储蓄计划

近年来，很多人钟情并践行于"理财投资"，很多人认为只要投资得当，储蓄不储蓄无所谓，这正是忽视了储蓄在理财中的重要性。但是，个人理财的基点应该是合理储蓄，因为每月储蓄才是财富积累的基础，才能给投资提供源源不断的资金。所以，个人理财的基础就是合理地进行储蓄，并且要点点滴滴、持之以恒地贯彻。

张兰喜欢和同事们侃大山，大伙儿都嚷着钱不够花，同事小李也让张兰谈谈她现在的财务状况。张兰有点不好意思，说："我现在存下来的钱，再添一点儿可能也够对付首付房款了。"听完这句话，大家顿时目瞪口呆。

也难怪他们惊讶,张兰家境不算特别好,找了个男友也不算有钱,并且是两年前才入职的,她怎么就能赚下首付的钱呢? 张兰的"赚钱秘诀"其实不是什么秘密,就是存钱、存钱、再存钱。每个月发薪之后,张兰都会将其中的2000元存入银行,她想周全了,整存整取收益颇丰,所以她摈弃了活期存款,这样利息较高。但存期不长,以一年为限,这样一年下来就有12张存单,她每个月都能取到一笔钱,同时又享受到了比活期高的利息。张兰的计划就是在工作5年之内,让自己能首付一套小户型,这对于工薪阶层来说,并不是个简单的目标,可现在她已经快要完成一半啦! 良好的储蓄习惯使她的梦想成真。

每个人都有过储蓄的经历,但很多人的储蓄方法并不科学。很多女性并无固定储蓄的概念,更别提长期的资金计划了,大多数时候的储蓄办法就是把每月的结余变成储蓄或投资,剩得多就多存,剩得少就少存。这种方式可以说是没有目的的瞎理财,因为该方式缺少了具体的数目与目标。即使是有一定储蓄规律的女性,每个月都存入固定的金额,也仅仅是强制储蓄,目的就是遏止一下自己瞎浪费,缺少了周密的计划和强有力的执行方案。

从专业的角度来说,要想进行科学的储蓄,首先应该制定理财目标,通过对目前收支的准确盘算,知道每个月存下多少钱才能使自己的目标不至于落空;然后是量入为出,在明确的理财目标的指引下,每月都按此金额进行储蓄。至于每月的支出,那就是除掉储蓄,我们每月收入的剩余部分。要按照精心计算出来的金额不折不扣地完成,这样我们的财务目标才能在可操作的时间范围内得以实现。

**智慧寄语**

个人理财的基础就是合理地进行储蓄,并且要点点滴滴、持之以恒地贯彻。

# 存下人生的第一桶金

巴菲特曾经在他的书中写道,他的储蓄习惯始于6岁那一年,每个月存30美元,一直存到13岁时,他已经拥有了3000美元。他的第一只股票就是这时购买的,从此他开始了自己的投资之路。在以后的日子里,将近80年来,他持之以恒地储蓄、投资,成为世界闻名的"股神"。因此,说巴菲特的基金积累源于储蓄丝毫不言过其实。

日本麦当劳的开创者藤田田的第一桶金也是存出来的。他的目标是大学毕业后十年内存够10万美元,他想把这笔钱当作自己的创业基金,于是他去了一家电器公司上班。为了存出这第一桶金,他坚持每月存款,而且雷打不动。在困难面前,他一向坚持自己的初衷,即使遇到突发状况或者额外用钱也照存不误,甚至不惜厚着脸皮四处借贷渡过难关,也不希望自己的存款计划被搁浅。他每月去银行报到,其坚持不懈的毅力感动了银行的职员,大家都觉得他相当有毅力。在近6年的时间里,他存了5万美元。当时日本的快餐连锁开始兴起,藤田田对麦当劳的发展态势很看好,他终于下决心在日本开创此行业。但是当时申办麦当劳连锁店需要75万美元和一家中等规模以上银行的信用作为支持,只有5万美元的藤田田不愿意让自己的梦想流产,通过多方举债,他终于借来了4万美元,离所需的资金尚有很大的缺口。剩下的部分,他用自己5万美元的储蓄故事打动了当时一家大银行的总裁,总裁答应为他剩余的资金提供贷款,信用担保方面也得到了总裁的大力支持。就这样,藤田田用存出来的第一桶金开创了自己的事业,并且发展为现在的快餐大王,年营业额高达40亿美元,辖

1000多家连锁店。

可见，坚持不懈的目标能造就日后的成功，即使拥有绝佳机会的超级富豪，如果没有创业的资本，也不可能有日后辉煌的成就。对于大多数成功人士来说，既没有雄厚的资金后盾也没有显赫的背景，所依赖的只有自身的努力，这样才能取得成功。不管是巴菲特，还是藤田田，或者其他白手起家的成功人士，最初的储蓄成为了他们人生的第一桶金。

对于时下年轻的女孩来说，积累人生第一桶金，通常需要下很大的决心，有时即使已经下定了决心，很多时候也会因为忙碌、遗忘、额外支出等原因让强制储蓄的愿望泡了汤。很多时候我们也明白，其实每个月的收入中抛开必要的开支，多一些开销和少一些开销不会从根本上影响到我们的生活。关键就是，如何在我们还没有随意消费之前，及时地将这些可以省下来的钱积累起来。

你一定要记得不要期望存钱致富，但要为致富存钱。消费前先让自己静下心来思考一下，这些花费真的是必要的吗？要学会递延消费，把奢侈品或非必要性的消费延后。

理财计划的重要环节就是储蓄，使储蓄成为一种习惯，将余钱用于投资与消费，不要随便地冒风险乱投资，积累第一桶金所需遵循的原则就是如此。

女士们理财未必是为了以后多么成功，但从根本上来说是为了让一个家体面地运转：房子、车子或者家业、事业。只要对财富动了念头，就应该明白天上不会掉下馅饼。你可以不投资，但不能不储蓄。想要完成"资本的最原始积累"，就要先学会储蓄，因为积累财富的不二法宝仍然是坚持做长期的储蓄。对于我们而言，得到"第一桶金"最靠谱的方式还得是"存"！

### 智慧寄语

投资理财的最重要的目的无非是追求财物的自由，拥有丰厚的经济基础，在需要用度的时候能支配，使自己的生活无虞，而这一切都始于累积第一桶金。

# 巧用储蓄

在所有理财方法中，银行储蓄是风险最低的，但收益也是最低的。不太关注银行的储蓄资讯是目前理财女性的一个通病，其实，几乎零风险的银行储蓄，只要掌握一定的规律技巧，利用不同的储蓄组合来赚取收益，同样可以让你的财富增值，率先使生活质量更上一层楼。

### 1. 来看"十二存单法"

把钱留在工资卡里的做法是不科学的，因为工资账户一般都是活期存款，利率很低，一旦工资里面的金额长期得不到合理储蓄，那么一笔利息就白白损失掉了。每月提取工资收入的10%～15%做一个定期存款单，每月定期存款单期限可以设为一年，每月都这么做，一年下来每一个月你都能领到一张存款单，相应每月都能取到利息。

这样一来，你从第二年起，每个月都会有一张存单到期，如果有急用，你就可以动用这笔钱，丝毫也不会使你的利息受到影响。如果没有急用，这些存单可以自动续存，而且从第二年起可以把每月要存的钱添加到本期到期的存单中，滚动存款的雪球就滚大了，每到一个月就把当月要存的钱添加到当月到期的存款单中，一张新的存款单便揣在你的手中了。

十二存单法的好处就在于，从第二年起，每个月都会有供你备用的一张存款单到期，如果不用则可以加上新存的钱，继续做定期，既能让你在使用这张存款单时比较灵活，又能得到定期的存款利息，是一个两全其美的做法。如果日复一日地坚持下去，你就会攒下一笔不小的存款。相信你在每个月续存的时候都会有一份惊喜,幸福感和成就感也会随之而来。

另外,在进行12存单法的同时,每张存单最好都开通自动续存,这样你就可以免去跑银行的劳顿了。最后还要提醒你,一定要把这些存单放好,存单要留密码。

### 2. 简便易行的"接力储蓄法"

倘若每个月你都有2000元的闲钱可以存下来,你就可以选择将这2000元存成3个月的定期,在之后的两个月中,继续坚持每月一笔2000元的定期存款,你的第一个定期存款将会在第四个月的时候到期,从此开始,你每个月都会有一笔3个月的定期存款到期供你支取。这样可以做到每个月都有应急的钱花,这个方式操作起来相当便捷,尽管它没有"十二存单法"所获的利息那么高,但三个月定存的利息要比三个月活期的利息至少高出两倍,这笔账算起来还是比较可观的。

### 3. 利率最大化的"五张存单法"

跟"十二存单法"相似的是"五张存单法","五张存单"就是有五张存款单。不同的是,"十二存单法"适合的对象一般是没有把钱存入过银行的女士,而五张存单则比较适合已经拥有一定数额存款的女士。它的存法是将你手头已有的存款分为五份,然后存期按阶梯状排开,由于银行没有四年期的定存,所以这笔存款需要一份定存为一年,两份定存为两年,再推算过来,便是以三年、五年为限制时间定存。

这样到第二年时,取出来已经到期的定期一年的存单,如果没有其他需要就连本带利存为定期五年的存款;两份定期两年的存款将会在第三年到期,取出后一份存为定期两年,一份存为定期五年;三年期的存款将会在第四年时候到期,取出来同样存成定期五年;第五年时,第三年存的那份两年期的定存到期,取出来定存为五年。这时,五张五年存期的定存单就掌握在你的手上了,并且每年都有一张到期。一旦该年度有大的花销,就可以取出当年到期的那张存单,其他定期存单的利率不会受到影响。因为五年的定期利率一定高于一年、两年和三年的利率,获利最大化的途径很适合女士们的中长期投资。

### 4. 利滚利的组合存储法

利滚利存款法是一种完美的储蓄方法,它是存本取息与零存整取的结合。

这种方法能获得比较高的存款利息,唯一的欠缺是必须常常跑腿,不过看在钱的份上,多跑跑银行也是值得的。具体操作方法是:比如你有一笔5万元的存款,这5万元以存本取息的存入方法储蓄比较值得考虑,在一个月后取出其中的利息,把这一个月的利息也开一个零存整取的账户,以后每月零存整取的账户都会增长,因为存本取息账户中的利息存进去了。这样做的好处就是能获得二次利息,即存本取息的利息在零存整取中又获得利息。尝试这种方式的女士们必须拥有较大的金额本金,肯定比你单纯存款所得的利息要多得多。

如何才能使储蓄收益最大化呢?

(1)存款时尽量选择整存整取。

(2)灵活选择存款时间。

(3)及时调整自己的存款方式是遇到利率调整时的对策。

(4)定期存款最好办理自动转存业务。

(5)若是存定期,时间越长越好。

(6)储蓄品种的选择是一门学问。

### 5. 约定转存

约定转存,就是事先与银行约定将每月存入的活期存款转存为定期存款。适合这种方式的群体是那些每个月都有进账的工薪族,当然前提是再办一个储蓄卡。当你的资金到账后,银行通常都会默认为活期存款,但是一切都需要建立在你事先跟银行协议约定的基础上,约定每个月资金到账之后将其中固定数额的存款自动转存为定期存款。这样,你就可以省去每个月跑银行的劳顿之苦,而且还保证了定期的利率,这种方式比较适合资金不太充裕又惧怕麻烦的上班族。

其实,方式多样是银行存储方式的特点,只要你开动脑筋、合理利用,调动一切对你有利的方式,采用各种搭配形式,聪明的你就可以把手头有限的金钱用活,使利息最大化。

**智慧寄语**

方式多样是银行存储方式的特点,只要你开动脑筋、合理利用,调动一切对你有利的方式,采用各种搭配形式,聪明的你就可以把手头有限的金钱用活,使利息最大化。

# 谨防破财行为

很多人,尤其是很多女性朋友,总是认为把钱存在银行可谓是万事大吉,安全系数极高,它怎么会让利息受损,甚至存款减少呢?但如果你处理不当,现实情况的确存在这种可能性。因此,谨防破财行为是我们储蓄理财过程中应给予关注的。

**1. 密码保护意识薄弱**

在储蓄卡代替银行存折,网上银行司空见惯的今天,科技的发展给我们的生活带来了便捷,同时随之而来的却是忧患,我们的密码保护意识稍显薄弱。很多人喜欢选用自己记忆最深的生日作为密码,但这样一来就不会有很高的保密性,通常诸如户口本、简历表、身份证等信息很容易被他人破译。有的储户还喜欢选择一些吉祥数字,比如6个6、6个8、6个9之类的特殊数字,这种密码是很容易被破译出来的,一旦被别人盗取,你银行里面的存款就处于危机中了。所以,设置密码时不能过于简单,应尽量使用自己熟悉而别人难于解密的信息才能使你的账户真正安全。同时,银行卡和身份证一起放在一个钱包里也是非常不安全的,如果某一日你的钱包被人偷走或丢失,那么你银行里的钱就任人宰割了,存款也很可能被他人冒领。

**2. 存单存折随意乱放**

你可能有很多储蓄类型和好多张存款单,这说明多样化的存款方式已经被你所掌握了,这当然值得提倡。但是你最好把这些东西归类,且放在一个自己方便查找的地方,不要随手乱放。最好把存单放在一个比较隐蔽的、不易被鼠虫所咬且干燥的地方。同时还应注意,存单一定要与身份证、户口簿等能证明自己身份的证件和印鉴、密码登记簿分开保管,以避免坏人把这些证件、印鉴、密码登记簿一起盗走,恶意领取,令你蒙受不必要的损失。

**3. 不注意自身存款的种类和期限**

除了上面最直接的破财行为之外,比较常见的是由于自身的疏忽所造成的破财行为。不同种类的储蓄方式具有不同的特点,不同的人群和不同的存取手段之间存在着取舍:活期储蓄存款适用于生活待用款项,灵活方便,适应性强;生活若有结余则适合定期储蓄方式,存款越长,利率越高,计划性较强;零存整取储蓄存款适用于余款存储,积累性较强。利息受损情况的发生往往是由于不注意合理地选择储蓄方式。虽然很多人认为这种破财方式带来的损失实在微不足道,但是从长远的利益来看,选择合理的储蓄方式所带来的收入大大高于随意存取的利息。所以,如果我们能够定期储蓄存款三个月,就不要存活期,能定期储蓄存款超过半年,选择三个月就是不当之举了。与此同时,由于银行的存款利率变动比较频繁,及时调整存储方式是一个好办法,这样才不会让应该到手的财富白白流失。

### 4. 大额现金一张单

很多白领女性喜欢等到到期日相差时间很近的几张定期储蓄存单全部到期以后,把几张同时转存,这样一来手头就有了很大一笔钱的单子,或是拿着大笔的现金,到银行存款时只开一张存单。虽说这样方便,但做法有欠妥当,无形中利息的损失便产生了,对理财很不利。

因为银行规定,提前支取定期储蓄存款,不管时间存了多长也要全部按当日挂牌公告的活期储蓄存款利率计算利息。倘若生活中急需用钱,定期储蓄存单未到期,那么就出现损失了,因为必须动用大存单了。正确的方法是假如有10000元进行存储,可分开四张存单,分别按金额大小排开,如一千元、两千元、三千元、四千元分别一张,这样做的目的就是在困难来临时不至于产生太大的损失。

### 5. 在存款没有到期时提前提取

生活中往往会有一些突然的变故需要用钱,有人往往会把自己的定期存款提前取出来应急。虽然他们知道这样做会将自己辛苦积攒的、应该得到的定期利息大部分付之东流,但是因为那只是存款的盈余部分,所以很少有人把其中的差额用来进行对比,也因此让自己蒙受了不明不白的损失。所以,在定期储蓄存款提前支取时一定要拿出计算器,仔细算计计,看看会损失多少。如果损失的数额比较大,那就尝试考虑其他的举措,在支付金额小于你的定存利息的情况下,银行专门设立的定期存单小额抵押贷款业务你也许可以尝试一下,争取将自己的损失降到最低。尽管破财摆在当前,但是破得少毕竟是好事。

### 6. 存款到期不支取

定期存款到期后,逾期部分计算利息的方式按照当日挂牌公告的活期储蓄计算。这些活期的利率显然要比定期利率低很多,这样一来利息的损失就形成了。很多女士由于对存款日期不甚在意,而让自己本该获得的高利率变成了低利率,因此大家要注意时常翻一翻存单,一旦发现定期存单到期,就要考虑保住利息不损失,尽快取出该笔钱。

这些储蓄中的不当行为所造成的破财其实都是可以避免的,认真地学会这些理财知识对大家很有好处。

**智慧寄语**

女性朋友在储存理财过程中应理解、慎重,谨防破财行为的发生。

# 储蓄卡不需要很多

仔细看看你的包包,从你拥有第一张储蓄卡开始,数数看你包里的储蓄卡一共有几张?这些储蓄卡只有为数不多的几张平日里用得到,那些闲置不用的储蓄卡里只有零碎的数百元,却一直在被收取年费和小额管理费,这样一来,有的小钱就不翼而飞了。

那么,一个人持几张卡是比较合理且便捷的呢?一般来说,3张卡就够用了。这3张卡按功能划分,应该是日常消费的、投资的以及积累资金的。

### 1. 日常消费卡:用贷记卡"先斩后奏"

如果是纯粹用于日常花销,最适合的卡便是贷记卡。特别是手头常常拮据的女性朋友,贷记卡的透支功能使你"先斩后奏"的快意得以实现;另外,经常用贷记卡消费,银行常常会有优惠积分或跟商家合作的优惠促销,这样一来,不用花额外的钱,就能得到可心的小礼品或小回馈。这张卡就拿来透支消费,当然别忘了免息期结束之前把钱还给银行。

### 2.投资卡:集中投资、细算收益

投资卡和贷记卡一样有着重要的作用,可以用这张卡购买股票、基金、债券等投资品种。投资卡只用于投资,算计一下自己能够投出去的资金,同时也要对投资品牌做一个了解,按额度转钱到投资卡里即可。这样做使资金不会闲置下来,其较高的利用率会让资金升值。所以一般来说,对于各家银行纷纷推出的人民币理财品种等长期理财项目,你应该在投资进行之前,先把资金注入投资卡上。

### 3.资金积累卡:用它"钱生钱"

出于安全考虑,消费卡、投资卡上留有大量的活动资金是不可行的。所以,最好有一张资金积累卡。如果工资是个人或家庭的主要收入,则可将工资卡默认为资金积累卡。这张卡有两个功能:功能之一是资金的积累,其二是向投资卡或消费卡注入资金。包括划转资金和支付划转水电燃气、按揭等费用。如果工资与奖金由不同的银行发放,最好将资金收拢放在一张资金积累卡上。因为银行开展个人理财业务,一般都设有资金额度的门槛,过于分散的资金使得完全享受银行的服务变得困难。

需要注意的是,资金积累卡一定要开设活期自动转存定期功能,以规避利息的损失,使大钱生小钱。目前,各家银行活期自动转存定期功能已经开通。留出一笔固定活期存款,其余部分按与银行签订的协议自动转存为一年期、半年期、三个月存款或通知存款。这样,银行一旦发现有新款注入就会把钱自动转存起来。这岂不是坐在家里就能让"钱生钱"?

**智慧寄语**

资金积累卡一定要开设活期自动转存定期功能,以规避利息的损失,使大钱生小钱。

# 别把信用卡当作储蓄卡

女人要想构筑幸福的生活,在学会赚钱之余,学会如何消费也是很重要的。"双刃剑"可以用来形容手头的信用卡,使用不当,会使你愁眉苦脸;使用得当,却能助你渡过各种财经大关。只要学会巧妙地把信用卡用活,一生就能够幸福安康地度过。

### 1.信用卡是不能存钱的

当然,信用卡和储蓄卡之间存在一些区别,除了信用卡可以透支以外,还在于信用卡的功能是进行消费结算,而不是储蓄功能。因此对客户而言,他们在及时还款的前提下可持卡消费,银行的收益只是从商户处收取1%~2%的结算手续费。每家银行对本行发行的信用卡都有特别的管理标准,即使是存钱进去然后取出,手续费也在所难免。

即使是急需钱,考虑成本也是从信用卡取现时需注意到的。为避免忘记还款而带来的负担,最好与发卡行的借记卡挂钩,可以使用信用卡自动还款功能。

### 2.信用卡不是越多越划算

一般来说,两张信用卡就足以使我们生活便捷了。你可以根据自己的实际情况对银行卡进行筛选,即使附加在卡上的功能很诱人,假如我们用不到它,那么我们也没有必要开通。留下两张结账日不同的信用卡,透支额度不必太高,一张日常使用一张备用,不仅能够使我们的消费欲望得以抑制,还可以拉长还款日期。

没有超强的计算能力的女性,平时又不能控制自己的消费欲望,那么还是不办信用卡为好,或者只用老公的附属卡,一则这些麻烦都没有了,更重要的是这些钱总归老公会去还上的。

### 3."超长免息期"有陷阱

在正常免息期不收利息是国内银行的规定,但如果超期透支了,即偿还的金额等于或高于当期账单的最低还款额,但仍然低于本期应还金额,那么循环信用余额就是剩余的延后还款金额。而超期的每一笔消费都要按照日息万分之五计算,年息是相当惊人的,高达18%。

### 4.信用卡闲置就是丢钱

信用卡激活是一种安全措施,为了防止邮寄卡片过程中被盗用。发卡行在核准发卡后,信用卡所涉及的一系列后台运作随即产生,各家银行针对未激活的信用卡是否会收取年费这一问题的规定有异,一般分为三类:

第一类是信用卡只要不激活,就不会产生年费。目前许多银行不会收取年费,条件就是信用卡在有效期内不能被激活。而且,有些银行的信用卡用户如果首年不激活,一年之后,这张信用卡就会被自动注销。

第二类是在第一年免年费。目前许多银行都在采用免首年年费的做法,即在第一年免除年费,如果第一年消费了若干笔,那么自动免除第二年的年费。

第三类是即使不激活信用卡,第一年也会收取年费。只有少数银行采取这种收费政策,目前只有中信银行规定要在发卡后30天内激活而且必须刷卡消费(或取现),否则,就将收取首年年费。

所以,在办理信用卡之前,对银行信用卡规定进行详细了解是必要的。因为每个银行的政策都不同,对于信用卡的办理规则也不一样;不同种类的信用卡即使可能出现在同一家银行,具体的使用条例也有差异;对于同一种信用卡的政策,也有可能会进行调整和改变。所以面对繁多的信用卡,一定要详细了解之后再开通。

第一,仔细阅读合约。

信用卡领用合约不仅记载着用户和银行之间的权利义务关系,并且因为是正式法律文书,所以,也会详细告知信用卡的年费政策。因此,在申请信用卡之前,一定要仔细阅读领用合约。如果对合约有疑惑,向银行工作人员或者拨打客服电话了解是非常必要的,对于年费的减免年限、年费减免是否与刷卡次数挂钩、激活开卡与年费到底如何规定、除年费之外是否还有其他收费等等,都要做到心中有数。

第二,理性至上,不要盲目办理。

女性朋友容易凭感觉收纳很多类似的卡,有些一直闲置不用,时间一长,慢慢淡忘了信用卡的年费规定,甚至因为长期弃之不用而不慎遗失,很可能诸多不必要的麻烦就接踵而来了。所以对于信用卡的办理一定要理性,办信用卡不要贪多,长时间不用的卡,办理停用手续是很有必要的。

智慧寄语 _____

幸福的可持续发展,需要合理使用信用卡。

# 每月需要留足"储备金"

在西方消费观念不断侵袭的背景下,过度消费成为了一部分年轻人的生活方式,很多人都当上了"月光族"。尤其是爱美女性,更是站在了时尚的前沿,如新款服装、新款美食、新款化妆品。每月挣多少花多少,成了当下许多女性真实的生活写照。乍一看,这种生活风光潇洒,但是对今后的生活却缺乏长远的打算。所谓"天有不测风云,人有旦夕祸福",一旦出现意外情况,手头毫无资金储备的你该怎么办呢？所以，每个月你都必须尽可能地存一些钱以备不时之需。

丁太太今年30岁，辞掉工作之后便在家安心全职，即一直在家照顾孩子。先生今年32岁，多年打拼于上海一家中型外企，成了公司的中高层，年收入25万元。他们家一次性全款购买了一套房子，因此无负债，房子目前市值为100万元。丁太太之前的理财较为保守，定期存折上有50万元的资产，在股票市场投资10万元，有一定幅度的亏损。

丁太太夫妻俩都有社会保险、大病及医疗商业保险，7000元是每年的保费；1000元预留给孩子做医疗和意外商业保险；每月家庭平均支出约为6000元。丁太太思考着，家里之前没有定期预留储备金的计划，也没有针对银行的那50万元做其他打算，她突然觉得自己好像一方面浪费了赚钱的机会，另一方面没有做到位的还有家庭的保障工作。其实，丁太太家由于目前生活比较稳定，并已经有10万元做了有风险的股票投资，这50万元完全可以拿出来购买基金，因为这种方式投资风险比较小。接下来，就迫切地需要考虑储备金的问题了。

那么，丁太太如何考虑他们家的储备金计划才是合理的呢？

首先，人身保险方面的储备金是让丁太太安心的基本储备金。根据年收入的1/10购买收入10倍的保额的原则，也就是基本的"双十原则"，丁先生一家的保费控制在一年缴纳2.5万比较合适。

第二，孩子的教育储备金应该以每年固定存储的方式做储蓄。可以按照小学每年2万，初中每年2.5万，高中每年3万做出合理的安排，当然还可以考虑到大学的费用。

最后，退休后的医疗储备金也值得考虑。丁太太自己需要额外筹措养老期间投资波动性极小的医疗储备金，建议以债券型的基金储备为主。以年收益5%计算，如果60岁时想筹集50万作为家庭医疗专项储备金，从现在开始，每月定投6205元是比较适宜的。

当然，每个人、每个家庭的情况都不一样，不能完全照搬。透过丁太太这面镜子，我们可以反观我们自身的情况，提醒自己应该好好分析一下目前的储备金情况，做进一步合理的规划。这里，不妨告诉各位女性朋友们，计划储备金也是有规则可遵循的：月三（30%）、年三（30%）、三年翻番，即每月坚持把收入的30%储蓄起来，投资理财的最初原始积累就没问题了；每年实现30%的投资收益率；每三年使自己的金融资产实现倍增。这样，过不了几个三年，你的资产就会初具规模了，这些是你自己从来没想到的。

要想让日后的生活衣食无忧，就要按照上述准则进行储备规划，或许开始的时候我们觉得日子紧巴巴的，似乎过得不是那么滋润，但是，你要明白，现在的节俭是为了日后的享受。只要你能坚持下去，以后的生活就会越来越衣食无忧。

智慧寄语

要想让日后的生活衣食无忧，就要进行储备规划，或许开始的时候我们觉得日子紧巴巴的，似乎过得不是那么滋润，但是，你要明白，现在的节俭是为了日后的享受。

# 第二章　聪明女人会理财

## 越早投资，收益越高

很多年轻女性说，工资太少，没"本金"何谈投资理财？事实上你最大的资本就是年轻，越早投资，收益越高。

假如你25岁时投资1万元，每年挣10%，到75岁时，你就是百万富翁了。事实上，投资理财不需要太过于复杂的手法，只需具备三个基本条件：固定的投资、长期等待以及追求高报酬。所以，投资要趁早，笨鸟要先飞。只要你先投资几年，再能的理财高手也赶不上你了。

从各种调查统计，如果你承担中等风险的投资，长时间统计下来，平均年收益率达到10%只能算是普通的成绩。如果你每天存两块钱，投资到报酬率10%的理财工具中，约50年后，你就是百万富翁了！说起来很容易，但是根据调查发现，年龄在38岁以上但没有规划理财的，高达四成以上。

很多人觉得理财的第一步就是努力赚钱，但是钱不是努力赚就会增加的，如果要等自己收入够宽裕了才开始理财，这个预想可能会是个泡沫。"每个月先将15%的收入拿去投资，用剩余的钱支付长短期开销"，这是许多理财专家的建议。

每个家庭的一项重大开支就是教育经费。专家大概计量，目前北京地区的一个孩子从上幼儿园到大学毕业约需要30万元左右，如果留学欧美国家，则需要60万人民币以上。在不断上涨的教育经费、通货膨胀预期明显的状况下，你越早准备孩子的教育经费越好，只有早投资才有早受益。从一开始，如果你没有那么大的实力去投资基金和保险，学着从银行产品开始，一点一点积累，越来越多。

理财原则应该是分散投资，不能集中在一种途径上，因为投资单一的风险更大。你可以基金、保险和理财产品三者兼顾。理财专家还提出了短中长期产品结合、多渠道分散投资的理财思路。1～5年之内的费用建议你选择银行理财产品；5～10年的费用建议你用基金来准备；10年以上的费用你可以选择保险来准备。

财富多的家庭可以选择一种更大的理财组合，你可以购买风险比较大的理财产品和激进型、偏股票型的基金，因此你要具备较强的经济实力和风险承担能力。这样，在牛市情况下，你的利润会比较高，那么，原来在10年内要准备的教育资金在5年内就可以完成了。或者你去咨询专业理财师，因人而异，根据个人情况制订更加个性化的理财规划。

当今社会的女性不仅要独立自主还要自给自足，对于投资理财也应该有独立的方式和见解。那些活跃在职场与商场，享受高品位生活的女人们，更是日常谈论投资理财。正所谓"你不理财，财不理你"。

"本金"少的女性可能会说："等我攒够钱了，再投资吧。"这是一种不正确的理财观念。事实上，你完全可以趁早采用定期定额的方式购买基金。如果能这样做，一个月只花几百元，你就可以获得专家理财带来的高于银行和国债利息的福利分红。

所谓"基金定投"，类似于银行的"零存整取"。你能选择每个月投入固定金额，在一定的时间，以委托银行划账的形式购买指定的开放式基金。和传统购基金的方式相比，"基金定投"每月最低中购额仅为 100~200 元，由于其投资期限一般规定为 3~5 年，或者是更长时间，所以是一种长期的投资行为。

相对于一次性买入基金，"基金定投"除了平均成本、分散风险的优势以外，还具备经济负担小、省时方便的特点。每月领取固定薪酬的上班族和"月光一族"最适合此投资方式。这对于他们来说，除去日常生活开销后，剩余的工资就不多，单独投资并没有多大意义，加之工作时间一般严格固定，缺少交易买卖的时间和精力。而选择"基金定投"，只要办理一次手续就能保证未来几年的投资交易。定投的基金多数都可以随时赎回，而且并不会影响你的后续投资计划。

**智慧寄语**

事实上，投资理财不需要太过于复杂的手法，只需具备三个基本条件：固定的投资、长期等待以及追求高报酬。所以，投资要趁早，笨鸟要先飞。只要你先投资几年，再能的理财高手也赶不上你了。

# 根据自己所需制订合适的理财计划

寻找适合的理财项目时，应先掌握自己的投资属性，你想达成什么目标，可承担的风险有多少，每个月的收入可分配到实用的是多少等。等这些问题有答案后，再根据自己所需制订合适的理财规划。当然，这个过程中还要不断充实自己的理财知识，才能有效地运用。

如果你现在没有本金，那就选择规划每个月能存下的金额，运用银行零存整取的方法来累积财富，再利用这笔资金进行投资。可承担高风险的人，可挑选绩优股研究，然后进行交易。假使你想投资更稳健，买基金是一个很不错的选择。如果你已有一笔资金，就在房地产业低迷的时候选择投资房产。

其实，你可以选择适合自己经济状况和年龄的投资组合。例如可将约30%的资金仍保留在变现最快的定期存款、货币市场基金等随时可以动用的工具上；可将30%资金投资于基金，也可委托专业人士理财；而其他的资金则可考虑长期持有那些有发展潜力、企业管理优良、直接投于证券市场、分红稳健的企业，以期随着经济的发展，得到更高的利润。

由于有较多的金融工具可以运用，当今社会的女性应该学会利用多元化分散风险的原理，投资在不同的区域，向不同的方面投资。

**1. 理财信息的手机**

女人要踏出投资理财的第一步，必须学会收集多方面的理财信息。相互比较，了解产品风险的上下限以及变现性，以防万一。再根据每个人承担风险的能力，配合个人或家庭对中长期的资金需求，做出妥善的投资计划。

从事任何投资前，必须认识该投资方式是否适合自己，万万不能盲从，因为每个人都有不同的经济能力及承受亏损风险的能力。所以,要掌握现代的理财工具,然后以自己的需要制订计划,及早行动,让自己的资产活起来。

### 2. 风险投资的前提

风险并不可怕,害怕的是风险投资没有任何保障。针对大部分女士来说,在投资上需要有更多的冒险精神,不要因为害怕金融界的波动变化和判断失误的投资决策而不敢接近。你可以在风险面前修建起两道防火墙。

一道防火墙是预留应急准备金,用作一个人和家庭的日常费用。你要留出 3~6 个月的收入,作为应急准备金。一部分投资货币市场或债券基金;另一部分可活期储蓄。这是为失业、生病或修理房子和汽车保留的储备金。

另一道防火墙是保险。它的主体是第三者责任险、养老保险、健康险和意外伤害险等。这用来应对个人或家庭的中远期需求,防备和减少无法预计的风险。

### 3. 定期定额投资基金

女士的首选投资工具就是定期定额投资。好处是每月强迫储蓄投资,不管市场行情发生什么样的变化,投资者不必考虑进场时机。因为进场时机不同,风险也可以分散,并且平摊了投资成本。定期定额购买基金,还能帮助女人杜绝犹豫不决的毛病。同时,定期定额更看重时间的复利效果,非常适用中长期理财目标,杜绝了投机性质的投资行为。

### 4. 商业养老保险

现实生活中,大家都认同女性比男性长寿。由于女性预期寿命一般较男性长 3~7 岁,加上婚姻习惯中男性平均比女性大 2~5 岁,夫妻双方的生存年龄将相差 10 岁。也就是说,大部分女士晚年在少则几年、多则十几年里都是要自己照顾自己,所以,女性应该特别注重养老问题。

如果你资金允许,应该选择一些商业养老保险。年轻时每月投入适当金额,就当是强迫储蓄,也是为了退休后可以每年有养老金,适当补充家庭养老资金,这样,即使到了老年,你也不必为养老而烦恼了。

---

**智慧寄语**

寻找适合的理财项目时,应先掌握自己的投资属性,你想达成什么目标,可承担的风险有多少,每个月的收入可分配到实用的是多少等。等这些问题有答案后,再根据自己所需制订合适的理财规划。当然,这个过程中还要不断充实自己的理财知识,才能有效地运用。

# 投资珠宝

投资珠宝不会马上就有效益,也需要等待一段时间。

投资每个人都想做,而且是一门学问。现代的女性,尤其是掌握家庭财政大权的女性,更应该从实际出发,脚踏实地地投资理财,才能得到较好的回报。

中国珠宝市场的发展前景广阔,"钱"途十分看好。珠宝投资是资产保值、增值的一个重要渠道,它受货币通货膨胀的影响不大,而且绝大多数产品价值跟随着国际市场变动。因此,要注意以下几点地进行个人资产的储藏和增值。

### 1. 充实一些专业知识

一个犹太商人做钻石生意,曾问他的合作伙伴:"你知道大西洋底部有哪些鱼类吗?"突然听到这个问题,听者可能感到非常奇怪。因为做钻石生意和大西洋底部的鱼类有什么关系,怎么问这样一个风马牛不相及的问题呢？但犹太人有他自己的思想：钻石商人应该具备精明的头脑。如果对方连大西洋有哪些鱼类都了如指掌，可见也很熟悉钻石的相关知识，那么对繁杂的钻石种类的分析肯定也面面俱到，和这样的商人合作肯定能赚钱。

投资珠宝的女人一定要做个有心人。你应该从书本中学习相关的珠宝知识，积极听一些珠宝讲座、珠宝展览会等，多和研究宝石的专家、学者、收藏家、从业者接触，要一点一滴积累珠宝知识。投资者在投资前，必须对珠宝首饰的有关知识和背景做一些初步了解，对市场行情做一些调查，如能请教有关专家更好，一定要做到胸中有数。宝石的价格受重量、色泽、做工等多重因素影响，你在购买时一定要索取国际公认的鉴定书，以确定宝石的价值和品质。

### 2. 与其多而廉，不如少而精

对宝石的投资，并非一朝一夕可成。对宝石的认知不足，盲目投入，会面临很大的风险。在收藏珠宝时，进货成本不宜过高。若想取得投资收益的最大化，你必须信守一条规则，即"与其多而廉，不如少而贵"。

在收藏与投资时，你应以中、高档品种和中长期操作为主。最有投资价值的是精品——高档的珠宝。不过你应收藏各类宝石中的精品，如高档的红宝石、蓝宝石、翡翠等，选择市场上稀缺类的珠宝、非工业化生产的珠宝和具有历史文化价值的珠宝。因为设计这些珠宝大师的作品是有限的，而且有较高的艺术性，是收藏佳品，许多颇有历史文化价值和具有艺术风格的珠宝也有相当高的收藏价值。

在投资中，你还应注意市场对此类宝石的需求，变现能力的强弱。过于稀罕昂贵的宝石，一般的投资者不宜经营。因为这类宝石不仅需要投入大量的资金，而且在公开市场、公开行情、公开交易等方面也不易把握，可能会造成很大的损失。

### 3. 减少中间环节

你要多走走，多与人交流，如宝石专家学者、收藏家、消费者等，让他们知道你在研究及收藏宝石，与他们成为好朋友，因为这些人有可能是你的潜在客户。

比较理想的珠宝收藏渠道是：直接从珠宝加工厂、加工工艺师那里取得，或者直接委托珠宝厂家订制。这可能是高档珠宝在今后的主要发展趋势，但这不是大多数人能轻易办到的。目前最主要购进珠宝的渠道是珠宝专卖店、专柜等。但从此渠道购进需要具有较高的鉴赏水平与专业知识，同时商业中间环节的利润也不利于以后宝石的升值。同时，你要特别注意商家的信誉度如何，选购时一定要去信誉高的正规商店购买。其次可以从拍卖会上购进，这是各种高档珠宝目前较集中的地方，也有机会得到一些物美价廉的珠宝。

一般投资者可以去专卖店、专柜处练眼力，收藏者在拍卖会上需要复合式、全方位的投资方式，通过各种渠道获取自己想要的收藏品，如各地展览和古玩市场等。

### 4. 长线投资回报率大

珠宝投资，回报率趋于稳定增长的趋势。但其本身特性及市场的需求特点决定了投资珠宝是持久战，需要很长的时间。以钻石为例，要想获得较好的收益，一般的运作也在3年以上。翡翠、红宝石等贵重宝石、玉石增值的速度相对较快，但也需要1~2年的时间。投资珠宝首饰最好能以平常心待之，避免大起大落给人心理上的冲击，主要是自己喜欢或者对其感兴趣，其次才是以盈利为目的。

智慧寄语

投资珠宝不会马上就有效益，也需要等待一段时间。

# 年龄发生变化时，理财观念也应有所变化

25岁以前是一个理"才"重于理"财"的时期；25～30岁的年轻女性主要是积累财富；女人过了30岁，一般都喜欢安逸的生活，理财需求的重点倾向于购置房屋或准备子女的教养经费；等到年老时，女人可以继续发挥余热，以事业、爱好为主，安心度过空闲的日子，同时享受年轻时合理理财带来的丰盛果实。

在当今的社会环境下，在不同人生发展阶段和不同年龄层的女士中，如何与时俱进，重现自己"首席财务官"的魅力呢？

25岁以前是一个理"才"重于理"财"的阶段。在这个时期总是注重投资自己。经常听到有很多年轻的女性振振有词地说，省钱没用，赚钱才是王道。这话固然有理，想要赚到更多的钱，首先需要有赚钱的本领。对于理财，这个阶段的女士要么不知道要么排斥，或者有父母帮衬，指望她们看紧自己的钱包一般比较困难。可是在花钱方面可是有算计的，消费的时候尽可能地使用最少的钱来满足自己的购买欲望。现实生活的教育对于理财是不可或缺的一部分。

25～30岁的年轻女性主要处在财富的积累期，应积极面对理财，努力打拼一番。努力充实自己所需的资本，也为步入家庭做好准备。理财计划是越早制订越省事，而且风险的承受度也越高。对于不同形式的理财工具应多方了解，在此刻的经验最重要。输了没事，还有年轻的资本，大不了一切从头来。

30岁后的女性，喜欢安逸的生活，于是，理财需求的重点倾向于购置房屋或准备子女的教养经费。但是，现代女性生活上变动最大的就是这个阶段，比如离婚。所以，理财心态应保守、冷静，尤其应设定预算系统，把安全与防护放在首位。应该先存够保障安全的资金，然后再选择风险较大的投资，如购买股票、基金等。

中年女性生活变化少，收入也较高。在前些年的准备里，子女的教育经费不成问题。但同时，这一阶段又是女性的生理转折期，身体健康容易出问题。现在，应该好好思量未来退休生活筹措的资金是否足够。想想退休后想要什么样的生活，什么样的生活水准，所安排的相关医疗保险是否合适。在此阶段投资心态应更为谨慎，最好慢慢加重固定收益型工具的比例，但仍可用定期、定额方式参与股市投资。定期检视投资成果是一定要做的功课，因为能让你从头再来的机会再不多见。

年老时，女性面临一个心理上的空巢期。一辈子忙碌工作，要是真正突然停下来，可能会不适应。一些思想比较传统的女性可能还想给子女多留一点遗产，那就不如在此刻自己做一些社会工作，继续发挥余热。

## 智慧寄语

25岁以前是一个理"才"重于理"财"的时期；25～30岁的年轻女性主要是积累财富；女人过了30岁，一般都喜欢安逸的生活，理财需求的重点倾向于购置房屋或准备子女的教养经费；等到年老时，女人可以继续发挥余热，以事业、爱好为主，安心度过空虚的日子，同时享受年轻时合理理财带来的丰盛果实。

# 合理购买保险

一个女人，一生中要担负着女儿、妻子、母亲的三重角色，她们不但要面对生活的不同阶段，又要为实现自己的理想而努力打拼，这些都是以健康的身体和积极的心态为基础的。作为社会体系的重要组成部分，女性在社会责任的认知和家庭观念方面和男性有很大的不同，虽然独立已经势在必行，但当很多聪明女性意识到自己所扮演的角色在社会和家庭中需要自己担当的，这就要靠保险出马了，因为购买适合自己的保险可以为她们提供一个避风港。

高尚成为妈妈后做的第一件事就是为孩子买一份保险，因为她曾经在保险公司工作过，对保险有一定的认识和了解。

首先，她本着"量力而为，顾近舍远"的原则，并没有全购齐孩子的保险费。然而，她没有像大多数家庭那样给孩子买教育金保险，却买了医疗保险和意外保险。一是考虑到婴幼儿时期孩子的住院率相对较高；二是，保险作为一种投资，是应该就具体情况而变化的。最后，她同时给丈夫和自己买了一份保险，因为在她看来，父母有了保障才能保证孩子的安全。

买了保险的高尚似乎解除了心里的一份担忧，精神抖擞进入做妈妈崭新生活的状态。

把孩子作为希望，很多父母会为她们的孩子买保险。但是，并不是每个父母都能像高尚一样做出最明智的选择。为此，购买保险之前，必须进行详细的了解，以免损失额外的资金。

虽然购买保险是很有必要的，如果买错了不但没好处还损失钱财。也就是说，选择适合自己的险种才是最重要的。因此，在购买保险时千万注意以下误区。

**1. 价钱的犹豫**

便宜说明两件事情，要不就是属于附加险，要不就是产品保障效果差，需要绑定主险，加起来价格反倒可能不合适，针对性肯定会很差。但在保险里根本不存在贵就好的观念，价钱高应该是不适合投保人。像分红险就是一种奢侈保险，看功能还是不错，又有保障又有分红，可是年轻人是付不起这费用的。

**2. 只看收益不看保障**

女性是攒钱过日子的好手，所以女性一看到"分红"两个字，就会"眼红"，很难不折服于眼前的利益，却忽略了周期长、周转差等缺点。尽管产品有 5% 保底红利，可综合考虑，收益并不是很大。女性还有一个最大的特点，就是一旦发现不合算容易后悔，退保的便宜就被这种产品占了，全归因于这种产品先期费用大，所以拿钱少就是因为退保早。

针对女性生理、职业、婚姻方面的角色特殊性，专家考虑让女性对不同环境做不同决定。

**1. 上班族妈妈**

如果是家庭经济建设的初级阶段，面对这种情况应该尽量规避风险，最好在保障额度上大幅提高，因为万一出现意外，要承担养车养房，同时还要准备家人的生活津贴及孩子的教育费用。

（1）收入一般的已婚女性

很大一部分都买了社会保险，因为收入不高，所以可以只购买一些意外险作为补充，当然还可以考虑价格低廉的女性健康保险，并在此基础上选择具有分红性质理财功能的保险品种，这样就可以实现理财和意外、养老、疾病等综合功能。

（2）收入较高的已婚女性

一部分女性家庭及个人因为没有太多可支配的财产，所以可考虑保险公司新出的女性健康保险,虽然价格贵,但也是个不错的选择。此外,也可以考虑适当购买一些附加投资的保险或综合类险种。但是,在购买此类具有投资色彩的险种时,需要记得投资就是存在风险的。

### 2. 家庭主妇

这部分女性自己一般没有收入来源,也有可能家庭收入就是依靠先生。针对这类女性,我们建议在保险规划上应加强意外险及失能险的保障。家庭保险的分配中,重点还是应该放在丈夫身上,因为他是家庭经济主要来源的创造者,可买丈夫的人寿保险,把受益人填自己。另外,在已经考虑过丈夫的高额保障的情况下,家里还有剩余的钱,就可以选择自己的终身寿险、意外医疗保险、养老保险。

### 3. 单亲妈妈

单亲家庭的经济负担是比较重的,相对于单亲妈妈群体而言,自身疾病保障是她们投保的最基本类型。因为离婚本身就意味着女性要撑起整片的天空,因此尤其重要的就是单亲妈妈的身体健康。她们必须解决的困难主要包括两部分:一是孩子的教育费和医疗费,二是自己的养老金。这两笔钱不再是问题,她们才能安心地生活。所以身为单亲妈妈的女性必须对投保险种有一个基本的了解,比如保障利益、保障责任等等。

作为现代社会的"半边天",一定要做到未卜先知,恰当的时间里买恰当的险种,将美好幸福的生活牢牢地"锁"在自己身边!女性朋友在购买重疾病保险时,要详细阅读每个公司给你的保险合同条款,从中选择能覆盖您可能出现的疾病的保单参保,尽量最大限度地保护自己的利益。

#### 智慧寄语

作为现代社会的"半边天",一定要做到未卜先知,恰当的时间里买恰当的险种,将美好幸福的生活牢牢地"锁"在自己身边!女性朋友在购买重疾病保险时,要详细阅读每个公司给你的保险合同条款,从中选择能覆盖您可能出现的疾病的保单参保,尽量最大限度地保护自己的利益。

# 如何正确投资理财

直到今天,大多数女人都有"干得好不如嫁得好"的想法,她们只会整天盯着丈夫口袋中的钱,从来不关注自己的钱包。随着社会的大发展,职场中的女性,已经和男人没有多大区别了,但在女性财务独立的同时,她们的理财意识依然很落后。无论是以家庭为重的传统女性,还是以自我为中心的现代女性,她们在理财上,不是毫无计划的"月光族",就是斤斤计较的"抠门族"。这说明很多女性在投资理财方面非常盲目,这主要体现在以下几点。

### 1. 没有理财观念

调查显示,美国有一半以上的已婚女性能够达到一半或一半以上的家庭收入,这完全显示女性已经有了撑起半边天的能力来规划自己的财务。只是女性还缺乏财务规划的主动性与习惯,53%的女性没有定出财务目标并且预先储蓄。没有准备退休金的女性有六成,其中一部分女性觉得没有钱规划退休金。在中国这种情况也相当普遍,很多女性觉得"我只要养活自己就够了,其他的就让老公去做吧。"

### 2. 保守的态度,心里有恐惧

很多女生觉得自己没有理财能力,她们理财态度保守,甚至觉得害怕理财。有调查显示,大部分女性经常干的事就是储蓄存款。这样的投资习惯可以看出女士大多喜欢安全,但是却可能忽略了"通货膨胀"这个隐形杀手。

### 3. 容易盲从

大多数女性不了解自己的财务需求到底是什么，她们没有自己的想法，经常模仿别人的做法，这样的结局就是，假如应用不恰当的理财模式，很容易遭受财务危机。

### 4. 丧失理智的感情诱因

很多女性很容易因为一段感情迷失自己，她们在交出感情时，也不自觉地将自己的经济自主权交到了男人的手上。她们难道就没有想过，一旦有什么闪失就赔了夫人又折兵？

那么，如何做一个理财能手呢？

其实，因为比起男性，女性更有耐心、更认真，所以，在理财方面她们本来就比男性有优势，只要她们能摆脱以上那些错误的认识并做到以下几点，坚信她们做好财务规划不是难事。

### 1. 投资就在此刻

不要把"没钱投资"和"没有时间投资"作为理财的障碍，一个会理财的女人才能真正有自己的财富，才能让自己活得更美丽。月底拿到工资时，直接拿出其中的10%作为投资所用，而不应该把钱花在商场里。

### 2. 规划目标

无论是备好小孩的学费，还是买新房子的款项，还是50岁以前退休，哪一个目标都行，但必须要定个目标，全心全意去做。只有目标明确，才能有自己的理财理念，才能按时地将得到的钱分配到各种积攒、储蓄金钱的方法去。

### 3. 每个月的固定投资

必须培养投资的习惯，让投资成为每个月的功课，无论金额的多少，只要做到每月固定投资，就足以使你超越大多数人。有投入才有产出，学习投入、按时投入，才能让自己有比固定工资更多的收入。

聪明的女人不是依赖男人而过上幸福生活的，而是靠自己的理财能力过上好日子，使自己拥有固定、可观的收入的。

智慧寄语

聪明的女人不是依赖男人而过上幸福生活的，而是靠自己的理财能力过上好日子，使自己拥有固定、可观的收入的。

# 尽量不要借钱投资

随着股市的持续"疯狂"，看自己身边的人因投资股票而致富了，也跃跃欲试，想趁机捞一把。有些人想投资股票，有些人准备购买基金，甚至有些人在不怎么了解股票和基金、自己的投资资金也不够的情况下，只为了赚取更大的收益，便开始举债投资。如果他们稍稍没有把握好行情，就会导致巨额亏损。本来是借钱生钱，结果却事与愿违。所以，即使你手里股票可能会赚，有一点你一定要清楚：绝不要借钱投资。

在股票投资中，女性要懂得知足，千万不要因为一只股票赚了一笔钱，便失去理智，急功近利，把所有的钱花在那股票上，甚至借钱去投资。这样是很错误的投资方法。2006年年底，股市强劲上涨，这种情况让股民们兴奋不已，很多人高呼：大牛市要来了，超级大牛市要来了。有些人恨不得把给孩子买奶粉的钱都投入股市，有的借钱炒股，先在这里狠狠地捞一笔。但是，没过多久，股票就开始大跌,让很多投资股票的人都差点破产,尤其是那些借钱投资者,钱没有赚到,却欠下了一堆的债。

当沪指冲上2100点时,此起彼伏的呼声也随大牛市的到来而随之高涨,但是很快,大熊市也随之而来。我国的股票市场还不够成熟,不管当下的市场有多好,如何吸引人,如果你没有足够的本金,就不适合去投资股票。因为牛市过后,接踵而来的是熊市,你连思考的机会都没有。牛市变熊市的速度,像闪电一样从他们身边经过,不知道有多少人被这道闪电击中,给予他们毁灭性的打击。因此,对那些资金不是很充足、不怎么了解股票的人来说,借钱投资等于引火上身,自取毁灭。

股市有风险,入市一定要谨慎。虽然每个人都可以看出股市的风险,但并不是谁都有能避开风险的能力。股神巴菲特,这个在金融界创造了奇迹的人就忠告人们:"要做长期投资成功的人,而不是一时投资成功之后马上又输个精光,就一定要牢记,千万不要借钱炒股,再长的数字乘以零,结果还是零。"

"你即使是用自己的钱去投资,也要严格控制额度。"这是历史上最成功的麦哲伦基金的经理人彼得·林奇给投资人的一个忠告。林奇告诫投资人,投资股票之前,首先要检查自己家里的支出和进账的情况。如果你在两三年内准备结婚、准备买房子或准备要孩子,那么这笔钱就不应该拿去投资股票了,即便是购买最稳健的蓝筹股也过于危险。在未来,股票的价格可能暴涨也有可能暴跌,没有人能够准确地预测出,蓝筹股也可能会在3年甚至5年的时间里一直下跌或者一动也不动。这样不但打乱了你的理财计划,还影响你财务目标的实现,甚至还会影响到你一生的计划。

借钱投资肯定存在危险,如果投资顺利,把钱还给对方,不会伤害到彼此之间的感情;但是若投资失误,不仅自己翻不了身,还会伤害到朋友之间的感情,因为会借钱给你的一般都是亲朋好友。有些会借钱去投资短期可能获利、获利比较高的的理财项目,但是,不要忘记,高收益必然伴随着高风险,况且投资市场风云变幻,就算是投资专家也有失手的时候,一般的投资者就更加把握不好了。所以,借钱投资在短期会获利的项目上还有很多风险。

### 智慧寄语

借钱投资肯定存在危险,如果投资顺利,把钱还给对方,不会伤害到彼此之间的感情;但是若投资失误,不仅自己翻不了身,还会伤害到朋友之间的感情,因为会借钱给你的一般都是亲朋好友。有些会借钱去投资短期可能获利、获利比较高的的理财项目,但是,不要忘记,高收益必然伴随着高风险,况且投资市场风云变幻,就算是投资专家也会有失手的时候,一般的投资者就更加把握不好了。所以,借钱投资在短期会获利的项目上还有很多风险。

# 第三章　聪明女人会消费

## 可以消费，不要浪费

如果你仔细关注身边朋友的财务状况，就会惊讶地发现月光族，甚至每个月入不敷出的人接近半数，刷信用卡预支以及借外债的大有人在。花的钱永远比挣的多，成为今天多数年轻人的生活现状。聪明的女人绝对不能出现这样的财务状况。这里，我们要强调一种健康的消费观，那就是，我们可以消费，但是不要浪费。要想做到不浪费，节制购物是第一要旨。

很多女性朋友可能都曾经遇到过这样的问题，因为自己一时的冲动而买了很多根本用不上的东西，结果心情郁郁不欢，对这种浪费的行为负疚不已。事实就是如此，如果你花费很多钱买了无用的东西，那你每次见到它会不会感到后悔？

很多人都有这样一种观念，即穷人才需要节俭，我们挣钱不少，何必抠门。其实，节俭与拥有金钱的多少没有关系。节俭，本是一种品德，是一个人的生活态度，并不是经济拮据的人才需要有节俭的观念，这种意识应该被灌入每个人的脑中，尤其是女人。因为女人通常是家庭里的最大管家，家庭购物一般都由女人说了算。在这种情况下，女人必须掌握一系列的省钱方式，比如关注超市或商店的打折信息，在打折时，购回家里必需的日常用品。

当然，抢购也需要注意以下几点问题：

（1）在抢购之前，要先明白抢购的目标，许多冤枉钱是花在盲目的抢购中的。所以，在去超市之前先花时间仔细确认自己到底要买什么，并且列出一个详细的购物清单。对照清单，根据超市打折商品选择需要的，不要让自己看着什么便宜就买什么。否则，虽然便宜的东西全买回家了，但是不需要用的东西却会浪费。

（2）绝不要让自己带着郁闷的情绪进入超市或者商店。心情郁闷的女人总是通过疯狂购物来发泄，这很危险。工薪阶层尤其需要注意，打折时去抢购是为了省钱，千万不能因为发泄而让自己得不偿失，当时大手大脚感觉很痛快，但回过头来却会因为浪费心情更差。发泄有很多种方法，用刷爆信用卡的疯狂消费行为来发泄，除了增加物质负担，只会让人觉得你是个不成熟的女人。

（3）对于同一类商品要多计算单价与性价比。为了弄清自己到底要买什么，我们必须列购物单，但是具体买哪一种则需要在超市购物时进行比较了。同类商品的价格肯定会有差距，除了原价高低外，还有折扣高低，综合考虑之后选择最划算的才好。要知道，最低折扣的，并不一定是最划算的，所以，一定要精打细算。在货架前对比物价不是什么丢脸的事，家庭主妇都会这样做，没人会笑话你。

（4）对一些家庭公用的日常用品尽量买大包装的。因为这类商品消耗快，所以多买多实惠。

（5）趁折扣抢购是省钱的最佳方式，为此，很多人都充满了兴奋。但是，不要兴奋过了头。去超市的时候不妨带上一个计算器，现在还有很多打折卡、优惠券，这些能利用上的资源全部利用上，久而久之，你会省下不少钱。

（6）购物的时候总会看到有眼缘的东西，如果恰巧正处于打折状态下，免不了买了下来。这时，要仔细衡量一下买回去之后到底你能用上几回。比如，一双原价1800元的长筒靴现在只卖500元，这无疑是个巨大的诱惑？可是，在买下之前，你一定得想想你的身材适合穿这鞋子吗？你有搭配这鞋子的服装吗？如果为了一双打折的鞋子还要买其他东西来搭配，那就连试都别试。别因为一时的贪便宜，或一时的冲动，让钱包无端地烧掉一堆钞票，那不值得。

（7）很多女人觉得网购方便、便宜，结果在这种心理暗示下反而买了许多不必要的东西。所以，也别忘了在网购前列一个清单。如果不列清单就在网上到处乱逛，看见便宜的东西就点击拍下，最后一结账，绝对又会超出预算。而且，在网络上购物，尤其需要注意货比三家，否则，你注定后悔。

（8）超市、商场等地方常有会员卡，如果是免费办理就一定要办一张，而且随身携带。因为会员卡虽然不会大笔省钱，但积少成多，几年下来，节省的数额绝对惊人！

省钱的方法还有很多很多，只要你在生活中做个有心人，不但能买到优质商品，更重要的是，你还花了比别人少的钱。在这种情况下，生活质量就可以进一步提高。聪明的女人，一定要懂得省钱之道。

节俭向来是中华民族的传统美德，哪怕你现在不缺吃穿、不缺钱花，也不能将节俭抛之脑后。节俭并不是一件丢人的事，浪费才是可耻的。那些花钱大手大脚的女人绝不会给人留下好印象，尤其是在谈及婚嫁的时候，男人通常都认为：这些把浪费当习惯的女性不适合居家过日子，不管男人挣多少钱，都会被她们消耗光。这种挥霍无度的女人，往往属于拜金一族，在感情上自然就不会那么真诚。

看看，一个浪费的女人留给别人的印象是多么不好。所以，可以消费，但不要浪费，这是每个女人必须记住的原则，否则，便是你对自己的一种否定了。

**智慧寄语**

节俭，本是一种品德，是一个人的生活态度，并不是经济拮据的人才需要有节俭的观念。

# 提防消费陷阱

在日常消费购物时，我们总是会面对各种各样的消费陷阱。一旦跌进这些消费陷阱里，口袋中的钱财就不知不觉地消失了，辛辛苦苦挣的钱又不知花到了哪里。女性朋友们在消费时一定要注意下面这些消费陷阱。

### 1. 当心商场打折

逢年过节，商场的商品打折很正常，但现在，商家几乎时时刻刻都在打折，好像很便宜，实际上，这些都是陷阱，打折不过是幌子，利用了女性贪小便宜、攀比的心理。

（1）先涨后降

商家在打折时，会利用消费者喜欢购买打折商品的心理，先把商品的价格涨上去，然后再打折。价格还是和最初没什么两样，结果你却上了当，掏了不该掏的钱，有时候甚至还会多付钱。

（2）打折商品概不退换

商家会有滞销品、残次品，平时卖不出去，就用打折的方式出售，并且不予退换。

（3）购物返券

很多商场在打折的时候会推出各种各样的购物返券,比如买100送30、买200送50等。很多女性只需要买一次东西,可因为有了返券,就不得不二次消费。于是几乎成了"券奴",在商场里来回奔波,为了花光返券又多花了不少金钱,甚至还会买一些自己生活中不需要的物品。

（4）抽奖促销

商场经常会搞抽奖的活动,但奖品却是要钱的。或者利用抽奖的办法促销,趁机搭卖那些平常很难销售掉的次品。

（5）商场保留"最终解释权"

这一招最可怕,一旦消费者发现被骗,与商场发生了纠纷,商场可以随便解释,消费者的权益很难得到保障。

（6）尾货甩卖

有些商家在大的商场或酒店中常常销售所谓的尾货,实际上出售的产品多半是假货或者质量差的货品。

### 2. 电视、网络不可全信

随着互联网的迅速发展,很多商家都利用互联网销售产品,于是就产生了网络购物行骗。《北京晚报》曾刊登过这样的一则消息:2007年4月15日,奥运会的门票正式开始销售。然而,在此之前,网络上忽然出现多家第29届奥林匹克奥运门票"官方票务网站",从中骗人钱财。幸亏政府有关部门发现及时,将该网站查封。否则,很多想观看奥运会的人都会把钱交给这些不法之徒。

还有,打开电视,到处充斥着商品广告,而广告中的商品到底怎么样,就无从得知了。其中大多数广告对所宣传产品的作用和功效都有夸大成分,有一些广告商利用名人效应,明明产品没有相关的功效,还一再夸大,而消费者多半是冲着那些名人的信誉去的。比如各种减肥、美容等广告,都在诱惑爱美的女性花钱。另外,还有一些电视购物,虚假效应极为明显。所以,想通过这些渠道购物时,聪明的女性朋友一定要擦亮眼睛。

### 3. 买数码产品多个心眼

在购买电脑、摄像机、手机等产品时,一些大型的电子产品卖场会成为首要选择,但是即使大型卖场也可能存在销售陷阱,所谓无商不奸。

（1）转型销售

所谓转型销售,就是指销售员以"产品功能很差"或缺货为由,让不明内情的消费者放弃自己原来看好的机型,转而购买一些价格更高、利润更高或不畅销的产品。"专业人员"对女性有着强大的心理攻势,很多人会因此花更多的钱买回自己并不需要或超出预算的产品。

（2）水货与翻新二手货当新品卖

电子产品经销商常常会卖出价格极为低廉的产品,但是却不开发票,也不提供购买证明。不言而喻,这款产品大都是水货或者翻新的二手货。因此,图便宜不能用在购买电子产品上,一旦买到假货,就会后患无穷。

（3）配件陷阱

为了吸引顾客,很多销售商会把产品的价格报得很低,但聪明人都知道,世上没有赔本的买卖。这些产品的价格之所以低,猫腻就出在搭售配件上。比如买数码摄像机,就要配存储卡、第二块电池,以及原装包之类的产品配件,本应该赠送的配件因为产品价格低而被高价出售,成为经销商的盈利点。

### 4. 中奖的陷阱不要闯

很多不法商贩都会通过手机短信、电话、网站、邮寄等方式告诉你中了大奖,而奖品往往价值不菲,笔记本电脑、手机,甚至是高额奖金。等你要兑奖的时候,他们会告诉你要先缴纳手续费、公证费和税金之后才能领取。有些女性没有心机,一时脑热以为真的得了大奖,兴奋之余就会将几百元、几千元甚至几万元的费用汇入骗子指定的账户。结果奖品没收到,钱却被骗了。

除了以上几类外,还有各种消费陷阱,比如旅游中的零团费、廉价一日游、团购婚庆消费,甚至看病医托陷阱、殡葬消费、供佛烧香等都存在种种陷阱。女性朋友在消费时,一定要提高警惕,不要被人白白骗去金钱。每次在进行重大消费之前,最好先深入地进行调查研究,做到货比三家、心中有数,这样就不会轻易上当了。

还要以理性的态度面对商家的热情。销售员为了推销会热情万分,但在任何时候、任何情况下,都不要被这种热情蒙蔽。他们只是为了挣到你的钱,一旦你付了款,这种热情就会消失殆尽。你不要不好意思拒绝推销,因为如果你不好意思,他就很容易下狠手了。

中国有句老话,叫做"便宜没好货,好货不便宜"。所以女性朋友购物时一定要克服贪便宜的毛病,别因小失大,贪了小便宜赔大钱。最后,一定要克制自己的虚荣心。好面子虽然正常,但为此花掉不该花的钱,只能死要面子活受罪。

**智慧寄语**

女性朋友购物时一定要克服贪便宜的毛病,别因小失大,贪了小便宜赔大钱。

# 花小钱过优质生活

物价在不知不觉中越涨越高,而工资还是那么有限,我们这才发现节衣缩食还是可能坐吃山空。其实,对于会理财的女人来说,要过得像贵妇那样优雅不一定非要挣大把大把的钱。接下来,我们看看怎样花小钱过优质的生活。

**1. 晚上9点以后去超市**

超市的果盘、沙拉、糕点、熟食等为了保质,都会在晚上9点开始打折,价格可能是标签上的一半不到,而我们可以借此储备第二天的食物,让生活更划算一些。

**2. 买机票在上午去买**

机票的折扣通常隔夜后会进行调整,因此上午买机票是最划算的。另外,周一上午和周四晚上坐飞机的人特别多,如果不是时间紧迫,尽量避免这两个时间坐飞机出行。

**3. 举办婚礼选择淡季**

凡事不要赶在旺季,结婚也是如此。旺季结婚,酒店、婚庆公司因为生意好了,所以会趁机加价。如果安排在淡季,花费可不是省一点点那么简单。

**4. 选购超市自有品牌**

很多超市会推出日常生活用品的自有品牌,不仅物美价廉,而且质量与品牌商品相差无几。

**5. 电影看打折的**

去电影院看电影是一种享受,但票价却越来越贵。除了众人皆知的星期二全天电影半价外,有的电影院特地推出了"女士之夜",或者是情侣第二张半价的优惠。有些信用卡也有打折的功效,或者是特别便宜的早场,都是省钱娱乐的最佳方式。

**6. 换掉大衣橱**

女人喜欢囤积衣服,而衣橱太小自然不行。但是,千万别换大衣橱。实际上,大衣橱里塞得满满的衣服,究竟有哪几件常穿,又有哪几件穿过一次就压箱底了?衣橱越大就会刺激购买欲,结果盲目开支、买后后悔，浪费了大笔的钱。

**7. 把不喜欢的礼物转送给别人**

逢年过节收受礼品很正常，但这些礼品很少有特殊的意义。把那些不对自己口味的、没有意义的礼品送给别人，是不错的选择。可以换一个包装纸，把你不需要的东西送给需要的人，大家都受益。

**8. 选择容易打理的发型**

爱美是人的天性，不管男女，都在乎自己的发型。但是打理头发并不是每个人的特长，尤其是为了头发总去理发店，会无形中增加开支。所以，选择一种比较好打理的发型，不仅可以节省你的时间，也可以节省你的金钱。

**9. 选择网购美容品**

美容品不一定要去大型商场购买，价格太高，通过网络购买美容品是个省钱的好方法。

**10. 购买电器时认准节能标志**

节能电器的购买价格比一般的电器要高，但别忘了它更节能。这意味着电器运转成本更低，也更环保，使用数年后你会发现，真正节省下来的电费绝对高于当初的购买价格。

**11. 上班自带午饭**

很多人为了省事，每天午饭都叫外卖，甚至连早餐也要下馆子。一个月下来，不但人没有吃到好东西，而且花了不少钱。还不如自己做午饭带到公司里，想吃什么就带什么，花费绝对比叫外卖便宜得多。

**12. 找到比购物更持久的快乐**

终于完成了一个大项目，想到有奖金可拿，便开始自我奖励，买了平时根本难得穿的昂贵鞋子。久而久之，会发现自己的钱包仍然没有鼓起来，奖金也早就消耗殆尽了。购物快感来得快去得也快，研究显示，运动和阅读才是能创造更持久的快乐的源泉。

*智慧寄语*

对于会理财的女人来说，要过得像贵妇那样优雅不一定非要挣大把大把的钱，而要学会花小钱过优质的生活。

# 注意性价比

我们都有过讨价还价的经历，这是购物的必备技能。为什么会讨价还价呢？其实就是我们潜意识里需要对所买的商品的功效、耐用性等进行考虑，也就是商品的性价比。所以，通常来说，具有多种功能的产品比单一功能的产品好卖，而那些耐用而且比较容易维修的产品容易受欢迎。比如，美国经济危机时期，女人几乎不买化妆品了，最多抹点口红。一个厂商推出一种两头都可以用的新式口红，可以涂两种不同的颜色，结果很受欢迎。

居家过日子，避免不了"消费"两个字，讨价还价因此变得寻常了。如何消费，买什么样的东西，怎么买东西，这直接决定了我们的生活品质，也直接决定了我们是否能够省钱。

不过，买便宜的东西不一定就省钱。我们可能都遭遇过类似的尴尬：因为贪图便宜买了一件物品，结果便宜不省心，三天两头地出问题，要么维修，要么买新的，一来一去，不但没省下钱来，反而添了不少麻烦。

我们常说：好货不便宜，便宜非好货。这的确是我们购物时的一个悖论。但是，这省钱之道也就存在于商品的差异性中了。不是所有便宜的东西都可以买，然而，也不是所有的东西都要买贵的。买东西的艺术在于你能分清物品的重要性,哪些东西应该买便宜的? 哪些东西应该买贵一点的? 哪些东西应该买价格适中的? 应该什么时候买? 将所有的问题综合考虑,然后衡量一下性价比,再考虑是否购买。这可不是一件简单的事。

第一,使用年限长的、重要的物品要买耐用的,这时候商品的"品性"最为重要。

比如,家用电器、家具、汽车、油漆、地板、瓷砖、水管、电线、洁具(特别是马桶)等,这类物品的使用时间比较长,质量越高,使用寿命越长。在首次购买这些物品时,一定要选择质量有保障的商品,货比三家,买质量好的、有品质保障的、耐用的,甚至连售后服务也要考虑在内。装修方面的有关人士说道:"马桶、水龙头一定要买名牌。客厅瓷砖买好点的,卫生间可以买质量中上等的广东砖,颜色和图案都很大气。厨房建议自己打框架,再去订门板之类的东西,效果不亚于买现成的,但费用可能低很多。卫生间的柜子也可以这样做,又能节省一笔。把省下来的钱用在家具和软装上,会明显提高房子的整体品位和档次。"作为房子的女主人,这些都要牢牢记住。

对待家用装潢物品,千万不要因为一时贪图小便宜,或者因为资金不足,而购买一些价格便宜的商品。这么做,虽然价格低了,但品质也次了。等用上三五日后开始出现麻烦时,需要花费的资金更多。

"装修房子的时候,我们家为了节约点,买了外观和高档货一样,但质量比较差的水龙头。结果,今天早上水龙头下面的螺丝口断裂了,家里水漫金山,所有的地板都被泡得翘了起来……"这是一个朋友的亲身体验。因为贪图一点小便宜,没有考虑性价比,一个小小的水龙头就让他遭遇了种种麻烦,结果还得重新装修地板,厨房、家具也要做保养,得不偿失。

如果不想受这些罪,还不如在最开始的时候就买质量好点的。就算花费较高,但总比出现问题后费心费钱来得省事省心。

第二,一次性的消费品,可以更重视商品的"价格",购买更便宜的即可。

比如说像透明皂、垃圾袋等一些小的生活用品。日常不能缺少,但是质量差别又不会特别大,因为价格高低不会影响生活质量,所以这类商品可以适当考虑买便宜的。

一般来说,购买便宜一点的一次性消费品,并不会给生活带来多大的不方便。这些东西正因为是一次性使用,所以不需要太好的质量。如果是因为大品牌的附加值导致价格上涨,这对我们过日子没有什么意义。所以,我们没必要为这类商品多付出一些品牌附加值,还是选择便宜的比较明智。久而久之,我们会发现,又省下了一大笔钱。而用省下的这些钱,可以在买重要的东西时多投资一点,由此促成家庭消费的良性循环。

第三,个性化的商品可以适度抛开性价比,依据喜好判断。

一个人所用的东西会体现其个性,尤其是平日的休闲服、家里的窗帘、软装饰等。这一类物件更加突出的是个人的审美、风格特点,因此在购买时不必参考价格,而是要将个性放在第一位。有些女人为了贪图便宜,买了许多所谓的好看的衣服、装饰,结果风格跟自己很不搭,穿出去丢人,不穿又觉得浪费。所以,只要找准了适合自己的东西,值得去买,不管是便宜的还是昂贵的,都要大胆出手。这些东西毕竟是你在用,自己喜欢就行。

不过,我们还需要提及的一点是,性价比属于感性认识的范畴,在不同人的眼里,同一商品的性价比可能不同。所以,结合的是自己的经验和经济水平,综合考虑物品的性价比,同时,要多和与自己状况相似的人沟通购物经验。如果工薪族和富婆讨论购物,那么永远也无法买到自己中意的东西。

**智慧寄语**

买东西的艺术在于你能分清物品的重要性,哪些东西应该买便宜的? 哪些东西应该买贵一点的? 哪些东西应该买价格适中的? 应该什么时候买?

# 掌握讨价还价的购物技巧

讨价还价是一门很高的思辨艺术，不要小瞧对方。如果陷入被动要及时调整心态，随机应变，必要时能面不改色心不跳地转变立场。

讨价还价这件看起来简单的事情，学问却很深，否则，人人都成为大商人了。下面就教大家讨价还价的几个技巧：

### 1. 杀价一定要狠

集贸市场的价格特点就是漫天开价，如果遇上了好欺负的顾客，摊主能大赚一笔。通常而言，他们的开价比底价高几倍，甚至高二三十倍。因此，在集贸市场上一定要狠狠杀价。比如，一件连衣裙，卖主要价898元，一个懂得狠杀价的消费者给价228元，结果成交了。如果您心肠过软，就算打了八折，也会上当受骗。

### 2. 别对商品表露太多热情

如果你对某一商品表现出热情，那么就处于被动位置了。善于察言观色的店主会为此漫天起价，因为他料定你会购买。所以永远不要暴露你的真实需要，就算是买必需之物，也要表现出漫不经心的样子，如果你可买可不买，那么卖主就会顺着你的意思降价，把物品推销出去。反之，如果你对某种商品赞不绝口，这时卖主就会"乘虚而入"提高价格，等你买了之后才发现根本不划算。只有漫不经心地逛街，货比三家，讨价还价，才能买到价廉且称心如意的商品。

### 3. 漫不经心

当店主报价后，要扮出漫不经心的样子，说："这么贵？"之后转身出门，这一招屡见不鲜。当你表现出要走的时候，店主自然不会放过快到口的肥肉，立刻会减价。如果是高手，此时不要回头就买，依然要四处转一圈，然后，再回到店中拿起货品，装傻地问："刚才你说多少钱？"你说的这个价要比刚才店主挽留你的价格更少一些，只要对方还可接受，一定会说"是"。

### 4. 对商品评头品足

这非常考验一个人的购物功力。你必须在很快的时间里找出该货品的各种缺点，这样就占据了主动。任何商品都不可能十全十美，卖主向你推销时，总是尽挑好听的说，而你应该针锋相对地指出商品的不足之处，这样才能挡住他的高价，最后一点一点地把价格压下去，以一个双方都满意的价格成交。一般而言，商品的式样、颜色、质地、手工都可以计较一番，总之要让人觉得货品一无是处，从而达到减价的目的。

### 5. 疲劳战术和最后通牒

在挑选商品时，可以反复地让卖主为你挑选、比试，最后再提出你能接受的价格。尽管此时，你的出价与卖主的开价差距很大，但是他已经为你忙了半天，如果不卖给你，自己又赔上了辛苦，不如向你妥协。有些卖家可能会不依不饶，希望涨一点，你可以发出最后通牒："我已问过前面几个卖家，都是这个价，看你帮我挑了半天，才决定在你这儿买的。"这种讨价还价的方法非常有效，卖主几乎没有不投降的。这样，你运用你的智慧和应变能力就购到了如意的商品。

---

**智慧寄语**

讨价还价中，你的心理素质要绝对稳定，要有在瞬间掌握对手心态的观察力，然后迅速组织好自己的语言，并在拉锯战中做到进可攻退可守。

# 外出旅行，少花钱也能尽兴

旅行是最惬意的事情了，抛开让人发疯的工作，走出憋闷的格子间，让心灵好好地晒晒太阳，享受旅途中的蓝天、绿草、飞鸟、香花，心情绝对舒畅。有时候，旅行并不需要在乎目的地在哪儿，尤其是对女人们来说，只要能随意、随心、随性地走走，放松身心，碰上了好风景就停下来欣赏，然后重新上路，这将是一种享受。

旅行要求人们放下生活的常态，也是一种对自我心灵的放逐。旅行中的你会发现：世界是如此广袤无垠，天宽地阔。

但是，旅行还是有负担的，那就是钱包里的钞票不一定能担负得起如此惬意的行程。如果你是个精细的女人，就会找到非常划算的旅行方式，并不一定非要荷包大出血才能玩得尽兴。不妨来看看下面的省钱攻略，相信会对你的快乐出行有所帮助：

### 1. 多参考旅行攻略

平时多上网查找一下旅行攻略，很多有心的驴友都会把自己的旅行经历写成帖子发到网上。在多方对比中，你可以根据他们提供的旅行路线和个人经验制订自己的旅行计划，少走冤枉路，少花冤枉钱。

### 2. 正确选择交通工具

乘火车是性价比很高的出行方式，只要能在规定的时间内完成你的旅行，就避免乘坐飞机，因为乘一趟飞机的价格够你坐两趟火车。如果是出国旅行，只能选择坐飞机，那就多查询一下机票的价格，挑选在折扣最低的时候订票，有时价格甚至会比火车票更加划算。

### 3. 计算好时间差

不要小看行程时间，这关系到旅行的质量。计算好行程的时间能够在很大程度上节省你的住宿费用，比如选择晚上乘车白天到达的旅行方式，一晚的住宿费就省下来了，而这也是许多人倾向的旅行方式。

### 4. 选择淡季出行

淡季出行绝对省钱又舒心，不仅各种票价相对便宜，而且旅游景点绝对没人和你挤在一起，以避免产生看不到"风景"，只能看到"看风景的人"的沮丧效果。现在很多单位都有年假，所以不必挤在公休假出行，不妨挑个旅游淡季，请上年假，然后快快乐乐地出行。这样不但节省了大量开支，还可以使心情彻底放松下来，真是一举两得。

### 5. 争取住宿的价格空间

旅行中的高额消费恐怕就是住宿了，不管你的旅行目的地是景区还是城市，一定要用心挑选住宿的旅馆。旅行住宿其实没必要住最好的，只要达到你的需求，货比三家，选择环境不错、价位较低的旅馆能为你省去不少住宿的费用。如果你在早上到达，不要马上去旅馆投宿，这时大部分旅馆还没到退房时间，你背着旅行包更不容易讨价还价。可以先把行李寄存在火车站，然后一边玩一边寻找合适的旅馆，这样能够更从容一些。住宿时间清楚是否包括电话费，如果包括你就不必自己掏钱打电话了。

### 6. 学会蹭听

去景点总希望得到相关导游的介绍，可报团出行不自由而且花钱相对较多。如果学会蹭听，那就不一样了。很多地方的建筑或者风俗单凭自己看是看不出什么门道的，你可以跟在一些旅行团的后面，听听人家导游的讲解，既省钱又享受，两全其美。

### 7. 多种交通工具结合使用

在旅行地的出行比较麻烦，因为道路不熟，往往选择打车。其实，带上一张地图，能坐公交车就坐公交车。即使打车也要先打听好价格，看看有没有压价的空间，很多长途汽车中途上车是可以还价的，可不要为了面子不好意思哦。

### 8. 购物也有讲究

购物讲价这谁都知道，而旅行购物就更要有技巧了。不要在有旅行团在场的情况下购物，导游通常收有回扣，在旅行团购物的价格通常要比一般散客高，还是单独出行购买较好。不管你买的东西多么便宜，都不要把大实话挂在嘴边，因为听到的卖家会在你下一次购物时调高价格。

不管你资产多少，都需要出门旅游，只要做好预算，精打细算，总能玩得省心又省钱，还高兴。

智慧寄语 _____

如果你是个精细的女人，就会找到非常划算的旅行方式，并不一定非要荷包大出血才能玩得尽兴。

# 做时尚"拼客"

"拼客"已经被广大打工一族接受了，这里的"拼"是拼凑、拼合、拼接的意思。尤其是经济紧张的时候，拼房、拼吃、拼车……各种"拼"油然而生。拼的确可以省钱，但也要拼得有层次。尤其是对女人来说，拼也是精打细算的一种。很多姐妹们可能会忍不住要问："怎么拼才有层次？"别着急，看看下面的建议。

### 1. 拼房

这是"拼"的鼻祖级方式，通俗的说法就是合租，大家凑在一起过日子，减少开支。刚参加工作，居高不下的房价让年轻人望而却步，有时候甚至连房租都付不起。租不起整套房子，只好找人合租，这种方式大家已经司空见惯了。

### 2. 拼吃

物价上涨，许多好吃的东西都吃不着了。可有时想解解馋，那又怎么办呢？不如找上三五朋友，到一家有共同口味的餐厅，一起美餐一顿，人多菜多口味全，吃完后 AA 制付账，这时会发现，吃了那么多好菜，只花了一份的钱。有些吃友还这样，每人每周交 50 元钱作基金，到附近餐馆合伙点菜吃饭，平均下来比周围二三十块的商务套餐要便宜很多，而且还沟通了感情。

### 3. 拼车

走路太慢，坐地铁公交太挤，打车太贵，买车又没实力，这是上班族早晚高峰最痛苦的事。于是，"拼车"产生了。拼车的好处可谓很多，最关键的是节省费用。几个人顺路搭车，打车费用一起分担，能降低近60%以上的车费；由于是拼车，比做公交地铁省时方便多了，时间长了，与司机约定好接送的时间和地点，可以免除到公交车站等车或路边打车的烦恼；交友结缘，原本不认识的几个人因结伴搭车而结交，一路有聊有说，岂不快哉；节能环保，同路者组合搭车，减少了城市道路车流量，缓解了交通压力，从公益角度看，也节约了宝贵的能源，减少了污染，方便自己，服务社会，何乐而不为！

### 4. 拼婚

结婚消费可是不小的开支，然而，许多年轻人在结婚时并没有攒够钱，纵然有钱也都搭进房子里去了。为了节省婚礼成本，很多新人决定寻找伙伴一起置办婚礼，即所谓的"拼婚"。集体拍结婚照，团购家具，一起订酒店、租婚车，或者干脆举行集体婚礼。单独行动是不可能有优惠和折扣的,大家一起不但省钱,而且更加热闹。

### 5. 拼衣服

乍一听很奇怪,但也不足为奇。如果和几个姐妹好友身材差不多,那就把各自的外套、大衣拿出来,大家换着穿,这样不仅省钱,还能让你穿上更多的衣服,同时,也充分发挥了衣服的价值。只要大家把各自的收藏拿出来分享,化零为整,就会发现每个人的衣服量都翻了两番。

### 6. 拼旅行

出去旅行对收入有限的人而言往往是一件奢侈的事情,有的人存了一年的钱才刚刚够出行一次的。报团跟旅行社出游,处处受限制,很麻烦;而个人出行则要考虑路费、酒店、路线、门票,事事操心。所以,不如找几个熟识的人一起出行,交通费、住宿费、门票费可能会因此打折,省下一大笔钱。如果喜欢热闹,大家一起游玩;如果喜欢清静,也可以各自行动,等住宿返程的时候再聚到一起。这样,岂不是最划算的?

### 7. 拼购

超市里有水果、商品打折了,但常常要大批量购买。想讨便宜,买了却又吃不完、用不完,这时候,就有必要找个人一起拼购了。当然,这种情况也比较少见。有计划的拼购值得提倡,不仅可以享受优惠价格,还能避免形成浪费,而群体出行、集体砍价则正是购物的乐趣所在。

### 8. 拼卡

健身卡、游泳卡、美容卡、美发卡、购书卡,这些原是为了保证生活品质的,但是如果一个人有一堆卡,而且使用效率不高,无疑是浪费钱。而且,这些卡可以说每一张都价格不菲,要全办了,估计你的荷包也就空空如也了。所以不如大家合办一张就好,这样不仅什么卡都有了,而且还节约了自己的成本,姐妹们完全可以和好友、同事一起"拼卡",既省钱又实惠。

*智慧寄语*

"拼"是没有什么固定形式的,只要你能够想得到,就能"拼"得起来。精于过日子的女人不要不屑这种"拼",节省开支,赢得生活的快乐,谁不想呢?

# 穿衣搭配可以"省"出不同的风格

爱美之心人皆有之,女孩子想在外人面前保持一个完美的形象,服饰搭配是最重要的。可是,许多人即使有满满一柜子的衣服,也还是发愁"为什么没有衣服穿呢"?于是,看见好衣服就买,看见喜欢的就买,每个月的工资刚发下来钱包就瘪了。其实,并不是你没有衣服穿,只是你不懂得搭配而已。漂亮的女人一定要善于搭配服饰,不同风格的衣服可以穿出不同的美感,而搭配则可以造就更多的不同风格。这就要求大家在选购服装的时候要多考虑,坚持以下原则,你的银子才不会白花。

### 1. 找到自己的穿衣风格

我们要的是"人穿衣",而非"衣穿人"。衣服或许是昂贵华丽的,可惜不适合自己的风格,那就是白费。能够给我们留下深刻印象的穿衣高手,不论是设计师还是名人,哪怕是普通人,都有自己的穿衣风格。一个人穿衣风格的确立,不能被千变万化的潮流所左右,其基础应该以自己所欣赏的审美为基调,适当加入时尚元素,使之符合自己的气质涵养,融合成个人品位。只有这样,才能穿出自己的风格。

### 2. 经典款式不能少

服饰的流行是没有尽头的,但是无论潮流怎么变化,最基本的服饰永远立于不败之地。而所谓的基本服饰就是能经受得住潮流考验的经典款式。具备这种特质的服饰通常都设计简单、剪裁大方、做工精良，比如白衬衣、及膝裙、宽腿裤，一年四季，岁岁年年地穿，都不会过时，更没有人因此说你老土。准备一下这些基本款式，搭配上流行的配饰，没准就能让你成为既正点又时尚的女人，让人耳目一新。

### 3. 身材、脸型、肤色、气质，这些才是搭配的要点

衣服的大小样式比较固定，因此很挑人，所以买衣服不能被衣服捆住了。挑那些跟你相配的衣服，而不是看模特穿着好看就随意买下。若不希望被购物气氛所迷惑，就需要彻底了解自己的穿衣需求，读懂自己的身材、气质、肤色，了解自己适合的色彩和款式，有区别地买衣服，才能让搭配出来的效果更完美。

还有，买衣服前最好先整理自己的衣柜，知道自己到底有哪些衣服。有些衣服如果你的衣橱里已经有了，不管再经典、再漂亮，都不要再去买了，否则便是浪费。搭配衣服不是要买新衣服，而是利用旧衣服重新包装自己，如果你已经掌握了搭配的要领，那么你就会发现自己那些要淘汰的旧衣服突然之间都派上用场了，而你的钱包又一次避免了被"洗劫"的命运。

穿得漂亮并不一定要花大价钱，只要你学会了聪明的搭配方法，哪怕穿的都是旧衣服，也能天天穿出不同的风格。

*智慧寄语*

漂亮的女人一定要善于搭配服饰，不同风格的衣服可以穿出不同的美感，而搭配则可以造就更多的风格。

# 商品打折，美丽不打折

每个女人都想让自己青春常驻、光彩照人，为此，花钱买化妆品，不停地往脸上投资，费尽心思。即使平时不爱化妆、不爱打扮的你，恐怕化妆桌上也堆满了瓶瓶罐罐。

不过你会发现，你常用的也就那么一两个，其他的往往都是摆设，甚至买来了就是等着被扔。与其花那么多钱买回一堆不用的东西，不如省下钱用在最值得买的护肤化妆品上。遵循以下原则，你一样可以找到省钱又有效的护肤品。

### 1. 大牌未必真好，小牌未必不好

对待脸的问题，女人们更容易迷信大牌，单是精良的广告制作，就让那些大牌化妆品的附加值翻了几番。但化妆品好不好用，还得另说，没准就是你的心理作用。同理，小牌的化妆品未必不好用，尤其是那些刚刚创牌的，为了树立口碑，除了保证质量，还要最大限度地压缩利润，其价格可能只有大牌商品的几十分之一。与其把钱都砸在大牌商品上，还不如多试试新产品呢。

### 2. 关于化妆品换季的问题

首先，从购买的角度而言，季节性的化妆品一旦过季就会降价，这是省钱买好货的时候。当然，产品的保质期要看好，通常化妆品的保质期有三两年，所以只要购买合适，下一年你就能用上便宜的好化妆品了。

其次，你自己的化妆品要及时更换，做好保鲜工作，保证在下一次使用时不会变质。避光、通风、冷藏，这是基础常识，如果已经过了保质期，可以考虑别的用途，比如擦脸的用来擦身，或者拿来擦皮鞋、皮包也不错，总比白白丢掉的好。

### 3. 购买数量要注意

买东西数量越多，平均下来价格就越便宜，这个道理大家都清楚，而且很多人也会这样做，但

是并不是所有的化妆品都可以遵循这个原则。对于用量较大的爽肤水、润肤霜、面膜、洗发水、沐浴露等产品,可以一次性购买很多。但是,彩妆用品还是选择小包装的比较好,因为它们的使用量比较小,而且一旦开始使用,保质期就会缩短,像睫毛膏的使用保质期通常只有 6 个月,买多了只能是白白浪费了。

### 4. 做女人要"专一"

使用化妆品要专一,这对皮肤有好处,不过,也有前提。专一不是让你必须坚持使用那款不适合自己的化妆品,而是让你尽量做到在一定的长期范围内使用同一种护肤品或者在同一家商场、专柜购买产品,这样皮肤才能得到长期有效的保养,才能看得见效果。另外,一次性购买可以省去你再次购买的麻烦,也能因此享受到更多优惠;在同一家商场或专柜购买,还会获得相应的累积积分,这无形中又是一笔财产,而且商家对于老顾客也总是很给面子地多送一些小样作为回馈。

### 5. 学会索要小样

化妆品常有各种小样,为的是让顾客试用。不要小看这些小样,积少成多也可以省不少钱。不要不好意思开口要,多跟销售员说好话,在买商品时让她多送你两瓶小样,便于你随身携带。

同时,一些大型网站在女性美容频道往往设有网友试用的专栏,你需要时时关注,如果有新品发布,你就有机会申请到免费又好用的正品小样。

至于淘宝等购物网站的小店里,只要购买产品,就会有小样赠送。这些小样通常是进货时厂家赠送的,而店主们都拿来卖,所以无论卖多少都是只赚不赔,大胆地索要小样,你可以买到非常便宜的大牌化妆品。

### 6. 学会一物多用

眉笔除了画眉毛,也可以当眼线笔;同色的粉刷既可以抹腮红又可以打眼影;中档的保湿精华素可以代替高档的眼霜;婴儿油用作全身滋养霜,效果出奇的好,既便宜又不刺激皮肤;睫毛扫可以用来理顺杂乱的眉毛;各色唇彩、眼影无须齐备,学会调色就好;暖色眼影可以拿来当腮红用……这些都是化妆高手们总结的经验,只要你想得到,就可以延伸出无限的创意,只要对皮肤无碍就行。

### 7. 最彻底的用法你学会了吗

不管什么化妆品,快要用完的时候总有一些挤不出来,这时候没必要浪费。准备好棉签、剪刀、空瓶子吧。可以把原来的瓶子倒立过来,现在很多化妆品的包装都很人性化地做成头朝下的倒立状了,这样可以使留在尾部的化妆品慢慢流到瓶口处;对于比较黏稠的化妆品,倒立的效果不好,这时,不妨用细小的棉签搞定那些死角;对于又高又长的软包装产品,最彻底的对策就是动用剪刀,从中间剪开,把残留的用光。有时候,用心搜罗出来的剩余产品会出乎意料地多,空瓶子就派上用场了,把它们装进干净的面霜瓶子里,又能用一段日子。

### 8. 良好的卫生习惯

养成良好的卫生习惯可以延长化妆品的保质期。比如用前洗手、用后密封,尽量少和别人共用化妆品,即使是母女、姐妹,唇彩、眼影之类的产品也要分开用,这是为了保证大家的健康。好的卫生习惯可以延长你的化妆品使用的时间,从而减少购买次数,达到省钱的效果。而且,不共用化妆品还减少了交叉感染的概率,减少了患病花钱的隐患。

既想美丽又想省钱,其实这个目标并不难达到,你可以利用各种方式让自己的化妆品发挥最大的效用。有许多方法可以让你获得更多的折扣,就算没钱也可以做到"商品可以打折,美丽不打折"。

**智慧寄语**

与其花那么多钱买回一堆不用的东西,不如省下钱用在最值得买的护肤化妆品上。

# 不受折扣、返券的诱惑

在节假日即将来临之际，几乎各大商场都掀起打折战，各商家都在搞各种活动，以卖出更多的商品。这时候，她们当然不会错过返券的机会。我们很多人都有买打折商品、利用购物券的经历，喜滋滋地买回了"物美价廉"的商品，心里很高兴，甚至逢人就想夸耀。殊不知，你已经陷入了折扣、返券的陷阱中。

在圣诞节、元旦期间，北京的一个商场打出醒目的促销广告：只需加20元的功能费，就可以获得买200元返200的购物券，不要购物券可以打7折。"这比买一送一还要划算！"在某杂志社工作的杨柳看到促销广告之后，开始疯狂抢购。

血拼了一小时后，杨柳拿着一堆返券回家了。本以为自己占了大便宜，冷静算算，杨柳发现，返券只有200元，即使买了398元、399元的商品，也只能得200元的购物券。所以，她还需要不停地凑够200的倍数，不然就不划算。那20元钱只能用来买化妆品，但是售货员却告知她，只有买够100元的化妆品才能使用10元的功能券。

杨柳还发现，返券活动期间，商家把一些新上市的衣服先下架，参与活动的都是一些平日里打折的老商品，这些商品的价格也跟原来差不多。"这样一算，还和平时一样甚至还没有平时的折扣多，并且为了利用购物券，还买了很多用不上的东西。"杨柳难过地说。

每逢各种假日，商场都会推出"买100送100""买200送300"等返券促销活动。商场随处可见排着长队兑换返券的购物一族，在这里一般多数是女人。但是很多女性跟杨柳一样，一走出商场就后悔："商场的销售计划太缜密了，怎么算也算不过它，只好跟着商场的步伐走，结果自己不仅没有占到便宜，还花了不少冤枉钱。"

在面对促销时，冲动购物的女性们一定要注意，一定要保持冷静，否则就会被"促销迷雾"圈住，花掉很多冤枉钱。

国家计委颁布了《禁止价格欺诈行为的规定》，防止商家利用返券或打折欺骗消费者，明确将两种"返券"促销行为定性为欺诈：

（1）规定返券只能在规定的柜台消费，而该柜台商品价格普遍高于市场价格。

（2）规定只能用部分返券加现金购买商品，而原商品价格不能高于现金价格。

每到换季时，很多商场就纷纷打折，其中也有不少平时"架子"很大的名牌。在某电信公司工作的卞林是某商场的会员，有一天她收到这样一条信息，称周末搞会员打折专场，秋冬商品全场打3～6折，顾客必须凭会员卡进场。周末的时候，卞林带着会员卡赶往了商场。当日商场里挤满了人，她费了九牛二虎之力才挤出人群，直接奔向秋冬大衣销售的地方。但她左找右找却不见大衣的踪影，问了店员才知道："新款都提前收起来了，等到活动结束才拿出来卖。"

结果不够理智的卞林不甘心空手而归，在身边顾客"血拼"的影响下，一口气买下了5件打折冬衣。"但是，后来在其他商场也看到价格更便宜却一模一样的冬衣，因为都是去年的旧款！"卞林气愤地说。该商场一个著名品牌专柜的营业员直言不讳地说："一般参加活动的都是去年或前年的商品，新品怎么可能全场打折，这不过是商场的促销手段而已。"

不过，名牌折扣当然不能与普通牌子相比，名牌厂家一般都会选择一家高档百货商店甚至是酒店来进行打折促销。对很多人来说，这一招充满了诱惑，3～6折的价格确实让人心动。但是，你不要以为天上会掉馅饼。以下3方面可能对你有效,使你看到折扣背后所掩盖的内容。

### 1. 一般旧货才会打折

内行人都知道,特卖的品牌货一般都在3年以上,无论是面料、款式还是色彩都与时尚有了一定的距离。虽然牌子和工艺没有问题,但很多都落伍。

### 2. 打折商品一般都是断码货

不要图小便宜,小点或大点也欣然接受,这样买回去可能对你没什么用。

### 3. 面对打折是要理智

女性朋友更应该理智地对待名牌打折,不要因为降价也降低了对衣服的要求。记住,一件衣服很适合现在的你,买下它才是划算的,而不是看似划算的价格和那块小小的商标。

还有商场做了很多文章在打折商品上,比如,商场会标示:一件标价298元的毛衣,只卖98元,但其实它原本就卖98元。因为你被它吸引,就会买下这件没有任何折扣的毛衣,并且还为自己占了便宜而沾沾自喜。

价格过低、折扣过多的商品多半藏有猫腻。商家用购物券掩盖了商品的真实折扣,诱导消费者落入连环消费当中,这实际上是一种欺骗消费者的行为。所以,那些爱在返券、折扣等促销活动中疯狂购物的女性消费者一定要注意,不要冲动的买下一件产品,要冷静思考一下,看你是否真的需要它。如果只是为了占便宜,就不要被低折扣和多返券所诱惑。

**智慧寄语**

在面对促销时冲动购物的女性们一定要注意,一定要保持冷静,否则就会被"促销迷雾"圈住,花掉很多冤枉钱。

# 让自己的网购更加精明

时代变迁,社会进步,网络已经不可替代的主宰了文化载体,网络的发展也带动了许多行业的发展,比如那些提供网上购物的商务平台。

面对网上种类繁多的商品,大多数女性就想是自己的该多好,于是疯狂"血拼"。疯狂购物自然是一种生活方式,而且会精打细算也是一种能力。赚钱不容易,花钱得"计较"。假使你好好利用互联网,运用自己的智慧,就能花比别人少得多的钱,人生会很有情调,很有意思,生活品位还会很高。没准儿,你会爱上这种省钱的时尚生活!

周晓白既不属于80后更谈不上90后,可是,作为70后的一员她却成了网购这庞大组织的一员。

周晓白并不认为自己是一个追求时尚的人,只是偶然间从同事那里听到网购这回事。通过同事的介绍,她这才发现网上购物真的是好处太多了,不单单节省时间金钱,而且能追求时尚。一开始,她抱着尝试的态度在网上买了一件衣服,当然自己很喜欢。后来,这种情况越来越严重,家里的数码相机、笔记本等一些大型的产品她也会在网上选购。在邻居、朋友还在大商场里逛的时候,她买到自己喜欢的东西却不用出门,而且她觉得价格还相对便宜。

周晓白感受到网购的优越,于是推荐给自己的亲朋好友,后来,她在电视中看到一则关于网购的报道,预测网购将在中国占据很大的一个空间。开一家网上小店的念头就这样萌生了。经过不到半年的筹备,自己的网上小店开张了。因为她讲究信誉,所以生意越来越兴隆。

相信一开始就连周晓白自己都没想到她也会有当老板的一天。

网上购物一向被认为是一种时尚的购物趋势，便利的是足不出户，尤其是年轻人越来越推崇。只要你敢试试，绝对会沉醉在其中。

如何让自己的网购更加精明呢，不妨看看下面几招。

**1. 选择促销商品**

现在，很多网上店铺都有某些促销商品，它们的价格相比原价肯定低，绝对物美价廉。在这里我们为爱网购的女士出秘籍，你就在淘宝网店的高级搜索，选择"促销商品"这一项进行搜索，就可以搜索到特卖价、团购价、心动价、淘宝价等等很多热卖活动；除了这些，还可以搜索出网上能以淘宝抵价券抵价的促销商品。而在易趣或淘宝等网站的购物商城中，也有很多折扣和优惠活动。这样看来，广大女性朋友在进行网络购物时，就应该多注意注意相关促销的信息，让自己买到合理价位的东西。

**2. 低价搜索的用途**

网络店铺通常都有一个价格由低到高的搜索功能，我们点击自己喜欢的物品类型后，不妨选择这项功能，这样我们就可以看见按价格排列的商品了。

**3. 寻找免费的午餐**

一些信用较高的卖家或者商城，因为货物比较多，提货时一般会有一些赠品给这些店铺。为了吸引更多的顾客，卖家也会经常用这些赠品促销。有时买家没问，卖家自然会附带上。但是，我们在购买时，不妨顺便问上一句有没有赠品。这些不要白不要的东西都是免费的午餐。

**4. 就近原则**

每个人都清楚，邮寄费用往往根据邮寄物品的重量和寄收双方的距离而定，换句话说就是相同重量的货物，距离越远往往邮寄费用越高。因此，我们建议女性朋友，应该确定方向去买自己想买的的物品，然后先按价排序，掌握这类商品在市场上的价格，然后根据自己的所在地选择近一点儿的地方买。如果是同一个城市，当然也可以自己去取，这样你要付的邮费就少一些。

**5. 计较价格**

通常，买的东西多的时候，卖家的利润也会相应升高。此时，作为买方的我们不妨和卖家洽谈，争取多一些优惠，或者少付甚至免去邮寄费用。一般情况下卖家都会让步。另外，我们还可以多找几个朋友一同购买一个店铺的东西，而且多拿几张讨价的底牌，还能够因为几个买家都在一起而省去一部分邮寄费用。在此，特别需要提醒的是，你和卖家爱讨价还价成功后，要及时通知卖家修改价格，然后再通过网上银行或支付宝两种方式付款。

在网络购物过程中，不容易找到让自己十分满意的商品，但是当找到之后又难免为价格、质量等一些问题烦恼不已。其实，我们找到自己喜欢的商品，复制商品的名字，然后将其粘贴到搜索连接处，这样就可以找到该产品的多个卖家。这样一来就方便多个卖家相互对比，然后选择最优质最低价的来购买。

**智慧寄语**

时代变迁，社会进步，网络已经不可替代地主宰了文化载体，网络的发展也带动了许多行业的发展。

# 第六篇

## 聪明女人如何对待婚恋

# 第一章　聪明女人能够主宰自己的爱情

## 在恋爱中多主动一点

恋爱中的女人比男性更懂憬美好未来,相对而言,更容易自愿居于被动地位,也更容易受感情的羁绊,因此,烦恼比男性也多一些。其实,知道一些简单的原则,就能减少大部分恋爱中的烦恼。

### 1. 不要过于相信第一印象

人的最佳素质往往不易被发现,相处了一段时间后才会慢慢发现。所以说女人很难一下子发现她们身边的好男人,反而被那些表面上"风流潇洒"的男士所迷惑。其实这些所谓的俊男也只能在开始的时候给女性很多美好的印象,绝不可能向女伴奉献持久的爱情。

### 2. 魅力来自自信

女人的刚毅和女性温柔结合能够在恋爱生活中创造出很多的奇迹,使异性之间的交往变得健康而富有情调。聪明的女人懂得欣赏自己的魅力,同时有足够的自信吸引她心仪的那个对象。正因为她对自己充满信心,所以才会刚中带柔,柔中带刚。

### 3. 勇敢地表白自己的爱

风度翩翩的男子,虽然很有魅力。但是,他很可能是一个既保守又顽固的人,也很可能因为你不曾与他见过而怯场,虽然他想认识你,但因为顾虑重重,因此保持沉默。这样的例子生活中举不胜举。

男女本来可以相识、相恋,因各自的心理作祟,或者在一个清风习习的早晨,或者在一个月儿朦胧的夜晚,擦肩而过了。这种情况确实有神秘的朦胧美,但终究没有收获和拥有,是不是有些遗憾呢?

如果你们没有错过,或者你们擦肩而过后,双双回首,给对一个眼神,那么是不是会产生一段令人羡慕的爱情呢?

因此爱情,除了相互间的心灵的感应与感觉外,还需要用实际行动来表达。不论是爱或者被爱,都是一件很幸福的事;可幸福是等不来的,它需要努力,需要创造……

如果爱,需要勇敢地表白。很多男人面对自己喜欢的人时,比女人更胆怯,女人们应该去鼓励那个自己心中也暗暗喜欢的男人。

#### 4.不要期望男人主动做出承诺

恋爱中的男人不会给女人很多的承诺,甚至根本就不做承诺,这一直是女人猜不透的谜。虽然他们已经通过自己的行动表达了他们的立场,但是要从口头上想得到他们的承诺不太容易。聪明的女人懂得如何用巧妙的语言引起男人心灵的共鸣,让他们心甘情愿地做出承诺。

智慧寄语

恋爱中的女人比男性更憧憬美好未来,相对而言,更容易自愿居于被动地位,也更容易受感情的羁绊,因此,烦恼比男性也多一些。其实,知道一些简单的原则,就能减少大部分恋爱中的烦恼。

# 坦白自己的想法和渴望

爱情给人们带来美好的感觉,这不得不使我们认为爱情是包治"生活百病"的良药。有了爱情,我们的生活好像得到了保障:我们的生活从此就变得美丽、完整、丰富、充实;我们相信原来遭受的创伤以及不稳定的生活将会从此远离。

我们的性格也有脆弱的一面,我们都需要抚平过去所遭受的心灵的创伤。我们承认爱是相互联系、相互关心、相互奉献的一种精神形式,但并不是灵丹妙药,不是什么内心情感的创伤都可以治疗。爱情是人生中最美好、最珍贵的经历,但爱情和生活也不一样。在爱情中,我们把自己与爱人融为一体,这是一种很美妙的感觉,但却是不现实的。不管是多么亲密的爱情关系,爱情的双方一方面是相互的伴侣,另一方面又是独立的个体。

由于社会和传统观念的影响,每个人要追求的自我价值也不一样。自我价值本身有其有价值的一面,也有危险的一面。例如,按照传统观念的说法:男人的价值表现在金钱和事业上,而与腰缠万贯、事业通达的男人结婚则是女人体现自我价值的标志。在生活中金钱、事业、婚姻都是生活的一部分,但它们并不能医治我们旧时的创伤及痛苦。

如果你认为爱情能医治你心灵上的创伤,把希望强加在伴侣身上,得到的只能是不断的失望以及你的伴侣对你的反感。这些不切实际的希望产生的效果也不会好,它们不会使我们得到身心上的放松。此外,婚姻关系使我们有良好的自我欣赏的态度,但是,这种良好的感觉要建立在正确的自我价值之上。否则,这种感觉不能化成内心的力量,如果是这样你和伴侣的关系只能依靠表面来维持。一旦伴侣离我们而去,我们就会感到异常孤独,束手无策,这对我们非常不利。因此,我们应该有足够的勇气和力量,用积极的态度对待我们的自我价值。我们先要爱自己,然后去爱别人。否则,连自我价值都没有,爱情又从何谈起呢?

此外,许多女性对爱情会产生这样一种错觉:我们的伴侣会对我们内心最深处的梦幻和思想了如指掌。这说明我们不但渴望爱情,还渴望永远不再孤独的生活,彼此成为"灵魂上的情人"。如果现在是爱人却不能做到这样,我们就感到悲伤和失望,甚至感到对方背叛了自己。

现实中,虽然我们希望如此,但是我们的爱人不可能什么都了解。不能期望自己的爱人每时每刻都了解我们内心的要求、渴望以及心灵的创伤,应该明白爱人对我们的理解是有限的。那些希望被别人了解,又不愿意主动的人会觉得他们是爱情的牺牲品,他们偏执地认为如果我们主动告诉爱人他们需要什么的话,就会破坏了爱情的浪漫气氛。持有这种观点的人总以为,爱情的特殊性就在于双方对对方要求的敏感和直觉。但事实却恰恰相反,你把你所想的直接告诉对方,而对方也满足了你的要求,这才是他爱你的真正体现,你的爱人不能完全了解你的内心世界。在现实生活中，愿意倾听你的要求和心声，并给予爱抚地回报的爱人已经算是相当可贵了。

真正相互了解的男女，会直接与对方坦白自己的想法和渴望，而不是消极地等待对方用神秘的直觉来察觉自己的内心活动。如果男女双方没有直率的感情交流方式，这样只能产生误解、麻木及心灵上的伤害。

### 智慧寄语

真正相互了解的男女，会直接与对方坦白自己的想法和渴望，而不是消极地等待对方用神秘的直觉来察觉自己的内心活动。如果男女双方没有直率的感情交流方式，这样只能产生误解、麻木及心灵上的伤害。

# 正确认识失恋

有人说，失恋是恋爱的失败，太笼统了。还有人说，失恋，其实只是失败的单恋。这种情况虽居多，却不能涵盖一切，又太武断了。那么，什么才叫失恋呢？先让我们看看失恋的几种情形吧。

**1. 失败的单恋**

这是在失恋中最多、最常见的一种，它的特征是：自己一味地陷入爱情的深渊，却不知对方的感觉如何，直到自己实在憋不住，向对方表白的时候，才发现对方对自己根本没那意思。这种失恋是因为当事人具有浓厚的幻想色彩。不知为什么，一个相貌平平、气质一般的人，在她的眼里却英武、潇洒无比。这种偶像化的爱恋方式，最让人心醉神迷、难以自拔。然而，这种爱恋并不一定浓重、深厚，经过一番痛苦和绝望之后，能使人更加成熟，更加懂得如何去获取真爱。因此有人说：失败的单恋，不应算是失恋，因为人家没有跟你恋爱过，怎么算是失恋呢？这话虽不够中听，却不无道理。

**2. 怜爱的结束**

由单恋延伸出来的怜爱，是失恋中又一常见的现象。当单恋的人告诉对方她的爱，这时由于对方的优柔寡断或其他原因，使他没有直接回绝对方的爱，以使单恋的人误解了对方的感情，一味进入了恋爱阶段。

> 女孩惠，爱上了一个电视台的男主持人郑某，当她向郑某讲述自己的爱慕之情时，郑某原本不爱惠，但见她凄婉的样子，再加上自己眼下又没有十分中意的女友，便若即若离地跟女孩惠保持着一种暧昧关系。女孩惠以为郑某对自己产生了爱情，便将自己的一腔深情都寄托给了郑某。可是，没多久郑某在电视台爱上了另外一个女孩，一下子把惠丢开了，还说自己压根儿对惠就没那意思，一直是把惠当小妹看。惠有苦难言，陷入了深深的痛苦和绝望之中，几次想自杀都被朋友们给阻止了。

可见由于对方在拒绝爱恋时，态度不坚决，行为不果断而造成的怜爱现象，使许多单恋的人都陷入了深深的痛苦折磨之中，这是一种伴随着挣扎和不断的失望的爱恋，对人的感情伤害极大。因为这种怜爱只是短暂的理智行为，既不能延伸成爱情，又不能使人从痛苦的折磨中迅速地升华出来。

**3. 外来打击**

这一种情形是：两个人真心相爱，只是由于客观的原因，使两个人无法结成终身伴侣而苦苦分手。这种失恋是最具有戏剧性冲突的,爱情悲剧往往从这里诞生。

(1)朱丽叶的悲剧——家族复仇的牺牲品。看过莎士比亚的爱情悲剧《罗密欧与朱丽叶》的读者都知道,朱丽叶的悲剧除了由于情节上的巧妙安排之外,其中最直接、最主要的原因就是蒙太古和卡普莱特水火不相容的世代家族仇怨。这一古老命题几乎在所有国家的爱情悲剧中都有复现。

(2)知青们的悲剧——政治的牺牲品。为了保持自己的政治清白,为了不影响自己的仕途前程,许多陷入爱河里的青年男女,毅然决然地与恋人分手,把真情深埋在心底,默默咀嚼由失恋带来的苦涩。

(3)刘兰芝的悲剧与其他。由于父母不可侵犯的威力,使青年男女相爱而不能相聚、相守的悲剧在我们今天依旧存在。《孔雀东南飞》的故事,为我们讲述了一个古代女子被休的经历。今天,这一故事已被演化为现代女子被拒之门外的经历。不同的经历,却包含着同样的结局:传统的观念和世俗的偏见,依然在扮演着扼杀纯真爱情的恶魔。

(4)奥菲利娅的悲剧启示。在爱情的悲剧中,《哈姆雷特》里奥菲利娅的失恋,算是最特殊,最有启发意义的一个。从情节上讲:奥菲利娅失恋于王子的复仇,而并没有失恋于王子。王子是深爱着她的,只是为了迷惑当时的国王克劳狄奥,才不得已装出对奥菲利娅的冷漠和拒绝。哈姆雷特玩得太深沉了,连十分狡诈的国王都信以为真,单纯幼稚的奥菲利娅又怎能分辨的清呢?终于,她伴随着鲜花和歌声沉入了河底……

由奥菲利娅的悲剧中,我们发现奥菲利娅死于对王子的误解之中。其实有的失恋者都是因为没有真正的了解对方。不同的是:其他失恋的人,只知道自己爱着对方,而不知道对方不爱自己。奥菲利娅则是只知自己爱着王子,而不知道王子也爱着自己,以为两个人的爱情可以战胜一切,却不知道,现实的严酷和传统观念的狰狞。

**智慧寄语**

失恋的痛苦也有个限度的问题。一方面受着恋爱程度的影响;另一方面也因个人的性格、气质而定。一般地讲,在恋爱中付出的感情越多,失恋的痛苦也就越强烈。

# 向婚姻中注入爱情

爱情是维系婚姻牢固的基石,解除没有爱情的婚姻是文明社会的象征。离婚从人道主义的角度上说,就是让不合理、不道德的、缺乏真爱的婚姻关系,通过正常的渠道加以解决,使双方都有可能重新组成彼此幸福的家庭。因此,相对而言,我们反对婚外恋的方式,让无法产生爱情的婚姻解体——离婚。但万事都不可能是绝对的,有些没有爱情的家庭却可以通过情商理论中情绪控制、情感沟通和自我激励等手段加以改造,建立起夫妻间浓厚的感情而不至于离婚或搞婚外恋。

要在没有爱情的婚姻里注入爱情的蜜汁,需要靠双方的情商素质来决定,只有改造的意识是不够的,还须有一定的方法和技巧。而这些方法和技巧的获得和运用,离不开情商的素质和锻炼。为此,我们给读者归纳出如下改造没有爱情婚姻的四条原则。

### 1.互相鼓励

没有爱情的婚姻,离不开物质基础和情欲的满足,那么注入爱情就从这两方面开始。一方面鼓励对方继续为美好家庭生活而努力工作、努力创业，并在智慧和心理上给予应有的帮助，使对方把心思都固定在积极的开创美好未来的工作中去；另一方面，在性欲方面互相满足，让彼此都感觉到对方很棒。在这方面，有关夫妻如何性和谐的资料和手段很多，在此就毋庸赘言了。

### 2. 互相理解

人无完人，万事都不可能一帆风顺，一旦发生了矛盾，既不必一味地争吵，也不必赌气就各奔东西，不如彼此坐下来，冷静地分析一下出事的原因、相互陈诉理由、申明利害，这样往往容易冰释前嫌，达到沟通。理解永远是沟通感情的桥梁，而彼此伤害，只能使误解加深，情绪失控，最终破坏婚姻。

### 3. 发现，并发展对方的优点

没有爱情的婚姻，彼此大都不甚十分了解，这有一弊，同时也有一利。

曾有一位艺术院校的女生，因家庭经济困难毕业后被迫嫁给了一位初中毕业的农民企业家。起初她几次萌生寻死的念头，但经过一段时间的共同生活后，她发现在他身上有着朴实、真诚、体贴的性格优点，而且，他有一手很好的剪纸手艺，艺术情趣也很浓。于是她的感情开始有了寄托，逐渐建立起了良好的夫妻感情。

### 4. 感情升温

夫妻间长久地生活在一起，不可能没有一丝一缕的感情，虽然这还够不上真正的爱情，但是出于道义和责任上的互相关怀、互相照顾同样重要，聪明的人善于在此升温，唤起对方来自心底的真情。诸如，在困难面前，有一方能独撑局面，虽然是出自责任和道义上的，但也能体现出真情，那么另一方就应及时升温，加入温情的润滑剂，使之飞跃而产生爱情；那么另一方则更应充满柔情蜜意给予抚慰，这样爱情的火花就能闪烁不已，而终成烈焰。

曾有这样一部电影故事：

一对夫妻，由于不断的争吵而使关系达到破裂的地步，于是他们决定分手，在他们穿过马路去办离婚手续的时候，一辆汽车向他们冲来，眼看着妻子就要被撞着了，在千钧一发之际，丈夫奋不顾身地冲了上去，推开妻子。妻子脱险了，而丈夫的右腿被撞折了。丈夫的行为深深地感动了妻子。她收回了离婚的请求，两个人之间终于建立起真正的感情。

这就是人们常说的患难见真情。因为婚后的生活，不同于婚前的男女相爱，充满了柔情蜜意、花前月下；而是实实在在的互相关心、互相体贴，它所表现出来的人格魅力更具威力，更深沉、更厚重。因此，不能用简单的责任与道德等概念来加以否定其中蕴藏的真情，只能用情商的手法加以发扬光大，引向天然的纯情。

**智慧寄语**

*爱情是维系婚姻牢固的基石，解除没有爱情的婚姻是文明社会的象征。*

# 走出失恋

美国可口可乐公司总裁 G. 罗伯特说："一个人只要运动就难免有摔跟头的时候。"商业竞争如此，恋爱也是如此。只要去爱就难免遭到拒绝，人们常说："爱是一个人的权利，拒绝被爱，也是一个人的权利。"但是许多人，一旦遇到感情挫折之后，往往陷入极度的苦恼不能自拔，把眼前的挫折看作生命中的最大不幸。分析起来,有些人对恋爱挫折的认识、评价和理解不够,其心理对失恋的承受能力不强,导致了悲观、失望乃至轻生。

鲁迅先生在《记念刘和珍君》一文中曾这样写道:"真的猛士,敢于直面惨淡的人生,敢于正视淋漓的鲜血。"失恋虽没有那么轰轰烈烈,鲜血淋漓,但依然面临着各种选择:前进与退却;悲观与达观;希望与绝望;生与死。为此,我们应该培养战胜挫折与失败的勇气,掌握战胜困难的方法和技巧,勇敢面对人生,面对人生中有可能出现的失恋和各种灾难。

相信每个人都会遇到挫折。成功和失败构成了我们一生中不断延伸的链条,每个人都有所得又有所失,痛苦也好,烦恼也好,唯一不可缺少的就是对生活的信心和勇气。相信挫折是我们一生中不可缺少的组成部分,每个人都会遇到,并不是上苍刻意把你挑选出来加以惩罚的。不是遇到这样的不幸,就是遇到那样的不幸;不是遇到大坎坷,就是遇到小麻烦。尽管我们如此的不喜欢挫折,可是总也摆脱不了它,它就像天上的云彩一样,不知什么时候,哪一块就把太阳遮住了。但是只要我们相信,乌云是不可能永远遮住太阳的,我们就会正视出现在生活中的挫折和失败。

相信乌云永远遮不住太阳,古语有:"天有不测风云,人有旦夕祸福。"世上没有人一生都一帆风顺的,每个人总会遭到各种各样的不幸,可是又总有时来运转的时候,时间是冲淡一切的最好药方。无论在恋爱时两颗心碰撞出来的火花、闪电和雷鸣是多么剧烈,但岁月的风霜终究会消没往昔的印迹,只留下美好的回忆。这里,让我们再一次吟唱俄罗斯著名诗人普希金的《假如生活欺骗了你》:

假如生活欺骗了你/不要忧郁,也别生气/烦恼时要保持平静/请相信,快乐的日子就会来临。

我们的心向往未来/如今则充满了悲哀/一切都是暂时的,一切都将消逝/而那逝去的又使人感到可爱。

失恋是一笔财富。诗人汪国真曾说过这样的一段话:"恋爱是一次已经完成的选择,失恋面对的是即将而来的重新选择。恋爱是对一个人的选择,失恋是对一些人的选择。只要在已经相识或要相识的人中,有一个能与你彼此心心相印的人,你就可以回过头去对岁月说:'你的人生由此变得丰富,感情也由此变得深沉,气质也由此变得成熟。你以痛苦为代价,已收获了一笔宝贵的财富。'"

是的,失恋并不完全是一件坏事,它会为我们升华并积淀出一份珍贵的情感财富。

首先,若你能对自己失恋的原因做出适当的分析,找到自身存在的缺陷和不足,这样你就可以创造一个完美的自我。

其次,在重新认识自我的前提下,重新认识外部的世界,这是失恋后的必经之路。只有这样,你才能融入广阔的人际环境当中,重新认识并发现更美好的人生。那时就会发现外面的世界原来是如此的丰富多彩,趣味无穷。

最后,在失恋痛苦的积淀之下,人们会本能地选择一些情感迁移的手段,如果能克服消极的情绪,积极投入到有意义的事业当中去,会使自己变得更加崇高和神圣。居里夫人曾经情场失意,便发奋读书,获物理、数学双硕士,最终成为世界科学巨人。相信这个世界上除了爱情之外,还有许多重要的事,如友谊、事业和学习等等。只要我们不沉湎于以往的痛苦和失意,昂起头来勇敢地面向人生,我们生命中的朝阳就会熠熠生辉。

失恋的阴影是双面的:一面是失恋后便不敢问津求爱之路,对爱情的追求产生惧怕心理,真可谓是"谈虎色变"。另一面是失恋后便对一切都失去信心,颓废沮丧、无所事事,做每一件事都害怕自己再次遭受失败。这时，他会不断地说"我会失败""我无法获得成功""整个世界好像在跟我作对"等等。在失恋的阴影笼罩下，他们会认为自身很渺小、无能、很不走运，在心理上大致表现为：

（1）对自己持不同程度的否定态度。觉得自己没有谈恋爱的天赋或能力。在做一些事情之前，往往会设想出许多可能遇到的困难和障碍，并常常被困难和障碍吓倒，似乎失败就在等着自己。

（2）过多地在意别人的评价，关心自我在别人心目中的形象。对别人的意见不敢说"不！"对自己的恐惧心理也不敢说"不！"希望得到别人的赞扬，但同时又担心和怀疑自己能否得到别人的赞扬，渴望自己能获得成功，但同时又担心和怀疑自己能否取得成功。整天在忧郁和矛盾中煎熬着自己。

（3）内心脆弱，荣誉感、自尊心以及虚荣心比别人强，常常会陷入失意的烦恼与苦闷之中不能自拔。

（4）自我意识过分强烈，常常认为别人都在注视着自己，瞅出自己的缺点和毛病。越是在人多的地方或陌生的地方，就越觉得不自在，一举手，一投足，都顾虑重重。如同林黛玉进贾府的心情：不敢多说一句话，多走一步路，唯恐被人家耻笑。

（5）性格内向、孤僻，习惯于进行内心活动，而不擅长表露自己，尤其不愿在大庭广众面前抛头露面，很少或不参加社交活动，常常表现出缺乏自信和勇气，自甘落后。

要摆脱失恋造成的阴影，打破"注定要失败"的心理枷锁，我们应该运用情商的手段，在思想上、心理上有所转变：

### 1. 建立正确的自我意识

首先不过分抬高自己，正确、全面、科学地认识和评估自己，看自己有哪些才能、特长、优点和哪些缺点、短处与不足。爱情的事，更不可以一下子要求过高。遭受挫折后也不要过分贬低自己，因为失败感和期望值是相关的，事先的期望值越高，事后的失败感也就越强烈。所以，在谈恋爱的时候，应该正确地估价自己，给自己定一个恰当的标准，这样，失恋了，也不会过分地哀伤。

### 2. 自我激励——在失恋中自新

首先，要接受和承认自身的缺点和不足，不要有输不起的心理，要以积极的态度对待广阔的人生，鼓励自己同失败和痛苦作斗争。从而培养起自信心和战胜困难的实际能力。俗话说："吃一堑长一智。"失败是成功之母，挫折和失败能使人成熟！

### 3. 精神胜利法的合理应用

阿Q为我们创立了精神胜利法，但他的精神胜利法充满了自虐和虚妄的色彩。首先，我们提倡有自我意识，但又反对把注意力过分地集中于自我。注意力越集中于自我，越阻碍自我潜能的发扬。恋爱成功是我们最大的愿望，但对失败也要做出最坏的打算，从最好处着眼，从最坏处准备。即使是失败了，也可以自豪地说：我拥有了几次失败的教训，我变得不但充足而且坚强，因为失败意味着我与成功之间的距离缩短了，失败带给了我走向成功的希望。

其次，树立"失去的未必是最好的"信念。特别是在初恋的时候，我们爱的往往不是一个人，而是一种理想，一种由自己美化出来的偶像。也许，多年之后，当你回首往昔的时候，突然发现："原来，失去的未必是最美好的，之所以觉得他美好，是因为不愿意失去，是因为有太多的想象中的美好。"因此，虽然是失恋了，我们并没有失去生命中最美好的爱情，只不过是失去了一个原本就不该属于我们的灵犀生命。为此，何不从哀怨中重新燃起生命的真情，继续寻觅在远方等待着我们的家园?

再次,想象自己是一位胜利者。哲学家高斯克莱为我们立下了一些哲学典范。他曾在一段颇为漫长的日子中,不停地告诉自己:我是最伟大的人物,每次都"使自己确实感觉到如此为止"。这样,别人也不得不确信"他正是那种唯一的伟大人物。"一次失恋,算不了什么,正如夜空中的明月,越是光彩照人的时候就越缺乏群星的陪伴,只有太阳才能与之遥相辉映,共同结为天空中的主宰。

### 智慧寄语

我们应该培养战胜挫折与失败的勇气,掌握战胜困难的方法和技巧,勇敢面对人生,面对人生中有可能出现的失恋和各种灾难。

# 明天太阳会更明媚

现在,我们已经清醒地认识到,失恋并不可怕,在恋爱中遭受过挫折的人会更坚强,更成熟、更完善。但是,这不等于说,我们就喜欢失恋,而是希望能在失恋和挫折中不断更新自己,重塑自我的完美形象,以便今后不再遭受类似的挫折,同时在面对新的挫折的时候,能够不断进步,不断升华自己,使自己真正成为情商高的人,以迎接更美好的人生。

## 拨开乌云,见太阳

战胜挫折,从失恋的阴影中走出来,必须树立正确的观念,充分运用自己的才智和情商,否则就难以成功。下面就介绍几种情商手段,并加以分析。

### 1. 感知与预测

处在恋爱阶段的人,大都很盲目和很专注自我,没能冷静地去感知对方的反映,这是酿成失恋悲剧的现实原因。"爱情不是用眼睛去看的,而是用心去看的";如果相信人有第六感官的话,如果相信人的第六感官具有判断力的话,用心则更能体察出对方情感的温度,用心更能够寻找出该不该去爱的理由。

问题就在于,有些人不相信人有第六感官起着至关重要的作用,不相信有情绪智慧的存在。不相信自己的细微、真实的感受,一味地运用现实中的物质手段,是酿成失恋悲剧的主要原因。

其次,不预测结果,不根据自己真实的感受进行推演,一味地进攻、出击,只能把对方逼到死胡同里,向你宣布感情破裂。那么在遭受挫折之后,由于事先没有心理准备,便会出现感情的无所寄托和自我价值的否定。

### 2. 心,不要等待

面对失恋的结局,心,不要等待,因为原处已经不在。有不少人,在失恋后还在苦苦地等待,等待对方能回心转意,等待出现一个为自己设计的灰姑娘的舞会。等待只能是浪费时日,等待只能让自己在痛苦中不断地煎熬。如果你想解决问题,必须重新选择进攻的方式和进攻的时机,为你挽回局面。

不等待、不依赖,主动采取措施,相信自己有解决困难的能力。期待,只能带给人失望,在恋爱的王国里,"怀才不遇"不是美德,耐心等待不算明智;良禽择木才是美德,随机而变才算明智。这是摆脱失恋挫折的主要原则。

### 3.它山之石,可以攻玉

面对挫折,不要过早地自认晦气,从而失去了战胜困难的勇气。应该冷静下来,想一想是否其他人也遭受过类似的打击,人家是怎样克服的? 问题的关键出现在哪里? 只有找到问题的关键,合理地借鉴他人的方法,才能更好地解脱挫折。

在摆脱挫折时,我们反对等待帮助,主张开口求助。许多人,认为失恋很丢面子,羞于开口向朋友求援,自己又熬不过。殊不知世上没有不透风的墙,失恋的局面是无论如何遮掩不住的,与其硬撑着死要面子,让别人瞧好,不如坦率地向友人们诉说,求得援助。诚恳地提出自己的问题,倾听别人的建议,与朋友们心交心,你会发现,别人是多么乐意帮助你,自己的困难和挫折,痛苦与失意便可以顺利地得以解决了。

### 4.永不停息的探索精神

我们都知道有这样一句名言:即使摔倒了一百次,也要一百零一次地爬起来。面对失恋的挫折也应该有如此的精神。这并不是说,我们可以肆意地挥霍我们的感情,宣扬所谓的泛爱论。而是说,面对挫折,我们不气馁,不退缩,我们可以珍惜每一段感情,但是我们不停留,不咀嚼以往的苦涩。勇敢地抬起头来,迎接新一天的朝阳。

正如在哲学上所说的:聪明人不是善于逃避问题,而是善于正确解决问题;不是不走弯路,而是善于在曲折的道路上走得更快些。聪明人不但勇于实践,而且善于学习,善于在拥挤的人群中走出自己的姿态。

## 重获第二次生命

人人都渴望爱情,没有人愿意一辈子未能尝到爱情的甜蜜,更没有人愿意失恋,使自己陷于困境。

我们已经从失恋的挫折中慢慢地走了出来,已经清醒地认识到失恋并不可怕,挫折可以战胜。但是,我们还需不断地努力,树立起废墟中重建罗马的勇气和信心,重新获得人生中最美好的爱情。

### 1.勇气——支撑起我们的力量

最终战胜失恋的挫折,重获人生中美好的爱情,第一需要的是勇气,有了勇气才能有信心,才会付诸行动。面对失恋,我们不畏惧、不退缩,勇敢地正视它,鼓起战胜它的勇气。无论事情有多么糟,无论失恋的伤害有多么大,都不要失去打垮它的气魄。常言说得好:留得青山在,不怕没柴烧;只要有三寸气在,就休想让敌人吓倒。面对失恋,依然需要"大无畏的革命精神",这依然是支撑起我们的力量。

### 2.如何重获勇气

勇气在战胜失败和挫折中如此重要,那么如何使自己有勇气,使自己充满迎接困难的斗志?

首先,要有对美好爱情的渴望。爱情,这一人生中的瑰宝,是无论如何也不该轻易放弃的。失恋,不意味着什么,只意味着自己失去了获得爱情的错误方法。如果谁能这么认为,谁就能重新鼓起勇气。

其次,走出自我的小天地。真实的爱情不在观念之中,而在人群之中,只有走出自己的小屋子,我们才能迎接真正多姿多彩的生活。你会发现有多少善意、美德的人们,会向你伸出友情之手。

再次,提高本领,注重实践。我们认为,理论来源于实践却不会永远高于实践。只有实践才能出真知,理论永远是苍白的。没有实践便没有切身的感受,没有切身的感受,就会觉得干事心虚,没有勇气。因此,实践越少,心虚感就越强,碰到挫折,就越瞻前顾后,越没有勇气。只有在实践中才能不断地检验自己,修正自己,补足自己,再造自己;才能真正地利用别人的经验,提高自己的本领。有了高超的本领,才算真正拥有了战胜困难和挫折的勇气,人常说"艺高人胆大",就是这个道理。

### 3. 信心——战胜失恋的力量

有了勇气,只是有了战胜失恋的前提,也许挫折依然存在。只有信心,才能灌注我们战胜挫折的始终,一如精卫填海、夸父逐日、愚公移山。正如耶稣说:"你们若有信心像一粒芥菜种,就是对这山说,你从这边挪到那边,山也必挪去,并且你们没有一件不能做的事。"

不管自己如何渺小,只要相信海可填,日可逐,山可移,并且付诸行动,我们就可成为精卫、夸父、愚公。只要相信美好的爱情可以获得,并且付诸行动,我们就可以成为成功的人,幸福的人。

### 4. 信心的建立

建立信心的过程其实就是战胜挫折的过程,是一系列行动的组合。在这个过程中,自信心是贯穿始末的,是万事成功必不可少的条件。事物是联系着的,恋爱的自信心是自信心的一种,我们可以通过日常生活中的一些小事做起,从而建立起全面的自信心。

第一,挑醒目的位置坐。在日常工作和学习中,你是否注意到,在开会,听讲座,上大课时,后面的座位总是先被占满;在阅览室、朋友聚会、长桌会议时,把边的座位也总是先被抢占,而那些前排的或中央的位置,却久久地空着,因为那些地方"太显眼"了,许多人怕受人注目,其原因就是缺乏自信。

但是,坐在前面或中央能够建立自信。不妨把它当作一个规则试试看,从现在开始尽量往前坐,坐在中央。尽管这样比较显眼,但要记住,有关成功的一切都是显眼的,让人注目的。

第二,与人讲话时,正视对方。眼睛是人心灵窗户,在跟人谈话时,用眼睛正视对方,既显出诚恳,又体现出自信,不敢正视对方的原因,无怪乎羞怯或自卑,感到不如对方。

因此,要学会用自己的眼睛为自己工作,让你的眼神专注别人,不但能给自己带来信心,同时也能为你赢得别人的信任,成功的因素就潜藏在这里。

第三,挺拔向上,加快步伐。在走路的时候,上身应保持垂直,不必羞涩,请挺立你的腰板,突出你隆起的胸部,步伐轻盈而坚定,快速而有力,这便是女性亭亭玉立、朝气蓬勃的美和自信。懒散的姿态、缓慢的步伐是对自己,对工作以及对生活的不愉快的感受联系在一起的。所以,那些遭受打击、被排斥的人,走路拖拖拉拉,完全没有自信心。

因此,不论什么时候,都应该随时提清自己:抬头挺胸走快一点,我就会感到自信心在滋长。

第四,练习当众发言。在公众场合,敢于登台亮相,当众发言,就会增加信心。不论参加什么形式的会议或聚会,每次都要主动发言而且不要最后才发言,更不要一言不发,如果能第一个发言,那就再好不过了。

完全不必担心自己会丢丑或显得很愚蠢,因为总会有人同意你的见解。这样,每一次发言后,你都会信心百倍,下次也更容易发言,更容易引起人们对你的信赖。

第五,爽朗大笑。笑能感染别人,也能感染自己,笑能给人实际的推动力,是医治信心不足的良药。爽朗的笑声,本身就悦耳动听,给人以放松。

爽朗的笑,不同于其他的笑,它能使开怀大笑的人陶醉在自身的喜悦中,能使自己觉得开心、自信。不敢在人前爽朗的大笑,是自卑和怯懦的表现。

因此,要时常告诉自己:只要我觉得高兴就应该笑,应该爽朗地笑,让别人一同分享我的快乐,让人们都知道我是一个快乐的人,幸福的人,有自信心的人。

总之,勇气和自信是我们战胜挫折的两件法宝。获得勇气和自信,就能重新获得美好的爱情,重新获得自己的第二次生命。这一次的生命会更生动、更精彩、更顽强,这是一次对自我的重新塑造。

当我们重新站立在地平线上,我们发现天更美,海更蓝,空气更加清新,阳光更加灿烂。

总之,勇气和自信是我们战胜挫折的两件法宝。获得勇气和自信,就能重新获得美好的爱情,重新获得自己的第二次生命。这一次的生命会更生动、更精彩、更顽强,这是一次对自我的重新塑造。

# 不要做男人的地下情人

女人都渴望婚姻,女人都想要个自己的名分,年轻的时候不着急,等到离30岁的关口越近,就会越渴望婚姻。那个不能给你名分的男人,他会迷恋你,一般不会为了你而离婚,因为他觉得,他的妻子虽然不算好看,但本分实在,而情人再唯美,也只是一场游戏一场梦,他能给你短暂的激情,却不能相伴一生。情人永远熬不过正妻。因为做情人太累,往往得不偿失。

有一个女人,她不用工作,而她的任务就是"照顾"自己的老板。起初,这个女人是公司的秘书,在工作中,他们渐渐相爱了;她知道,老板是有家室的人,她甚至知道,老板的妻子非常爱老板,他们有一个十几岁的孩子。

有人曾经劝过她,不要掉进陷阱,小心出不来,她从不理睬别人的忠告,坚持与老板保持情人关系。甚至她不再上班,过起了被包养的生活。

她觉得自己不需要什么身份、地位,只要与他在一起就好。因此,他们的关系相安无事,一起生活了几年。

当男人的公司扩大的时候,她成为了老板娘。可是终归有一天,女人30岁的时候,她发现,自己需要一份婚姻,来保障自己的爱情。可是那个年近半百的男人不喜欢折腾,他过得很安宁,这已经够了。

故事的结局或许是男人给了她很多钱,或许她什么都没有得到。就算得到再多钱也找不回她付出的情感以及失去的青春。

情人的关系是暧昧的,却也是脆弱的,经不起任何考验。别相信你听到的诺言,不要觉得自己好看就不会有人伤害你。女人情感的一生,需要的是责任和安全感。

你很爱他,在你投入感情的时候,想让他也付出一样的爱,但他无法做到,他能给予你的,只是娱乐型的感情。

你很想念他,你很想拥有他,你想成家,渴望得到一个归宿,但他无法满足你,他能给予你的,仅仅是见不得人的感情。

当你们首次在一个角落里接吻的时候,你感到新奇、紧张、刺激。你被他身上的某种魅力吸引住了,是你的青春吸引住了他,以及你的单身身份。

当两个人在一起的时候,他表现出无限的温柔,还会轻声地叫你"老婆";他会让你感觉到自己特别的幸福。躺在他的胸膛上,你曾幼稚地想,不必在乎天长地久,只要曾经拥有。你一度以为,这个人就是你的依靠,你不需要什么名分。

然而,他有他的想法,他不会向别人介绍你,在众人面前,你们可能是陌生的路人。他能分清楚,把哪些情感给自己的家人,哪些情感应该给你。他会给你金钱首饰,但不能给你安全感;他能把你的明天描绘得很美好,但明天不一定会来到你的身旁。

除非你在游戏人生,否则,尽管你爱上他、思念他、想拥抱他,你得到的也只会是一个失望的结果。那个时候,情人已经变成了仇人。

女人需要爱,需要被爱,需要被温暖。情感一般是收不回来的,开始了就无法停止。了解男人的女人,不会做他的情人,也许在你动真情时,你不过是他的一个消遣,他在朋友面前的一个谈资。虽然你获得了他的一些关心,他的金钱,可你失去的是大好青春,这是用钱无法买到的。

### 智慧寄语

女人需要爱,需要被爱,需要被温暖。情感一般是收不回来的,开始了就无法停止。了解男人的女人,不会做他的情人,也许在你动真情时,你不过是他的一个消遣,他在朋友面前的一个谈资。虽然你获得了他的一些关心,他的金钱,可你失去的是大好青春,这是用钱无法买到的。

# 识别花心的男人

在爱情的路上,能遇到既浪漫又专一的男人的女人是很幸运的,大多数女人都免不了会遇上多情又花心的男人。花心男人假如屡屡得手,也让他们更加猖狂起来,同时,越来越把你当傻瓜。因此早点看清那些男人,既可维护社会安定,也可保证你的个人尊严。在这个问题上,女人千万不应该心慈手软、姑息养奸。

无论如何,花心的男人是女人幸福的一大致命伤,这些男人带给女人的伤害远远大于他带给你的幸福。如果不幸被你遇上,基本的识别之术是必不可少的。

**1. 看他对你突然去他家的反应**

如果他是花心男人,就会不愿意让你去他家,即使你要求他这样做,他也会支支吾吾地想方设法拒绝。你可径自到他家楼下,打电话给他,就说自己正好路过到此,然后要求上门拜访他的父母。要是他很惊慌地拒绝你,那一定是心里有鬼,即使不是花心,也是难以信任的,和他交往还是小心为妙。

**2. 看他在公共场合对你的态度**

花心男人只在周围没人时和你亲热一下,甚至提出越位的要求,而在公共场合,他会装出一副谦谦君子的模样,和你保持距离,更不会把你介绍给别人。如果你们在一起时恰好遇到他的朋友,你应要求他为你介绍,注意他在介绍你时用到的称呼和他的面部表情。此招若不灵,就找机会在他的朋友眼前做一些亲热动作,看他的反应,要是他的朋友知道他和别的女人有染,他会很狼狈。

**3. 看他加班、忙业务时究竟在哪儿**

为了有时间和其他女人约会,这些男人会说自己事业忙,需要加班,或者生意上有其他应酬。你给他的单位打电话,看他是否真的在忙工作。这件事也可以让你好朋友去做,这样更稳妥一些。要是他真撒谎了,那你就需要重新认识这个男人了。要说明一点,一定要慎重些,仅凭本条是没法最终"定案"的。

**4. 看他是否固定时间和你约会**

花心男人往往要多边作战,因此他和你的约会时间很固定,这样可以避免差错。你可选择一个你们不常约会的时间,直接出现在他眼前。如果他一脸惊喜,说明他深爱着你,随时期盼你的出现。如果他露出尴尬或惊慌的表情,就算你不够聪明,也能明白是怎么回事了。

### 5. 看他在你突然试探时的表情

刚和另一个女人鬼混完，来到你的身边，他肯定会很惭愧，因而，他会大献殷勤，帮你洗衣服做家务，或送你小礼物。你感谢一下他，与他亲热，在他自以为高明而心情激荡的时候，再轻声对她说："昨天，我的一个朋友看见你……"如果他心里有鬼，肯定会吓一跳，急忙问道："看见我怎么了？"此招屡试不爽。

### 6. 看他收支状况及消费的凭据

男人花心也不容易，这是一件很费钱的事，就算他很有钱，他仍会不时地囊中羞涩，从而表现出和他的真实收入不相符的小气。你不要出言询问，只需默默观察，注意他钱的去向。要是最近没什么大的消费，而他的钱包却空得很快，就有必要查一查。或许，他的口袋里有消费的收据，要真是那类用于男女约会的地方，真相自会不言自明。

### 7. 看他爱的意趣是否经常改变

男人很容易受身边女人的影响，而选择不同风格和品位的服饰，不同品牌的烟、酒等，一旦他突然改变了习惯，极有可能因为他有新的人。你可以买一个戒指给他，嘱咐他时刻都要戴着。如果他约会别的女人，他肯定要摘下这枚戒指，戴着一个女人送的饰品去和另外一个女人亲热，肯定是很忌讳的。

### 8. 看他的手机状态及接听方式

和一个女人约会的时候，要是别的女人打来电话，是一件令人头疼的事，因此有经验的花心男人会关掉手机铃声，改为振动。在和你约会的时候，如果他的手机没响，却跑到阳台上打电话，他多半有不可告人的事情。多注意他手机上的留言与电话，肯定能发现一些东西。

### 9. 看他身上是否有残留下的香水味道

女人都有自己喜欢的香水，所以，如果有一天他的身上残留着你认为陌生的香味，那他可能又有了新的女人。这是一种很古老的鉴别方法，却很有效。花心男人很注意隐藏身上留下来的其他女人的香味，如果发现他比以前勤快了很多，把刚穿不久的干净衣服换掉，或者用洗衣机来洗，那就肯定有问题了。发现容易，关键是对策，你可以趁他醉酒或熟睡时打电话给他，让他猜猜你是谁。他们肯定很容易犯错。

### 10. 看你周边的女人对他是否关心

据调查，花心男人经常和你认识的女人有交往。花心男人很狡猾，有时候伪装得很隐蔽，令你无从发现，但从你相熟的那个女人身上很容易发现问题。女人都有一种独占欲，和别人分享同一个男人是一件挺痛苦的事，因此你能发现很多细节。

**智慧寄语**

在爱情的路上，能遇到既浪漫又专一的男人的女人是很幸运的，大多数女人都免不了会遇上多情又花心的男人。花心男人假如屡屡得手，也让他们更加猖狂起来，同时，越来越把你当傻瓜。因此早点看清那些男人，既可维护社会安定，也可保证你的个人尊严。在这个问题上，女人千万不应该心慈手软、姑息养奸。

# 第二章　脱下婚纱变主妇

## 初识柴米油盐

新婚以后，生活既是一种延续，同时也是一个新的开始，但它绝不是一种完美的顶峰式的境地。

新婚以后，女性不但可以学着适应生活中的各种新模式，而且也可以生活得很好。

### 走进现实

女人爱幻想，也爱沉醉于浪漫。所以，对于恋爱时的那些日子，女孩子总怀有种种留恋。

恋爱阶段，在一般情形下，女孩子总是占有一定的主动性和优势，可以让爱人围着自己团团转，也可以任性一点，调皮一点，顽闹得恣肆一些，那是可爱。

在婚前，可以花前月下，相偎呢喃，也可以山盟海誓，令人陶醉。

然而，一旦结婚，谁又能料到梦想中的伊甸园会是如此模样呢：充满了繁杂的琐事，沉重的家务，还要面临家庭人际关系等一系列没完没了但又不可回避的现实问题。

难怪有人疾呼："婚姻是爱情的坟墓！"

婚前婚后自然会有较大的反差。环境的变化，导致了人们对新的生活方式的暂时不适应。也许不久以前你还在畅想未来家庭的温馨与美满，并且为它的建立而忙着购置家具、买电器，不亦乐乎。然而不久以后的现实很可能会猝不及防地给你当头一棒，不知该如何应付。

人不可能生活在同一种长久安定的环境里。"昔日吟诗作赋时，风花雪月龙凤纱"的日子不会永久，依然需要"而今七物逐年换，柴米油盐酱醋茶。"

面对变化的生活，首先要从观念上认识和承认它的存在，然后学着适应这种新的生活模式，也就是说，需要你走进现实里去。

著名教育家王淑梅女士有句话说得非常好："多改变自己，少埋怨环境。"在婚后生活上亦是如此。

心理学家联合社会科学研究人员通过长达 6 年的跟踪调查之后得出结论：现代家庭的高离婚率主要来自于婚后夫妻不能协调好生活步伐，使家庭生活缺乏活力。同时，他们指出，融洽的家庭生活会使夫妻双方身心愉悦，健康乐观，婚姻有活力。

这里介绍一套可以充分利用你的 EQ（情商）处理好初为人妻时适应生活的方法。

首先，你得正确看待自我，承认现实。调整好自己在角色转换中的情绪变化，你已不再单纯地是一个女孩子了，你已步入了两个人的世界，做事都得想一想：我如何如何，他又如何如何。

然后，你可以对照现在和以前的生活，找一找异同的地方，及时发觉需要适应或纠正的地方。具备了这样的心理素质，也就开始了对生活的主动适应，会避免在冲突到来时的猝然和无所适从。

再次，便是在发觉生活的差异之后，及时调整自己的各方面，同时也提醒对方尽量适应自己。如此互有迁让，能很快融洽起来，并且，最重要的是在此过程中不要强求自己，也不要勉强别人，保持一份愉悦的心情。如此，才会获得幸福的婚后生活。

情商可以帮助个人认知自我与他人的情绪变化，并能加以调控，但并非强硬地改变。过分勉强，不会开心，也就无法创造幸福。

## 试着适应婚后生活

现代人的家庭生活，无疑又会出现许多不同于以往的新变化。但是，每对夫妇都不可避免地会经历几个必要的阶段。进入婚后生活，女性首先得知道将要面临的生活现实。

（1）结束恋爱生活，两人互结同心，恩爱甜蜜，似乎已忘却了为这一份甜蜜而付出的操心与劳神。

（2）新的家庭建立，等于新开动了一艘远轮，夫妻双方既为舵手，又是对方的客员，所以得进入各自角色，自己主动的同时也需要留一些主动给别人。

（3）经过更多的相处，双方可能会更加清楚地认识对方，而且会更多地看到双方的缺点，似乎妻子更爱唠叨一些，丈夫也开始讲粗话、慵懒、抽烟、乱发脾气等，因此可能会出现感情上的短期不适应和波动。

（4）爱情的结晶——孩子的出世，会令夫妻双方感情贴近，为抚养孩子而走得更加靠近，也一致起来。

（5）进入中年，精力、体力都比较充沛，社会经验和生活阅历也丰富起来，这时候有条件也希望表现自己，加之新的观念和交际不断扩大的影响，夫妻之间会产生新的矛盾。

以上所列五个阶段，是家庭生活的主要阶段（老年以后，家庭会比较安定平静，暂不列入需要面对纠纷和矛盾的家庭生活范畴），随时间与家庭新角色的变换，会涌现许多家庭问题和矛盾，一旦处理不好，就会出现这样的情况：因为家务分担不均而争吵；因为开支分歧而争吵；因为孩子的照顾分配而争吵；因为相互间的猜疑而争吵等等。

以上所列的各种情况之下，家庭就会陷入一种不幸，要改造这种不幸，只有从自我意识上不断地主动改造和更新爱情，使双方情更深，意更浓，理解双方，愿意为对方多分担一些，少埋怨一些。

由于女性比男性更加渴望家庭生活，所以，女性也必须更多地克服自身的一些缺点，主动地适应婚后生活。

## 家庭中也讲交际能力

不能从自我意识上更新和发展爱情，就会使家庭生活纷争迭起，矛盾重重，但自我意识上的停滞又因何而发呢？并非可以简单地归结为我爱不爱他，他爱不爱我，而是交际能力差。

家庭生活中把握好夫妻双方间的交流、沟通，能及时地感知对方的需要，并且给予关心与帮助，如此，夫妻间才能融洽、和谐，拥有一份恒久的高质量的爱情。

生活有高情调的根本因素就是人际交往能力。

家庭人际交往能力，主要需要把握好以下几个重要的方面。

### 1. 家务分担

夫妻双方是平等的。男方固然不能心存偏见，认为洗衣煮饭乃是女性的天职，女性也不能把一切重活都丢给男方，一概不管。家务劳动繁杂而又没完没了，无论是妻子还是丈夫，都应该为对方着想,多为对方分担一些,如此,在从事劳动的同时,能更多地感受对方对自己的关心与爱,即使劳累一些,心里也会很快乐的。

**2. 意见尽量要达成一致**

夫妻双方既是一家人,但同时又是独立的个体,需要对方的认可和尊重。在很多事情上,由于个性、想法乃至做人原则立场的不同,两个人可能会发生分歧。在这种情况下,即使自己的意见更正确更合理,也不要固执己见,而是耐心地解释、协商,以求达到共同一致。争吵、唠叨、发火只会把局面弄得更僵化,解决不了什么实际问题。

**3. 不要相互猜忌**

互相信任是夫妻相处的基本原则。不相信自己的伴侣,怀疑自己的丈夫或妻子,也就是信不过自己。同时,夫妻之间最不能容忍的便是相互间的不信任。所以,在家庭人际交往中,同样要看自己怎么想,而不要让别人的流言和蜚语左右、误导了你,破坏家庭幸福。

**4. 不要忘记幽默**

幽默,永远会使人快乐。男的幽默,显得大度洒脱;女的幽默,显得精灵可爱。这是人际交往中的润滑剂,固然也是家庭生活所必需的。

有这样一个笑话:

夫妻两人吵架,越吵越凶,丈夫怒不可遏,冲妻子道:"带上你的东西,滚!"

妻子默然,收拾了包袱,而后将一张大被单铺在地板上,静静地望着丈夫、丈夫不解地望着她,问:"你这是干什么?"妻子说:"你也是我的,进去吧,我带你走。"

望着眼泪涟涟的妻子,丈夫突然破怒为笑,一场家庭风暴消弭于无形。

另外,也曾有一位年轻的妻子埋怨丈夫常出差,没有陪着自己。她问丈夫:"你除了工作,还会什么?"丈夫说:"当然有事做啦,做做家务,搞搞体育锻炼。"妻子又问:"没事儿的时候呢?"丈夫摸着头说:"没事儿的时候,只好想想你啦!"妻子佯装生气,引得丈夫欢然大笑,又一场小风波在笑声中风平浪静了。

幽默也是一种交际艺术。于家庭生活而言,这是必要的,更是有益的。

## 营造温馨家庭

人是社会化的动物,不可能单一地依靠自己生存下去。从人的一开始便同周围的人进行着往来的交流,从前文中我们不难看出,要营造一个温馨和睦的家庭,关键在于夫妻是否有良好的人际交往能力。

人的生活也是一项公关,而公关的主要依靠便是人际交往能力。家庭内部而言,夫妻之间的交往主要表现为情感的相互沟通,情感的自我和彼此调控等等。也许有人以为跟外界人之间的交往应该讲究技巧,至于家庭内部则无此必要。实际上,这种认识是错误的。人与人之间的相互了解不是通过单一形式来实现的,也需要有多重的、技巧性的沟通方式。

家庭当然以和睦、幸福为目的。但是,人际交往能力并非是你与生俱来的,而要在后天生活中不断学习和丰富。同时,也应顺势而发,不能不分场合、时间地采用同一样交流方式。

**智慧寄语**

新婚以后,生活既是一种延续,同时也是一个新的开始,但它绝不是一种完美的顶峰式的境地。

新婚以后,女性不但可以学着适应生活中的各种新模式,而且也可以生活得很好。

# 在琐碎中追求浪漫

生活也许单调、乏味，或者因为过多的应酬而疲惫，没有什么情趣。

但是回想一下一生中许多快乐的事，几乎没有一件是被动地接受的，真正的快乐是自己和别人一同创造出来的，否则，快乐只属于别人。

在烦琐的生活中偷空浪漫一下，你会感受到更多的快乐。

## 使丈夫迷恋你的诀窍

社会科学研究人员为我们提供了一些可行的建议，以帮助女性赢得丈夫的心。我们知道，恋爱需要爱，而婚姻更需要爱。经过精心栽培的爱才会恒久，才会不断地发射出慑人的魅力，家庭生活也会因此而更加温馨、浪漫。这些帮助女性吸引丈夫的窍门是：

(1)多给他以关心和支持。当他生病或是处于逆境的时候，要比平时更加体贴和温柔地关照他，使他感觉到家庭的温暖和对你的需要与爱恋。

(2)可以时常变换餐桌上的饭菜，并且让他吃后赞不绝口。

(3)多给丈夫以鼓励。即使是他炒了一份很不好吃的菜，也可以对他说："很不错。"待他非常高兴的时候再说："只不过比我差一点点。"这样，既让他有信心，又让他知道，自己离妻的要求还差一点点儿。

(4)快乐地面对丈夫。可以时时透出点调皮、活泼的气息，随时地幽他一默，让他感觉到你既聪慧又可爱。

(5)当生活暂时处于拮据时，不要抱怨丈夫，也不要说他无能，不要将他与阔气的朋友相比，以免刺伤他的自尊心，也不要无休止地絮叨，而要勇敢地泰然处之，相信困难只是一时，而非一世。

(6)不要斥责丈夫。用斥责的语气说话会令丈夫难堪，又无可奈何，会自然而然地产生敌对心理和厌烦情绪。

(7)当丈夫买回一些东西时，不要急于问价钱，又讥嘲他不会买东西，并怪他乱花冤枉钱，没头脑。

(8)在丈夫工作之后感到疲倦时，给他安排一些相对安静、舒适的环境休息，而不要再滔滔不绝地向他讲述琐事，或者仍我行我素地支配他做这干那。

(9)面对丈夫的健忘，不要过分埋怨他忘了你的生日或其他你要完成的事，更不能大发脾气，横加指责。而要委婉地加以暗示，使他自己察觉并且认识到失误。

(10)丈夫晚归时，不要用疑问的眼光盯着他看，也不要凡事问个清清楚楚，可以先倒杯茶给他，听他自己讲讲有关的事情，千万不要急着质问。

(11)当丈夫要求你陪他做某事的时候，你尽量搁下手中的事，予以满足，实在脱不开身时，可以委婉地加以解释，绝不可以随意地支吾几声了事，那样会让他觉得你不看重他。

(12)丈夫为你或你们的家庭做了好事的时候，你要及时地给予表扬和赞赏。比如丈夫首次为你下厨做饭，尽管饭不香甜可口，也要给予肯定，而不能讥讽，挖苦或是嘲笑。

(13)当你的丈夫因为工作不顺心。成绩不突出而痛苦时，你要知道：其实，男人最需要关怀。这个时候，他需要的是你相信他、鼓励他，而不是奚落或埋怨，这只会加深他的痛苦，加剧两人情感的恶化。

(14)当看到丈夫与别的女性交往时，要大度地坦然对待，过分猜忌只会适得其反。

以上可以称之为爱的艺术。诗人说:赢得爱,首先在于自己可爱。只要你适当地运用以上所荐的方法和方式,一定会很值得爱,家庭的幸福也会与日俱增。

## 创造浪漫气氛

向爱人示爱,往往可能让爱人更多地爱你。这是创造浪漫的关键。

### 1. 常常让对方惊喜

让对方多惊喜,常常会使他认为你有神秘感,有玩味。比如,在丈夫过生日的时候你为他买了一份小礼物,准备一张小卡片,写上你最想说的话,可以让他充分感受到你的温馨和浪漫。

### 2. 与丈夫一同回忆

回忆,往往是最幸福的。把生命中最美好的东西集在一起品味,那将是一种多么美的享受呵。与丈夫一同分享回忆的快乐,回首一同走过的风风雨雨,会让丈夫感受到你在他生活中的存在,重新燃起热爱的火焰,一同回想两情相悦时的缠绵,翻开相片找找昔日的影子,打开日记玩味过去的心情,不用说也可以明白:那一定会给夫妻双方带来难以言尽的快乐和幸福的。

### 3. 共同做事

不要认为某些事就一定要由丈夫或妻子来完成,共同完成一系列日常事务,其实也很不错。比方说夫妇共同做一顿饭,即使不会色香味俱全,也会吃得津津有味,其乐融融。夫妇一同散散步,或是外出旅游一番,既调剂了工作和生活上的疲劳与紧张,又能增进夫妻双方的情感。

### 4. 夫妻之间相互关心

无微不至的关心会加深夫妻双方的情感。夫妻之间若能适时地向对方传递爱的信息,则会令彼此愉快、幸福。即使今天不是丈夫的生日,也不是什么特别的日子,你也可以送给他一张贺卡,写上温馨的话语。这样做并不是多余,但可以让他知道:即使是他在工作时,你也在惦记着他。

### 5. 用你的行动传递爱的信息

也就是说,你的身体也传达你的情爱。肌肤之亲并不是丑的行为,它也是一种正常的需要。人的性行为之中,还包括了接吻、拥抱等肌肤相亲的边缘性行为。这类行为比较简单,但又可以强烈地表达情爱。心理学家指出:拥抱可以使郁闷消除,也可以使人振作、轻松和兴奋。所以,适时地用身体来传达情爱,是令夫妻双方减少冲突、营造温馨欢悦的家庭生活所必不可少的。

## 切莫管得太多

一个妻子往往希望被爱,但又常常不知"如何被爱"。这是现代女性所必须掌握的一门课程。女性不能单纯地依赖于男性,因为结婚不是为着自己"方便",但也不能太自专,过多地束缚自己的丈夫。

被爱的最好方法,就是去爱。

很多妻子都希望在事业上帮助丈夫,而生活上则由丈夫来帮助自己。其实非也。现代男人可能更多地希望在事业上能独立地去做,而不愿感受太多束缚和管制。所以,男人很多时候都会抛弃帮助他们发迹的妻子。因为,他很可能把自己的离去当成当初离开自己的父母一样自然的事情。

有位新婚丈夫对他的妻子说:"亲爱的,我爱你,我愿把我的未来、我的家、我的一切都给你,包括我的孩子和我的灵魂,我都可以托付给你。但是,只有一样东西,请你留给我,那就是我的工作。"

管制过多,会令丈夫反感。每个人都希望自己能独立地做几件事。夫妻之间自然要彼此关心,但不能过分地约束对方。尤其是妻子,千万记住:让你的丈夫自己做几件事。

### 不要让家务替代生活

沉重而又没完没了的家务的确会使人心烦甚至厌倦。现实生活中，很多的夫妻矛盾都因家务而起。

一位丈夫在星期天想要同妻子一起去游泳，妻子借要洗衣服推辞；第二个周末，这位丈夫又欲同妻子一起外出看电影，妻子又借家务托辞，结果丈夫火冒三丈，两人关系又暂时陷入僵化。

一对夫妻闹离婚，丈夫坚持要分开，但妻子不同意。原来这位妻子平时很能干，丈夫却以她只会做家务为由离婚。人们同情这位善良勤劳的女性，但又无可奈何。

开门七件事，柴米油盐酱醋茶，这些日常琐事很劳累人，但又不得不解决好。

家务都可以低调处理，让自己轻松潇洒一点，也顺应了别人的要求。夫妻双方可以共同来完成家务，丈夫固然不应把家务都丢给妻子，妻子也不应把这一切都看成自己的事。经常独自做这些事，久了会腻厌，但又不得不去做，自然也就不开心了。自己不顺心，情绪中自然会流露出来，往往也会因此而影响丈夫。

所以，千万不要以为结了婚就必须把家务看成生活的全部。别让家务替代了生活，否则，会使婚姻生活失去许多光彩。

### 不要过多地为明天操心

如果为明天和未来过多操心，就会对眼前的生活麻木不仁。不要一切都为了明天：孩子的教育、更宽敞的房子、老年的生活……把这些暂时放下，更多地关心此时此地此刻。

任何有常识的人都得要向前看一点儿，但这绝不意味着放弃对现实的享受。一位为维持收支平衡而疲于奔命的人这样说："我每天都在为将来而打算，才发现每天都不快乐，苦熬着等待'出头之日'，那是最傻的事情。"

是的，每个人都应懂得享受现在。对未来过分设计，难免贻误现在，有时甚至为了实现目标而疲劳，或是好高骛远，都会令自己不开心。

婚姻，应该让它浪漫。"在婚姻中，我们可能会遭受许多苦难。没有婚姻，人类就会遭受更多的苦难。"让我们都记住范·费尔德的这句话。

---

**智慧寄语**

---

生活也许单调、乏味，或者因为过多的应酬而疲惫，没有什么情趣。

但是回想一下一生中许多快乐的事，几乎没有一件是被动地接受的，真正的快乐是自己和别人一同创造出来的，否则，快乐只属于别人。

在烦琐的生活中偷空浪漫一下，你会感受到更多的快乐。

# 保鲜爱情

爱情是易碎品，同母爱、亲情之爱相比，爱情最易变化。

《聊斋志异》说："人情厌故而喜新。"

婚姻期望值与现实值之间会存在着不可避免的差距。

爱情也会陈旧，因此必须保鲜爱情。

### 幸福是一个过程

人具有能动性，夫妻之间既应改变自己也改变对方，以适应彼此。恩爱夫妻绝对不是天造地设的,而是相互协调、相互默契的结果。

幸福就是一个相互协调、相互默契、相互适应的过程。

在这个过程中,夫妻双方需要做到以下几个方面:

### 1.重视双方情感的交流

情感不是一种交换,而是交流。

著名教育学家,现代家庭研究专家马捷莎女士指出:婚姻不仅是"经济共同体",也不是"生育合作社",而是一个"心理文化共同体"。

思想和情感的交流对于夫妻和谐有着举足轻重的作用。

根据某法院对离婚者的资料统计来看,离婚者中15%以上的人对性生活都很满意。既如此,又为什么要离婚呢? 看来,性生活并非婚姻生活的全部。夫妻之间仅有性是远远不够的,相比较之下,精神和谐比性和谐具有更加重要的作用。

贝多芬说:"没有爱情的肉体结合,是动物也会做的。"

幸福不单指性的和谐,更多的应该是夫妻双方在精神上的默契与和谐。

夫妻双方在情感与思想的交流过程中往往会伴有争辩等一系列小插曲,但这不会影响夫妻间的关系,反而会增加彼此的信任与亲密,而且会使对方更加深切地体会到存在于你身上的新鲜感,以达到一种共融与满意。

一对经常发生争吵(在思想交流时)的青年知识分子夫妇谈话时,妻子问丈夫会不会变心,丈夫说:"我再也找不到像你这样与我心心相印的人了。你对我来说,是一本永远也读不完的书。"

一位青年男子结婚不久即有了外遇,他对别人说:"我妻子既不读书也不爱学习,我与她没有共同语言。而与现在这位女子在一起,我有说不完的话,我很满意。"

为有源头活水来,才能使渠水常清。经常进行交流,会使夫妻之间融洽、和谐,拥有更多的幸福。

### 2.宽容地对待对方

罗斯福曾说:"结婚前要睁大眼睛,结婚后要睁一只眼闭一只眼。"

夫妻之间要彼此承认对方的优缺点,而且要多看优点,不要抓住缺点不放。

如果各用一张纸写出丈夫(妻子)的优点和缺点,不妨将写着缺点的一张藏起来,而常常让自己看到写着优点的那一张纸。这样,夫妻之间才能更加和谐。

如何做到宽容大度呢? 这一点对于女性来说,尤其不是件容易的事。

夫妻之间是一个固然会存在差异的"共同体",两人的步伐不可能完全一致,因为每个人都是一个在思想、言语、行为上相对独立的个体。在矛盾出现时,双方都做一点妥协,就可以避免矛盾和冲突,而若拔剑张弩,则只会推波助澜,使局面进一步僵化。正所谓:"进一步万丈深渊,退一步海阔天空。"

### 3.相互关心、相互理解、相互体贴

每个人都有爱与被爱的需要。有一句广告词说得极好:"其实,男人更需要关怀。"在为事业奔波,为支撑家庭而努力工作之后,男人和女人一样,需要沐浴爱的光辉,感受家的温馨。

爱情不仅是月夜里的散步,更是风雨中的携手同行。

男人自当立业成名,但同时,他也是一个丈夫,还是一个孩子的父亲,要兼顾事业与家庭。他们更需要情感上的关心与呵护。

作为妻子,就要适合自己身为妻子和母亲的双重身份,在情感上,既不能偏向孩子而忽略了丈夫,也不能因为丈夫而忽略了孩子。妻子要更多地体贴丈夫,关心丈夫,给他帮助和支持,使他心情愉快地顺利完成工作。

不要等到丈夫在落寞之余移情别恋，那时已悔之晚矣。

## 做一个可爱的女人

赢得爱，在于两点：自己先去爱；值得别人爱。也就是说可爱之人才能赢得真正的爱。在夫妻之间，女性也应懂得如何适时地表现自己的可爱，以赢得丈夫更多的爱。

女人，应该活出女人的样子来，过分要强，会令人生畏；过分软弱，又让人觉得可怜。现代女性若要保持自己的个性，做一个独立的女人，就要做到既自强，又温柔；既依赖，又独立。这样，你才能成为一个可爱的女人，具有超众的魅力。

在我们许多人的观念中，女人就应当"嫁汉随汉，穿衣吃饭"，所以女人也就自然而然地看成了男人的附属品，好比男人是树，女人是藤，树必须支助藤的生存，没有了树，也就没有了藤的存在。所谓"树荣藤荣，树损藤损，树亡藤亡"。

男人固然可以张开宽阔的胸膛，让女人伏一伏。然而我们更应知道一点：男人也是人，他同样也具有脆弱的一面，只不过男人的脆弱具有较大的隐蔽性而已。

男人会成功，也会失败；男人有欢乐时也有痛苦之日；男人也会有疲惫的时候。这时候，男人也许便成为一个脆弱的人。有一首歌这样唱道：

我的脚步想要去流浪，
我的心却想靠航；
我的影子想要去飞翔，
我的人还在地上；
我的笑容，想要去伪装，
我的泪却想降；
我的眼光想要去躲藏，
我的嘴还在逞强。
我这样的男人，
没有你想象中坚强；
我这样的男人，
在尘世中飘荡。
如果你宽容的胸膛，
是我停留的海港，
让我在梦和现实之间找到依靠的地方。

坚强的男人也需要在妻子柔弱的肩膀上靠一靠。有很多妻子可以坦然地说："我当然可以给予。"但依赖型的妻子却说不出来。

完全没有依赖性的女子固然少见，但可以断定她一定不可爱；过分依赖，便失去了自我，总是被动地接受生活，最终也会迷失爱情和幸福。

妻子对丈夫的依赖，主要分为以下几种类型：
（1）金钱依赖型；
（2）家务依赖型；
（3）事业依赖型；
（4）心理依赖型。

夫妻之间的相互依赖是很正常的，因为要维系共同的生活，就必须借助于对方的帮助和配合。但无论是哪一种类型的依赖，都应有一定尺度，一旦越过这个尺度，则不但不会增进彼此情感，而且会使对方厌倦,甚至不堪重负,造成身心疲惫,这对于夫妻生活是极为不利的,要尽量予以避免。

情商告诉每一个时代女性:要随时随地察觉并驾驭自己和他人的情绪变化。防患于未然这是最明智的做法。

## 建立更合理的婚姻模式

M. A. 拉曼纳认为婚姻有 5 种关系。但很少家庭能令夫妻双方十分满意。先让我们一起来看看这 5 种普遍存在着的婚姻关系。

### 1. 冲突型

这种类型的婚姻中,夫妻常常面临巨大的不能解决的冲突,习惯于争吵,经常旧事重提,夫妻双方都承认彼此不适合,并习惯于这种紧张的家庭气氛。

偶发事件也会引起冲突,但这与上述的冲突关系不同。在冲突成性的婚姻关系中,所争论的题目似乎都是不重要的小事情,彼此根本不期待解决相互间的差异与分歧,似乎不退让是一种原则。

这种关系未必会导致离婚,从心理分析的结果来看,处于这种关系中的夫妻似乎已将争执作为一种需要,一定要得以满足才行。这种关系既损害夫妻情感,同时也严重影响家庭内部关系。

### 2. 无生气的关系

处于这种关系的夫妻已经失去了原有的趣味、亲爱和意义。他们曾相爱、相伴,共同享受过生活,但眼下又非常淡远,不常在一起,同时也少有性生活。

这种婚姻关系极具普遍性。他们认为:童年、少年、青年、中年等不同时期应该做不同的事,而且相处长久之后彼此的许多婚前未被发觉的缺点也显现出来,破坏了先前的美好的形象,造成两人之间的间隙。

但这种人也不希望离婚,因为单身的孤独对他们而言,也许更糟糕。

情感的空虚并不一定是婚姻的凶兆,像那些接受此论的人们都相信,而且实际上也是如此:结婚许多年的夫妻都习惯于这种无生气的婚姻模式,他们常将自己跟相当多的其他人作以比较,认为婚姻也就那么回事。

### 3. 消极同趣味型

消极同趣味型也就是功利性的婚姻。处于这种婚姻的夫妻,同样也比较注重感情以外的事。但他们所注重的事物又因各自社会地位、家庭环境等的不同而各有侧重点。中上阶层的夫妇较重视市民及专业性的责任,以及其资财、子女及名誉;中下阶级则集中于对经济安全的需要,以及基本的交换利益及对子女的期望。

处于这种婚姻的夫妇从不期望在感情上能从对方那里获得更多的东西,两人之间也不会有什么大冲突,仅仅满足对方的基本需要,也从对方那里得到这种满足,彼此之间也不亲密,没有什么可以吸引对方的地方,更没有亲近及依恋可言。

消极同趣味型的婚姻一般不期待不切实际的感情,也不会用离婚来终止婚姻。但如果他们在经济或事业升迁中不可及时地填补婚姻时,也可能离婚或爱上其他的人。

### 4. 有生命的婚姻

有生命的婚姻关系与上面三种关系有很大的不同,它属于内涵性婚姻的一种。

有生命的婚姻是非常重视并享受彼此的相聚与分担一切。在这种婚姻关系里,夫妻间会觉得他们一起做事的兴趣并非来自于事物本身,而是来自一起共事的心情。

然而这并不意味着有生命婚姻的伴侣就失去了对本身的认同,或是在他们有生命婚姻里就没有冲突发生。他们也会有冲突发生,但这冲突的发生集中于真正的事件,而并非仅是"在什么时候，谁先说了什么"或"我不想忘记当初你……"那种经常性冲突婚姻里的准则。如果冲突一旦发生，有生命婚姻的伴侣便试图尽快解决其争论，从而重新恢复双方有意义的婚姻生活与婚姻关系。当双方有不同意见时，相互试图尽快沟通，所以，双方关系紧张的局面在有生命婚姻里是昙花一现，不会长久的。

典型的有生命的婚姻伴侣认为，性关系是非常重要的，而且可使彼此感到生理上和心理上的满足。有生命婚姻的伴侣认为性行为在整个生命里不仅仅只是义务上、仪式上的履行。可以说，在这种有生命婚姻伴侣中，性行为的作用是不能替代的，是婚姻关系的基石。

有生命的婚姻在现实中是很少的，关于这一点，多数的有婚姻伴侣是知道的。那些出现在古柏及哈瑞弗研究中的有生命婚姻的伴侣常发出感叹，表示他们的生活方式既不为他们的朋友所经历，更别说可以理解。

### 5. 全盘性的婚姻

内涵性的关系除了有生命的婚姻关系外，还包括全盘性的婚姻关系，全盘性的与有生命的婚姻有许多共同之处，但全盘性婚姻却包括更多的层面，在某些例子里，全盘性的婚姻对于生命中所有的重要事件都能分享。

全盘性婚姻的夫妻们可能共享共有的事业（例如，相同的工作，相同的老板；或共同制作一台戏）、朋友、休闲活动、劳动成果以及家庭生活，他们可以共同安排美满的生活使他们两人在一起长期厮守。

有生命的与全盘性的婚姻都非常重感情。但是，全盘性的婚姻更为强烈，有生命的婚姻尚保留某些伴侣个人的活动，而全盘性婚姻的夫妻完全可称为"同起同落的比翼双飞鸟"。

全盘性的婚姻在现实中是非常少见的，不过他们确确实实存在，并能持久。

**智慧寄语**

爱情是易碎品，同母爱、亲情之爱相比，爱情最易变化。
《聊斋志异》说："人情厌故而喜新。"
婚姻期望值与现实值之间会存在着不可避免的差距。
爱情也会陈旧，因此必须保鲜爱情。

# 来生还要一起走

"携手走过风雨飘飘的日子，此情只可天长地久，到永远。"
温馨和美的家庭生活，是女人一生最大的幸福。

## 创造和谐的家庭氛围

一个家庭是否幸福和谐，不仅取决于夫妻双方是否恩爱，更重要的是要看家庭内部关系是否和谐。

家庭内部关系主要包括：夫妻关系、婆媳关系、妯娌关系、母子关系。

### 1. 夫妻关系

夫妻关系是家庭内部关系中最主要的，是家庭幸福和谐的关键之所在。

搞好夫妻关系首要是夫妻之间恩爱。相互恩爱是夫妻感情的基础，如果没有恩爱，谈不上有什么幸福，他们之间的婚姻也已名存实亡。

搞好夫妻关系,除了恩爱的基础之外,还需要相互之间的关心体贴。相互的关心与体贴就像春雨一样滋润着爱情,使夫妻关系更加的牢靠,夫妻生活更加美满。

一些丈夫一心只想着事业、朋友,根本不关心自己的妻儿,以为每日付给足够的生活费用便是尽了丈夫和父亲的全部责任。这显然是不对的。

夫妻之间,除了要在物质上满足对方以外,还要从精神上关心和抚慰对方。

作为妻子,可能更需要关心和体贴丈夫。男人一向被当作坚强的大树来依靠,既要树立事业,又要照顾家庭,妻子、父母、儿女、事业、家庭、生活,多重的压力往往使他们疲惫不堪。这时候,男人最需要的是妻子的关心和体贴。

试想,当丈夫拖着疲惫的身子推门进来,妻子迎头便喊:"快去做饭!"那将是一种怎样的尴尬局面!也许丈夫会默默地承受,但这种没有体谅的婚姻又能维系多久呢?

此外,夫妻之间也应相互理解。

丈夫也许会忙碌于工作,因而暂时地冷淡了家庭,妻子这时候需要去做的,不是埋怨,而是尽量帮助丈夫完成工作,并对他说:"安心工作吧,家里有我。"这种关怀和理解会使丈夫深感家的温暖与妻子的贤淑,最能融洽夫妻关系。

当然,这种理解也是相互的。

另一方面,妻子也应该理解丈夫与其他女性的正常交往,如工作上的同事、昔日同学、社交朋友等。女人做到宽容不容易,但宽容绝对是一种美德,是一种家庭生活和夫妻生活的润滑剂。

### 2. 婆媳关系

女人要做一个贤淑的人,也并非一件容易的事。女人必须处理好各方面的家庭内部人际关系,婆媳关系便是很重要的一部分。

婆媳大战历来是家庭生活中一个客观存在,也是很敏感的现实。不少文学作品和电影电视都涉及这个问题。

1995 年 5 月,41 岁的露特·加尔创建了德国第一家"媳妇自助小组",平均每天她都要收到20 封求救信。据报载的调查结果来看,德国每 8 对离婚夫妇中有一对就是婆媳关系不和导致的。

如何看待婆媳之战呢?

由于一些婆婆对自己的丈夫失去了信心,把所有的爱与希望都寄托在儿子身上,不愿与儿子分离。一旦出现另外一个女子,她也许就会对儿子说:"这个女人不适合你。"她们也许会千方百计地阻挠儿子结婚,这样,她们就能继续扮演主妇的角色;邀请儿子一起外出吃饭;为他熨衣服。她们不愿看到新来的竞争者夺走自己的宝贝儿子,她们恨儿媳妇。

据统计,有 80% 的媳妇感到时刻处在婆婆的监视之下,自己没有自由可言。一位妇女说:"我婆婆经常随便进出我们的房间,以监视我是否把房间打扫干净,是否为我丈夫熨衣服。"她的婆婆每次检查完毕,都要骂她"邋遢鬼"。她那 78 岁的婆婆却反驳说:"她在说谎,我是为我儿子好,有时我还贴钱给他们用。可这女人却不让孙儿们来看望我,她还夺走了我的儿子。"

婆婆自视照顾晚辈的举动在媳妇看来却是干预媳妇的生活,以及为了掩盖其自私自利的心态而表现出来的一种假象。这些婆婆几乎不能忍受自己的儿子对妻子表现出来的爱。于是她们把一切怨恨与怒气全发泄到媳妇身上。在这种情况下,大多数儿子与媳妇只能屈服。

在家庭关系中,婆媳之间历来是一对矛盾的对立面,有人开玩笑说中国 5000 年妇女史就是婆媳的"千年圣战"。在明清两代的民俗里有许多关于婆媳的有趣礼节,比如说有儿子娶媳时,婆婆总会在屋檐上写两个"铁蝙蝠",在门后面放一把扫帚或杵,这意味着媳妇上门以后"服"从婆婆,并且会勤于家务。然而媳妇也不是省油的灯,在她上轿前系上一种波纹玉饰,在下轿进门时要在门槛上踩一脚,据说这样就能克制婆婆的那一套。

无论怎样说,到现今,婆媳问题仍是很重要的矛盾。除历史上的原因外,也存在着心理方面的原因。

婆媳对双方角色的期待过多。在现实生活中,人们往往都有自己的角色和期待,而期待由于不付诸实际,难免会有偏差。由此,现实期待值的差异就会造成心理上的失望与不快。婆婆根据以往的"三从四德"的类似标准要求媳妇,而现今的媳妇绝不可像以前的媳妇那样唯命是从,逆来顺受。媳妇则有时会以母亲的标准来衡量和要求婆婆,有时甚至把她看成保姆。这些不切实际的期待与要求,势必造成婆媳双方的矛盾。

婆婆的"拒变心理"。媳妇未上门时,儿子对母亲在感情上比较依恋,再加上血缘关系,有种外人难以插足的心理默契。但媳妇上门后,儿子的心事和情感交流对象转移到妻子方面。这样婚前一直盼望儿子结婚的母亲就会在不自觉与自觉中有了"失落感"。认为抚养大的儿子,给媳妇一下夺走了,真是"吃奶不如摸奶亲"。于是难免会对媳妇产生猜疑心理,而媳妇刚上门也难于意识到婆婆的心理变化,由此双方就会有矛盾冲突的产生。

婆媳双方缺乏心灵的沟通。双方的沟通存在着时间上和价值取向上的区别。就时间来说,双方的心灵沟通和情绪交流需要一段很长的时间,然而他们的矛盾冲突根本不会等待那么长久的一段时间。而且作为两代人,都具有不同于对方的思维和价值取向,难以达成谅解。比如说,婆婆一代大多是带有保守色彩的封建伦理道德的支持者,随着社会的发展,媳妇一代则是具有新思想、新道德的人,这就形成了很难逾越的"代沟"。

一般说来,愈是独生子的家庭,嫁进来的媳妇愈要同婆婆搞好关系,这是夫妻关系是否和谐的一个重要因素。

### 3. 妯娌关系

自古至今,在家庭关系这个多事地带中,除了婆媳关系以外,就应该是妯娌关系了,随着计划生育的推行,大家庭的解体及社会经济的发展,我国家庭关系中的妯娌关系已经减弱或不存在了。但是在现今乃至以后的几十年间它仍是一种容易产生矛盾的家庭关系,并起着非常大的作用。

妯娌关系矛盾的产生主要是在以家庭为经济单位的地区,她们都是从各自不同的家庭走到一起组成了一个大家庭。相互间缺乏了解,没有共同习惯和深厚的感情基础,而且由于所在环境及受教育的影响,或者共同分担家务劳动,或者彼此发生经济利益的关系,大家都唯恐在家庭中的地位,声誉不如别人,便容易争执和计较,这不如连襟之间的关系好处理。处理好妯娌关系,必须适合亲戚关系的规律和特点。

(1)礼貌谦让,互相理解尊重

"亲戚间,一家人,礼貌不礼貌没什么关系。"这是有些比较鲁莽人的想法。其实这是一种很荒谬的错误观念,是不可取的,对于妯娌之间来说尤为如此。这里除了指妯娌外,相互理解尊重还应包括兄弟。兄弟间不可再像以前未结婚时那样随便,应该注意到双方都已有了妻儿,应给予礼貌尊重,而且还应各自多做妻子的工作,培养她们相互之间的感情交流。

(2)不存私念,心胸宽广

妯娌来自不同的家庭,难免会有多种的差异,如文化差异,行为习惯差异,以及家庭教育差异等等。既然存在差异就容易产生相互之间的矛盾。而且双方都在同一家里,交往多了,更免不了会有些小误会,小气愤,小矛盾和小闪失。矛盾一旦发生,单靠家人难以解决,根本不能彻底解决。俗话说:"解铃还需系铃人。"最好的办法,莫过于来点大家风范,谅解对方,和解对方。

妯娌之间还要警惕产生私心,凡事要顾全大局讲风格,不猜疑与计较,努力做到既是妯娌,又像姐妹,友好善待,共同努力建立和谐幸福的大家庭。

（3）情感交流,互相协商

妯娌是从不同的家庭走到一起组成了新的大家庭,互相不了解,因而双方应该进行情感交流,互相沟通,促进双方的了解和感情也就显得非常重要,作为丈夫们的兄弟则应积极地为她们创造机会,而妯娌们也应该抓住这些机会,共同努力。家里有什么大的情况或需要都应坐到一起来商议解决,切不可擅作主张,弄"个人主义""英雄主义",以引起家庭争端。

**4. 搞好邻里关系**

邻里关系具有空间集中、时间持续、交往频繁、成员构成复杂的特点,但又必须处理得当。

首先,要做到平等互利。

其次,邻里之间发生矛盾时,应互相谦让,而不要计较鸡毛蒜皮的小事。

再次,应多为别人着想,比如不要影响邻居休息等。

最后,不要品头论足,拨弄是非,要维护邻里之间的团结与和睦。

## 协助丈夫作好人际工作

当丈夫的朋友或同事上门时,妻子可以表现得热情、大方,而不要拒之门外。这也是和谐夫妻生活的一个重要环节。

（1）不要因为与己不熟而漠然待之,应礼貌地接待。

（2）倾听丈夫与他们的谈话,可以适时地插话,但不要当面说贬低丈夫或令他尴尬的话。

（3）与客人的谈话中不要过分表现自己,冷落丈夫。

（4）不要轻易利用丈夫的人际伙伴,托他们办事或麻烦他们。

（5）可以对丈夫的不敬行为或不当言语予以正当的反感。

只要构建好温馨的家庭环境,享受到家庭生活的甜蜜,就算拥有了人生之大幸。

有丈夫疼爱,又疼爱丈夫,何不说:"让我们牵起手,来生还要一起走!"

*智慧寄语*

"携手走过风雨飘飘的日子,此情只可天长地久,到永远。"温馨和美的家庭生活,是女人一生最大的幸福。

# 第三章 聪明女人要幸福也要"性"福

## 偶尔牺牲一下你的"形象"

"知己知彼,百战不殆",在性生活中,一样要遵循这个规则。男性是很容易满足的,所以,一个懂男人的女人可以选择适当的时机改变平时在他心中的形象,大胆地挑逗一下你的那一位。如果每次都是同样的方式,可能用不了几次就会觉得厌烦了。

在女性追求完美的性爱时,有时要"牺牲"一些。性爱需要男女双方的默契配合和相互了解,这样才能顺心如意。

**1. 用舌尖反复舔舐自己的嘴唇**

当一个男人喜欢一个女人时,最先想到的就是去吻她,就像每次醒来都要先睁开眼睛才能想到要做什么一样。在夫妻生活中,嘴唇的诱惑非常大,女人有意无意地舔舐自己的嘴唇,是对男人这种渴望的挑逗。

**2. 摆出诱惑的姿势**

20世纪30年代的玛琳·黛德丽,60年代的梦露,80年代的斯通,90年代的安德森等性感明星都喜欢这个样子,姿色撩人的米迪·福斯特、海伦·亨特,甚至"尚不丰满"的巴里摩尔都选择充满诱惑的样子示人。仰面向上,上身前倾,丰满的胸部乳沟若隐若现,这种姿势几乎风靡好莱坞,经久不衰。这是女人在男人面前最钟情的经典姿势,这是魅力无可抵挡的一招。

**3. 洗浴后的样子**

杨贵妃最美的时候非出浴那一瞬间莫属,所以,很多画家画了许多不同版本的《贵妃出浴图》。的确,出水芙蓉形容的就是浴后的女人,这时候给人的感觉是:香气迷人、皮肤光滑富有弹性,女人最诱人的时候才能迷倒男人。

**4. 摆臀的样子**

女人的臀部是男人很关注的部位,卡梅隆·迪亚兹在《新娘不是我》中不是女主角,但出尽了风头,知道为什么吗?是因为她扭动着臀部去机场接人,从剧中刚开始一直到影片结束,她的臀部始终在画面的中心位置,把她身体的迷人之处尽显无遗,不知迷倒了多少男人。

**5. 被拥抱和抚摸时的羞怯**

在夫妻性生活中,男人对女人拥抱和抚摸时,女人总会有一种羞怯感,而这种羞怯恰好是男人的兴奋剂。所以,在男人的主动与热情面前,女人的忸怩和腼腆实在有着道不尽的风情。

**6.在男人面前宽衣解带**

有一种情况对男人来说是诱惑,对女人来说是幸福,那就是女人当着自己爱人的面宽衣解带,这个过程就像剥开一层层的漂亮花瓣露出花蕊。在男人的眼中,女人的宽衣解带不仅是对他的信任,也是对女人自己的一种自信。

**7.一袭长发披散在光滑的肩头**

在男人眼中,女人的长发和肩膀各有迷人之处,但如果没有二者的组合,就不会更富有性感。这种性感带给你的只有宠爱与幸福。

*智慧寄语*

性爱需要男女双方的默契配合和相互了解,这样才能顺心如意。

# 在性爱中保护自己

对于性的态度,男人和女人有所不同。一般男人都是从肉体的角度出发,注重瞬间的满足,喜欢冒险攻击。而女人则容易受到情绪的影响,对性爱的前奏比较注意,是从情感、关系的角度出发的。所以说,要想使自己在性爱中得到满足,同时不让自己受到伤害,就要学会在性爱中保护自己。

女性在道德、健康等方面会受到社会更多无形的关注。在这种道德伦理的束缚下,女人非常不愿意去买避孕套,更不希望别人发现自己随身携带避孕套。但是,为了自己的身体健康,也为了对自己的生命负责,女性必须克服这种心理障碍,买避孕套不是可耻的事情,如果被传染上艾滋病、疱疹,或者其他疾病,可不是害羞就能解决的了。

在建立性关系时,如果由女方首先提出使用避孕套,或者由女方主动拿出自己随身携带的避孕套,男方可能会觉得你很"老练"。但是,有分寸的你要知道把健康放在第一位。

很多人会选择服用避孕药,但是它不能抵挡性病的侵袭,所以还是使用避孕套比较安全。

美国在 1994 年就已经有 51235 名妇女感染 HIV,而且近年来女性感染 HIV 的人数每天都在上升。专家认为,避孕套是男女在性生活中免受 HIV 威胁的唯一保障。

当然,两人刚好在激情迸发之时,在性爱前戏过程中,女方提出要使用避孕套,的确有一点扫兴。但是,即使男方不配合,女性也要坚持保护自己,以免感染上 HIV 病毒。

由于男女双方对待性有着不同的态度,在性关系中,或是其他方面,导致双方的配合不像期待的那么高。所以在使用避孕套的过程中,也会有着不同的意见。比如,当女方提出使用避孕套时,男方会找出一大堆使用避孕套的弊端,有的女性经不住软磨硬泡,又害怕失去他,因此就会迁就,这是对自己的不负责任。

*智慧寄语*

要想使自己在性爱中得到满足,不让自己受到伤害,那么就要学会在性爱中保护自己。

# 女人那令男人销魂的性感魅惑

无论是富有野性魅力的青春少女,还是优雅的成熟女人,都应该学会从头到脚,从内而外地发掘自己潜藏着的性感魅惑。让你的电力十足，然后让你的爱人融化在你魅力之下。

不同的女性有着不同的味道，这与个人的修养、审美、智慧、自信、亲和力以及释放的形式有关，女性的魅力来自于声音、外貌和言谈举止以及富有张扬的个性等方面。所以，在性生活当中，女性的性感及魅力会令男人销魂；由女性挑起的激情快意能够造就出更多的情色遐想，从而破解男人刚强外表下的性爱密码。同时，女性也会由内而外地获得快乐和幸福。

**1. 穿上一件衣服**

不用质疑，在和丈夫进行性生活时，穿上一件薄薄的衣服可以增加彼此的乐趣。衣服柔软的触感不规律地摩擦着你的身体，男人会认为穿衣服的女人有特殊的狂野、放荡的情趣。

**2. 发挥头发的作用**

秀发对男人来说，是女人拥有的独特魔力。不妨躺在他身边，用你的头发轻轻拨弄他的身体，这会让他徜徉在一个虚拟的性爱乐园中。

**3. 宠爱他的宝贝**

性教育专家证明，男人最敏感的神经地带是阴茎的底部，你只需用手心轻轻抚摸几下他的敏感地带，就会让他马上陶醉在你的世界里。此时，你幸福的时刻马上就要来了……

**4. 男人也有性感地带**

妻子可以用手指轻轻抚遍丈夫的全身，找出他的敏感部位，再进行挑逗游戏。在夫妻生活中，相信没有一个男人能够抗拒。

**5. 无声地引诱他**

洗完澡后，妻子可以不穿衣服静静地站在丈夫面前，此情此景，不把丈夫俘虏了才怪。

**6. 换角色添情趣**

在床上偶尔玩些不同的花样，能增加夫妻生活的情趣，再制造些不同的情境，效果将超乎你的想象。

**7. 留下一些"纪念品"**

在夫妻生活中，妻子可以在丈夫身上留下一个抓痕、咬痕或者性感的隐秘吻痕，或者用力吸咬他的下嘴唇。隔天的刺痛感会让他想起你的喘息、高潮和你那天的放荡不羁，这些随时都能占据他的内心。

**智慧寄语**

无论是富有野性魅力的青春少女，还是优雅的成熟女人，都应该学会从头到脚，从内而外地发掘自己潜藏着的性感魅惑。

# 善待丈夫就是善待自己

从情感和关系的角度上，才能看出女人是否具有诗"性"。男人主要是从肉体角度出发，只要了解丈夫的性暗示，女人就乘上了通往"性"福的航班。

男人和女人的发泄方式不同，女人遇到痛苦、伤心的事，随时都会在脸上表现出来。而男人被社会道德、理念所束缚，他们不会用眼泪来宣泄，他们的痛苦、烦闷都会被压抑在心中。而性爱为男人们提供了一个很好的机会，通过性生活来宣泄害怕、痛苦、悲观等情绪，可以使他们感到安慰和安全。可是有些女人因为丈夫发泄完以后，没有给予自己更多的爱抚，所以不能理解丈夫，还会抱怨丈夫将自己当成了他的发泄工具。其实，如果女人能理解自己的丈夫，就不会有这种过激的想法了。夫妻之间经常会出现这种问题,就是因为男人的身体虽然放松下来了,可是精神和心理上仍然紧张,所以没能注意到妻子的感受,没有及时给予妻子更多的爱抚。

女人们善待自己的丈夫,就等于善待自己。当丈夫情绪低落时,你要及时发现,然后给他一些关心和开导,让他喜欢向你倾诉一切,让他知道你对他的关心和爱未曾改变过。这样,就会变得更加亲密无间,随之而来的性生活也会更加和谐。

男人的自尊心非常强,而且独立能力比女人强。所以,女人切忌不要把自己放在一个母亲的角色上,要经常把自己放在被保护者的地位上,这样男人才不会反感。假如你为他料理生活上的琐事时,他会心安理得地接受,但并不会感谢你,他认为似乎这一切都是做"母亲"的应该做的。所以,你得到的只是儿子一样的感谢,而并不是他对你的浪漫感谢。

关注别人的需要,却忽略了自己的女人是伟大的。男人开始往往只喜欢被照顾,可是一旦女人与母亲的角色互换,丈夫就难以用性爱的方式对待她了。

为了解决这个问题,你可以迫使丈夫做自己应该做的事情。例如:丈夫问你他第二天换洗的衣服放在哪儿了,你可以直接告诉他"不知道",为的是让他自己去找同时,也不要对他自己的东西应该放在哪里提任何建议。总之,女人要少管丈夫生活上的事情。也许他会误解你对他不关心,可是过一段时间后,他自然会明白你的良苦用心。

女人重视情爱,而男人更重视性爱。你只有拥有持久的性魅力,丈夫才会对你始终如一。要会通过性感的肢体语言向丈夫表达你期待他的爱意,因为男人多半存有性幻想,在做爱方式上总想除旧布新,你要配合他一起探讨并进行实践。这样,夫妻间的性生活才会美满、和谐。只有男人得到了满足,女人才会感到幸福,既善待了自己,又善待了丈夫,一箭双雕。

大多数男人在性方面的虚荣心都非常强烈,每个男人都希望妻子能够对自己的性"才能"大加欣赏。女人在这时候一定不能故作矜持,而应该让他的虚荣心得到满足,对丈夫在性方面的"才能"多加赞美,维护他强有力的形象。

男人做爱时和结束后就像变了个人。许多女人为此而抱怨,认为丈夫享受完了就将自己扔到了一边,没有体贴到自己,她们接受不了激情过后的男人怎么突然变得如此冷漠。

其实,事实并不是像女人想象的那样,男人只是为了重新控制自己的情绪。他们想的是,只有在与妻子过性生活时,才能将真实的自己展现出来,而事情结束之后又要恢复情绪,将感受到生活带来的压力。如果女人了解了这些,自然而然就会体谅自己的丈夫,也就不会有么多的不满和絮叨了。

要想使夫妻间的性生活和谐、美满,女人除了做到以上几点外,还要懂得如何保护自己,采取必要的防护措施。只有拥有一个健康的身体,家庭生活才会幸福美满。

### 智慧寄语

善解人意的女人,懂得如何用心去聆听丈夫的内心世界;幸福的女人,懂得用肢体语言表达对丈夫的期待与爱;完美的女人懂得在性生活中做一些保护自己的措施。

# 永葆激情

由于生理的不同,男人很容易达到性高潮,女人似乎很难达到性高潮。其实,只要行之有道,不但能轻松达到性高潮,而且能保证女人享有美满的性生活。

性专家调查表明,女性要想达到性高潮,可以从以下三个方面尝试:

### 1. 正确看待自己的性器官

女性要想达到性高潮,就要对自己的性器官有个正确的认识,并且懂得怎样爱护和欣赏它,发挥出它独特的作用。有些女性很讨厌自己的性器官,这多半是不自信造成的,你如果有这种想法,那就不会有什么性交快感了。

### 2. 将性生活中的快感当做乐趣

很多女性在达到性高潮的时候都会这样说,她们是为了得到乐趣才进行性生活的,所以就采取积极主动、热情如火的态度,并且主动配合。但有些女性不是这样,她们在进行性生活时心中往往有着别的想法。例如:怀疑丈夫有外遇,想趁机套一下他的话;想以此取悦丈夫,所以没留意丈夫的反应;有的女性最担心怀孕,因而时刻关注丈夫是否射精等等。不管是哪种情形,都会影响性生活的注意力,使得她们很难获得性高潮。

### 3. 在床上将其他事情全部抛开

只有上床后放下一切不愉快的事,一心只想着性乐趣的女性,才能全身感到轻松、兴奋、享受,最终达到性高潮。只要每个女性都把情绪调整好,自觉地自我放松,自然就能够感觉到快乐。并非所有女性都可以很快地做到这一点,但她们最起码要知道:美好愉快的性生活是可以被烦恼、忧虑、愤怒等不良情绪所冲淡的。只有明白这一点,才能努力地去创造自己的美好心境。

即使调整好情绪,有时也不能完全保证性生活中的专注,许多小事仍然会分散你的注意力。虽然这些事情都没有什么要紧的,但却可以使女性的性快感受到影响。比如,在做爱时,电话突然响了,或者隔壁孩子突然哭了,甚至风把窗户刮开了,这些都会使女性转移注意力,影响其获取快乐。有些夫妻为了给性生活创造浪漫的气氛,在做爱时播放音乐。有关专家表示,这种办法并不理想,有时还会起反作用。

性专家的建议,可以利用不间断的声音或单调的声音,如风扇声、流水声、按摩器的声音等,这些可以使做爱的双方得到松弛,同时还能克服外部干扰。

### 4. 平时注意自己身体的敏感部位

女性在平常可以尝试着抚摸自己的身体,找出自己最敏感的部位或最容易兴奋的部位,如果等到做爱时候再发现,就会让你错过鱼水交欢的美妙时光。

### 5. 愿意尝试各种性爱方式

不少女性从小就受到严格的家庭教育,甚至被灌输一种夫妻生活只是为了生儿育女的观念,因此,曾经的女孩子长大后会把一些获得性乐趣的技巧都视为是淫恶的,性生活的目的只是怀孕。其实,这种思想完全可以抛开,开放自己,尝试着在厨房、客厅等不同的地方进行性生活,或一同洗个鸳鸯浴,这些新鲜感觉都能为你带来意想不到的性乐趣。

### 6. 计算双方获得性高潮的时间

反复尝试并计算双方获得性高潮所需要的时间和模式。如果自己需要更长的时间才能达到性高潮,不妨让他先为你做前奏抚摸,这样双方就能同时达到性高潮。

**智慧寄语**

只有夫妻共同达到高潮,夫妻间的性生活才算是和谐美满。

# 绽放的玫瑰

在夫妻性生活中,性高潮来临时,夫妻双方都会情不自禁地表露出冲动和激情。但遗憾的是,有不少女性总认为那种出现在性高潮中的反映是极不体面的事,甚至觉得那是卑鄙淫荡的表现,所以千方百计地加以掩饰,以致性反应受到压抑。

这样一来,不仅性快感没有了,心理上也会造成一定的伤害,使夫妻生活的和谐受到影响。所以,对于性高潮的到来,女性没有必要刻意掩饰,这只是一种人类的本能,是夫妻性生活和谐的标志。

　　29岁的玲玲,在婚后4年中没有出现过性高潮,而且她很讨厌丈夫性亲昵。原来,两个人在过第二次性生活的时候,夫妻很快进入了感觉,随着性高潮的出现,玲玲不断地呻吟着,但是丈夫缺乏基本的性知识,问了一些让她感到尴尬的话语,如"你怎么了,是不是不舒服?"这句问候就是他们产生矛盾的起因,因此,在以后过性生活的时候,她想尽办法抑制住性高潮的到来,掩饰着对性快感的种种表现。从此以后,她再也没有感受过性高潮。

从这个例子可以看出,夫妻双方都需要正确地认识性高潮。如果女方对于到来的性高潮一味抑制,那么到最后受害的只会是自己。

近年来,人们对性知识的了解越来越多,对性的看法也开始变得开明起来,有些女性虽然没有产生性高潮,但她们或是为了让自己真的感受到性高潮,或是为了博取丈夫的欢心,总是千方百计地模仿性高潮到来时的表现。她们往往表现得很激动,把对方紧紧抱住,发出几声轻轻的呻吟,或者不停地扭动身体……

有关专家不赞同这种模仿行为,虽然这种伪装行为对女性是有好处的,可以增加性感受,甚至可能促成自己达到真正的性高潮,但模仿行为一旦败露,就会使双方都受到心理上的伤害,使夫妻性生活陷入尴尬的境地。

智慧寄语

　　性高潮是大自然赐予人类的本能反应。性高潮是夫妻性生活情欲的高潮,是夫妻性爱协奏曲中最美妙的一个乐章。

# 给"性"加点"感情味精"

爱情是两个人心灵默契相守的原则。如果过分追求"性"的新鲜感,不论多么帅气的男人和多么美丽的女人,都会有厌烦的一天。

婚姻就像一道诱人可口的菜,再好的主料如果没有辅料,也会平淡无味。所以,主料和辅料缺一不可。主料就是经济条件、稳定的职业以及相投的性情,而夫妻生活的小插曲则是辅料。那些能使爱情保持新鲜的夫妻,绝不会把他们之间的关系当做理所当然的事情,尤其是妻子要时常搞点激情和新鲜的小插曲,这样才能拴住丈夫的心,而且还能为自己带来幸福。

**1. 善用身体语言**

专家表示,幸福的夫妻会运用肢体语言。比如,握住对方的手,或者把对方搂在怀里与对方亲密。

**2. 适当来点激情**

如果我们以心中的那份清纯的爱情用心经营,爱情就不会凋谢。

没有放盐的豆腐是没有滋味的,已婚的女人,生活太累会造成这种感觉更加突出。

丈夫要随时给妻子来点激情,在她们高兴或不高兴的时候制造一些浪漫。比如,找她出去吃顿饭;请朋友来家中聚会,搞个Party;抽空带她出去旅游等。不管是男人还是女人,都需要一些激情,在生活中经常给自己以及对方制造点激情,能够提高爱情和婚姻的质量。激情就像味精,是夫妻生活的调味品,只要每次放一点,味道就会很好。

### 3. 待在爱人身边

幸福的夫妻会花一些时间待在爱人身边,他们比其他不幸福的夫妻懂得向爱人诉说一些心里的想法、感觉、希望和要求,同时还有自身的身体状况,如病情、生气、思念、尴尬或者痛苦经历的回忆,这些都需要时间。幸福的夫妻不管出现什么问题和危机,都会待在爱人身边相互保护和照顾。

### 4. 相互尊重和欣赏

幸福的夫妻会为二人世界挤出时间来,顺便谈论一些对方感兴趣的话题。他们知道爱情需要精力和时间,即使有再重要事情也会挤出时间待在一起畅谈一会。他们不希望外界的干扰,据心理专家的看法,限制夫妻待在一起的时间并不是工作,而是被称之为"社会责任"的东西。探亲访友虽然是件美好的事情,但它们不是夫妻两人单独在一起的替代品。

*智慧寄语*

婚姻就像一道诱人可口的菜,再好的主料如果没有辅料,也会平淡无味。

# 善用调情艺术

调情是一种艺术。无论是两性关系还是自我成长,夫妻间的调情都很重要。它既能给两个人带来乐趣又可以使性生活平添滋味,同时还能增添与生俱来的驱动力。所以,女人要记住,调情艺术是一门学问,发挥好了可以让自己的性生活更加多姿多彩。

通常情况下,由男性来主导调情过程,就像自然界里雄性追逐雌性一样。当一个男人被一个女人所吸引时,他会向女性发出爱的邀请,这是受内分泌所驱动的,目的是获得女性的青睐。对女性而言,她们会对心仪的男性传递讯号,对他们追求自己予以鼓励。这就是人们经常说的调情,其实,这是一种下意识的诱惑。

也许你会因自己没有完美的胸围、身材和气质而总觉得没资本跟男人调情,实际上,女性吸引异性并不在于是否拥有楚楚动人的美貌,而在于要展现出自己的自信与专注。

### 1. 学会用目光交流

死死地盯着对方的眼睛,然后移开目光,让他知道你在凝望着他,而不是其他什么人。

### 2. 漫不经心地触摸

在不经意的交谈中,把手放在他的胳膊或身体的某个部位上,此刻是这样做的最佳时机。

### 3. 直视对方

如果二人并排坐着,说话时要面部朝着他,不要只让他看到你的肩膀,这会使他觉得没有受到尊重。

### 4. 调出"性"福

女人要在性生活方面学会适度调情,这样不仅可以提高性生活的质量,还能促进夫妻感情。夫妻间的调情,一般都在私密的空间中进行,自然无需担心被人发现,女性可以充分发挥身体语言,让你的丈夫欲罢不能。

夫妻间的调情永远都是含蓄的,如果再加入些强烈的"调情"工具,就会使性生活更加完美。

### 1. 一起看情欲电影

共同看情欲电影,是夫妻俩情欲的兴奋剂。同样,把二人带进遐想无限的世界的小说也能把人融入浪漫的故事情节中,让你随心中所想,做出各种诱惑的尝试。

### 2. 穿着漂亮的性感内衣

展开性爱的前奏,不必羞涩,可以将卧室当成一座欲望T台。所以,性感的内衣将是致命的吸引力。

### 3. 点燃他的激情

在"进入状态"方面,女性通常比较慢,所以,事前二人都需要放松一下,找到一种容易令人兴奋的东西。比如,一杯葡萄酒、或者一些温柔的枕边语的暗示,这样会使二人抛开外界的干扰,完完全全地进入二人世界。

### 4. 主动一次又何妨

其实,性生活是两个人共同享受的事,因为在性爱过程中,女性千万不要不好意思说出"我们一起做爱吧",偶尔主动一次也是可以的。

### 5. 抓住他的目光

自己身体上的哪个部位最让丈夫喜欢,这是一个做妻子的应该知道的事情。对男人来说,视觉上的刺激往往会提高兴奋度,从而表现出更强烈的性冲动。所以,如果一个妻子实在不知道自己的丈夫最喜欢自己身体的哪个部位,那就干脆让他亲自告诉你吧。

总之,调情是需要因人而异的,因为你和他都是独立的,怎样适合他的尺度需要你自己把握,千万别像一个不解风情的木头人。

智慧寄语

调情艺术是一门学问,发挥好了可以让自己的性生活更加多姿多彩。

# 找出不"性福"的根源并解决

女性的性高潮比男性来得晚,但是这并不代表女性没有性高潮。因为有一些女性身体素质不好,再加上实际性生活带来了不好的印象,所以她的本能受到压抑,无法体验性生活带来的乐趣。如果是这样,一定要尽早解决这一问题。否则,不但会造成性生活的不和谐,而且会影响夫妻间的感情。

妇科问题时常在夫妻性生活中影响女性的性快感,所以要注意这些情况,以免影响性生活的和谐。如阴道干涩、性交疼痛、阴道痉挛、子宫内膜异位等,都深深地困扰着女人。

### 1. 阴道干涩

有些女性害怕性交或不想性交,是因为阴道分泌润滑液速度较慢,而越是害怕越是无法分泌足够的润滑液。造成阴道不适或者干涩的情况还有性病或尿道感染。另外,女性在哺乳期由于荷尔蒙的变化也会减少润滑液。女性进入更年期后润滑液变少的原因是雌性激素降低,如果已经进入性兴奋状态,可以尝试使用安全的润滑剂。

### 2. 性交疼痛

女性性欲和兴奋感降低是因为性交疼痛造成的,有时甚至会因疼痛比较严重而终止性交。遇到这种情况可以尝试增加前戏，刺激润滑剂的分泌或缩短性交的插入时间。造成性交疼痛的原因可能是情绪问题造成的生理和心理因素，有时阴道感染或性病也会造成性交疼痛。如果属于这种情况，最好去看医生。

### 3. 阴道痉挛

阴道下面三分之一处的骨盆底肌肉不由自主地收缩被称作阴道痉挛，在这种情况下是不能进行正常性生活的。阴道痉挛通常发生在性交时，有时也会出现在妇科检查或插入棉条时。阴道痉挛对夫妻生活影响极大，就算男人了解这并不是妻子的错，也会有一种被拒绝的感受，所以要及早发现，及早检查，及早治疗。

### 4. 子宫内膜异位

子宫内膜异位是子宫外部出现了很多子宫腔内壁的细胞，造成细胞成群植入卵巢、输卵管、子宫表面或腹腔内壁。其症状特点是：月经不正常，月经量大和经痛，同时对生育力也有影响。而且在性交时候，比较深度插入就会造成疼痛，所以可以尝试不同的体位性交，找出最舒服的姿势。

*智慧寄语*

女性的性高潮比男性来得晚，但是这并不代表女性没有性高潮。

# 第四章　做一个有魅力的妻子

## 结婚初期调整好性格差异

"性格不合"几乎成了很多夫妻挂在嘴边的分手理由。因为他们都认为自己的性格好,而抱怨对方的性格不好,并经常为此发生争执,最后夫妻感情受到严重的影响。所以,私下他们会很后悔地说:"当初,我真是瞎了眼,找一个这种性格的人……"大多数男女婚后发现彼此的性格相差很多,使他们每天都为之苦恼。

其实,性格不同的夫妻在相处的过程中能体验到更多的激情和浪漫。如果夫妻俩一个外向,一个内向,最不利的一面是他们需要花费很长时间相互适应。

结婚之前吸引两个人走到一起的因素恰恰成了婚后主要矛盾的根源。性格相反的夫妻很容易发现,整天的耳鬓厮磨使各自的偏好显得更极端、更无法调和。

夫妻俩的性格相容,有利于感情的发展,反之,应该接受配偶与自己的不同之处,用语言称赞对方的独特性,不要妄图按照自己的偏好来改造对方。

恋爱的时候晓晴就知道他们是两种性格的人,但是直到结婚后,晓晴才意识到他们的性格竟然有那么大的差距。晓晴是个性格开朗、健谈的人,非常奇怪的是她却喜欢上了一个沉默寡言、深思熟虑的男人。为此,两人没少争吵过。

晓晴已经不记得那天为什么事情跟他吵架了,只知道自己在骂他,而那个男人只是默默地不说话。到最后,晓晴只想收拾东西走人,远远地离开这个在一起生活了两年的男人。

晓晴翻出搁在壁柜里的两年前自己投奔他时拎来的一个旅行袋,现在已经沾满了灰尘。想想自己两年前带着怎样的期望走进这个屋子,然后日复一日给他熨衬衣洗袜子,却换来这样的结果,眼泪顺势奔涌而出。

而那个男人就坐在晓晴背后的沙发上抽烟,看见她哭了也无动于衷,一言不发,一副垂头丧气的样子。晓晴在想那个男人现在显然已经不在乎她了,跟这种性格的男人在一起过一辈子,根本不会有什么情趣。她果断地擦掉眼泪去看水开没开,晓晴又想他既然不稀罕他们的感情,自己又为什么要稀罕?她在心里想水一开她就走,一分钟也不停留,可是水没开,还是温温的。

晓晴开始往袋子里装自己的东西:衣服、书、牙刷、毛巾等。与其让他丢掉不如自己拿走,终于收拾完了,鼓鼓囊囊的袋子就搁在房子中间,最后她取下手表和项链,那是当初他买给自己的，放在桌子上还给他。屋子里的空气几乎凝固了。

在晓晴来之前，他经常感到肚子疼，却找不到原因。因为两年来一直都是她烧的开水，所以只有她才了解这只开水壶——水烧到80℃的时候就开始沸腾，但是要多烧三分钟水才能喝。他一个大男人并不知道这些，所以晓晴要等到水开再走。

晓晴心想等5分钟后，水开了再走。

可是水非但没开，反而逐渐变冷了。原来是水壶坏了，灯也没有亮。她决定放弃这壶水，于是拎起袋子就要走，突然那个男人从她背后抱住她，声音嘶哑地说："不要走！"他的眼泪落在她的发丝上。

他们性格的差异并没有影响到爱情关系，晓晴手中滑落的旅行袋重重地掉在地上。晓晴知道慢性子的他原来还是很在乎自己的，所以她留下来了。

这时他们已度过了最初的磨合期，走进了幸福安全的婚姻，那个坏了的开水壶，如今就搁在他们家的壁柜里。后来他主动交代，他弄断了开水壶的电线，就是为了不让晓晴走。为了挽救他们即将折断的爱情，他只能选择这样做了。

我们可以从上述的事例中看出：如果性格差异较大的夫妻能做到以下两点，一定会相处得很好，成为恩爱夫妻。因为婚姻幸福与否，并不在于性格是否不同、相近或相同，而在于夫妻之间如何相处。

第一，既要正确了解自己的性格，也要懂得尊重对方的性格。这一点是非常重要的。性格是人对事物所表现出来的方式、情绪，没有好坏之分，但是与品德是有区别的。不同的性格有不同的长短之处，它们有着各自的优点与缺点。例如，性格急的人，直爽，容易相处，但也容易发火，发起火来让人忍受不了。性格外向的人活泼开朗，性格内向的人则稳重。相反，慢性子的人大都态度和蔼，容易相处，办事讲究质量，不讲究时间观念。

第二，有了对性格的正确了解后，就要主动宽容对方，在家庭生活中放大彼此的优点，尽量避开各自的缺点。例如，理财应该交给家中做事心细的一方，主外应该交给善于交际的一方。

夫妻双方要适当地克服自己的缺点。性子比较快的要用心克服自己性子比较急的缺点，办事再沉稳一些；相对来说，性子比较慢的则应该注意提高速度。但更应该注意的是，千万不要试图改造对方，虽说人的性格是可以改变的，但也要尊重对方，帮助对方。只有这样，夫妻之间的生活才会和谐，婚姻才会变得美满幸福。

因为性格不同，当有问题出现时，双方会从不同的角度分析问题。我们要学会取他人的长处，补自己的短处，这对思路的拓宽有绝对的积极作用。当然，也因为性格的不同，时常会有观点不一致、产生摩擦的情况，这需要时间来慢慢地磨合。

智慧寄语

千万不要试图改造对方，虽说人的性格是可以改变的，但也要尊重对方，帮助对方。只有这样，夫妻之间的生活才会和谐，婚姻才会变得美满幸福。

# 婚姻需要不断呵护

女人要想把男人守住，就必须时刻都做好准备。不要以为嫁好了就可以一劳永逸，沾沾自喜。嫁得好只是获得幸福人生的开始，走上红地毯、迈入婚姻大门的那一刻同时也开启了女人的第二段人生,这段人生是否能够幸福,还要靠你的用心经营。在感情中,男女都会发生改变,想要婚姻幸福的女人,不光要嫁个好老公,还要在婚姻的经营上面多用点时间。播下的种子要用心呵护才能茁壮成长,没有太阳和雨水的滋润是不行的。婚姻这颗种子,即使很健康,如果没有细心的呵护和照顾也结不出丰硕的果实。

电影《大内密探零零发》中,人们欣赏周星驰在剧中饰演的零零发具有超强的神奇魔力,尤其是他和刘嘉玲饰演的妻子之间的恩爱更让人们羡慕。在两人激烈的争吵中,妻子总能化解他们之间的矛盾,令争吵变成一种幸福。在吵得不可开交的时候,她会突然很体贴地问:"老公,你饿了吧？我去给你煮面吧。"大吃一惊的零零发,一把抱住妻子说:"老婆,我爱你。"或者,在争吵后,她跑出去藏起来,而零零发总能很容易地从桌子底下把她找到,并说:"你每次别总藏在这个桌子底下,好吗？"妻子说:"我害怕你找不到我藏的地方嘛。"当她这样一脸委屈地说出这话的时候,零零发被她感动了,其实任何一个男人都喜欢这样可爱的女人,把她抱在怀里,愿意把全部的爱都给她。所以,要时常给婚姻加点激情。

在旁人面前经常"晒晒"你们的幸福。一段感情需要长时间的呵护,需要在平淡之中增添一些浪漫。现代社会,博客、微博等是每个人的心灵港湾,我们可以把自己的心情写在上面,感情方面的事情也在上面晒一下,让每个人都知道我们多么的幸福,并且希望得到他们的祝福和认可。同时,这也是提醒自己珍惜这段感情。受到众人注视的夫妻,都会很努力地经营他们之间的爱情。

**智慧寄语**

想要婚姻幸福的女人,不光要嫁个好老公,还要在婚姻的经营上面多用点时间。播种下的种子要用心呵护才能茁壮成长,没有太阳和雨水的滋润是不行的。

# 做个善解人意的女人

遇上国色天香的美女算是运气,遇上善解人意的女人则是男人一辈子的福气。男人都是喜欢美女的,但是男人心里最明白,美妻未必是贤妻。

对于家庭,男人们最渴望找到那种善解人意的好女人。因为在生活重压之下拼死奋斗的男人们,活得实在不容易。

作家李敖,对好女人有十分明晰的见解。在这茫茫人海中,当你发现了这种女人,你才知道她多么动人。一通电话,她使你魂牵;一封来信,她使你梦萦。他说:"真正有水平的女人,聪明中带有深度,柔美中带有妩媚,清秀中又是那么的善解人意,体贴自己的爱人,可爱的她是毫不夸张的,就像空谷幽兰,很难被人发现。所以,善解人意的女人是最可贵的！"

善解人意的女人知道自己需要什么,同时更明白男人的需要。她很了解自己身边这个男人是她今生的最爱,但他是个独立的男人,同时他的心虽然是属于她的,但他属于他自己更多一点;女人的善解人意让好男人成为高空中盘旋的鹰,只有鹰累了的时候,才会飞到女人旁边,让自己享受女人的温情。善解人意的女人不会要求男人的浪漫,因为她们心里知道平淡才是她们最想要的。她知道,在男人的骨子里,事业比爱情更重要。因此,善解人意的女人无论在什么时候都不会把男人当成自己的私有财产,不会霸占男人的时间,让男人听从自己的意愿,更不会在男人工作很忙的时候责怪他,也不会又哭又闹,让男人为自己担心。

善解人意的女人知道男人最看重面子问题，知道在男人的精神世界里有哪些禁区，她们会很小心地绕过这些禁区，尽力保护男人的自尊。男人脆弱的时候，被事情纠缠不愿去解决时，善解人意的女人会在男人没开口之前就把事情处理好，过后就当什么都没发生过一样。善解人意的女人不会和自己的男人争地位，更不会像泼妇一样把男人骂得像只斗败的公鸡。

夫妻两人的生活，就像同乘一条船漂流在河流上。在男人眼里，善解人意的女人是帮着他撑船的，而不仅仅是坐船的。在他迷茫的时候，能得到她的拥抱和温言细语的安慰；当他比较忙时，她能帮他照顾好家中的一切；当他犯错时，能得到她的包容和谅解。

**智慧寄语**

在男人眼里，善解人意的女人是帮着男人撑船的，而不仅仅是坐船的。

# 偶尔吵架的婚姻更趋于稳定

有人戏称，夫妻间吵架，就像女人的生理周期，每月来一两次才正常。从不吵架的夫妻，因繁杂的情绪长久积累，反而会使婚姻"超载"，有翻车的危险。

世界上不是没有十全十美的婚姻，但是极少。要知道和谐的婚姻并不是两个人志同道合，完全没有争吵，而是争吵发生后彼此如何正确处理与面对，这是婚姻生活中很重要的一门学问。要以一颗平常心对待彼此之间的分歧和争吵，所以，不管男人女人都没必要将婚姻中的吵架当作多么大的事。

夫妻之间争吵应遵循以下三个原则：

（1）争吵的时候先处理心情，再看问题。夫妻常常不看对方的优点，而非要计较对方的缺点、毛病，总是将问题记在心里，然后放大。夫妻间一方如果长期被挑剔、否定、指责，吵架就会成为家常便饭。夫妻吵架往往不在于是谁的对错，而取决于双方的心情。心情好，能把坏事看成好事；心情不好，能把好事看成坏事。

（2）不要一味地要求对方改变，主要的问题是改变自己。双方对待生活的态度、处理事情的方法有所不同。夫妻在一起共同生活，有的兴趣、爱好、性格以及思维模式和行为习惯完全不相同。所以，对自己伴侣的这些缺点应该相互包容和适应，而不要强调让他改掉这些缺点，更不要把自己的兴趣、爱好、思维模式及办事方法强加给对方。

（3）夫妻都不要在争吵时求胜，而应力求沟通。夫妻吵架的目的不是谁输谁赢，而是要让对方知道自己心中存有不满的情绪，这就是为什么有人把吵架看成是一种强烈的沟通形式。通过吵架，对方可以知道你的想法和意见，哪怕他并不完全接受。吵架是一种被动的沟通，但是，它总好过夫妻间把什么事都闷在心里。

夫妻吵架时，脑子一热，什么事都干得出来，什么话也都说得出来，彼此都处在不冷静的状态中，都不会考虑后果。

记住：如果你希望自己的爱情能够天长地久，夫妻能够白头偕老，不管你当时怎样生气与动怒，也不能将一些话说出口。以下的话以及与之相类似的话是最容易伤害夫妻感情的，属于争吵中的"忌语"：

（1）真没用，你这个窝囊废。

（2）倒了八辈子霉跟你结了婚。

(3)人家好,你就去跟人家过吧。

(4)当初嫁给你我真是瞎了眼!

(5)告诉你,我早想和你离婚了,要不是因为孩子,我一分钟都不会在你们家多待!

(6)我再也不想看见你,你给我滚蛋!滚得越远越好!

(7)你爱怎么着就怎么着吧,我不管了,我对你已经彻底失望了!

夫妻间的吵架,很少是由正经问题引起的,因此不必"较真"。如果凡事都非要争出个对错来,那么"较真"本身就已经错了。只要吵架有原则性,即使吵架一辈子,也能很好地沟通方式。痛并快乐着,这才是婚姻的真谛。

智慧寄语 ____

吵架是对情感中蓄积的不良情绪的一次释放,好比婚姻的"安全阀",偶尔吵架的婚姻更趋于稳定。

# "分居"应对三年之痒

我们常说结婚后会有三年之痒。到底什么是三年之痒呢?三年之痒主要是指在结婚以后彼此之间失去吸引力。生活慢慢地走上婚姻的正轨,生活已经定了型,女人变得不再漂亮,而男人则变得不再会对女人"花言巧语",而是越来越实际。人们在稳定的生活中就想寻找一点刺激,所以也就形成了三年之痒。

婚后的夫妻关系非常微妙,可以说是一种依恋关系。这种依恋关系有可能持续终生,也可能因中途发现对方的缺点而演变成厌恶情绪。构筑起良好的依恋关系,可以使婚姻生活更加长久、美满。近年来,结婚后不久就离婚的家庭增多,而且通常在结婚第三年迎来婚姻危机期。

人类学家费舍尔博士横向分析了全世界58个地区关于离婚的统计数据。结果发现,结婚之初的几年容易发生离婚,结婚4年之后,离婚率逐渐降低。而且,离婚者具有如下特征:20多岁居多、有1~2个孩子的居多、再婚者居多。

费舍尔博士推测,之所以结婚第三年出现离婚高峰,可能与养育孩子的周期存在某种联系。结婚第三年,多数家庭的孩子已经学会走路了,而且已经不需要母乳喂养和父母的陪伴。而孩子在成长到这个年龄之前,还需要妻子与丈夫的合力照顾,无法一人独立抚育。也就是说在抚育幼儿的工作完成之前,家庭就是一个夫妻双方相互协助的系统。在荷尔蒙和脑内分泌物质的影响下,夫妻之间感情融洽。但是,当抚育幼儿的工作结束之后,这个系统就消失了。因此,结婚三四年后夫妻离婚、分别再婚的现象很多。

那么,面对这种婚姻生活中的审美疲劳,我们应该采取怎样的措施才能避免两人最终分道扬镳呢?

"分居"策略就是一个很好的方法。这里的分居并不是指两个人真的由于感情冷淡而分居两地,而是指夫妻之间刻意制造一些距离感,用"距离产生美"的方式增加生活中的乐趣和情趣,从而再度让两人享受一下婚前的自由生活;同时也在远距离的异地相处中,用思念增强了彼此的感情。

每当在婚姻生活中感到疲惫与乏味的时候,李明伟就会产生想过单身生活的念头。这时,他就从心里盼着妻子出差或者回娘家。如果恰巧赶上这种时候,他会大呼"万岁"。妻子一走。李明伟就完全放松自己。先是上网，与网友放开胆量聊天；接着找上几个酒友喝酒，即使喝得酩酊大醉也无妨，醒后到饭馆吃点可口的饭菜，再约几个好友出来打打麻将、泡泡吧、聊聊友情、谈谈国际形势等。这样的情况持续了一个星期，李明伟就觉得无趣了，回到家里空落落的，他开始想念自己的妻子了。他想念她煮的饭菜，还有她说话的声音，以及微笑时出现的小酒窝。

他忍不住给妻子打了一个电话："老婆，你什么时候回来？"妻子说："你的单身生活过完我就回去。"一听这话李明伟心里急了："我想让你现在就回来……"只听妻子说："你以为出差是玩儿啊，说回去就回去？"听到这里，李明伟瘪瘪嘴，而妻子却在电话的另一头笑着说："老公，我也想你，不过，你不觉现在这样挺好吗？要不是我出远门，你什么时候这样想过我，呵呵，我觉得我俩有时候就得这样分开一段时间，你没听过三年之痒吗？那就是一起待久了会腻的。"

日子就这样日复一日年复一年地过去。夫妻二人要觉得单身生活好，就会故伎重演，分开一段时间。偶尔煲个电话粥，谈谈两人的见闻和感受，平淡的生活竟也没有那么乏味了。中国有句俗话叫"小别胜新婚"。小小的离别比如胶似漆地腻在一起更能令人感到爱情。生活是可以选择的，婚姻模式也不是一成不变的。"分居"策略的明智之处就在于它摆脱了周而复始的生活方式，夫妻感情在分离中得到了凝聚。其实，当初的热情在柴米油盐酱醋茶的磨损和耗费后，婚姻就很可能成为一种既定的模式和程序，而这样"炒剩饭"的行为自然会影响到两个人彼此间的情感流通。

人们步入婚姻，常常意味着失去独自的空间，饭要一起吃，觉要一起睡，一切成双结对。有时候两个人粘得太紧也会让人窒息，所以，营造近在咫尺、却又远在天涯的氛围就更显得可爱而有趣。

婚姻很重要，但还有比婚姻更重要、更难以割舍的东西，那就是许多人的婚姻价值判断。毕竟早已过了婚姻等于一切、婚姻大于一切的时代了，"两情若是长久时，又岂在朝朝暮暮。"古人希冀的美好感情在当今这个多元的社会里，终于可以由我们自己来选择和实现了。而实际上，不论怎样生活，我们渴望的都是婚姻赐予的一份快乐和轻松。

**智慧寄语**

"分居"策略的明智之处就在于它摆脱了周而复始的生活方式，夫妻感情在分离中得到了凝聚。

# "小三"要灭，男人的脸面也要保

在《蜗居》这部电视剧中，剧情其实是关于现代人房子的问题，人们讨论的焦点却不是房子，而是"小三"。剧中人把小三的危害总结成一句台词："一旦斗不过'小三'，'小三'就会变为合法的妻子，花咱本应该花的钱，住咱应该住的房，和心爱的老公同床，还要打我的孩子……"哪个妻子说不害怕，肯定是假的。

很多女人面对"小三"最想用的办法就是不管是如来神掌，还是打狗棒法，碰见"小三"就开打，怎么撒气怎么来。但是，即使全世界的人都支持你"惩恶扬善"，法律也不会答应你的。所以，现实还是要依照"和谐"的办法去做。

《京华烟云》里的姚木兰,美丽聪慧,知书达理,懂得取舍,从来不钻牛角尖,说放下就会放下。她按照父母之命嫁给一无是处的曾荪亚,把有理想、有抱负的孔立夫尘埋在心底,一心一意地做好曾家儿媳妇。曾荪亚刚刚有外遇的时候,姚木兰就感觉到了,这样集美貌和智慧于一身的女子,同样也会遇到"小三"的问题,但她处理事情是那么的冷静、完美,不但维持了完整的家庭,而且努力把自己的生活过得有声有色。她只是悄无声息地挽救着自己的家庭,并不是像多数女人那样又哭又闹。她请来父亲给自己出谋划策,然后把自己打扮得很漂亮,和身为"小三"的女学生曹丽华沟通。曹丽华知道自己没有她优秀,主动退出了"小三"这个角色,最后两人还成为了好姐妹,同时,姚木兰并没有过多地怪罪曾荪亚。

不幸遭遇"小三"的姐妹们应该多学习姚木兰的办事技巧。比如,丈夫一向下班后准时回家吃饭,但忽然有一阵子天天加班,而且手机一响就神色慌乱,短信加了密码,或者删除得一干二净……首先,要争取及早发现丈夫不轨的苗头,掐灭一个烟头肯定比灭一场大火容易得多。这些都是电视剧里经常上演的情节,很多人看了都觉得编剧头脑简单,但其实真的就是这么回事儿。男人出轨多为"审美疲劳",并不是想毁掉自己辛辛苦苦建立起来的家庭,婚姻成本这笔账,男人往往比女人算得更加清楚明白。正室要打好这张牌,不要火冲脑门,闹个天翻地覆,这样只会把丈夫往"小三"怀里推,本来没发展到"那一步",结果妻子一闹,世人皆知,想不离婚都不行了。如果你发现这些"危险信号",绝对不能掉以轻心,要善于利用家庭的天伦之乐、夫妻的深厚感情拉住丈夫想出轨的念头。要立刻进入"战备状态",组织家庭旅游、爬山、泡温泉等;有时候也可以把孩子送回父母家,看看电影,来个烛光晚餐等,过过二人世界;学会打扮自己,制造一点儿生活惊喜。

十几年的夫妻,就算已经没有了"火热的激情",但双方想一想同甘共苦、风雨同舟的携手之路,所谓"十年修得同船渡,百年修得共枕眠",相濡以沫的夫妻情分岂能轻易地输给一段"露水情缘"?

如果你还想维持这个家庭,那就选择原谅他,永远不要再提,这样,出轨的男人才能回心转意。

**智慧寄语**

很多女人面对小三最想用的办法就是不管是如来神掌,还是打狗棒法,碰见小三就开打,怎么撒气怎么来。但是,即使全世界的人都支持你"惩恶扬善",法律也不会答应你的。所以,现实还是要依照"和谐"的办法去做。

# 理智对待男人的出轨

男人有了外遇,对女人造成的伤害很大。此时,受伤的女人难免会自怨自艾,可能会大大地影响自己的心理及生理状况,有可能失去婚姻,还可能毁掉未来。

和很多情感节目一样,我们常看到一些女人因为丈夫精神或身体上的出轨而困惑、痛苦,之后便迷惘不知所措。她们放不开婚姻,做不到真正的洒脱,总是因为丈夫的出轨而痛苦,折腾得双方都疲惫不堪。

从爱的平衡的角度看,丈夫有外遇,伤害了妻子,妻子是受害者,应该做出反击,以便维持住二人之间的平衡。女人气愤是正常的。女人应该正视自己的情绪,并"伺机"做适当的回击,比如发脾气、冷漠等等。

但是，女人不能把恢复感情全部寄希望于男人，以自己的无为等待对方的有为，以自己的无所适从期待着对方有所表现。当女人占上风时，如果摆出一副高高在上、清白无辜的姿态，而不是根据爱的需要适当地"报复"对方，就不可能得到平衡，两人的关系也就会出现危机。

发生了外遇，女人可以"报复"，但不要没有休止。过去的事就过去吧，别把这些东西变成心中永远的死结，一提再提，翻来覆去，没完没了。更不要因为觉得自己占了理，便成为强势的一方，一有口角，便拿出来晒，最后让丈夫无话可说才善罢甘休。

这样的话，你肯定不会满足的，因为你的心本身是矛盾的、慌乱的。女人需要正视这场"事故"给自己带来的伤痛，用一些行动来抚平悲伤，平复委屈，然后得饶人处且饶人。

从爱的等级关系来看，丈夫做了错事，其实像摔进了一个大坑，地位一下子比妻子低了很多。如果他不主动从坑中爬上来，或者妻子始终将他踩在下面，不让他爬出来，那么，两人就无法像以前那样平等对话、平等相爱。地位相差很多的人还谈什么感情呢？这样做，只会让丈夫和妻子感觉很别扭。

女人要允许男人从坑里爬出来，平等地和自己交流、生活，而不是让丈夫长期背负罪责感低头生活。长期的不平等，只能让男人找地方躲起来，你又将如何维系这段自己舍不得放手的感情？

在发现男人有外遇时，就应该重视起来，不需要装聋作哑、自欺欺人，要是这样肯定无法解决婚姻中出现的问题，就无法从中寻找解决之道。要勇于表达出来，好让对方了解你因这事受到的伤害，否则，他可能由于不知道自己给对方带来了什么损失而重蹈覆辙。

但是，女人也不要大吵大闹。有些女人在伤痛之余，觉得自己有权利表达出愤怒、伤心、妒忌等负面情绪，开始对男人大吵大闹，甚至拳脚相加，觉得只有用那些严厉的措辞、高亢的声调，才能让对方知道你有多生气，然后改正自己的错误。

这样做会导致以下几种可能性：一种是，男人因为受到你强烈的人身攻击，比如"你就是那么一个混蛋、下流、不负责任的东西……"等等，就会想到："反正我把她伤得很深了，就算再怎么道歉肯定也解决不了问题，不如放弃算了。"因而打消了原先的歉意。大吵大闹还可能造成另一种情况，就是让男人觉得你无理取闹，让人烦躁，因而不愿回家面对你，甚至觉得自己有理："由于她无理取闹，我才在外面发展……"结果在外面流连忘返。

女人，在自己平心静气之后，才能有积极的行动拯救对方，拯救婚姻。那么，男人的外遇发生后，应该如何和男人沟通交流，来解决两人之间的问题呢？

女人要抑制住自己的过激情绪，表达出愿意了解对方的意愿。比如，用以下这些开场白："知道这事后，让我很震惊，你是怎么想的。""说实话，我这几天都很难过，你能不能告诉我，你怎么看咱们的婚姻呢？""你一直是我最爱的人，你对我的看法呢？"这些话可以引导两人走上沟通之途。

以下的开场白看起来很让人出气，却可能使事情越来越糟："你这个忘恩负义的东西，我到底哪里对不起你？""你到底什么意思？""我哪没她好，你说！"这些富有攻击性的开场白只会激怒对方。而当一个人情绪受伤时，已经不会理性地沟通了。因此，如果真的有心沟通，就不要让自己的话语带上攻击性。

随后在两人交流时，要把焦点放在彼此的关系上，试着去了解原因，以便决定最合适的下一步。这时候，可以问他这些问题："你认为在我们之间少了什么，才使你转向别人？""我要怎么做，你才会早点回家呢？""你希望我在你心情不好的时候，做些什么呢？"

只要男人还想保持这段婚姻，并积极修复两人的关系，那么，时间一长，两人的关系可能有很好地改善。而女人，还是做到真正的"往事不要再提"，宽容地对待那些伤心的往事吧！如果关系没破裂到不可挽回那一步，要做到该闭眼时就闭眼。因为自己选择婚姻的时候已经睁大了眼睛，既然选择了与他走过一生一世，又何必用婚姻中的坎坷惩罚爱人，同时也惩罚自己呢？只有理智应对，才能使自己从阴影中走出来，继续新的生活。

### 智慧寄语

只有理智应对，才能使自己从阴影中走出来，继续新的生活。

# 放大对方的优点

女人渴望完美的爱人和完美的婚姻没有错，可若是处处挑刺，则只会把婚姻扎得千疮百孔。男人需要女人的肯定，妻子的肯定会让男人感受到爱的力量。可是，有的女人总拿自己丈夫的短处和别的男人比，越比越失望，越比越瞧不起自己的丈夫。

亚伯拉罕·林肯是一位伟大的总统，他展示给人们的基本上都是自己光辉的一面，但他的婚姻生活并不幸福。林肯夫人认为林肯所做的一切都是错误的：比如，她觉得丈夫走路很难看，一点风度都没有，就像一个印第安人；她嫌林肯的手脚都太大，两只耳朵与他的头成直角地竖立着；她甚至埋怨林肯没有一个挺直的鼻子和漂亮的嘴唇……她不停地挑剔林肯的一切，向他发怒，她吼起来很吓人，隔一条街都能听见，经常闹得四邻不安。她不仅仅在声音上占尽上风，有时甚至会把一杯热咖啡迎头泼在林肯的脸上，哪怕当时还有客人。无论林肯怎么退让，林肯夫人都无法改变自己刁蛮的性情。林肯对这段不幸的婚姻感到非常痛苦，他很怕回家，因为他实在难以忍受妻子没完没了的挑剔。

夫妻之间往往只盯着对方的一点小毛病，却看不见对方的优点，这对于婚姻的巩固十分不利。所谓"明察秋毫之末而不见舆薪"，其实每个人身上都有许多优点，只是没有被发现而已。《妇女》杂志上登过这样一则故事，相信看过之后你会有所感悟，在挑剔对方之前，静下心来想一想，放大对方的优点，一定会有所收获。

一个40岁的美国女人登了一份报纸广告，广告的标题是：廉价出让丈夫一名！她的这种做法很令人吃惊。

那个女人卖自己丈夫的原因是她对丈夫已不再欣赏了，因为那个男人除了旅游、打猎和钓鱼以外，对什么事都没有兴趣，包括自己的妻子与家庭。他每年4月都要离开家，外出钓鱼或探险，直到10月初才回来，在外面要游荡整整半年，而那个女人却从来不喜欢外出。他们结婚20多年了，女人总是感觉到孤独，她终于厌倦了那个男人，于是，她想卖掉自己的丈夫，而且卖得非常便宜。广告后面有那个女人的附加条件——收购我丈夫的人，可以免费得到如下物品：他平时喜欢使用的全套打猎和钓鱼的装备，那个男人送给自己的一条牛仔裤、一双长筒胶靴、两件T恤衫以及一条里布拉杜尔种的狼狗，自制的晒干野味50磅！

让她始料不及的是，广告登出仅仅一天，她就收到了62位太太小姐们的来电，大部分都是很诚心地想与她丈夫取得联系的人。她原本认为这样糟糕的丈夫是没有人要的，但事实却让她大感意外。

各种理由似乎证明这样的男人简直无处寻觅，所以她们真诚地希望能合法购买她的丈夫。有人认为她的丈夫崇尚自然，这样的环保男人比较有生活激情，和这种男人相爱，一定是很健康的；有人觉得这个男人爱好休闲的生活方式；还有人认为她的丈夫是一个真正的勇者，还具有冒险精神，这样的男人值得依靠而且还是一个懂得生活的男人……

女人在这些购买者表明理由的时候，突然发现自己的丈夫居然有这么多优点、魅力，而自己却一直没有发现。

第二天，她又补登了广告："因为种种原因，廉价转让丈夫事宜取消！"

从恋爱走向婚姻，双方的缺点就会凸现出来。夫妻之间要继续深入地了解对方，尤其是着重了解对方的优点，才能长相知、长相守。聪明的女人，一定是先看到自己老公的优点，并鼓励他发挥长处的女人。

### 智慧寄语

学会忽略对方的缺点，放大对方的优点，你会看到一个与众不同的爱人，因为人没有十全十美的。

# 不要追问实话

人往往接受不了真相，但又渴望了解真相，而锥心刺骨的痛总是会跟真相一块儿袭来。很多时候，男人对女人撒谎，其实是因为在乎你，女人不要在这时候去逼问。要懂得，说出实话正是婚姻到头的开始。

于莉和丈夫一直很恩爱，可最近她总是对丈夫产生猜疑之心。

于莉的丈夫晚上回到家后，对她说："明天我要去见个老客户，做系统维护，挺急的。你就别等我吃晚饭了。"

"没事，我等你回来一起吃吧，反正我明天也加班。"

"你还是先吃吧，工程比较复杂，也许要在那待一晚，我晚上可能不回来了，后天才能回来。"

"你们的工作我又不是不了解，再怎么忙也不用一晚上不回家睡觉呀。"

"晚上要等客户到齐了一起开个会讨论一下解决方案，要是回家再去就太麻烦了。"

丈夫说完倒头就睡。

第二天晚上，于莉给丈夫打过几次电话，丈夫并没有接听。丈夫真的没回来，于莉心里的猜疑更重了——难道他在外面有女人了？

于莉给丈夫的同事打电话了解了一下情况，丈夫的同事说根本就没有什么紧急的工作，她想来想去还是决定问个清楚。

丈夫一回到家，于莉就开始对他不停地质问。

"你们公司昨天根本没有什么紧急维护的工作，说吧，你昨天到底去哪了？"

"你知道什么呀，紧急维护还得向全公司通报吗？我都累了一天，而且一晚上没睡觉，求你放过我好吗？"

"昨天晚上给你打电话为什么打不通？"

"那会儿正忙着呢，你有什么重要的事吗？"

"行。你小情人的事最重要,我的事都不重要。"

"你别污蔑我,我可没有什么小情人。"

"我盯了你好久了,没有把握,我也不会这么说。你今天要是不说清楚,我就跟你没完。"

丈夫在于莉的盘问之下,终于说出了一个女人的名字。

于莉听后瘫在了沙发上。其实,丈夫之所以瞒着她,是因为还很爱她,也很爱他们的儿子。这件事情已经很长时间了,他这次正准备和那个女人断绝关系。可是,事情到了这个地步,他们的婚姻已经亮起了红灯,他们在一周后离婚了。

男人在面对女人的逼问时撒谎,只能证明他还比较在乎你们的感情和过去,不想让你受到更大的伤害。男人总是认为,女人既然已经知道了,那就交代清楚,这样才能获得女人的谅解。

智慧寄语

聪明的女人在有些事情上会适当地捅破,但绝不会逼他,只会睁一只眼闭一只眼。

# 给他一个台阶下

在漫长的婚姻生活中,夫妻双方都不免犯错,要学会在对方知道错的时候,放他一马。婚姻需要双方的经营,给他一个台阶下,婚姻生活才会获得幸福。所以,有人说:"婚姻也需要浇灌、施肥,要不然它会枯萎的,因为婚姻是活的!"

一个女人哭着去找律师帮她写离婚协议。她对律师说:"你是律师,一定要帮我写离婚协议。我丈夫太欺负人了,他从来都没有理解过女人。我每天也有很多工作要做,家里面鸡毛蒜皮样样管,每天都忙得上气不接下气。可他呢?只顾单位里的事情,回到家什么也不管。还有,结婚前我就告诉他我脾气不好,可现在呢,他的脾气比我还差,总是让我下不了台。还有,他出差去别的城市开会不带我,却把厂里一位年轻的寡妇给带上了……还有,今天早上,他竟然动手打了我。这回我是铁了心,非跟他离婚不可!"

律师对她说:"好吧,我答应帮你。你既然有这么多委屈,现在离婚也不迟。只是你要想一想,是你痛苦还是他痛苦?"

"当然是我痛苦了。他高兴还来不及呢!"

"这样你太吃亏了。又受气,又挨打,最后还落得个让他高兴的离婚下场,该离婚时就要果断地离,可你所说的这些事值不值得离呢?如果你能在他做错了某件事的关键时刻放他一马,说不准你们的婚姻还会有转机呢!"

听了律师的话,这个女人先回家了。

"准备好了吗?我明天就能帮你写离婚协议了。"两个月后,律师在路上碰见那个女人。

"可别再说那件事了。我们现在已经和好了,我回去后仔细想了想,觉得什么事都得退一步。他既然已经知道错了,我干脆顺水推舟算了,让他带我去旅行,也算是再度一次蜜月,没想到他还是那么爱我,每天都缠着我,我再也不想离婚的事了!"

聪明的妻子不会失去理智、大吵大闹,而会以柔克刚,在关键时刻用宽容来系住男人的心,所以她获得了婚姻的幸福。平淡的婚姻很容易遭遇风暴和激流,刚结婚时对未来的一切总是充满了渴望和幻想,哪会想到未来其实是消耗在一日复一日的柴米油盐的烦琐中。当一对男女结成夫妻开始过日子时，久而久之会感到厌倦，于是怨恨和争吵开始了。如果在关键时刻不能处理好矛盾和冲突，那么就会出现不愿看到的婚姻悲剧。如果女人得饶人处且饶人，就会避免很多不必要的麻烦。如果意识到婚姻中出现的很多问题并非全是男人的错，婚姻就不会走到无可挽回的地步。

### 智慧寄语

聪明的妻子不会失去理智、大吵大闹，而会以柔克刚，在关键时刻用宽容来系住男人的心。

# 为他的出轨进行狭隘的报复不可取

面对他的出轨，保持理智和宽容的心态是最重要的。

女人出嫁时，都想与自己的爱人一生相守，然而在漫长的人生中，能够拥有一份真挚而无悔的爱情是何等的不容易。很多夫妻都经历过配偶不忠的痛苦，看上去很美满的家庭中也有发生婚外情的可能。哥伦比亚大学临床精神学教授说："有时候男人在事业上失败了，会需要婚外恋来对自己的能力进行证实，而女人因为抚育孩子疲倦不堪，也需要婚外恋对自己的女性魅力进行肯定。"但是，不管出于什么原因，配偶不忠都是生命中最深的伤害之一。这其中，女人所受的伤害要大于男人，在不幸降临的那一刻，很多妻子会大吵大闹，只因为她们失去了理智，愤怒而悲伤，最终导致婚姻的裂痕无法修复。其实，保持理智和宽容的心态，也许结果会比想象的好些。

如果婚姻还可以挽救，那么做妻子的就不要陷入以下狭隘报复的误区：

### 1. 为报复，自己也找婚外情人

杨蓉得知丈夫有了外遇后，大病了一场。她是一个性格内向的女人，当看到自己的丈夫和另一个女人亲热时，心痛不已，而且那个女人看上去明显要比自己年轻。杨蓉并没有大吵大闹，但是她在心里已经种下了愤怒和怨恨的种子。她想报复丈夫，于是她很快和同事好上了，但同事并没有丈夫出色，杨蓉也不爱他。半年以后，杨蓉的丈夫浪子回头，两个人和好了，她想和同事分手，但那个同事却一直纠缠她，把杨蓉弄得筋疲力尽……

"带有报复性的婚外恋是最可怕的，那种企图获得满足的结果往往是毁灭性的。"这是美国的一位咨询专家的警告。

### 2. 把丈夫的不忠告诉别人

婚姻专家说："当你因心里难受而把丈夫的不忠告诉他人时，你已经犯下了很大的错误。"

琳的丈夫出轨了，但他们仍然生活在一起，一则他们是大学同窗，彼此谈了很长时间的恋爱才结婚，过去的时光太美好了，两个人都忘不了；二则两人曾共同创业，有着比较牢固的婚姻基础。但琳心里一样难过，她想通过向他人倾诉来解除心中的苦闷。于是，她把丈夫的不忠告诉了亲人和朋友。很快，她便意识到自己的生活中出现了另一种尴尬：修复婚姻关系的同时，还要照顾因同情自己而对丈夫产生仇恨的亲人和朋友。琳把自己弄得更累了，父母和朋友们也总是用怪怪的目光看她；丈夫不想被这些事弄得心烦，节假日总是躲在家里，很沉闷地一支接一支地吸烟，不再和孩子玩，也基本上不和琳说话了。这种可怕的家庭氛围让琳觉得无聊至极！

### 3. 抓住丈夫的越轨行为不放

有些男人出轨后又回到了自己的妻子身边,回到了曾经的家庭,但妻子却根本无法释怀,在生活中总是时不时地提起丈夫那段"不光彩的往事"。希里·苏兹曼是法国的婚姻专家,她说:"有些妻子能把丈夫的已经结束的婚外情记 10 年之久,甚至还要更长。她们把这当成了武器,用它来制服自己的丈夫。"遗憾的是,这种心态并不利于建立美满的婚姻,更无法使双方恩爱如初。这种心态只能在给自己带来深切痛苦的同时让丈夫加深压抑感,时间长了,丈夫很容易产生逆反心理和自暴自弃的想法,很有可能再次发生婚外恋的情况。到时候,仍然是妻子独尝痛苦之果。

### 4. 到丈夫单位大吵大闹

菲发现丈夫兜里的情书时,大脑里一下子空白了,她用颤抖的双手抓起那封信,转身冲下楼去。丈夫正在自己的办公室里对一个下属交代工作,菲一边骂一边把情书摔到他的办公桌上。从此,丈夫在单位里一直抬不起头。没过多长时间,他就辞职独自去了另一个城市。菲后悔了,因为她这一不明智的举动,丈夫失去了已经拥有的地位和名誉,她自己也失去了很多女人所没有的优越和骄傲。最主要的是,她亲手把丈夫推出了家门,因为丈夫正是去了那个女人居住的城市。菲痛苦不堪,她想,如果换一种解决方式,可能不会出现这种状况,可是现在后悔也晚了。

如果有着牢固的婚姻基础,遇到丈夫婚外情的行为可以用理智和宽容的态度去处理,这其实是一种明智之举。这样,在维护婚姻的过程中,你的角色是一个成功的妻子,同时也是一个优秀的女人。

---

**智慧寄语**

面对他的出轨,保持理智和宽容的心态是最重要的。

# 女人不要一成不变

很多女人,温柔贤惠,几十年如一日。不管丈夫的情绪怎样波动,她都永远不温不火地对待他;不管丈夫做了什么事情,她都会以一成不变的方式面对他。这种连自己都觉得压抑的生活方式,怎能不让男人厌倦? 这看上去似乎非常符合中国女人的传统美德,但是聪明的女人千万不要相信这是一种美德。"读你千遍也不厌倦,读你的感觉像三月。"一首经典老歌唱出了男人心中完美女人的特质——变幻莫测,百看不厌。

相信看过《爱情呼叫转移》的女人都会有所启发,妻子在老公想离婚的时候,非要让他说出个理由,老公很直接的理由居然是:"你在家里面永远都穿一件紫色的毛衣,我最烦紫色知道吗? 每个星期四永远是炸酱面、电视剧、电视剧、炸酱面。还有,你吃面条的时候能不能不要噘着那个面条一直打转转? 刷牙的杯子必须放在格架的第二层,连个印儿都不能差。牙膏必须从下往上挤,那我从当中挤怎么了? 我愿意从当中挤怎么了?"

不止是现在的人,连古人都是如此。我们身边也常常会发生这样的事情:一个男人长年累月都处于一种稳定的关系之中,看起来他是真心爱这个女人的,可说不定哪天,他抛下一句"我认为我不适合结婚"给真心爱的人,就逃之夭夭了。随后,他会迅速开始一段新的恋情。为什么女人付出了这么多，却拴不住男人的心？对于这点，我们不得不说，有的时候传统的观念未必是对的，或许还害人不浅。

班婕妤是汉朝后宫少有的才女。因为美丽贤惠，她得到了汉成帝的宠爱。但是她败就败在太拘泥于一成不变的礼节。汉成帝为了能够时时刻刻与她形影不离，特地命人做了一辆较大的辇车，以便同车出游。不过，她严词拒绝了，说："夏、商、周三代的末主夏桀、商纣、周幽王，有嬖幸的妃子在座，最后竟然落到国亡毁身的境地。我如果和你同车出进，那就跟他们很相似了，能不令人凛然而惊吗？"此后，汉成帝便不再要求了。当时的太后听到后，也非常欣赏她，赞叹道："古有樊姬，今有班婕妤。"

班婕妤有着非常好的妇德。君王对她爱意正浓，总是夸她贤淑善良，后宫对她也越来越逢迎，仿佛她是楚庄王的樊姬。班婕妤也有些得意，毕竟可以集所有宠爱于一身是一件很不容易的事，她以为君王的恩爱会一直这么持续下去。

但是，事情并没有她想的那么顺利。赵飞燕和她那更加妖艳的妹妹赵合德来了，她们是她的克星。曾经的所有怜爱与宠幸，都飞去了那个身轻如燕的舞女身边。"新制齐纨素，皎洁如霜雪。裁作合欢扇，团圆似明月。出入君怀袖，动摇微风发。常恐秋节至，凉意夺炎热。弃捐箧笥中，恩情中道绝。"班婕妤选择了服侍太后，后来又在成帝陵前孤独终老。

班婕妤皆俱美貌与才华，只是没有飞燕起舞绕御帘的轻盈，也没有合德入浴的妖娆妖媚。她太正经，搁不下身份来，一成不变最终毁了自己的爱情。

---

**智慧寄语**

---

每个男人的内心深处其实都渴望自己的妻子是百变的"妖精"，因为"妖精"能满足男人的猎奇心理，让男人心潮澎湃。

# 第五章　跳出婚姻误区

## 性爱并不能完全俘获男人

在男女关系中,性总是吸引人的重要方面,对于男人来说尤其如此。因此,很多女人在感情面临问题的时候,常常寄希望于用性绑住男人。她们认为,只要吸引住男人的身体,就能抓住他们的心。于是,她们不惜打破传统的女性保守印象,在男女的性生活中扮演主动者的角色,然而,这种捕获男人的方法有时却不牢靠,起不到任何作用。

在大多数情况下,女人不应该直接表达对性的渴望,尤其当它并不是你的真正需求时,或者你只是把它作为吸引男人的一种手段。如果你打算引起男人的兴趣,就需要用你的风度、你的思想和你独特的灵魂。如果做到这一点,那么,你们就能在相处时感到很甜蜜。你表现得越有女人味,你就越性感,也就越能吸引你的丈夫。

为了说明你有最大的优势,请把你们之间的对比制造得更加强烈些,当然,这并不仅仅包括性爱方面。习惯用性引发男人兴趣的女人们,通常会降低自己的女人味。当然,你穿着打扮很时尚,但是你必须要知道,矜持也是女人性感的一部分。如果女人在性方面过于主动,不仅会大大降低新鲜感,而且还降低了性别对比度。

没有激情的性爱,就像做家务一样索然无味。当然,并不是说女人在性生活中不能主动,只能一味地作为接受者,而是说女人不能总是处于主导地位。偶尔的主动也许会使男人更高兴,但是如果过于频繁,甚至总是如此,男人就失去了表现机会,还会因自己处于从属地位而不开心。他可能并不会让女人失望,但是,这就相当于在他的家务清单中,在"倒垃圾"和"修理电器"等活动中又加了一项——"和妻子行房"。他可能认为,女人的这种行为,无非是想让自己掌控婚姻生活。很明显,当他感觉到这是女人的要求时,他不会表现得很积极,而是变得漠不关心。因此,这并不能改善你们之间的关系。

还有一个我们不能忽视的事实是,尽管必要的性生活让男人感到身心愉悦,并且从中感受到爱情,但是,这里有一个前提,即出于自身需要。当女人把男人有外遇当作感情出轨的有力证据时,男人的回答通常是:"我并不爱她,那只是肉体关系。"这种回答让女人觉得不可理解,因为她不相信存在没有爱的性。可是,或许这样做是错的,但事实上他说的却是实话。对于女人来说,爱和性是交织在一起的,性和爱是一回事。但是,男人却倾向于分开爱和性,尤其当他认为自己是在履行"职责"的时候。男人的大脑具有把爱情和性分离并分别应付的能力,在划分之后,他一次只能看到一件事情。即使他对这种肉体关系感觉良好，并被深深地吸引，但是对男人来说，性是性，爱是爱，虽然有时它们同时发生。因此，对于用性吸引男人的做法，在很多时候是无法奏效的。

### 智慧寄语

　　男人和女人在性别上有显著差别，才让两者产生巨大差异，女人和男人之间的对比越强烈，他们之间就越有吸引力。

# 女人应该把握倾诉的度

　　当女人和男人建立亲密关系之后，她们总是没有任何隐瞒地告诉他自己的所有感受，把他当作无所顾忌的宣泄对象，并希望得到他的关怀和理解。亲密的夫妻关系确实可以给女人在情感上带来很大的满足感，但是，这并不意味着可以和伴侣分享一切。如果女人期望男人理解自己的所有感受，满足自己的所有需要，她就一定会失望。

　　女人认为结婚之后，夫妻双方应该无所隐瞒，无话不谈，不管有什么想法和感受，都应该告诉对方。她们甚至认为，把一切都告诉对方是对对方的尊重和信任。尤其是当女人受到不良情绪困扰的时候，特别希望向丈夫倾诉，希望得到他的关怀和安慰。

　　事实上，妻子无所顾忌地向丈夫宣泄自己的情绪，对于促进两人关系并没有什么好处。在婚姻关系中，双方应该尽量把自己良好的一面表现出来，这样才能保证情感获得长久的生命力。如果妻子总是向伴侣倾诉自己的抱怨，那么，她在丈夫心中的形象就会越来越差。

　　很多女人的婚姻之所以遭遇失败，就是因为她们无所顾忌地向丈夫宣泄自己的情绪，想到什么就说什么，把丈夫当成发泄的对象。也许开始的时候，丈夫还能忍受，还会安慰她，开导她，但是时间久了，丈夫就会感到自己成了女人指责和发泄不满的对象。一旦他们感到压抑，就会试图逃离这种关系。

　　有人说"婚姻是爱情的坟墓"，一个重要的原因就是结婚之后，两个人天天在一起，彼此太熟悉了，于是两个人不足的地方越来越明显。有些女人认为既然他愿意娶我，就应该接受我的一切优点和缺点，包括偶尔宣泄的不良情绪，她们不再考虑如何制造浪漫的气氛，忘记了当初的情景。在恋爱的时候，女人见男人之前总要精心打扮一番，和男人聊天的时候，力求表现自己温柔、可爱的一面，从来不在他面前发脾气，更不会把男人当作发泄对象。结婚之后，女人失去了往日的温柔、可爱，变成了整天唠唠叨叨的怨妇，因此，男人经常指责女人爱唠叨。唠叨的唯一结果就是损害夫妻双方的关系，女人越爱唠叨，感情就越容易冷淡。

　　男人的体贴和关爱同样需要满足。如果女人总是无所顾忌地向男人宣泄自己的情绪，却不考虑对方的需要，对待丈夫的态度还不如对待一个陌生人，那么丈夫对她们就会越来越没有感情，逐渐疏远她们。所以，即使是在爱人面前，也要考虑对方的感受，不要想到什么就说什么。

　　女人的情绪波动比较大，当她们心情非常不好的时候，确实需要向人倾诉。她们需要向丈夫表达自己的感受和想法，但是没有必要把想到的感受全部说出来。女人如果想宣泄内心的全部感受，可以养成写日记的习惯，把自己的坏情绪写在日记上。或者，可以找几个好朋友、能够提供支持的女性团体、情感问题专家或心理治疗专家进行交谈。

　　也许有的女人会说，为什么朋友能够非常耐心地对待她的宣泄？那是因为她的感受和想法与朋友没有直接的关系。朋友只要倾听她诉说，并表达一下同情和关心就可以了，他们回家之后就会忘记女人的烦恼。但是，丈夫听完女人的倾诉之后，则会想办法帮她解决问题。他们不知道女人只需要理解和关心，而不需要他们想出解决问题的办法。当男人对女人提出解决方案的时候，通常会遭到女人的排斥和拒绝。但是，男人无法只是消极、被动地做很多事，因此，如果女人不停地向男人宣泄负面情绪，男人就会感到烦躁，恼火。所以，女人有消极情绪的时候，最好的方式就是找朋友倾诉。当女人把消极情绪释放之后，她们就更容易与伴侣交流积极的感觉以及愿望和需求。

在开始的时候，男人可能会对她表示关心，但是时间久了，他们就会感到恐惧和不信任，这将导致夫妻关系的紧张乃至彼此的冲突。夫妻间彼此自由和感到安全，才是亲密关系的主要来源。妻子应该给丈夫适当的体贴和关心，而不是回家之后就向丈夫倾诉自己一天的遭遇。

要想避免感情出现问题，女人就应该知道什么时候说什么，注意说话的内容、语气和方式，而不是向丈夫倾诉自己所有的想法和感受。这样不仅有助于男人认真倾听女人说话，还能帮助女人分泌更多的荷尔蒙。妻子只有把握好倾诉的度，才能维系良好的夫妻关系。

### 智慧寄语

女人的情感宣泄会给男人带来一种压迫感。如果女人滥用男人对她的关心，那么，她就是在惩罚男人。

# 女人的感受被忽视易使矛盾升级

夫妻在一起生活，难免出现这样或那样的问题。在工作和生活中，男女双方都承受着太大的压力，经常把伴侣当作宣泄的对象。如果伴侣之间意见不一致，就会产生误会，引发争论，甚至激烈地争吵，逐渐演变成一场危机。

夫妻之间发生争吵，通常是因为金钱、日程安排、家庭责任、养育子女和性爱方面的原因。争吵不但不能解决问题，反而会误解对方的想法，使双方不再围绕最初的问题进行讨论，剑拔弩张，向伴侣发难，把对方看作首先要解决的问题。夫妻如果想避免争吵，就应该提醒自己和对方围绕一个话题展开讨论。这是防止争吵的最重要的手段之一。

女人非常情绪化，常常因为某些问题引起情绪变化。当女人针对某个问题产生激烈反应的时候，男人通常把女人的情绪当作真正的问题，告诉她"没有必要焦虑""没什么大不了的"。男人的这种态度让女人更加恼火，她们觉得自己的想法被忽略，觉得她的丈夫并不关心她。比如：

丈夫对妻子说："我想买一台电脑。"

妻子露出不高兴的表情，但尽可能平静地问："有必要买新电脑吗？你现在的电脑出什么问题了吗？"

丈夫没有发现妻子不高兴，于是回答说："现在的电脑没什么问题，只是已经过时了，新电脑优越很多，我已经想了好几个月了。"

接着，妻子的情绪反应越来越激烈，她以一种极不信任的口吻说："你了解市场行情吗？买台新电脑要花多少钱？"

丈夫感觉妻子在教训自己，他铁青着脸，心里暗想：你以为你是谁啊？竟敢怀疑我的能力？他说："买电脑花的钱数我肯定清楚。"

妻子略显激动地说："那么，你也应该知道我们现在有多少存款，我们今年还没有存过一分钱呢！"

丈夫不想和她争论下去了说："你不用再考虑这件事了！"

　　丈夫的态度让妻子非常恼火，她一下子站起来，大声说："你说什么？不为这件事发愁？我们需要花钱的地方多着呢，你向来忽略我的需要，从来都是你想买什么就买什么！"

　　谈话发展到这一步，两个人的争吵开始升级。男人的态度让女人觉得自己被忽视了，她想通过争吵让男人重视自己。因此，男人在对女人的想法做评论的时候，不应该漠视或伤害女人的感受。否则，就会让女人感觉被忽视，随即以强硬的方式回应。在这种情况下，一场争吵已经不可避免了。

　　女人心烦意乱的时候，她们首先想表达自己的内心想法，然后才考虑怎么办。男人无法理解这一点，他们过于让目标支配自己。当女人和男人争吵的时候，男人认为要想使女人高兴，他就不得不做出牺牲和让步。他们误认为必须同意她的观点，她才舒服；如果他不打算让步，那么，就要指出她的观点片面与否。他们认为只有这样才能解决问题。其实，这样做无异于火上浇油，使矛盾进一步激化，使夫妻的关系因此而越来越疏远。

　　事实上，因受到忽视而争吵的女人并不要求男人在行为上对她让步，或者要求一度退让。她只是希望男人重视自己的意见，听听她的感受。但是，男人常常错误地认为，他需要为维护自己的观点和利益而与女人作对。

　　男人在讨论问题的时候总是"就事论事"，他们非常想找到解决问题的方法，对女人的态度显得冷淡而超然，似乎不关心对方的感受。女人在争论过程中更重视情感的交流，男人的态度很容易激起女人的情绪反应。事实上，男人非常在乎对方的感受，希望满足她的需求和愿望，只是男人平静而冷淡的口气让女人感觉自己被忽视了。于是，女人不断地抱怨。女人只是在谈论自己的感受，但是男人却错误地认为女人在无理指责。她们的语气让男人非常反感，因此，男人当然全力反击。这样就形成了导致争论升级的连锁反应。

　　当女人情绪波动的时候，男人应该有自控力，不要与她争论。聪明的男人应该采取躲闪和避让的方式，避免做出鲁莽的反击。要想防止争论升级，男人应该认真倾听，并在适当的时候发问，让女人感觉自己受到关心。比如，女人对男人购入电脑的计划感到不愉快，开始变得情绪化，那么，男人可以问问她："咱们先不要谈电脑的事，我想知道你在想什么，说说你的感觉好吗？"当女人得到倾诉情感的机会时，她们能够感觉到更多的关爱。用这种方式固定话题可以把争论的伤害降到最低程度。女人说"我们需要花钱的地方多着呢"，男人可以友善地问问她，她觉得应该买什么。女人感受到关心，情绪会平复很多，从而避免一场争论升级为"战争"。

　　夫妻在争论问题的时候，双方都变得很敏感。女人需要男人重视她的想法和观点。男人应该对女人的想法表示关心和支持，不要责怪女人的某些做法。女人则应该尽量避免情绪化，不要不顾一切地把各种消极感受说出来。

### 智慧寄语

　　如果女人得不到男人的关心和支持，她们就会感觉自己被忽略。当女人感觉被忽视的时候，吵架就会升级。

# 女人不能要求男人太多

　　与独立性较强的女人相比，那些依赖性较强、小鸟依人型的女人一定能够得到幸福的情感吗？当然不是。作为女人，如果她这么做，那么，就陷入另一种极端了。

　　有些女人认识到不能过分渴求和依赖男人，否则最后一定会失去他。因为如果她过分依赖男人,就很容易觉得自己所需要的远比男人所能提供的多。一旦有了这种意识,她就会产生负面情绪,埋怨男人不懂她的心思。如果这种情绪长久地累积下去,当积累到一定程度的时候,必然爆发,并在言行举止、态度神情等方面表现出来。那时候,她的所有行为都传达出这样的信息:女人不但不欣赏他、感激他的付出,恰恰相反,女人认为他所做的事情远远不够,远远低于她的需求。当然,她的这些看起来并不那么友好的言行举止,实际上并不是因为她需要的东西太多,而是她缺少对男人的赏识,从而让她看起来像一个贪得无厌、永不知足的女人。

实际上,有一些小技巧,使女人完全可以既表示出对男人的需要,又不至显得过于渴求。这种方法是在男女交往时,女人应该和男人保持若即若离的关系:从不掩饰自己对男人的需要,但也不束缚男人。其实,当一个女人需要男人时,并不意味着必须从对方那里得到多么多的东西,她只要按照内心的愿望,接受男人能够提供给自己的东西,然后对这种付出表示感激,就足够了。

在这个过程中,女人逐渐培养出自信、接受和积极回应的态度,这将促使男女关系发展得极为自然而顺利,而不至受到更多不利因素的困扰。过分依赖和要求男人,只会消磨女人的独立性,扼杀男女之间良性发展的情感。在那些单身的女人身上,自信则表现为她不排斥与男人的接触交往,她至今仍然单身的原因,只不过是那些最适合自己的另一半尚未出现而已。但是,这并不阻碍她的自信与美好。唯有如此,她在男人眼中才最具有吸引力。

### 智慧寄语

从男人的立场看,只有当女人清楚地意识到自己的需要,并且相信这些需要能够被满足时,她才最具有吸引力,这表现出了她的一种自信。

# 女人不应该让男人感到沮丧

众所周知,很多时候男女交往是为了满足相互的情感需要。然而,在和一些女人的交往中,男人总是感觉很失望,根本不能从对方那里得到情感的慰藉,于是,他开始远离这个女人。如果女人总是因为这种原因与爱情绝缘,那么,尽管男人也可能犯错误,但是,女人却应该负主要责任。

前面我们讨论了女人的需要,正是因为这些需要,她们才需要男人。同样,男人也是因为有以下自己的一些需要,才想和女人发展长期稳定的关系:

需要有人注意到他的努力,感激他的付出;

需要有人分享成功的喜悦;

需要有人给他满足女人需要的机会;

需要有人鼓励、激发他表现出美好积极的一面;

需要有人相信并依赖他;

需要有人喜欢他,爱他;

需要有人积极回应他所做的事;

需要有人为他提供想法;

需要有人仰慕他;

需要有人谅解他的不正确;

需要有人赏识他,认可他。

当接触到的女人无法满足自己的这些需要时,男人通常会觉得失望。一般而言,令女人感到沮丧的最大原因是孤独。即使她能够不依赖别人而独立做事,如果没有人在旁边支持与陪伴,她的心情也不会很好。男人却恰恰相反，如果男人对自己没有信心，觉得不被需要，他就会感到很沮丧。

如果他能感觉自己被别人需要，就会产生良好的自我感觉；别人越需要他，他的自我感觉越好。从某种意义上说，男人宁愿自己被女人"使唤"，这能让他产生强烈的成就感。在帮助别人之后，如果他能够得到某种回报，他就会感到一种巨大的满足感。当他付出劳动并得到认可，同时也得到了回报时，他的自信心将空前强大，觉得生活充满意义，认为自己是天底下最幸福的男人。与此相对的是，如果男人生活困难甚至无法养活自己，那么，他肯定非常沮丧，毫无自信。在和女人的关系上，如果男人付出了很多，却得知他根本派不上用场，对方不感激、认可他的付出，他就如同当头挨了一闷棍，再也无法振作起来。这就是女人的感激、信任和需要对男人来说十分重要的原因。

不幸的是，现在有一部分女人确实令男人感到沮丧。现代的女人和男人一样接受高等教育，和男人从事一样的工作，在某些行业甚至超过男人，因此，她们感觉自己有责任、有能力独立生活的能力。同时，她们也尽量克制内心的种种需求，生怕在男人面前表现出来的柔弱面会被男人看不起，天生情绪化的情感性格也会被男人看成是缺点，于是，尽量表现自己的聪明与理性。比如，尽管女人有时觉得男人为家庭的打拼很值得尊敬，同时也使自己更爱他，但是，她却羞于表达感激之情，因而被男人误解为对方不需要自己的付出。女人的这种责任感以及控制自己感情的习惯，十分打击男人，它使得男人感觉自己不再被需要，使他的自信心、成就感和需求得不到满足。这正是男人在此类女人那里得不到幸福的感觉，从而远离她的原因。

因此，如果女人想让自己充满吸引力，从容地从更多的候选名单中选出最满意的一个，最需要做的事情，就是让男人感到被需要。而最好的办法，则是不再让自己那么富有责任感，同时积极表达自己的情感。

**智慧寄语**

男女相处的问题看似很多，其实非常简单：男人需要为别人提供服务；而女人则需要有人为她效劳。尽管男女之间的需求不同，但却是彼此互补的。只有满足这两方面需要的感情，才能健康持久。

# 女人无须过分坚强

女人如果太过柔弱，就会任人摆布，没有办法处理自己的事；可是，女人如果太坚强，从不在男人面前表现出一丝脆弱，任何事情都自己处理，即使遇到再大的困难也自己扛，甚至连男人的一切都打理得妥妥当当，男人就会觉得自己无事可做，时间长了，就会失去激情，最后甚至有可能变成窝囊废。

聪明的女人不会走这两种极端。聪明的女人充满智慧，不会因为一点儿小事就愁眉不展，更不会事事都麻烦男人。她明白：男人不是万能的，他的时间、精力都不是无限的，如果把一切都推给他，不仅对男人不公平，也会让他身心疲惫，不堪重负。压力过重男人常常难以自控，表现得异常烦躁，动不动就发火，这必然影响婚姻的质量。聪明的女人懂得分担，她们主动分担男人肩上的重担，帮助男人减轻心理压力。

男人受不了小题大做的女人，也同样难以接受比他们更坚强的女人。男人们从小就受到这样一种观念的影响：作为一个男人，他应该坚强，任何事情都必须处理好。男人们已经习惯于这样的观念，如果自己不能做好某事，那就表示他很无能。因此，一旦有女人在男人面前表现出过分坚强，男人就会产生防御抵触心理，可能还会毫不犹豫地拒绝女人的帮助。当他被女人示意要施以他援助时,他会感到自己受到了侮辱,进而坚定地说"我能行"。

所有男人都有一种天生的自我保护,在男人看来,女人需要用心呵护和照顾。他们渴望成为女人的护花使者,渴望自己能够保护女人不受伤害。这就是男人在女人面前更像男人,女人在男人面前更像女人的原因,这是两性先天的差异和各自不同的需要所造成的。聪明的女人会恰当地说明自己很失落,让男人觉得她很需要他,但这种需要与依赖又是不同的,她不会让男人产生被束缚的感觉。男人既没有失去自由,又感到女人很需要自己,这不仅大大满足了他们的虚荣心和保护欲望,而且也让他们感觉自己很行,从而给了他们信心和力量。

过于坚强的女人的出发点也许是好的,她可能只是不想给男人多添忧愁,但是,这种做法却是不可取的。女人的过分坚强只会让男人敬而远之,认为女人并不需要他。男人的保护欲望如果在你这里得不到满足,就会寻找他人满足自己的欲望,而且他也更希望把自己的爱给一个真正需要自己的人。

有些人可能觉得女人太坚强并没有什么不好,这样男人不就轻松多了吗? 没错,如果女人把所有的事情都料理好,男人就可以什么事都不用操心了,他们可以什么事都不做,靠女人养活。这样的情况在现实生活中并不少见,但这种"女主外,男主内"的夫妻分工真的幸福吗? 这其实是有违男人核心价值观的。相对于女人来说,男人更重视做事的速度,他会不断地积蓄能量,千方百计地用这些方法说明他的能力。他的人生态度和"成就""成功"等指标密切相关,这些东西都可以给他带来最大的满足感。毕竟在男人所有的价值观之中,渴望成功,追求业绩,是其价值观的核心所在。

**智慧寄语**

聪明的女人绝不会将老公闲置,即使她们能处理所有的事,她们也不会这样做,因为她们明白,男人需要展现自己的舞台,证明自己的能力,没有事业的男人是不会幸福的。她们向男人请教一些工作中的问题,并适时鞭策鼓励老公,让其取得更大的成就。

# 学会装傻

聪明是把锐利的武器,人世纷争、红尘恩怨,在它的面前无处隐藏,那种看穿一切的感觉必定非常美妙。可是要记住,人不能太聪明,锋芒太露容易伤了别人也伤了自己。

真正有大智慧的人,肯定不会表露出来。只有那种满腹小聪明的人,才会时不时地卖弄自己。聪明的人,聪明是他的秘密武器,只在关键时刻才会拿出来;聪明的女人,学会把聪明用在事业上,而在家庭中,就应该学会装傻。

有些女人才貌双全,在生活中无所不能,在职场上呼风唤雨,可是却让别人退避三舍、敬而远之。不可否认,她们有内涵,也很有才华,可是与她们相处时,却发现她们一点儿也不懂得内敛:有的聪明睿智,当别人在谈话中违反了一些思维逻辑时,马上一针见血地指出来;或者是说话时过于强硬,咄咄逼人让人受不了;有的在表述一个观点或是反驳别人的意见时,总是口若悬河直抒胸臆,不管别人能不能受得了;有的只不过因为别人对某事看法不同,毫不示弱地奋起驳斥……尤其是在公共场合,当别人谈兴正浓的时候,她半路杀出,抢尽风头,不管别人的面子。说实话,在很多时候,何必这么聪明呢? 既不是商务谈判,也不是什么原则性问题,用得着这样吗? 肚子里有再多的墨水,也用不着四处炫耀,通过挖苦别人来显示自己。拥有这种锋芒毕露的性格,不管是男是女,都让人无法忍受,所谓聪明反被聪明误,这尤其是聪明女人的大忌。女人就算再聪明油滑,最后也得谈婚论嫁,如果在与男人相处时总是显示出自己的聪明绝顶,并不是一件好事。一方面,高智商让她们火眼金睛，洞若观火，一眼就能识破男人的甜言蜜语，找出他们的各种缺点，拆穿他们的拙劣把戏，所以她们对男人的要求也很高；另外，聪明太过形之于外，流露出一种骄傲或是压迫感，只会让男人感觉受到威胁，缺乏安全感，就算女人再好看，也会让人退避三舍，让聪明反误了终身。

　　王英有一次遇到了好朋友张丽，她说和老公过不下去了，决定离婚了。王英惊讶不已，以前她总把老公的好挂在嘴上，让别人很羡慕。她愤愤地说："我对他那么好，他为什么那么没良心？他的一切东西都是我买给他的，他的早餐晚餐都是我亲手给做的，他的衣服都是我亲手给洗的，我为他付出了很多很多，他却跟我撒谎，刻意隐瞒他的行踪，被我发现了，可是他说我很疑心，不敢告诉我，怕我生气上火，这能算理由吗？我明知道他口袋里有200块钱，可是第二天他就不承认了，肯定过不下去了。"

　　人们常说，结婚之前要睁大眼睛，婚后只需睁一只眼、闭一只眼。所谓的闭一只眼，大约就是装傻吧！任何事情都有它的模糊地带，其实婚姻也是这样，如果太较真，只能使婚姻产生细小的裂缝，婚姻不是一朝一夕的事儿，天长日久，等到缝隙变大了，最后不能弥补，后悔晚矣。婚姻是两个人的事儿，两个人的事儿肯定比一个人的事情复杂，细究起来，无非是些很不起眼的小事情，当然原则性问题除外。如果不想对一段婚姻放手，那么不妨试试装傻。这样说并不是让谁去忍气吞声，而是换一种思维方式，模糊地处理生活中的小事情。

　　这里的傻当然不是指真的傻，而是告诉那些很聪明的女人，要想获得幸福，在适当的时候要学会装傻。恋爱的时候，男人发誓说："我能把月亮拿下来送你！""我要把星星摘下来给你做项链！"尽管女人心里很清楚，这肯定是不能实现的，但不妨把它当作男人许诺给自己的体贴和温暖。有时候丈夫不小心说了谎，用不着直接戳穿，就算你洞悉一切，仍要傻傻地笑着说：我只是担心你。背后的潜台词是：其实我都知道了，只是不计较罢了。这样说并不是忍气吞声，而是转变思维方式，更好地处理。特别是有第三方在场的时候，你给他留足了面子，他一定会很感激你的理解和包容，会把你当成同盟，当成分享秘密的另一方。

　　金无足赤，人无完人，不能奢求人十全十美，生活中的矛盾是很难避免的。每个事情都想弄明白，就要讨个"说法"，还能生活得很快乐吗？对非原则性、不中听的话或看不惯的事，有的时候，装聋作哑其实是一个好方法，装作没听见、没看见或很快便忘记，家庭和睦便不是难事了。

　　己所不欲，勿施于人，对待爱人千万不要求全责备。控制不住情绪时告诉自己："千万不要发火。"有头脑的人在解决问题时会用到"冷却法"。因为随着时间的推移人会慢慢地冷静下来，就能在无形之中化解从前那些让你火冒三丈的纠纷。倘若不冷静，急于发泄心中的怨恨，无异于"火上加油"，只能令矛盾激化。如果你身上具有女人的聪明气质，就应该知道三分流水二分尘，不是所有的事情都需要探究得一清二楚的，就算你天生有一双火眼金睛，世事洞明，那么最终不仅仅你的眼睛会受伤，婚姻也会被连累。只要把握住婚姻生活的大方向，使婚姻行进在正常的轨道上，沿着道德的航线，试试在小事上装一次傻，也许之后的时间里你会喜欢上装傻这种方法，因为这是一种离幸福很近的生活方式。

　　女人如果能够学会适时装傻，其实是一种境界，只有聪明人才能做到。那种明了一切却不点破的微笑，会使所有的男人都沉迷其中。

智慧寄语 _____

　　女人如果能够学会适时装傻，其实是一种境界，只有聪明人才能做到。那种明了一切却不点破的微笑，会使所有的男人都沉迷其中。

# 不要把男人管得太死

古人常说"苛政猛于虎",现代人常说"蛮妻猛于苛政"。

女人对男人的"苛政",是怎么表现出来的呢?

首先,是女人采取一些措施来防止男人的花心。

有些女人天天心神不宁,像电视剧《中国式离婚》中的林小枫那样,一天到晚电话跟踪,老是觉得老公欺骗了自己,结果弄得婚姻亮起红灯,不可挽救。

现在,大多数女人都把手机当成老公的第一隐私。这大概该归功于前两年那部红遍大江南北的叫做《手机》的电影。据说,当时它在已婚人群中引起了轰动效果,以至于女人们纷纷带着自己的老公去看《手机》,想让男人有点启发,自己也可以从中学习到对付老公出轨的经验,而男人们则叫苦不迭。洞悉了男人秘密的女人们开始严查老公的手机,让男人不得安宁。

> 倩倩平时对老公就奉行严格的"检查制度",几乎天天检查老公的手机记录。而她的老公知道这一切后,想出了各种办法应对。后来两人感情变糟了。可是,倩倩并没有意识到自己做的事有什么问题,按她的话说:"是管理的方法不够好。"

还有的女人,对男人和别的女人的交往过于敏感,无理取闹。

比如,男人明明是和来自老家的表妹一起去逛商店,女人看到后,不问青红皂白,就是一阵责骂,指责男人出轨。

还比如,他和多年未见的大学女同学偶然相遇,一起去了酒吧聊天,她看见后很生气,歇斯底里。

总之,只要一看到男人和其他异性在一起就会嫉妒,要是男人对异性有点热情,就觉得是在追人家……无论男人如何辩解都没有用,而且还要上纲上线。

管制老公的另一个项目,是钱包。

多数女人都不能很好地处理这个问题。有的人怕老公钱包满了,出去花天酒地,所以动辄检查男人的钱包;有的则是出于抠门小气,不给男人零用钱,因此死死地管着他的钱包。这只能导致男人私房钱的屡禁不止,君不见网络上关于男人怎么藏私房钱的帖越来越多。

这些方法,不可谓不费尽心机,不可谓不用尽手段。可是,好老公是靠管出来的吗?

大禹的父亲用"堵"的方法治水,最后却被水"治"了。禹承父志,用"疏"的方法治水,舜就把帝位传给了他。百堵不如一疏。对于婚姻问题,也能给我们一些借鉴。

用手机控制男人,会让男人不胜其扰。过分的嫉妒,能让一个非常可爱的女人成为不可理喻的蠕虫病毒,作为主机的男人只能是一直更新自己的杀毒软件,时刻防着你。嫉妒的女人原本是想让男人知道她在意他、爱他,最后的结果却是:你可以不让我接触异性朋友,但我不是你的玩具!因此两人会慢慢地疏远。

通过控制男人的金钱来控制他,也是天方夜谭,因为百密必有一疏。最好的管理,其实是对心的管理,因为制度总是有漏洞的,连法律都是有空子可钻的,更别说你对男人的控制。要想管制住他,就应该温暖他的内心。

对婚姻来说,自由是风筝,信任是拴在风筝上的线。一把钥匙开一把锁。你给他信任这一把钥匙,他只打得开那把叫"信任"的锁。对于现代婚姻,怎样做到"少问甚至不问问题"是一个女人必须研究的课题。

聪明乐观的女人，可以让自己的心变得很活跃，在适度的自由、放任中，使爱坚固和永恒。

有一位知识女性，她深爱着丈夫。丈夫经常在外忙事业，但他们的感情十分融洽，一直没出现过什么问题。有人问："你不担心他在外面寻花问柳吗？"

这位女士回答："咱们的爱是很对等的。从接受他的爱那天起，我就给了他信任，我爱他但不苛求他。我希望他成功完美，可是我从没把自己抵押给他。我担心什么呢？有些时候，感情这事儿你放开来看，其实恰恰就是一种最好的把握。有的女人在开始时就把自己放在了一个乞求感情的地位上。这就是悲剧的根源所在：你对自己都不自信，别人怎么看重你？男人往往就是这样：你过于看重他，这就是暗示他随意地主宰你的感情和幸福了！在这一点上，你首先就输了。"

感情是最在乎尊重和平等的。不用说，有头脑和有肚量的女人，男人自然会感到她的可爱了。因为男人爱上一个女人的同时，并不希望在爱情的限制下使自己失去一些东西。

**智慧寄语**

越害怕失去的就越容易失去。人就像一个弹性球体，挤压就会变形。要是你使劲作用于它，就会有更大的反作用力。婚姻就像是球场，即使球蹦得再高，它也需要球场啊！关键是你想让它在自己的球场里活跃，还是要把它踢出去？

# 了解自己在争吵过程中易犯的错误

夫妻之间发生争吵的时候，双方都会推卸责任，总觉得对方没事找事，自己才是最讲道理的。俗话说"一个巴掌拍不响"，发生争吵，那就肯定不是一个人能完成的。

情感专家约翰·格雷在《金星女火星男为什么相撞》一书中，阐述了在吵架时女人常犯的一些错误。了解这些错误之后，她们就能够明白为什么男人总是与她们对立，以及她们的需要为什么得不到满足。

（1）当女人情绪化的时候，她们会不自觉地增大音量与对方辩论，语气中传达出指责、抱怨、嘲弄、讽刺、挖苦等消极情绪。要想避免争吵，在一开始说话时，女人就应该尽量保持平静的语气。

（2）当女人表达对男人的不满时，总是提出反问性的问题，比如，"你怎么可以这么做？""你怎么能说出这样的话？"这些反问性的问题带有挑衅的意味，男人经常因此被激怒。女人应该直接表达自己的情感和需求，比如，"我不明白你这样做的原因，但是我认为你这样做对我不公平，我感觉受到了伤害。"

（3）如果女人非常情绪化，且针对男人的观点和行为不加掩饰地表明自己的态度和情绪，也会使争论升级。比如，"你根本不在乎我，否则你不会这样说……这让我很生气！"要想避免争吵，应该委婉地重述男人的话，比如，"你是不是想说……"

（4）女人经常把抱怨扩大化和具体化，比如，"你从来不关心我""你总是这样那样不好"。男人不同意这种说法，肯定会为自己辩解。女人应该说出自己的真实需求，比如，"我希望你陪我聊会儿天""我希望今天你来拖地"。

（5）女人经常不直接说自己的需要，而是抱怨。显然，这样无助于解决问题，反而会扩大问题。女人不应该说"你这样做不对""我不喜欢"，而应该说"我希望……"

(6)女人总是期望男人按照她们的方式做出回应,而没想过男女有别。比如,"你为什么不说出你的感受呢?""为什么不把心里的想法告诉我?"她们没有意识到男人并不善于表达自己的感受。要想使谈话顺利进行,女人可以说:"我理解你的意思,你是想说……"

(7)女人有时把自己的男人与别的或以前的男人进行比较。比如,"我以前的男朋友就不会这样做""你以前比现在关心我"。这样的做法是不明智的,女人应该感激男人为她做的一切,这样才能促使他做得更多,比如,"我很感激你为我做的"。

(8)当女人情绪失控的时候,她们总是只顾着表达自己压抑的情绪和感受,因此,自顾自地说个不停,不给男人表达的机会。这个时候,女人应该做几个深呼吸,让自己冷静下来,听一听男人的意见。

(9)女人经常让男人负担起让自己快乐的全部负责,而不是自行承担起部分责任。比如,"如果你不这样做,我就很难过"。这会让男人受到束缚,感受到很大的压力。女人应该自己想办法,让自己放松,快乐。

(10)女人常常通过情绪宣泄的方式表达自己对男人的不满,比如,"我觉得你就是想惹我生气……"或者"你的话让我觉得你一点都不关心我"。男人觉得女人们是在无理取闹,这样必然引发争吵。正确的做法是尽量客观地诠释男人的语言和行为,比如,"我知道,你的意思是……"

(11)女人和男人争吵的时候,经常把陈年往事都提出来,用来证明自己的观点和立场的正确性,比如,"上个星期你就这样,现在还是一样不改……"男人不喜欢别人揪着自己的错误不放,更别说是已经过去的错误了,这必然导致争吵升级。女人不应该让过去的记忆成为争吵开始的理由。

(12)夫妻争吵之后,女人常常发起冷战,除非伴侣做出改变或主动道歉,否则决不先行开口说话。一味等待对方妥协,容易引起对方的反感和抗拒,从而难以做出积极的改变。女人应该主动敞开心扉,请求他采取行动满足你的需求。女人的包容和理解,能让男人积极改变。

(13)如果女人采取命令的方式向男人提出请求,男人就会反感,比如,"你应该这样做","你不应该那样做"。虽然是同样的意思,如果用委婉请求的方式,效果就好得多,比如,"我很感激,如果你愿意去",或者"我觉得这样做更好一些,你愿意这样吗"?

女人可以从上面这个清单中找到自己常犯的错误,面对男人时,要提醒自己避免这些错误,避免产生一切不必要的争吵。

**智慧寄语**

女人需要认识到自己在争吵中扮演了什么样的角色,是什么原因导致争吵不断升级。这样有助于她们排除消极情绪的干扰,并做出某种妥协,从而避免因为一些鸡毛蒜皮的事发生争吵。

# 女人应该合理地为家庭付出

女人有强烈的家庭责任感,她们天生乐意为家庭付出。她们总是有做不完的家务,总是不停地做了这事做那事。她们很难闲下来,即便坐下来休息,她们也在想还有什么事需要处理。她们整天忙里忙外,为的是布置家里的环境,创造一个舒适的家。

生孩子之后,女人会把全部心血倾注在孩子身上。她们辛辛苦苦地喂养孩子,给孩子换洗尿布,讲故事,教孩子说话和走路,给孩子买衣服,接送孩子上下学,辅导孩子做功课……

除了做家务和照顾孩子之外,她们还要侍候老公,孝敬老人。她们要做的事情太多了,她们整天劳累，难得休闲。女人为男人打理生活中的一切细节，甚至牺牲自己的空间，完全融入对方。如果别人对她们说："你老公有了你，真幸福死了"，她们就会感到满足和自豪。

对她们来说，这些付出并不会让她们感到委屈或不公平，这种付出是一种本能，对家人的付出能够带给她们幸福感和满足感。结婚不是做买卖，如果用等价交换的原则衡量婚姻中的付出，男女双方都会认为对方占了便宜。对女人而言，只要有爱就应该奉献一切。美国精神分析学者埃里契·弗洛姆认为，"付出"就是发挥自己的潜力。我们每人都具有丰富的内涵，付出能让对方了解自己的智慧和力量，付出虽然辛苦，但却可以让人更加肯定自己，通过付出，我们还能认清自己的存在价值。婚姻中的"付出"是一种非常积极的体验。

"付出"使女人获得家人的认同，并体会到成就感和价值感。只要女人的付出得到丈夫的肯定、支持和理解，她们就能获得积极的体验。只有当她们的事业和家庭关系发展不均衡的时候，这种付出才会出问题。如果她们的付出无法得到家人的理解，她们就会感到失望、委屈和不公平，难免时时抱怨。

> 赵小姐结婚的时候，家里一贫如洗，她在照顾家庭的同时努力开创事业。慢慢地，她开始产生不平衡感，因为她觉得自己付出的太多。这种感觉让她非常痛苦，她对丈夫和家人的埋怨越来越多，她的抱怨逐渐使得夫妻间的关系越来越紧张。

当今的女性除了要照顾好家庭，还要兼顾工作，她们没有足够的精力像她们的母亲那样把家里打理得井井有条。但是，下班回家之后，她们却得不到闲暇，而是受到传统观念和强烈的家庭责任感的驱使，不停地忙碌，无法得到放松。如果女人因为做家务而得到理解和支持，使她们女性的一面得到认可，她们就会产生成就感。只有这样，她们才能得到真正的放松，愉快地完成家务。

很多家庭的丈夫和孩子对女人的付出习以为常，认为这本就该是女人的事情。如果偶尔女人不做家务或不付出，他们就会感到不平衡。大多数男人很会享受生活，在工作之余，他们有很多爱好，比如，钓鱼，看球赛，健身等。当男人想关心女人时，通常会说："你做得太多了，你应该休息一会儿。"男人认为，只要女人少做一点儿事，就不会那么累了。事实上，她们干得多少并不是问题的所在，问题在于，男人必须知道女人总是倾其全力、不计代价地为家庭付出。

女人之所以感到疲惫并不是因为她们做得太多，而是因为她们没有得到足够的关心和支持。只要她们得到关心和支持，她们的疲惫感就会神奇地消失，从而精神饱满。如果男人不能给女人关爱和支持，这就会让女人感觉受到冷落。

女人应该认识到，家务是不可能做完的，她所依据的是从前女人有足够时间做家务的标准。男人确实应该分担家务，但是，女人不应该把这种期望强行加在男人头上。反过来，男人在满足女人的情感需求的同时，也要自觉地帮妻子分担一些事情。只要男人帮助妻子做一些力所能及的小事，比如，倒垃圾，清洁厕所，女人就会觉得很满足。当男人回家之后，就能得到他们期待的赞许和温情。

女人在为家庭付出的同时，也应该为自己保留一些独立性，找到自己灵魂的位置，而不应该在家庭中迷失自己。

---

智慧寄语

女人是最无私的。一旦女人结了婚，家庭就成为她们的全部，丈夫和孩子的利益将高于一切。每当自己的利益与丈夫和孩子的利益产生冲突时，她们会毫不犹豫地选择后者。即使有委屈，擦掉眼泪之后，她们仍然毫无怨言地付出。

# 女人的虚荣会破坏婚姻的和谐

女人太过虚荣,受苦的常常是男人。虚荣的女人爱在别人面前吹嘘自己的老公多么有本事;讲究吃穿和排场,喜欢在亲朋好友面前吹嘘;自作主张替老公答应一些他根本就没有能力解决的事情,从而将男人陷于进退两难的境地……虚荣的女人对非常重要的社会事件漠不关心,却非常关注自己周围的事情,看到邻居家买了一台跑步机,她就想:我一定要买一台超豪华型的。看见中意的时装,第二天如果在街上看到别的女人已经穿在身上,并且光彩照人,她就会感觉很难受,一定要抽空把那件时装买回来不可。

女人虚荣的时候,就是男人最无地自容的时候,因为女人的虚荣心伤害了他们的自尊心,让他们抬不起头来。

娶了一个虚荣的女人,男人只有两条路可以走,要么硬着头皮配合女人的虚荣,要么无视女人的感受,只做自己应该做的事情。无论男人最终走向哪条道,其结果都只有一个,即让婚姻变得不幸。

男人虽然也有一定的虚荣心,但理智的男人大部分选择做适当的事,只做自己能力范围之内的事情。理智的男人不会太把女人的虚荣放在心上,他们通常认为,女人因为虚荣要点儿小脾气是正常的,很快就会过去。但是,当他们发现女人因为太虚荣而一味抱怨时,就会觉得女人一点儿也不可爱了,从而对女人失去兴趣,开始对她置之不理,当然,也可能与女人分道扬镳,从此形同陌路。

让男人永远都硬着头皮配合女人的虚荣是不现实的,别说男人做不到,男人的自尊也不允许他们总是这样委屈自己。当男人厌倦了女人,女人也开始对男人感到不满时,一场婚姻危机就随时都可能爆发了。不管这场婚姻危机最后会不会导致婚姻的破裂,都必然使婚姻出现裂痕,使夫妻间的关系不再和谐。

从表面上看,似乎是男人破坏了原本"和谐"的婚姻,但究其根本,这一切都是因为女人过度的虚荣。

有些女人虚荣心作祟,盲目攀比,强迫丈夫很强悍,好让自己很尊贵,希望自己的丈夫飞黄腾达,而且越快越好。这种过分的虚荣,势必使那些并非"财大气粗"的男人精神紧张,不堪重负。

幸福的婚姻需要两个人共同构建,只有男女双方在婚姻中都得到自己想要的,才能让婚姻持久地幸福美满。男人需要有一个善解人意的好女人,这是男人拼搏和奋斗的动力,也是好女人有人疼的秘密。

婚姻应该建立在平等的基础上,任何一方都不能强迫另一方做事。

**智慧寄语**

虚荣是女人天生就有的一种心理。适度的虚荣心并不是坏事,但如果过分虚荣,就很可能毁掉自己的幸福和婚姻。

# 女人不要过于期待男人的完美

几乎每个女人都幻想过自己的理想伴侣,即使目前和自己生活在一起的这个男人与其相差十万八千里,她仍然希望男人是自己想象中的那样。

刘婕是一个美丽温柔、学历高且收入不菲的女人,自然有其理想中的"完美情人"。她说："我不喜欢总是坐在办公室的男人。我的他必须具有叛逆精神，富有创意，与众不同，浪漫，有品位；他还必须会弹奏吉他，重感情而非金钱；当然，他首先应该没有那些令人讨厌的嗜好，这就是我梦中的白马王子。"

很多人说这样的男人已经不存在了，但刘婕却真的找到了自己的白马王子，她所列出的上述一切条件他都符合。

可是没过多久，刘婕心里就开始不高兴了，因为他30岁了，仍然习惯于和一帮朋友混在一起，无意寻找一份固定的工作。更加让刘婕气愤的是，他们在同学生日聚会上相聚时，刘婕让他换上那身高级西装，但他坚持要穿夹克，任凭刘婕怎么说，他硬是不听，让刘婕非常生气。他对刘婕的气恼大惑不解："刚才我还很优秀，怎么转眼之间就变成蠢驴了?! 她真的喜欢我吗？"

无独有偶，在现实生活中，不止一个女人像刘婕那样，在一刻之间，觉得几近"完美"的"白马王子"变成了讨厌的家伙。在你身边有很多这样的人：你可能认为自己的女邻居福气好，遇到了一位体贴的男人，他照顾孩子，做家务，任劳任怨，可是如果你仔细思考一下，也许你会发现他的脑子里除了老婆、孩子、房子之外，空空如也；那个让你大为惊叹、口若悬河、出口成章的好友的男友，却被她抱怨说素质和品位太低；你的男人地位很高，对你百般娇纵，但你却怪他经常不回家……在现实生活中，永远也找不到完美无瑕的男人。

女人美梦中的理想情侣只是她一厢情愿的想法。人无完人。当你想在现实生活中让自己的美梦成真时，总会发现这样那样的缺憾，一个人既有优秀的品质，也有令人讨厌甚至痛恨的反面，它们就好像一枚钱币的两面，谁也无法将它们分开。如果你希望自己的男人是完美的，那么，该是你变得现实的时候了！

每一个女人都梦想着自己的丈夫能够成为完美男人。女人深爱她的丈夫，觉得有必要帮助男人成长或成熟，于是想让男人更绅士，改进他的想法和做法，改正那些让人讨厌的缺点。这种一厢情愿的改造，是男人对女人的最大抱怨之处。男人会对这种善意的行为奋力反抗，拒绝她的帮助。不过，女人应该知道，男人排斥的往往并不是女人的需求和愿望，而是她对待他的方式。即使她的出发点无可挑剔，也必须寻找非常有效的方式，选择让他感觉舒适、温暖的措辞，恰当地表达内心的愿望。只有当男人感觉女人欣赏他，信任他，认为他是善于解决问题的人，而不是女人眼中的"问题"时，他才有可能接受女人的批评和建议，接受她的"改造"。

当自己的渴望得不到满足时，女人就会感到很失望，这就是很多妻子面对丈夫的缺点和错误时，往往选择抱怨、唠叨或是咒骂的原因。当然，这种不理智的行为并没有效果。如果她只知道一味地责备男人，那么，就会让他倾向于抵抗，即使他明明知道自己错了，也依然不愿意改正。结果往往是，尽管她是出于善意考虑的，但换回来的却是无休止的争吵或者离婚。其实，女人不妨多给男人一些鼓励，只有给予男人足够的同情、宽容和谅解，他才会感激她，转而想改变那些缺点。

客观地看待男人的毛病和错误是很重要的，只要无伤大雅，真的没有必要因为一些小毛病和男人针尖对麦芒。当男人的一些行为真的引起众怒时，也请不要立即责备他。女人应该先让自己冷静下来，然后理智地分析一下，也许那时候可以找到更好的途径。如果她对他表示出理解和同情，那么，就有可能让他主动改正错误。

实际上，在很多时候，所有这些问题都在于心态，如果女人心态正常，不对男人期待过高，就不会那样严格地对待丈夫；而且，如果能换个角度看待，说不定男人的缺点就会变成优点了。如果她总是盯着丈夫的缺点看，久而久之，只能看到他的缺点。面对一个一无是处的男人，可想而知她也不会好过。

智慧寄语

对他宽容，也是对她自己宽容，只要他的日子好过了，她的幸福就会多起来。

# 用智慧策划幸福

女人的一生都在追求自己的幸福，正是因为这种追求，才使女人显得更加美丽动人。女人所追求的幸福简单而又实在，只不过，不同的女人对幸福有着不同的理解，有着不同的追求手段，而且，年龄的增长也会让女人对幸福的渴求发生变化。那么，女人到底应该怎样追求自己的幸福呢？"命运由自己掌握，幸福由自己策划"这是一位哲人的理论。也就是说，在对幸福的追求上，女人需要用自己的智慧来精心策划。

要想找到自己的幸福，女人就应该让自己成为爱情的编导，而不是一件道具或一个主演。

女人应该让自己更聪明、更从容、更智慧，主动出击，找到自己爱的而且爱自己的男人。

寻爱的活动中，你需要注意以下6个方面：

（1）人海茫茫，我是谁的，谁是我的？

（2）他心中到底喜爱哪种类型？漂亮、聪明、温柔还是冷艳？

（3）怎样才能让那个男人把我的手牵起来？我应该用什么方法呢？

（4）在爱情世界里，到底应该谁为谁多付出一些呢？

（5）我怎么才能让自己的爱情一直忠诚下去？

（6）我怎么才能在爱情市场混乱的情况下，让自己的"爱情之舟"不翻船？

当你的爱情都按你的想法实现后，你就需要继续运用自己的智慧，让你的丈夫围着你转，为你创造幸福长久的婚姻生活。

### 1. 创造一个他向往的家

无论男人的工作是什么性质，无论他对自己的工作有多喜欢，只要身在职场，工作都会给一个男人带来某种程度上的紧张感。所以，每个男人都希望自己在回家以后，有个轻松、舒适、整洁、有序的环境和愉快、安详的家庭气氛，这些可以消除他的紧张与疲惫。这样一来，当面对第二天的工作时，他就会拥有更加充沛的精力。

妻子是使一个家庭幽雅、舒适的主要责任人。作为妻子，一定不能只从自己的喜好出发装饰与布置自己的家，否则，一番辛苦必然白费。

留住男人最好的方法就是创造一个他向往的家，让他在家里感到放松愉快。

### 2. 努力增加生活色彩

如果经常待在家里，生活肯定会平淡单调，这就需要想一些办法来增强生活情趣，户外活动是不错的选择，比如打羽毛球、游泳、郊游、看演出等。夫妻双方会在这些活动中得到新的发现与认识，可以在彼此的心理上造成新鲜感。另外，一起参加社会活动还可以加强夫妻间的感情，积累为人处世的经验。

### 3. "妻管严"要松紧适度

很多女人都认为，为了不让家庭出现问题，就应该对丈夫严加监管。无疑，很多家庭问题的出现包括爱情的变化的确是源于女性的疏忽，她们对男人的责任心和节制能力估计过高，使男人在宽松的环境之下，经不住诱惑，发生了婚外情，所以，很多妻子坚持奉行"妻管严"制度，最起码不让丈夫有过高的自由度与约会的闲钱。在这种严厉的管制中，男人会觉得喘不过气来，觉得家庭如同公司般充满压力。当他们心情好的时候可能会认为妻子的管制是对自己的关怀，一旦心情不好，就会觉得受束缚且无处发泄，免不了在产生反感的情况下向外寻求慰藉。所以，"妻管严"的策略一定要适可而止，最好是一张一弛，刚柔相济，这样，男人就会永远在自己的掌握之中了。

### 4. 培养丈夫的嗜好

在婚姻关系中，使丈夫拥有一些自己的爱好非常重要，如集邮、运动、收藏等，这些爱好游离于工作之外，不仅能使男人自身得到好处，而且可以让妻子获益。如果妻子能够在丈夫的爱好上对他有所帮助，就不必担心他对生活感到厌倦了。

### 5. 分享丈夫的嗜好

要想让自己的婚姻幸福美满，其中重要一点就是分享自己爱人的特别嗜好。

婚姻会因为整天的工作及琐碎的小事而变得索然无味。如果妻子不理会丈夫的爱好，只想着自己的事，或者只顾看言情剧、逛街购物，时间久了，丈夫就会产生一种孤独感，从而对你越来越淡漠，甚至发生感情转移。因此，妻子可以刻意加强自己夫唱妇随的意识，学会与丈夫一起分享他喜爱的消遣。

有些女人总是抱怨自己的丈夫即使周末也不会安安心心地在家里陪着自己，而是去球场或者做其他事情。其实，与其抱怨，不如改变心情陪他一起享受共同的爱好，一旦能够在丈夫的休闲娱乐中体会到乐趣，夫妻双方就不会失落或者心里不平衡了。

### 6. 拥有自己的兴趣

夫妻间拥有共同兴趣固然很重要，但如果共同兴趣过多，也会使家庭生活显得呆板。所以，个别兴趣也是不能忽视的。个别兴趣可以给双方带来不同的经验，这种经验正是产生新鲜与刺激的源头。谁都希望彼此互相欣赏，希望对方对自己的特点感兴趣，如果能有些新的体验，那将是令人兴奋的。努力培养自己的兴趣爱好，既可以陶冶自己的情操，也能让丈夫更多地了解自己。

### 7. 必须与丈夫同进步

不要做秦香莲那样的女人，不要让自己的丈夫成为陈世美。有些妻子勤劳善良，甘愿为丈夫的进步而牺牲自己的美好生活，她们为了丈夫在学业上或事业上的成功，一个人挑起了生活的重担，但当丈夫学业或事业有成时，常常是悲多于喜，自己含辛茹苦却成了牺牲品。虽然男人对妻子的付出也会心怀感激，但是时过境迁，他自己有了很大进步，今非昔比，妻子却原地踏步，两个人之间必然会产生隔膜与距离。因此，做妻子的在支持丈夫的同时，必须同步前进，否则后果堪忧。

爱情需要精心策划，只有依靠智慧的力量，才能让你得到幸福美满的婚姻，从而让你成为一个令男人爱恋、令女人羡慕的幸福女人。

**智慧寄语**

对于女人来说，自己的价值体现在工作上，而幸福则体现在爱情上。

第七篇

聪明女人如何教子

# 第一章　善于与孩子沟通

## 真诚地和孩子交流

有一个小男孩,由于母亲不再给他零花钱了,没钱去打游戏,所以对母亲很有怨言。母亲说什么他都不听,事事与母亲对着干。这位母亲说:"为了孩子学习、生活得愉快,我经受的艰辛都不让孩子知道,没想到他现在这样对待我。"后来,在外地做工的父亲回来了,他把自己的艰辛和经历都告诉了孩子。不久之后,妈妈发现孩子竟然变乖了许多,问孩子的爸爸是怎么回事。孩子的爸爸说:"小孩子也和我们成人一样啊,很多问题,你只要去跟他沟通交流,他就会明白了。你以前太缺乏和孩子沟通了!"母亲听了恍然大悟,从此特别注意和孩子之间的交流,结果,孩子身上的叛逆行为渐渐减少了。

如果这位母亲以前就与孩子有真诚的沟通,让孩子了解自己工作的忙碌和生活的艰辛,那么,孩子就可能会理解母亲,改变对母亲的错误态度。

很多妈妈总是无奈地说,每次和孩子沟通的时候,说不了几句就会吵起来,沟通便很难继续。事实上,在真正开始交流之后,交流双方都应保持理性,并以一种真诚的态度来对待对方。对妈妈来说,在与孩子进行沟通的时候,要注意不要一遇到与自己观点不符的时候就以"过来人"自居,全盘否定孩子的思想,强制孩子按照自己的思路行事。

在家庭教育中,真诚的沟通非常重要。妈妈应当怎样与孩子沟通呢?

### 1. 要消除对孩子的主观偏见

妈妈因孩子过去的表现而形成的固有看法会影响对孩子的理解,甚至导致误解和歪曲。妈妈应该注意的是:孩子是发展变化的,要排除主观偏见,耐心倾听孩子的心声。

### 2. 一定要认真听孩子讲话

在孩子讲话的时候,妈妈应表现出热情和兴趣,并表现得很愿意和孩子沟通。孩子讲话时,妈妈要做到不打断、不批评,努力从孩子的立场去理解他们说的内容,使他们感到被理解、重视和接纳。

### 3. 重视孩子的内心感受

妈妈要注意孩子内心的需求与感受,体会他们的心声,尤其是苦恼和心理矛盾,积极鼓励他们坦诚地表达自己的想法和感受。妈妈也需要在沟通中让孩子明白:不赞同他们的某些行为,并不是因为对他们不理解、不认同。妈妈对孩子的感受是否加以认真理解和评价,将会影响孩子今后的发展。

## 4.交流时要实事求是

妈妈无论是批评、表扬或评价,还是谈论家庭和社会问题,都要切合实际,有理有节,不能跟着感觉走,随着性子说。比如,你批评孩子一件事情没有做好时不应这样说:"笨蛋,我已经说过一千次了,为什么还不改?"这就是夸大其词,于事无补。要运用切合实际、合情合理的沟通方法,培养孩子的理智感、自信心,增强教育效果。

### 智慧寄语

事实上,在真正开始交流之后,交流双方都应保持理性,并以一种真诚的态度来对待对方。对妈妈来说,在与孩子进行沟通的时候,要注意不要一遇到与自己观点不符的时候就以"过来人"自居,全盘否定孩子的思想,强制孩子按照自己的思路行事。

# 把与孩子的交流变成游戏

这是一个出自《卡尔·威特的教育》中的一个故事,可能对我们中国的家长有更多的启示。

爸爸给卡尔买了一套积木,卡尔对这个礼物很喜欢,把大量的精力花在了摆弄积木上。

一次,小卡尔花了很大工夫用木块搭了座城堡,其中有房屋、城门、城墙,还有做得非常精致的小桥。

正当他准备叫爸爸来看时,由于十分激动,不小心他的衣角在城堡的主要建筑——一个高高的钟楼上扫了一下。顿时,钟楼倒塌了,砸坏了其他建筑,还毁了他精心搭建的最令他满意的小桥。顷刻间,他的杰作成了一片废墟。

"父亲,它毁掉了,是我不小心给毁了。多可惜! 它本来那么棒……"

小卡尔说着都快哭了。

爸爸问清情况后说:"儿子,既然是你不小心,就没有理由抱怨,更不该难过。你能做好第一次,就一定能做好第二次。为什么傻坐在那儿? 不如重新做一个,或许还会更好呢!"

顿时,小卡尔欢欣鼓舞。

其实,这话说起来容易,做起来难,因为小卡尔搭的是一组复杂建筑群。要他做完第二次,一定要有极大的耐心和毅力。但老卡尔坚信儿子能做到。

不出所料,小卡尔完成了,并邀请爸爸欣赏作品。老卡尔看得非常吃惊,他没有想到,他的儿子会做得那么完美。

"爸爸,我认为这比前面那个做得还要好些,因为我做第二次时对它做了不少修改,并且做得更快了。"小卡尔自豪地对爸爸说。

相比之下,小麦克就没那么幸运了。

5岁的小麦克的小房间一般不太整洁,玩具从盒子里倒出来后,常常不主动收拾好,就去玩别的了。

有一次爸爸对小麦克说:"把你的房间收拾干净再出去。"

小麦克说:"我已经收拾好了。"

爸爸走进房间一看,地上已没有玩具了,可还有好几本儿童画报没有收拾好,便对小麦克说:"你看你的小儿书到处都是,真不像话,别人会笑话你的。"

小麦克像什么也没有听见似的,溜出去玩了。

我们可以说，小卡尔的父亲真正以童真的视觉看世界，读懂了孩子的心，而小麦克的父亲则是一种"成人主义"的说教，交流效果显而易见。

聪明的父母应当努力把与孩子的交流变成游戏，应当做到：一切语言刺激最好都带有孩子喜欢的趣味性；而在一切孩子所喜欢的活动中，都不要忘了进行必要而有效的语言交流。

伴随孩子的成长，妈妈与孩子之间谈话的内容及交流方式，都在发生着变化，从中也可以看到妈妈与孩子之间心理距离的变化。比如：孩子在褓襁之中，家长不时动情地"自说自话"，心中充满无限怜爱。此时，妈妈的心态是对孩子无条件地接纳。

到了孩子已能满处乱跑时，大多数家长又要重新回到自己的职场。由于工作、家庭的双重压力，家长就期望孩子能少给自己添些麻烦。在这一阶段，有些家长在与孩子沟通时的态度、语气，会因自己情绪的不同而变化：心情好时与孩子讲话较温和；情绪差时，会因一些小事责备、训斥孩子。此阶段家长与孩子交流时，对孩子的接纳程度已不再是百分之百。

孩子上幼儿园或者上学后，家长更多的是关心他学习成绩的好坏，对他接纳的程度也常以成绩为标准。家长最爱问孩子"有没有听老师的话？""考试多少分？""老师喜不喜欢你？"孩子的学习成绩常是家长态度的晴雨表。家长与孩子的对话，俨然是两个成年人的对话方式。

从回顾家长与孩子谈话方式的变化过程，不知您是否悟出了什么？很多妈妈与孩子沟通不良的个案中，有一个共同的特点，便是孩子自小到大的成长过程中，妈妈在对他说话时，比较多地从"应该对孩子说什么"角度出发，而很少考虑"怎样说孩子才能接受"。常常忽视了孩子在不同的年龄阶段，知识容量、心理特点、生活经验以及社会背景都在发生着巨大的变化，并且是处在一个日益发展的动态过程中。如果妈妈对孩子说话的内容和方式，不能与孩子的变化相吻合，结果只能是孩子越来越不听妈妈的话，或者假装"听不懂"。

孩子在接受教育时是有选择性的，并非所有正确的、应该实施的教育内容都会为他所接受。孩子只接受易于接受的内容和方式。因此，妈妈有必要研究怎样同孩子说话。

不少妈妈都感觉跟孩子讲道理是非常难的一件事：妈妈说得天花乱坠，孩子这耳朵进，那耳朵出；一不留神，孩子还逮着个错反驳妈妈半天。有些妈妈能与孩子说得眉飞色舞、热火朝天；有些妈妈却很少与孩子讨论什么，她们与孩子说话，往往说上个三五句，孩子不耐烦，妈妈也没词了。

有的妈妈很是困惑：为什么我们就不能和孩子深入讨论呢？怎样让我们的亲子沟通更有趣呢？在下列几方面好好体悟摸索，相信你能与孩子的心灵越来越近，越说越投机。

**1. 在玩游戏的过程中与孩子说话**

家庭游戏是使家庭成员达成良好沟通的桥梁。孩子的天性就是喜欢游戏，他们需要在游戏中找到快乐，也许要在游戏中成长，妈妈们也会在游戏中重新觅回已逝的童心。游戏使家庭成员融为一体，使大家有更多有意思的话题，使沟通更轻松、有趣。家庭游戏和家庭趣味活动可以有多种多样的形式。如先由一个人在纸上画出一个图形，一个圆，一个三角形，甚至一个墨水点，其他的人在这个形状上加工，画出一幅完整的图画，这个游戏为"怪东西"。"家庭卡拉OK""家庭讲谜语故事""家庭画展""家庭数字扑克牌""集体做饭""绕口令比赛""家庭成语接龙""家庭机智问答"等室内趣味活动，都可以丰富家庭文化，增进家庭成员间的交流。户外游戏的形式，那就更加丰富多彩了。家庭游戏和趣味游戏能自然而然地在家里营造一种轻松欢乐、自由自在的气氛。孩子不再感觉妈妈是威严不可抗拒的铁面家长，而是有意思的玩伴。妈妈也暂时收起了严肃的面孔，和孩子一起欢笑玩闹。这样一个欢乐的家庭之中，妈妈与孩子的关系必然也是亲密的、和谐的。

### 2. 在想象世界里与孩子说话

有时候，妈妈不妨忘记现实的日常生活，在孩子周围创造一种童话般的氛围。孩子眼里的世界，是浪漫的、多姿多彩的。妈妈应该珍惜孩子的这份童心，努力与孩子的童心进行诗情画意的交流。例如，过节的时候，妈妈可以就这个节日，给孩子讲某位神仙会从烟囱里钻出来给孩子们送礼物的故事，而且还可以说只有听话的孩子才会得到他的礼物，那些老在幼儿园里疯、上课讲话的小孩，神仙老人就不会给他们礼物。然后妈妈可以将礼物藏在孩子容易发现的地方，这样既让孩子节日过得很愉快，也让孩子知道应该怎样才能得到这些礼物。这种对于大人看来最容易识破的"欺骗"，但在孩子心中却格外"真实"。丹麦儿童文学大师安徒生有一次陪着邻居家的小女孩玩耍，他告诉那个小女孩，小精灵常常在草地的蘑菇下藏着宝贝。小女孩好奇地掀开草地上的小蘑菇查看。呀！在这里她发现了一个小玩具，小女孩惊喜万分。当然这些东西，都是安徒生事先藏在那里的。当时和他们在一起的还有一位牧师。小女孩回家后，牧师生气地说："你这是欺骗！她总有一天会发现这些都是假的，她会感到痛苦的！""不，你不明白的。"安徒生回答，"她当然会发现这些不可能在现实生活中发生。但我为她做的这一切，将使她拥有一颗生机勃勃、充溢着美和神奇的心灵。"

### 3. 在孩子喜欢的活动中与孩子说话

爱玩、爱做游戏，这是孩子们的天性。游戏的娱乐性和趣味性，能使孩子愉快，兴高采烈。而这种作用对于孩子的生理和心理的健康发展是大有好处的，而且是对孩子进行教育的最好方式。聪明的妈妈应当努力把与孩子的交流变成游戏，应当做到：一切语言刺激最好都带有孩子喜欢的趣味性；而在一切孩子所喜欢的活动中，都不要忘了进行必要而有效的语言交流。

如孩子拿着一根棍当马骑，并用小树枝或小布条当作马鞭抽打着，孩子玩得很高兴，可是当他玩够了的时候，就会扔下木棍跑去玩别的了。这样的游戏反映了什么呢？只是表现了孩子把木棍当马骑这一天真的天性。妈妈对孩子这样游戏往往是听之任之、不加理会，有时说话也只是说："把棍子放到原来的地方，别到处乱扔"，如此而已。其实，这个时候正是妈妈与孩子进行语言交流的大好时机。比如，妈妈可以提来小桶对孩子说："看，马跑了半天，一定累坏了，让它喝点水吃些草吧。"那么，孩子就会很高兴地接过小桶给马"喝水"，还会自言自语地说："我的小马儿，你喝饱了吗？现在我牵你到马棚里吃草吧……"孩子玩完"骑马"的游戏，再也不会把木棍一扔了事，而是对"马"关怀备至。这样，既发展了孩子语言和想象的能力，又培养了他良好的品格和习惯，而这一切都是在轻松愉快的玩耍中进行的。妈妈与孩子在游戏中沟通，既可以收到良好的教育效果，又能拉近亲子间的距离，创造美好的沟通氛围。

多么美好的亲子沟通！妈妈只要有心，就一定能在孩子各式各样的游戏中找到交流的最佳契机。

### 4. 让自己的话更能让孩子听懂和理解

妈妈的语言，可能是具体生动、敏锐有力的，也可能是空洞、愚钝、干巴、软弱的。妈妈只有使用具体形象的话语，进行生动类比，才便于孩子接受和理解，才能打开通往孩子心灵的道路，也才能富有趣味，让孩子感受真正的快乐。

一位妈妈带着孩子出去玩的时候，儿子问妈妈："妈妈，为什么前面那辆汽车会冒烟？"妈妈很有兴趣地告诉儿子，说："你会吃饭、喝水，而运动以后，不要的东西就变成'尿'和'便'排泄出来。车子也一样，吃进去汽油就像你吃了饭一样，才有力气跑；发动了车子，汽油使用后会变成黑烟，从车后排出来，就仿佛车子在'尿尿'一样。所以要把窗子关上，才不会闻到臭味。"这是将车比喻成"人"的答法，问题回答得很形象，也使小孩很容易了解。

如果妈妈是从汽车的原理等理论去阐述，那么会使孩子感到枯燥且难以理解。生活中，孩子会经常冒出许许多多的"为什么"，妈妈可以根据孩子不同的年龄、不同的理解力运用不同的类比方式去解释。妈妈多用形象的比喻会使自己的语言更具有吸引力和艺术性，孩子在快乐交流的同时也会吸收妈妈的语言艺术和精华。

**智慧寄语**

聪明的妈妈应当努力把与孩子的交流变成游戏，应当做到：一切语言刺激最好都带有孩子喜欢的趣味性；而在一切孩子所喜欢的活动中，都不要忘了进行必要而有效的语言交流。

# 用温和的态度与孩子交流

彬彬是个聪明的孩子，平时也很乖巧。但有一次，他与妈妈到姨妈家去玩时，却发生了点不愉快的"小插曲"：到了姨妈家之后，因妈妈很长时间没有见到姨妈了，因此，难免与姨妈聊得时间长了点。刚开始彬彬与姨妈家的弟弟玩得很好，当快到吃饭的时候，彬彬却吵着妈妈要回家。妈妈正与姨妈聊得起劲，也没有注意彬彬瞎闹，只随口说了句："去，去！去玩你的！……"

没想到彬彬一改往日的乖巧，躺在地上撒起娇来。这还真让妈妈很没面子，妈妈抡起巴掌就在彬彬的脸上留下了纪念。这下彬彬就变本加厉了，姨妈只好让他们母子"打道回府"，一次好端端的相聚就这样在不和谐的气氛中草草收场了。

其实，假如妈妈能与彬彬好好说，或许就会避免出现这样尴尬的局面。这是妈妈"粗暴"的结果。

孩子幼小的心灵很容易受到伤害，采用任何粗暴、武断的方式对待孩子都是不合情理的，只有用温和的方式，才能更好地走进孩子的心灵。采用温和的态度与孩子进行交流，比较适合孩子的心理要求和特点，有助于妈妈与孩子之间的思想交流与感情更好地沟通，从而使孩子信赖妈妈、尊重妈妈，欣然地接受妈妈的教育。

为什么只有温和的态度才能更好地走进孩子的心灵呢？

首先，温和的态度减弱，甚至可以消除孩子的逆反心理。有这样一些孩子，从小就受到妈妈过分严厉的斥责，可以说他们是在训斥声中长大的。在这些孩子的眼里，妈妈是不可亲近，而且是令人憎恨的。由于孩子们有强烈的对立情绪，因此，对妈妈的要求，常常一味地拒绝，有时甚至反其道而行之，故意调皮捣蛋与妈妈对着干。

妈妈们用温和的态度，心平气和地就事论事，会对孩子产生良好的暗示，孩子会欣然接受妈妈的教导。假如妈妈能长期坚持这样做，孩子自然会消除逆反心理，而且会自觉地按照妈妈所讲的道理去学习、生活及做人。

其次，温和的态度能够减缓孩子们的心理压力。大部分孩子都惧怕批评，这是一种潜在的心理负担。一旦受到了妈妈的呵斥，这种负担便会转化为"心理压力"，孩子会由于考虑到妈妈将如何处置自己，而变得焦虑不安，精神紧张；同时，由于自我保护的本能，又会促使孩子做出"心理防御"，以至于在妈妈面前不敢也不愿道出真情。

这种时候，假如妈妈能用和蔼的态度、温和的语气开导、说服，孩子就会获得心理上的宽慰。紧张的神经会渐渐松弛，等孩子的情绪稳定了，妈妈的说教也就很容易被接受了。

最后，用温和的态度与孩子进行交流，不仅可以缩短亲子之间的心理距离，同时也可以增进彼此的亲子关系。反之,那些热衷于保持妈妈的"尊严",对孩子声色俱厉的训斥,常常会阻碍妈妈与孩子之间心理的沟通与感情的交流。

假如妈妈用粗暴的口吻告诫孩子,孩子就会拒绝,因为他们感到对你的让步,就意味着自己的软弱与不自主。往往听到有些妈妈高声亮嗓地吼孩子:"不要吵,不要乱喊乱叫!""妈妈说话时别插嘴!"在此种情况下,孩子常常也会态度强硬起来,变得蛮不讲理。

实际上,客气地用温和的语调征求孩子的意见,他们会乐意去实现你的愿望。假如你能改换成温和的口吻,表示重视孩子的意见,友好地问:"你是怎样想的?"或者说:"我想和你商量一下,你说怎么办才好呢?"你就会看到孩子会很认真地考虑、关心你所提出的问题。

当孩子出现某些问题的时候,妈妈不妨先放下"打骂"或"粗暴"的管教方式,尝试着使用一些温和的态度,或许还真能收到预想之外的良效。

**1. 爱意融融,用温情打动孩子**

对待孩子的问题,要包含无限的真诚与浓浓的爱心,要知道,只有温情脉脉的建议,孩子才能欣然地接受,从而有效地打开孩子的心灵。

**2. 未成曲调先有情**

对待孩子的问题,只有动之以情,才能收到良好的效果。当妈妈们用温和的阳光去照耀孩子的心的时候,孩子自然就会在愉悦中快乐成长。

**3. 针对孩子情况提出建议**

有效的建议,都是有的放矢的。妈妈对孩子提出建议应从孩子的实际情况出发,做到具有针对性与可行性,唯有如此,才能够收到事半功倍的良好效果。否则,无效的建议提的太多了,反而会很容易引起孩子的反感。

**4. 以体恤与宽容孩子为出发点**

孩子的成长过程是一个不断犯错误与学习的过程。因此,面对孩子的问题,妈妈不能发脾气或自我失控,而应给予理解,以体恤与宽容孩子作为出发点。只有这样,才能够做到理智、平静地面对与处理孩子身上的问题。

**5. 不要把建议变成命令**

妈妈给孩子提供建议是必要的,但千万不能抱有"孩子必须这样做"的想法,孩子必须听妈妈的,而妈妈要尊重孩子的选择与意愿,否则,这就不是"建议"了,而变成了"命令"。孩子是独立的人,他们也有自己的选择权,对于妈妈的建议,他们有选择的余地,妈妈应该尊重孩子的意愿,切忌采取压制或胁迫的手段。

**智慧寄语**

孩子幼小的心灵很容易受到伤害,采用任何粗暴、武断的方式对待孩子都是不合情理的,只有用温和的方式,才能更好地走进孩子的心灵。采用温和的态度与孩子进行交流,比较适合孩子的心理要求和特点,有助于妈妈与孩子之间的思想交流与感情更好地沟通,从而使孩子信赖妈妈、尊重妈妈,欣然地接受妈妈的教育。

# 针对孩子的个性选择交流方式

媛媛是个性格内向的孩子,平时很少和同学交流,身边的朋友也很少。但是媛媛的妈妈却是一个性格开朗的人,平时大大咧咧的,和孩子说话时也不太注意,于是敏感的媛媛常常会误会妈妈的意思。

比如，妈妈偶尔会说起隔壁的小孩子会帮家里做家务活，媛媛将妈妈的话理解为她喜欢隔壁的那个孩子，而不喜欢她，为此非常伤心。有一天，媛媛给妈妈写了一封信，把自己的心里话对妈妈说了，信里写了她的困惑、不解以及对妈妈的不满。

妈妈看到女儿的信后，恍然大悟，认识到自己教子方式的不妥，决定从生活细节入手，根据孩子的性格教育孩子。

女儿内向，不善表达，妈妈就鼓励她多说话，尽量找她感兴趣的话题，在妈妈的带动下，女儿变得开朗了很多。

考虑到女儿的性格内向，妈妈还特意准备了一个本子，一家人可以将各自想说的话写到本子上。通过纸上的交流，媛媛和妈妈的感情越来越好了。

孩子之间存在很大的个性差异，每个孩子的个性都是不同的，教育的目的就是要开发每个孩子的差异性、独立性和创造性。妈妈要根据孩子的个性，选择不同的说话方式，只有这样，才会达到理想的教育效果。

妈妈是孩子最亲近的人，对孩子有更加深入的了解，因此，在对孩子进行说教时会更有优势，但前提是，妈妈在了解孩子的基础上，选择孩子喜欢的或是容易接受的说话方式，让孩子能真正听进去妈妈的话，并将其付诸实践。

很多妈妈常常抱怨，自己根据教子书上所写的方式与孩子沟通，可是自己的孩子还是不听话。这可能是因为，这些妈妈生搬硬套某种教育模式造成的。只有妈妈的说话方式符合孩子的心理需求和特点，才能更好地激活孩子的思维，发挥应有的教育功效。根据孩子的个性选择不同的说话方式，能够帮助妈妈有针对性地教育孩子，使得孩子发挥自己的优势，有效地改正自身的缺点。

妈妈要从孩子的实际情况、个别差异出发，有的放矢地进行教育，使孩子能够扬长避短、获得最佳的发展。孩子的个性不同，妈妈的说话方法也应有所不同。别人的教子秘诀对自己的孩子或许并不适用，妈妈要注意活学活用，对孩子进行个性化教育。

由于家庭状况和孩子的实际情况都存在差异，所以，妈妈要根据孩子和自己的个性特征，选择不同的说话方式，让温暖而有教育意义的话语伴随着孩子的成长。

### 1. 尊重孩子的个性

每个孩子都有自己独特的个性，妈妈与孩子说话时要尊重孩子的个性。

孙唯是小学四年级的学生，一直以来都很听妈妈的话，可是最近他不像以前那样听话了，这和妈妈的教育方式有很大的关系。

有一天，孙唯回家后，妈妈用强制性的口气和他说："我为你报了个奥数培训班，从明天开始，你就去参加培训。"妈妈的语气一点商量的余地都没有。孙唯是个很有主见的孩子，看到妈妈的态度强硬，也不好说什么，但是心里始终闷闷不乐。

妈妈发现儿子的情绪不对，耐心地与他沟通，了解了他的想法，最后主动取消了这个培训班。儿子得到了妈妈的尊重，决心以优异的成绩来回报妈妈。

妈妈要了解孩子，熟悉孩子的个性和爱好，选择适合孩子的说话方式。尊重孩子的个性，可以避免教育的盲目性，孩子会更清晰地认识到自己的特点，更好地发展自己的个性，这会使教育起到事半功倍的效果。

### 2. 和开朗的孩子共同探讨问题

对于性格外向的孩子，妈妈可以选择孩子感兴趣的话题，和孩子共同探讨，这样既可以激发孩子的学习兴趣,增加孩子的知识,又可以增进亲子关系的和谐度。

姜涛喜欢玩游戏,已经达到了痴迷的状态,妈妈为此很着急,害怕游戏耽误孩子的学习。怎么办呢?

姜涛性格很开朗,并且对生物很感兴趣,妈妈决定从这一点入手。

这天,妈妈从图书馆借来了一本关于生物的书,上面有姜涛很感兴趣的恐龙。姜涛看到后,滔滔不绝地向妈妈讲起了他所知道的有关恐龙的知识,这时妈妈恰当地向儿子提出了几个具有争议性的问题,姜涛忘了玩游戏,开始和妈妈查询起那几个问题的答案来,母子俩还时不时地进行热烈的讨论,气氛非常热烈,也很融洽。此后,妈妈不断用这种方式转移孩子的注意力,很快,姜涛对游戏就不那么痴迷了。

在与外向的孩子说话的过程中,妈妈可以适当幽默一些,要多让孩子说,自己则要耐心听。

### 3. 用鼓励性的话语对待内向的孩子

内向的孩子生性害羞、敏感,更需要得到来自妈妈的认可和肯定,所以,表扬和赞美是教育内向孩子最有效的方法之一。对于内向的孩子,妈妈要学会放大孩子的优点,从身边的小事入手,表扬和赞美孩子。

妞妞今年已经上小学一年级了,可是她不敢和同学交朋友,一和同学说话就脸红,头都不敢抬。妈妈就鼓励她说:"孩子,妈妈知道你心里其实很想和小朋友们在一起玩,妈妈相信,只要你敞开心扉,就会有很多朋友的。"

妞妞听了妈妈简短的话,开始有了一点点自信,觉得自己能够做到这一点,便试着按妈妈所说的去做了。果然,不久,妞妞就有了两个好朋友。随着时间的推移,妞妞的朋友越来越多,性格也越来越开朗。

妈妈在和内向的孩子说话时,要用柔和的语气,使孩子的情感得到保护,但是妈妈也要把握好尺度,不要让孩子滋生骄傲的心理。

### 4. 根据孩子的承受能力选择说话方式

有的孩子心理承受能力强,妈妈选择何种说话方式,他都能接受;而有的孩子心理承受能力较弱,自尊心较强,对于这类孩子妈妈就要选择委婉的说话方式,以保护孩子的自尊心。

严青是个心理承受能力很弱的女孩,妈妈一句不经意的话,就会让她纠结很长时间,妈妈觉得这样下去,对孩子的成长是不利的。

于是,妈妈开始注意自己对女儿的说话方式,在女儿心情不好的时候,妈妈会采用委婉的语气说话,而在孩子心情好的时候,妈妈有时会说些语气较重的话,以此来锻炼孩子的心理承受能力。

只要妈妈根据孩子的个性,选择适合孩子的说话方式,孩子就会乐于听从妈妈的教育,教育也会达到更好的效果。

智慧寄语

妈妈要从孩子的实际情况、个别差异出发,有的放矢地进行教育,使孩子能够扬长避短、获得最佳的发展。孩子的个性不同,妈妈的说话方法也应有所不同。别人的教子秘诀对自己的孩子或许并不适用,妈妈要注意活学活用,对孩子进行个性化教育。

# 倾听是妈妈必须具备的一种能力

情景一：

　　妈妈正在做饭，孩子回到家高兴地跑到妈妈身边："妈妈，我们班今天发生了一件很好玩的事！""没看我正忙着？还不快去做作业！别整天疯疯癫癫地光想着好玩。"孩子一下子蔫了。

情景二：

　　妈妈在看电视，孩子走到身边说："妈妈，我想跟您说件事。""行，什么事？你说吧！"妈妈答应了孩子的要求，但却没有认真倾听孩子的诉说。孩子说的时候，妈妈虽然在哼哼呀呀地附和着，但眼睛却一直盯在电视上，根本不正眼瞧一眼孩子。最后，孩子气呼呼地说"不跟你说了"而转身离去。

情景三：

　　班主任打电话找家长，说孩子在学校打架了。孩子放学回到家，一肚子怒火的妈妈开口就说："你这个浑小子，整天不干好事，净干坏事！"孩子嘟囔着："我，我……"似乎想说明打架的原因。"我什么我。你还有什么好说的？"孩子委屈得流下了泪……

　　从这几个场景中可以看到，很多时候不是孩子不愿意说，而是妈妈没有认真听孩子说。这样的做法，怎么能够全面地了解孩子？怎么能够走进孩子的内心世界呢？不了解孩子而与孩子沟通能不费劲吗！要想和孩子沟通，就必须学会倾听。倾听是和孩子有效沟通、了解孩子的前提。不会或者不知道倾听，也就不知道孩子究竟在想什么，连孩子想什么都不知道，何谈了解？

　　倾听是妈妈教育孩子时必须具备的一种能力，这是因为孩子的教育80%在于沟通，20%在于教导，只要沟通到位，教育就不会是一件很难的事情，而倾听正是亲子沟通中必不可少的一个重要环节。因此，要解决孩子的问题，首先要解决和孩子的沟通问题，妈妈必须要学会和掌握倾听的技巧。

　　那么妈妈如何正确地应用倾听艺术，使自己在和孩子的沟通中收到良好的效果呢？

**1. 要有主动倾听的意识**

　　妈妈千万不能因为孩子小，就忽略他们的表述。不要总是居高临下，而是要经常蹲下去，与孩子面对面，平等地互相倾听与诉说。在倾听孩子谈话的过程中，不时地运用眼神或简短的语言表示出兴趣。切忌表现出不耐烦，或说出让孩子扫兴的话语。

**2. 要允许孩子申辩、解释**

　　现实生活中常会有这样的情况：孩子犯错时，妈妈凭着自己了解的情况武断地对孩子的行为做出评价和责备。当孩子申辩、解释的时候，妈妈会气上加气，对孩子一声断喝："住口，不用解释了！"这种做法对孩子会造成很大的伤害。孩子有时候犯了错，可能有一定的原因，应该让他申辩和解释，老是用"你不用解释"来制止孩子，孩子渐渐就会放弃为自己辩解的权利，他会背着许多委屈，一个人默默承受，长久下去可能会造成严重的心理问题。

**3. 要善于运用倾听的净化作用**

　　倾听可以协助孩子及时排解情绪等方面的问题。倾听是了解的开始，在心理学上，倾听更具有净化的作用。当孩子遭遇挫折、困顿、失败和难过时，积极的倾听能够安抚和过滤孩子复杂而奔腾的情绪,帮助孩子解决存在的问题,就像眼睛里进了一粒沙子很难过,但当眼泪将沙子带出来后,便会觉得舒服多了。请看以下的例子。

> 孩子:妈妈,我讨厌上学,因为全班的同学都欺侮我。
>
> 母亲:全班的同学都欺侮你?
>
> 孩子:对啊! 我跟丽丽借橡皮擦,她都不肯借给我。
>
> 母亲:你觉得很没面子。
>
> 孩子:姗姗和我赛跑输了,就说我偷跑,其实我根本没有偷跑。
>
> 母亲:嗯,还有呢?
>
> 孩子:老师叫我登记成绩,他们就说我是马屁精。
>
> 母亲:哦……
>
> 孩子:我的作文被老师贴在墙报上,张琦就说我是抄来的。其实,我哪有抄!
>
> 母亲:那怎么办? 全班的小朋友都在欺侮你。
>
> 孩子:其实……也没有啦……不是全班啦……
>
> 母亲:有一半的同学在欺侮你。
>
> 孩子:也没有那么多啦!
>
> 母亲:至少有十个同学欺侮你吧!
>
> 孩子:哪有? 这次班上同学还选我当模范生呢!
>
> 母亲:哦……
>
> 孩子:其实就只那三个人啦! 因为他们嫉妒我的功课比他们好! 可是……也还好啦! 上次他们还请我吃冰激凌,有一次我脚痛,张琦还帮我打午餐呢!

这位母亲没有大段的说教,只是用简短的回应,特别是用"嗯、哦"等简单的回应,就帮助孩子澄清了情绪和想法,解决了她认为"全班同学都欺侮自己"的问题。

#### 4. 要注意运用反映式倾听

所谓反映式倾听,就是倾听时试着了解孩子的感受和想法,不加入自己的意思、分析、劝告及任何判断的话。过程中可就事实本身向孩子求证,进一步了解孩子话语中隐含的意义,找出隐藏在其心中的感受或问题的症结。帮助孩子从合理、正面、积极的角度梳理自己的感受,使负面情绪得到疏解。可见,反映式倾听是一种开放式的沟通,是妈妈对孩子感受表达的回馈,可使孩子有"我被了解"的感觉。

例如,孩子带着怒气告诉妈妈:"我讨厌体育老师,他从不让我上场参加篮球比赛,每次比赛我都是坐在场边。"妈妈听了这话后的反应大致会有下面几种:

其一:"你应该告诉体育老师你的想法,应该知道怎样为自己争取权利。"

其二:"你自己技术不行还怪老师。小时候叫你练球你就是不肯。"

其三:"我相信通过练习你会进步的。要有耐心,老师还没看到你的潜能。"

其四:"我去找你们老师谈谈。这对你不公平,你想打球,他怎能不让你打。"

上面的四种反应都不能有效地帮助孩子解决问题,甚至会导致孩子出现其他问题。那么我们看看如何采用反映式倾听,帮助孩子解决自身的问题。

妈妈:"看样子你在生老师的气,因为他没让你参加比赛。"

孩子:"可不是吗? 打篮球挺有趣的,尤其是在比赛的时候。"

妈妈:"你很想参加比赛,可是你现在有点失望,因为同学之间有竞争。"

孩子:"是啊,也许我应该加强练习,提高球技,才能有机会上场。"

由上例可见,所谓反映式倾听,是妈妈在听孩子讲话时,简单扼要重述孩子的感受以及这种感受产生的情绪原因。此时妈妈就像一面镜子,把孩子说的话或表达的感情接收过来,然后再反映回去。反映式倾听是一种尊重孩子的态度。妈妈可以不同意孩子的想法,但应通过反映式的倾听表示愿意真诚地了解他们的感受,包括字面上的意思或隐含于背后的意思。

**5.要巧妙地表达你的意见**

在倾听孩子的诉说时,不要表示或坚持明显与孩子不同的意见。因为孩子希望妈妈"听"他说话,希望妈妈能设身处地地为他着想,而不是给他提意见,批评他。你可以配合孩子的述说,巧妙地提出你的意见。比如,孩子说完话时,你可以重复他说话的某个部分或某个观点,这不仅证明你在注意听他所讲的话,而且可以用下列的答话表达你的意见,如:"正如你所说的,我认为……"等。

---

*智慧寄语*

---

倾听是妈妈教育孩子时必须具备的一种能力,这是因为孩子的教育80%在于沟通,20%在于教导,只要沟通到位,教育就不会是一件很难的事情,而倾听正是亲子沟通中必不可少的一个重要环节。因此,要解决孩子的问题,首先要解决和孩子的沟通问题,妈妈必须要学会和掌握倾听的技巧。

# 妈妈要做孩子最忠实的听众

有一位女士,为了能让自己专心地工作,她把自己3岁的儿子送进幼儿园全托班,每周只接一次。有一次,孩子从幼儿园回来,对她说:"妈妈,我知道你很忙,没时间在家陪我,可你能不能把我转到每天都能回家的幼儿园?"这位女士没能满足孩子的请求,她和丈夫常常出差,没有时间照顾自己的孩子。每次孩子回家,总是兴致勃勃地给妈妈讲幼儿园里的事,不管妈妈爱听不爱听。儿子需要的是一个忠实的听众,而妈妈是最合适的人选。遗憾的是,开始这位女士没有意识到孩子的这个需求,总觉得听孩子说话,浪费了自己写稿子或思考的时间。所以,每次孩子和她讲话,她总是做出很忙的样子,眼睛左顾右盼,手里还不停地翻动着书报。没想到,这位母亲的"忙碌"给孩子的语言表达带来了障碍。由于孩子是一个思维能力很强的孩子,为了在有限的时间里把话说完,他就讲得很快,慢慢地变得讲起话来结结巴巴的。这引起了这位女士的注意,她开始注意改变自己,尽量抽出空来,倾听孩子的讲话。渐渐地,儿子竟成了这位女士学习儿童语言的老师。是孩子把她领入了奇妙的儿童世界,使这位女士后来对儿童教育工作入了迷,也使她学会了怎样用心去读懂孩子。

从上面的故事可以看出,聪明的妈妈在孩子面前不是做一个高明的演说家,而是做一个忠实的倾听者。

如果你发现自己的孩子不爱说话或说话紧张,甚至听你讲话时漫不经心,你就应该意识到,你陷入了"不会做孩子听众"的误区。作为孩子的第一任老师,妈妈必须马上改变自己,否则妈妈会后悔终身。

当你成为一位非常好的听众时,便是你成为高明的说话者之时,你也就具备了成为孩子们喜欢的好朋友的条件。你的倾听会使未成年的孩子从小学会以平等与尊重的心态与人建立联系,会使孩子觉得自己很重要,利于孩子学会独立思考。当你的孩子长大成人,像山一样站在你的面前,你需要仰视他时,他仍然会习惯地俯下身来,像小时候你对他那样听你说话,跟你谈心。那时,年迈的你会从内心里感到做妈妈的宽慰和满足。

也许你会发现,不论孩子的话题多么简单,如果你想要表现出倾听的姿态,那么孩子也会自然而然地愿意把心里话都出来。如果你总是沉着脸,一言不发,一副漫不经心的样子,就会令孩子十分失望。慢慢地,他也会养成对什么事都不关心的毛病。那些在课堂上发呆、不爱发言的孩子,幼年时可能就缺少好的听众。孩子从小没有感受过自己语言的魅力,必定会对自己的语言表达能力失去应有的信心。

妈妈是孩子最好的老师,而语言又是早期教育最重要的环节。如果您想让孩子成为最了不起的孩子,那么,就从倾听孩子说话开始吧!

### 智慧寄语

妈妈是孩子最好的老师,而语言又是早期教育最重要的环节。如果您想让孩子成为最了不起的孩子,那么,就从倾听孩子说话开始吧!

# 坚持让孩子把话说完

**情景一:**

阳阳出生在一个普通的知识分子家庭,从小爱撒娇,对周围的事物特别敏感,自尊心很强,一旦被人奚落,马上就会哭鼻子。在学校一挨老师的批评,就难过得受不了。阳阳上小学二年级时,一天放学回来,往沙发上一靠,撅着小嘴,看起了电视。妈妈问:"阳阳,你看电视,作业做了没有?"阳阳大声嚷道:"我不想做。"一副很生气的样子。妈妈心想:这是什么态度?怎能这样对妈妈说话,我是关心你……妈妈刚想发火,马上又想到了倾听的重要,收起了以往的责骂,和蔼地对儿子说:"你现在不想做作业,能跟我说是为什么吗?"

阳阳抬起头看着妈妈说:"我们的数学老师真狠,昨天的练习给我打60分,今天在班上还批评了我。"

妈妈本想说:"怎么得了60分,你的数学一向都不错啊!到底是怎么回事呢?"但是妈妈忍住了,说:"他真的给你60分吗?"

"是啊!他说我的作业太马虎、太乱,他看得头痛。其实我的答案都是正确的。"阳阳一面说,一面又把目光移向电视画面。"数学老师实在有点懒。"阳阳接着说。妈妈想要训斥孩子,但还是忍住了。她说:"这次你如果把作业写得工整一点,老师可能还会在班上表扬你呢!"阳阳说:"嗯,贝贝这次就被表扬了,我以后还是要将作业写得工整一点才对,我也会被表扬呢!"

**情景二:**

艾云今年上初一了,在小学各方面都很出色的她,上了初中后觉得自己只不过是很普通的学生。她的学习成绩一般,各项能力也不突出,在班委的竞选中还落选了。为此,她心里很痛苦。

回到家后,艾云想和妈妈说说自己的苦闷,可是妈妈却说自己很忙,没时间听她说。吃过饭,女儿还是想和妈妈谈一谈,这一次,妈妈坐了下来听女儿诉说。

可是刚听了几句话,她就立即打断女儿,开始火冒三丈,还质问女儿成绩怎么会下降,根本就不给女儿说完话的机会。

由此可以看出，亲子沟通不仅要倾听，而且还要有耐心地倾听，阳阳的妈妈让孩子在从头说到尾的过程中宣泄了自己的情绪，还在自己正确的引导下认识到了错误。

孩子心理上对妈妈还有很强的依赖感，他们希望妈妈能够倾听自己的心声，分担自己的喜怒哀乐，然后从妈妈那里得到情感上的安慰。但有的妈妈可能因为工作忙或是自己也有烦心事，会像艾云的妈妈一样，没有耐心听孩子把话说完，常常会在孩子倾诉的时候随意打断孩子。

时间一长，孩子就会对妈妈的态度失望，从而封闭自己的内心世界，不和妈妈沟通，孩子的消极情绪得不到合理的宣泄，积累到一定程度就会变成一种对抗情绪，既不利于孩子的心理健康，又不利于构建融洽的亲子关系。

妈妈与孩子沟通时，不仅要倾听，还要耐心地倾听。等孩子把话说完，你就会更清楚孩子的心态。因此，妈妈必须做到下面几点。

**1. 长期坚持倾听**

倾听孩子说话是一个很长的过程。从孩子降临的第一声啼哭开始，一直到他们长大成人后都要倾听孩子的话。

**2. 坚持让孩子把话说完**

倾听时，孩子有些话难免会使妈妈生气，妈妈一定要克制住自己，坚持让孩子把话说完。

**3. 耐心地对待孩子的话题**

当一个孩子在妈妈面前反复说同一个话题时，妈妈不要认为孩子在重复而显出不耐烦，应该进一步地倾听，很有可能是孩子的某个基本需求没有得到满足，他正在反复强调。

**4. 不要打断孩子的谈话**

孩子正在绘声绘色地与你交谈时，即使是电话铃响了，你也要坚持听完他的话。否则，事后再问他时，效果就不一样了。

**5. 控制自己说话的音量**

在倾听的过程当中，孩子就一个问题三番五次地坚持自己的观点，难免会引起妈妈情绪的改变。这时你要尽量控制自己说话的音量，心平气和地继续倾听和引导。

---

**智慧寄语**

---

妈妈与孩子沟通时，不仅要倾听，还要耐心地倾听。等孩子把话说完，你就会更清楚孩子的心态。

# 倾听的同时，还要尊重孩子的意见

情景一：

刘蒙就要参加中考了，这对他来说是人生的一道关口。当他的同学都计划着如何考进一所重点高中时，刘蒙却一筹莫展。他不喜欢数理化，成绩也只一般，但数理化又是中考必考科目，所以，以刘蒙的成绩，即使能考取高中也很难考进重点，说不定还有可能考不上。

周末，刘蒙回到家，跟妈妈商量说："妈，现在学校同学都忙于复习，都准备考重点高中。"刘蒙说到这儿停下了，他要看看妈妈如何反应。妈妈也知道刘蒙一定是有什么话要说，只说了声："哦，接着说。"刘蒙说："妈，我想跟你商量一个事。"妈妈说："你说吧！""我想考美术学校。"刘蒙鼓起勇气说。妈妈说："理由呢？"刘蒙说："因为我的数理化成绩不太好，我也不太喜欢这几门学科。即使现在考取了高中,到了高中后又是什么样我没有把握。我喜欢美术,如果能把学习和自己的兴趣相结合,我想我肯定会开心,也会学得好,所以我想考艺术类院校。"妈妈听完心想:孩子说得也有道理,做家长的不能把自己的观点强加在孩子身上。儿子从小喜欢画画,但上学后,就再也没有工夫画画了。现在孩子提出去学美术也许是个明智的选择。想到此,妈妈说:"刘蒙,你现在也这么大了,读什么学校你自己决定吧,也许你的选择是对的,我和你爸支持你。"刘蒙如愿以偿地考进了美术学校。毕业后,刘蒙在美术界就开始崭露头角,他的个人画展受到业内人士一致好评,后在一家跨国文化传媒公司任美术总编。

情景二:

丽丽是一个漂亮的女孩,身材苗条,而且特别喜欢舞蹈,业余时间参加了舞蹈班。她经常在家对着镜子练习,还收集了很多舞蹈明星的艺术照片。但妈妈坚决反对孩子的这个兴趣。在他们看来,舞蹈出名的机会太小,而且要吃很多苦,还不如把学习搞好,上一个好大学实惠。于是他们在校外给孩子报英语班、数学班,还不辞辛苦每天接送。丽丽不感兴趣,她几次与妈妈说,但妈妈根本不听她的。为逃避上课丽丽经常撒谎,放学不回家,妈妈为此十分伤心。

在第一个故事中,当初刘蒙妈妈的朋友认为她的想法有问题,竟然不让儿子读高中。刘蒙的妈妈说:"我不认为是错的,这是我们母子俩达成共识后的选择,而且我发现儿子现在是全身心地投入学习。当我看到儿子快乐地学习、生活,我也同样快乐。"

但是,现在像丽丽妈妈这样"伤心"的家长也不少。真正关心孩子的未来就要学会倾听,而不要把自己的愿望强加给孩子。对孩子的爱好,只要不是原则问题,就不要干涉过多。顺其发展,然后因势利导,促其发展,切不可忽视孩子内心的感受,主观地为孩子设计好一切,强迫孩子去做,这样只会压抑孩子的兴趣,使其产生逆反心理。妈妈要在倾听的同时,尊重孩子的意见,如校外的兴趣班,上或不上要征求孩子的意见,只要孩子说得有理,就应采纳。如果丽丽的妈妈尊重了孩子的意见,让丽丽学舞蹈,孩子感兴趣,哪怕没有家长陪着,她也会尽力地去学,因为兴趣是成功的动力。

倾听的实质是一种对孩子的尊重。在倾听的同时,孩子已经接受了妈妈传递过来的尊重信息,他们就会更亲近妈妈、信任妈妈。倾听孩子的谈话,赢得孩子的信任,彼此交流就没有障碍,这样,亲子沟通时妈妈就能更多地了解孩子的心理活动,以便引导孩子健康成长。因此妈妈必须记住:

### 1. 倾听要建立在信任的基础上

没有任何事比听完孩子的话更重要。倾听孩子的谈话就是尊重孩子、信任孩子,孩子就会与你更亲密。

### 2. 倾听时要尊重孩子的选择

倾听时要尊重孩子的意见。孩子做出合理的选择时要支持,做出不合理的选择时要引导孩子回到正确的轨道上来。

**智慧寄语**

倾听的实质是一种对孩子的尊重。在倾听的同时,孩子已经接受了妈妈传递过来的尊重信息,他们就会更亲近妈妈、信任妈妈。倾听孩子的谈话,赢得孩子的信任,彼此交流就没有障碍,这样,亲子沟通时妈妈就能更多地了解孩子的心理活动,以便引导孩子健康成长。

# 第二章　懂得如何爱孩子

## 妈妈要读懂孩子的心

伟伟是一个活泼可爱的小男孩,今年6岁了。对这个家里唯一的孩子,妈妈视其为掌上明珠。由于家里比较有钱,伟伟要什么,妈妈就给买什么,想去哪儿玩,就带他去哪儿,认为这样就可以让儿子过得快乐些。但是,伟伟仍然有很多不满意的地方,经常冲着妈妈发脾气。

伟伟的妈妈不知道伟伟到底是怎么了,什么都不缺,儿子还是这么不快乐。

有一天,伟伟突然吵着要去学钢琴,伟伟的妈妈一听,马上去为儿子买了一架钢琴,并且还专门为他请了一位家庭教师。可没想到的是,伟伟只有三分钟的热度,学了两天就说学够了。后来,伟伟又要学画画,要报幼儿园的美术学习班。伟伟的妈妈很支持,儿子既然有这方面的兴趣,当然要正规地学!为此,特意高价请来美术学院的资深老师单独授课。可是,像学钢琴一样,只学了三天,伟伟又不学了。对于伟伟的这种情况,他的妈妈很恼火,于是就责备了他两句,没想到,他就又吵又闹地哭个没完。

伟伟的妈妈由此而得出这样一个结论:这个孩子没什么长性,不管学什么都不会成功。

后来,伟伟妈妈的一个朋友来做客,问伟伟为什么想学钢琴和绘画,但学了两天却又不学了,伟伟这才说出了原因:钢琴班和绘画班里有许多小朋友,我想,有那么多的小朋友在一起玩,肯定会很开心的。

孩子的心声让人感到心酸。在他的妈妈和其他人看来,他似乎得到了一切想要的东西,可是,他并不快乐。

孩子需要妈妈的关爱,这种爱不仅仅是给孩子丰富的物质生活,还要求妈妈进入孩子的内心世界去了解他们,让孩子接受妈妈。而妈妈要想被孩子接受,就要选择合适的位置,倾听孩子的心声,了解他们的内心世界。伟伟的妈妈就是不了解孩子,没有读懂孩子的心,也不知道孩子真正需要什么,虽然给伟伟提供了最好的物质条件,但伟伟仍然不快乐。

著名教育家陶行知说过:"我们必须要变成小孩子,才配做小孩子的先生。"陶行知所提倡的,即是妈妈要走进孩子的内心世界,读懂孩子的心。

妈妈应该如何走进孩子的内心世界,读懂孩子的心呢?

第一,交流思想。亲子间加强思想上的交流,不仅可以让妈妈了解孩子的真实想法与真正动机,也可使孩子体谅妈妈的疾苦,从而逐步学会为妈妈分忧解难,学会承担一部分家庭责任。

第二,学会观察。俗话说:眼睛是心灵的窗户,言为心声。孩子的语态、动作或多或少都可以反映孩子一定的思想;同时,孩子的课本、作业本、听课笔记本上的涂涂画画也是他们心灵的独白,妈妈可以从中了解不少信息。更重要的是,妈妈应该有意识地观察孩子经常交往的朋友。

第三,不摆架子。成功的妈妈往往是因为他们懂得理解孩子内心的真实需要,他们懂得如何尊重孩子,懂得倾听孩子说话的重要意义。妈妈对孩子说话时应该有正向的目的,例如提供知识信息、解决疑难、分享情感、表达自己的意见等。对话时,一定要注意语气与态度,尽可能经常微笑,以欢愉平和的声音,显示出友善可亲的态度,以达到沟通的效果。妈妈如果能表现友善,不以强者的权威压制孩子,往往会得到孩子相对的友善。

当前,很多妈妈都发出如此感叹:孩子越大,却越不懂孩子了。这也难怪,孩子小的时候,妈妈处处以一个长者的身份教导着孩子的一言一行,并不曾真正体会孩子的感受。当孩子渐渐长大,妈妈和孩子只能是越走越远,从而难以把正确的思想和经验传递给孩子,导致教育的失败。但如果妈妈从一开始就能做到和孩子一起成长,那么,妈妈会发现,在孩子慢慢读懂这个世界的同时,自己也慢慢读懂了孩子这部书,走进了孩子的心灵世界。

## 智慧寄语

如果妈妈从一开始就能做到和孩子一起成长,那么,妈妈会发现,在孩子慢慢读懂这个世界的同时,自己也慢慢读懂了孩子这部书,走进了孩子的心灵世界。

# 爱孩子也要把握好分寸

有一次,小王到友人家串门,见友人的儿子正悠闲地坐在沙发上津津有味地看动画片,并且把声音开得很大,完全不顾别人的感受。突然,碟片卡住了,孩子的妈妈赶紧拿出来用水冲洗,再用干净的布擦干,可还是放不出来。小孩子不依了,非要求妈妈马上去店里调换。于是,不敢急慢的妈妈急急忙忙为儿子租回了新的片子,满足了儿子的要求。看到这一幕,小王默然了。有什么办法呢?因为这一切都是这位妈妈自愿做的,没有人强迫他。这位妈妈坦言,电视机基本上让儿子霸占了,因为儿子特别喜欢看电视。为了孩子,做妈妈的只好忍痛割爱,给孩子看电视让路。有时候她实在想看电视,只好等儿子睡着以后才敢放小音量看一会儿。孩子的霸气可见一斑。

给予孩子爱,这是任何妈妈都可以做到的。正如高尔基所说,爱孩子这是母鸡也会的事情,可是要说到教育,却是一桩大事。妈妈对孩子的爱受认识限制,所采取的方式、方法不同,因而对孩子性格形成的影响也不同。

很多妈妈像上文中的妈妈一样,对孩子爱得过分,由爱发展到了溺爱,对孩子百依百顺,包办代替,没有原则地迁就,造成了孩子"以我为中心",不善于替别人考虑,容易形成任性、自私、胆小怕事、依赖的性格。

一位妈妈说:"平时我对儿子关心得无微不至,可儿子对我却非常冷淡。我过生日那天,朋友往家里打电话。恰巧我不在家,儿子接的电话,朋友告诉他:'今天是你妈妈的生日。'儿子冷冷地说:'我妈过生日关我什么事!'听了朋友转述这话,我的心都伤透了。"

一位下岗女工,知道孩子喜欢吃虾,一次不顾昂贵的价格从菜市场买了虾,做好后端上桌,看着孩子津津有味地吃，自己舍不得动一筷子。眼看孩子已吃完饭，妈妈忍不住想去尝一下剩余的虾——"别动！"她13岁的孩子说，"那是我的！"这位母亲在讲述这件事时，眼含泪水。

一位家境富裕的母亲，见女儿花钱大手大脚，就对女儿说："你不用着急花钱，爸爸和妈妈这些钱，以后还不都是你的？"谁知女儿听了把眼睛瞪得圆圆的，厉声对妈妈说："我告诉你，从明天开始，你要省着花钱，这些钱都是我的了！"

在广州有一位母亲，为了照顾家庭，放弃自己原本不错的工作，整天在家相夫教子，每天风里来雨里去，骑车送儿子上学。为了让孩子能有好的教育，她承受巨额学费送儿子上了贵族学校。而后，妈妈到学校去看儿子，儿子却嫌弃母亲穿得太"土"，给他丢脸，告诉同学这是他的"老乡"。后来，竟提出了一个无情的要求：让母亲做他的"地下妈妈"，否则就不认她这个妈！

为什么十几年的爱得到的却是如此冷酷无情的回报？是孩子生下来就不会爱别人吗？不，那么这"爱丢失症"的根源在哪里？是妈妈的极度关爱、过分溺爱、无限纵容滋长了孩子的自私，使孩子心中只有自己，没有别人。

天下的妈妈都爱孩子，却未必会正确地爱孩子。母亲的心总是仁慈的，但是仁慈的心要用得好。如果用不好的话，结果就会适得其反。过分地关心和溺爱孩子，实际上是减少了孩子遭受适当挫折、困难和学习关爱别人的机会。长期这样对待孩子，会让他们从小只会享受，不知奉献；情感世界中只关注自己，不会体谅别人。

妈妈爱自己的孩子，这是人之常情，但是爱得过分就不好了，反而会伤害孩子。所以，只有正确地爱孩子，才能促进孩子的健康成长，避免孩子养成任性、自私等不良习惯。

那么，妈妈应该如何掌握爱孩子的"分寸"呢？

**1. 要有理智地爱**

在爱孩子的过程中，妈妈要能自觉地控制自己的感情，克制那些无益的激情和冲动。前苏联著名教育家马卡连柯说过："子女固然由于妈妈方面爱得不足而感受痛苦，可是，他们也会由于那种过分洋溢的伟大的爱而腐化堕落。理智应当成为家庭教育中常备的节制器。否则孩子们就要在妈妈最好的动机下养成最坏的习惯和行为了。"

然而，有些妈妈，尤其是相对年轻的妈妈，在处理与孩子的关系上往往缺乏应有的"分寸感"。他们对待孩子往往是无原则的、过分的宠爱。有的对孩子姑息迁就，任其发展；有的只知道想方设法无条件地满足孩子的物质要求，却不懂得给孩子良好的精神食粮和思想营养。这样势必把孩子宠坏，以致适得其反，自食苦果。

**2. 既要爱，又要严格要求**

所谓"爱之深，责之切"，就是说严格要求正是出于深切的爱。所以，妈妈不应该受盲目的爱所支配，要"严"中有"爱"，"爱"中有"严"。当然严格要求并不意味着对孩子严厉，或者动辄训斥打骂，而是要做到以合理为前提，提出要求时态度应该是耐心的、循循善诱的。

严格要求对孩子来说是很重要的。因为孩子对是非界限的认识还不十分清晰，对自己的情感和行为往往也不善于自我控制，如果妈妈对他们不严格要求，他们往往还不能主动、自觉地学习或按行为道德标准来行事。因而，需要妈妈对他们严格要求，使他们养成良好的思考和行为习惯。但是，只有爱，也不能教育和培养出优秀的孩子来，妈妈在教育时应该把爱和严格要求结合起来。

---

**智慧寄语**

妈妈爱自己的孩子，这是人之常情，但是爱得过分就不好了，反而会伤害孩子。所以，只有正确地爱孩子，才能促进孩子的健康成长，避免孩子养成任性、自私等不良习惯。

# 别让爱成为孩子的压力

倩倩原来是一个非常活泼、开朗、懂事的孩子,5 岁时妈妈省吃俭用给她买了一架钢琴,并用几乎 1/4 的工资为她请来了钢琴老师,由妈妈天天带着练琴,每周去老师那儿上课。从此以后,妈妈希望倩倩能很快成为钢琴神童,于是每天练琴时,倩倩耳边不时会传来妈妈急躁的训斥和怒骂声,家庭气氛明显地变坏了,学琴成了倩倩无法摆脱的痛苦,上课时老师也难得满意一次。

然而倩倩从小就非常懂事,她理解妈妈是"为自己好",她也知道"必须忍受"的道理。倩倩就在这样的心理状态与家庭氛围中长大了。当倩倩上小学二年级时,周围的人都注意到她变了,变得孤僻寡言,胆小怕事,不愿学习,害怕困难,回到家里也很少和妈妈说话,与妈妈的关系变得越来越疏远。

如今的妈妈过分强调"爱",讲究向孩子献爱。但这种以牺牲自我为代价,将生命的赌注全押在孩子身上的爱似乎太沉重了。中国的父母望子成龙的心情特别迫切,父母对孩子的期望值过高已成了一种特殊的病态。

妈妈几乎大半生都在为孩子活着:从孩子出生到抚养其长大,上学就业,结婚成家,到孩子生儿育女,几乎全过程都恨不得承包。这种"承包一切"的爱,充分表达了妈妈的慈爱之心,但并没有给孩子的健康成长带来适当的能量和养料。

很多妈妈之所以把过高的期望强加在孩子身上,是因为他们知道现在的社会竞争很激烈,希望孩子从开始就赢在起跑线上,以增加孩子将来胜出的概率;也有些妈妈因自己某方面的不足,希望在孩子身上得到弥补,而不顾孩子的喜好与特点,把自己过高的期望强加在孩子的身上;还有些妈妈片面地认为,孩子成绩好将来就能成功,从而天天盯着孩子的成绩,希望孩子能次次考第一。无论哪种原因,妈妈不顾孩子的能力特质、天生禀赋,而把自己过高的期望强加在孩子的身上,都不会有理想的结果。

妈妈强加给孩子过高的期望,会严重影响孩子身心的健康成长。上海市教育科学研究院普通教育研究所对 800 名上海市区幼儿园家长进行的一项调查显示:超过 95% 的被调查者希望自己的孩子受教育的程度要达到或超过大学本科,对子女就业期望率最高的职业依次是:医生、工程师、大学教师、科技人员、演员、运动员、作家、翻译,而目前上述几类从业者在全部就业人员中的比例不足 1%。

妈妈对孩子抱有的期望,应该是在充分了解孩子各方面的基础上,让孩子经过努力可以达到的。妈妈为孩子提供学习的便利条件,满足孩子各种学习的要求,对孩子表现出积极负责的态度等,会增加孩子的自信,激发孩子的学习动力,使自己主动挖掘自己的潜力,最终达到妈妈的期望。而把过高的期望强加在孩子身上,会给孩子带来巨大的压力,甚至造成难以弥补的伤害,严重影响孩子的前途与幸福。

很多妈妈都希望孩子有个美好的未来,但缺乏科学的教育理念,常使他们把自己的期望强加在孩子身上,对孩子进行超前教育,其结果只能是揠苗助长。

教育孩子,应从孩子的实际出发,顾及孩子的爱好与特长,尊重孩子成长的自然规律,指导孩子一步一个脚印地稳步发展,才能达到最好的效果。

## 1. 对孩子的期望要实际

妈妈对孩子的期望要符合实际,顺其自然。要设身处地为孩子分忧解难,而不要强硬地逼迫孩子,无休止地对孩子提出要求、急于求成。

有一个孩子问妈妈:"人家挣5000元,你怎么才挣2000元呢? 人家住三居室,你怎么住筒子楼呢? 人家有高级职称,你怎么还是助理呢?"

这位妈妈虽然很有涵养,但最终还是受不了孩子这样的提问而大发雷霆。她认为儿子怎么能不顾实际情况而一味地要求妈妈挣大钱、住好房、有高级职称呢? 后来,这位妈妈试着换了个位置,站在孩子的角度去思考,由此悟出了一个道理:父母平时也是这么以自己的标准去要求孩子的。

妈妈应该根据孩子的兴趣、能力、素质等各方面的实际情况,提出孩子经过努力可以达到的期望。对竞争意识不是很强的孩子需要这样,对好胜心很强的孩子更要如此。根据孩子的实际情况提出期望,引导孩子定下合理的目标,才能避免孩子由于压力过大,焦虑过度而产生影响身心健康的不良后果。

### 2. 不要只看孩子的成绩

现在的妈妈,大多数都只看孩子的成绩,认为孩子成绩好就万事大吉,一心希望孩子将来考取名牌大学,因此只注重孩子的学习,忽略了对孩子综合素质的培养。如此培养出来的孩子,即便成绩很好,也不一定能在社会中成就大事,因为其他方面的不足会严重影响孩子的成功。

郭菁菁是个初二的女生,学习成绩只是中上等,但她在其他很多方面都表现得比较突出,经常受到老师和同学的赞扬。一次,学校里举行辩论赛,郭菁菁也参加了。她精彩的言语、犀利的论断、灵敏的反应受到了评委们的高度赞扬,因此获得了"个人口才奖";运动会上,郭菁菁参加了多个项目,成绩也都不俗;在生活方面,郭菁菁更是一个好手,大部分家务活她都能做得非常好。

郭菁菁综合素质好,是由于妈妈的教育得法。在别的妈妈只看重孩子分数的情况下,郭菁菁的妈妈却有意识地对她进行综合能力的培养,如,让孩子做家务、生活自理、看电视上的演讲比赛、鼓励孩子参加各种竞技活动等。这样,虽然郭菁菁的成绩不是班里最好的,但却是一个被老师与同学们公认的各方面能力发展最全面的学生。

妈妈不要一提起学习,就和成绩、差距、名次等联系起来,这些都是结果。如果妈妈过分看重这些结果,孩子会一学习就容易急躁、消极,从而对学习失去兴趣。把到终点看作目的,就谈不上学习的乐趣。科学教育的观点是:学习成绩并不能决定一个孩子的优劣,每个孩子都有自己的发展前途。妈妈应该及时树立这样的科学教育观念。

### 智慧寄语

很多妈妈都希望孩子有个美好的未来,但缺乏科学的教育理念,常使他们把自己的期望强加在孩子身上,对孩子进行超前教育,其结果只能是揠苗助长。

教育孩子,应从孩子的实际出发,顾及孩子的爱好与特长,尊重孩子成长的自然规律,指导孩子一步一个脚印地稳步发展,才能达到最好的效果。

# 让孩子感受到你的爱

韩女士的儿子是个黏人的小鬼,小时候就喜欢攀爬在韩女士身上,上学了还是常常靠在韩女士身边撒娇。韩女士很享受这种和儿子亲密无间的感觉,直到一天到家里玩的朋友惊讶地笑起来:"哎,这么大个人了还黏在妈妈身上,男子汉大丈夫,羞不羞?"

韩女士一想也是，儿子都10岁了还那么黏人，也许的确是自己娇惯太过，这么下去说不定会养出个"娘娘腔"来。

于是每次儿子想要抱抱韩女士的时候，韩女士都会闪开，告诫他说："男子汉大丈夫，站直了，别总靠在别人身上。"

直到那天送儿子去为期一个月的军训，看着儿子小小的个子背着大大的背包渐渐走远，韩女士突然心头一酸，忍不住跑上前去抱住儿子，狠狠地把他搂在胸前好一阵才松开。

"妈妈，你是大人，这么做好羞哦。"儿子刚说完又放低了声音，"妈妈我好舍不得你。"

韩女士开始回忆儿子想要抱自己的时候：

考试成绩不好，哭的时候；

拿了第一名，开心的时候；

收到礼物，表达谢意的时候；

舍不得离开，撒娇的时候；

韩女士发现，拥抱这个简简单单的动作可以容纳如此丰富的感情，在特定的场合似乎难以找到可以完全替代它的方式。真情流露并不是一句"娘娘腔""黏人"可以概括的，自己为什么非要制止孩子这种爱意的表达呢？

她想，儿子军训回来的时候，她还要拥抱他。

现在有些妈妈很少拥抱孩子，其实，这个举动是表达爱的最好方式，足以包含所有爱的内容。

拥抱，虽然只是一个小小的举动，却体现了妈妈对孩子深沉的爱，同时，也能化解与孩子间的很多误会与矛盾。它不仅是妈妈对孩子爱的表达，同样也是孩子对妈妈爱的表达。

在人类的各种动作中，拥抱是一种非常独特的行为。根据美国心理学家赫洛德·弗斯博士研究发现，经常拥抱的人比起同龄人会更加年轻有活力，经常彼此拥抱的家庭关系更为亲密，而经常和妈妈拥抱的孩子心理素质更好，生活态度更为积极，能够承受较大的压力。

对妈妈来说，拥抱则是通过肢体传达感情给孩子最直接的方式，一个简单的动作能在众多不同环境下给予孩子安慰和动力。中国传统文化一向以含蓄为美，父母子女之间的拥抱没有得到足够的提倡。但是，像上文中的韩女士一样，在了解到拥抱的作用后，你还愿意放弃拥抱你的孩子吗？

有些妈妈需要学习如何表达对孩子的爱意。

一位妈妈描述她小时候和爸爸妈妈都保持一段距离，爸爸妈妈爱她，却从未表示过对她的爱意。现在她当了妈妈，仍沿用以前的方法。她很爱她两岁的女儿，却无法很开放地表达爱意。

这位妈妈感性地说出了心里的话，于是决定打破惯例，学习如何表达自己的感情。她比以前更常抱女儿，靠在女儿身边讲故事给她听，或抱她荡秋千。她发现，每天有无数次机会可以表达爱意，而女儿从没拒绝过。经过几个星期的练习，她兴奋地对公司的同事们说："你们知道吗？刚开始我是为了女儿才这么做，现在我觉得这对我也很重要。"

家人之间关怀的表达可以营造出一种每个人都很重要的气氛，而使孩子深深感受到安全感。然后，你需要以拥抱和亲吻来使孩子感受到自己是个可爱而独特的个体。孩子最爱我们轻轻抚拍他们，不管膝盖擦破皮，或心理受了伤，在妈妈怀抱中的孩子，很容易舒服地安静下来。一个拥抱或温柔的轻拍，有时候可以帮助孩子抚平伤痕。

（1）孩子起床时，拥抱会使他迅速调整好心理状态迎接新的一天。

（2）孩子入睡时，拥抱会在潜意识中给他安全感，使他尽快入睡。

（3）孩子成功时，拥抱可以让他感受到你心中的喜悦和骄傲。

（4）孩子受挫时，拥抱表示对他的接纳，减轻他的负疚和害怕被责怪的恐惧。

（5）孩子哭泣时，拥抱会使他的压力迅速传达出去，情绪逐渐镇定下来。

（6）孩了情绪低落时，一个拥抱传达你对他无尽的支持。

### 智慧寄语

拥抱，虽然只是一个小小的举动，却体现了妈妈对孩子深沉的爱，同时，也能化解与孩子间的很多误会与矛盾。它不仅是妈妈对孩子爱的表达，同样也是孩子对妈妈爱的表达。

# 亲子时间不能成为说教时间

今天又是星期五了，同桌的亚楠高兴地对陈树说："真好，又到周末了！"陈树奇怪地问："周末怎么了？每周都有，值得这么高兴？"亚楠说："当然，爸爸妈妈又可以陪我了，当然高兴。我们有时去爷爷奶奶家，有时去公园，有时去看演出，有时就在家里看书、玩游戏，可有意思了。难道你不愿意过周末？"

陈树摇摇头，说："要是像我爸爸妈妈那样陪我，我宁肯天天上学。"

陈树说："爸爸要是陪我，就会不停地给我讲学习有多重要，反复地告诉我学习不好上不了大学，就没有好的工作、没有好前途，听得我耳朵都要起茧子了，恨不得堵上棉花。妈妈要是陪我，就是让我做卷子、写习题，然后听写、背课文，写得我手也疼，眼睛也疼。我只要一表示我不愿意听、不愿意写了，妈妈就会说，人家的孩子都愿意爸爸妈妈陪着。你倒好，我们这么忙，只要一休息就花时间陪你，跟你一起学习、做功课，你还不愿意！然后就是新的一轮教育和妈妈的唉声叹气。我多想让他们也像你爸爸妈妈那样，陪我出去玩玩，哪怕就是上街转转，根本不用买什么。再不就在家，陪我下会儿棋、玩会儿游戏机，也行呀。可是，那是不可能的。"

陈树停了半天，又对亚楠说："所以，现在周一到周五，我就问他们星期六、星期天加不加班。如果他们去加班，或是有事出去，我会觉得特开心，因为我就能做些自己想做的事情了。"说完，陈树的眼睛里充满了希望。

有些妈妈知道孩子需要陪伴，但却不知道孩子需要什么样的陪伴。陈树的妈妈觉得，平日里自己要忙于工作和家务，孩子忙着上学、做作业，很少有时间关心孩子的学习，好不容易有周末、节假日这样完整的时间，应该多给孩子一些教导，多帮助孩子温习温习功课。

其实，孩子需要妈妈的陪伴，需要妈妈拿出时间来关心自己、了解自己，对孩子、对妈妈，这都比多做几道习题、多写几个生字、多考几分更重要。如果妈妈只注重孩子的学习，把陪伴孩子的时间全部用来对孩子进行说教，让孩子无休止地完成妈妈加码的学习任务，使亲子时间变成说教时间和额外学习时间，就失去了它应有的作用，不仅不能与孩子进行良好的沟通和交流，还会使孩子厌倦与妈妈在一起，甚至把妈妈的这种陪伴当作负担。

另外，孩子还会从妈妈的行为和切身的体会中，得出这样的结论：妈妈只是为了变相地对自己进行说教、变相地监督检查自己的学习，才肯拿出时间来陪自己，他们说的跟心里想的根本不一样，根本就是在欺骗自己。因此认为妈妈是自私的、虚伪的。

妈妈与孩子相处的亲子时间，不是为了教育孩子，而是为了了解孩子的感受、需要，增进亲子之间的感情。在亲子时间,妈妈应该暂时放下孩子的学习、功课,放下自己的工作、家务,参与到孩子的活动中,切身体会孩子的感受。

其实,各种活动中都蕴含着知识、道理和教育理念。妈妈可以有意识地把这些贯穿在与孩子的共同活动中,而不是靠说教、讲大道理来完成。比如通过下棋、玩扑克,让孩子知道规则意识,知道公平竞争;在外出游玩时,引导孩子观察环境、花草,培养孩子的好奇心、观察能力等。在游戏、玩乐中孩子会更加容易地接受这些知识和道理。

亲子时间也不一定非要刻意安排什么活动,有时只是和孩子一起聊聊学校的事情、同学之间的事,或是一起做件家务,都可以达到同样的目的,只要妈妈真正把心思用在孩子身上,真正从孩子的角度来与孩子共处、共度这段时光就可以了。

**智慧寄语**

妈妈与孩子相处的亲子时间,不是为了教育孩子,而是为了了解孩子的感受、需要,增进亲子之间的感情。在亲子时间,妈妈应该暂时放下孩子的学习、功课,放下自己的工作、家务,参与到孩子的活动中,切身体会孩子的感受。

# 孩子渴望得到妈妈的关注

苏东东刚回到家,就从书包里拿出一张画,跑到妈妈跟前:"妈妈,快看我的画。"正在厨房忙着做饭的妈妈,向苏东东歪歪脑袋,嘴里说着:"好,不错!"苏东东感到妈妈应付的态度,不依不饶地说:"您根本就没看!妈妈,我给您放在茶几上,您好好看看。"说着就过来拉妈妈的袖子。

妈妈被缠得没有办法,只好跟到客厅里看一眼。"噢,看见了。还行吧!"妈妈边说边往回走。苏东东穷追不舍地说:"妈妈,您仔细看看。这就是我那张在学校美术作品栏展览的画!在学校展览一个多月了,今天老师换展品,我特地向老师要回来给您看的。"妈妈停住脚步,转过头:"什么展览的那张画?"苏东东有点不高兴了:"妈妈,我老早就告诉过您。让您去学校看展览,您说没工夫。我给带回来了,您怎么又忘了?"妈妈赔着笑脸说:"想起来了,想起来了。"然后伸着脑袋又看了一下:"不错,不错!"

显然,苏东东并不满意妈妈这个"不错,不错"的评价。还不死心地又问:"不错在哪儿?您觉得哪儿画得最好?"已经又回到厨房忙碌的妈妈,不耐烦了:"你怎么那么麻烦?没完没了呀!没看见我忙着呢。不就是一张在学校展览的画吗,有什么了不起似的,要是在区里、市里获个奖嘛还值得显摆显摆。行了,行了,我没时间和你磨蹭,你也赶快做作业去!"

客厅里,苏东东把画揉成了一个团儿……

孩子希望得到妈妈的关注,来满足与妈妈交流、让妈妈关爱的心理需要。但有些妈妈却像上文中苏东东的妈妈一样,往往忽视孩子这种心理需要,用"我没时间""忙着呢"来搪塞、敷衍孩子。

孩子经常会要求妈妈听他的唱歌、看他的作品、和他一起做游戏等。其实,这是孩子在向妈妈表达他渴望得到妈妈关注的信号,希望妈妈能够与他交流、听听他的想法,或是分享他的快乐、分担他的痛苦。妈妈忽视孩子的需要,不理会孩子的这些信号,会使孩子感到失落、伤心,觉得妈妈根本就不重视自己。孩子正常的心理需要得不到满足,会使孩子的心理健康受到危害,使孩子变得焦虑、孤僻、猜忌,与妈妈产生隔阂。如果得不到及时的调整和缓解,甚至会出现心理障碍、暴力倾向等。

孩子都有表现自己的愿望,都希望妈妈肯定自己的成绩,这对激发孩子的自信心、创造力、独立意识都是非常有益的。而妈妈却总是人为地弱化孩子的成绩,把孩子的成绩不当回事儿,甚至嘲讽、否定孩子的成绩。这会使孩子正常的表现欲望、成就意识受到压制,挫败孩子的自信心、创造力和积极性。

妈妈要善于体会和接受孩子传递的信号,满足孩子表现自己和与妈妈交流的愿望,关注孩子的需要、参与孩子的活动。在这种时候,孩子的身心是放松的、精神是愉悦的,也是妈妈了解孩子的最好机会。

妈妈要以平和的态度、用欣赏的目光看待孩子的成绩,肯定他的付出、努力和成果。当然,这种肯定要是实事求是的、发自内心的,不需要过分的夸大。否则,孩子容易满足于自己的成绩,自满、骄傲,或是感到妈妈的夸奖不真实,而对妈妈产生不满。

如果妈妈的确在此时无法满足孩子希望妈妈关注,或者参与他活动的要求,妈妈也不要用搪塞、敷衍的办法对待孩子,而应该向孩子讲明情况、表明歉意,并告诉孩子妈妈什么时候可以来听他唱歌、看他的作品,或是和他一起游戏。这样,孩子有了明确的答案,一般会乐于接受妈妈的建议。同时,也让孩子知道不能只考虑自己的需要,还要注意与别人相处、与别人合作的规则。

### 智慧寄语

妈妈要善于体会和接受孩子传递的信号,满足孩子表现自己和与妈妈交流的愿望,关注孩子的需要、参与孩子的活动。在这种时候,孩子的身心是放松的、精神是愉悦的,也是妈妈了解孩子的最好机会。

# 及时鼓励孩子的点滴进步

在洗手间里,妈妈发现儿子鹏鹏刷完牙后又把牙膏随便扔在漱口杯外面。

妈妈非常生气,把鹏鹏叫到身边,不满地说:"鹏鹏,你应该可以照顾自己的生活了吧!看,又把牙膏放在外面了。我不是对你说过牙膏用后要放到杯子里吗?"

鹏鹏根本没有把妈妈的话当一回事儿,只是心不在焉地回答:"知道了。"

妈妈见儿子反应平平,知道刚才说的话并未引起他的重视,于是冲他喊道:"听着,鹏鹏,你必须把牙膏放进漱口杯里!"

鹏鹏极不情愿地走进了洗手间,放好了牙膏,转身就走。

"记好了,以后再也不要忘了。"妈妈再次强调。

"知道了。"

第二天,鹏鹏在刷完牙后,将牙膏认真地放到杯子里了,但妈妈什么都没有说。到了第三天,牙膏又被扔到杯子外面。

"喂,鹏鹏,怎么搞的,你又忘了把牙膏放回去?"妈妈生气地说道。

"我以为你忘记了。"鹏鹏说道。

"怎么这么说呢?"母亲疑惑地望着儿子。

"因为昨天我把牙膏放在杯子里了,而你却什么也没有说!"

鹏鹏为什么又犯了老错误呢? 因为当他改正后没有得到妈妈的肯定,因此他泄气了。如果第二天,妈妈发现鹏鹏把牙膏放在杯子里后,亲热地对他说:"干得好,鹏鹏! 妈妈知道你一定能改正坏习惯的。"那么鹏鹏一定会非常高兴,并愿意把好习惯坚持下去。

对于正在成长中的孩子来说,日常生活中的好习惯和坏习惯同时存在,如何鼓励孩子保持好习惯,矫正不良习惯,一直是困扰妈妈的难题。如果适当运用鼓励来做这项工作,事情就会变得容易得多。

12岁的聪聪有个令人讨厌的坏习惯,她每天放学一回到家就把书包、鞋子、衣服乱扔乱放。虽然偶尔她会按照妈妈的要求把东西整理好,但是大多数情况下,还是乱糟糟的。妈妈很是头疼,想了很多方法可是都没有奏效。妈妈决定采用别的教育方法。

这天,聪聪的妈妈见到女儿的房间刚刚整理好,便立即走上前拥抱了她一下,并夸奖她能干懂事。很快,孩子的脸上便露出了骄傲的笑容。只是将东西摆放整齐就可以得到妈妈的夸奖,于是她以后每天都收拾得整整齐齐的。而妈妈也记得每次孩子有了进步时都及时地给予表扬,满足孩子小小的"虚荣心"。

如果一个孩子有不良的生活习惯或行为,妈妈不应该对此抓住不放,而应该找到孩子偶尔没有此不良行为的时候对孩子予以鼓励。妈妈对孩子的每一个微小进步都能加以鼓励,即是对孩子的积极行为进行强化的最好方式。哲学上讲质变是由量变引起的,平时大量的细微进步,积累起来才可能有大的变化。因此,对于妈妈来说,要想让自己的孩子彻底改正不良习惯,就应该对孩子的点滴进步进行鼓励。

可是生活中,大多数妈妈往往不注意鼓励孩子的微小进步,他们对孩子的期望比较高,总希望孩子能一下子达到他们的要求。因而对孩子一些微小的进步不是很注意,反应比较冷淡。

妈妈必须清楚,孩子的思想逻辑还很简单,他们还认识不到事情的前因和后果是紧密联系在一起的,所以,对于孩子而言,及时的赞美更为必要。否则,妈妈夸奖孩子,孩子却纳闷,弄不清自己为什么会受到夸奖。这种类型的赞美其实对于促使孩子进步起不到预想的效果。妈妈要想培养孩子的某种好习惯,就要及时在这件事情刚结束时对其进行表扬,让孩子自己强化夸奖给他带来的心理上的满足感。

只要妈妈用心去观察,就会发现孩子有很多地方值得夸奖,同时孩子的耐心是有限的,也许他没等到妈妈的夸奖就没有心思了。因此,妈妈发现了孩子的进步,就不要吝啬夸奖,也不要拖延时间。

妈妈不要因为孩子的进步太小,就不愿意给予鼓励,这会使孩子觉得妈妈对自己的进步漠不关心,认为自己的努力白费了。时间一长,孩子就会失去进步的动力,原来可以改变一生的进步也会因为得不到强化而消失。因此,无论孩子是在学习还是生活方面,只要孩子有进步就应给予建设性的鼓励,每有好的表现就要加强鼓励的感情色彩。

首先,要善于喝彩,喝彩要具体。妈妈应注意从正面、积极的角度去审视孩子,要善于发现捕捉孩子身上的闪光点,巧妙地在掌声中说服教育,可能效果会更好。这样的掌声既培养了孩子的自信心,又使孩子有目标可寻,孩子自然不会产生满足感。

其次,要及时喝彩,喝彩要得当。发现了孩子的点滴进步,或闪光点,妈妈要趁热打铁,及时表扬、鼓励。不要等到孩子的进取心冷却了,上进心消失殆尽了,再表扬、鼓励,那就一点儿用处没有了。

最后,要乐于喝彩。对孩子喝彩应是妈妈发自内心爱护孩子的体现,要注意理解孩子的年龄特点与心理特征,不能以自己的眼光看待孩子的行为,认为孩子一点好的表现是微不足道的,不轻易给孩子以掌声。

智慧寄语

妈妈要想培养孩子的某种好习惯,就要及时在这件事情刚结束时对其进行表扬,让孩子自己强化夸奖给他带来的心理上的满足感。

# 夸奖一定要夸对地方

张洁有个聪敏可爱的女儿，非常喜欢唱歌跳舞，在幼儿园的时候就开始担任小主持人和领舞，上学后更是参加了学校的艺术团，时不时拿个奖回来，高兴得张洁合不拢嘴，开口闭口都是"我的女儿真聪明""我女儿天生就是明星""我女儿就是有才华，都是一样练习，就她能拿奖"。

久而久之，女儿也露出一点骄傲的迹象，说话的口气也大了起来。不光是对着家人爱吹牛自夸什么的，对同学有时候也摆出一点明星架子，常用不屑的口气对小伙伴说："我天生就适合跳舞，你们再怎么练也没用。"

这天张洁和一个朋友正在家里聊天，女儿高高兴兴地冲进来，说自己的独舞被选中参加市少儿联欢会，全校就她一个人。张洁自然狠狠地夸奖了一番，旁边的朋友却露出不以为然的神色。

一会女儿回房做功课，朋友才对张洁说："你平时就这么夸孩子？"

张洁不明所以："当然。女儿可乖了，又聪明又可爱，天生是个……"

朋友打断张洁的话："孩子是不错，可是不能总这么夸，会毁了孩子的。"

这下张洁不服气了："怎么可能？现在都讲究赏识教育，就是要多夸奖，好树立孩子的信心。何况孩子本来就值得夸奖，有什么不对？"

朋友却说："赏识教育没错，但是你没夸对地方。"

张洁不懂，为什么没夸对地方，不夸奖女儿聪明能干，那夸什么呢？

许多家长在对孩子进行赏识教育的同时，没有学会正确地使用这一方法，对孩子的夸奖往往夸不到地方。

张洁一直夸奖女儿的聪明和天赋，这些东西是天生的，其中并没有女儿自己的付出。一直夸奖这些东西，容易使女儿将自己的成功归功于这些天生的东西而不是自己的努力，容易形成骄傲自大的心理——这是我应得的，我不需要努力就能得到荣誉和成功，从而滋生出轻视努力，不愿付出的心态。

而在生活中，天资固然重要，但是人生的跑道上，奔跑的耐久度和不断为自己加速的能力才是胜负真正的关键。即使孩子在起跑线上胜人一筹，但后劲不足，还是会落后于人。

由于没有认清成功和努力的关系，面对失败的时候他也很难从自身找到原因，会一直纠结于有天赋为什么会失败上，甚至钻进牛角尖抱怨世道不公，怀才不遇，愤世嫉俗。

因此，夸奖固然重要，但是要注意夸对地方，把孩子的注意力集中到自己的付出上，养成他们靠努力去赢得成功的习惯，否则夸奖的效果会适得其反。

一位到北欧做访问学者的人说过这样一件事：

某个周末，她到当地的一位教授家中做客。一进门，她就看到了教授 5 岁的小女儿。小女孩满头金发，漂亮的蓝眼睛让人觉得特别清新，她不禁在心里称赞小女孩长得漂亮。当她把从中国带去的礼物送给小女孩的时候，小女孩微笑着向她道谢。这时，她禁不住夸奖道："你长得这么漂亮，真是可爱极了！"

这种夸奖是中国妈妈最喜欢用的，但是，那位北欧教授却并不领情。在小女孩离开后，教授的脸色一下子就阴沉下来，并对中国访问学者说："你伤害了我的女儿，你要向她道歉。"

访问学者非常惊奇，说："我只是夸奖了你女儿，并没有伤害她呀？"但是，教授坚决地摇了摇头，说："你是因为她的漂亮而夸奖她，但漂亮这件事，不是她的功劳，这取决于我和她父亲的遗传基因，与她个人基本上没有关系。但孩子还很小，不会分辨，你的夸奖就会让她认为这是她的本领。而且，她一旦认为天生的漂亮是值得骄傲的资本，就会看不起长相平平甚至丑陋的孩子，这就给她造成了误区。其实，你可以夸奖她的微笑和有礼貌，这是她自己努力的结果。所以，请你为你刚才的夸奖道歉。"

访问学者只好很正式地向教授的小女儿道了歉，同时赞扬了她的微笑和礼貌。

这件事让这位访问学者明白了一个道理：赏识孩子的时候，只能赏识孩子的努力，而不应该赏识孩子的聪明与漂亮。因为聪明与漂亮是先天的优势，而不是值得炫耀的资本和技能，但努力则不然，它是孩子后天的个人行为，应该予以肯定。

在人生的旅程中，聪明的人，常常在最后变笨了；而笨的人，却常常在最后变聪明了。遇到寒冷酷热，聪明的人逃开了，笨的人亲身尝试，却意外地在寒冷酷热中成长。笨的人逐渐认识到："努力不一定会成功，但成功却永远需要努力。"孩子的容貌也是如此，长得怎么样不能决定孩子以后生活得怎样，大多数情况下，努力才是决定孩子今后生存状态的重要因素。

聪明是一种个人资源，从大人到孩子，人们都会为自己拥有这一资源而自信和自豪。所以，孩子都愿意别人夸他聪明，甚至有很多孩子为了得到聪明的"头衔"，常常在同伴面前装作不怎么努力的样子，但回到家里却拼命地学，从而保证好的成绩。这样一来，很多孩子都形成一种错觉，以为聪明就是一学就会、样样都会、不需要努力就能取得成绩，所以争相效仿，导致很多孩子都不努力学习。

那些经常被称赞为聪明的孩子，往往把分数看成自己的聪明所得，一遇挫折就容易灰心，且不愿意也不敢接受新的挑战；而那些被夸奖为努力的孩子，则更愿意做出新的大胆尝试，会尽自己最大努力把它们做好。所以，妈妈若想激励孩子在学习上取得更好的成绩，最好的办法不是赞扬他聪明，而是鼓励他刻苦学习。

杨程小的时候学东西比别的孩子"慢半拍"，为此，他的妈妈非常苦恼。杨程上小学了，就在妈妈认为杨程不会有什么好成绩的时候，他却带回了一张100分的试卷。这是一张数学测验的试卷，上面被老师画满了红色的勾勾。

"这是你的试卷吗？"妈妈吃惊地问杨程。

"当然是我的，上面有我的名字啊！"杨程自豪地对妈妈说。

"杨程真不错，告诉妈妈你是怎么考出这么好的成绩的？"妈妈问道。

"老师讲课的时候我经常听不太懂，所以下课之后同学们都出去玩，我就把不懂的地方拿去问老师，老师再讲一遍我就懂了！做作业的时候，如果有不会做的题，我就把老师讲的课再复习一遍，不会做的题也就会做了。所以考试的那些题目我都会做，就考了100分。"杨程高兴地对妈妈说。

听了杨程的话，妈妈的眼圈一下子红了：虽然自己的孩子算不上聪明，却如此好学和努力。

"杨程真努力，是我们的好孩子！"妈妈含着泪说。

有一位老师曾经这样表达他的观点：在一个学校或者班级里通常有两种学生是最受老师喜爱的，一种是非常聪明又非常努力，从来都不因为自己的聪明而骄傲自满的；另一种是不算聪明却非常努力，从来都不因为自己的不聪明而自卑的。由此可见，努力的孩子到哪里都是受欢迎的。

作为妈妈，应该赏识孩子的勤奋和努力，对他的努力给予最热情的支持和鼓励。不要因为自己孩子的不聪明而气馁，而应该为孩子的不努力而担心。要始终记住一句话："所谓天才，是百分之一的聪明加百分之九十九的勤奋！"很多情况下，妈妈应该故意淡忘孩子的聪明，而重视孩子的努力，并把这种理念传递给孩子，让他们感觉到只有努力才能获得妈妈的认可和夸奖，进而逐步明白一个道理：聪明往往只能决定一时的成败，而努力则决定了一世的命运。

当孩子在学习或其他方面取得优异成绩时，不要把这个成绩归功于孩子的先天优势，而要把关注点集中在孩子的后天努力上。应该告诉他："成绩真不错，这都是你努力学习的结果！"

当孩子通过自己的努力做好了一件事情的时候，妈妈应该这样赏识和赞扬他："真是个努力的好孩子！"

**智慧寄语**

夸奖固然重要，但是要注意夸对地方，把孩子的注意力集中到自己的付出上，养成他们靠努力去赢得成功的习惯，否则夸奖的效果会适得其反。

# 懂得在别人面前夸奖孩子

李晓晨今年7岁，是一个活泼可爱的小男孩，他的父母都是农民。有一次，妈妈带着他去城里的大姨家做客。大姨家的女儿比李晓晨小两岁，看见李晓晨母子后，就走上前甜甜地叫姨妈和哥哥。李晓晨因为来到陌生的城市环境，一时难以适应，看见姨妈与表妹时也不敢上前打招呼，躲在了妈妈后面不吭声。

李晓晨的妈妈看到这情景，就夸李晓晨的表妹有礼貌，批评李晓晨虽然比表妹大，却没有表妹懂事。妈妈对表妹表扬、对自己的批评刺激了躲在后面的李晓晨，他站出来对着妈妈嚷道："我怎么不懂事了？你就知道夸别人。别人再好也不是你的孩子。"这话使李晓晨的妈妈大吃一惊，她没有想到儿子竟然说出这样的话，让自己下不了台。

她自嘲地对姐姐说："你看这孩子，这么小，不懂事还不准别人说，真是没见过世面的乡下孩子，与城里的孩子没法比。"李晓晨听着妈妈的话，气呼呼地表示不服气。这件事情过去之后，原本活泼可爱的李晓晨变得沉默寡言了。

每个孩子都有自尊心，尤其是在别人面前，自尊心表现得更加敏感。所以，妈妈要多在别人面前对孩子进行表扬，而不要当着别人的面对孩子进行批评。像上例中李晓晨妈妈的做法，会严重伤害孩子的自尊心，给孩子不良的心理暗示，使孩子以后真的朝着妈妈批评的方向发展。

有的妈妈夸赞别人的孩子，贬低自己的孩子，是出于恭维、客套，而不是因为自己的孩子真的比别的孩子差。但孩子却不知情，认为妈妈喜欢别的孩子而讨厌自己，以为自己真的不如别人，这些都会在孩子幼小的心里留下不可磨灭的创伤，阻碍孩子健康地成长。有些妈妈夸奖别人的孩子，批评自己的孩子，可能是认为自己的孩子某个方面真的不如别人，有种恨铁不成钢的感觉。但孩子都有自尊心，妈妈这样做会伤了孩子，对孩子不仅起不到激励的作用，相反还会使孩子越来越叛逆。

因此，妈妈要在他人面前多赞扬孩子。如果孩子听到妈妈当着别人的面表扬自己，自尊心不但得到了满足，而且会增加自信，朝着好的方面更加努力。如果妈妈当着别人的面夸赞孩子好的方面，会使别人对孩子留下好的印象，由此会对孩子投射出赏识的眼光，也间接地鼓励了孩子。妈妈夸赞孩子还有一定的技巧,如孩子不在场却能知道妈妈在别人面前夸赞了自己,这样孩子会更加高兴,知道妈妈是从内心赏识自己,从而能激励孩子产生无穷的力量,快速地朝着妈妈所希望的目标前进。

妈妈当着他人的面夸奖孩子也应有度。不论什么时候,见了任何人都对孩子进行赞扬,这样做反而对孩子的成长不利,也会引起他人的反感。所以,赞扬孩子要恰当,同时要实事求是,不可夸大其词。但也不能像个案中李晓晨的妈妈那样,当着别人的面贬低自己的孩子,这些都不利于孩子的成长。

在别人面前夸奖自己的孩子时,有以下几点需要注意。

一是夸奖孩子的态度必须是认真和真诚的。不能因为炫耀自己或者敷衍别人而故意吹嘘,夸大孩子的优点。

二是必须有根有据。要根据孩子的平时表现来夸奖孩子,不能为了夸奖而夸奖,凭空捏造事实,让孩子感觉你在作假。

三是要适可而止。不要说起来没完,让孩子感觉不自在。要知道,表扬的话并不是越多越好,有时候说得多了反而无益。

孩子比成人更爱面子。他们对于赞扬是极其敏感的,他们在比我们想象的更早的幼年时期就具有这一敏感度。他们觉得,自己能被别人看得起,尤其是被妈妈看得起并当众夸奖,是一种莫大的快乐。所以,当跟别人说起自己的孩子时,不管孩子是否在场,都要怀着赏识和尊重的心态去谈论他们:"我的孩子很棒,我很喜欢他!"

**智慧寄语**

孩子比成人更爱面子。他们对于赞扬是极其敏感的,他们在比我们想象的更早的幼年时期就具有这一敏感度。他们觉得,自己能被别人看得起,尤其是被妈妈看得起并当众夸奖,是一种莫大的快乐。所以,当跟别人说起自己的孩子时,不管孩子是否在场,都要怀着赏识和尊重的心态去谈论他们:"我的孩子很棒,我很喜欢他!"

# 尊重孩子的意愿和想法

童童在别人眼里是一个成功教育的典范。她16岁顺利进入了英国牛津大学,并且获得了全额的奖学金。她的成长经历曾经被撰写成书,畅销全国。

无疑,童童妈妈的教育可以说是成功的。今天的童童开朗、独立、坚强,能应对各种挑战。在教育童童的过程当中,妈妈也花费了不少的心思。

童童的妈妈介绍:在童童四五岁的时候,她就发现当时很多同龄的父母对孩子都管得太多,太溺爱了。吃饭、睡觉、玩耍,全程陪同,看到孩子做什么,都接过手来帮她做,看到孩子被什么问题难住了,就替他想。童童的妈妈觉得这样的教育方式并不好,不利于孩子的成长。

所以,妈妈采用了一种完全不同的教育方式:什么事情都要问童童的意见,让童童自己拿主意。

比如说,他们去餐厅吃饭。很多其他的父母都会跟孩子说,这个吃多了不好,那个吃多了不行,替孩子拿主意。但是童童的妈妈总是问童童:"你要吃什么,自己点。"童童就会对服务员说自己要吃什么。结果不论什么菜,难吃或者好吃,妈妈都会按照她自己的要求让她点菜。童童的妈妈说:"这样训练的次数多了,她就知道自己该怎么选择了。"

关于童童平时如何安排自己的时间，妈妈也从来不干涉。有一个周末，有个叔叔请童童的妈妈去吃饭。妈妈就问童童，要不要一起去。童童想起来答应一个小朋友到她家里去做功课，于是就说自己不去了。童童的妈妈就留给她20元钱，让她自己去买晚餐吃。

童童和其他的孩子一样，在成长中会遇到很多问题，如小朋友跟她闹不合、老师布置的作业完不成等，但是童童的妈妈不太干涉童童的这些事情，都是让童童自己思考去解决。有一次，童童的学校举办了一次关于电影的报告评论比赛。童童的妈妈认识电影界的一些人，本来可以让童童去请教他们。但是妈妈没有说什么，只是看着童童自己做，到图书馆查资料，到网站上搜集相关的信息。童童的妈妈看着自己女儿的认真劲儿，觉得对她充满了信心。最后，报告终于做成了，还加入了很多相关的图片。由于报告做得很成功，童童得了全校的一等奖。童童高兴坏了，而且对自己越来越有信心了。

从此之后，童童的任何问题，都是自己去解决，自己去思考。遇到实在事关重大的问题的时候，她会向妈妈征求意见，妈妈会发表自己的看法，给她相应的意见和引导，但是最后的决定还是她自己做出。

童童还在读高中时，看到关于牛津大学的入学申请资料，想申请报名。报名费很贵，而且录取率很低，有一定风险。童童征求妈妈的意见，妈妈将其中的利弊为童童做了彻底的分析之后告诉她："你自己做决定。无论你做出的决定是什么，妈妈都支持。"于是，童童自己上网申请了入学，又投递了自己的简历和相关资料。结果，通过层层选拔，没想到真的被录取了。

童童说："能够走到现在，都是我自己选择的结果。同时，我很感谢我的妈妈，能够让我有充分的自由去思考，去决定。"

法国思想家卢梭说："为了使一个孩子能够成为明智的人，就必须培养他有自己的看法，而不能要他采取我们的看法。"孩子懂事以后，便开始思考这个世界，思考他所遇到的每一件事，并逐渐产生自己的想法和观点。孩子的世界与父母确实不同，但在孩子成长的过程中却一直在向父母靠近。他们对父母世界里的事情发表意见和想法，说明他们有了独立的思考意识，这是非常可贵的。

这时，父母应该像童童的妈妈一样，赏识和尊重孩子的想法，理解孩子的心情，倾听孩子的诉说，在孩子想要发表自己的想法和观点时，给予积极的赏识和尊重。赏识和尊重孩子的想法，不仅可以进一步锻炼孩子的思考意识和表达能力，而且可以通过倾听孩子的观点，发现和了解孩子的真实想法，从而纠正孩子成长过程中的一些错误思想。

妈妈千万不要忽略和压制孩子的想法，即使他们说得不对，即使他们的想法幼稚可笑，也不能嘲笑和打断他们；不要总是以自己的思维来要求孩子，而应该让孩子说下去，允许孩子把自己的观点表达出来。

许多妈妈也想尊重孩子的意愿和想法，但往往不知道怎样做才能达到更好的效果。那么，你不妨按照下面的方法来做做看。

### 1.给孩子选择的机会

尊重孩子的每一个意愿和想法，给孩子一个自主决定的机会。尊重孩子的权利，就是要征得孩子的同意，让孩子有选择的机会并且在尊重孩子的基础上给予引导，这也是民主家庭中妈妈应为孩子负起的一种责任。

### 2.尊重孩子的选择

妈妈在做决定之前，不妨先听听孩子的意愿和想法，尊重他的选择。现在的父母都希望自己的孩子多才多艺，成为一个优秀的人才。那么，如果让孩子学，一定要仔细观察，再选择一种比较适合孩子性情及兴趣的才艺。千万不要让他一下子接触太多，或强迫他学习没有兴趣的东西，破坏了他以后学习的信心和欲望。

**智慧寄语**

　　妈妈千万不要忽略和压制孩子的想法，即使他们说得不对，即使他们的想法幼稚可笑，也不能嘲笑和打断他们；不要总是以自己的思维来要求孩子，而应该让孩子说下去，允许孩子把自己的观点表达出来。

# 妈妈要和孩子做朋友

　　雨琪是个内向的孩子，父母离婚后，她一直和妈妈在一起生活。最近，雨琪在学校里遇到了些麻烦事，班上一个男生喜欢她，还给她写了封情书。雨琪不知道如何办，又不敢和妈妈讲，只好把所有的事情都写进了日记。

　　妈妈最近发现了雨琪的情绪变化，就有意识地增加了和女儿相处的时间，主动关心她的学习，询问她平时的交友情况。雨琪觉得妈妈和自己的距离一下子就拉近了，她就像是自己的朋友一样。于是，雨琪主动将男生给自己写信的事告诉了妈妈。妈妈教育她说："要尊重别人对自己的欣赏，但是现在你们是努力学习知识的时候，同学之间应该保持纯洁的友情。"雨琪在妈妈的开导下变得开朗多了。

　　很多妈妈经常抱怨，说不知道孩子心里在想什么，有什么事情也不和妈妈说。其实，她们的错误在于，没有像雨琪的妈妈一样，和孩子做朋友。

　　常言道，妈妈是孩子的第一位老师。但今天应该说，让我们学着成为孩子人生路上的第一位朋友吧！在家庭中营造友爱、亲切、平等、欢乐的气氛，让孩子在轻松、温暖的环境中成长。

　　假如你有什么心事，无论是喜与忧，希望与人分享或分担的时候，第一个想到的，往往不是你的妈妈，而是最了解你的朋友。所以，当孩子一出生的时候，妈妈便要培养他成为你无所不谈的、最要好的朋友。

　　很多妈妈埋怨孩子不听话，要求孩子按大人的指令行动，否则孩子就要遭到训斥甚至打骂。孩子是活生生的人，他们有自己的兴趣、爱好与情绪，长期被妈妈的观点与意志左右着，心中就会隐藏逆反心理。

　　所以，妈妈就要放下架子，学会做孩子的朋友，不让孩子产生妈妈高高在上的感觉，这样孩子会对妈妈更加尊敬，更加亲近，也会主动和妈妈说说心事，家庭教育也会取得好的效果。

　　一位教育学家说过，做孩子朋友的真正含义是要以平等的、孩子乐于接受的方式贯彻自己的教育思想，说服孩子不做违规的事情。

　　因此，妈妈要做孩子的朋友，深入理解孩子，了解孩子的情绪发展、生活和学习中的困惑，以自己的人生经验对孩子的成长做出科学的指导。

　　想做孩子的朋友，不是口头说说就可以的。一个健康孩子的成长需要和谐、愉快、积极与充满爱的心理环境。

　　在孩子的成长过程中，妈妈应注意时代的特点和孩子心理年龄特征，充分肯定孩子的长处，在表扬和鼓励的基础上对孩子的过错及时纠正。假如一味地数落孩子，责怪孩子这也不是那也不对，只会让孩子产生自卑心理和逆反心理。

随着孩子的成长，不断改变对孩子的教育方法，特别应注意不断改善及创造良好的家庭环境，提高家庭教育水平。与孩子讲道理应该合情合理，给孩子申辩的机会，让孩子在争辩中更加理解妈妈所讲的道理。循循善诱，充分地说明理由，与孩子讲道理不仅需要有耐心，还应结合孩子的心理特征、情绪状况，选择恰当的方法与技巧。孩子情绪好的时候比较容易接受不同的意见，不高兴的时候则很容易产生抵触情绪。应多站在孩子的立场上想问题。

那么，在生活中，怎样与孩子做朋友呢？

### 1. 做孩子兴趣发展的朋友

做孩子兴趣发展的朋友，最重要的是妈妈能安下心来，做孩子忠实的观众。成长中的孩子，最缺少的是"观众"。假如有人能欣赏自己，孩子会感觉做什么都有动力。在孩子的兴趣发展上，这一点尤为突出。当然，兴趣培养不是越多越好，更不能盲目求多，要根据孩子的自身特点进行选择。

### 2. 做孩子学习知识的朋友

做孩子学习知识的朋友，关键是在孩子遇到疑难问题时，妈妈要积极主动参与，和孩子一起研究探讨。

### 3. 花些时间了解那些流行的东西

不论是歌星、青少年偶像，还是新电脑游戏，妈妈都要花一些时间去了解。这样一方面可以增加亲子间更多的话题，另一方面还可以告诉孩子妈妈"在乎"他的兴趣，而且还可以让妈妈感觉自己更年轻！

### 4. 做孩子娱乐的朋友

要舍得花时间与孩子一起玩耍，分享其中的快乐。孩子只有把妈妈当作自己的朋友，才会有无尽的话向妈妈倾诉，才会与妈妈一起分享喜与怒，妈妈要专心倾听，更要表现出兴趣，在恰当的时候表明自己的意见，或支持孩子的见解。

### 5. 不要摆家长的架子

不要摆起架子，做"高高在上"的家长。要对孩子说心里话，不要把话闷在肚子里。让孩子明白他对你是多么重要，告诉他你多么的爱他，慷慨地把你的时间分给他，但是对物质上不要"有求必应"。把孩子当作朋友，经常与他谈心。可以告诉他你每天经历的事情，也可以听他向你讲述他一天所经历的事情。假如他告诉你做了什么"不该做"的事，不要训斥，不要生气，多听少说。当他认为与你聊天没有"被惩罚的威胁"的时候，他才会无所不谈。

*智慧寄语*

常言道，妈妈是孩子的第一位老师。但今天应该说，让我们学着成为孩子人生路上的第一位朋友吧！在家庭中营造友爱、亲切、平等、欢乐的气氛，让孩子在轻松、温暖的环境中成长。

# 凡事多和孩子商量

李刚和王海的妈妈失业了，两个家庭都陷入了困境。面对同样的境况，两个孩子的表现却截然不同。王海依旧没有改变穿耐克、乔丹等名牌服装，跟着时尚走的习惯，最近又迷上了上网，并且达到废寝忘食的地步，更别说按时上课了。

"海儿是全家的希望，只要他读书好，将来有出息就行，没想到他连课都不上。"王海的妈妈感到非常失望，"但我们还是觉得孩子应该拥有这个时代给予他们的快乐，再苦再累也不能让孩子觉得委屈，不能让他来承受妈妈因工作失败而带来的酸楚。所以，我们从不在孩子面前倾诉失业后的失落，更不会抱怨挣钱太辛苦和受到太多的委屈，照常满足他的吃穿要求和他想要的零花钱，没想到这孩子把我们对他的期望抛到了九霄云外。"

而李刚却和王海大不相同，虽然有时上学也迟到，可是学习成绩却在不断进步。

原来李刚的妈妈下岗后又重新创业，白天黑夜顾不上家，但思前想后，李刚的妈妈还是将实情告诉了孩子，与孩子商量应该怎么办。"有句话不是说'穷人的孩子早当家'吗？我们生活困难，孩子是家庭成员，有义务作贡献，帮助家庭早日脱离困境。"

李刚的妈妈是一个性情爽朗的人，提起儿子就乐呵呵的："与孩子商量后，孩子也很乐意，主动提出照顾好奶奶和搞好自己的学习。我们有时回家累了，他还会为我们捶捶背，按摩按摩。这孩子两岁多就会为我们拿拖鞋，我们就没有不放心过，不仅表扬鼓励他，而且教他做力所能及的事，我们遇到什么困难也会与他商量，请他帮助想办法。我们常对孩子说的就是'我们都是家庭中的一员，要相亲相爱，尽职尽责'，儿子做到了。他关心每个家人，把奶奶也照顾得挺好，这可解决了我们家的大问题了。而且听说他现在学习也没耽误，真是让我们高兴，也确实难为孩子了。"

孩子是家庭的重要一员。可是，许多妈妈都像王海的妈妈一样，在决定一些事情尤其是一些重要的事情时往往把孩子排斥在外。是的，生活中纯粹的大人之间的事没有必要让孩子知道，可是还有很多事是完全应该让孩子也参与讨论的，尤其是涉及孩子的某项决定时。不要以为孩子小，什么也不懂。更不要以为孩子是你的，你就可以随便对他做出决定。

事实上，只要是家庭的成员，即使年龄小，终归是个人，他有权知道关于自己以及家里的事情，有权参与家庭事件的讨论与决定。

人与人之间的相互协商非常重要。协商能够让人感觉到被尊重。根据马斯洛的需要层次理论，被尊重的需要是人类较高层次的需要，一旦这种需要无法获得满足，人类就会产生沮丧、失落等负面情绪。而对孩子来说，同样如此，他们也有被尊重的需要，如果妈妈喜欢与孩子协商，孩子就会非常乐意与妈妈交流。反之，孩子则会产生逆反心理，封闭自我。

据某家报社编辑部的一项调查显示，在面对"你是否有和孩子商量问题的倾向"的问题时，接受回答的250名"80后"妈妈中，只有8%的妈妈表示凡事都愿意和孩子商量；23%的妈妈表示偶尔会和孩子商量；而69%的妈妈明确拒绝和孩子商量问题，他们认为，孩子还小，不懂事，再说，如果和孩子商量问题，自己作为家长所拥有的权威就可能丧失。这组数据让人看后有一种沉重的感觉，作为母亲，理应有宽广的胸怀，要乐于并善于与孩子商量问题。这样的妈妈才是受孩子欢迎的妈妈。

"知心姐姐"卢勤在一篇文章中曾经谈到与孩子商量的重要性：

"商量的魅力在于，使自己学会从别人的角度思考问题。两代人的沟通，最重要的是相互理解、相互尊重。而实现相互理解、相互尊重的方法是——学会商量。

"我从儿子的成长中体会到：商量，能使家庭关系变得和谐；商量，能使孩子得到大人的尊重，从而使孩子懂得尊重别人，并学会用商量的办法去对待父母和他人。

"从儿子幼儿时期直到高中时代，我一直用'商量'的办法同他相处。'商量'使亲子间增进了感情，避免了冲突和对抗；'商量'使儿子学会了从别人的角度来观察事情，思考问题，学会了民主和平等。

"回想儿子成长的经历，我深深地感受到，孩子是独立的世界，这个世界蕴藏着极大的潜能。潜能的开发，要靠个人努力，更要靠父母的尊重、赏识和肯定。父母应当相信，孩子的世界会比自己的世界更辉煌，因为他们属于未来。有了这样的认识，才能平等地面对他们，真正地尊重他们，由衷地赞美他们，他们才有可能以自己的健康成长来回报我们。"

由此可见，商量对孩子的健康成长有着多么重要的意义。

不管遇到什么事情，妈妈都应注意不要用命令而要用商量的口吻与孩子对话。比如，当亲子关系出现冲突时，妈妈总是不愿意自己的权威受到挑战，希望以家长的权威来压制孩子，使孩子改变主意。实际上，这样做，孩子不仅不会听从妈妈的意见，反而会产生逆反心理，恶化亲子关系。明智的妈妈在这种情况下要学会使用协商的方式，让孩子体验到妈妈对自己的尊重，体验到人格的平等，如此，孩子才会比较乐意接受妈妈的意见。又比如，在提醒孩子做作业时，妈妈可以说："你现在是不是该做作业了。做完作业还可以看会儿电视。"而不要说："赶紧去做作业！"或"还不去做作业呀？"在请孩子帮忙做一件事情时，妈妈可以说："你能帮我一把吗？"而不要说："快来帮我！"或"赶紧把这事做了！"商量的语气对孩子来说非常重要，孩子会认为你尊重他，关心他的感受，从而对你产生好感和信任。

如果你还在抱怨孩子不理解你，老跟你作对，那么就先想想自己是否在理解和尊重了孩子的基础上与孩子商量了？

学会与孩子商量，可以从下面的小事开始：

你现在不想睡觉吗？明早你能够按时起床上学吗？

你又要这么多钱做什么？给你少一些可以吗？

把旧文具盒扔掉买新的，可是这不在我们这个月的消费计划里，怎么办？

……

**智慧寄语**

人与人之间的相互协商非常重要。协商能够让人感觉到被尊重。根据马斯洛的需要层次理论，被尊重的需要是人类较高层次的需要，一旦这种需要无法获得满足，人类就会产生沮丧、失落等负面情绪。而对孩子来说，同样如此，他们也有被尊重的需要，如果妈妈喜欢与孩子协商，孩子就会非常乐意与妈妈交流。反之，孩子则会产生逆反心理，封闭自我。

# 学会维护孩子的面子

张女士的儿子在班级里向来以小小男子汉自居，最爱表现自己大胆勇敢，同学们敬佩的目光就是他的骄傲。

这天是张女士儿子的生日，她邀请了几位小朋友和他们的父母前来参加生日会，屋子里热闹非凡。儿子趁机搬出他那堆宝贝——手枪模型啊、小刀小剑啊向朋友们卖弄，吹嘘自己拿着这些武器"斩妖除魔"的经历。

一位孩子的母亲羡慕地对张女士说："还是男孩子好，胆子大，让人放心。不像我家那个丫头，看见个老鼠都要叫半天。"

张女士笑了："你听孩子吹牛呢。他现在威风，见了老鼠一样怕。"

"什么，你怕老鼠？""哈哈，大侠也怕老鼠吗？"小朋友们听见这段对话，纷纷凑趣。儿子不满地埋怨张女士："妈，你讲这些干吗啊？"

张女士看着儿子脸红红的，觉得有趣，偏要逗他："不光是怕老鼠，他还怕黑呢！小时候他死都不肯一个人睡，非要挤到我们床上来。后来我们答应在他房间一直开着灯，他才答应自己睡。不料睡到半夜，突然听见他在房里大哭。我们吓坏了，不知道发生了什么事，连忙跑过去看。结果他一个人裹着被子哭得正起劲呢！我们看看没什么事发生，问他为什么，原来灯泡坏了，他觉得周围有好多怪兽魔鬼，还有好多老鼠蟑螂，越想越怕，结果被自己吓哭了。"

"哈哈,哈哈哈!"小朋友们笑了,张女士又讲了几段儿子怕黑怕老鼠的趣事,不料儿子喊了句:"你讲个够吧!"一个转身回了自己的房间,怎么叫也不肯出来,好好的生日会不欢而散。之后的很长一段日子里,儿子也对张女士不理不睬,除非必要绝不主动开口说话。

养育孩子的苦与乐,没有人比母亲了解更多。讲述孩子成长中的故事,回忆往事的苦和乐,是妈妈们喜爱的行为之一,在这个过程中她们能够获得充分的成就感和乐趣。但是对于孩子来说,无法体验到母亲把自己养大成人的成就感,也难以体会到过去那些生活琐事带给母亲的欢乐,在这方面两者存在天然的沟通障碍。

但是张女士并不知道这种障碍的存在,仅仅以自己的想法贯注于儿子身上,以为儿子可以分享这份快乐,在大众面前和儿子一起分享往事也是一种隐讳的炫耀,所以她乐此不疲。实际上她提到的往事是儿子不愿面对的疤痕,在大众之下宣扬严重地伤害了儿子的自尊心。

有人以为要面子是成年人的行为,其实孩子并非没有面子观点,只是他看重的东西和成年人存在差异所以往往被人忽视。实际上孩子相当重视自己的隐私,在自己没有准备好的情况下被暴露自己的私事,他们往往没有成年人那样的应变能力和接受能力,对外界的反应可能会过分夸张。所以当成人不小心触及了孩子的自尊时,孩子们就会做出激烈反应来维护自己的自尊,或者反驳,或者逃避,这都会大大影响亲子关系。

那么,妈妈如何在日常生活中维护孩子的面子呢?

(1)认真地和孩子谈一次,询问他哪些事是不愿意自己谈及的事情或做出的行动,并记录下来。

(2)在和孩子一起出席公众场合的时候,事先问孩子有没有什么不可以说的话。

(3)一旦孩子表现有异,立刻转移话题,不要因为觉得有趣而继续。

(4)当孩子对你提出意见的时候,予以足够的重视。

将上面所得的东西归纳整理,列出孩子的禁忌事项,按反应轻重排序,时刻对照自己的行为,提醒自己注意不要违禁。

智慧寄语

有人以为要面子是成年人的行为,其实孩子并非没有面子观点,只是他看重的东西和成年人存在差异所以往往被人忽视。实际上孩子相当重视自己的隐私,在自己没有准备好的情况下被暴露自己的私事,他们往往没有成年人那样的应变能力和接受能力,对外界的反应可能会过分夸张。所以当成人不小心触及了孩子的自尊时,孩子们就会做出激烈反应来维护自己的自尊,或者反驳,或者逃避,这都会大大影响亲子关系。

# 第三章　懂得如何教育孩子

## 进行性成熟前的道德教育

一个本应该在高中上学的女孩子静静因为对性的轻率,失学在家,对此,她后悔万分。她悔恨交加地说:

"……我小时候各门功课都优良。后来,我朦胧感到自己长大了,喜欢打扮自己,爱慕男同学……和他在一起很快活。我们曾经逃课去看电影、逛公园……模仿电影里镜头接吻和拥抱。他曾以血书向我发誓永不分离,我轻率地以身相许……我感到自己变了,听课,逃学,对读书产生了厌倦……各科成绩直线下降……他在各方面压力下与我断绝了关系。我便咒骂'天下的男人都是骗子',并以各种手段进行报复,几乎走到了犯罪的边缘……"

静静所以陷进早恋的旋涡,亦步亦趋,终于"走到了犯罪的边缘",原因可能有许许多多,但最为根本的是听凭感情野马般的冲撞。这种活生生的例子教育我们,孩子要防备包括"早恋"在内的性早熟,最根本的一条是让孩子的道德成熟在性成熟之前。

第一,青春期萌动出现的心理变化是客观规律,不应看作大逆不道,也是禁止不住的,我们的任务是使它健康成长。

第二,当前的早恋现象的存在是受某些不健康传媒的影响。

第三,不应该孤立地抓早恋问题,而应放在全面培养人、教育人的工程中去解决。

性生理心理学研究表明,孩子性意识的发展存在着三个层次——性别意识、性欲意识、性观念。性别意识于孩子两岁前后就已形成,"我是男孩""我是女孩",7～8岁发展至顶峰,出现讨厌异性现象;情窦初开后,性意识发生巨大变化,萌生性欲意识,产生越来越强烈的亲近异性的欲望;性观念,是性意识纳入社会文化轨道、糅合社会意识形态的产物。

遵循孩子性意识发展的轨迹,道德教育应从孩子的性别意识萌芽开始。道德,是社会意识形态之一,是抽象的概念,怎样让孩子明白呢? 只有将大道理化为他们能理解的小道理,通过他们喜闻乐见的活动,如寓言故事、游戏和幼儿园、小学的学习,进行引导;同时,通过孩子日常生活中的行为,进行指教。

孩子进入青春期,就可以进行系统的青春期教育——理想、人生观与性知识、性道德教育。孩子一旦认识人生的价值和自己奋斗的目标,就会自觉地克制性欲意识的冲动,把精力用于学习文化和科学知识。

智慧寄语

孩子进入青春期,就可以进行系统的青春期教育——理想、人生观与性知识、性道德教育。孩子一旦认识人生的价值和自己奋斗的目标,就会自觉地克制性欲意识的冲动,把精力用于学习文化和科学知识。

# 正确处理孩子的"早恋"

这是一位女中学生美美的苦恼:

上中学二年级时,班上来了一个男孩并成了我的同桌。不知为什么,我从不敢看他,看他就脸红脖涨;我俩同桌,但很少说话,和他说话我就精神紧张;他家就在我家的前排,我俩回家路上从不相跟,出门见面从不招呼。可是我感觉自己喜欢他,时刻在想他,想知道他干什么,想什么,做什么。就这样每天心神不宁,学习成绩开始滑落。我自己控制不住自己的感情,直到中学毕业。

早恋作为恋情,无可非议,其感情不夹杂任何世俗偏见和凡尘污秽,纯真无邪,有时还相当炽热,这些都必须充分肯定。

社会不赞成孩子的早恋,并非抹杀其恋,而是否定其"早"。"早"的弊端之一,是不自觉。孩子年轻,知识经验不足,既缺乏适应社会和组织家庭的能力和经验,又没有建立起正确的友谊观和爱情观。因此,早恋的爱情只能说是一种凭着一时的冲动,很少甚至没有考虑与爱情有关的各种社会因素的不自觉行为。

"早"的弊端之二,是不稳定。早恋的"恋",感情成分多,理智成分少,其眷恋和向往朦朦胧胧,还没有自觉地意识到必须专一,还没有确立必须以建立家庭成为眷侣的目标。因此,早恋是不稳定、不成熟、未定型的恋爱,与成年人那种深刻和富于社会内容的恋爱有着实质性的区别。

"早"的弊端之三,是荒废学业。儿童乃至青少年时代是长身体长知识的时代,应集中精力于学习,积累长大自食其力、服务社会的本领。倘若荒废学业谈恋爱,到头来竹篮打水一场空,爱不成,业不就,嗟叹终生。

家长对待孩子早恋,最好的方法就是正确疏导。

第一,掌握疏导的原则。疏导的原则是:尊重、理解、关怀、引导。即尊重孩子的人格,理解孩子的美好而纯真的感情,关心孩子的思想、学习和生活,引导孩子回到班级集体中去,减少异性个别往来。

第二,掌握疏导的内容。疏导的内容,是教育孩子用理智约束自己的感情。如果心中有了爱情的萌芽,要理智地珍藏在心底,待长大条件成熟后再让它萌发。

第三,掌握疏导的方法。疏导的方法,切忌简单粗暴。有些家长把孩子的性爱心理视为洪水猛兽,以为早恋就是思想意识有问题,就是生活作风有问题,就是"变坏"了。于是,动辄打骂,搞逼供信,甚至采取勒令、制裁,如临大敌。有些家长,虽然不打、不骂、不训,但在"洪水猛兽"思想支配下,语气、脸色都足以使孩子感到压力太大,承受不了。

简单粗暴不仅收不到效果,还会激起孩子的逆反心理,横下一条心来,弄成两代人反目,适得其反,把孩子推向其早恋对象的怀里。

对这种疏导,有人形象地概括为"三来":

第一,"跳"出来,即用理智战胜感情,从早恋的烦恼中跳出来。

第二,"冻"起来,即以前途为重,把早恋感情冻结起来。

第三,"隔"开来,即返回集体,杜绝两个人单独在一起。

智慧寄语

家长对待孩子早恋,最好的方法就是正确疏导。

# 教孩子防范性诱骗

14岁的少女乐乐在常去的游乐场所认识了17岁的女孩小丽,乐乐觉得小丽非常神气,有手机,花钱大方,身边常跟着几个小跟班。一日,小丽背着个名牌背包来玩,乐乐看了非常羡慕。小丽跟她说要想赚钱买这样的背包也很容易。眼看乐乐心有所动,小丽打了个电话,然后说要带乐乐去一家宾馆去和一个人玩玩,说那个人很有钱,之后会给她们许多钱。乐乐糊里糊涂地就跟着去了。

到了宾馆,她们跟一个姓刘的中年男人见了面。刘某开了个房间,带她们上去喝饮料、吃零食,然后小丽叫乐乐躺到床上去,刘某在旁边解裤子。这时乐乐害怕了,吓得哭起来,但已经由不得她了。事后刘某给了小丽800元钱,小丽把其中200元给了乐乐。

后来小丽又带乐乐去了几次,直到事发,刘某被抓。刘某是个生意人,性喜小女孩,先是偶然和小丽发生了关系,后来又通过小丽诱骗了几个更小的女孩子,每次都给她们几百元钱了事。

乐乐其实是一个天真又有点虚荣的女生,这样的人是很容易成为不怀好意的人的目标的。

女孩子从初次月经来潮后开始发育,在目前中国发育的普遍年纪是在十二三岁。之后她们的体态等都会发生变化,越来越有女性特征。可是这个年纪的孩子心理上却还十分孩子气。对男女之事不懂,对女性可能遇到的性侵犯没有戒备之心。而一些不怀好意的成年男子往往瞄准了她们,一些男生看了黄色录像带之后,或单独或纠结团伙也常常侵犯女同学或比自己更小的女孩子。分析一些孩子被性诱骗的事件,主要有以下几种情况:

第一种是被过量的酒或其他药物,甚至毒品麻醉,神志不清或者昏迷不醒,然后被有意下药的人性侵犯。

第二种是女孩子跟一大帮人出去跳舞、玩乐,参加通宵聚会,过分地游戏,一起看黄色录像……在玩得高兴时半推半就,或者迷迷糊糊失身。

第三种是被别人提出某种诱惑性的条件,或因对方具有某种身份而产生崇拜或渴望心理,没有意识到后果,自愿上当。实施诱骗的人可能是孩子的老师、远房亲戚、同学的家长。老师可能是孩子喜欢、崇拜的,有些师长正是利用孩子的柔弱心理进行威逼利诱。发生最多的是有的人利用女孩子喜欢的物品或者金钱来诱惑她,孩子如果在家中这些物质要求得不到满足,虚荣心重,也可能被诱骗。

女孩子一旦上了套儿,跟诱惑者去了封闭的场所,或发现了严酷的事实要反悔时,往往已经晚了,常被强迫就范。

值得提醒的是,青春期的男孩子也有被性诱骗的情况。例如被同学的妈妈、邻居阿姨等年长的妇女诱惑,被男同性恋的"鸡奸"等。所以男孩子也要有防范意识。

性诱骗对于孩子的身心都有着十分严重的影响,为了防患于未然,作为家长,应该教导孩子以下几点:

### 1. 唤醒孩子的女性保护自觉

女孩子初次来潮后进行青春期启蒙教育时,要告诉她现在要准备成为一个大人了,要讲到对性诱骗的防范。女孩子像花朵一样娇嫩,所以更要告诉她这个社会上居心不良的人很多,例如老师、亲戚、同学的爸爸等。如果谁老用奇怪的眼光看她,对她超乎寻常地热情,以及没有理由地给她金钱、物品时一定要警惕,没准儿是黄鼠狼给鸡拜年。要做一个自尊自爱的女孩子,有保护自己的意识。

### 2. 让孩子了解被诱骗的严重后果

青春期的少女发育还不全,一旦遭受性诱骗,对生理、心理都会造成严重后果。还可能发生殴打、强迫等暴力事件,少女不但会遭受性伤害,身体其他部分也会遭受创伤。有人对少女进行性诱骗后,会长期控制她,甚至出现拐卖、逼迫卖淫等更严重的后果。而且少女如果过早地尝试了性的滋味,对她将来的成长也会有影响。

通过这些教育可以防止孩子因为一个名牌背包或少量金钱而心甘情愿被诱骗,或者因为对方是自己尊敬、喜欢的师长而甘心听话。

### 3. 给女孩子定几条戒条

尽量不和男子独居一室,更不要随便和人去陌生的地方,不可晚归,不要参加人员复杂的聚会等活动,不要随便喝别人给的饮料,不要喝酒,去同学家发现只有其爸爸在家时要马上退出……

**智慧寄语**

身为家长应该提早进行防骗教育,防患于未然,让孩子遇到骗子时懂得如何保护自己。

# 理解孩子的"偶像"情结

初二学生李佳最近疯狂迷上了歌星周杰伦,觉得周杰伦有个性、有主见,他的音乐另类。他每个月的零花钱都用在买 CD、海报及杂志上,满间房都贴上了明星的照片和海报,连笔记本上都是。走路戴着个"随身听",听周杰伦的歌。妈妈就是不明白孩子怎么不崇拜什么科学家和杰出人物,歌星有什么好着迷的,觉得现在那些明星也不是什么好东西,又吸毒又撞车的,可是怎么劝说李佳也不听。

有一次李佳的妈妈气极了,觉得这不但浪费金钱而且影响学习,就没收了一批照片和海报,并"毁尸灭迹"。李佳居然因此离家出走了,还好当天就找了回来。妈妈吓得够呛,从此也不敢再多管她。更听说别的孩子为了去听所喜欢歌星的演唱会,妈妈不给钱,就跑去卖血买昂贵的门票。有的自己就跑到广州、深圳去,希望看到自己崇拜的明星。李佳的妈妈怕女儿也做出这样极端的事情来,从此多了块心病。

除非你这几年是睡着了,否则定然知道这些年来明星已经把我们的世界搅得沸沸扬扬。"追星"只是稚嫩少年的一种心理消费。李佳的行为已属于较为过激的了,处于一种边缘地带。妈妈的担心是很有必要的,而且对于这种执迷很深的孩子,妈妈的态度要更为谨慎。

我们应该明白，青少年对偶像的崇拜是成长中的一个正常现象。青少年正处于发育阶段，是有劲没处使的那种，而他们现在所面临的压力无非也就是妈妈的望子成龙之类的。明星一般很洒脱，很开放，他们代表了一种生存状态，且对于语言节奏的控制力、撞击力也很强。再加上传媒的推波助澜，现在的中学生普遍崇拜明星偶像。据我国某大城市统计，近年"追星族"人数一直以每年超过40万的速度增长，其中以中小学生为最，占70％强。以学生为主的"追星"一族队伍日益壮大，一些狂热"追星族"还会出现日思夜想、离家出走去"追星"甚至一些更疯狂的举止。青少年"追星"现象不仅与生活条件改善有关，也是其"成人意识"的一种表现。

心理学家分析少男少女"追星"主要有以下几种心态：

第一，感情需要。这一代中学生多为独生子女，他们缺少父母辈所有的手足情。当今社会变化快，父母在紧张繁忙的现代生活中很少关注他们的内心世界。而且这一代父母与孩子的成长环境差别较大，孩子容易觉得和父母的想法不同。渴望成熟的少男少女需要友情，想获得情感共鸣，以极高频率出现在电视、报纸、网络上的明星们自然填补了这个空当，成为他们崇拜的偶像。

第二，向往成功。明星们都顶着一个耀眼的光环，年轻俊美，有名有利，而且被传媒捧上了天，容易成为青少年心目中的成功代表。

第三，编织梦幻。青少年爱幻想，中学生们所追的星，男的大多英俊潇洒、风流倜傥，扮演的也多是些义胆冲天、侠骨柔肠的铮铮铁汉；女的则羞花闭月，扮演的也多是些娇媚可人、善良温柔的亭亭玉女；球星也都英姿勃勃、气质逼人。这些难免让正处在青春期的少男少女们羡慕、迷恋、崇拜甚至疯狂。

第四，从众心理。在中学生中，"追星"现象很普遍，一些没有特别喜欢哪个明星的学生也都努力地要找个明星来追，以免被看作"落伍"，或者不合群。

当孩子开始"追星"时，理解并善加引导最为重要，横加阻拦则会适得其反。那么，妈妈此时应该怎么做呢？

### 1. 一句赞同胜过十句指责

当孩子崇拜上哪位明星时，家长不妨带着欣赏的眼光去了解这个明星，和孩子谈论这个明星有什么长处。家长嘴里说出一两句赞扬的话，例如"歌唱得不错""舞跳得真好""这身打扮很有意思"之类，会让孩子觉得受到了尊重和理解。或者以朋友的口气和孩子讨论，说妈妈觉得有别的什么人哪方面可能比这个明星更好，与孩子辩论一下也无妨。适度"追星"只要没有什么过激行动都可以不干涉，千万不可横加指责，使孩子产生逆反心理，不准的偏偏要做。

### 2. 引导孩子跳出"追星族"的狭小天地

家长要多关心孩子的思想动态，抽空多带孩子去看高雅艺术表演，欣赏古典音乐、民族音乐，参加爬山、野游、运动等，使孩子从兴趣单一转向兴趣广泛。

### 3. 把"追星"转化为孩子努力向上的动力

青少年的可塑性很大。可以在孩子生日或节日时，给他买明星的CD或画册作为礼物，孩子会非常高兴。孩子的兴趣爱好一定不能扼杀，例如答应他考上重点学校后带他去日本玩，这也是一个激励的办法。

### 4. 制止"追星梦幻症"

孩子识别能力较差，模仿或迷恋明星带有一定的盲目性，如果出现严重影响生活的状况一定要尽快制止，及时带去心理门诊咨询。

另外,即使经济条件优越,也不能放纵、宠爱孩子,适当限制其花钱,对防止盲目消费和"追星"行为也有帮助。

我们应该明白,青少年对偶像的崇拜是成长中的一个正常现象。

# 让孩子冷静面对校园暴力

刘涛是某中学初二的学生,生得比较矮小,平时也不怎么说话。可是妈妈发现刘涛最近越发地不对劲儿了。孩子比平时更加少言寡语,老要零用钱,给了早点钱好像孩子又没吃。有时候回家衣服也扯破了,脸上青一块紫一块。妈妈想这孩子肯定是跟同学打架了,可是问他他也不说。早上该去上学了,孩子又磨磨蹭蹭不走,一说还哭。

刘妈妈决心要弄个清楚。这一天跟着儿子去上学,发现刚到校门口就有两个高个子的学生围上刘涛,儿子显得非常害怕的样子。一会儿两人还推起儿子来,妈妈赶紧前去喝止。两个高年级学生看见大人来就溜走了。

后来在妈妈和老师的追问之下,刘涛才吞吞吐吐地说这两人找他要钱已经有一段时间了,不给或者没有就打他,逼着他回家拿,一次十块八块的。还威胁他说如果他报告学校和家长,就要他好看,把他耳朵割下来。他十分害怕,所以一直不敢说。

据一项调查显示,我国30%左右的中学生存在心理异常表现,15%有各种心理疾患,10.5%的学生面临校园暴力的威胁,94%的孩子认为在社会中自身的安全不能得到保障。北京市有关部门最近对1万余名学生进行的调查显示,有40%的学生在校内外遭遇过同学和社会青年索要钱物。而且目前校园暴力不断升级,还出现打人甚至导致受害者严重伤残的恶性事件。"校园暴力"已经成为本应纯洁的校园里的一股黑色暗流。

校园暴力发生最频繁的当然是中学校园里。分析某些中学生对别的孩子实施暴力的原因,有的是一些孩子在受到大孩子施暴后,变本加厉地在比自己更小的孩子身上"找回来"。有的是因为少年人渴望被关注、被接纳的愿望更加强烈,应试教育却使一部分学生成了被淘汰者,于是他们就用暴力来报复老师和同学,以这种"特殊方式"来获取老师的关注与同学的"承认"。在热门电影电视等影响下,一些少年崇拜"黑道原则",他们开始信奉暴力决定一切,以强凌弱,不知不觉中形成一种价值观,互相拜把子,称"大哥",受欺负了,不再向师长寻找解决办法,找几个"哥们儿"就可以。家庭暴力也是造成校园暴力的根源。家庭暴力有两种方式:一种是显性的,即"棍棒式的强制";另一种是隐性的,即"温柔的强制"。它们都会给孩子带来心理压力。此时如果再遭遇父母离异、家庭"战争"、极度贫困等负面刺激,孩子就很容易心灵扭曲,形成一种"攻击性人格"。为此他们往往通过欺凌弱小来释放压抑,获取一种心理上的平衡。

这些"害群之马"向别的学生勒索财物,向他们收取保护费等,从而出现搜身、抢夺、殴打、报复等现象。

而受害的孩子一旦遭遇校园暴力后,会长时间处于恐惧状态,情绪不稳,心情压抑,学习积极性锐减,有的以暴力对付暴力,使其价值观受到不良的影响。刘涛的情况就是这样。

作为家长,要善于发现孩子可能遭受校园暴力的迹象。如孩子一段时间中比平常沉默、独自哭泣、不愿意上学、放学不按时回家、时常"摔倒"等,都有可能是遭遇到校园暴力。不要粗暴呵斥,耐心询问才能知道真相。要明白孩子害怕被报复的心理,给他安全的感觉,不要粗暴处理,否则过后遇到麻烦的还是孩子。和学校协商,如果觉得不能根治,甚至可以考虑给孩子转校换环境。

教育孩子要聪明自卫,不能软弱好欺,更不能以暴制暴。让孩子首先要学会的是,这种事情一定要跟家长说。要坚强,不要长期忍受。还有一些家长从小教育孩子若被别的孩子打了,就打回去,这种方法不可取。要让孩子学会利用法制和秩序,利用更有权威的力量来解决问题。

家长、学校、公安三方协同根治校园暴力。"校园暴力"虽然主要发生在学校,但却需要学校、家长、公安三方协同努力,才能得到根治,并有《未成年人保护法》《预防未成年人犯罪法》可依。

家庭是预防未成年人犯罪的"第一道防线",家长是根治"校园暴力"的重要环节。"校园暴力"的主要实施者是不良学生,或是他们与社会上其他不良少年勾结。家长要管教自己的孩子,使他不要成为暴力实施者。创造一个良好的家庭氛围,言传身教,帮助他们树立起积极、健康、向上的人生志向,远离不良少年,远离校园暴力。与此同时,家长要积极主动地支持、配合正常的学校教育工作。即使与学校出现分歧,也应加强沟通,通过正常的、理性的渠道求得解决,切不可对"校园暴力"推波助澜。家长要学习青少年心理与生理发展的知识、科学教育的技巧等,避免孩子们的心灵从小受到压抑与伤害。

家长们应该与自己的孩子多交流。现在的青少年接受的信息比父辈们来得要多、要复杂,但鉴别能力有限,遇到问题如果缺乏家长的指导,易误入歧途。家长只有多与孩子沟通,才能建立起与自己孩子之间的相互信任,才能使孩子在需要帮助的时候能想起自己的家人,而不是自己去做一些幼稚的决定。

### 智慧寄语

教育孩子要聪明自卫,不能软弱好欺,更不能以暴制暴。让孩子首先要学会的是,这种事情一定要跟家长说。要坚强,不要长期忍受。还有一些家长从小教育孩子若被别的孩子打了,就打回去,这种方法不可取。要让孩子学会利用法制和秩序,利用更有权威的力量来解决问题。

# 正确面对孩子的叛逆

亮亮是个15岁的少年,看不惯权威,反对一切正统,喜欢跟人抬杠。一天,家里来了位客人,是妈妈请来帮忙修电脑的朋友。妈妈给亮亮介绍这位叔叔,亮亮却爱答不理的,只是将脑袋歪了歪,眼睛斜着看了看那位叔叔,算是打招呼。他的态度让妈妈很难堪,送走客人之后,妈妈问他为什么这样做。亮亮满不在乎地说:"我看不出来他哪里像电脑高手。这年头很多人都自称是电脑高手,其实就那两下子,我见多了。"说完转身进了自己的房间,妈妈愣在了原地。

有一次,学校请了一位专家来做演讲,其他同学都认真地听着,而亮亮却站起来问:"请问,您的专家称号是谁封的? 现在很多人都自称是专家,而实际上根本没有什么学术成果。"他尖锐的设问让校方非常尴尬,幸亏专家见多识广,化解了尴尬。事后,亮亮还振振有词地说:"这年头专家多了去了,谁知道他是不是货真价实。"

许多妈妈发现,随着孩子年龄的不断增长,孩子不听话的行为越来越严重,而且在妈妈不断唠叨下,孩子甚至产生了叛逆的心理,不管妈妈说什么,一律先否定再说。

为什么乖孩子会变成叛逆少年？这是因为处于青春期的孩子，都有一个强烈的愿望——希望妈妈以及他人不要再将自己当小孩子看待。为了表现自己的非凡，他们就对任何事物都抱着批判的态度。当其他人都对某件事抱着肯定态度的时候，他们会持反对意见，这样才能显示自己的"与众不同"。他们出现叛逆心理，是因为担心外界忽视了自己的存在，从而用各种手段、方法来确立"自我"与外界的平等地位。他们初步觉醒的自我意识支配着强烈的表现欲，处处表现自己，通过展示自己和别人的不一样来体现自己的价值。比如，打扮得与别人不一样，做一些引人注目、与众不同的事，说一些令人吃惊的话，等等。

当孩子出现这些问题时，妈妈会说："你这孩子怎么变成这样了？"也就是说，妈妈习惯于从孩子身上寻找原因。其实，有许多问题的产生根源是妈妈。孩子的某些叛逆心理和行为，可能恰恰是家庭教育弊端所致。一些原本是典型的乖孩子，学习努力，成绩好，听话，但是妈妈却只知道要求孩子学习好，没有考虑到孩子除了学习，还有自尊，还有一些小小的虚荣心，还有一些物质欲望。一些孩子到了青春期，如果妈妈还把他当小孩子一样严加管束，丝毫不考虑到孩子的感受，孩子就会出现抵触情绪和反叛行为。对孩子要求严格并不是坏事，但要看方式。

处于青春期的孩子，不喜欢再遵从妈妈的命令行事。如果妈妈还用命令、说教式的口吻告诉他们该干什么，不要做什么，他们会用反叛来表现自己的不满。比如，孩子回到家，正在看电视，妈妈问："作业做完了没有？"孩子说："没，待会儿做，我很累。"妈妈说："写作业你累，看电视就不累？赶紧去做作业，做完了再看。"孩子很可能不会动，还留在原地，或者跟妈妈顶嘴，说出他不马上做作业的"道理"。当孩子不听妈妈的话时，妈妈感到自己权威的丧失，从而采取强势手段让孩子服从命令。这时候，孩子会觉得妈妈违反了自己的意愿，干涉了自己的自由，从而跟妈妈对抗。

如果妈妈对孩子要求严格，对自己却放松要求，那么孩子的叛逆现象就会更加严重。

比如，妈妈对儿子说："妈妈我这辈子就这样了，没混出什么名堂，也没什么出息。你不要像我，你一定要努力学习，将来做出一番事业。"儿子可能会想："我为什么一定要做出一番事业，你能混，难道我就不能混？"再比如，妈妈不让儿子玩游戏，怕影响他学习，但自己却经常上网玩游戏、聊天。儿子会觉得不平："为什么你能玩游戏，我不能玩？"妈妈说："我不上学，你要上学啊！你玩游戏会影响学习。"儿子会反驳："你还上班呢！难道玩游戏不会影响你工作吗？"当然，这些少年虽然有叛逆心理，但并不严重。他们只是将自己看作跟妈妈平等的人，处处跟妈妈比。而妈妈却觉得自己是权威，孩子无法跟自己比，于是矛盾就产生了，孩子的叛逆心理产生了，疑问也产生了："为什么我不能跟你们一样？"

处于青春期的孩子有叛逆心理，并不算是不健康心理，但如果叛逆心理的反应非常强烈时，就是一种反常心理，如果不及时加以矫正，发展下去对孩子的成长非常不利。叛逆心理会导致孩子出现对人对事多疑、偏执、冷漠、不合群等病态性格，使他精神萎靡、学习被动、意志衰退、信念动摇、理想泯灭等。叛逆心理的进一步发展，还可能向病态心理或犯罪心理转化。

要纠正孩子的叛逆心理，需要注意以下几点：

妈妈要改变过去那种只从孩子身上找原因的做法，而应该先从自己身上找原因，看看自己对孩子的教育方法是否合适，对孩子的管制是否过于严厉。

妈妈要放下家长的架子，不要将孩子放在自己的对立面，不要将自己看作家里的权威，认为孩子只有服从，没有提出异议或反对的权利。

不要总用"长不大"的眼光看待孩子，他已经长大了，不仅是身高体重变了，想法也变了，他需要理解和重视，也希望妈妈能注意到他的变化。

丢弃妈妈简单粗暴的教育方法，虽然在妈妈眼里那个已经成为小少年的他仍然是"孩子"，但孩子也有自尊。虽然孩子希望妈妈不要再将他看作孩子，但其实他的心理承受能力还没有达到成人的高度。如果妈妈还继续用简单粗暴的方式对待他，只会伤害他的自尊，孩子脆弱的心理也承受不了，结果不但不会变得乖巧顺从，反而会更加叛逆。

该放手时要放手，什么都替孩子包办，他会觉得妈妈很烦，不相信他们有独立的能力。其实不光是叛逆少年，就是刚学会爬的幼儿，也希望妈妈能放手让他做自己的事。

一位妈妈带着几个月大的孩子到广场上晒太阳，孩子不安分地要在地上爬。他艰难地往台阶上爬着，妈妈看着着急，就一把将他抱到了台阶上。结果孩子不领情还大哭，妈妈只好再次将他放到台阶下。孩子不哭了，继续艰难地往台阶上爬着。

所以，妈妈在该放手时，一定要放手。

除此之外，一些动漫、影视作品里，经常会将一些叛逆者夸大成"英雄"，他们与许多人比起来，更有能力、胆识，并且更能赢得他人的尊敬。这种宣传极易对孩子造成误导——现实大众都是庸俗不堪的，真正的有识之士和英雄是那些"叛逆"的人。为了防止这种误导，家长要尽量避免让孩子看这些极端的作品，或者可以跟孩子一起看，一起讨论，纠正其中偏激的部分，将正确、全面的观点以讨论的形式教给孩子。

还有一点就是孩子的学习。很多孩子是因为学习问题而与家长产生对抗的。孩子的学习固然重要，但如果家长没有制定符合孩子自身实际、切实可行的学习标准，而是按照自己的主观意愿来培养孩子，要求孩子达到一定的目标，一旦孩子对学习产生厌烦心理就施以高压，那么孩子只会越来越厌烦学习，一提到学习就反感。其实，妈妈应该换一个角度看问题，那就是：孩子不是妈妈的雕塑，他是一个独立的个体，不要总希望孩子像个玩偶一样按照妈妈的意愿生活，这个社会每一个人都扮演着不同的角色，只要孩子能够健康快乐地成长，他的想法和行为没有危害社会，妈妈又何必逼着孩子去做不愿意做的事？

**智慧寄语**

处于青春期的孩子有叛逆心理，并不算是不健康心理，但如果叛逆心理的反应非常强烈时，就是一种反常心理，如果不及时加以矫正，发展下去对孩子的成长非常不利。

# 不要给孩子贴上"负面标签"

小驰正在读小学六年级，他的成绩一直是老师和家人最头疼的问题。令老师迷惑的是，小驰并不笨，甚至很聪明，但是他却长期居于班里的最后一名，而且时常不及格。

原来，小驰以前的成绩也十分优秀。有一次，由于他没有认真审题，结果作文没及格。回到家后，妈妈对他大加指责："你怎么这么笨啊，居然还能审错题？我怎么生了你这么个笨蛋？你真是让我头疼死了，真是个笨猪。"从那以后，"笨孩子""笨蛋""笨儿子""笨猪"等名词就成了小驰的代名词了。

既然妈妈这么认定自己，小驰也就索性真的去当"笨孩子"了，他不再好好学习，成绩也一落千丈。

一位母亲带小女儿去游泳，女儿不敢把头埋进水里，她就当众斥责孩子说："你每个星期都这样,老给我和爸爸丢脸。我真不相信你就是我的女儿!"

这位母亲的话和上面故事中小驰的妈妈一样,都代表了一种糟糕透顶的教育方式。

据国外的调查资料显示,经常遭贬斥的孩子智力和心理发展比经常受体罚的孩子更为低下。为什么这样做反而会有害处呢? 社会心理学上有个术语叫做"标签效应",意思就是说,对人的看法就像给人贴一个标签一样,迫使此人以后做出与标签相符的行为。

我国的著名童话大王郑渊洁先生曾经说过:"差生是差老师和差家长联手缔造的。"他用深刻、犀利的语言,警告当代的妈妈们:不要给孩子们乱贴负面标签,这种行为只会使好孩子变成真正的差孩子。

20世纪初,意大利教育家蒙台梭利在罗马建立了一所国立特殊儿童学校,招收了被人称为"白痴"和"弱智"的儿童,共22名。经过两年的努力,在政府的监督下,这些孩子都顺利地通过了公共学校同龄儿童的同等水平考试。这个铁一般的事实再一次告诉世人,没有教不好的孩子,只有不会教的父母与老师。

教育家周弘先生说:"没有种不好的庄稼,只有不会种庄稼的农民。"农民如何对待庄稼,常常决定着庄稼的生死存亡;而妈妈如何对待孩子,也在一定程度上决定着孩子的未来。当妈妈将"笨孩子""差生""问题少年"等负面标签贴到孩子身上时,"聪明孩子""优生""阳光少年"就真的离孩子远去了。

当孩子被标上负面标签后,心理上会蒙受阴影,更为严重的是他可能放弃追求自己的前途。我国台湾作家三毛曾经在自己的书中描述过一个故事:她因为数学成绩太差而被老师当众用毛笔在脸上画了个大大的黑圈,寓意数学得零分。虽然三毛在写作上获得了极大的成功,但是在她短暂的一生之中,自闭的心理可见一斑,更为甚者,她以自杀的方式结束了自己的生命。

给孩子乱贴负面标签,会直接伤及孩子的自尊心与自信心。心理研究指出,这种做法对于13岁以后的孩子来说,比让他们面对失败更为痛苦。有些妈妈一听到孩子的学习成绩不好,便不分青红皂白地责骂孩子,给孩子贴上负面标签,说他们是笨蛋,没出息。事实上,孩子一时的成绩,与他将来的成就或者他是否会成为优秀人才,并没有直接的关系。

无论基于哪种原因,妈妈都不要轻易地给孩子贴上负面标签。对于孩子来说,这些负面标签可能会成为束缚他一生成长的界限与牢笼。当他面临重大的挑战时,这些负面标签便会一次又一次地出现在他的脑海里,使他不能以充分的自信迎接挑战,而最终与机会擦肩而过。妈妈们,从现在开始,请相信自己的孩子,给他积极的暗示与期望,让他健康、愉快地成长吧!

### 1. 多为孩子喝彩

"恨铁不成钢"的妈妈,常常给孩子贴上负面标签,可是,妈妈并不是真的希望孩子这样。因此,当妈妈想说"傻瓜"的时候,换成"其实你很优秀",孩子就会真的越来越优秀。

> 小茹的成绩不好,即使她每天把自己关在书房里看书学习,她的成绩也没有丝毫起色。妈妈无奈地问:"为什么你不努力一点,让自己的成绩更好一点呢?"小茹反驳道:"反正你们都认为我是傻瓜,我再努力有什么用?"
>
> 后来,妈妈每次都有意识地控制自己,当她想骂女儿傻瓜时,就换成"孩子,加油"。她发现这样做,不仅让自己心情愉快,而且也让小茹重拾了自信。虽然她的成绩还不十分突出,但是已经有了很大的起色。

当孩子考试不理想或者做事情失败的时候,妈妈应该多给孩子一些喝彩与鼓励。已经习惯给孩子贴负面标签的妈妈,则应该有意识地提醒自己。将那些难听的词汇换成鼓励的话语,给孩子积极的影响,鼓起孩子起航的风帆。

### 2.给孩子积极的心理暗示

美国心理学家罗森塔尔曾经做过一个心理实验,证明孩子的成绩与教育者的期待是成正比的。因此,如果妈妈给孩子积极的心理暗示与期待,那么孩子便会成为优秀的孩子。而如果妈妈乱给孩子贴负面标签,事情则会与妈妈的愿望背道而驰。

> 俊楠今年11岁,曾经是个令人头疼的孩子,学习成绩不好,喜欢惹是生非。但是自从妈妈改变自己的教养方式后,这一现象得到了很大的改观。
>
> 有一次,俊楠的作文成绩又不及格,妈妈没有像往常一样骂他笨,而是笑眯眯地对他说:"没关系,妈妈觉得你下次一定会比这次好。"下次,俊楠的作文成绩果然有了提高,妈妈还是说:妈妈相信你下次会更好。慢慢地,俊楠的作文成绩提了上来。

当孩子学习成绩不理想时,妈妈可以积极地暗示他:"下次一定会比这次好!"当孩子不听话,四处惹是生非时,妈妈可以暗示他:"真正强大的孩子是在智力上打败别人的人。"这样,孩子的道路就会越走越宽广。

### 3.不要用自己的看法埋没孩子的天性

成人虽然有更多的知识与经验,但他们也往往带着偏见与不足。因此,妈妈不应该用成人的眼光来看孩子,而将孩子看扁。

> 齐玉喜欢画画,十分富有想象力。一天,她在画纸上画了一个人的身躯,并配上了一对洁白的翅膀,在她的四周还画了几朵飘浮的白云……齐玉的妈妈看到这幅画后,高兴地说:"这是位美丽的天使啊!"

当孩子在绘画中任意地将物体进行组合,如将鱼画到天上,添上翅膀;将树栽到屋顶,结出糖果时,不要责怪孩子,因为这在成年人看来,也许有点荒诞,但却是孩子具有丰富想象力的表现。妈妈要看到图画后面的东西,才不会埋没孩子的天赋与灵性。

**智慧寄语**

无论基于哪种原因,妈妈都不要轻易地给孩子贴上负面标签。对于孩子来说,这些负面标签可能会成为束缚他一生成长的界限与牢笼。当他面临重大的挑战时,这些负面标签便会一次又一次地出现在他的脑海里,使他不能以充分的自信迎接挑战,而最终与机会擦肩而过。妈妈们,从现在开始,请相信自己的孩子,给他积极的暗示与期望,让他健康、愉快地成长吧!

# 掌握正确的批评方法

廖静的儿子很可爱,见人自来熟,嘴巴像抹了蜜,谁都喜欢。

可是这样的脾气注定做不了好学生,儿子根本就和文静、听话这类词绝缘,课堂上讲话、跟老师顶嘴、对同学恶作剧这种事情倒是少不了他一份。

这天家长会,班主任正跟廖静谈话,教室里就传来喧闹声。原来廖静的儿子这一小会儿工夫就闯出祸来:他把黑板上写着的"欢迎家长"的字和装饰画擦掉,画开了坦克大炮,南北对垒热火朝天地开战,最后战事已经从黑板上蔓延到同学中,粉笔头、黑板擦也成了武器。

班主任大怒,把肇事的几个家伙拉到一边教育,几个顽皮孩子耷拉着头听训,只有廖静的儿子依旧昂首挺胸、神气活现,一脸的满不在乎。

"回去好好教教这孩子,实在是太顽皮了。"最后,班主任对廖静说,廖静点头称是。

可是回到家廖静对丈夫讲了今天家长会后发生的事情后,丈夫想要好好教训儿子一顿,廖静却拦住了他。廖静认为孩子正是敏感的年纪,随便批评会伤害他的自尊心,也就是活泼好动了一点,何必那么小题大做呢?最后丈夫只好作罢。

儿子看着阴云退去,高兴地倚着廖静说这说那,哄得廖静又是开心又是得意:除了顽皮点,我儿子不是挺可爱的吗?什么慈母多败儿,那一套可不适合我家。

在现阶段来看,廖静的儿子除了有些顽皮没什么出格的,母子之间的亲昵也让人羡慕,但这绝不表明廖静的做法就是正确的。

表面上廖静不责罚儿子是为了保护儿子的自尊心,实际上潜意识中这是一种不自信,认为自己一旦做出改变,自己和孩子之间的亲密关系就会被打破。所以她一直逃避对孩子进行正面教育来维持现状,母子间关系天平的平衡被打破,形成一种病态的关系,在这种关系下,廖静事实上处于讨好的弱势地位,让母亲的引导教育责任空缺。

除此之外,在她的溺爱和保护下,孩子得不到正确的引导,恶习可能逐步加深,后果堪忧。

实际上廖静大可不必这样担心,恶毒的语句和过分严厉的批评固然会伤害孩子的自尊心,将亲昵的母子关系变得冷漠敌对,但是只要掌握了正确的批评方式,孩子一样能够接受妈妈的意见而不会受到负面影响。批评孩子时,可以参考下面的做法:

**1. 正确的时间**

孩子犯错之后要及时批评,趁热打铁才有好效果。如果过了很久才旧事重提,孩子已经忘记了当时愧疚的情绪,容易产生逆反心理,认为大人是在故意找茬。

**2. 正确的地点**

表扬孩子要当众,批评则要私底下进行。一是维护了孩子的面子,二是不至于让孩子为了维护面子而对承认错误有抗拒心理,降低了沟通效果。

**3. 正确的对象**

错就是错,对就是对,要用统一的标准对待每个人,即使自己无权批评其他犯错者,也要在孩子面前表明自己的态度,以免孩子认为大人欺软怕硬或自己是倒霉的一个,造成侥幸心理。

**4. 正确的语气**

嬉皮笑脸会降低批评的效果,但不等于横眉怒目、大声叫骂就是好的方法,恶声恶气最容易刺伤孩子的自尊心,和蔼可亲一如平常交谈才是最正确的批评语气。

**5. 正确的表达**

不要一味否定孩子的做法,武断的判定无法使孩子心服口服,也难以让他们明白自己错在何处而失去改正的机会,注意把批评的重点放在如何错的说明,而不是一味重复告诉孩子他做错了。

**6. 正确的处理**

惩罚要适当,且以引导为主,而不是进行无意义的惩罚。如果不给出弥补的方法,孩子则可能感到茫然,内疚加剧自我压力。惩罚过重则容易激起孩子的逆反心理,甚至引起孩子对家长的仇视。

**智慧寄语**

只要掌握了正确的批评方式,孩子一样能够接受妈妈的意见而不会受到负面影响。

# 避免走进批评孩子的误区

妈妈见女儿小飞练小提琴的姿势不对，就提醒她，谁知女儿很不服气。可能因为情绪不是很好，妈妈突然很生气，数落起小飞来："上课时老师让大家看她，你的眼睛却往别处看，结果总是不能正确模仿老师的动作。学琴的人那么多，可外面有人进来，只有你分神扭头去看。说了多少遍头要抬高，还是拉不了半分钟就低下去了。很多事情能做到，可是你却偷懒不做……"

小飞见妈妈责备也不吭声，依然不紧不慢地练，但她眼里含着泪。和大部分在火气中的妈妈一样，小飞如果说一句道歉认错的话，妈妈的火气可能就会消了，可小飞不吭声。妈妈就觉得那是一种无声的抗议，于是越发烦躁，想起最近小飞种种不听话的表现，顺便就开始责备小飞，火气越来越大。

结果自然是小飞没心思练琴，效果也不好，而妈妈也越来越觉得这样控制不了情绪而责备得有点过分，结果又责备自己……最后小飞哭了，妈妈也难受得流泪了。

相信很多妈妈都遇到过小飞妈妈这样尴尬的情况。当孩子经常不接受你的批评时，作为家长是否应该从自身的角度好好反思一下呢？批评孩子一定要让孩子做到心服口服，这样才能达到教育孩子的目的，所以批评孩子时一定要讲究方法。我国著名教育家陶行知先生曾说过一段话，他说："在教育孩子时，批评比表扬还要高深，因为批评一定要讲究方法。这是一门艺术，你用得好它比表扬的效果还有用。"因此，在教育孩子上处处留心皆学问。

谈到批评，我们首先要强调一点：不可轻易对孩子进行批评。妈妈不要滥用批评来教育孩子。滥用批评的结果是没有真正起到教育孩子的作用，反而引起了副作用。我们只有在迫不得已的情况下才批评孩子，批评孩子与否，家长要有一个清晰的把握。

妈妈在批评孩子之前要了解清楚事情的原因，不能偏听偏信。在没有证实、孩子没有承认的情况下草率地批评孩子，只会使孩子感到委屈，也有损于家长在孩子心目中的形象。

如果孩子只是因为不小心造成了一个错误，而这个错误本身并不大，比如孩子不小心碰翻了一杯奶或打碎了一个杯子，那么妈妈也没有必要小题大做，为这样的事情去批评孩子。在这种情况下，妈妈只要淡淡地说一声"拿抹布把奶擦掉，拿扫把把玻璃扫掉"，让孩子自己收拾残局就可以了。有时当孩子犯了错误时，妈妈不妨假设一下，如果我是孩子，我会怎么看待这一错误。当孩子玩沙土、玩泥巴时，家长首先想到的是不卫生，想到的是这一行为会把衣服弄脏、弄破，给自己带来麻烦。而孩子却觉得这一活动给他带来了无比的快乐，这是一种百玩不厌的游戏。如果家长能换位思考，站在孩子的立场考虑问题的话，一定不愿扫孩子的兴。

如果孩子因为对某一事物好奇，抱着做试验的想法做出错事来，这种情况下也不要批评孩子，而应该引导孩子的好奇心。比如幼儿园的一个小男孩，发现自己的毛巾上出了一根线头，他觉得很好奇，便拉了拉这线头，线头越拉越长，他想弄个究竟，就不断地往外抽线，以至于弄坏了毛巾。老师没有批评他，问清他的动机后，给他讲述了毛巾是怎样做出来的。这样既保护了他的好奇心，又让他懂得了不少道理。虽然孩子可能会把事情越弄越糟，但基于孩子的动机，家长不应该批评他，而应该鼓励他做进一步的探索。

当家长和孩子发生了分歧，孩子坚持己见，在这种情况下家长不应该为自己的权威受到挑战而批评孩子，相反应该尊重他们的意见，让孩子有权决定他们自己可以决定的事情，如：今天穿什么样的衣服；穿衣服时是先穿上衣还是先穿裤子；写字时使用红色的笔还是蓝色的笔等。

对于批评,妈妈要警惕下面这些批评的误区:

**1. 放纵自己的情绪对孩子发火**

妈妈看到孩子在厨房玩碗筷时,如果自己心情不错,就会很随和地提醒孩子注意安全,但在她很忙的时候,她就大声朝孩子嚷嚷:"赶紧放下! 知不知道这样很危险,会打碎的!"几乎所有的妈妈都会有对孩子发脾气的时候,这样也最容易伤害孩子幼小的心灵。一个好妈妈在面对孩子的时候,首先应该是心情舒畅的。如果是对孩子危险的事情,要严肃地、明确地告诉孩子。

**2. 不问原因、不分青红皂白地批评**

儿子爬上椅子去拿高处的剪刀,妈妈马上对儿子说:"快给我下来,你在干什么?"然后,一边责备孩子,一边把他拉到门外,"砰——"的一声关上了门。

妈妈应该为孩子准备一把他专用的安全剪刀,鼓励孩子学习使用安全剪刀的方法,只要孩子在摆弄剪刀的时候,妈妈在一边看着,孩子就不会有大危险。

**3. 不分时间、场合的批评**

儿子和小伙伴一起在院子里玩耍,因为急于出来忘了穿外套,被追上来的妈妈一通责骂。这种不分时间、场合的批评,让孩子很不能接受,亲子关系也因此恶化。

**4. 贴标签、翻旧账的批评**

儿子因为做错了一道题,妈妈就随口说孩子笨,还把孩子过去的所有错事重新数落一遍。这样会让孩子反感,觉得自己只要犯了错误,就永远无法摆脱,既然摆不脱,改又有何用。

**5. 威吓式的批评**

女儿把玩过的玩具随便一放,又去玩其他玩具了。妈妈假装要把这些乱放的玩具拿出去全扔了,对女儿说:"你不整理我就全扔掉!"整理收拾自己的东西对大人来说也不是件简单的事情,对孩子来说更是一个很难养成的习惯,妈妈应该对孩子更加耐心一些。用"扔掉"之类的威胁其实并不能起多大的作用,孩子很快就会知道,妈妈只是说说而已。

**6. 边动手,边动口**

儿子非常调皮,妈妈养成了边动手,边动口的习惯,她总是一边打儿子,一边朝儿子嚷嚷。于是,不久之后儿子也学会了打人,在幼儿园里把小伙伴给打了……

**7. 喋喋不休的批评**

儿子吵着要在睡觉前吃糖,妈妈生气了:"都睡觉了,还吃糖,你这个孩子真难缠! 把手里的糖给我放下! 你到底听不听我的话……"儿子不明白妈妈究竟在说些什么,孩子不知道他错在什么地方。妈妈不如只说一句"睡觉前吃糖牙齿会疼的",如果孩子经历过牙疼,那么他就不会坚持了。如果孩子不知道什么是牙疼,那就告诉他,牙齿会疼得咬不动东西,当然再也吃不了糖了。

智慧寄语

妈妈在批评孩子之前要了解清楚事情的原因,不能偏听偏信。在没有证实、孩子没有承认的情况下草率地批评孩子,只会使孩子感到委屈,也有损于家长在孩子心目中的形象。

# 盲目批评不如诚恳建议

刘猛的脾气很暴躁,总是和同学发生摩擦。每次产生矛盾后,刘猛也十分懊悔,甚至觉得自己天生不会与人相处。前不久,为了换座位的事情,他又和同桌大吵了一架,还差点打起来。

下课后，几个男生在后面打闹，把刘猛的书碰到了地上，刘猛上前就抓住对方的衣领，说："没看到是我的桌子吗，你给我捡起来！"两个人马上扭打起来，刘猛一拳把对方的眼镜打碎了，为了赔同学的眼镜，刘猛不得不开口跟妈妈要钱。

妈妈问他："你觉得自己个性如何？"刘猛低声说："我认为太暴躁了，这样可能不好。"妈妈又说："我给你一个建议啊，以后，任何因你暴躁惹的事，你都要自己负责，别来找我了。你都上初中了，这200元我先借你，你暑假打工还我，你要学会为自己的错误买单。"

妈妈的语气很平静，刘猛也马上答应了，还写了借条。以往，妈妈总会大骂他一顿，但他还是改不了坏毛病，今天，妈妈没有训他，而是给了他一个中肯的建议，刘猛却突然不习惯了，他开始认真反思自己的脾气，想着200元钱的欠款，决心好好改改自己的坏脾气。

妈妈针对孩子的错误给予建议，是指针对孩子的问题给予他改正错误的方法。这是妈妈的一种善意引导。妈妈的建议没有批评来得激烈、刺激，却能让双方都在冷静的状态下审视过错。在建议中，妈妈关注的是如何解决问题，而不是如何打击孩子。

刘猛的脾气暴躁，时常犯各种错误，妈妈屡次批评却丝毫不见效。妈妈后来选择了平静地给他建议。妈妈冷静下来后，刘猛也冷静了。以前妈妈批评完后，都会帮他收拾乱摊子。现在，妈妈提出了建议，他得学着自己收拾乱摊子。这是一种视角的转变，有利于孩子反省、改错。

有人说，批评是对孩子过错的指点，稍微把握不慎，就容易动怒，伤害到孩子的自尊，引起孩子的仇视、逆反心理；而建议是一种建设性的意见，目的是指出解决问题的方法，对孩子改正错误有利。

妈妈批评孩子，就是为了改正孩子的错误，何不用建议的教导方式呢？这样既不用担心伤害到孩子，又能帮助孩子找到改正错误的途径，一举两得。妈妈不用动怒，孩子也不用伤心，亲子间在讨论、商榷中就把问题解决了。

面对孩子的错误，妈妈最缺乏的就是各种建议。任何错误，妈妈曾经都可能经历过，有一大堆成熟、实践性强的解决方法。可是妈妈往往容易在孩子的错误前丧失理智，一股怒火压抑不住，批评、责骂就脱口而出了。妈妈痛快批评孩子后，孩子也彻底被伤透了。

孩子在错误面前，最需要的是解决之道，而不是批评、指责。只有问题最终被解决了，孩子才不会犯同样的错误。面对孩子的错误，妈妈最需要的就是给予宽容及诚恳的建议。

### 1. 了解孩子的犯错经过

孩子犯错后，妈妈一定要让孩子讲述事情的经过，自己认真地倾听一下孩子的"申诉"。

黄蕊和夏景在小区里玩游戏。不一会儿，夏景哭着来找黄蕊的妈妈告状。夏景说："黄蕊打我了，把我的手都抓破了。"黄蕊的妈妈赶紧说："我待会儿会问她的。我帮你擦点儿药水吧。"黄蕊的妈妈细心地给夏景擦了消毒药水，还给她贴了个创可贴，并对夏景说了"对不起"。

又过了一会儿，黄蕊磨磨蹭蹭地回来了。妈妈低声说："你过来一下，跟我讲讲事情的经过。"黄蕊硬着头皮说："我们玩比赛，谁输了就让出奖品。夏景输了，可是她反悔了，不愿意把她的小猪玩偶给我，我就动手抢了。"

妈妈大致弄明白了事情的经过，对女儿说："看来这件事你们两人都有错啊，夏景犯规不对，你动手打人也不对。"黄蕊看着妈妈，低下了头。妈妈说："问题我已经清楚了，我只给你建议，下次遇到不公平的事情时，要讲道理，但是别动手，好吗？"黄蕊点点头。

妈妈只有了解了事情的原委后，才能更客观地看待孩子的错误。无论问题多么严重，妈妈都要认真地听一听孩子犯错的经过，然后再给出中肯的建议。

### 2.指导孩子分析错误产生的原因

孩子犯错后,妈妈生气、怒骂是于事无补的,所以要保持冷静,妈妈要在冷静的状态下,指导孩子分析错误产生的原因,只有这样才能给孩子最实际、有用的建议。

曾强4岁,早晨起床后,他想喝牛奶,就独自打开了冰箱门。牛奶是妈妈刚买的,一瓶有两斤重。曾强刚抱稳,走了不到两步,瓶子就滑落了,"哐当"一声,牛奶溅得满地都是,曾强呆呆地站着,不知道怎么办才好。

妈妈从卧室里走出来,见到这种惨状,又心疼又生气。妈妈看了一眼儿子,尽量平复情绪说:"瓶子是怎么掉到地上的,你能告诉我吗?"曾强看着妈妈的表情很平静,但他不知道怎么回答妈妈。

妈妈能够猜得出儿子是因为没有力气,没有抱稳瓶子,所以才掉到了地上。于是她对儿子说:"你现在力气还小,还拿不稳这个瓶子。以后,如果你想喝牛奶了,就告诉妈妈,妈妈帮你。"妈妈接着又说:"你已经4岁了,可手臂的力量还是不够,以后你跟着爸爸去晨练吧。等你把身体练好了,你就非常有力量了,拿什么东西都会很稳。"曾强赶紧点点头,说:"好,我要像爸爸一样,变成一个有力量的男子汉。"

每个错误背后都是有原因的,只有找到原因,才能让孩子彻底改正。

### 3.用真诚的态度给孩子建议

孩子的许多错误都是在无心、无知中犯下的,如果妈妈一顿打骂,孩子可能只记住了打骂,却忘记了如何避免犯错。妈妈在面对孩子无心、无知的错误时,要语气平静,态度诚恳地告诫孩子,下次面对这些事情时如何来处理。

赵楷3岁时,看到桌子上的瓷碗,突然很好奇,想"鉴定"一下瓷碗是否会破。小家伙双手用力一举一摔,"哐当"一声,碗在地上摔得粉碎,赵楷看到碗碎了,嘿嘿地笑着说:"原来会破呀,不结实。"妈妈满脸怒色地从屋里冲出来,想要教训一下儿子,爸爸连忙制止了她。

爸爸说:"儿子,你打破碗了,这可是个错误啊,你自己说怎么惩罚吧。"赵楷一下子愣住了,突然明白,自己的确做错了。爸爸说:"这样吧,爸爸建议你自己把碎片扫干净,怎么样?"赵楷答应了。

赵楷边扫边问:"爸爸,那镜子、玻璃杯、眼镜等是不是都容易破碎啊?"爸爸点点头说:"对。你拿它们时要特别小心,要是碎了,就再也不能用了。"赵楷看了看地上的碎碗片说:"爸爸,我记住了,我以后拿它们时会小心的。"妈妈听到儿子这么说,脸色也和悦了。

妈妈在这种情景下,用真诚、恳切的态度给孩子建议,远远比严厉的批评会更有效。

智慧寄语

孩子在错误面前,最需要的是解决之道,而不是批评、指责。只有问题最终被解决了,孩子才不会犯同样的错误。面对孩子的错误,妈妈最需要的就是给予宽容及诚恳的建议。

# 聪明的妈妈应该责罚有度

一个3岁的男孩被妈妈送入全托幼儿园,虽然他在园内活泼、好动、合群,但因他十分想家,在入园后不久的某天早晨,趁教师不备,他溜出大门回家了。在自家门口,他高兴地呼喊正要上班的妈妈，却被母亲一顿数落；随即父亲从单位赶回家，又把他狠揍一顿。当时，他似乎还是无所谓的样子，不一会，因玩弄桌上的酒杯，后脑袋遭母亲重打一巴掌，他即刻躲闪到门角边，许久不能动弹。之后，便哈哈大笑，胡乱大叫"坦克车来压死我了，把我的骨头压碎了"，等等。次日，他发呆乃至哭笑无常。数日后，他莫名其妙地大声叫喊"老虎来了，快走"，然后躲进了衣橱，妈妈悔恨交加，失声痛哭。

这是一个因妈妈无心造成的悲剧，可见，对孩子的教育惩罚一定要把握好尺度。

在现实生活中，妈妈给孩子们的鼓励、支持和谆谆教导实在太少，而责骂、嘲讽和惩罚的次数却往往很多。有的妈妈奉行"孩子不打不成器"或者"棒下出孝子"的信条，使一些孩子几乎是在指责和谩骂声中成长；有的孩子还不时地忍受着妈妈施予他们的罚站、罚跪或者殴打等体罚。

诚然，大人惩罚孩子的目的是为了帮助他们认识自己不当的或者是错误的言行，促使他们立即改正；可是惩罚是压力教育，对孩子来说，其结果往往是压而不服，更何况年幼孩子的心灵是非常柔弱的，惩罚只会使他们产生惧怕，产生叛逆心理。所以，惩罚不但不能唤起孩子的良知，而且还侮辱了孩子的人格，也严重地影响着孩子的身心健康。

对于少年儿童，妈妈如果能够留意他们的长处和闪光点，经常给予适当的鼓励和赞许，可以激发他们的自信心，他们的行为改善了，妈妈自然也会更加喜欢他们。这样，一个奇妙的良性循环圈就会开始运转起来。

采取各种惩罚办法，只是教育孩子的手段之一。平时尽量少用惩罚，仍以说服教育为主。奖励和惩罚是两种相对的教育孩子的方法。惩罚的效率不仅很低，而且惩罚的结果往往只能使孩子的心灵变得粗野、迟钝，甚至出现心理障碍。它破坏了成年人与孩子之间的精神联系，妈妈的教育也宣告失败。所以说，惩罚总是弊大于利，甚至有百弊而无一利。惩罚会影响孩子的身心健康。为了孩子的身心健康，请家长们更多地了解自己的孩子，对他们要"嘴下留情，手下留情"，尽量从正面施以积极教育。

给妈妈们一点建议：

**1. 妈妈要保持清醒的头脑和坚定不移的态度**

罚要罚到点子上，不要让孩子觉得无关痛痒；既然采取了这种方法，就要坚持到底，不能半途而废，否则反而让孩子认为妈妈好对付，降低妈妈在孩子心中的威信。

**2. 惩罚不要过于频繁**

如果动不动就惩罚孩子，会使孩子习以为常，惩罚的作用也就丧失了。尤其是这种方式用得多了，会伤害孩子的自尊心。经常处于自责、压抑状态的孩子，还容易形成冷漠、孤僻的性格。

**3. 惩罚孩子要有目的**

小孩子往往对危害认识不清，妈妈要通过分析教育告诉孩子对别人造成了什么样的伤害，同时对自己的形象又有多么不好的影响。其次，让孩子从内心中感到自责和羞愧，使孩子自省、自悟。

*智慧寄语*

为了孩子的身心健康，请家长们更多地了解自己的孩子，对他们要"嘴下留情，手下留情"，尽量从正面施以积极教育。

# 允许孩子犯错误

在浙江杭州市的一个家庭中,父亲是一位高级科技人员,母亲也是知识分子,儿子正在市重点中学上高三,家庭条件很好,可偏偏发生了一件意想不到的事情。高考临近,大家都忙于备考,学习相当紧张,儿子却跑到外边偷了一块名贵的手表,当场被抓住送到派出所。母亲从国外访问刚刚回国,刚听到此事气愤异常,但是,她最终以理智控制了自己的感情,在学校的支持和配合下,对事情进行调查了解,对孩子进行了说服教育,他们相信孩子能改正错误,鼓励孩子积极迎考,用行动来改正错误。

由于处置得当,孩子情绪正常,没有影响高考,结果以优异的成绩被重点军事院校录取。这个孩子没有辜负父母的期望,跌倒后又爬起来。大学毕业时,因品德良好、成绩优异,被分配到我国驻外使馆工作。

在谈及往事时,他深深地内疚,真诚感谢学校和家庭给他的帮助,决心要一辈子认认真真做事、老老实实做人。

现代教育理论认为,教育的一个重要前提是宽容,妈妈应该允许孩子犯错误。

每个人都难免犯错误,只要你做事,就有犯错误的可能。大人尚且如此,何况孩子!孩子年龄小,辨别是非的能力尚缺或不强,犯错误就更是难免的,从某种角度说,孩子的成长是与犯错误分不开的。如此看来,要求孩子不犯错误是不现实的,不可能的,家长要做的只是如何对待孩子犯错误的问题。

孩子犯了错误,特别是犯了性质严重、情节恶劣的错误,妈妈的第一反应往往是怒火中烧,这时特别需要冷静,不要因孩子的错误造成自己的错误,甚至酿出人生苦酒,造成家庭悲剧。

但是允许孩子犯错误不等于纵容孩子犯错误。有些妈妈对孩子的错误睁一只眼闭一只眼,对孩子的错误听之任之,一味顺从,认为"树大自然直",长大了就好了,不必多管,这是放任姑息的态度。这种态度会使孩子养成恶习,使孩子在错误的道路上越走越远,终生难改,是妈妈们所不可取的。

"孩子是伴随着错误成长的。"妈妈的责任就是一次次把孩子从错误的边缘拉回来。上述例子中妈妈的处理方式就非常得当。

家庭是人生的一个舞台,而家长应该是舞台上的一个演员,教育究竟是什么?它不只是一个人的思想灌输给另一个人,而且是一种心与心的交融,是人格魅力的感染和吸引。在家庭舞台上,家长应不断变换着自己的角色,有时候是慈母,有时是严师,有时是他的兄长,更多时候是孩子的朋友。

不管孩子犯了哪种类型的错误,问题的关键都在于妈妈如何引导,将孩子犯错误过程中的不利的消极因素转化为有利的积极因素,从而防止他再犯同样的错误,也少犯其他的错误。

妈妈必须冷静理智、耐心细致地处理事情,分析犯错误的根源,指明改正错误的方向和方法,帮助孩子从错误中走出来。切忌简单粗暴地对待犯错误的孩子,那种闻错则怒、火冒三丈、不问情由、或骂或打或罚的态度是极不可取的!

给妈妈几点建议:

**1. 对待孩子的错误,不能姑息纵容,也不能粗暴处置**

用简单粗暴的方法不能取得有效的教育效果,常常会适得其反,甚至造成悲剧。

### 2. 教育犯错误的孩子要讲究艺术

家长既要严格管教，又要冷静理智，并且讲究教育的艺术，巧于疏导，帮助孩子从错误中走出来。

### 3. 对孩子的错误进行入情入理的分析

如果孩子犯了错误，应该对孩子先肯定，让孩子在和谐的气氛中主动认识到自己的错误，让温暖的春风吹去孩子心中的灰尘，让爱充满孩子的心田，在爱的氛围中使孩子受到教育、感化。

### 4. 低声调批评教育孩子

批评孩子切忌大喊大叫，有的家长喜欢用高声调，似乎不这样做就不足以产生威慑效果。其实，高声调的叫喊，只会引起孩子的反感，加剧亲子间的紧张关系，收不到好的教育效果。

----

*智慧寄语*

每个人都难免犯错误，只要你做事，就有犯错误的可能。大人尚且如此，何况孩子！孩子年龄小，辨别是非的能力尚缺或不强，犯错误就更是难免的，从某种角度说，孩子的成长是与犯错误分不开的。如此看来，要求孩子不犯错误是不现实的，不可能的，剩下来的只是如何对待孩子犯错误的问题。

# 第四章　懂得如何帮助孩子学习

## 和孩子一起制订学习计划

　　上海一中的明明进入中学以后,他的妈妈就开始头痛起来,因为明明的学习效率很低,做事没有计划。每天明明回家写作业,是妈妈最头疼的时候。你看明明一会儿拿起语文书,大声诵读几句,还没念完一篇课文,就跑到厨房,喝杯牛奶。喝完牛奶,又慢条斯理地掏出作业本,开始算上午没算完的数学题,真是想起什么做什么。有时做功课就像是在无休止地长跑,从放学回家一直做到深更半夜,可是作业仍然质量低下、漏洞多多、错误百出,成绩自然也就上不去。望子成龙的妈妈对此很着急。于是,他们想出种种对策来改变这种现象。比如,采取严加"管教"的方法:不好好完成作业,就不准吃饭,不准睡觉,不准看电视,不准……有时索性坐在孩子旁边加以监督,甚至采用体罚手段。然而,事实上这些措施收效甚微。

　　目前看来,不只明明,而且有不少中学生没有认识到学习计划的重要性,以致影响了学习效率,这是一个应该引起妈妈注意的现象。

　　学习计划是在学习活动开始之前,他人或者学习者自身对某一段时间内的学习情况做一个比较详细的安排。一个好的学习计划能帮助还不能完全控制自己的孩子们,走进学习的殿堂,使孩子的学习潜力得到更充分的发挥。

　　制订学习计划的好处很多。

　　第一,学习计划表可以帮助学生克服惰性和倦怠,尤其是当它配合一个自我奖励制度时会更加有效。

　　第二,如果学生能按部就班、循序渐进地完成学习,那么学习便不会给学生带来太大的压力。

　　第三,学习计划表可以确保学生不会浪费时间,使学生有时间做其他该做的事。

　　第四,学习计划表可以使学生了解自己的学习进度,清楚地知道哪些事等着做,又可以帮助学生对先前的学习做个评价。

　　因此,妈妈和孩子一起制订学习计划,既增强了孩子学习的积极主动性,又照顾了孩子的学习状态,何乐而不为呢?

　　一个好的学习计划包括预习、复习等,很难有什么固定的标准。所以需要家长和孩子一起沟通、讨论,逐渐修改。当然,再好的计划也需要有力地执行,才会有意义。其中,在制订学习计划时,有几点需要注意:

### 1. 要注意分散学习、交叉学习

如果有90分钟的学习内容，您是让孩子一下子学习完呢，还是分成几段间隔学习呢？心理学家很早就对这个问题进行了实验，实验的结果表明：分散学习要比长时间地集中学习效果好。对于中学的孩子来说，其身心发育的特点也要求采用分散学习的方式。所以，您不妨让孩子每次学习30分钟，中间休息之后再学习。这样孩子就不会疲劳，学习的效果也会更好。当孩子同时面临几门课程的学习任务时，最好采用交叉学习的方式，即这30分钟学习语文，休息后换成数学，再之后又变成别的什么，这样学习的好处是不会使孩子产生厌倦心理。

### 2. 要注意及时复习

人们对于刚学过的东西，总是一开始忘得快，过一段时间就逐渐减慢。所以您指导孩子复习，必须要注意这个规律，让孩子及时复习。每天孩子从学校回来都学了一些新东西，您可以要求他先复习当天所学的内容，复习之后再做作业。还可以告诉孩子，每天晚上睡觉前想一想"我今天都学了什么"，然后在头脑里把这些东西过一遍。

### 3. 要注意符合孩子的个人情况

每个孩子的学习情况都是不一样的，所以要使学习计划符合孩子的实际情况，既要充分考虑孩子的体质、兴趣、性格、生活环境、最佳学习时间等因素，又要全面考虑各门功课的特点及孩子的掌握程度。一个好的学习计划要从孩子的实际出发，绝不是克隆其他人。

### 4. 要注意安排好孩子自由学习时间

订计划时，要先计算出孩子的学习时间，如在校学习时间、课余学习时间。早晨上学前可读外语、语文等记忆性科目，晚上可学数学、物理、化学等科目，何时做作业，何时写日记都要安排好。要培养孩子自主学习、主动学习的好习惯，给孩子一定的时间去做自己爱做的事。

### 5. 要注意灵活机动，及时调整

确定计划后，就应该严格执行，但在学习中，根据实际情况灵活安排，不可过于拘泥。注意和孩子交流学习心得，和老师沟通各种学习方法，及时充实调整学习计划。应注意事情的轻重缓急，把重要的或困难的学习任务放到主要学习时段，没那么重要的放到零星时间去做。

### 6. 要注意留出空余时间

一张一弛，文武之道，计划制订时，也要考试吃饭、睡觉、休息、娱乐、体育锻炼等活动时间。休息好，效率自然高，时间的利用率也高，从而达到珍惜时间的目的。

在注意以上几点的情况下，再结合孩子的年龄、学习情况，就可以基本制订一个较好的学习计划了。

**智慧寄语**

妈妈和孩子一起制订学习计划，既增强了孩子学习的积极主动性，又照顾了孩子的学习状态，何乐而不为呢？

# 使孩子掌握黄金时间

李英的成绩非常好，而且学习、娱乐两不误。看着她既能开开心心地去打乒乓球、羽毛球，又能轻轻松松地保持第一名的头衔，可把其他同学羡慕坏了。李英在谈到自己的成功时，认为学习的窍门是掌握好学习的黄金时间。拿李英来说，她非常重视课堂学习，她觉得课堂上有老师融入了自己心血的讲解，而且对于习惯早睡的她来说，上午的精力是非常旺盛的，而学校也多是在这个时段安排重要课程。中午适当地休息,能增强下午的精力。晚上再复习一遍,就可以休息了。总之,这个很好的良性循环帮助李英取得了相当好的成绩。

其实李英的成功正如她话里所说的,掌握好了学习的黄金时间。对于每个人来说,黄金时间是不同的。

学习主要是用脑,不用脑就无法学习,这是大家都知道的事实。因此,怎样科学地用脑,找到自己的黄金时间,与学习成绩有极大的关系。

一个人的大脑潜力是很大的,巴甫洛夫的学生阿纳京教授在他最后一次的公开演讲中曾说过:"没有一个活着的或曾经活着的人,能够全部或接近全部地使用了他的脑子。"

很多家长对用脑有两种错误的理解:一是脑是天生的,用与不用一个样;二是多用脑会伤身体,会早衰。这两种看法都是错误的。我们说,脑确是天生的,但用与不用却大不一样,多用脑只会使身体健康。在心理学上的"剥夺感觉"的实验,就是一个例证。在保证受试者饮食、排泄与睡眠的条件下,封闭其对外界的视、听、触等感觉,与世隔绝三天后,就会出现记忆力减退,智力水平下降。如果再持续三天,人的思维过程与情绪状态都要出现极度紊乱。这就说明,人脑必须不断接受外界环境的各种良好刺激,进行思维活动,才能保证正常运行。如果不用脑,那么就会使大脑衰退。

有些著名的科学家、文学家、艺术家,正因为他们从小时候起就注意用脑,正确用脑,勤于思考,到年老时,他们大脑的衰退并没有明显的表现。比如古希腊剧作家索福克勒斯,90 岁还写出伟大的剧本;文艺复兴时代的画家蒂蒂安在 99 岁时还作画;大诗人歌德的《浮士德》是在他 82 岁的高龄时完成的;哲学家、数学家罗素在 80 高龄以后还写了三部小说;喜剧大师卓别林,77 岁还拍摄《香港女伯爵》影片;百岁老人、我国著名经济学家马寅初,70 岁才开始学俄文,终于可以读懂俄文版书籍……如果这些人在小时候就思想懒怠,那他们绝不可能在晚年取得如此巨大的成就。因此,家长们要注意改变对用脑的看法,教育孩子要多用脑、善用脑。

用脑是一件很科学的事情,对于黄金时间的寻找和掌握是相当重要的。那么怎么寻找最佳用脑时间呢?

最佳用脑时间是大脑皮层某一区域处于兴奋状态,其他区域处于相对抑制状态,兴奋中心的优势容易形成的那段时间。

一些心理学的书上认为最佳用脑时间有三种类型:

一是"百灵鸟"型,这些人善于在早晨用脑。

二是"猫头鹰"型,这些人善于在晚上用脑。

三是"混合"型,这些人两者均可。

还有人认为,普通人一天当中精神状况,大概可以用百分比来表示:

| 上午: | 7 点钟 | 105% |
|---|---|---|
| | 10 点钟 | 102% |
| 下午: | 1 点钟 | 101% |
| | 4 点钟 | 96% |
| 晚上: | 8 点钟 | 98% |
| | 10 点钟 | 97% |

从上表可以看出,早上是最佳用脑时间。

以上两种说法,似乎都有一定的道理。但是我们认为,对学生来说,特别对中小学生来说,用脑有两个时间是特别重要的:一是上课 40 分钟是最重要的用脑时间;二是关于在课外的最佳学习时间,则由家长、学生共同研究摸索,找出适合自己孩子的最佳时间。现在小学一节课课上多少时间,上下午上多少节课为适宜,则是经专家们研究有科学根据的。所以,小学生必须在 40 分钟(一节课）内充分用脑。如果再要运用什么"百灵鸟"、"猫头鹰"的学习方式，似乎并不妥当。关于课外的最佳时间，可以随孩子的兴趣而定。课外用脑的一个原则是适可而止。游戏是孩子的天性，如果在课外还要违反孩子的天性，安排过多作业，效果可能并不太佳。如果能引导孩子学一些他们有兴趣的东西，使他们在有兴趣的东西上多动脑筋，可能会达到事半功倍的效果。

同时也应防止大脑过度疲劳。

大脑活动有一定的规律。这就是大脑皮层兴奋到一定时候就会转向抑制，兴奋、抑制是交替进行的。这也就是说，大脑活动经过一定时间就会出现疲劳，这时一个人就会反应力下降，思考力减弱，注意力分散，记忆力减退。再重一点就会全身不舒服，头痛、头晕，食欲不振，睡眠不好，甚至可导致某些疾病。

大脑过度疲劳是可以防止的，主要方法是：

（1）充分利用课间10分钟。有些学生利用课间10分钟做作业，这是不妥的。课间10分钟，一定要好好休息，或做游戏，或散步，或谈心。要充分认识这是解除用脑过度疲劳的一种有效方法。

（2）在课外，休息的方法更多，如听音乐、下棋、书法、绘画等。特别是音乐，对解除大脑疲劳有着较大的作用。据研究，悦耳的音乐能促使人体分泌一些有益于健康的激素、酶和乙酰胆碱的物质，使人感到轻松愉快，精神振奋。

体育活动对缓解大脑过度疲劳更有作用。所以，学生的早操、课间操、体育锻炼一定不能放松。学生每天的体育活动时间最低不能少于1小时。

在课外时间，有的学生迷恋电视，在电视机前久久不肯离去。看电视是不是休息呢？当然是的。但是时间不宜过长，时间过长，违反了大脑的兴奋和抑制的规律，对用脑反而有害，一般以看40～50分钟最为适宜。时间长了，对视力也会有很大影响，好多学生视力下降，其中一个原因就是电视看得太多。

睡眠是最好的休息。睡得好，可以使人朝气蓬勃，精神愉快；睡得不好，就会使人头昏脑涨，思想涣散。睡眠是和吃饭、喝水一样不可缺少的一项生理过程。有人做过这样的实验：两条同样健壮的狗，一条能忍受饥饿达30余天，另一条因缺少睡眠，忍受饥饿仅10天就死了。

少年儿童睡觉一般在8个小时左右。到夏天，由于昼长夜短，天气炎热，中午应午睡半小时或一小时。

有些孩子说他睡眠经常做梦，家长对此就十分不放心。这是对做梦的误解。其实，一般人在8个小时睡眠之中，大约有90分钟到120分钟时间在做梦。做梦是好事，做梦的过程就是将白天接收的信息加以筛选、提取、储存的过程，这是大脑健康的表现。相反，如果一个人从来不做梦，那倒是坏事，可能大脑某一机能隐藏着危机。

智慧寄语

对学生来说，特别对中小学生来说，用脑有两个时间是特别重要的：一是上课40分钟是最重要的用脑时间；二是关于在课外的最佳学习时间，则由家长、学生共同研究摸索，找出适合自己孩子的最佳时间。

# 帮孩子合理安排假期的时间

终于放暑假了，滔滔高兴极了。因为爸爸妈妈工作很忙，所以放假时滔滔住在奶奶家，就可以"自由"了。

谁知,妈妈拿出一大摞的习题册、作业本,给滔滔布置了一堆的假期作业。滔滔不满意地说:"学校有作业,干吗还给我加这么多额外的,要减负!"妈妈敲着滔滔的脑袋:"你还想减负?上个假期'减负'减得把学过的知识都还给老师了。你要是想去奶奶家,就要保证完成这些作业。否则,我们要把你送到暑期班去。"

听妈妈这么一说,滔滔低下了头,没话可说了。上次过寒假,滔滔在奶奶家,每天就是看电视、玩游戏,与院子里的小伙伴踢球、玩滑板,简直把寒假作业的事情忘记了。妈妈每次提醒,滔滔都说:"知道,知道。"奶奶也说:"好不容易放假了,让他玩玩吧。"直到离开学还有三四天了,滔滔才开始起早贪黑地赶作业,对付着开学时交了。结果,因为作业太乱被老师点名批评不说,第一次测验也只得了个及格。为这,妈妈怪奶奶太纵容滔滔,还和奶奶闹得有些不愉快。

妈妈说:"暑假的时间更长,不能让你傻玩儿了。我已经和奶奶说好了,为了你的学习,不能再迁就你、惯着你了。每天必须完成学校的作业,还要把我们的作业也做完。这也算是你明年小学毕业前的加强复习吧。"

在这个案例中,奶奶和妈妈都做得不对,奶奶是假期放任自流,让孩子撒开了玩儿,把学习完全丢到脑后。而妈妈则把假期变成又一个学期,给孩子增加很多作业,或是把时间排得满满的,参加各种补习班。

如果假期里孩子只用几天的时间突击完成假期作业,或是完全把学习丢掉,就失去了安排假期作业的意义,会使孩子知识积累的过程被中断,头脑中学习的概念被淡化,也会使原有的一些好的学习习惯渐渐改变。当孩子重新回到学校时,会因一时难以适应紧张的学习,而出现学习困难。

另一方面,假期是为了使孩子们紧张的学习有一个缓冲、休整。如果安排过多的家庭作业,或用各种各样的课外班占满孩子的时间,使孩子甚至比上学的时候还要紧张,就影响了孩子的休息、娱乐,还会使孩子感到厌倦、疲惫,甚至厌学。

总之,不论哪种错误,都不利于孩子学会张弛有度、适当合理地安排学习和生活,不利于培养孩子主动、自主的学习习惯。

那么,妈妈应该如何安排孩子的假期时间呢?

(1)根据假期的长短、孩子的年龄、假期作业的多少,和孩子一起制定一个假期时间表:每天什么时候做作业、什么时候看电视、什么时候是运动游戏时间等,既要保证一定的学习时间,也要使孩子可以适当运动、游戏或做一些自己喜欢的事情。这样,随着孩子年龄增长,他就学会了合理地计划和安排时间。

(2)可以利用假期让孩子适当参加一些课外班,但首先要征得孩子的同意,时间安排也要合理。让孩子能够有一个丰富多彩的假期,又可以学到很多课堂上学不到的知识。

(3)只要是在可行、合情合理的范围内,尽量让孩子自己决定他的假期活动,尤其是大孩子。这样,孩子学习的主动性、自觉性都会大增,对他的自我管理能力和自信心提升也是大有好处的。

(4)妈妈要安排好自己的工作,在假期里尽可能多地陪伴孩子,这也是与孩子增进感情和相互沟通、了解的好机会。

智慧寄语

假期是为了使孩子们紧张的学习有一个缓冲、休整。合理安排假期时间,既可以让孩子得到放松,又不会完全淡化学习的概念。

# 培养孩子自觉主动学习的好习惯

江新上小学时学习兴趣挺浓，升入初一后，却突然对学习失去了兴趣，不肯再自觉主动地学习了。江新的妈妈感到很奇怪，就问儿子怎么回事。江新认为学校里老师太严厉，要求很严格，动不动就训人、罚站，老师讲课满堂灌，课后布置一大堆作业。他觉得上这样地学一点儿意思也没有，所以就不想学，对学习提不起劲，成绩也因此直线下降。江新的妈妈对于儿子的这种想法很惊讶，与江新的老师联系，反映江新的想法。即使这样，江新还是不想学习，把学习当成苦事累事，总要家长督促，才能勉强完成作业。

江新不自觉主动学习的问题，实质上就是学习兴趣的问题。从上述例子看来，江新还是一个很有主见的小朋友，知道学习的问题所在，那么为什么不能在找到问题的基础上，再进一步解决问题呢？江新的妈妈要做的，就是这一点。

所谓"兴趣"，是指一个经常倾向于认识、掌握某种事物，并力求参与该种活动的心理倾向。有了学习兴趣，孩子才能主动要求学习，想去学习。

在成长阶段，学习是孩子的主要任务。同时，孩子又是极具塑造性的，需要家长耐心地帮助孩子，启发孩子，让孩子充分发现学习原来是一件如此有意思的事。兴趣是孩子学习的动力，孩子对学习失去了兴趣，也就不可能去认真刻苦地学习，这种状况若持续下去是很危险的。

孩子不肯自觉主动地学习，其原因是多种多样的，虽然江新小朋友失去学习兴趣的关键在于没有发现新的学习乐趣，但更多的小朋友确是因在学习中受到了某种打击或挫折，或是长期以来在家长和老师的压力下，不堪重负，从而对学习失去信心和兴趣，也就不愿意主动学习了。

孩子的心还不十分稳定，要让孩子自觉主动地学习，首先要让孩子明白学习是自己的事情，并能够引导孩子发现学习的乐趣，从而提高孩子的学习兴趣。其中让孩子自己想学最为明智的办法，是选择激发孩子学习兴趣的突破口。

英国儿童心理学家博茨勒指出了帮助促进孩子自觉主动学习的9种方法：

第一，要想让孩子想去学，首先要使他尝到学习成功的滋味。即使孩子的学习进步是微不足道的，家长也应该及时发现，及时表扬。孩子就会在这种愉快的环境中愉快地学习，渐渐的，就会形成习惯了。

第二，欲速则不达，不能强迫孩子学习，逼得太紧的话，孩子会变得焦躁、不耐烦，潜意识产生反抗情绪，变得善忘，一下子把刚学过的全部遗忘，使事情反而变得更糟。

第三，不要吝啬赞美之词，因为称赞会起很大的鼓励作用；不要过于批评他的错误，因为这样会令他情绪低落，而犯更多错误。

第四，不要拿别人和他比较，孩子会产生反抗心理，不自觉地放弃进取。

第五，做功课的时间不可过长，中间一定要有数分钟的休息，让他舒展筋骨，如果功课做得好的话，给他以小的奖励。

第六，要不断刺激孩子的好奇心和求知欲，有空就带他们参观博物馆、动物园和图书馆之类。

第七，做功课的时候，不要让孩子依靠妈妈的帮助以解决困难，让他从经验中吸取教训。有困难的时候，要采取积极的态度去鼓励他独立思考，不要养成孩子的依赖性，因为做功课是他的责任。

第八，如果环境许可的话，空出一个房间来用作孩子的书房，那里他可以不受干扰，安心地做功课。

第九，妈妈是孩子的榜样，如果要孩子对学习发生兴趣，首先要让他知道妈妈很喜欢看书，求知欲很强，并且不断学习。

博茨勒的9条方法很全面，也很中肯，家长们只要持之以恒，定可见效。

孩子的心还不十分稳定，要让孩子自觉主动地学习，首先要让孩子明白学习是自己的事情，并能够引导孩子发现学习的乐趣，从而提高孩子的学习兴趣。其中让孩子自己想学最为明智的办法，是选择激发孩子学习兴趣的突破口。

# 培养孩子独立完成作业的好习惯

红红今年已经15岁了，可是每次做功课还是要妈妈在身边陪着，一遇到难题就爱问妈妈，否则就不做，弄得妈妈经常没时间做家务。有一次，爸爸生病住院，妈妈去医院照顾，红红竟然连着3天没做作业。直到老师告诉了家长，红红的妈妈才知道事情已严重到了这个地步。妈妈反复教育红红，而红红没有家长陪同就是不肯用心做作业，弄得妈妈也十分无奈，又为孩子缺乏独立精神而着急。

红红的情况是一种长期养成的习惯，家长应当好好想想，在红红年幼时，你是否有意培养过她独立自主的能力。

习惯不是一天养成的，孩子会有这种现象，家长要负最大的责任。孩子做功课会有倚赖性，在日常生活或其他方面一定也会有倚赖的倾向。

孩子不能独立的实际原因是因为"你觉得孩子自己不能独立"，所以"你不让孩子自己独立"。为了怕孩子迟到，每天当"妈妈钟"帮他穿衣服、系鞋带；喂他吃饭，看到孩子动作太慢了就恨不得替孩子吃；时时不忘提醒孩子做这做那，事事为孩子设想周到，为他拟定各种计划，今天学这明天念那的，全然不管孩子的想法、意愿如何，结果是大人精疲力竭，孩子叫苦连天。

事实上，孩子也有自己的思想，他也想依照自己的方式行事。这种独立倾向通常是从小学三年级开始萌芽，小学四年级的孩子大抵已具备独立的雏形；虽然还是非常幼稚，大部分脱离不了妈妈为他设定的模式，但他并不完全喜欢这个模式，有时也会照自己的喜好行事。所以，如果你觉得孩子自己还不能独立而处处加以保护，孩子能力所及的分内事也都替他做的话，只会阻碍孩子独立地发展，让孩子丧失处理事情、解决问题的机会与能力，造成孩子的依赖心理和处处以自我为中心的任性脾气，以致无法适应社会的群体生活。

教育孩子独立，需要按部就班，循序渐进。就像婴儿在断奶之后，先喂食稀饭，而后干饭，最后则由孩子自己拿着筷子吃饭。"孩子自己能做的事，让孩子自己做"，不要担心他做不好或动作慢而"越俎代庖"。认清孩子在成长独立的过程中，依照各阶段的体力与智力发展的不同，给予适当的援手，然后慢慢地减少帮助的程度。

第一，先沟通。首先，妈妈对孩子的需求非常了解，而后让孩子了解每个人都有他应该做和想做的事，妈妈也有很多事需要时间去做，就像孩子需要时间做功课一样。

第二，共同制定"合约"。习惯的养成是需要时间的，我们不可能要一个依赖惯了的小孩在一夜之间就变成一个独立自主的小孩，因此，必须一步一步慢慢地引导，慢慢地放手。妈妈和孩子沟通之后，就可以以讨论的方式，制定一个共同遵守的约定。比如，妈妈可以说："以后我每天陪你读书30分钟,别的时间你就要自己做功课,我也可以利用这段时间做些别的事,如果你能做到的话,星期天我就带你去看电影。"陪读的时间可以慢慢缩短,直到孩子最后不再需要陪伴也可以做功课为止。至于交换的条件,可以和孩子讨论。同样的,这种有条件式的要求要逐渐减少,直到不需任何附带的条件,孩子都愿意自己做功课。

第三,坚持原则。一旦约定达成之后,妈妈一定要坚持约定上的决定,执行到底。

第四,奖励原则。除了约定上物质的酬赏外,妈妈每天只要感觉到孩子在努力独立自习,就要给予口头上的赞美、支持与鼓励。

智慧寄语

教育孩子独立,需要按部就班,循序渐进。就像婴儿在断奶之后,先喂食稀饭,而后干饭,最后则由孩子自己拿着筷子吃饭。

# 培养孩子积极回答问题的好习惯

欣欣以前上过很长时间的学前班。学前班边学边玩的授课方式,给了她一个宽松的环境,让她觉得上课不举手也没什么关系。这就使得她在学校上课的时候,觉得没有必要去回答老师的问题。

今年,她已经上二年级了。平时的她,是一个乖乖女。在班里如果不特意找她,来没来上学任科老师都不会发现。她学习比较努力,但是成绩却是一般。上课的时候,她很少举手回答问题。即使老师提出的是一个非常简单的问题,她也丝毫没有想要回答的意识,只是很平静地看着老师,好像老师的提问和她没有任何关系一样。

一次上语文课,老师提问了一个很简单的问题,请同学用"丰"组词。别的同学都踊跃地举手,但为了给她一次机会,老师等了又等,还鼓励地说:"我想请这节课没有回答过问题的同学来给大家用这个字组词。说错了也没有关系,老师不会批评她的。"她看着老师,还是没有举起手。当老师请她来回答这个问题时,她却回答老师:"我没有举手啊!""没关系,试着组一个词,咱们的课文中有的也可以。""丰收。"她低着头小声说。很明显,上课时老师提出的问题,她并不是全都不会回答,只是不愿意举手。

虽然欣欣在学习上比较努力,但是因为她并没有重视课堂上和老师的呼应,在上课的时候,比较容易出现走神的现象,所以成绩并不是太好。成绩一般,让她更不愿意在同学和老师面前回答问题,即使是很简单的问题,也害怕会说错。

有的时候,即使自己能想出答案,也不敢在课上说,怕回答错了,受到同学的嘲笑。正是因为她不爱回答问题,有时候老师并不能确定她是不是听懂了,总是要多问一下她是不是听懂了。这样一来,更让她觉得自己是班里最差的,对自己更没有信心,导致恶性循环,更不愿意举手回答问题了。

另外,我们还可以看出,这个孩子性格过于内向,胆子太小,不敢在他人面前展示自己。

在发现了孩子的这个问题后,妈妈积极与老师沟通,并采取有效的办法来帮助孩子养成在课堂上积极回答问题的好习惯。

为了让孩子在课堂上能够积极回答问题,家长可以这么做:

(1)培养孩子回答问题的兴趣。在家里,家长可以对孩子进行提问,根据学过的知识,由浅入深,让孩子在回答的过程中发现乐趣,逐渐变得愿意回答问题。

(2)妈妈与孩子一起做游戏,如二十四点、比赛跳绳……在这些比赛游戏中,妈妈要特意输几回,让孩子赢,在与孩子游戏过程中,妈妈要不断与孩子交流。当孩子赢了,告诉孩子:"你真棒!老师同学一定喜欢你这时的样子。"当孩子输了,告诉孩子:"谁也不可能永远赢,输了以后更要努力"等道理。

(3)当她回答错误的时候,家长不要去正面否认她的回答,如果立即否认她,孩子会更加没有自信,觉得自己什么都回答不好。这时,可以让她再继续想想,从侧面提醒她,引导她说出正确的答案并给予鼓励。有的时候,家长认为,既然都是学过的知识,就应该全部掌握,在回答的时候也是一点问题都不应该有的。但孩子的年龄毕竟比较小,很多时候会出现遗忘现象,即使是没有遗忘,也需要一段时间的反应,才能回答出来。

(4)有的孩子成绩不太理想,当老师提问的时候,会更害怕被别人注意,害怕自己在同学面前因为回答错误而受到嘲笑。这就需要家长和老师共同配合。家长要帮助孩子树立信心,可以提前帮孩子进行预习和复习的工作。这样在回答问题时,孩子就更有底气了。

(5)家长还可以给孩子制作一个小表格,请他在上面记录自己每天发言的次数,每周进行总结。发现孩子的进步时,就鼓励他继续努力,让孩子逐渐变得希望争取到更多回答问题的机会。

### 智慧寄语

培养孩子积极回答问题的好习惯,需要妈妈与老师相互配合,共同帮助孩子,最后一定能取得好的效果。

# 培养孩子自己考前放松的好习惯

小虹下个月就要参加高考了,这使她成为了全家的重点关注对象:爸妈围着她忙前忙后,生怕女儿营养不好,休息不好。亲戚朋友也常来家里看她,给她带来各种营养品、补品,说一些鼓励的话。可是越是有这么多人的关心,小虹越是觉得心里没底。按说自己成绩一直不错,学校的几次"摸底"考试也都很稳定,但是随着正式高考的日益临近,她却感到越来越紧张,担心自己发挥不好,心理压力很大,终于有一天她"病倒了",吃不下饭,睡不好觉,感觉全身没力气。这下小虹的妈妈可慌神了,急忙带女儿去医院看医生,经过检查,医生告诉他们,小虹没有什么疾病,感觉不舒服的原因是压力过大,造成了高考前的焦虑,可以说是一种"考试病"。

小虹的情况很常见。随着中考、高考的临近,一些学生出现了心悸、失眠、烦躁、喘息、口干、无食欲等现象,有的甚至出现恶心、呕吐、腹泻、手指震颤、难以持笔等。这些在考试前和考试中出现的反应,我们姑且称之为"考试病"。

对学生来说,"考试病"是一种机体的应激反应,它会使孩子产生紧张、焦虑的不良情绪,也会使人体的肌肉、神经系统、腺体分泌等产生一些变化,从而导致一些生理上异常情况的出现,产生"病态"。"考试病"使学生十分痛苦,想学学不进,不学不放心,整天如坐针毡,严重影响了学生的学习和身心健康。

有趣的是,研究表明"考试病"其实很大程度上受家长情绪影响。与学生相比,家长更深刻地意识到高考的"意义"。许多家长最大的愿望就是培养孩子上大学。为了这个,他们甘愿节衣缩食，付出许多代价，这既是对孩子的关心，又无形中给了考生压力，让他们产生感恩图报的心理，生怕"万一考不好，对不起父母"，人为造成考前的心理紧张。有过激行为的家长临考前甚至采取"理解的要执行，不理解的也要执行"的方式督促孩子学习，"无理"地限制了学生的自由空间。

"考试病"对孩子无疑具有一定的负面影响，往往妨碍他们正常的临场发挥，所以这个时候作为考生的家长，应该学会正确关心孩子，使他们的身心在大考前得以放松，避免"考试病"的出现。

家长在防治孩子"考试病"的问题上能起到很大的作用。那么，家长应该怎么做呢？

### 1. 淡化考试意识，告诉孩子别拿大考太当回事

面临考试的焦虑情绪大多是对即将出现的结果存在预期性的担忧。有的孩子怕考不好，让父母失望，难以向父母交代；有的孩子怕考糟了，在竞争对手面前丢脸；有的甚至觉得如果考不好，一切都完了……背着这些沉重的包袱，怎能不感到累，怎能轻松下来呢？不妨跟孩子讲，假如你站在离地几十米高的木板上行走，越怕走不稳就越会摔下来。越临近考试，越要淡化考试意识。否则，心理负担过重，反而"欲速则不达"。放轻松些，大胆往"考"中走！

### 2. 让孩子保持良好的信心

面临考试，学生往往心里矛盾：有对成功的渴望，有对失败的惶恐。如果能树立信心，处变不惊，保持良好的心态，就会正常发挥，应考自如。要做到这一点，不妨尝试一些"精神锻炼"：信心动摇时，尽量去想自己从前成功的地方，想自己的长处和取得的"胜利"，来点儿"阿Q精神"；复习太累了，不妨听听振奋人心、昂扬斗志的歌，如《男儿当自强》、《真心英雄》等；遇到一时解不了的难题，可以默念：我难人亦难，我易人亦易，我能沉住气，唯有我胜利。反复"打气"，"稳"住自己。

### 3. 让孩子保持充足的睡眠

考前切忌"急时抱佛脚"，拼命开夜车，须保证每天的睡眠时间不少于6~8小时。因为睡眠对恢复脑力、促进记忆是非常重要的。脑力得到恢复，有了精力，学习效果好，内容记得牢。人脑都有周期性兴奋期，学生要善于发现自己的"规律"，早起时精神振奋，可以先"啃硬骨头"，到了疲劳感时再换一门课程，交叉复习，有张有弛，最大限度地开发大脑潜能。有了"考试病"的症状，则要以休息为主，彻底放松一下。

### 4. 保证营养，保持旺盛精力

给考生加强营养自然不必多说，这里要补充的一点是，许多科学研究表明神经冲动需要神经递质，已知的神经递质主要由乙酰胆碱、去甲肾上腺素等。乙酰胆碱主要源于卵磷脂，富含卵磷脂的食物有大豆、蛋黄、动物脑，此外，肝脏、牛奶、核桃仁、花生等也含有少量的卵磷脂。去甲肾上腺素的前体是酪氨酸，酪氨酸在香蕉等新鲜水果中含量较高。

**智慧寄语**

"考试病"对孩子无疑具有一定的负面影响，往往妨碍他们正常的临场发挥，所以这个时候作为考生的家长，应该学会正确关心孩子，使他们的身心在大考前得以放松，避免"考试病"的出现。

# 培养孩子认真写字的好习惯

林强是一名初三的学生，学习成绩还不错，可是就是有一个问题——字写得太潦草。对于马上要参加升学考试的学生来说，字迹不工整是很吃亏的。林强也吃足了苦头，每次考试成绩都比他的实际水平要低得多，因为有些字迹太潦草，往往让老师看不清楚。老师、家长反

复教育他,他也有心改正。但一到考场上,在那种紧张严肃的气氛中,林强不知不觉中又写得太快了,到发现时,悔之已晚。

根据一份调查报告的统计,在中小学生中能写好毛笔字、钢笔字、铅笔字的只占5%,所以,学生的字写得不好,是一个普遍存在的问题。像林强这种情况,算是比较严重的了。

学生为什么会写不好字呢?原因很多,如不重视写字,认为写字好不好无所谓,认为现在是电脑时代,早就不时兴写字了。同时,也有很多家长对于孩子的字写得好不好,并不太关心重视,只要写的字不会影响学习成绩就行。

写字真的就这么简单吗?

其实,写字绝对不仅仅是为了考试。当然,换句话来说,如果孩子有一手漂亮的好字,在考试中会获得阅卷老师的好感,在日常生活中,也会赢得他人的尊重,何乐而不为呢?同时,孩子写出的字也能反映出一个人的人生态度,反映一个人的精神状况,反映一个人的综合品质。

所以家长要端正学生的写字态度,就像应该踏实做人一样,也应该认真写字。

家长如果能帮孩子做到下面两点,那么,对孩子写好字会有很大帮助的。

### 1. 写字的姿势要端正

湖南省平江县长庆乡西桥小学有个姓李的小学生,就谈到了这方面的体会。他说:

"以前,我写的字东倒西歪,小的像蚊子,大的像苍蝇,妈妈说是画鸡爪子。"

"我下决心练习写字,开始劲头挺足,但收效不大。后来我找到了毛病:是写字姿势不端正,眼睛离桌面太近,歪着头,斜着眼,写出来的字就歪歪斜斜,后来,我改正了这个毛病,再经过练习,字就写好了。"

由此可见,写字的姿势十分重要。姿势不对,距离不对,怎么能写好字呢?

我国古代书法家就十分注意练字的姿势。如唐代的著名书法家颜真卿就是这样,为了悬空握笔,他就加强臂力的练习。据《唐语林》一书记载:颜真卿在75岁高龄时,还能双手握在两把藤椅背上,上下活动数百下,他这样大的臂力,在写字时当然不会东倒西歪,写字也不会无力了。

### 2. 只有勤练才能把字写好

在这方面我国古代就有许多趣闻轶事。

比如,以"书名雄天下"的文征明,是我国著名的书法家,也是著名的画家。据说他的字画,在当时刚一传出,就有人"千临百摹",以至"家藏市售",真伪莫辨,可见其影响之大了。

可是,文征明在小时候,并不特别聪明,就是青年时,字也写得不好。在参加生员考试的时候,因为字写得不够格而落选。但他并没有灰心丧气,而是勤学苦练,决心把字写好。并规定自己每天专心临摹智永(晋代一大书法家王羲之的七直孙,书法家)的《千字文》小楷一遍,从不间断,以至养成了习惯。就是后来他成了著名的书法大师,也还是每天写一遍,到老不休。

在我国文学史上,被誉为诗、书、画"三绝"的唐代著名学者郑虔,是一个博学多才而又勤奋好学的人。

由于他每天练字,需要大量的纸,困难很大,他就想别的法子来解决。这时,他听说长安城南的慈恩寺里,储存有几屋柿叶,便搬到那里去住。每天取出些柿叶,写了正面,又写反面。长年累月,差不多把柿叶写完了。由于他的勤学苦练,书法大进,受到了当时学者的称赞。

后来,他画了一幅画,并题了诗献给唐玄宗,唐玄宗看了以后拍案叫绝,亲笔写了"郑虔三绝"四个字。唐代诗人杜甫非常器重他,和他结成很要好的朋友。

晋代大书法家王羲之的儿子王献之，也是我国古代著名的书法家。

王献之小时候看到父亲写得一手好字，心里非常羡慕，也很想学好书法，便向他父亲请教写好字的"秘诀"。王羲之听了以后，郑重其事地对他说："你想知道写字的'秘诀'吗？就在我们家里那18缸水里面。你把那18缸水写完了，'秘诀'就出来了。"

王献之听了父亲的话以后，知道写字和其他的工作一样，不是可以侥幸成功的，而是要付出艰巨的劳动的。从此，他勤学苦练，坚持不懈，终于成了有名的书法家。

以上事例说明，要把字写好，就要向这些古人学习、要勤学苦练。

### 智慧寄语

孩子写出的字也能反映出一个人的人生态度，反映一个人的精神状况，反映一个人的综合品质。所以家长要端正学生的写字态度，就像应该踏实做人一样，也应该认真写字。

# 培养孩子检查作业的好习惯

凡凡是一个一年级的小学生，这些天凡凡妈妈正在发愁一件事：凡凡的作业天天都错得一塌糊涂，一问，不是自己不会做，而是没有认真做、没有认真检查。妈妈没办法，只好帮助他检查，一下子凡凡的作业成绩马上就提高了，凡凡和妈妈都挺高兴。

可是，问题又来了，每天凡凡一写完作业就往妈妈手里一放："妈妈，检查吧！"妈妈说："凡凡，你都是小学生了，应该培养自己学习的好习惯。""我查过了，没错。"妈妈看过之后，非常生气，凡凡作业还是有许多错。

凡凡妈妈很苦恼，帮孩子检查作业吧，怕他依赖妈妈，无法养成自主学习的习惯；不帮他检查作业吧，又怕他在学习上掉队，跟不上大家，影响他今后学习的自信心。

孩子刚刚上学的时候，一切对他们来说都是崭新的、陌生的，他们的确什么都不会，如果你让他好好听讲，他一定会反问你："什么叫好好听讲？"如果你让他检查作业，他也一定会说："什么是检查作业？"在他看来，把答案填在本上不就完成了吗？小孩子有许多不会、不懂的问题，他不检查是他不懂得什么是检查、怎样检查。现在看来，凡凡就是这样的情况。

孩子刚刚上学，对不会不懂的问题需要慢慢教他，这样才能养成良好的学习习惯。而检查作业的习惯是低年级学生需要养成的必要的好习惯，妈妈帮助孩子养成检查作业的好习惯也是有方法的。

**1. 让孩子知道检查是写作业的其中一项**

在孩子一入学需要写作业的时候，妈妈就要告诉孩子检查也是写作业的一部分，只是把答案填在本上，不叫完成作业。让孩子知道写作业时必须检查，不查不叫完成。

**2. 让孩子习惯于写完就查**

孩子刚上学做作业，妈妈就陪伴在他身边，帮他读读题（孩子小，有些字他不认识）。注意在他写作业的过程中，妈妈即使发现了错误，也不要立即加以纠正。最重要的是，当他一写完就及时监督他检查。一开始，他没有检查的方法，那没关系，就算是一道题一道题地看一遍，也得查，在检查时就可以纠正孩子的错误了。

**3. 要教给孩子检查作业的方法**

第一遍：先简单查，查有没有没做的空题。

第二遍：一道题一道题地细查，可以用铅笔、尺子挡住答案部分，心算一遍，看看与先前写的是否一致；也可以把答案放入题目中，看算式是否成立……在这一遍检查中，可以适当多检查几次。

第三遍：简单查，查书写是否整洁。

#### 4.逐渐放手，让孩子学会自己查作业

孩子是有差异的，每个孩子的实际情况都不同，由于学前各方面能力的大小不同，每个妈妈放手的时间也就有所区别。比如：自控能力强的孩子，他们能够很快接受信息，并且调控自己的行为，而有些能力较差的孩子，则需要妈妈和老师给予更多时间、更多精力的关注。

妈妈的放手也要注意孩子的反复，您可以从天天"陪读"过渡到天天"监控"（让孩子自己写作业，您干自己的事，但是别影响他，而且还要时时关注一下），再由天天"监控"过渡到学生自己独立完成，妈妈不检查，再过渡到一周一"监控"，慢慢地您就可以完全放手了（当然，不定期的了解还是很重要的，这是您了解孩子学习情况的重要途径之一）。这个周期一般的孩子大约需要一年至两年。

智慧寄语

孩子刚刚上学，对不会不懂的问题需要慢慢教他，这样才能养成良好的学习习惯。而检查作业的习惯是低年级学生需要养成的必要的好习惯，妈妈帮助孩子养成检查作业的好习惯也是有方法的。

# 第五章　懂得如何让孩子更阳光

## 帮孩子摆脱急躁心态

小仓是个急性子,复习功课的时候,总是急急忙忙地翻翻这本书又看看那本书,然后每次都感叹一声"啊呀,什么时候才能看完呀"。有一次,在做数学题的时候,小仓急急忙忙拿来就做,也没有验算,做到中间发现错了,就着急地用橡皮来擦,可是因为太用力了,几下就把本子擦破了,只好撕掉,再重新来,可是越急越出乱,结果那次作业写到晚上10点钟才算写完,仍错误百出。为此,小仓有时自己都着急得哭了起来,妈妈除了劝慰也找不到什么好的办法。

案例中的小仓十分急躁,这给他的生活带来了负面的影响。急躁是一种不良的情绪,急躁会使人心神不宁,经常在惴惴不安中生活。急躁是神经系统的一种兴奋和冲动,急躁的人无论学习还是工作,往往不经认真思考、周密安排就很快进入兴奋和冲动的状态,结果是很难达到预期目标的。

急躁换句话来说,就是缺乏耐心。有句俗话说,"心急吃不了热豆腐"。这正说明耐心是成功的关键因素之一。在心理学上,耐心属于意志品质的一个方面,即耐力。它与意志品质的其他方面,如主动性、自制力、心理承受力等有一定的关系。

耐心被认为是一个人心理素质优劣、心理健康与否的衡量标准之一,也是孩子未来成功的关键因素之一。培养孩子的耐心不仅对他在学习上有帮助,而且对他今后的人生道路也有很大的影响。但是,孩子毕竟是孩子,许多孩子都不够有耐心。只要想到了或者听到了,他们便要求立刻兑现,否则便不停地纠缠、吵闹,直到妈妈满足他们的要求为止。

这其实并不奇怪,因为孩子的耐心并不是与生俱来的,而是需要后天的培养。当孩子不停地用哭闹强迫妈妈满足他的要求时,妈妈要沉得住气,一定要注意对孩子进行耐心训练。只有妈妈付出耐心才会培养出孩子的耐心。

### 1. 妈妈要做好榜样

许多孩子没有耐心,是因为妈妈自己做事也是虎头蛇尾。所以,要想让孩子有耐心,妈妈首先要有耐心地去做每一件事情。

比如,晚上妈妈可以跟孩子一起学习。当孩子不断地起身、坐下时,做妈妈的要坚持看书,孩子见妈妈能够耐心地看书,也能受到一些感染。

另外,妈妈在要求孩子做一件事情之前,要先跟孩子约好这件事必须耐心地做完;如果没有完成不仅需要补上没做完的,而且还得再增加时间来处理相关的事情。这样,孩子就能够有计划地去做事,也能够在一定的时间内耐心地把事情做完。

### 2. 妈妈应该有意识地给孩子设置点障碍

设置这些障碍,可以为孩子提供一些克服困难的机会。因为耐心是坚强意志磨炼出来的,越是在困难的环境中,越能锻炼孩子的耐心。要鼓励他做事不能半途而废,做好一件事要经过努力,才能完成。孩子经过努力完成一件事时,应当及时给予表扬,强化做事有始有终的良好习惯。

### 3. 帮助孩子控制情绪

孩子发脾气时可以先冷处理,把他暂时搁置一边,因为这时的孩子是什么也听不进去的。等他略微平静下来,你可以搂他在怀里,慢慢地问他:刚才为什么发这么大的脾气? 发脾气能解决什么问题吗? 能和妈妈说说你的道理吗? 一定要听听孩子的想法,了解孩子发脾气的原因,帮助孩子控制自己的情绪,学会用适当的方法解决问题。

----

**智慧寄语**

如果一个人长期受急躁情绪的折磨,他内心的和谐和宁静就会被打破,甚至会出现情绪上的紊乱状态。因此,情绪急躁的人,必须采取有效措施来克制和消除这种不良情绪。

# 让内向的孩子敢于表现自己

文文性格十分内向,现在上初二了,学习成绩挺好,平时各方面的表现也都不错,但就是凡事不敢去争取、去竞争。有一次,学校开运动会,让大家主动报名来参加项目,可是文文却无动于衷,连拉拉队都没有去报名参加。班里的联欢会,同学们都是自己准备节目,她也不敢;还有像学生会竞选等,她都不太有自信心参加。其实,她各方面都挺优秀的,就是不能好好表现自己。文文的妈妈对这件事一筹莫展。

文文是一个很优秀的孩子,但是由于不敢表现自己,则容易失掉很多让自己更优秀的机会,是很遗憾的一件事。为什么自己完全有能力,却不敢证实自己,很大一部分原因在于缺少足够的自信。让孩子迈开第一步,有过成功的感觉,那么再有类似活动的时候,孩子就会大胆地行动了。在比较中看到自己的优势,才能使她不畏惧失败,在竞争中心中有数。

孩子的表现欲受好奇心的驱使,具有求奇、求变的创新倾向。妈妈对孩子的某些好的方面给予肯定和表扬,哪怕只是点点头、笑一笑,都会使孩子感到满足和受到鼓励,从而增强孩子的表现能力和欲望,为有效地学习知识和发展创造能力奠定情感基础。

心理学研究表明,孩子的表现欲与性格特点有关,性格外向的孩子胆子大,表现外显;性格内向的孩子胆子小,表现内向。妈妈必须根据孩子的性格特点,对他们的表现欲进行正确引导。对外向型的孩子,不可任其表现欲无限度膨胀,热衷于自我表现,以免滋生虚荣心理;对内向型的孩子,则应激发其表现欲,鼓励他们大胆表现自己的才能、展示风采,让他们在实践中品尝到自我表现的乐趣,增强表现欲。

孩子的表现欲是一种积极的心理品质,当孩子的这种心理需要得到满足时,便会产生一种自豪感。这种自豪感会推动孩子信心百倍地去学习新东西，探索新问题，获得新的提高。为了使孩子的身心健康地成长，妈妈应该正确对待并注意保护孩子的表现欲，切不可无视或压抑，要让孩子在不断的自我表现中发展自我、完善自我。

妈妈可以在平时经常告诉孩子他的优点，并且说，如果有某某方面的比赛，你一定能取得好成绩，让孩子知道自己的长处可以在什么地方表现出来。

如果孩子回家后，说到他们班里正准备举行什么活动，很可能就是他有此意，只是他还不太坚定，这时候，妈妈需要推孩子一把，鼓励孩子报名。

孩子报了名，妈妈不要觉得您的任务已经完成，接下来的努力更加重要，尤其是不轻易参加活动的孩子第一次报名。如女儿报名参加了学生会的竞选，孩子写出竞选申请书后，妈妈需要给孩子建议，让孩子做进一步的修改。然后，在家里模拟竞选现场，让孩子演练，并且适当地发问，让孩子熟悉现场程序，并做好心理准备。其实，在这些准备过程中，孩子会觉得成功在望，并不是原来想象得那么遥远的事情。另外，妈妈还要告诉女儿，"只要努力了，没有我们所预想的结果那么好，也没关系，毕竟你是第一次。机会还很多，你的优势也有很多，只要你能够像这样敢于参加，认真准备，总会成功的"。

最后，妈妈还需要鼓励孩子多与同学交往，或者创设环境，让孩子带朋友来家里玩。这样渐渐的，孩子就会改变内向、退缩性格，变得积极主动起来，并且好朋友的鼓励更能帮助她下定决心参加比赛活动。

### 智慧寄语

孩子的表现欲是一种积极的心理品质，当孩子的这种心理需要得到满足时，便会产生一种自豪感。这种自豪感会推动孩子信心百倍地去学习新东西，探索新问题，获得新的提高。为了使孩子的身心健康地成长，妈妈应该正确对待并注意保护孩子的表现欲，切不可无视或压抑，要让孩子在不断的自我表现中发展自我、完善自我。

# 鼓励孩子的勇气

在成都市第三小学的一次家长教育交流会上，王桐的妈妈第一个站起来发言，对自己孩子的胆小怯懦的行为表示担忧："我的孩子不敢在生人面前讲话，家里来了客人，他躲在角落里一言不发，大气不出，我们叫他出来也躲躲闪闪；不敢在班上回答问题，更不敢向老师提出问题，甚至老师点名叫他回答问题，也难于开口，要不就是声音细小，匆匆结束；不敢一个人待在家里，总说害怕，怕什么也说不清楚；不敢一个人上街办点儿事情，像买张晚报、取瓶牛奶、发封信件这些事情也依赖大人，自己不敢单独去做；不敢在晚上出屋门，即使很短的时间，很短的路，也很害怕；不敢在受小朋友欺负的时候大声讲理，更不敢反抗，一味忍受，回家哭泣。"问题提出后，引起很大的反响，许多妈妈普遍反映，自己的孩子也有这样的问题，只是有的表现得明显些，有的表现不明显而已。

王桐的这种表现在孩子当中还是很普遍的。造成孩子胆小怯懦的原因是多方面的，当孩子不懂得什么是危险的时候，他们是不会胆小、害怕的。随着生活内容的增加，在生活实践中，常会遭到某些伤害和影响而产生恐惧心理。由恐惧心理而导致的胆小心理，大部分是由于妈妈们的行为所导致的。当然,也有的是因为孩子无知莽撞,亲身尝过苦头后才变得胆小起来。

如果大人们过分胆小怕事,谨小慎微或者过于关心自己的健康状况,稍稍有点不舒服就哼哼起来没个完,都会令孩子胆小怕事。另外,家庭中经常打架吵嘴,孩子幼小时与妈妈分离,用恐吓及打骂方法教育孩子,以及看惊险的电影,听鬼怪的故事和在黑暗中受到惊吓等,也都会造成孩子情绪紧张和恐惧的心理,使孩子变得特别胆小怕事。孩子幼时受到过多的照顾,稍长大些,又受到简单、生硬的管教,很容易习惯于顺从,乖乖听话,渐渐地变得胆小怯懦。还有,有些妈妈不让孩子和周围的小朋友玩,或者包办、代替、干涉孩子们的矛盾,使孩子产生依赖心理,不敢自己解决自己的矛盾。

面对缺乏勇气和胆量的孩子,专家建议妈妈宜从以下几点做起:

(1)切忌用简单、生硬和恐吓的手段教育孩子,也不要嘲笑或惩罚他们的胆小。

(2)培养孩子的独立性,让他们干力所能及的事,独立处理遇到的问题。

(3)培养孩子的自尊心和自信心,让孩子走向伙伴,参与伙伴们的各种活动,从中感受到自己并不比别人差。

(4)让孩子多参加有竞争性的活动,如棋类、球类等,培养他们的竞争意识。

(5)让孩子与妈妈在一起,从事带有一定冒险性或探索性的活动,特别是到大自然中去,培养其坚强的意志和大胆、顽强、开朗的性格。

胆小怯懦,倘若成为性格的构成部分,就会使人变得孤僻,畏缩,意志薄弱,缺乏进取的勇气和信心,变成弱者。因此,妈妈应于孩子性格尚未定型的时期,花大力气帮助孩子放弃胆小怯懦,经风雨,见世面,锻炼成为勇于进取的开拓者和创造者。

### 智慧寄语

胆小怯懦,倘若成为性格的构成部分,就会使人变得孤僻,畏缩,意志薄弱,缺乏进取的勇气和信心,变成弱者。因此,妈妈应于孩子性格尚未定型的时期,花大力气帮助孩子放弃胆小怯懦,经风雨,见世面,锻炼成为勇于进取的开拓者和创造者。

# 别让虚荣迷失了孩子纯真的本性

童昊生活在一个经济条件并不富裕的家庭,妈妈下岗后做点儿小生意。虽然家庭条件不好,但妈妈总是省吃俭用,从不让童昊在吃穿上受委屈,别的孩子有的,童昊也会有,而且对童昊提出的要求也从不拒绝。童昊在小伙伴中间算是很气派的一个,他感到很满足。从小学到初中,童昊的学习成绩一直很好,在妈妈和老师的眼里,童昊始终是一个好孩子。

但是自从上了市里的高中,情况发生了很大的变化。高中的同学和他以前的同学家庭条件不一样。高中同学很多来自高收入家庭,他们花钱如流水,穿的用的都是名牌。相比之下,童昊显得非常寒酸,以前的优越感再也没有了。由此,童昊产生了严重的心理失衡,他不甘心落于人后,于是他每次回家都向妈妈要很多钱,和同学们比吃比穿以满足他的虚荣心。起初妈妈总是大方地给他,但后来妈妈实在承受不了,几次都拒绝了他。童昊见妈妈这个经济来源断了之后,就动了邪念:"别人有的我为什么不能有,这不公平。"在这种想法的驱使下,童昊开始偷同学的钱,几次偷盗都没被发现,更增加了他的侥幸心理。在金钱的诱惑之下,他越陷越深,最后伙同另一同学作案,直至被公安机关抓获,受到了法律的制裁。

童昊事件发人深省,他为什么会从一个听话的孩子变成一名罪犯呢? 仔细分析,主要是虚荣心在作祟。虚荣心是一种表面上追求荣耀的自我意识,具有虚荣心的人,往往会用扭曲的方式来表现自己的自尊心和荣誉感,他们所追求的其实只是表面上的好看和形式上的光彩,面子高于一切,不顾条件和现实去追求虚假的声誉。

据有关调查表明,独生子女的虚荣心都比较强,在被调查的独生子女中有 20% 存在较强的虚荣心。虚荣心往往会导致孩子产生其他的心理问题,如嫉妒、自卑、敏感等,这些都会阻碍孩子的发展。

也许,每个人都或多或少地有点儿虚荣心,这是正常的,因为大多数人都渴望自己被他人尊重,被他人敬仰,都希望自己能做得更好,更理想。但是,如果虚荣心太重了,就会影响心理的健康,影响正常的学习和生活。仔细观察不难发现,虚荣心太重的人活得往往都非常累。这是由于他们不能展示"真我",不能按自己的本来面目生活,而需要在别人面前精心粉饰来抬高自己。另外,有虚荣心的人虽然在别人面前显得很"自信",但他们自己心里并不轻松,尤其是当他一个人独处时,便会感到更加的自卑,因为他们骗不了自己,更明白自己的真相。真相和假相的反差很容易使少年内心空虚、失落,最终导致心理颓废,爱慕虚荣,不求进取。

孩子虚荣心形成的主要原因来自家庭。由于现代的家庭孩子少,妈妈怕孩子受委屈,总是对孩子有求必应。不管是自己孩子穿的,还是戴的,都不能比别人差,别人的孩子有什么咱家的孩子也得有,决不能比别人家的低。于是,在妈妈这种无意识的纵容之下,孩子的物质欲望无限地膨胀。另外,独生子女的妈妈还从溺爱孩子的观点出发,在别人面前总是爱讲孩子的优点,掩盖他们的缺点,甚至在亲朋好友面前常常夸耀自己的孩子聪明、学习成绩好等,而对别人的孩子往往妄加指责。由于孩子对自己客观评价的能力还很差,妈妈具有绝对权威性,慢慢地孩子就从妈妈眼里的"十全十美"变成自己心目中的"十全十美",再也容忍不了别人超过自己。

从心理学角度来说,虚荣心是一种追求虚荣的性格缺陷,是一种被扭曲了的自尊心。虚荣心强的人不是通过实实在在的努力,而是通过贬损别人、打压别人的方式来获得成功。用跑步比赛来做一个比喻,那就是虚荣心强的人并不愿意真正与对手站在同一起跑线上展开一场较量,他总是想方设法通过一些不可告人的手段让自己的对手因为"这样"或"那样"的意外原因而无法参赛。

爱慕虚荣对孩子来说无疑是一种可怕的坏性格,妈妈应采取必要的方法加以纠正。

首先,妈妈要注意孩子心态的变化,多给孩子讲不爱慕虚荣的道理。有的妈妈为了使孩子不受委屈往往尽量满足孩子的要求,而还有的妈妈对孩子则采用先吼后打的办法。其实,最好的办法是多给孩子讲道理。告诉孩子,拥有名牌并不意味着就拥有了较高的地位,只有依靠自己的能力取得成功,才能获得别人的尊重和认可。教育孩子根据自己的需要来购买东西,而不要为了同他人攀比,买自己所不需要的东西;让孩子学会科学的、理性的消费;可以把家中的收入支出讲给孩子听。

其次,妈妈要创造机会,让孩子通过自己的劳动获得想要的东西。如果孩子的要求是合理的,那么妈妈可以为孩子创造一些机会,让孩子靠自己的劳动挣来的钱购买所需要的东西。如让孩子做一些力所能及的事,分担一些家务,然后从中取得回报。一分劳动一分收获,一滴汗水一点回报,让孩子知道仅靠不停地向妈妈要这要那,不仅不光彩,而且还行不通。

最后,妈妈要客观地评价自己的孩子。作为妈妈不应该过分夸大孩子的优点,也不要掩盖孩子的缺点。对那些符合道德规范的行为,妈妈应给予表扬,但应适度。因为经常性的表扬会使孩子认为这些并不是他应该做的,一旦这样做了,便能得到奖励。久而久之,孩子便养成了虚荣的坏习惯,而且越来越严重。对于孩子的缺点要及时指出,帮助孩子分析原因,并鼓励其渐渐克服。

**智慧寄语**

爱慕虚荣对孩子来说无疑是一种可怕的坏性格,妈妈应采取必要的方法加以纠正。

# 让你的孩子相信自己

一位心理专家说:

我好朋友的女儿丽丽上小学二年级了,最近和她打电话时,朋友对我说:丽丽在与小伙伴交往时特别不自信,总觉得自己没有别人做得好。前一段时间,班里选班干部,丽丽的票数很多,可她说什么也不愿意当。后来在老师和同学们的鼓励下,丽丽当了班里的文艺委员。可最近由于组织联欢会受到了阻力,丽丽又开始打退堂鼓了。朋友让我帮她想想办法。

丽丽的表现是许多孩子身上都有的一种表现——缺乏自信。

自信,往往是和有抱负、有主见、有韧性、不盲从、不动摇联系在一起的。自信心是一个成功者最重要的心理素质,但它不是天生的,必须由妈妈从小加以正确引导,使孩子学会对自己充满信心。无论是年幼(3~6岁)的,还是年纪较大的(9~18岁)孩子,培养他们自信的心态,在孩子的成长过程中将起重要作用。

有一句教育名言是这样说的:要让每个孩子都抬起头来走路。"抬起头来"意味着对自己、对未来、对所要做的事情充满信心。任何一个人,当他昂首挺胸、大步前进的时候,在他的心里有诸多的潜台词——"我能行""我的目标一定能达到""我会干得很好的""小小的挫折对我来说不算什么"。假如每一个小学生、中学生,都有这样的心态,肯定能不断进步,成为德智体全面发展的好学生。

然而,事实上有相当数量的孩子缺乏自信心,缺乏上进的勇气,本来可能有十分的干劲,也只剩下五六分甚至更少了。长此以往,很难振作起来,成为一个被自卑感笼罩着的人。不但会延迟进步,甚至可能自暴自弃、破罐破摔,那将是很可怕的。

如何培养孩子的自信心呢? 专家建议从以下几点做起:

**1. 通过孩子的实践活动培养自信心**

积极支持孩子参加各种各样的实践活动,在实践活动中孩子会得到很多成功与失败的经验,成功的经验累积得越多,孩子的自信心就越强。

**2. 及时肯定和赞扬孩子的良好行为**

当孩子有一个好的行为,做成了一点小事,妈妈都应给予及时的肯定,而不要只在孩子淘气时才注意他,当他表现良好时却视而不见。适当的鼓励,会使孩子的心情变得兴奋而愉悦,孩子也更加容易听从妈妈的引导。因为幼小的孩子往往是通过别人的眼睛来认识自己的,妈妈的表扬、肯定、评价,对孩子的志向、情感、行为起着极其重要的作用。人性中最本质的需求其实就是渴望得到赏识、尊重、理解和爱,赏识你的孩子,就会树立孩子对自己的信心,使孩子在"我是好孩子"的心态中觉醒;而一味地抱怨只能使孩子自暴自弃,在"我是坏孩子"的意念中沉沦。不是好孩子需要赏识，而是赏识使他们变得越来越好；不是坏孩子需要抱怨，而是抱怨使坏孩子越来越坏。

### 3.让孩子参与安排家庭事务

如果你能改变一下家庭里的主从关系，偶尔也让孩子来安排一次星期日的游玩计划或节日家宴的菜谱，同时还可让他参与讨论这些问题时了解家里的经济情况，了解什么样的要求合理，什么样的要求不合理。这时，孩子还能抑制自己不合理的要求。这样，孩子从参与安排家庭事务中能学到许多东西，会更懂事更有主见，自信心也会由此而更加坚定。

当孩子由于某种特殊的原因(生理或心理上的)，而陷入自卑的境地，你可以告诉他许多诸如那个丑女变美女的故事，并相信他会重新拥有自信心。下面的话可以起到解脱自卑困境的作用："其实，你完全没有必要自卑。没有比自己瞧不起自己更伤害身心的了，自卑会使你的形容憔悴，使你的人生黯淡，更有害的是销蚀了你生命的活力。"或"你是在生理上有一些缺陷，但人哪有十全十美。""你也许有一些弱点，但只要勇敢地面对，仍能使人格健全。"还可告诫孩子："自信就是尊重自己、相信自己，敢于积极地展现自己，痛快淋漓地表达自己，无拘无束地发现自己。这样就促进了自我的发展。始终保持自信的人，在生活中会感到充实而富于吸引力。"

**智慧寄语**

有一句教育名言是这样说的：要让每个孩子都抬起头来走路。"抬起头来"意味着对自己、对未来、对所要做的事情充满信心。任何一个人，当他昂首挺胸、大步前进的时候，在他的心里有诸多的潜台词——"我能行""我的目标一定能达到""我会干得很好的""小小的挫折对我来说不算什么"。假如每一个小学生、中学生，都有这样的心态，肯定能不断进步，成为德智体全面发展的好学生。

# 让孩子成为"乐天派"

陕西省西安市某初三学生刘燕学习成绩很棒，许多同学都非常羡慕。有一天，刘燕的同学去老师办公室，听到了老师这样一番话："刘燕真是只快乐的小燕子，歌不离口，笑容时时刻刻都挂在脸上。不管做什么事都是开开心心的，每次看到她都觉得心情特别愉快。"这个同学终于明白了为什么刘燕能得到老师的器重，同学们的爱戴，原来乐观豁达的性格在这里起着很大的作用。知女莫若母，刘燕的妈妈也曾经乐呵呵地告诉大家："刘燕最大的优点就是乐观，遇到什么困难都不怕，总是乐观积极地去面对，才有今天的好成绩。"也正因为这个原因，刘燕不仅学习成绩优异，而且其他方面的素质也都很高，她自己还戏称，所有的成绩都源于"我是个乐天派"。

从刘燕身上我们可以看出，乐观的心态，对一个人的一生都很重要。一个孩子如果拥有乐观的心态，便会拥有对人生的自信。

关于乐观，法国作家阿兰在论述把快乐的智慧用于和烦恼做各种各样斗争时，说："烦恼是我们患的一种精神上的近视症，应该向远处看并保持积极乐观的心态，这样我们的脚步就会更加坚定，内心也就更加泰然。"在家庭教育中，乐观教育是潜移默化的，比如：如果这会儿下雨了，就要引导孩子说"下雨了"，而不要说"该死的天，又下雨了"。因为这样说并不能改变下雨的事实，当然，就算说"太好了，又下雨了"。也不能使雨发生任何改变，可是如果把这种话说给孩子听，情况就大不一样！"瞧,太好了,又下雨了！小鸟在歌唱,小草也在歌唱,它们都得到了雨的滋润。"这样就会把快乐传递给孩子,让孩子无论面对何种环境,都保持一种愉悦的心情。

孩子的性格不同,有的乐观,有的消极。乐观的人给周围的人带来欢乐,是一个受人欢迎的人,是一个容易成功的人。所以积极乐观的心境能促进孩子交往能力的提高,并提高学习效率。消极的心境则会妨碍孩子的学习,影响身心健康。

乐观是"一种性格倾向,使人能看到事情比较有利的一面,期待更有利的结果"。也许有些孩子天生就比较乐观,有些孩子则相反。但心理学家发现乐观思想是可以培养的,即使孩子天生不具备乐观品质,也可以通过后天的努力来实现。

那么如何培养乐观的孩子呢？可从以下四方面入手:

### 1. 让孩子感受到妈妈的爱

随时从妈妈那里得到坚定支持的孩子,会认为生活可以信赖,人生充满机会。即使生活中偶然出现艰难、失望的境遇,他们仍然能够对生活保持积极的态度。

尊重孩子,是对孩子表示支持的最好方式。母亲在听孩子说话时要热心、不急躁,无论孩子说什么都要表现出兴趣,切忌咒骂或讽刺挖苦。

孩子不小心打碎了杯子,妈妈不要对孩子说:"你真蠢,这点小事都做不好。"这会损害孩子对自身价值的承认以及对你的信任。你不妨换一种口气说:"没有关系,以后多注意点。"

做妈妈,就是要用一颗纯净的心去理解孩子,爱护孩子。

但是,妈妈千万不要把疼爱变成瞎吹滥捧。不分青红皂白地赞扬孩子,会增加孩子的无助感。因为,孩子对过分的夸奖有着敏锐的直觉。

### 2. 对孩子说"你能做好"

乐观的孩子,总是觉得自己能够驾驭生活,能够克服学习中的困难,能够摆脱人生中的痛苦。作为妈妈,首先要帮助孩子树立切合实际的期望目标,并且清楚自己的孩子要怎样做才能达到那个目标,最后,对孩子迈向目标的每一个细微的进展,都给予鼓励和赞扬。

### 3. 妈妈要保持乐观情绪

孩子不可能总是按照妈妈说的那样去做,但肯定会仿照妈妈做的那样去做。因此,要想孩子乐观,妈妈自己必须表现乐观。看着母亲一边料理家务一边哼着小曲时,孩子自然会感到快乐。

如果妈妈整天抱怨,表现很悲观,孩子自然不会觉得快乐。在生活中,妈妈还要注意自己的言行,常说些积极乐观的话,比如孩子抱怨说:"我太笨了,连足球都踢不好。"这时妈妈最好说:"你刚刚练习,踢到这个程度已不错了,以后,经过努力,你一定会成为足球健将的。"如果妈妈是一个乐观的人,孩子成为一个乐观主义者的概率就会相当大。

### 4. 利用小伙伴的影响力

妈妈要懂得:孩子的成绩能被小伙伴承认,会增加孩子的自尊心,对培养乐观心态非常有好处。海伦8岁,上小学三年级,文化课十分出色,但体育课却不及格。汤米的体育课特别好,文化课却是中等。海伦的母亲让她向汤米学习体育。海伦说:"汤米文化课不好,我不喜欢他。"母亲说:"他教你体育,你帮助他学文化课,你们正好可以取长补短。"海伦同意了母亲的做法,几个月后,她在体育课上取得了好成绩。

这种影响力的诀窍,在于利用孩子的攀比心理来激发他们积极向上,并乐观地改变自己的不足。妈妈应该经常把自己如何交友,如何赢得朋友的尊重,如何保持友谊以及这一切对人如何重要的经验告诉孩子,设法扩大孩子的活动范围,鼓励他们多向别人学习。

孩子对新伙伴的个性很敏感,妈妈要多引导他们全面地分析新伙伴的优缺点,让他们以积极乐观的态度去处理人际关系。

总之,乐观的生活能培养出孩子豁达的心胸和充分的自信,这是生活中一个良好的习惯,如果你想做一个好妈妈,请帮助孩子养成这种乐观的精神,它会使孩子受益终生。

智慧寄语

乐观是"一种性格倾向,使人能看到事情比较有利的一面,期待更有利的结果"。也许有些孩子天生就比较乐观,有些孩子则相反。但心理学家发现乐观思想是可以培养的,即使孩子天生不具备乐观品质,也可以通过后天的努力来实现。

# 培养孩子坚韧不拔的毅力

小林现在上高一,由于中考失利,进了一所普通高中,让他觉得很失望,决定在普通中学里也发奋学习,考一所比较好的大学。在开学的第一天,小林就定下了学习计划,把每天的时间安排得满满的。可是他坚持不到一周,就又恢复了平时懒散的习惯。妈妈看到小林没有按计划来做,就在晚饭后找他谈了话,鼓励他坚持下去,小林当时又下定决心,一定要坚持下去。可是,没过几天,就又放松了对自己的要求,就这样周而复始,造成的后果就是学习一直没有起色,而本人则极其内疚、自责,天天陷入苦恼当中,对自己的能力产生了很大的怀疑。妈妈是看在眼里,急在心里,不知道该怎么帮助他。

从心理学的角度看,小林坚持不下去的一个最重要的原因是缺乏毅力。缺乏毅力的一个比较突出的表现就是做事情虎头蛇尾,难以坚持。对于小林这种情况,在学生中是很常见的,经常有人将蓝图计划得特别好,但是最后却因缺乏动力而以失败告终。

毅力不是天生的,主要靠后天的教育培养。一个小孩子,幼儿和小学低年级会表现出毅力品质的初步状态。小学三四年级开始,毅力品质的各个因素发展很快。因此,必须从小抓紧毅力品质的培养,一点也不能放松。

毅力主要在实践行动中培养,适当讲道理是必要的,但关键是实践。每个孩子都有一定的意志力,只是强弱不同,如果具体分析,其强弱的具体环节不同,要从孩子实际出发,找准弱点。比如,有的孩子做事情虎头蛇尾,一开始决心很大,干劲很足,但是三天热乎劲儿,后边就稀松平常了。这种孩子毅力品质的优势在确定目标、确定行动阶段,而弱点在于坚持性和自制力上。对待这样的孩子,在确定目标之后,要打预防针,提醒他一旦干起来,就要克服困难坚持下去。在行动过程中,则要帮助孩子正视困难,克服困难,加大自我管理的力度,不断地激励他。在接近目标时,尤其要讲"行百里者半九十"的道理。有几次这样的过程,孩子的薄弱环节就会得到扭转。

为了培养孩子的毅力,妈妈可以从以下几个方面给予帮助:

**1.帮孩子确立短期目标**

心理学中有一个"爬山法",就是将长远的大目标分解为短期的小目标,然后一步步地去实现,这样不至于在实现大目标的过程中觉得毫无希望或暂时看不到成果而缺乏动力。打个通俗的比喻说,爬山的时候,如果总是看山顶,会因为终点太远而丧失信心,但是如果把这段路途划分成一个个小段,爬起来就有信心得多。小林自己实际上是有一个长期目标的,就是考上一所好的大学。但是这个目标在短期内无法看到效果,以至于小林没有动力去坚持。这个时候妈妈可以帮助他将大的目标换成一个个小目标,比如这次单元测验的分数要达到多少,这学期期中考试的名次是多少。这样一步步地实现,从而达到最终的目标——考上比较好的大学。

**2.制订详细的学习计划**

按照学习情况安排一个循序渐进的学习计划,然后严格按照学习计划进行学习。这个学习计划可以具体到每天的时间安排,比如,早晨几点起床,几点开始学习某个学科,学习时间为多长,学习多少等。

**3.妈妈及时关注孩子学习的问题**

妈妈要及时关注孩子的学习进展,对存在的问题给出意见、指导、检查计划执行情况,并帮助孩子。确立短期目标、修改学习计划,以使其更合理。

**智慧寄语**

毅力主要在实践行动中培养,适当讲道理是必要的,但关键是实践。每个孩子都有一定的意志力,只是强弱不同,如果具体分析,其强弱的具体环节不同,要从孩子实际出发,找准弱点。

# 培养孩子坚强的意志

江苏省南京市的小学生洋洋是个独生子,父母收入都很高,家境比较优裕,洋洋又聪明活泼,妈妈对他疼爱有加,只怕他受委屈,对他百依百顺。不管有什么要求,妈妈都尽量帮他解决。就这样,洋洋养成了对妈妈长辈的依赖性,事事都要依靠妈妈的帮助。做什么事都不能有始有终,总得在妈妈的帮助下才能做好,一遇到困难就不肯向前。有一次,洋洋和妈妈一起去爬一座并不太高的小山,走到半山腰就爬不动了,一步也不肯向前走,坐在地上一动也不动,任凭妈妈怎么说,就是不起来。万般无奈下,只好由爸爸背洋洋下了山。为此,洋洋的妈妈非常苦恼,却不知如何去做才好。

像洋洋妈妈这样为孩子缺少坚强的意志品质而苦恼的妈妈在现实生活中很多。在这里,有必要首先了解一下什么是意志。意志是自觉确定目的,根据目的去支配和调节行为,克服困难,从而实现预定目的的心理过程。这篇案例里,洋洋的妈妈就没有重视对他意志力的培养。

莎士比亚曾说过这样一段话:我们的身体就像一个园圃,我们的意志就是这园圃的园丁。无论我们插莨麻,种莴苣,栽下牛蒡草,拔起百里香,或者单独培育一种草木,或者把全园种的万卉纷呈,或者让它荒废也好,或者把它辛勤耕耘也好,那权力都在于我们的意志。可见意志的重要性。

人的认识、情感、行动有的是有目的的、自觉的,有的则不是。而人的意志行动则完全是有目的的、自觉的。正因为如此,人类才不是消极地、被动地适应环境,而是积极能动地改造世界,成为现实的主人。离开了自觉的目的,就没有意志可言。

同时,人的意志是人脑对客观现实的反映,受着客观现实的制约。如果一个人顺着客观事物发展的规律,应着客观事物发展的需要,根据自身的基本条件,确立目的,克服困难,孜孜以求,"有志者事竟成",是可以的。如某一学生决心当"三好学生",努力拼搏,实现愿望的可能性是存在的。

反之,倘若违逆客观事物的发展规律,客观上办不到,主观上倒行逆施,不可为而为之,到头来只能以碰壁而终。如一位五年级学生在"你长大想干什么,为什么"的问卷中答道:"我长大想当皇帝,因为世上皇帝最威风。"

作为妈妈，应该让孩子知道意志的重要性，明白坚强的意志力能使人克服各种各样的困难，而意志品质的四种表现为自觉性、果断性、自制性、坚持性。这是孩子成长中必不可少的能力。

**1.培养自觉性**

自觉性是指对自己的意志行动的目的性具有明确的认识。有自觉性的人，不仅坚信自己的行动是正确的，克服困难，直至胜利，而且还能倾听合理建议，坚守原则，不为困难所吓倒。孩子的行动自觉性比较差，且任性、执拗或过分依靠成人，必须培养其独立自主能力，逐步从成人的检查监督过渡到自我检查监督。

**2.培养果断性**

果断性是指善于在困难中辨别事物的真相，迅速作出决定和积极采取行动。孩子知识经验不够，易受暗示而匆匆作决定，贸然行动，应根据他们的知识经验和智力水平，培养他们辨别是非和当机立断的能力，防止冒失或优柔寡断。

**3.培养自制性**

自制性是指善于控制和协调自己的行动。在这方面，儿童年龄越小越差，他们不善于自制，容易冲动，常违反纪律，必须从向他们进行学习目的、课堂纪律和辨别是非的教育入手，从遵守纪律、完成作业、清洁卫生等具体活动入手，提出要求，检查完成情况，养成习惯，逐步发展他们的自制力。

**4.培养坚持性**

不屈不挠地把决定贯彻始终，就是坚持性。孩子的坚持性是在读、写、算等技巧形成中逐步发展的。应教育他们凡事有始有终，防止他们遇到挫折或受到引诱而半途而废。

一般来说，意志的自制性和坚持性，女孩要比男孩好，这点亦须记取，以便对男孩多加督促。

---

**智慧寄语**

人的认识、情感、行动有的是有目的的、自觉的，有的则不是。而人的意志行动则完全是有目的的、自觉的。正因为如此，人类才不是消极地、被动地适应环境，而是积极能动地改造世界，成为现实的主人。离开了自觉的目的，就没有意志可言。

# 克服孩子的害羞心理

吕静是个聪明好学的女孩，最大的问题是"害羞"。她上课时几乎从不举手发言，也不喜欢参加学校的集体活动。平时说话的声音小的像蚊子，让人根本听不清她在说些什么；课间休息的时候也很少见她和同学一起"疯"，总是静静地坐在那里看课外书，或者干脆坐在那里发呆。有一天，在语文课上，老师点名让她朗读课文，她犹豫半天才站起来，而且满脸涨得通红，半天没有说出一个字来。平常念得很熟的课文，现在怎么也念不出一个字，老师看着面红耳赤的吕静，无奈地摆摆手，让她坐下。坐在位子上的吕静终于松了口气，可是想到刚才的情形，眼泪一下子涌了出来，自己那篇课文在家念得可好啦，为什么刚才却一个字也说不出呢？吕静的内心充满了苦恼。

像吕静一样，很多孩子都有害羞的特点，多数人"有点害羞"并不妨碍他们的发展和生活。一般说来，随着孩子对人、环境的熟悉，害羞的感觉会有所消退。如果没有其他的问题出现，害羞的孩子也不太会产生危险的心理和行为问题。因此，对于那些程度不特别严重，只在较短一段时间内存在的"害羞"行为,妈妈没有必要过于担忧。如果孩子的"害羞"相当严重,而且既不是只在某些特殊情境,也不是只在一段较短的时期内出现,那么就有一定的危害性。

孩子"害羞"的原因大致有下面几种:

一是妈妈的影响。有证据表明,那些妈妈有"害羞"倾向的孩子往往更易害羞。

二是发展因素。在成长的某些特殊的阶段,孩子会特别容易害羞。

婴幼儿阶段,孩子对妈妈有强烈的依恋,对陌生的成人有种"害怕性"的害羞。这个时期的孩子往往会害怕见到陌生人,不敢跟陌生人交往。

学龄前阶段,孩子自我意识的发展会使得他们容易出现"自我意识性害羞"。因为自我意识的发展提高了他们的社会敏感性,使他们觉得自己总处于别人注意的中心。

青少年阶段,随着自我意识的发展达到顶峰,这种"自我意识性"的害羞也会显得更加明显。这个时期的孩子会出现迫切想表现自我,同时又害怕别人注意的矛盾心理,这种矛盾心理会促使其时刻都感到"害羞"、不知所措。

三是缺乏社交锻炼。害羞的孩子往往缺乏社交技巧。与那些个性孤僻的孩子不同,害羞的孩子内心其实也渴望能和同伴一起嬉耍,只是他们不得其门而入,因为他们缺少社会交往经验。

四是自卑。有些人感到自己在相貌、才能、社交技巧等方面不如别人,因而产生逃避和自我保护心理,并以"害羞"的行为方式表现出来。

同时,一些人也会因为自己的"害羞"而变得更加自卑,这样,就陷入了相互加重的恶性循环之中。

五是不愉快的经历。过去不愉快的经历或重大的交往挫折造成的心理障碍,是导致一些人害羞的原因。

帮助害羞的孩子建立自信自尊是关键的一步。

**1. 有意"忽视"孩子**

不要经常提示或挑剔孩子,以免加重孩子的害羞和畏缩情绪。要让孩子在完全自我放松的情境中行事。

**2. 帮助孩子显示自己的才干**

害羞缘于对失败的害怕,而"拿手戏"容易产生成功的体验,特殊的才能可以增强孩子的自信。妈妈可根据孩子的兴趣爱好来培养孩子的一些特长,同时给孩子提供一些展示特长的机会。

**3. 现身说法**

让孩子确信,很多人在新的情境下都会对自己的行为没有把握。

害羞的人总是认为:在一些场合,他是唯一心跳加快的人,或者除了自己外,其余所有人都知道如何与陌生人交往。如果害羞的孩子知道每个人都有害羞的时候,就能感到宽慰一些。如果有一个人能够"现身说法",能向孩子示范他是如何消除自己的紧张和羞怯的,孩子的收获就会更多。

**4. 培养孩子的社交技能**

与受到同伴拒绝的孩子不同,害羞孩子的社交问题不在于"维持友谊",而在于"发起友谊"。他们往往是在面对新人或者新环境时,不能或者不愿意跨出第一步。

因此,可以教给他们一些"开始"交往的技巧。如,训练孩子在见到熟人时,能第一个微笑并问候"你好";教会孩子一些"开场白"("我可以和你们一起玩吗")。

害羞的人在与他人交往时,总是专注于自我,心中不停地考虑自己会给别人留下什么印象,别人会怎么看他,他们会完全沉浸在自己的不舒适的感觉里。这就要训练害羞的孩子在与人交谈时,学会倾听别人的说话,观察别人的表情,体会别人的情感体验等等。总之,让孩子在交往过程中将注意的焦点从"自我"转移到"他人",或者是"事情"身上。

在人际交往中，消除紧张情绪也是很重要的，通过改变人的身体动作，可以改变人的感受。

**5. 给孩子提供交往的机会**

多开展"家庭社交"活动，让家庭成为孩子的社交场所。可以采用"结对子"的方式，鼓励和发动几个同学组成一个小组，经常邀请害羞的孩子参加活动。在孩子没有准备的情况下，不宜强迫孩子，否则只会加重孩子的害羞与畏缩心理。

**智慧寄语**

很多孩子都有害羞的特点，多数人"有点害羞"并不妨碍他们的发展和生活。一般说来，随着孩子对人、环境的熟悉，害羞的感觉会有所消退。如果没有其他的问题出现，害羞的孩子也不太会产生危险的心理和行为问题。因此，对于那些程度不特别严重，只在较短一段时间内存在的"害羞"行为，妈妈没有必要过于担忧。如果孩子的"害羞"相当严重，而且既不是只在某些特殊情境，也不是只在一段较短的时期内出现，那么就有一定的危害性。

# 消除孩子的自卑心

小雪现在在重点中学读初二，有一次和妈妈谈心的时候说自己非常的自卑。妈妈急忙追问原因，小雪这才哭着诉说起来。原来，因为小雪的身高不高，长得也很平常，对班里的同学，特别是男同学来说一点吸引力都没有。而她的同桌则是一位非常漂亮活泼的女孩子，和班里的男生关系特别好，一下课就和班里的男生说笑、打闹，剩下小雪一个人坐在座位上，显得格外的孤单。其实小雪也非常想和班里的同学一起玩，但是又觉得自己对于别人来说一点都没有吸引力，所以只能以羡慕的眼光看着同桌，一个人孤孤单单地上学、放学。妈妈听了之后觉得非常心疼，怎么改变小雪自卑思想，让她不再自卑呢？

其实，这种自卑的丑小鸭思想在中学生，甚至大学生中都非常的普遍。因为这个世界上总有那么多人相貌平平，可能在第一眼上永远比不上那些长相美丽的人有吸引力。正因为小雪的平凡，所以她一方面看见同桌与别人一起兴高采烈地玩感到羡慕，另一方面却害怕自己遇到冷遇就把自己深深隐藏在人群后面。另外，小雪将自己与漂亮开朗的同桌进行对比，就更加觉得自己的不如人，加重了自卑感。

自卑心理是一种因过分的自我否定而产生的自惭形秽的情绪体验。自卑感是一种常见的心理现象，几乎人人都会在某个时刻表现出一定的自卑感，不过只有当自卑达到一定程度，进而影响到学习和工作的正常进行时，才归之为心理疾病。

自卑是人的自我意识的一种表现。自卑的人，往往不切实际地低估自己，只看到自己的缺陷，而看不到自己的长处。自卑的人，由于对自己各方面的评价都过低，所以害怕得不到别人的尊重，但又感到自己哪里都不如别人，丧失了实现自我的信心。自卑会使人背上沉重的思想包袱，丧失前进的动力进而影响人的一生的发展。

产生自卑的原因是多种多样的，一般来说，主要有以下几个方面的原因：

第一，生理方面的原因。对自己的身体素质感到不满意，如与别人比较时，觉得自己在身高、长相、体态、肤色等方面不如他人而导致自卑。这种生理自卑在青少年当中最为常见的外部形象更是他们进行自我评价的重要方面，女孩会倍加关注自己的长相、身材和皮肤；而男孩经常忧虑不安的是他们认为自己的身材不够高大，脸上长包及体重超重等。尤其是他们把身材高大与男子汉的形象联系在一起,所以身材矮小的男孩常常有种强烈的自卑感。

第二,遭遇挫折和心理创伤。争强好胜,和别人比着干,是青少年的一大特点,一旦他们在竞争中屡遭挫折,就会产生心理创伤,产生自卑心理。

第三,性格因素。生性豁达、开朗的孩子一般不会产生自卑心理,而内向的人则比较容易产生自卑。有些青少年由于学业上、工作上成绩平平,无出色表现而过于低估自己的才智水平,甚至导致对整个自我的认识消极,认为自己"处处不如别人",于是在交往中过于拘谨,放不开手脚,总担心自己会成为别人嘲笑的对象。

第四,家庭教育问题。在家庭教育中妈妈对孩子过于苛求,若孩子稍有失误,妈妈就大加指责,甚至打骂,久而久之就会造成孩子对自己的能力产生怀疑,形成一种自卑的自我评价系统。还有的妈妈爱拿孩子和他人攀比,经常拿别人孩子的长处和自己孩子的短处比,这也容易让孩子越来越自卑,并产生逆反心理。又有一些妈妈喜欢对孩子过于溺爱,习惯包办代替,使孩子体验不到成功带来的自豪,缺乏表现自己的机会,造成自卑。

第五,需要得不到满足。一个学生如果在集体中经常被冷落、轻视和嫌弃,得不到同伴的友谊和关心,也会感到伤心和自卑。

第六,家庭影响。有的孩子家境贫寒,在物质方面不如别人,从而可能导致自卑。还有的家庭不和睦,也容易导致孩子的自卑心理。

帮助孩子走出自卑的阴影,可以从以下几方面入手:

### 1. 鼓励孩子走进同学中去

小雪其实走入了一个自卑的怪圈——因为自卑,不敢和同学交往,因为和同学孤立起来,就更加自卑。要改变这种自卑,最简单有效的方法就是让小雪主动地走进同学中。可以鼓励小雪课间的时候与同学们多说说话,放学的时候,主动和同路的同学一起回家,交流一些学习生活中的信息。如果小雪害怕与她的漂亮同桌进行对比的话,可以先让她与一些同样平平常常的孩子接触、交流,等到有足够的自信的时候再去扩大交往的对象。

### 2. 让孩子看清楚自己的优点和长处

莫泊桑曾经说过:"漂亮是女人的财富,然而并没有人限定只有漂亮才是女人的唯一财富。"所以,要让小雪明白,每个人都有自己的长处和短处,如果总拿自己的短处和别人比的话,会越比越自卑。可以让小雪在纸上写下自己的优点和缺点,即使是很小的优点都不要放过。然后不妨和别人比一比长处,比如,自己的成绩优异,具有丰富的文学知识,很好的文采,这些是同桌所不具有的,是自己独有的资本。而且,完全可以将自己的优点更加巩固和发展,使自己也有让人注目的焦点。

**智慧寄语**

自卑心理是一种因过分的自我否定而产生的自惭形秽的情绪体验。自卑感是一种常见的心理现象,几乎人人都会在某个时刻表现出一定的自卑感,不过只有当自卑达到一定程度,进而影响到学习和工作的正常进行时,才归之为心理疾病。

# 疏导孩子的恋母情结

一家心理咨询室里坐着一位烦恼的母亲,她是为了儿子来做心理咨询的。

这位母亲告诉心理咨询师:"我儿子今年已经上初三了,但还是跟我的关系亲密异常,十分依恋我。以前自己也没觉得有什么,可最近听了一些关于心理学方面的广播节目后,心里开始恐慌，因为儿子对自己总是什么事情都说，晚上散步的时候也一定要跟我一起去，有时候班上哪个女孩子给他写了信，对他有好感，甚至对某个女孩子的评价，全部都会告诉我。我现在很担心：我儿子他是不是有俄狄浦斯情结，他现在这么大了对母亲还是这么依恋是不是不正常？我不知道自己究竟能够做些什么，我爱人有时候也很生气，说儿子总是长不大。医生，你告诉我，我们究竟该怎么做，才能让他长大呢？"

俄狄浦斯情结又称恋母情结，是指孩子在 5 岁左右时为了对抗与母亲的分离焦虑而激发的依恋母亲的情结。

从某种意义上来说，恋母是儿童心理发展的必然阶段，如果孩子在 5 岁前和母亲形成稳定安全的关系，恋母期伴随的以自我为中心的感知方式会慢慢地因为身心成长被对外部世界的兴趣取代，开始社会化过程，恋母的心理趋向也慢慢地潜抑，并在成长中转化为爱的动力，形成与人达成深层亲密的能力。如果妈妈忙着工作，忽略了孩子，或个性比较冷，不怎么喜欢孩子，不能给孩子及时的照料，甚至虐待孩子，孩子就不容易与母亲形成稳定安全的关系，恋母阶段的心理成长也就无法完成。孩子会因此在潜意识中去寻求补偿，甚至过度补偿。比如总是渴望母爱，不愿意离开母亲，害怕不被母亲接纳，对母亲的话过度认同等。

也有的孩子用控制母亲的方式来表达恋母情结。为了让母亲变成自己需要的样子，做一些非理性的行为，用各种办法纠缠母亲。母亲不能满足他的要求时，他就会仇视母亲。也会有这样的情况，母亲过度依恋孩子，强化和鼓励孩子与母亲保持密不可分的关系，无意识地控制、压抑、挫败孩子自立的能力，不让孩子离开自己。这样的孩子成年以后，甚至结婚生子后还需要妈妈参与自己的生活。这种情况的恋母不是纯粹心理上的恋母，而是混杂着对母亲的依赖和服从，内心可能有冲突和痛苦。

母子关系是最基本的人际关系，也是最早发生的人际关系，可以说，长大以后的各种人际关系都会不同程度地受恋母情结的影响。

有恋母情结的男孩，以后很可能成为一个没有主见、缺乏进取精神的孩子，因为这种孩子非常害怕失去母亲的爱，所以一直是窥视着母亲的脸色，抑制自己的主张，为讨好母亲而生活着。由于过度依附母亲，其思维方式和言谈举止都容易女性化。

有恋母情结的男孩，还习惯于单方面获得，不懂得自己应主动为他人服务。有一个小伙子，到医院探望母亲时不但空手而去，反而把别人给母亲带去的点心和水果给吃光了，然后就倒在母亲的病床上呼呼大睡。在他心里，接受母亲的爱就等于爱母亲了。

有研究指出，恋母情结还是导致同性恋的重要原因之一。在抚养孩子的过程中，由于母亲与孩子过度亲密，使一些男孩子对母亲的依恋在社会教化的过程中认同女性，甚至以女性自居。孩子的性别认同出现了问题，在以后的生活中很可能会发展成同性恋。

孩子在 3 ~ 6 岁时，必然会在感情上更加依恋妈妈。妈妈习惯上把这看做亲情问题，如果孩子不依恋自己，许多妈妈会以为是因为自己做得还不够好，于是加倍弥补。有些妈妈觉得无所谓，尤其那些感情较好的夫妻，常常觉得孩子亲谁都一样。其实，这是孩子在进行性别角色方面的认同。因此，在这一时期，男孩子就需要格外亲近具有男性心理特征的父亲，把父亲当做本性别（全体男子）的典型代表，从他那里学习男性特有的性格气质和举止神态，将来才能成为一个充满阳刚之气的男人。同样，女孩也需要亲近母亲，以便学会如何做女人。

男孩应跟父亲认同，女孩应跟母亲认同。如果颠倒过来，就容易形成孩子的"性身份障碍"（个人对性别身份的内在信念与其生物学性别不一致），有可能发展为排斥甚至仇视异性，形成同性恋的潜在内因。

妈妈总以为爸爸更亲女儿、妈妈更亲儿子是天经地义，却忘了自己格外亲子女的时候，还应该加倍地鼓励和引导男孩去崇敬父亲、女孩去理解母亲。

许多妈妈都注意不给男孩穿花衣服,不让女孩爬墙、上树,但更为重要的是,应该让他们多跟同性孩子一起玩,把交流和示范融会在玩乐之中。这是孩子"游戏期"性别角色培养的"秘诀"之一。父子共同"骑马打仗"、捉蚂蚁,母女一块儿打扮布娃娃、"跳房子",这才是有益的天伦之乐。妈妈对孩子疏于沟通,或者只注重开发孩子的智力,是无法促进孩子的性别认同的。异性成员组成的单亲家庭或者夫妻不和的家庭,对子女成长极为不利,其重要原因就是这样的家庭无法较好地培养孩子的性别角色。

智慧寄语

有恋母情结的男孩,以后很可能成为一个没有主见、缺乏进取精神的孩子,因为这种孩子非常害怕失去母亲的爱,所以一直是窥视着母亲的脸色,抑制自己的主张,为讨好母亲而生活着。由于过度依附母亲,其思维方式和言谈举止都容易女性化。

# 为抑郁的孩子找回欢乐

"茜茜,该起床了,要不上学就要迟到了!"

几分钟过去了,女儿的房间里还是没有动静。妈妈看看表,已经快7点了,如果再不起床,上学就迟到了,于是赶紧又去敲茜茜的门,叫她起床去上学。

敲了半天的门,里边才传出女儿很不耐烦的声音:"我不想去上学,我今天还是不舒服。"然后任妈妈怎么叫也不开门、不说话。

茜茜今年12岁,上五年级,已经是个亭亭玉立的少女了,成绩也还不错。可是前段时间,茜茜突然变得闷闷不乐、少言寡语起来,有时候还精神不振,整天一副睡不醒的样子,学习成绩也逐渐下降。

这几天,茜茜总说自己不舒服,不想去上学,妈妈要带她去医院,她也显得很不耐烦,不肯去,妈妈没办法,只好都她跟老师请假。但在家里,茜茜也只是闷在自己的小房间里,只在吃饭的时候出来。

昨天,妈妈实在没有办法了,便给茜茜的班主任打电话,询问一下女儿的情况。原来前段时间,学校评三好学生,本来每年都会当选的茜茜,这次却落选了。从那以后,她便变得沉默寡言,下课也不爱和同学们一起玩了,上课总是走神,学习成绩也逐渐开始下降。这不,这几天连学都不肯去上了。

妈妈真不明白,不就一个三好学生嘛,至于引起女儿这么大的反应吗?这孩子的心理,可真难让人懂。

对于大多数孩子来说,快乐应该是无处不在的。但在我们身边,也有一少部分孩子像茜茜一样,整天感到烦闷、抑郁,甚至还会产生厌学等不良情绪,这不仅会影响其智力的开发和身体健康,还使其做任何事都不能安心,整日愁眉苦脸。在学校里,热闹的地方找不到他的身影,他往往藏在同学的身后,没有笑脸,连同学都不愿意跟他一起玩;在家里,他们也很少与妈妈说话,喜欢缩在自己的小房间里,如果遇到不满意的事,更是闷闷不乐。这样的孩子,别说同龄的孩子了,就连成年人都不愿意接触他,觉得这孩子不活泼,难以靠近。这类孩子如不能及早改变,很可能就会出现抑郁心理,长大之后也可能会发展成为悲观主义者,甚至引发严重的心理疾病。

抑郁情绪对孩子的身心发展十分有害,它是一种消极的复合性负面情绪,包括悲伤、恐惧、焦虑、痛苦、羞愧、自罪感等,它使孩子的心理过度敏感,对外部世界采取回避、退缩的态度。

导致孩子出现抑郁情绪的原因是多方面的,既有孩子自身气质问题,也有家庭教育因素,因此在孩子成长过程中,妈妈培养孩子的心理健康是非常重要的。缺少了这一环节,将会使孩子走进抑郁的情感世界。

有一对夫妻离异了,结果他们的行为对6岁的儿子造成了严重的心理伤害。这个孩子平时与妈妈生活在一起,可他非常想念他爸爸。在学校里,他不和其他孩子一起玩耍,学习成绩也越来越不好。他妈妈尽管对此很担心,但却没有采取措施。直到有一天她发现儿子要上吊自杀,才意识到问题的严重性。当时,儿子抬起头看着妈妈,说他想自杀,这几乎让妈妈震惊到了极点。

这个事例尽管有些耸人听闻,但却充分说明儿童抑郁的危害性。

尽管并不是每个孩子都有患抑郁症的可能,但也应该引起妈妈们的特别警惕,如果妈妈对自己的孩子有这方面的担忧,就应该及时带去咨询或看心理医生。

生活告诉我们,要使孩子健康成长,最好的办法就是让他感到快乐。但孩子的这种抑郁情绪肯定是不会令他快乐的,不仅如此,孩子的情绪还会给家庭笼罩上一层阴影。

作为妈妈,如何帮助孩子"拨开乌云见太阳"呢？如何正确引导孩子走出抑郁情绪呢？

**1. 营造良好的家庭氛围**

有些妈妈常常因为忙于工作,只把家当做休息和睡觉的地方,还有的妈妈经常在家中说一些消极的话,比如对社会不满,自己受到不公平的待遇等,这些都会影响孩子心理的发育,孩子在少年时代常常感觉不到快乐,也会出现消极抑郁情绪。

另外,妈妈之间感情冷淡甚至出现争吵等不良家庭氛围,也会给孩子的情绪带来不良影响。还有些妈妈把孩子的分数看得过重,也容易导致孩子抑郁情绪的出现。

对于孩子来说,家就是他的全部,所以一个温馨的家可以培养一个快乐的孩子。尽管工作很重要,但孩子的教育也同样是个大问题。因此,平时你最好将那些没意义的应酬推掉,多抽点时间陪孩子,比如和孩子一起看看喜剧、小品、动画片等,或听听激动人心的音乐,让笑声驱散抑郁的情绪,让激动人心的乐曲带来生机。妈妈的关心和爱,以及温馨的家庭氛围都会使孩子的情绪变得快乐起来。

与此同时,妈妈还要给孩子做好榜样。妈妈的任何言行都会被孩子看在眼里,同时也是孩子的模仿对象。因此作为妈妈,你对人生、生活、挫折等要有正确的观念、承受力及应对良策,即使面临极大的困难,也应传达给孩子一种克服困难的勇气。如果一遇到困难,便唉声叹气,或者痛苦不堪,那么这种情绪就会传染给孩子,让孩子也感到压抑,影响孩子的情绪。

**2. 让孩子合理宣泄烦恼**

如果孩子长期处于一种消极的情绪当中,肯定会影响其健康成长。所以当孩子遇到困难时,你要帮助他淡化压力,让他学会达观,告诉他人生不可能万事如意,不必把一时的困难看成永久的障碍,许多困难都可以克服,烦恼也都会烟消云散。有的人之所以一生快乐,并不是因为一帆风顺,而是他们的适应力强,拥有好心态,能很快振作起来,以此来鼓励孩子走出困境。

当孩子被不良情绪缠绕时,你还要主动教给他一些宣泄情绪的合理"小窍门",比如允许他大哭一场,或做一件自己喜欢的事情,还可以同好友一吐衷肠等等。总之一句话,告诉孩子,不要将烦恼锁在心中,而应经常高唱"快乐属于我"。

此外,记日记也是孩子倾诉内心烦恼的方式。对于这点,你一定要尊重孩子,不要去偷看,留一个空间给孩子,让他尽情地宣泄,这对排解抑郁是很有帮助的。

### 3. 经常检查自己的情绪

有的妈妈自己有抑郁、焦虑的情绪,在和孩子沟通的过程中,无法理解孩子的思想,这就容易导致孩子的抑郁情绪。如果妈妈本身是一个快乐开朗的人,那么他就能够用更宽容的心去理解孩子。所以,作为孩子的启蒙老师,你也要经常检查自己的情绪。因为你本身固有的某种个性弱点也会带到和孩子沟通的过程中,所以一定要注意自己本身的个性局限,以便能够顺畅地和孩子沟通。

### 4. 放手让孩子追寻快乐

快乐的体验有助于培养孩子大方和开朗的个性,我们不应该因为孩子学业失败等原因,就剥夺孩子跳舞、唱歌、看小说的权利,而应该学会放手,让孩子做他自己喜欢的事,追寻快乐,这样才更有利于他的成长。不仅要支持抑郁的孩子去做,对于正常的孩子,我们同样也应该鼓励他们去做。如果他们没有特别的兴趣,我们还要加以培养,让他忘情地跳、唱,把抑郁赶跑,换来一个好的心境。

智慧寄语

导致孩子出现抑郁情绪的原因是多方面的,既有孩子自身气质问题,也有家庭教育因素,因此在孩子成长过程中,妈妈培养孩子的心理健康是非常重要的。缺少了这一环节,将会使孩子走进抑郁的情感世界。

# 带孩子走出脆弱的泥沼

在某省重点中学初二某班自习课上,有不少同学在吵闹,教室里显得很乱,只有张宏仍在学习。突然,班主任老师推门进来,这时坐在张宏前面的郑强正转过头来和后面的肖洋说得起劲,张宏被夹在两个说话人的中间很不舒服。结果老师径直走到张宏面前:"上自习课怎么能说话,你不学习还要影响别人的学习。"张宏刚想向老师申辩自己没有说话,没想到老师立刻说:"你不是学习的料,不会学好的。星期一到政教处报到吧。"张宏以为要开除他,而且认为老师当着全班同学的面这样评价他,感到自尊心受到了莫大的打击,反反复复就是想不通自己为什么要受到这样的不白之冤,又想到被开除后没脸见同学和家里的人,张宏感到无比恐惧。

晚上7点多,他在校外的一家药店买了10片安定片,想吃药自杀,以证明自己的清白。幸亏在课间操时,同宿舍的几名学生发现张宏躺在床上昏迷不醒,拨打了120急救。经抢救,张宏脱离了生命危险,避免了惨剧发生。

张宏自杀事件,显示了其心理素质之脆弱。因为经不起一点挫折,受不得一点压力,烦躁、焦虑、沮丧,心理失衡一下子就发展到难以自控的程度。他们像陆地缺少植被一样,内心深处也是一片荒漠。生活中经常会看到像张宏这样的例子:仅仅为了一点小事,就伤心落泪;因考试分数不理想,或者因为妈妈、老师批评了几句,就离家出走;因被人误解,还会产生轻生的念头。如此多的现象及后果实在让人痛惜。

性格,往往能表明一个人的本质和典型的特征。一般来说,孩子从小学阶段起就能表现出明显的性格特征,如坚强或脆弱,勇敢或怯懦,勤奋或懒惰,直率或拘谨,诚实或虚假等。性格的形成,对于孩子今后的学习、成长,甚至将来事业上的成就,都有很大的关系。比如说,性格脆弱的人，往往缺乏开拓、创新的气质，这似乎可以说是一条规律。

有的妈妈认为，性格是天生的，俗话说"禀性难移"，再下工夫培养也无济于事。这种看法是很不全面的。性格的形成固然有其生理基础，但主要还是在生活实践中和生活环境中形成和发展起来的。具体来说，家庭的影响和教育、学习和工作的实践，以及一个人的经历，在性格形成中起着决定性的作用。对孩子性格的最初影响，主要是家庭。

妈妈的情感态度对孩子性格的导向作用十分重要。现代妈妈的情感流露比以往更明显，频率和强度更高，这样会使孩子变得非常脆弱和具依赖性，在娇宠中变得批评不得，甚至妈妈的声音稍高一点，孩子也会因此受挫而大哭不止，显示出脆弱的性格特征。一般情况下，娇气脆弱的孩子常缺乏足够的心理承受力，一旦受到挫折极容易出现心理障碍。

再则，如今独生子女多，妈妈的悉心照顾表现在各个方面，如替孩子包办的事情过多，对孩子的正常活动限制过多等。这些过分"担心"的心理，不可避免地通过言行举止显露出来，对孩子起到暗示作用。不少妈妈在孩子想参加某项活动之前，总是向孩子列举种种危险，结果使孩子产生了恐惧的心理，并因此畏缩不前。年龄愈小的孩子愈容易接受暗示，妈妈的性格特点极易潜移默化地传导给孩子。

现在的妈妈还往往把孩子的身体健康寄托在各种食品和药品上，而不是让孩子在阳光、新鲜空气和户外运动中锻炼身体。一般说，体弱多病与性格懦弱之间有着一定的内在联系，因为病儿会受到妈妈更加细心的照顾和宠爱，从而成为助长软弱性格的温床。这种保护过度的育儿方式，会使孩子的性格具有明显惰性特征，表现为好吃懒做，好静懒动，缺乏靠自身能力解决问题的内在动力。

如何针对孩子脆弱问题，来帮助孩子保证孩子的心理健康呢？

**1. 妈妈要注意及时发现孩子出现的心理问题**

据一位心理咨询工作者说，最令他们感到痛心的是，相当多的问题孩子是在有关问题已经十分严重时，才被送来咨询。这一方面表明我们的心理咨询机构工作展开尚未全面、普及，另一方面也反映了我们的妈妈只重学习成绩，缺乏对孩子心理健康教育的重视和科学手段。

从表面上看，孩子的问题是学业问题或由学业引起的相关的行为问题，但其中隐藏着的却往往是学校和家庭教育的误区。妈妈没有科学正确的家庭教育观念和方法，不注意孩子心理品质和素养的培养，造成孩子心理承受力差，受不起挫折失败；学习无动机或动机失当，使学习动力缺失或难以持久，即使一时不出现问题，但时间一长，必定漏洞百出。这时，如果小洞不补或小洞乱补，等小洞成为大洞难补时，后悔就来不及了。

**2. 重视"情商"教育**

现在，国外一些公司招聘员工已开始注重"情商"，通过对个体情感商数的评价，考察其个性品质、情绪情感等非智力因素的情况。其实，我国的心理学界早就有关于非智力因素的研究。传统的智力测试，除了有助于早期鉴定高智商或弱智儿以保证他们接受相应的特殊教育外，对一般人意义不大。而依靠有效的方式，优化孩子的非智力因素，改善和提高他们的"情商"，反倒是一条更有价值和意义的渠道。

然而，从心理保健和心理发展角度看，我们的学校教育和家庭教育做的是极其不够的。自我探索活动，自我意识的形成，心理承受力的培训，以及人际交往观念和技巧、能力的指导，这些与个体未来发展息息相关的方面，究竟有多少人重视了，又有多少人有的放矢地采取措施了？

现代医学，已经把注意力从单纯的治病、防病转移到了强身健体之上；现代的心理健康学也早已从过去的治疗少数的心理疾患，预防心理障碍，转到了心理发展领域。现代人在利用心理咨询、心理治疗帮助自己保健之外，更应利用心理教育、心理训练等手段，积极地帮助自己改善心理素质,发展自己才干,挖掘自身潜能。

如果妈妈或教育工作者依然把自己的认识水平停留和局限在孩子出现了心理问题再作对策,无疑是走进了心理健康教育的误区。

**3. 妈妈的关怀十分重要**

其实,人的心灵更需要关怀。一个心智健全的人才有可能获得进一步发展,试想,如果心灵残缺了,又怎能有所成就呢? 也许他连成为一个普普通通的正常人都成问题。这一点,是所有教育者和妈妈需要谨记的!

---

智慧寄语

性格,往往能表明一个人的本质和典型的特征。一般来说,孩子从小学阶段起就能表现出明显的性格特征,如坚强或脆弱,勇敢或怯懦,勤奋或懒惰,直率或拘谨,诚实或虚假等。性格的形成,对于孩子今后的学习、成长,甚至将来事业上的成就,都有很大的关系。

# 帮助孩子战胜嫉妒心

黄蕾和小奇原本是一对很好的朋友,两个人从小就在一个幼儿园,两家住得也很近,现在上一年级又在同一个班,整天形影不离,晚上放学回来一起做作业,有喜欢的玩具也一同分享。

但最近黄蕾的妈妈发现,女儿对小奇好像有些反感,平时放学也不和小奇一同回家,写作业也一个人在家写,不去找小奇,小奇过来玩,黄蕾也是不理不睬的,妈妈很奇怪。

这天放学后,黄蕾又是自己一个人回来的,然后就不声不响地回到自己的房间写作业。过了一会儿,电话响了,妈妈接起来后,是小奇打来找黄蕾过去写作业的。

"蕾蕾,小奇打给你的电话。"妈妈喊黄蕾出来接电话。

"不接,就说我没在家。"黄蕾闷闷地说。

"怎么了蕾蕾?"妈妈握着电话不知道该怎么说。

"说了不接,真是的。"

"对不起呀小奇,蕾蕾今天不去了。"妈妈只好这样告诉小奇。

放下电话后,妈妈走进了黄蕾的房间,黄蕾坐在椅子上,手里玩着铅笔一声不吭。

"为什么不理小奇了,是生气了吗?"妈妈和蔼地问女儿。

"没有呀。"黄蕾不想和妈妈说。妈妈见蕾蕾不太愿意说,也没有勉强她。

晚上吃饭的时候,一家人边吃饭边看电视,这时候,一个频道里的电视主持人正在为第一批戴上红领巾的小学生举行庆贺活动。忽然,黄蕾一撇嘴,一脸的不服气:"这有什么了不起的。"说完,站起来伸手就拿起遥控换台。

黄蕾的妈妈忽然领悟了,原来小奇是她们班里第一批戴上红领巾的学生,而黄蕾却与此无缘,多年的好朋友出现了不平等。于是黄蕾因为小奇比自己早戴上红领巾而嫉妒小奇,不愿与小奇交往。

可黄蕾虽然疏远小奇,却还密切关注着小奇的一举一动,唯恐小奇在某方面超过自己,怪不得前几天黄蕾回来说小奇迟到被老师批评了,她还因此而高兴了一整晚呢。

生活中因嫉妒而发生的事比比皆是,黄蕾的例子就是其中之一。

　　嫉妒俗称"红眼病"，是恐惧或担心他人优于自己的心理状态，是在他人某些方面比自己占优势之后，试图削弱或排挤对方的一种带有攻击性的消极个性品质。表现为不承认别人的成绩和进步、贬低甚至诽谤他人。嫉妒主要由于缺乏自信和心胸狭隘所致。中小学生嫉妒心理不仅有碍于人际关系的和谐、破坏同学的友谊，而且也是个人身心健康的大敌。

　　希腊的一位心理学家曾说："嫉妒是一种十分自然的反应，每个孩子都会有嫉妒。孩子的嫉妒心从很小的时候就会有反应，引起孩子嫉妒的原因极多。在许多情况下，这种嫉妒会达到折磨人的程度。"

　　当然，嫉妒的范围也是很广的，包括嫉妒人、嫉妒事、嫉妒物。手段也多种多样，有的挖空心思采用流言蜚语进行恶意中伤，有的付诸手段采取卑劣的行动。

　　事实上，嫉妒心本身就是一种自私的表现，它会使人在处理问题时完全以自己为中心、情绪化、反应强烈、自控力差、缺乏理性，使人很难对事情的利弊做出恰当的判断。

　　嫉妒对个人、集体和社会均起着耗损作用，是一种对团结友爱非常不利的情感。这种缺点如果保留到长大以后，那么孩子就很难协调与他人的关系，很难在生活中心情舒畅。所以对于妈妈而言，要注意纠正孩子的嫉妒心理。

　　嫉妒是一种低级趣味，是心灵的蛀虫。要想成为一个心地正直、品格高尚、受人欢迎的人，要真正发挥自己的创造才干，那就要跟嫉妒心理告别。

　　孩子出现了嫉妒心理和行为，妈妈该如何对待？

### 1. 帮助孩子提高自我认知能力（治标）

　　帮助孩子提高自我认知水平，发展孩子的内省智能，是克服嫉妒心理的基本途径之一。有些妈妈一旦发现孩子嫉妒心强，就很生气，故意在他面前说："某某比你强多了，你应该向他学习。"但是这样做只能加深孩子的嫉妒心，使他对别人又怀有敌意。正确的做法是，妈妈首先应该跟孩子讲清每个人都有长处和不足。如果妈妈平时能做到这一点，等于是在给孩子的嫉妒心理打预防针。随着孩子认知能力的发展，他会知道每个人的能力都是有限的，他不可能什么都比别人强。

　　为人母者也可以先拿自己做例子，然后再帮助孩子冷静、客观、正确地认识自己，分析事情的原委，让孩子倾诉他的内心情感，把嫉妒之火发泄出来，使嫉妒在轻松、愉快的气氛中降温，以至渐渐隐退。这种方式孩子就比较容易接受，嫉妒心的克服也比较有效。孩子如果能学会经常这样去想问题，嫉妒心理就会慢慢打消，而且能够客观地评价自我、评价别人。

### 2. 培养孩子的移情能力（治本）

　　自我认知能力较强的孩子，也比较容易培养移情能力。移情简单地讲，就是能设身处地为别人着想，也就是人们常说的换位思考。换位思考是孩子心理成熟的重要标志，心理成熟的孩子才会自我排解嫉妒心理。

### 3. 让孩子多参加竞赛型游戏

　　妈妈可以鼓励孩子多参加一些竞赛游戏，比方，飞行棋、国际象棋等棋类游戏。针对处在嫉妒心态中的孩子，游戏的功能就在于，能让孩子多一些体验成功与失败交织的矛盾感受，多经历一些这样的心理上的矛盾冲突，可以锻炼孩子的心理调试机能。

　　开始，妈妈可以一边教孩子学习游戏规则，一边和孩子一起玩。然后，试着鼓励孩子跟其他小朋友一起玩。孩子赢了比赛，妈妈可以在和孩子一起开心的时候，多问问孩子，为什么会赢，一个人会一直赢吗？当孩子输了，妈妈不要先表现出很难过的样子，应该尽量平静，让孩子明白，比赛中输赢都很正常。输了可以再赢，赢了也可能再输。

### 4. 要帮助孩子树立自信心

　　心理学家认为，缺乏自信心，自卑的人更容易产生嫉妒心。因此，帮助孩子树立自信心，对自已有个正确的评价无疑是医治嫉妒的良药。

**5. 培养孩子宽阔的胸怀**

当孩子跌倒,被扶起后仍然痛哭不已,母亲便在孩子摔倒的地方重重踩几脚,说:"踩死你!该死的!谁叫你摔痛我的宝宝!"孩子即刻破涕为笑。这看起来是小事,许多妈妈都这样做。可是我们想想,孩子的心理便会觉得这不是他的错误。孩子摔倒本是他自己的过错,你这样做无疑是叫他转移心中的怨恨。正确的做法应该是告诉孩子:"没什么!宝宝真勇敢!"从小培养孩子宽阔的胸怀。

**6. 培养孩子分析思考问题的能力**

如果妈妈设法使自己的孩子养成分析问题、研究问题的习惯,孩子的情感就会不断丰富,心理就会日趋成熟。这时,即使孩子对某人产生了嫉妒心理,也会很快被理智的思考所抑制。

**7. 要引导孩子能接受别人的成功**

俗话说:"天外有天,人外有人。"不能夜郎自大。当别人成功时,要能接受这个现实,虚心向别人学习,这是一种胸怀,也是一种高尚的品质。有时,孩子在产生嫉妒心理时,还会伴有自卑感,对自己的能力产生怀疑,妈妈应该有意识地教导孩子,成功的快乐是多方面的。

*智慧寄语*

嫉妒对个人、集体和社会均起着耗损作用,是一种对团结友爱非常不利的情感。这种缺点如果保留到长大以后,那么孩子就很难协调与他人的关系,很难在生活中心情舒畅。所以对于妈妈而言,要注意纠正孩子的嫉妒心理。

# 帮狂躁的孩子安静下来

小朋开始上二年级了,背上新书包,捧回来今天新发的一叠新书,高兴得手舞足蹈,妈妈见他高兴,自然也特别开心。

第二天放学的时候,妈妈站在学校门口等着接小朋,可是等了半天也没见他跟着队伍出来。妈妈很纳闷:这是怎么回事?难道刚开学就被老师留到学校了?妈妈担心地准备到老师的办公室看看。

刚到教师门口,就看见小朋正坐在椅子上撅着嘴巴,满脸怒气,可能被老师批评了。

"小朋,你怎么啦?"妈妈正想问个究竟,冷不丁他大喊一声:"你走,你走,我再也不用你管!"这着实把妈妈吓了一跳。

正在这时,小朋的班主任出来了,妈妈就想让他到老师面前说个清楚。可妈妈刚一拉住他的手,他就使劲一甩,结果正好打在桌子上,他顺势大哭大叫起来,弄得妈妈非常尴尬,训斥也没用,竟然还越哭越凶。

"让他发发脾气吧,我们到外面聊聊。"老师把妈妈拉到了门外。

原来,同学松松今天带了一个毽子,课间松松就邀请几个小朋友一起玩,结果没有邀请小朋。小朋因此便不高兴了,先是冲上去抢,继而故意把毽子扔到树枝上,松松朝他要,他非但不想办法,反而还捡起一个小石子扔向松松,并幸灾乐祸地说:"咱们丢石子玩吧。"值勤老师见状,让他向松松道歉,谁知他又和值勤老师顶撞起来,并蛮不讲理地喊:"谁叫松松不邀我一块儿玩的。"值勤老师无奈,就准备把他带到班主任老师的办公室,谁知他居然双手紧紧抱着大树干,硬是不肯走,僵持到第二节课上课时,他才怒气冲冲地冲进教室。

"你家这孩子，真是够狂躁的了，一发起脾气来，谁说都不顶用，得想想办法。"

"谢谢老师。"听了老师的话后，妈妈真是气不打一处来，才上学两天，就又犯老毛病了。

其实孩子发火没什么不正常，发脾气也是孩子成长中的一部分，没有或很少有孩子没有发过脾气，而且它和先天的气质也有关系，这就是为什么有的孩子发起脾气来比别的孩子大的缘故，甚至大到狂躁的地步。

发火是正常人的一种基本情感成分。当我们遇到气愤、不满等情况时就会表现出愤怒，这都是正常的。但是，一个人尤其是孩子，如果经常爆发出怒火，经常表现出狂躁不安的情绪，且缺乏起码的自制自控能力，就成为一种不好的行为了。

孩子之所以发火发怒，必然有其心理原因。有时候孩子发脾气是因为他那小小的心中积聚了不满，因此想借发火发怒来表达出自己这种不满的情绪。比如上面所说的小朋，键子没有玩到，还遭到值勤老师的批评，他自以为很委屈，因而会表现出不高兴的情绪；而当见到妈妈后，他更觉得自己委屈，于是就会表现出狂躁的情绪。

除上述原因外，导致孩子发火、狂躁的原因还有下面几种：

### 1. 妈妈过分溺爱

有些孩子发脾气纯粹是为了控制大人尤其是妈妈，借此来达到自己的某种目的或要求。有一些妈妈对孩子过于溺爱，对孩子的要求有求必应。久而久之，孩子就会利用妈妈的爱来实现自己的愿望。比如他想要一个玩具，你不想买给他，他便大哭大闹，狂躁不安，借此让你买玩具给他。而妈妈呢，既想管教，又怕孩子受委屈，结果可能就屈就于孩子，这反倒让孩子形成一种错觉：我闹到底，他们总会让步的。如此下去，形成恶性循环，孩子狂躁的"权利"便会逐渐养成了。

### 2. 妈妈的期望值过高

孩子的心理压力过大也可能导致狂躁，比如妈妈对孩子的期望过高，当孩子无法达到这个期望值时，他便会表现出一种狂躁不安的心理，对周围的一切都不满意，尤其是对自己，更是表现出不满意的情绪，如果自己稍有不对，狂躁情绪便会表现出来。

### 3. 妈妈的"示范"作用

妈妈是孩子最早的启蒙老师，也是孩子最好的启蒙老师。妈妈日常所表现出来的好品质，孩子会受到潜移默化的影响。但是，一些妈妈却没给孩子做好示范。有些妈妈在自己没有能力承担责任或解决问题的时候，常常大发雷霆，甚至有时候还将怒气撒到孩子身上。这种行为模式往往会被缺乏辨别能力的孩子加以效仿，于是孩子会翻版妈妈的处事方式，在遇到问题或困难时也会大发雷霆，狂躁不已。

相信你也一定碰到过孩子发脾气的问题，尤其是在孩子刚刚要独立的时候。实际上，孩子发脾气也是孩子正在成长的独立意识的信号。

一般来讲，孩子发脾气的行为会随着年龄的增长而减弱。所以如果你的孩子爱发脾气，时而出现"狂风暴雨"，你也不要轻易就下结论说自己教子无方或孩子有心理问题。每个孩子养成发脾气习惯的原因是不同的。但不管孩子为什么会狂躁、发脾气，都必须对其进行矫正，要让孩子明白这种行为毫无意义，既不能帮助他克服挫折，逃避责任，也不会使妈妈改变主意。

在孩子情绪烦躁的时候，首先要做的就是要弄清楚他为什么会出现这种情绪，其次应该了解孩子是怎样通过发脾气来表达需求的，然后要积极与孩子进行沟通，了解和满足孩子合理的需求，最后再明确地告诉孩子：虽然他的要求得到了满足，但他的这种反应方式是不受欢迎的。

### 1. 表达对孩子的爱

面对狂躁的孩子，千万要保持冷静，因为狂躁的妈妈会使孩子更加狂躁。

要让孩子安静下来，就应该温柔地与孩子讲话；如果孩子在叫嚷，那么你不能和他一起叫嚷，否则只能加剧孩子的狂躁,要注意简化自己的用语,而且平静地和孩子说话。

或者你可以通过靠近孩子、抱抱他等身体上的亲密接触来达到安慰孩子的效果,这样也可以使气氛缓和下来,让孩子感受到你的爱和关怀。

如果孩子是因为生病而发脾气,这时你更应该对他表示同情,比如可以找出平时收藏起来的玩具让他玩玩,因为这时他发脾气并不是无理取闹,你应该理解他的心情。

同时,当孩子表现出一点控制自己的能力时,要及时有针对性地对他进行表扬,比如上次他发脾气时摔东西,而这次虽然他也发了脾气,但却没有摔东西,就应该表扬他一下,这样下次他的态度会更好一些。

### 2. 培养孩子的宽容心

宽容心是孩子成长过程中所必须拥有的宝贵心理品质,也是孩子走向成熟的标志。孩子只有懂得宽容别人才会获得别人的尊重与信任。在同学相处中,如果每个孩子都能有一颗宽容心,都学着为别人着想,就会避免许多不必要的冲突,一切吵架问题也均会化为乌有。我们要教育孩子礼让为先,抱着一种大事化小、小事化了的心态看待一些问题,遇到问题学会退一步想,如松松不带小朋玩毽子,小朋也可以和另外的同学跳绳嘛。假如样样事情斤斤计较,那不仅是在与同学过不去,也是在与自己过不去。

### 3. 不予理会

有时候孩子会存心想试探你或为引起你的注意而故意发脾气,此时你应该弄清楚孩子的心理,并要站稳"立场",不要因孩子发脾气就对他百依百顺。如果他看到没有指望控制你,就会安静下来,不会再任意哭闹了。

孩子在因得不到某样东西而大发脾气时,千万不要为了让他安静而把东西给他。如果一发脾气就能得到想要的东西,以后他就会更随心所欲地乱发脾气,甚至一次强于一次。

要是孩子不停地哭闹,你忍受不了他的叫声,而又没有办法停止他的吵闹时,可以到其他地方去做声音更大的活动,例如吸地板、钉东西等。不要理会孩子哭闹时所说的话或所做的事,要让他明白,叫喊没有用,只有好好说话,你才会注意听。

### 4. 转移他的注意力

转移孩子的注意力也是缓解孩子狂躁情绪的一种方法,比如在孩子发脾气的时候,放点轻音乐,可以起到镇定的功效,同时还能够吸引孩子的注意力,使哭闹停止。

如果你感觉到孩子的情绪越来越紧张,可以带孩子一起玩个有意思的游戏,给孩子讲个故事,或者把孩子带到户外呼吸一下新鲜的空气,都可以让孩子的情绪平静下来。

### 5. 隔离政策

当孩子脾气很大时,先让他自己待一会儿,并告诉他,等他心平气和时再来找你。等孩子平静下来后,再问问他原因,和他谈谈刚才的事。

如果孩子在店铺里或学校门口大哭大闹,只要平静地把他带出来就行了,不要当时就问他原因。等他哭闹过之后,再询问他原因,并找到解决的办法。

记住,不要在他发脾气时和他理论,他一定听不进去,等事情过去了,他有一个好心情时,你再找机会和他谈谈,这样效果会比较好。

### 智慧寄语

在孩子情绪烦躁的时候,首先要做的就是要弄清楚他为什么会出现这种情绪,其次应该了解孩子是怎样通过发脾气来表达需求的,然后要积极与孩子进行沟通,了解和满足孩子合理的需求,最后再明确地告诉孩子:虽然他的要求得到了满足,但他的这种反应方式是不受欢迎的。

# 让孩子不再多疑

　　小楼是高中二年级的女生。她经常不高兴，因为她总觉得周围的人都与自己过不去，特别是本班的同学和老师。她在日记中是这样写的：

　　"小芬也不是个好人，前两天还跟我有说有笑，今天在校园里看见我居然跟没看见似的，不和我打招呼！准是自以为自己怎么的了，有什么了不起！"

　　"今天我进教室，看见阿春她们一伙人围在一起不知在说些什么，发现我进来都看了我一眼，过了一会儿却哄堂大笑，哼！笑什么笑？以为我不知道她们在背后议论我吗？一群长舌妇！"

　　"真倒霉！老师昨天安排班长通知全班同学今天下午在会议室集中，班长偏偏把我一个人给漏掉了。要不是小芬路上碰见我喊我一起去，我岂不是要缺席一次？这个班长，再怎么跟我过不去也不用这样吧，小人一个！"

　　总之，小楼认为自己是世界上最善良、最无辜的人，她对别人没有任何恶意，但不知为什么总是会受到别人的伤害，除了妈妈，在这个世界上没有别的人真心对她好。以前妈妈并不知道女儿有这种想法，在一次吃晚饭的时候，小楼无意中说起自己的班集体，她说她们班上的老师和同学都不是好人，都欺负自己。妈妈大吃一惊，以为女儿受了多大的委屈。但是听小楼细细一说，妈妈感觉到女儿的想法不对，疑心太重了。

在本案例中，小楼确实表现出比较典型的心理障碍——猜疑心过重。猜疑心过重主要表现为：遇事敏感，有比较严重的神经过敏，而且常常是把事情和当事人往坏处想，往对自己不利的方面想，从而引起痛苦的感受和意志的消沉。因为这种猜疑，也就滋生了对周围人们的不信任和厌恶感，导致人际关系往往不理想，孤独郁闷，常唉声叹气。具有这种心理问题的孩子，会对世界上的各种事物，只要有不完美的地方，哪怕只有百分之一的可能，他们都会当成百分之百的可能去怀疑、担心、害怕。

猜疑是人性的弱点之一，历来是害人害己的祸根，是卑鄙灵魂的伙伴。一个人一旦掉进猜疑的陷阱，必定处处神经过敏，事事捕风捉影，对他人失去信任，对自己也同样心生疑窦，损害正常的人际关系，影响个人的身心健康。

造成猜疑的原因有以下几种：

## 1. 作茧自缚的封闭思路

猜疑一般总是从某一假想目标开始，最后又回到假想目标，就像一个圆圈一样，越画越粗，越画越圆。最典型的例子就是"疑人偷斧"的寓言了：一个人丢失了斧头，怀疑是邻居的儿子偷的。从这个假想目标出发，他观察邻居儿子的言谈举止、神色仪态，无一不是偷斧的样子，思索的结果进一步巩固和强化了原先的假想目标，他断定贼非邻子莫属了。可是，不久他却在山谷里找到了斧头，再看那个邻居儿子，竟然一点也不像偷斧者。现实生活中猜疑心理的产生和发展，几乎都同这种封闭性思路主宰了正常思维密切相关。

## 2. 对环境、对他人、对自己缺乏信任

古人说："长相知，不相疑。"反之，不相知，必定长相疑。不过，"他信"的缺乏，往往又同"自信"的不足相联系。疑神疑鬼的人，看似疑别人，实际上也是对自己有怀疑，至少是信心不足。有些人在某些方面自认为不如别人，因而总以为别人在议论自己，看不起自己，算计自己。一个人自信越足，越容易信任别人，越不易产生猜疑心理。

### 3.对交往挫折的自我防卫

有些人以前由于轻信别人,在交往中受过骗,蒙受了巨大的精神损失和感情挫折,结果万念俱灰,不再相信任何人。

猜疑的人通常过于敏感。敏感并不一定是缺点,对事物敏感的人往往很有灵气,有创造力,但如果过于敏感,特别是与人交往时过于敏感,就需要想办法加以控制了。

针对孩子疑心重问题,可以采用以下措施来解决:

(1)为孩子找一个知心的朋友,如果暂时没有,就由妈妈充当。在上述案例中,知心朋友的作用是为小楼提供一个倾诉、发泄心中不满的对象,倾诉本身就是一种有效的缓解,而且,妈妈在听完女儿的倾诉以后,应当耐心地帮助小楼转换思考问题的角度,用一种宽厚的眼光去理解他人的言行。不要过于极端,把任何人都想得太坏。

(2)建议妈妈平时注重调整孩子的心境,通过关怀孩子生活的各个方面,以及陪同孩子一起远足等各种活动来开阔孩子的心胸和眼界。如果方便的话,甚至可以邀请那些"嫌疑人员"和孩子一起参加活动,增进彼此之间的了解,避免无谓的猜疑和误会。

(3)当孩子对别人有所猜疑的时候,妈妈不妨建议孩子主动去了解别人的真实想法,通过事实来证明自己的一些猜想是没有根据的。

*智慧寄语*

猜疑的人通常过于敏感。敏感并不一定是缺点,对事物敏感的人往往很有灵气,有创造力,但如果过于敏感,特别是与人交往时过于敏感,就需要想办法加以控制了。

# 让孩子释放心中的紧张

听张杨的妈妈说,张杨学笛子已经有一年多了,会吹不少曲子,而且吹得还挺不错。班主任张老师想:如果元旦晚会上安排他表演一个节目,活跃现场气氛,效果一定不错。但张老师在决定前,还是要先问问张杨愿不愿意。于是张老师便让同学叫张杨到他办公室里来。

"报告。"一个低低的声音传来,张老师一看,正是张杨。

"进来吧,张杨。"只见张杨涨红了脸,怯生生地走到张老师的办公桌前。

"听说你的笛子吹得很好,能不能在元旦晚会上表演一下?我们都很想听听。"张老师和蔼地对张杨说。

张杨一听,立刻满脸通红。两只手交叉着,不停地动来动去,也不敢抬头看老师一眼,慌里慌张地说:"张老师,我会吹的曲子不多,我不敢当众表演。我不想……"

"不用怕,就吹一首你最拿手的曲子,让同学们也替你高兴高兴,同时为班级争一份荣誉。你看,这多好呀!回去把这个好消息带给你的家人好吗?"张老师拍拍他的头,以示鼓励。

"我还是不表演了,我害怕。"张杨紧张得头上都冒汗了。

"怕什么呀?到时老师和你妈妈都会帮你的,回去好好练练吧。老师相信你一定会成功!"

元旦越来越近了,张杨的妈妈告诉张老师,张杨这几天显然非常紧张,夜里做梦都说不敢上台表演,不过他练得可认真了,一曲《欢乐颂》吹得不下几十遍,已经非常熟悉了,看来元旦庆祝会的表演应该不会有问题。

"下一个节目,请三年级一班的张杨同学表演笛子独奏《欢乐颂》,大家欢迎!"

报幕员的话音刚落，坐在妈妈身边的张杨一把就抓住妈妈的手，嘴里直嚷嚷："我不上了，我害怕。"张老师和妈妈都赶紧安慰他："不用怕，一年级小朋友都敢独自一人表演口风琴，你肯定比他们表演得好。"

总算把他劝上了台，只见他晃悠悠地走上台，原来吹得熟练的曲子还是被紧张给吓跑了调，连错了两处。不过台下的小观众还是报以热烈的掌声。可是，下了台的张杨却低声地哭了。

张杨的故事，不由得让我们想起那首歌："我想唱歌，可是不敢唱，小声哼哼，还得东张西望。"出现这种状态，主要就是由于心理过度紧张所造成的。

心理学认为，如果一个人的情绪过于紧张，就会使本来敏捷的思维变得迟钝起来，甚至会出现严重的混乱，从而大大削弱了对问题的分析、判断、处理的能力。与此同时，还会使注意力的集中和转移发生困难，往往出现不该出现的错误。也就是说，紧张可以影响我们的智慧。

我们经常会见到这样一些孩子，像上述的张杨一样，本来已经很熟悉某件事了，但就是由于过度紧张，结果影响了正常的处理能力和水平发挥。

引起孩子紧张的原因很多，对于小学生来说，主要由下面几种因素造成：

**1. 缺乏自信心**

对于我们成人来说，很多时候都会因为不自信，或过分担心出现不好的结果，结果导致自己做事畏惧、紧张，不敢向前，从而使得心理机能出现混乱，失去许多展示自我的机会。孩子更是如此，尤其是一些自信心不足的孩子，一到考试就紧张得不得了，生怕自己考不好，所以每每真正考试时，总是考不出好成绩，事后却题题会做。

**2. 锻炼机会过少**

经常锻炼自己绝对是一个消除紧张的好办法，如果经常上台表演，或经常在大庭广众之下发言，紧张情绪自然就被磨没了。而有些性格比较内向的孩子，平时做事都是小心翼翼，害怕犯错误，在大庭广众之下，说话的机会更少。即使老师叫他站起来回答问题，他都可能会紧张得满脸通红。由于缺少锻炼机会，一旦需要上台表演或参与其他活动时，肯定会担心表现不好，被人嘲笑等，紧张情绪就更严重了。

**3. 缺少一定的关爱**

紧张常与胆小相伴，被紧张情绪困扰的孩子，往往遇事不主动，不善于表现自我。而老师在进行班级授课时，因为教学任务比较紧，也常常会遗忘掉这些紧张的孩子，因为他们的发言会语无伦次，很浪费时间，耽误老师的正常授课，所以老师不太注意他们。而在一些集体活动中，他们同样是畏首畏尾，缩在不起眼的角落，同学也不乐于和他们共处，这就更加剧了他们在交往中的紧张心理。

而在家里呢，妈妈会因为孩子比较胆小，不放心他一个人做事，不给孩子锻炼的机会，即使孩子能做的事也不让他来做；或者当孩子做不好时，妈妈给予孩子的不是鼓励，而是批评或训斥，这就会让孩子失去主动做事的信心，觉得自己就是不行，做什么都做不好。久而久之，孩子便畏畏缩缩，胆小怕事，一旦遇到必须由他自己来做的事时，孩子就会因害怕做不好而紧张不已。

生活上的紧张是谁也无法避免的。当孩子做错了事，害怕老师或妈妈批评而忐忑不安时；当考试临近，面对许多功课要复习时；当遇到难题而又迫切想把它解出来时，孩子们都会产生一个共同的感觉：紧张。而当孩子处于紧张状态时，意识活动就会受到干扰，结果导致思维不清、判断失常，本来很容易达到的目的也难以实现。

那么，当孩子总是紧张时，该怎样帮助他们呢？

**1. 别吝惜你关爱的目光**

心理紧张的孩子，在学校里大多都惧怕老师，不敢和老师正面接触，当然更怕做错事遭到老师的批评。于是他们常常选择沉默和逃避，不愿意跟老师进行交流，也就更谈不上师生交往融洽了。

对于这种现象,当然需要老师多给孩子们一些关爱的目光。而作为妈妈,你也要多鼓励孩子,多给予孩子一些关爱和鼓舞的眼神,从而减轻其自身压抑,从紧张的情绪中解脱出来。

**2.让孩子多参加几个"第一次"**

任何人第一次做某件事,都可能会感到紧张和不安,甚至包括那些在电影电视镜头前表演自如的演员们,也会有紧张的时候,这是很自然的事。而孩子的承受能力比较差,在第一次做某件事的时候,更容易感到紧张和焦躁。因此,我们应该鼓励孩子,不必为自己在第一次做一件事时紧张而感到羞愧,而应该勇敢地面对它,并设法克服它,教会孩子放松些,勇敢地面对困难,没有什么事是值得那么紧张的。

**3.教孩子一些克服紧张的方法**

孩子遇事紧张时,做妈妈的也同样会陪他一起紧张,比如看到孩子在台上演出时,紧张得连话都说不清楚,你在台下也一定很着急。

怎么办呢? 除了以上介绍的几种帮助孩子消除紧张的方法外,你还可以教孩子一些消除紧张情绪的小窍门,让孩子慢慢放松下来:

**1.注意力转移法**

当孩子遇到难题解不出来时,你不妨告诉孩子先把它放一放,先不去想,休息一会儿再想或放到第二天再想。又如,孩子准备上台演出时,总是紧张得手足无措。这时,你可以引导孩子谈论或做一些别的不相干的事,使孩子不再将注意力放在演出上,紧张情绪自然就克服掉了。

**2.深呼吸**

当孩子遇事感到紧张时,可以和孩子一起做几次深呼吸,让情绪慢慢放松下来,缓解紧张情绪。

**3.参加体育锻炼和户外活动**

体育锻炼或户外运动可以加速血液循环,减轻心理压力,驱散紧张的情绪。不少孩子经常参加踢球、骑车、游泳等活动,这些活动不仅能消除孩子紧张焦躁的情绪,还锻炼了孩子在遇到突发事件时保持镇静的能力。

**4.听音乐**

在紧张的时候,听听舒缓轻松的音乐,可以让情绪放松下来。

*智慧寄语*

如果一个人的情绪过于紧张,就会使本来敏捷的思维变得迟钝起来,甚至会出现严重的混乱,从而大大削弱了对问题的分析、判断、处理的能力。与此同时,还会使注意力的集中和转移发生困难,往往出现不该出现的错误。也就是说,紧张可以影响我们的智慧。

# 让孩子告别"选择性缄默"

小宇从小就是个胆小的孩子,很怕见陌生人,平时家里来了客人,他总是躲在自己的小房间里不出来。有时候,妈妈带他到公园里散步,他总是躲开其他小朋友,一个人自顾自地玩。妈妈只当他是胆子小,也未曾引起重视。

上小学以后,小宇上课认真听讲,老师布置的作业也都按时完成,但他上课却从不回答老师的提问,下课的时候也不愿和别的小朋友一起做游戏、交流,班里组织的各种集体活动他也不愿参加。时间长了,小朋友都觉得他很孤僻、不合群,所以都不和他玩了。老师发现情况后，先让班长和他交朋友，可当班长和他交谈时，小宇不是用点头、摇头等动作来表示，就是用"笔谈"的方式和班长沟通。

老师无奈之下，将小宇这一情况通知了他的妈妈。妈妈很惊讶，因为小宇在家的时候很正常，经常跟他们讲一些学校里的趣事，还有说有笑的，并没有发现像老师说的那种情况。小宇妈妈很纳闷，怎么小宇在家和在学校判若两人呢？

实际上，小宇是患上了选择性缄默症。缄默症是指言语器官无器质性病变，智力正常，但表现出顽固的沉默不语。此症被认为是小儿神经官能症的一种特殊形式，多在3～5岁时出现。

根据孩子在不同场合的不同表现，缄默症可以分为两种类型：一种是全面性的缄默症，就是不管在何种场合都不说话，或者拒绝说话；另一种是选择性缄默症，是指孩子在获得言语功能后，因精神因素而出现的、在某些社交场合沉默不语的症状。缄默症并非言语障碍，而是一种社交功能性行为问题。

选择性缄默症多发生于儿童阶段，他们有正常的言语理解及表达能力，但在公众场合拒绝讲话，越鼓励他们讲话，越是缄默不语；有些孩子在学校里不怎么说话，但回到家就特别能说；见到亲人或其他孩子时，会说话，但有其他人在场时，立即低头不语，有时仅用手势、动作来交流，如摇手、点头等简单的反应。他们的言语表达在场景上和对象上有鲜明的选择性，其中，约70%的孩子还伴有其他情绪和行为问题。

选择性缄默症多发生在敏感、胆怯、孤僻的孩子身上，女孩比男孩多。

研究发现，孩子患缄默症与其自身的性格、家庭环境、心理因素以及发育因素有关。平时妈妈过分溺爱、保护，初次离开家庭，环境变动均可引起缄默症，部分也与遗传因素有关。也有人认为，孩子是因为感到不安，为了保护自己而保持缄默的。

对于儿童缄默症，专家建议应该尽量以心理治疗为主，药物治疗为辅。

妈妈要为孩子创造一个良好的生活和学习环境，鼓励他们积极参加各项集体活动，逐渐消除孩子陌生、紧张的心理状态。

要尽量避免对孩子的各种精神刺激，培养孩子广泛的兴趣爱好和开朗豁达的性格。

当孩子沉默不语时，不要过分注意其表现，避免造成紧张情绪进一步升级，甚至出现反抗心理。可以采取转移法，如妈妈陪孩子游戏、外出游玩，分散其紧张情绪。

平时在情绪松弛的情况下，只要孩子张口讲话就给予奖励和鼓励；也可以用孩子最需要、最喜欢的东西作为奖励条件，用行为矫正的方法让孩子说话。

此外，也可以运用药物治疗。对一些症状较重的患儿，可在医生的指导下服药。

**智慧寄语**

要为孩子创造一个良好的生活和学习环境，鼓励他们积极参加各项集体活动，逐渐消除孩子陌生、紧张的心理状态。

要尽量避免对孩子的各种精神刺激，培养孩子广泛的兴趣爱好和开朗豁达的性格。

# 孩子为什么会恐惧

赵莉胆子小是全班出了名的：不敢坐游乐场里的观景车，不敢晚上出门，不敢一个人待在屋子里，不敢在体育课上做前滚翻，不敢……有一天，一直和奶奶同屋睡觉的赵莉，突然在夜里跑到了妈妈的房间,原来,奶奶那天晚上去看望生病的亲戚,没有回家,赵莉一个人睡在房间里,怎么也睡不着。虽然她把屋里所有的灯都打开了,可是她内心充满了恐惧,只好跑到妈妈的房间里,甚至说,她害怕坏人从窗外进来杀害她。妈妈极力地安慰她,可是作用都不大。因为恐惧,她好多新鲜事物都不敢尝试,错过了许多有益的机会。为此,她的妈妈很担心,害怕由恐惧引出懦弱、自卑,不知应该采取一些什么样的措施来完善她的性格?

赵莉的恐惧可以说是很强的不安全感,并且她的社会能力也较差。现在的6～12岁这个年龄段的孩子,常常对自然灾害、意外伤害或者妈妈去世感到恐惧,这些恐惧感受不是"无关紧要"的,这和当今社会的外界报道、家庭教育有很大关系。孩子通过各种传播媒介得到大量信息,孩子们也许比以前更多地感受到可能降临到他们身上的灾难了。有些妈妈过分夸大外界的危险,也使孩子们心中的不安全感与日俱增。还有,在家庭教育中,由惩罚引起的恐惧,也会极大地伤害到孩子。这种恐惧会逐渐地、神不知鬼不觉地像癌细胞那样"扩散",束缚孩子的主动性和意志力,限制他的自由,挫伤他的独立性和自信心。强烈恐惧感永久地留在孩子心里,使他不仅在现实中,而且在想象中都会感到惊恐万分,因此,使孩子感到恐惧的外在原因,妈妈都要努力消除。妈妈的任务是帮助孩子发展一种可以自我保护的健康的心理素质,通过帮助他们解决可能遇到的较为恐惧的事件的方法,以及教给他们一些保障自己安全的措施。

为了帮助孩子战胜恐惧,妈妈应了解孩子害怕的是哪类事情,帮助他克服那些忧虑,要他无论何时,一感到害怕就来告诉你。让他相信,妈妈是可以帮助他消除这些顾虑的。为了防止孩子的神经受到伤害,要尽量平静地对待一切可能惊吓孩子的意外事件,向孩子解释说,事情并不可怕,不要吓唬孩子,要尽量满足以平静的方式提出来的合理要求。告诉孩子:"任何时候,我都会很乐意与你谈论这些问题,希望你不必为此感到担忧或羞涩。"孩子描述引起恐惧的情况时,一定要记住让他放轻松一些。你需要给他提供一些使他感到快乐的东西,如糖果或其他奖赏,并给他以不断的支持,你可以对他说:"我在这儿。这里没有什么东西会伤害你。"或让他做深呼吸和放松肌肉的运动。教给孩子一些保障自己安全的措施,是很重要的一步。当孩子因为某事仍然不能摆脱恐惧时,你可以告诉他:"当你感到害怕时,记住我教你的方法。现在明白了吧,你是可以自己战胜恐惧的。"

攀登克服恐惧的阶梯一级比一级困难。如果妈妈肯定孩子对目前的这一级不觉得害怕,就必须向更高的阶梯迈进。假如在减少孩子害怕的敏感度的过程中,他在某一个特殊阶段表现出很大的恐惧与不安,那么,妈妈必须回到以前的阶梯上去。值得注意的是,特别强烈的长时间的恐惧,是需要耐心地采取很多步骤,经过较长时间才能克服的。有时候需要半年或更长的时候,才能改变一种根深蒂固的恐惧情绪。具体可以从以下几方面来做起:

(1)创造一个温馨祥和的家庭气氛,让孩子自由自在地生活,并让孩子有充分发挥的余地。

(2)端正教育态度,从思想上认识对孩子的溺爱、娇宠,只会造成孩子怯懦、任性的性格。妈妈要树立起纠正孩子怯懦性格的信心,要认识到只有教育得当,才能使年幼的孩子得到健康发展。平时,处处注意培养孩子的独立性、坚强的毅力和良好的生活习惯,鼓励孩子去做力所能及的事情,让他学会自己照顾自己。当孩子遇到困难时,不要一味包办,而要让他自己想法子解决。当然,开始时妈妈要予以必要的指导,使孩子慢慢学会自己处理各种事,而不能一下子就不问不管使孩子手足无措。

(3)可以带孩子到大自然中去,使孩子敞开胸怀,开阔眼界,还要教给孩子适当的技能,如唱歌、绘画、手工等,使孩子坚信自己并不笨,从而增加自信心,敢于参加小伙伴的活动。

(4)鼓励孩子与人接触交往。可以多带孩子到各种集体场合,别人对孩子表示的友好尊重,能使他感到快乐,孩子也会注意与人交往。最主要的是要孩子和同龄伙伴多接触,有意识地邀请一些小朋友到家中来,让他做小主人。平时注意帮助孩子结交新朋友。

### 智慧寄语

攀登克服恐惧的阶梯一级比一级困难。如果妈妈肯定孩子对目前的这一级不觉得害怕,就必须向更高的阶梯迈进。

# 如何让孩子告别孤僻

开学已经一个星期了,有些同学的家长老师还不认识呢,于是宋老师决定对同学们进行一次家访。

今天该到任冰同学家去了。

"任冰。"宋老师在改作业的同时喊了一声,但没有人回答。

"任冰。"宋老师以为孩子没听见,又亮开嗓门喊了一声,但还是没有人回答。

"任冰同学在吗?"这次宋老师放下手中的红笔,用眼扫视了教室的每个地方,这时候才见任冰慢吞吞地从座位上站起来,不过还是没回答。

"任冰,老师今天准备去你家,高兴不高兴?"

任冰只是点了点头,没有说话,脸上也没有一点儿笑容。

这孩子怎么了?是不舒服吗?按理说,一年级的小朋友,一听说老师要去自己家,都会兴奋得手舞足蹈,可她怎么一点兴奋劲都没有。

晚上放学后,宋老师和任冰一同回她家。路上,任冰也不说话,宋老师问她五句,她连两句都回答不上,只是板着脸孔,让人无法接近,不知道这小丫头心里想些什么。

到她家后,见到了她的妈妈。任冰也只说了一句:"妈妈,我们老师来了。"然后便进了自己的小屋,独自写起作业,妈妈喊了她几遍也没出来。

任冰的妈妈性子比较急躁,一看女儿这样,非常生气:"怎么生这样一个孩子。上幼儿园时就不理睬小朋友,现在上小学了还是这样,平时见到亲戚朋友也像不认识一样,真拿她没办法。"

"任冰比较特别一些,她上课也不太爱吱声,下课也很少跟同学们一起玩,同学们拉着她的手玩,也是一会儿就不见了,她只喜欢一个人在墙角偷偷地看,自己无法融入到集体的欢乐中。"

宋老师试着拉她的手出来一起说说话,可是她还是不肯出来,妈妈要不是碍于老师在,差点就打她了。

在我们身边,总有像任冰这样的一个小群体,他们是一群性格内向、胆小谨慎,从小不善言辞,好像天生就不善于交往的孩子们。这是一群令妈妈和老师都头疼的孩子。

难道他们真的天生就是这样孤僻吗?并非如此。实际上,每个孩子都有交往和渴望被人认可的需要,尤其是那些刚入学的新同学,更是渴望老师的认可和同龄伙伴的喜欢,所以看起来孤僻的孩子,并不一定天生如此。

孩子们在相互的交往中,往往会表现出不同的交往能力。有的孩子性格外向,爱说爱闹,不甘寂寞,更不惧怕生人,他们能灵活地找到话题和活动内容,很快就能与陌生孩子打得火热;还有一些孩子,他们常常不愿意在人多热闹的场合出现,尽管他们也希望有很多朋友,但却无法做到,常常被孤独困扰。这样的孩子往往羞怯胆小,缺乏自信,不敢主动接近同伴,也不会运用面部表情、体态语言等与人交往。久而久之,他们的性格就会变得孤僻,沉默寡言,像在大海中漂浮的小舟一样,孤独地学习、生活、自娱自乐。

孤僻的孩子常常会在心理倾向与行为方式上,不自觉地将自己同周围的环境疏远开来,并尽力躲避与外界的联系,尽量减少和避免与他人交往,这是一种性格的缺陷。性格孤僻的孩子,会因长期缺乏友情,思想情感得不到及时的交流与宣泄,最终形成多种精神疾病。

那么,孩子为什么会变得孤僻呢?

先问问你自己,是不是一忙起来的时候就无暇顾及孩子的需要,甚至包括生活上的一些简单需要?比如,孩子今天很想让你陪他一起做一会儿作业,可你却因忙于应酬而拒绝孩子的要求。久而久之,孩子就会觉得你不重视他的需要,你不关心他,于是便不再愿意把心里话告诉你。时间长了,孩子就容易变得孤僻。

你每天也是在为家庭、为孩子的幸福而忙碌奔波,但是,在创造优厚的物质生活的同时,别忘了关心一下孩子的精神生活。一些妈妈平日里忙于应酬、工作,对孩子漠不关心,或者在外边受了气后,回来将气发泄在孩子身上,对孩子态度粗暴,缺乏耐心;有些孩子本来只有一点孤僻的倾向,而妈妈却因他表现不如别的孩子,就对他大肆指责,甚至大施拳脚,结果使倾向演变成真正的孤僻。

过度孤僻对孩子的身心健康是极为不利的,如果你的孩子有类似的倾向,那么你要及时找出原因,并采取有效的方法加以辅导和帮助,尽快拆除孩子心中的高墙,让孩子走出孤僻。

对于有孤僻倾向的孩子,最有效的办法就是妈妈要对其多一份爱意。不要再用"大棒政策"教育孩子了,试着站在孩子的角度,了解和体谅孩子内心的苦衷,用充满爱意的语言安抚孩子。在日常生活中,不要只顾着给孩子买这买那,而要多关心一下孩子的内心世界,从多方面对孩子的性格和心理进行培养。

### 1.对孩子的心理关注

从为人妈妈的第一天起,对孩子的心理关注就应该开始了,甚至包括对幼年时期孩子的心理教育。在平时,多抽点儿时间培养孩子对新事物的兴趣,保护孩子的好奇心和求知欲望,不要总是打击孩子,认为他这也不行,那也不对。同时,要不失时机地让孩子掌握探究新知识的方法,鼓励孩子大胆想象,甚至可以异想天开。

在处理家庭关系、友情关系以及同伴关系时,妈妈们最好能多与孩子的老师和同伴合作,帮助孩子养成合作意识,掌握合作技巧,并以此获得人际关系支持和相应的人际地位。别忘了给孩子足够的重视,给他表达和宣泄的机会,同时要让他能够体察他人的情绪,控制自己的情绪。在孩子的学习、游戏和生活等活动中,要有意识地培养孩子面对困境时的反应能力。

### 2.帮孩子找知心朋友

当你遇到不开心的事时,一定愿意将心中的苦闷、忧虑、悲伤以至愤懑等告诉自己的知心朋友。孩子也一样,他们有不愉快的事,也愿意说给朋友听。因此孩子的朋友恰恰是解决这些令人头痛问题的能手。

但是,一些孩子因为胆子比较小,不善于交往,朋友自然非常少,即使他们很希望倾诉,却也找不到人。这时候,你就要鼓励他相信自己,肯定他惹人喜爱的品质,让他多交些朋友。如果他在人多的地方觉得不自在,不愿意与同伴沟通,在小范围内才能够放松,你可以为孩子创造与他人交往的机会,比如邀请与他比较合得来的朋友来家里玩。在自己的家里,主人的地位会给孩子增添交往的自信。同时,你还可以教孩子一些与小伙伴交谈的技巧,如怎样与朋友一同分享,哪些话会伤到朋友等。当孩子逐渐有了朋友之后，你就能发现孩子的性格会有所改善。

### 3. 有意识地锻炼孩子

有意识地锻炼孩子，可以强化他与人交往的行为，比如把家里的一些"外交"任务交给他去做，请他帮着给邻居送东西，叫他到楼下拿信件，或者给客人倒杯水等。但是不要过分地给孩子增加压力，强迫孩子在客人面前表现，这会使孩子感到更加难为情。另外，也不要随便给孩子"贴标签"，比如当着客人的面说"这孩子太胆小了"或"他天性不合群"，这对孩子来说，不仅不会改变他的孤僻性格，反而还强化了他的行为，使他认定自己原本就是这样的，以致更加远离群体，不善交往。

### 4. 尊重孩子的行为

就算你不喜欢孩子孤僻的性格，也要尊重他，不能说孩子不喜欢交往就是缺点，其实大半性格孤僻的孩子是性情使然，他们也能够在清净中自得其乐，这也是他们的一种生活方式。作为妈妈，你要做的就是主动和这类孩子沟通情感，充分满足孩子的亲和欲，比如同他握手、擦背、贴脸拥抱、讲话以及玩各种游戏等，来满足孩子感情的需要，加强与孩子的沟通，逐渐拆除他心中的高墙。

### 5. 进行适当的心理治疗

很多孩子因为妈妈教育不当，过多地被限制参加正常的集体活动，或被妈妈经常打骂、恐吓等，或妈妈关系不和，家人远离，遭遇各种意外等，从而会产生严重的精神创伤，这也是造成他们孤僻的重要因素。如果你打算对其进行治疗，恐怕不是一时半会可以见效的，这时最好寻求心理医生的帮助，找出环境中导致孩子致病的要害因素，改善教育方法，引导孩子多参加集体活动，增加生活兴趣，从而改善其孤僻的性格，促进其健康快乐地成长。

**智慧寄语**

过度孤僻对孩子的身心健康是极为不利的，如果你的孩子有类似的倾向，那么你要及时找出原因，并采取有效的方法加以辅导和帮助，尽快拆除孩子心中的高墙，让孩子走出孤僻。

# 第六章　懂得如何让孩子更优秀

## 让孩子正确认识金钱

尹林今年上初一了,由于家远,中午要在外边吃饭,还要坐公车,所以家长每天给他10块零花钱,而且压岁钱也开始由他保管,家长想对他放宽松一些,毕竟长大了。但是没过多长时间妈妈就后悔了,因为他花钱大手大脚,需要的不需要的都买,买了之后,要不了多久,就放在一边不用了。他花钱出手从不犹豫,还从不觉得贵,更不去想值不值,心血来潮想买就买。妈妈想控制儿子花钱,又担心他可能向别人借钱,这怎么办呢?

你可能听说过智商、情商,但是还有一种能力叫财商,它指的是理财的能力。而我们中国的妈妈在这一方面的教育却是欠缺的。首先肯定的是你对儿子的信任,让他自己掌管一定数量的金钱。但是,你的这种放权可能来得太突然,儿子还没有学会该怎么花钱,故而进行了不合理的消费。其实,这种理财教育应该从小在日常生活中慢慢渗透。专家认为,孩子的金钱教育要按照一定的顺序进行:3岁认识硬币和纸币、4岁知道钱币的面值、5岁知道硬币的等价物、6岁可以简单地找零、7岁会看价签、8岁可以干零工挣钱、9岁会制订一周的开支计划、10岁知道每周节约一点钱,以备大宗开支所需。所以说,孩子花钱需要引导。如果你的孩子昨天还享受着你全方位的照顾,今天就希望儿子自己像你一样花钱有道,就显得急于求成了。

人们常说:对富孩子的教育,要比对穷孩子的教育难得多。因为这些孩子从小生长在黄金窝里,他们并不理解金钱来之不易,所以,他们中的大多数都不善理财。今天,我们的孩子大多衣食无忧,作为妈妈,我们应从小对孩子进行正确的金钱观教育。

首先,家长要做出一个好表率,多和孩子一起购物,在观察中,孩子可以学会家长在购买时的取舍标准,但更重要的是,在平时生活中,家长不应让孩子觉得"妈妈就是大手大脚地买东西,买了又后悔"。如果是这样,孩子消费过度可能就是家长的原因了。

其次,压岁钱还暂不要完全由孩子自己支配,他们可能还没有足够的能力,你可以帮他们存入银行,或当作学费。或者你可以为孩子建个小账本,与孩子协商压岁钱的用途,将数目记清楚,什么用于自己的学费支出,什么用于自己的伙食费,什么用为零花等等。小账本让孩子自己计划管理,要求孩子记录将来的预期开支以及过去一周的消费情况等,通过这种方法孩子既能养成会管理钱、会花钱、把钱用在该花的地方等好习惯,同时也培养了孩子的自立意识。

另外,你还要让儿子懂得什么才是对他们最有价值的东西,世界上好的东西是买不完的,必须学会抵制诱惑。当你和先生讨论家庭开销情况的时候,不妨也请儿子加入,让他了解每个月父母的收入以及生活必需的开支,使儿子知道钱并不是伸手就能得来的,要通过父母辛苦的工作,而父母除了抚养他之外,还有很多事情需要计划,否则就会入不敷出。你甚至可以采用家庭劳动奖金制,让儿子也通过自己的劳动获得金钱,从而感到金钱来之不易。

### 智慧寄语

专家认为孩子的金钱教育是要按照一定的顺序进行的:3 岁认识硬币和纸币、4 岁知道钱币的面值、5 岁知道硬币的等价物、6 岁可以简单地找零、7 岁会看价签、8 岁可以干零工挣钱、9 岁会制订一周的开支计划、10 岁知道每周节约一点钱,以备大宗开支所需。所以说,孩子花钱需要引导。

# 指导孩子抵制高消费

春节刚过,城里孩子们大把的压岁钱将怎么花? 家住成都双楠小区白洁女士做梦都没想到,14 岁的儿子竟会将压岁钱拿去请同学洗桑拿!

春节,白女士的儿子涛涛光从爷爷、奶奶、叔叔、阿姨处就得了 1000 多元的压岁钱,加上外公、外婆、舅舅及单位一些同事给的起码不下 200 元。开学的第一天放学后,涛涛就嘀嘀咕咕给几个同学打了很久的电话,6 点半时说了声到同学小斌家就出门去了。8 点多涛涛还未回家,白女士只好打了个电话到小斌家去,结果找了好几家都没有儿子的消息。无奈,白女士只好在家中苦等,直到 10 点多涛涛才回家。

在母亲严厉的逼问下,涛涛才说他用压岁钱请小斌、凡凡等 3 个同学洗桑拿去了。他们先是在麦当劳吃了饭,8 点半就打的一起洗桑拿去了。洗头、搓背、洗脚共用了 600 元钱。

涛涛说,他与其他 3 位同学关系很"铁",大家平时经常在一起打游戏、看电影、吃火锅。于是,这次就想创创新,以前常看见大人请朋友上洗浴中心洗桑拿,因此,他就想到了请同学一起洗洗桑拿,轻松轻松。

眼下,像案例中的涛涛一样,城市中的不少中小学校流行高消费的不良风气,超前消费、畸形消费等在一些中小学生当中愈演愈烈。

食品消费:向广告看齐。在对某市一所普通中学调查时发现:有买零食习惯的学生占整个学生总数的 66%。许多中小学生的早餐,不是"好吃看得见"的方便面,便是"口服心服"的八宝粥,晚餐常常是口服液、钙奶。不少中小学生,对新闻媒介宣传的食品广告情有独钟,视吃广告食品、喝广告饮料为荣。

人情消费:向父母看齐。不少中小学生反映,他们的人情消费是从成人社会交往活动中学来的,尤其是跟父母学来的。据不完全统计,仅一个有 2000 多人的中学,每学期人情消费就达 2 万余元。

服装消费:向名牌看齐。少男少女,崇尚名牌产品现象越来越严重,许多孩子穿的是几百元一双的耐克鞋,1000 多元一套的西服,尤其是一些爱打扮的女孩子喜欢涉足"精品屋",流连于"时装街",为追求名牌不惜一掷千金。

如此中小学生高消费带来的消极后果是相当严重和不容忽视的。主要表现为以下几个方面。

### 1. 喜新厌旧,物质享受永不满足

孩子家庭经济状况的好转,给孩子饮食营养、智力开发提供了物质条件。但是,物质上的过分满足,也导致部分孩子形成贪图享受、永不满足、喜新厌旧、不爱护物品的坏习惯。

### 2. 有求必应,造成索取欲不断膨胀

调查发现,67%的家长对孩子的要求是有求必应,结果造成部分孩子的索取欲不断膨胀,而且在孩子心理上助长了只有权利感,没有义务感;只知接受别人爱,不知爱别人的不良习惯。家长过分的"关心",使孩子有条件择吃挑穿。

时下,高消费现象已深入到中小学生中并日趋严重,孩子们为了摆阔气,肆意挥霍家长的钱,而家长们出于爱子之心,尽量满足孩子们对金钱的奢求,也不管孩子用钱是否恰当。有的家长还为了"面子",给孩子的钱远远超过孩子的实际需要。因此,从某种意义上说,中小学生违法犯罪的始作俑者即家长自己,家长一旦不能满足孩子们增大了的物质需求,孩子就会以偷盗、抢劫、敲诈等不法手段满足自己的享受。

对此,家长们首先应该充分认识到溺爱、攀比、炫耀等这些心理都是不健康的。用孩子来显示自己,用孩子来补偿自己的缺憾,从本质上讲,是一种自私的行为。无原则的溺爱、讨孩子的欢心,说严重一点,实际上就是把孩子当宠物。妈妈过多地满足孩子的要求,会使他们逐渐养成贪图享受、奢侈浪费等不良习性。当物欲难以满足时,还可能诱发犯罪行为。同时,妈妈的不良心态也会潜移默化地影响孩子,使孩子从小就养成爱虚荣、好攀比的不良心态。因此,要使孩子健康成长,妈妈要从自己做起,改变不良心态。有了理智、健康的心态,才会有明智之举。

妈妈要合理为孩子购物。有些妈妈不惜代价满足孩子的要求,给孩子消费不计成本,其目的是为了使孩子高兴,但结果可能适得其反。把孩子的物欲填得太饱和了,实际上等于剥夺孩子的快乐。孩子的物欲满足得太容易了,孩子就会失去许多意外的惊喜和欢悦。也许大家都有一个共识:城里孩子过年已没有贫困山区孩子过年时的那种欣喜。因为城里的许多孩子生活得太富余,他们对于新衣裳、压岁钱和丰盛的佳肴已不足为奇了。而贫困山区的孩子们对很多东西求之不得,一旦那久久的渴望变成现实,他们便会欣喜万分。这告诉我们:孩子的欢乐并不与物质的满足成正比,物质的满足越容易,满足后的快乐程度则越小。因此,为了让孩子真正地获得幸福和快乐,不是过多地给予,而应有所节制,要学会合理地为孩子购物。

妈妈给孩子购衣,要重在实用、舒适,而不应追求高档、名牌;给孩子选购的玩具,要符合孩子心理年龄特征,利于孩子心身发展。当今,有些妈妈认为,玩具越贵,越有利于开发孩子的智力。这种想法是错误的,价格和实际功效有时并不一致。偶尔让孩子自己动手做玩具,反而对孩子更有益。妈妈引导孩子自己做玩具不仅节省了费用,更重要的是锻炼了孩子实际动手能力,激发了创造力。在饮食方面,应重营养成分,而不应追求高级。笔者认为西医所提倡的"利用最普通的食物达到最合理的营养"值得我们家长的借鉴。事实上,除了病人,正常人所需的营养成分一般都能从常规食品中获得。

在各种不良风气的影响下,孩子可能会提出一些非分要求。妈妈不应姑息迁就,而应坚持己见,绝不退让;树立权威,大胆管教;与学校齐心配合,互补互利。美国加利福尼亚大学哲学博士詹姆斯·多伯森甚至认为,对于孩子不合理的反抗性挑战行为,可以用打屁股的手段来解决。当然打屁股不应造成任何伤害,孩子觉得疼痛即可。打完屁股,孩子被制服后,要施以爱。要让孩子懂得,否定的不是孩子其人,而是他的错误行为。有些妈妈对孩子的反抗行为或错误行为进行斥责式体罚时,没有及时地施予爱,造成孩子对妈妈的敌对心理,并使孩子有一种被遗弃、被忽视的感

觉。这也是妈妈教育的失败。妈妈应做到，既严格管教，又体现关爱，使孩子在受到"严教"时，又能感受到家庭的温暖。

最后，根据孩子特点，进行消费教育。妈妈可用生动形象的故事，说明高消费、不合理消费带来的害处。如可以讲《小熊拔牙》的故事，来告诫孩子不能吃太多的甜食、零食，也可用现实的例子说明合理消费的重要性。家长可以向孩子讲述我国贫困山区的孩子吃不饱、穿不暖、上不了学的艰苦生活，动之以情、晓之以理。这样做既有助于培养孩子节俭的习惯，又可以增强孩子的爱心。

### 智慧寄语

家长给孩子购衣，要重在实用、舒适，而不应追求高档、名牌；给孩子选购的玩具，要符合孩子心理年龄特征，利于孩子心身发展。

# 教孩子学会理智地花钱

一位学生在成都理工大学上大四，每月开销在2000元以上。面对各种不正常开支，不堪重负的母亲无奈地与儿子签订了一份特殊的"母子协议"。

"从即日起，每月除500元生活费以外，其他任何额外开支都必须向母亲提出书面申请……在校期间，不能有任何赊账行为。因恋爱而产生的费用，只能从500元生活费中支出。学期结束后，如没有超支行为，家长将给予1000元的现金奖励。"

母亲说，儿子在成都理工大学上大四，每月开销2000元以上还经常出现严重亏空，动不动就向朋友借钱，还在校园内外赊账消费。到了实在赊不到的时候，就回家以各种理由要钱还账，然后再继续自己的超前消费。

母亲曾坚决拒绝为儿子的赊账"买单"，收债人却说："如果不尽快还钱，我就要向学校告状。"为了儿子的前程，她只能屈服。在无数次地为儿子"买单"之后，她决定用协议来规范其消费行为。

同时，还准备印刷倡议书，呼吁有同样遭遇的家长共同抵制孩子的超前消费。

现在，孩子们大多像案例中的那个学生一样存在这样的毛病，就是家长给多少钱就花多少钱，花完了就跟家长要，花钱很没有节制性。

也许有的妈妈会说，我们家经济状况很好，不需要对孩子进行理财教育；也有的妈妈会说，我们家经济条件差一些，平时实在不好意思和孩子说钱的事儿，总觉得自己和别的妈妈差很远，这样可怎么对孩子进行理财教育呢？

美国教育专家针对不同年龄的孩子提出了他们应了解的消费常识：1~3岁能辨别不同硬币和纸币的价值；4岁能懂得不能见什么买什么；5岁知道钱是怎么来的；6岁能区分不同面值的一些钱；7岁能学会看简单的价目表；8岁能知道把钱存到储蓄卡上；9岁能自己安排简单的一周开销计划；10岁懂得节约的意义；11岁知道从电视中了解有关广告；12岁懂得正确使用银行业务中的常用术语等等。

教育专家为美国孩子拟定的"标准"，对我国的妈妈向孩子进行理财教育是否也有一定的启发呢？

孩子们虽然接触了钱,但他们很少接触到真正的成年人生活。所以,当他们长大以后,需要自己支付水电费、房租、物业费的时候,他们常常感到束手无策。因此,在家庭教育中,妈妈不可忽视孩子理财消费观念的培养。因为孩子迟早要在社会上独立生存,就必然与钱打交道,当孩子手里有了钱,妈妈就应该指导孩子如何使用这些钱,教孩子学会用钱,理性消费。

一位妈妈带着6岁的孩子逛了3家商店,目的是为了买一辆物美价廉的自行车。最后,妈妈把省下来的10元钱买了一个孩子向往已久的乒乓球拍。

这位妈妈的做法很聪明,她的行为给孩子做了很好的示范,使孩子了解了什么是价格差,什么是明智消费。这样,孩子在自己支配钱的时候,也会注意节俭。

无论你的经济条件如何,在给孩子零花钱方面,妈妈一定要有所节制。一般来说,零花钱的数额并没有一个定数,妈妈要根据孩子的日常消费来预算。这些开支大多包括买零食、午餐费、车费、购买学习必需品的费用。另外,妈妈还要给孩子一些额外的钱,也就是说,你给孩子的钱,要比预算宽裕一些,这样才能为孩子的存储创造可能性。

### 1. 训练孩子有计划地使用钱

妈妈最好是和孩子一起制订出一个消费计划。在妈妈给孩子钱的时候,可以提出一个支出原则,让孩子自己去订计划,妈妈不必直接干预,但要对孩子的计划进行监督、检查。

### 2. 带孩子购物,向孩子示范明智消费

在日常生活中,要注意教会孩子明智消费,比如带孩子购物时,要指导孩子了解什么是价格差,使孩子在日常生活中养成好习惯,懂得预算,懂得把钱花在刀刃上。

### 3. 给孩子预习成年人生活开支的机会

给孩子一些机会,让他们买菜、交电话费等,使孩子知道家里的钱是怎么花出去的,妈妈每个月都需要支付哪些开支。这样,孩子有机会了解家中“财政”,会综合考虑开支,不至于顾此失彼。

**智慧寄语**

无论你的经济条件如何,在给孩子零花钱方面,妈妈一定要有所节制。一般来说,零花钱的数额并没有一个定数,妈妈要根据孩子的日常消费来预算。这些开支大多包括买零食、午餐费、车费、购买学习必需品的费用。另外,妈妈还要给孩子一些额外的钱,也就是说,你给孩子的钱,要比预算宽裕一些,这样才能为孩子的存储创造可能性。

# 塑造孩子彬彬有礼的气质

刘畅是一位品学兼优的学生,他的妈妈是这样教育他的:

在早期教育当中,除了开发智力外,也同步进行着文明行为的训练,培养孩子彬彬有礼的习惯。例如饭桌上,孩子不小心把饭粒掉在地上,妈妈握住他的小手,一边轻轻拍打其手心,一边提醒他不能再掉了。饭后,孩子要保姆替他取水,妈妈就提醒孩子,不该随意让别人帮自己做事,若是非麻烦别人不可,一定要说“请”“对不起”“麻烦您”“谢谢”等礼貌用语。

凡是见过刘畅的人都说他气质好、彬彬有礼、落落大方,这都是从小到大逐步训练的结果。刘畅的妈妈从刘畅刚学会说话,能够听懂一些简单的提示和要求时起,就有意识地在各

种场合下告诉他应该怎样做。比如早晨离开家时，要和家里人说"再见"，到了幼儿园要问"阿姨好""小朋友好"，等等。刘畅是坐医院通勤车长大的，在通勤车上，医护人员还教他学会分辈儿，当他准确地称呼"爷爷""奶奶""叔叔""阿姨"时，那稚声稚气的样子着实惹人喜爱。

其实，刘畅妈妈的这些教育，许多妈妈都做了。为什么有的效果差些呢？原因有两个：一是不能一以贯之地坚持下去；二是妈妈对孩子要求是一回事，自己却未能以身示教，使孩子感到迷茫，不知如何是好。因而，妈妈要利用一切机会培养孩子讲礼貌的习惯，持之以恒，反复训练。

培养孩子彬彬有礼的习惯，要从一点一滴做起。妈妈可以从以下几个方面入手。

### 1. 强化孩子的自尊意识

文明礼貌的习惯看起来是一种外在行为表现，实际上它与人的修养，是否具有自尊与尊重他人的意识有着十分密切的关系。自尊就是自己尊重自己，不容受到侮辱和歧视，维护自己的人格和尊严，争取获得好的社会评价。正常人都有自尊心，欲自尊须先尊重他人，遵守社会秩序，注意文明礼貌。很难想象，一个丧失了自尊心的人会懂得礼貌。文明礼貌的习惯实际上是人满足自尊心的一种重要手段，所以要强化孩子的自尊意识。

### 2. 对孩子的表现做出评价

对孩子的行为做出评价通常是刺激孩子学习的最佳催化剂。客人在时，妈妈对于孩子良好的表现可以表扬、鼓励；客人走后，妈妈也可以对孩子的表现做出评价，肯定做得好的地方，指出不足以及今后要注意的地方。这里需要指出的是，孩子在接待客人中出现了失误，如打碎了茶杯、弄脏了饭桌，妈妈千万不要立刻批评，要保护孩子的积极性，对待孩子的过失要重动机轻结果，要原谅孩子由于缺乏经验而出现的过失。孩子礼貌待人的行为规范不是一朝一夕形成的，要靠平时不断教育、训练和强化。年轻的妈妈要经常为孩子提供"教育情境"，让孩子不断练习，巩固孩子热情、礼貌待人的行为，这对孩子思想品德、学识能力、行为习惯的培养都有积极的推动作用。

### 3. 要培养孩子养成对人对事最起码的礼仪

坐要有坐样，站要有站样，这也是一种文明礼貌。说话要和气，要轻声。有的妈妈说话大声嚷嚷，孩子也会学着妈妈的样子。那么我们要不要培养孩子大声说话呢？只是在给大家说话的时候要稍大声一些，让大家听得见，平时说话要轻轻的。古语说："己正而后能正人。"妈妈若要孩子礼貌待人，首先自己要做表率，妈妈对孩子的影响最直接、最深刻。妈妈的身教是对孩子最生动、最实际的教育。妈妈应充分利用家里来客的有利时机提醒孩子，给孩子示范，使孩子在亲身体验和实践中理解文明礼貌和热情的含义，并通过妈妈的行为潜移默化地影响孩子，使孩子在耳濡目染的环境中，逐步形成礼貌待人的品德。

**智慧寄语**

妈妈要利用一切机会培养孩子讲礼貌的习惯，持之以恒，反复训练。

# 教孩子学会与人交谈

晓峰的父母经常召开家庭讨论会，他们平时会搜集一些问题用在讨论会上，让一家人都献计献策，找出解决的方法，而且对于好的方法、建议还会有奖品。因此，晓峰和父母都会积极想问题,找答案,发表意见。

在一次讨论会上,妈妈问他对当前流感应该采取什么对策,晓峰积极发言:"应该少到人多的地方去,最好周末都在家里活动。要讲卫生,勤洗手,勤换衣服,多呼吸新鲜空气,锻炼身体,吃新鲜营养的饭菜。"他一连串的回答,让妈妈对他刮目相看,有的问题父母都没想到,他们开玩笑说:"现在晓峰成了流感专家了,知道这么多!"

沉默寡言、不善于表达的人很难适应当今的社会,无论是在日常生活中还是工作中都需要大家能够很好地表达自己。生活中一个沉默寡言的人无法使别人了解自己的想法,他也不会很好地把自己的要求、需要表达出来。

孩子学习谈话技巧的最好办法就是像晓峰一样,多与家人对话。而对许多妈妈来说,最大的障碍是没有时间和孩子们交谈。有的妈妈定期在睡觉之前和孩子交谈,有的每周几次在饭桌上和孩子进行宽松有意义的谈话。另外,长时间的散步也是很好的一对一的对话机会。

对那些缺乏社交技巧、拙于与人相处的孩子来说,应该进行更有指导性和针对性的谈话。比如,可以讨论孩子喜欢的玩具、游戏、电视节目等。然后,家长可以要求孩子们自己找话题,并使谈话保持几分钟的时间。

如果孩子在与人谈话方面有很大困难,妈妈可以和他一起讨论他所感兴趣的问题,根据表现来打分。最好把游戏过程用摄像机录下来,如果没有摄像机,录音机也可以。作为妈妈,应该注意自己的表率作用,强调你对他人的关心和兴趣,引导他畅言自己的思想,和他交换意见和看法。如果可能,还应鼓励孩子多和别的孩子一起玩游戏,这样他才能有机会学习与同伴交流的技巧。

我们大概都有过这样的感觉,如果谁能够当众即时发言,而且从容不迫,思路清晰,口齿清楚,就会博得众人的喝彩。因此,家长们应该逐步提高孩子的表达能力,为他们进入社会做准备。

在生活中也有这样的现象:有些学生课下与同学开开玩笑、聊聊天显得挺自然,但在课堂上,或开会学生发言就不行了,不是语无伦次,就是结结巴巴;还有的学生怕见生人,家里来了客人就马上躲到屋里不敢露面……

培养孩子的口头表达能力,适应社会的需要,已被许多家长所看重,那么怎样培养呢?

**1. 要言之有序,不要语无伦次**

"言之有序"就是指说话要有条有理,有一定先后顺序。

说话的目的是让人听清楚,听明白,如果语无伦次,东扯一句西扯一句,他人怎么能明白呢?

怎样才能有顺序呢?一般说可按一件事发展的先后顺序说,譬如说发生了一件事,可以先说发生的时间、地点和事件,再按事件的开始、发展、结局的顺序说。

如果说自己做的一件事,可以按先做什么,接着做什么,然后又做什么,最后做成了什么的顺序说,还可以按方位、空间位置转换的顺序说,也可以按先总后分的顺序说。

**2. 要言之有物,不要空洞无物**

"言之有物"就是指语言表达要具体生动,少说空话、废话。

怎样才能具体生动呢?如:"我今天高兴极了!"不如加上原因:"我数学得了满分,全班第一,心里有说不出的兴奋。"

**3. 要言之有理,不要无凭无据**

"言之有理"就是指说话中心突出,有自己的见解和主张。说话前要弄清自己的目的,围绕什么中心思想和重点表述清楚。

譬如：说我爱母亲，就要想好母亲有什么优点，为什么爱母亲，我又是怎么去爱的。如果是与他人论辩，就要清楚对方的论点，抓住要领予以驳斥。要在关键之处阐明自己的观点。如果是回答问题，要听清问题是什么，回答时要做到语言简练，答案要清晰明了，不能答非所问，糊里糊涂。

**4.要练习当众发言，不要怯场**

当众发言是指当着众人讲话。这里众人或许是一家人，或许是一个小组，或许是整个班级，或许是全校同学或更多的人。

当众发言首先需要胆量，要有勇气面对听众，不怕出差错。

说话要字正腔圆，声音响亮，速度适中，语调要有抑扬顿挫，富于节奏变换。

当众发言还要注意仪表大方，表情自然。说话时要与听众保持情感和眼神交流与接触，不要死盯一处，而且要避免小动作和口头话。

家长应从以上四个方面去训练孩子，在方法上，可以灵活运用。

妈妈在平时的生活中，一定要鼓励孩子多说话，学会独立思考，提高语言表达能力，要知道，良好的口才是他们在社会上打拼的锐利武器。

---

**智慧寄语**

---

妈妈在平时的生活中，一定要鼓励孩子多说话，学会独立思考，提高语言表达能力，要知道，良好的口才是他们在社会上打拼的锐利武器。

# 培养孩子待人接物的能力

黄达在小区花园里踢球，邻居小莉抱着金鱼缸来晒太阳。小莉说："黄达，你可小心点，别踢着我鱼缸啊。"黄达说："那你离我远点，我可控制不好。"小莉抱着鱼缸走了。黄达说："真是小心眼，说一句话就跑了。"

晚上，妈妈请小莉来做客，教黄达数学。黄达马上说："我不答应，我不学。"小莉说："你怎么态度这么差，我也是好心帮你。"黄达说："你的好心我不需要。"小莉生气地说："黄达，我可是到你家做客来了，你怎么这么凶啊，我不敢招惹你了。"说完就转身走了。

黄达气呼呼地说："妈，我态度就是这样，我又没说什么，看她气成那样。"妈妈说："看来是我太惯你了，你刚才很不礼貌，把小莉都气走了，一点也不像主人的样子。"

待人接物是一门高深的学问，主客之间的礼仪是其中很重要的内容。主客双方都应遵守规则，一旦一方未按规矩办事，另一方便会觉得对方不懂礼数，感觉受到了侮辱。主客矛盾出现，双方常常会不欢而散，正如上例中的黄达和小莉一样。

因此，妈妈应该从小就培养孩子学会待客之道。

如何待客是反映孩子内心世界的一面镜子，妈妈应该给予重视，切莫以为这只是大人的事情。家里来了客人，孩子会做出各种表现。

有的孩子见了陌生的客人，站在角落里，不声不响，默默地注视着客人的举动，即使客人跟他讲话，他也是笑而不答，或表现得相当紧张。有的甚至躲进厨房，不肯出来见客人，显得胆小、拘谨，对客人的态度冷漠。

有的孩子则相反,看到家里来了客人,便拼命地表现自己,一会儿要喝水,一会儿要吃东西,一会儿翻抽屉,甚至为了一点儿小事大哭大闹,显得不懂礼貌,不能克制自己,以"人来疯"的方式引起别人对自己的关注,表示自己的存在。

还有的孩子在家里来客人时,能主动打招呼,拿出糖果招待客人,表现得热情而有礼貌。

孩子在家中来客时的种种表现虽然和他们的个性心理有关,但也和妈妈平时对孩子的教育有关。来客时表现不佳的孩子,妈妈往往缺乏对他们在这方面的培养和训练,在接待客人时,忽视了孩子在家中的地位。那些在家中来客时表现较好的孩子,妈妈往往比较重视在这方面的培养,让孩子和妈妈一起接待客人,孩子逐渐地消除了对陌生人的紧张心理,学会了一些待人接物的方法,表现得落落大方。由此可见,让孩子共同参与接待客人的活动至少有以下几个好处:

(1)有利于培养孩子的主人翁感。孩子在参与接待客人的过程中,体会到自己和客人的地位不同,自然会产生一种自豪感和责任感,他会比平时小心十分,殷勤百倍。

(2)有利于培养孩子礼貌待人的好习惯。要接待好客人,让客人满意,孩子就必须在语言行为上都讲究礼貌,接待客人实质上是给孩子提供了礼貌待人的练习机会。

(3)能使孩子学到一些待人接物的方法。

最初,孩子是不会接待客人的,这就需要妈妈的帮助和引导。怎样培养孩子接待客人的能力呢?

**1.让孩子做好心理准备**

在客人尚未到来之前,妈妈应告诉孩子,什么时间,谁要来。假如客人是第一次上门,还要告诉孩子,客人与妈妈、与孩子的关系,该如何称呼,使孩子在心理上做好接待客人的准备。

**2.共同做准备工作**

妈妈可以和孩子一起做接待客人的准备工作,如打扫房间,采购糖果,和孩子共同创造一个欢迎客人的气氛。

**3.指点孩子接待客人**

妈妈除了自己热情招待客人以外,还要指点孩子接待客人,让孩子感到自己是家中的小主人。例如,客人来了,妈妈要指点孩子招呼每一个人,请客人坐,请客人吃糖果。还可以让孩子把自己的玩具拿出来给小客人玩,把自己的相册拿给大家看。

**4.学着与客人交谈**

妈妈应鼓励孩子大方地回答客人的问题,提醒孩子别人在讲话时不随便插嘴。如果孩子在某一方面有特长,可以提议让孩子为客人展示,以制造一种轻松、愉快、热烈的气氛。

**5.根据孩子的特点提要求**

在让孩子学习接待客人时,要注意根据孩子的特点对孩子提出要求,不要强求孩子做不愿意做的事。例如,对待胆小怕事的孩子,要求简单些,可以让孩子与客人见见面就行,以后再逐步引导,提高要求。对于"人来疯"的孩子,妈妈应先让他离开大家一会儿,等其冷静下来后,再让他和大家在一起。切忌在客人面前大声训斥和指责孩子,以免伤害孩子的自尊心。

**6.评价孩子在客人面前的表现**

客人走后,要及时评价孩子的表现,肯定好的地方,指出不足的地方,并要求孩子今后改正,使孩子接待客人的能力逐步提高。例如,以前孩子会表现出"人来疯",可是今天很懂事,妈妈就应及时表扬他的进步,并要求以后客人来时他要和今天一样。让孩子在陌生人面前表现出落落大方,对人有礼貌是每一位家长的共同愿望。但在现实生活中,孩子有害羞而不愿意主动跟他人打招呼、进行交往的表现,只要不过分,也是很正常的。作为家长要求他"有礼貌",但这种"礼貌"在孩子看来有时是难以理解的。越是强求，他越反感。培养孩子有礼貌，有效的手段不在于督促孩子"叫人"，而在于平日里家长的态度是否做到尊重、平等、有礼，通过这种点滴的以身作则来影响孩子。

### 智慧寄语

如何待客是反映孩子内心世界的一面镜子，妈妈应该给予重视，切莫以为这只是大人的事情。

# 让孩子学会和老师相处

小敏的学习成绩一直不错，但是初二开了物理课后，她发现自己对物理根本不感兴趣。有一天，在物理课上，老师叫她回答问题，小敏没有回答上来，老师很严厉地批评了她，说她没有好好复习。小敏很委屈，觉得这个老师太严厉，而且在同学面前使她丢了面子。回家以后，和妈妈说，"我讨厌我们的物理老师！"说完就伤心大哭。妈妈看到小敏那么伤心，就说："明天我去找找你们班主任，让他和你们物理老师谈谈。实在不行，咱们就请一个家教。"小敏害怕这件事给自己带来负面影响结果，拉着妈妈不让妈妈去。但从此以后，小敏对物理老师是敬而远之，对物理更是一点学习兴趣也没有，物理成绩越来越下降，成为让物理老师头疼的学生。

孩子不断成长，需要处理形形色色的人际关系：同伴关系、师生关系等，而妈妈在看到孩子在关系中受到委屈时不禁想要为孩子"伸张正义"。但是社会是现实的，妈妈也不可能一直陪伴着孩子，所以应当允许孩子有机会接触生活的各种侧面并教会他们如何对付，而不是将他们与真实隔离开来，用妈妈的希望来操纵现实。与社会现实相通的最关键的方面就是让孩子自己与他人打交道，妈妈适当地给予正确指导，帮助他们学习处理各种关系的能力。

青春期的孩子，特别在乎自己在同伴心目中的形象，像小敏这样的孩子所处的阶段有一种奇特的现象——"假想观众"，她会感觉自己的一言一行好像都在舞台上表演，而周围的人都是她的观众，所以当众受到老师的批评会使她羞惭不堪，尤其是一个一贯学习成绩不错的女孩子。另外，小敏的物理薄弱，而对物理老师的逆反，使她有借口逃避困难。而妈妈的干预——找班主任谈，请家教，只能加剧她对物理老师的反抗，使她更理直气壮地不好好学习物理，因此成绩越来越差。

那么，怎样才能让孩子与老师正常交流呢？

**1. 尊重孩子，让孩子发表对学校和老师的看法**

当孩子与老师有矛盾时，妈妈首先要以一种温和的态度与孩子交谈，不要制造压力，而要让孩子在宽松、自由的氛围中发泄对老师的不满，这种发泄还可以起到一种平衡心理的作用。妈妈提供了一双耳朵，认真地倾听，孩子会感觉到自己的烦恼得到了尊重，就会毫不隐瞒地把自己的态度、抵触老师的原因讲出来。妈妈等孩子的情绪稳定下来之后，与孩子一起冷静地分析事情的利弊，客观地看待抵触情绪。如果问题的主要原因在孩子，就要合理利用孩子争胜好强的心理，因势利导，帮助孩子认识到自己的错误，提高孩子认识自己缺点的能力。

**2. 让孩子学会从老师的角度思考一下问题**

有的妈妈仅仅站在孩子的角度思考问题，过分溺爱孩子，甚至与孩子一起指责老师，更甚者跑到学校里与老师大吵一番，其结果只可能更糟。孩子的认识有时候有偏激的一面，很容易以自我为中心，仅站在自己的角度看问题。在这点上，妈妈要学会培养孩子的包容心，有的时候也称之为换位思考，与孩子一起站在老师的角度重新审视，必要时还可以创造场景以体会老师的情绪和难处，让孩子学会多体谅别人，为他人着想。这样的话，在家中就可以改善孩子和老师的关系，减轻孩子对老师的抵触情绪。教孩子学会尊重老师的同时还要鼓励孩子有想法，善于提问题，因此，教给孩子一些提意见的策略和技巧也是必不可少的。

**3. 与学校、老师进行沟通，积极配合老师教育好孩子**

有一些孩子，在学校里与在家中的表现迥异。在家里非常勤快，又懂事又听话，是一个很乖的孩子；可一到学校，就情绪低落，不爱学习，表现糟糕，经常受到老师的批评，也经常顶撞老师。家庭与学校教育方式的差异导致了孩子的这种反差极大的性格表现。在这时候，妈妈要主动地、心平气和地与老师沟通，向老师提供孩子在家的一些日常表现状况，让老师也了解孩子行为表现的另一侧面，对孩子的行为有一个全面的评价。妈妈要与老师一起分析双方在教育孩子的方式上存在的差异，求同存异，给孩子一个接近的教育价值观，不至于让孩子无所适从。

**4. 教育孩子尊敬老师**

教育专家说："教师毫无保留地献出自己的精力、才能和知识，以便在对自己学生的教学和教育上，在他们精神成长上取得好的成果。"教师甘做人梯，这种奉献精神是伟大的。每个孩子的成长和每一次进步，都凝聚着老师的汗水和心血。特别是特殊学校里的聋哑学生，他们的每一个手势，发出的每一个音节，无不浸透着老师的心血和艰辛。所以孩子应该尊敬老师，爱戴自己的老师。

**5. 教育孩子以主动、热情、诚恳的态度与老师交往**

一位教师要面对许多的孩子，他有时可能应接不暇，因此难免对孩子照顾不周，体察不到某个孩子想与老师沟通的需要。如果孩子主动向老师"进攻"，把埋在心里头的事情袒露出来，有困难向老师求助，学习上遇到难题向老师请教，主动与老师探讨人生哲理……是能够得到老师的帮助、理解和信任的。切记，千万要争取主动，别错过与老师交谈、探讨及向老师请教的机会！这样孩子才能真正与老师交朋友，才能更快地进步，迅速地成熟起来。

**6. 教育孩子要以正确的态度接受教师的善意批评**

现在，有些孩子对老师的批评感到反感，甚至有抵触情绪。他们认为老师管得太严，态度苛刻，觉得在学校不自由。严，正是老师爱孩子的表现。没有哪位老师不爱自己的学生、不希望自己的学生成才的。老师要在尊重学生、爱护学生的基础上，通过严格的方法和手段，培养学生一丝不苟的治学精神和实事求是的科学态度。培养学生良好的思想品德和文明的行为习惯，这是培育人才的需要。不严，何以能治学？不严，何以能育才？我们应该教育孩子理解老师的苦心，正确对待老师的批评，诚恳接受老师的指导和严格要求，从而确立良好的师生关系。

当然，与教师建立良好的交往关系，在于师生双方的共同努力。从家长的角度出发，应该正确教育孩子要打开心灵之门，要用尊重、热情、真诚、理解和爱去架设沟通师生心灵的桥梁。

*智慧寄语*

从家长的角度出发，应该正确教育孩子要打开心灵之门，要用尊重、热情、真诚、理解和爱去架设沟通师生心灵的桥梁。

# 教孩子学会分享与合作

亮亮一向"独享"意识很浓，平时在家总是吃独食，让他分一点给爸爸妈妈都不肯，一次妈妈下班回来吃了他喜爱吃的糕点，尽管妈妈表示明天立刻给他买，可他仍然哭闹打滚，不依不饶。他的玩具更是不让别人碰。邻居家的孩子阳阳来做客，看见亮亮正在玩小火车，便用手摸摸说："好神气的小火车呀！"亮亮小气地将玩具收藏起来，并说："这是我妈妈买给我玩的，你回家让你妈妈给你买呀！"

才6岁的孩子，"我"字在他脑海里竟如此膨胀，将来长大，这个以"我"为中心的小气的孩子岂不是要自尝苦果？

或许我们都有一个体会，现在的孩子越来越什么也不缺，可是却越来越小气，越来越"独"，越来越自私，不和别人一起分享，不会有福同享，别人的就是自己的，而反过来就不成立——自己的就不是别人的。在别人有好玩具的时候，就和别人一起玩，而当自己有了玩具的时候就一个人玩，不给别人玩。

所以，妈妈应该帮助孩子从小学会分享。在这篇案例中亮亮的妈妈采取了一系列的措施，努力地改变孩子的"小气"，事实证明，效果还是不错的。下面就是亮亮妈妈的自述，或许对大家会有所启发：

> 要让孩子学会分享，家庭生活就不能处处以孩子为中心。首先，我们取消了孩子的独食，宁可经济上多支出一些，好东西也要大家分，有时我们有意识地少吃一些，也尽可能不让孩子察觉。其次再不时时处处都围着孩子转，把孩子看成"小皇帝"了。过去，孩子有点芝麻大小的事，只要叫一声，我们便放下手中的一切，哪怕正在炒菜，也风风火火地赶到孩子身边。现在孩子有什么事，得过来给大人讲，不急的事要等大人的事告一段落再去解决，这样逐渐去掉孩子以"我"为中心的意识。再次要让孩子心中有父母、有他人，让其懂得父母、他人、国家和社会为他带来了幸福。我们有意识地带孩子去看新生儿的妈妈是怎样无微不至地照料婴儿的，以帮助孩子补上记忆中缺少的那部分。孩子看到新生儿的母亲托着孩子的大便观察孩子消化情况时被深深地感动了："妈妈真好！"风雪天当孩子裹在羽绒服里还在瑟缩时，我们提醒他看看顶着风指挥交通的警察叔叔，想想日夜守卫在祖国边境的边防军战士；烈日炎炎的盛夏，我们有意识地让孩子在太阳下站一站，体味一下酷热，再看看那些正在施工的建筑工人，想想在田里挥汗如雨劳作的农民……如此日复一日年复一年的教育，亮亮总算有了明显的长进，吃东西知道和父母分享了，外出知道关心"他人"了，小客人来了也懂得热情接待了。

现实生活中，小气的孩子并不少见。"小气"虽然不是什么大毛病，但如果不及时地进行纠正，早晚就会变成大毛病的。如果孩子是一个什么都不愿与他人分享、独占意识很强的人，那么他是很难与他人形成良好的人际关系，学会和别人进行合作的。而在这个联系越来越密切的世界里，整个地球都在朝"地球村"的方向发展，互助与合作是无可避免的趋势，谁要是不承认或者是不顺应这个发展潮流，最后的结果可想而知。

没有谁会和一个自私自利、只想着自己不管别人的人去合作的，而在竞争如此激烈的社会里，单靠一个人的努力几乎是做不出什么来的，毕竟一个人的力量太微弱，太渺小，没有合作的竞争是苍白无力、注定以失败而告终的，所以，联合国教科文组织把"学会合作"作为了21世纪人才培养的目标之一。而与别人的合作，并不是说想合作就能够合作的，最主要的一点就是要大度，不要因为小小的一点失去就斤斤计较，看不到它所带来的比失去的要多得多的回报。所以，从小培养孩子与他人分享的意识很重要。

为此,家长应该做到下面几点。

**1. 不要溺爱孩子**

孩子吃独食,不愿与他人分享,是与家长的溺爱密切相关的。很多家长出于对孩子的爱,把好吃的好玩的全让给孩子,孩子偶尔想让妈妈分享,妈妈却在感动之余,常说:"我们不吃,你自己吃吧。"长此下去就强化了孩子的独享意识,他们理所当然地把好吃的好玩的据为己有。

**2. 不能让孩子搞特殊化**

在家庭生活中要形成一定的"公平"环境,这无疑对防止孩子滋长"独享"意识有积极的意义。家长还要教育孩子既看到自己也要想到别人,知道自己与其他成员是平等的关系,自己有愿望,别人也一样有愿望,好东西应该大家分享,不能只顾自己不顾别人。

**3. 只会与家人合作不行,还得学会与别人合作**

孩子之所以不愿与人分享,是因为他觉得,分享就是失去,家长应该理解孩子这种难以割舍的"痛苦",让孩子明白,分享其实不是失去而是一种互利。分享体现了自己对别人的关心与帮助,自己与别人分享了,别人也会回报自己同样的关心与帮助,这样彼此关心、爱护、体贴,大家都会觉得温暖和快乐。

**4. 对孩子进行分享行为的训练**

这可以从婴儿期就开始。如孩子拿着镜子,家长拿着茶匙,家长温柔而愉快地递给孩子茶匙,然后从他手中拿走镜子,通过这样反复地交换,孩子便学会了互惠和信任。

**5. 给孩子分享的实践机会**

经常组织孩子与小朋友开展生动有趣的活动,让孩子与小朋友们共同活动,共同分享活动的快乐。经常提供孩子为家长服务的机会,如在家里买了水果、糕点时,让孩子进行分配,如果孩子分配得合理,就及时表扬强化。

**6. 自己为孩子树立榜样**

妈妈要做与人分享的模范,经常主动地关心帮助他人,如给孤寡老人问寒送暖、给灾区人民捐衣送物等。

**7. 不要矫枉过正**

家长要注意掌握分寸,要知道孩子毕竟是孩子,不要勉强孩子什么东西都与人分享,更不要因孩子拒绝分享而惩罚他。

*智慧寄语*

与别人的合作,并不是说想合作就能够合作的,最主要的一点就是要大度,不要因为小小的一点失去就斤斤计较,看不到它所带来的比失去的要多得多的回报。所以,从小培养孩子与他人分享的意识很重要。

# 让孩子勇敢面对而不是逃避

情景一:

小东是一个聪明的 5 岁小男孩。在一个星期天的上午,他的妈妈在剪纸,不大一会儿就剪成了一只美丽的蝴蝶花,在旁边玩耍的小东看到了,非闹着妈妈教他学剪纸不可,妈妈没办法,就开始教他。小东非常聪明,过了一会儿,蝴蝶花的轮廓就展现在眼前,一张美丽的剪纸眼看就要剪成功了。可是就在这个时候,小东不小心把纸剪断了,他立刻叫喊道:"我再也不要剪纸了,我要把它全撕掉!"看到儿子哭得这么伤心,母亲就哄儿子说:"来,不哭了,妈妈再教你剪一个啊,这个没剪好,不怪东东,都怪这个剪子不好使,我们再去找把好的剪子,这次一定可以剪出一个漂亮的蝴蝶花。"

情景二:

　　苏珊珊是柏林一所幼儿园的教师,她有一个正在读小学的可爱女儿,她非常疼爱女儿,但从不溺爱。有一次,女儿要跟同学一起去郊游,临行前,苏珊珊虽然发现女儿忘了把食物和手电筒装入背包,但她没有提醒女儿。结果旅行回来,女儿饿得脸色发黄。这时,苏珊珊才问女儿是怎么回事,并帮女儿分析了原因。最后,女儿表示:以后出门前一定要先列一个物品清单,那样就不会忘记带东西了。

第一个故事中,本来孩子是想获得我们的认可,可是眼前的糟糕局面与他的憧憬形成了巨大的反差,也因此很容易引起他情绪上的剧烈波动,他认为眼前的局面已经无法挽回了。面对这种情况,妈妈应该教孩子鼓起勇气去面对这种挫折,而不是让他们逃避责任。因为在以后的人生旅程中,他面对的挫折和困难要比这大得多。在孩子小的时候不让孩子受点挫折,那么当孩子长大的时候,你能保证他一辈子一帆风顺吗?

一些爱子心切的家长生怕孩子受到一丁点儿的委屈,有意或无意地替孩子去承担某些本应由孩子自己面对的困难和挫折,而这样做的结果,不仅使孩子失去了在挫折中成长的机会,更失去了人生中一种最珍贵的体验,而且对孩子的个性、心理都有着不利的影响。

在西方国家,比如德国,那里的家长普遍认为,孩子总有一天是要去更广阔的大地闯荡的,我们无法永远保护孩子,但是我们可以教给他们认识生活和社会的能力,教他怎样保护自己。因此,德国的大多数妈妈总是有意识地培养孩子战胜挫折和困难的能力。

从孩子蹒跚学步开始,德国的家长就已经开始了培养孩子坚强的性格。在孩子跌倒后,家长不是赶紧去扶,而是不断地鼓励孩子自己爬起来。此外,德国家长还鼓励孩子去参加政府在暑假期间组织的磨难营活动,有意识地让孩子处理、面对生活中的障碍。

事实上,适当为孩子创造一些逆境,对孩子以后的成长和发展是有益的。一个没有经受过挫折、磨炼的孩子在困难面前往往容易退缩。在国内,有一些家长想方设法为孩子铺路,其实这种做法是十分不可取的,父母的作用是指引,路还是要靠孩子自己去走。

儿童教育专家认为,给孩子多提供尝试的机会,也是挫折教育的一个重要部分。但中国的部分妈妈却在孩子很小的时候就剥夺了这种权利,不给他们尝试的机会,也就等于剥夺了他们犯错误和改正错误的机会。

在日常生活中,孩子总会提出各种各样的要求,合理的或不合理,一旦得不到满足,就会大哭大闹起来。每当遇到这种情况的时候,德国家长都会耐心地教导孩子如何控制自己的情绪,引导他们想办法以合理的方式去达到目标。例如,孩子执意要买昂贵的玩具,若家长拒绝,孩子一般都会哭闹。这时,德国的家长就会一边安抚孩子,让他平静下来,一边告诉他应该怎么做才会给他买,并不断地强化这种反应模式,使孩子在愿望暂时得不到满足时能够控制情绪,主动考虑通过其他方法来实现愿望,而不是一味地哭闹,发泄情绪。

不要害怕孩子会摔倒。孩子的成长,总是吃甜头显然是不行的,还得要学会吃一些苦头。这样,在成长的过程中,营养才能平衡,他才会明白生活并不仅仅是巧克力糖,才会在困难和挫折面前懂得咬牙坚持而不是皱紧眉头,才会懂得自己去克服困难和挫折,而不仅仅是靠在家长身上。

智慧寄语

不要害怕孩子会摔倒。孩子的成长,总是吃甜头显然是不行的,还得要学会吃一些苦头。这样,在成长的过程中,营养才能平衡,他才会明白生活并不仅仅是巧克力糖,才会在困难和挫折面前懂得咬牙坚持而不是皱紧眉头,才会懂得自己去克服困难和挫折,而不仅仅是靠在家长身上。

# 培养孩子的劳动意识

初中生林萱学习成绩不错,从没让家长在这方面担过心,但就是在生活上特别懒,连自己的房间都不愿意收拾,被子总也不叠,书桌上乱七八糟,东西随手乱放,一点也不像个女孩子的房间。有时候,妈妈让她倒个垃圾、洗个碗都特别的不情愿,而且做起来也是懒洋洋地敷衍了事。一次,妈妈终于忍不住了,决心罚她做晚上所有的家务。结果她觉得特别委屈,还哭了。

现实生活中,像林萱一样不喜欢劳动的孩子不在少数,这是值得注意的问题。

勤劳的习惯最好从小培养,因为在孩子小的时候曾有一段时间特别爱劳动,从擦皮鞋到洗碗擦地,什么都想试一试。但是有的家长,信不过孩子,看孩子干活着急,不放心,所以说,“行了行了,我干吧。”

在孩子最想劳动的时候,不让孩子劳动或者打击孩子的积极性,说:“看你把衣服都弄湿了,别弄了!”“没洗干净!别添乱了,我来。”孩子干活却没有得到表扬,很自然就想“反正我也干不好,我不干了”。然而等到孩子终于习惯了不干活,家长却又说,“这么大了,什么都不干,怎么这么懒”。殊不知,正是您使孩子养成了懒惰的习惯,却把怨言发到孩子身上,是不是有些不公平呢?此外,您使用权威强制女儿干活,只能使女儿越来越觉得干活是一种惩罚,是痛苦的事情,于是更加憎恨劳动。所以,你的处理办法并不能帮助女儿养成勤劳的习惯。

你可以动员所有家庭成员,在周末进行家庭大扫除,在愉快的氛围中劳动,使女儿觉得干活也可以高高兴兴,当劳动结束,你可以打开音乐,带领女儿享受劳动的成果,看着整齐干净的家,表现出心情舒畅的样子,这样女儿也会您被感染,以后也可能学着你的样子来收拾自己的房间。

一种有效的办法是“帮助促进法”。就是你只是为孩子把活做一半,另一半不去做,而是促使孩子自己做。如帮孩子洗一只鞋、一只袜,给孩子收拾柜子,整理书桌时,留下一半工作。这样孩子会感到别扭而不得不动手干。

你要使孩子把劳动当成她自己的责任。订立“劳动合同”,明确孩子自己房间的卫生由她自己负责,要注意的是,不管多脏多乱您都不要帮忙。具体方法是:拿一张纸,用纸的2/3列表,表上列出你希望她整理的项目和要求,如“每天早晨起来整理好床铺”“看完的图书放回书架”“待洗的衣物放在洗衣桶里”等等;另1/3处,写检查要求和奖品项目。检查要求:如妈妈每天随时检查,一个项目“满意”记“1”分,“不满意”记“0”分。奖品项目列表:如“吃肯德基(需要)15分”“双休日去公园5分”“买一本卡通书10分”等等。奖品要根据孩子的需要列,以促使孩子努力用好行为“挣分”去换取。

另外，除了孩子自己的事情自己做之外，还应负责部分家务。家务是孩子必须每天要做的，如扫地、收拾饭桌。开始时，您可以采用劳动付酬制，如要求女儿负责一天两餐的洗碗工作，每洗一天付酬5角，拖地板一次5角，每周结账一次，有效期3个月。经验证明，这确实能使孩子短期内变得勤劳起来。同时，也使孩子开始意识到劳动不是大人的专利，也不是惩罚错误的手段，而是生活的需要，想要花钱就得先劳动。当孩子劳动的习惯建立起来后，您可以把每次的劳动付费，改为不确定的劳动付费，以巩固孩子的行为。一段时间后，当孩子变得比较自觉后，取消付费，您应该告诉孩子，"前一段你的表现很好，说明你完全有能力勤快起来，但是，要知道家庭劳动是家庭中每个成员的义务，我们为了使你快速地养成这样好习惯，采用了付酬制。现在你已经可以胜任为一个合格的家庭成员，所以应该像爸爸妈妈一样，为家庭无偿劳动了"。

### 智慧寄语

勤劳的习惯最好从小培养，因为在孩子小的时候曾有一段时间特别爱劳动，从擦皮鞋到洗碗擦地，什么都想试一试。

# 让劳动成为一种习惯

情景一：

暑假结束了，小伟的妈妈终于长长地松了一口气，可熬过来了，孩子终于开学了！因为在暑假里，12岁的小伟在家懒懒散散，不是睡懒觉，就是看电视、玩电脑，不但什么家务活也不干，午饭还得让妈妈操心。

其实，之所以出现这样的情况，小伟的妈妈也有不可推卸的责任。因为从小开始，小伟的妈妈就什么都不让儿子做，因为家里就这么一个孩子，在小伟两三岁的时候，爷爷、奶奶、姥姥、姥爷就轮流来照看他。吃饭有人喂，衣服有人洗，小伟根本什么都不用干。有时候，小伟看到大人做事，也会抢着去做，比如看到妈妈洗衣服，他也想自己洗袜子，看到奶奶扫地，他也想扫一下。可是，小伟的举动常被大人阻止。次数多了，小伟也就懒得去做了。有时候，他在看电视，妈妈扫地扫到他旁边，他连脚都懒得抬一下。有时候妈妈让他拿个什么东西，即使东西就在手边，他也会让妈妈自己来拿。对此，小伟的妈妈无可奈何，只得抱怨养了一个这么懒的孩子。

情景二：

杰米今年15岁，个头却有一米七多。从小他就与爸爸妈妈移居来到中国，干家务活对他来说简直就是小菜一碟。假期里，杰米除了每天自己打扫房间，帮助妈妈买菜、洗菜、洗碗外，夏天的衣服有些不宜用洗衣机洗的，杰米就主动帮妈妈用手洗。对于干家务，杰米从来没有抱怨过，而且经常是很主动地去做的。只要有时间，杰米从不让妈妈一个人在家里忙活。

而这一切应归功于杰米妈妈从小的培养。

在杰米上幼儿园的时候，妈妈每天把他接到家的第一件事就是和他一起洗手绢。上学后，妈妈又开始教杰米洗袜子，让他自己收拾每天的作业本、文具盒、书包等。

到了上小学二年级的时候，妈妈就开始对杰米提出了周末学洗碗的要求，当杰米学会洗碗以后，每天晚饭的碗几乎都是杰米洗。刚开始的时候，杰米袜子洗不干净，妈妈就等他睡觉后给他重新洗一遍;杰米收拾好的书包,妈妈会当着他的面再检查一遍,看看有没有遗漏什么东西,如果有的话,妈妈就让他重新收拾一次。

如今,杰米已经上初中二年级了,尽管初中的功课比小学紧张了很多,但是他仍坚持晚饭后洗碗。常常是杰米洗碗的时候妈妈收拾厨房,母子俩一边做家务一边听杰米汇报学校里发生的大大小小的事情,其乐融融。

对杰米而言,做家务已经成为了一种习惯。由于这是一种从小养成的习惯,所以,他从来没有把做家务当成一种负担,反而把做家务当成了紧张学习之余的一种调剂。

国内的很多家长认为让孩子做家务劳动是浪费时间和精力,学生应该把有限的精力都投入到学习中去,家务劳动不用学,将来总归会做的。

而美国的许多家长让孩子从小做一些力所能及的事,锻炼孩子的劳动能力。

其实,做家务劳动也是一种能力,而且还是生活中必备的一种技能。在现实生活中,具有这种技能的人往往比较从容、轻松,而那些不具备这种技能的人常常会手忙脚乱,即使是平平淡淡的日常生活,对他们也是一个沉重的负担。

孩子能不能养成良好的劳动习惯,与家长有很大的关系。但有效的教育是需要讲究方法和策略的。家长们不妨从以下几方面做起:

**1. 经常向孩子灌输劳动光荣的思想**

家长应该让孩子明白,劳动作为谋生的一个必要条件,是光荣的。不管是谁,要生存,就必须劳动,没有人可以不劳而获。

**2. 家长自己要以身作则,为孩子做出榜样**

如果家长自己都很懒惰,做什么事都不肯动手,却口口声声教育孩子要热爱劳动,这样的教育方式是不能使孩子信服的。即使家庭条件比较好,家长也不妨经常和孩子一起动手打理家务,通过自己的行为来影响和教育孩子。

**3. 有效调动和保护孩子劳动的积极性**

不管孩子做得好不好,最好是多鼓励少批评。比如孩子拖地时不小心打碎了花瓶,家长可以提醒孩子下次小心点,切不可一味苛责,这样容易挫伤孩子做事的积极性。

**4. 要多给孩子提供劳动锻炼的机会**

不要过分宠爱孩子,平常孩子自己能做的事尽量让孩子自己去做,每周至少为孩子提供一次劳动的机会。另外,鼓励孩子多参加公益劳动也是不错的选择。当然,为孩子安排劳动要恰当,对一些孩子做不到的劳动,家长最好不要安排,否则效果往往会适得其反。

**智慧寄语**

做家务劳动也是一种能力,而且还是生活中必备的一种技能。在现实生活中,具有这种技能的人往往比较从容、轻松,而那些不具备这种技能的人常常会手忙脚乱,即使是平平淡淡的日常生活,对他们也是一个沉重的负担。

# 重视孩子独立能力的培养

陕西省咸阳市一所小学四年级一班要组织一次拉练野营活动,孩子们兴奋异常。可是当他们把消息告诉父母后,父母们却纷纷表示"震惊",多数家长强烈反对。孩子们与父母"磨"

了好几天,57人中才有30人的父母勉强同意。可是临到出发时,又有几名孩子被他们的爷爷奶奶连哄带劝地拖回去了。

有家长说:"这么小怎么能走这么远的路?路上车撞着怎么办?走不动咋办?"

有家长说:"什么活动不好搞,学校偏要搞这么危险的活动,出了事谁负责?"

有家长说:"路程太远,如果缩短一半,还可以考虑。"

父母的爱心可以理解,可是像案例中的这种爱子方式却是错误的。在西方国家,孩子玩耍时,母亲一般都不紧盯着,一旦孩子摔倒了,她们往往只在远处注视,让孩子自己爬起来,孩子也很少哭。而我们常见的情况是,孩子玩耍时,妈妈常常是紧跟在孩子后面,大声地喊叫:"别跑,当心摔着!""别走远了,危险"等,喊个不停。当孩子不小心被绊倒时,赶快上前抱起来,又拍又哄,孩子本来并没有哭,这时反倒大哭起来。

为了能保证孩子一生的幸福和安宁,家长们巴不得把孩子捧在手上呵护着。

然而,人生充满着风雨,充满着意外和艰辛。不要期待世上凡事皆是一帆风顺。妈妈应该做的是:从小培养孩子自理自主自强的能力,让他有胆量独立地走向生活,去搏击人生的风风雨雨。

有一位清华大学的学生谈起他小时候的经历时说:

我上小学的时候,爸爸妈妈工作很忙,有的时候他们下班后还要到农村收拾庄稼,我就带着弟弟自己做饭吃。蒸馒头、煮面条、烙饼……我几乎尝试着做过了所有的饭,我还帮爸爸妈妈洗衣服,打扫卫生,像个大人一样,而那时我只有12岁。

小学毕业的那年,我家还在农村种了30亩地的土豆。我升学考试结束的第二天,就到农村的老舅家住着,帮他收拾很大一块地。每天天刚亮,我就随老舅起床到地里锄地。到太阳有一竿子高的时候再回去吃饭,然后又到地里拔草……爸爸妈妈来老舅家看我的时候,我已经把那整个的30亩地锄了一遍,又拔了一遍草。

后来的假期里,我都会到农村帮忙干很多活,还到建筑工地当小工,和那些进城打工的农民一起干活……今天,我非常感谢那段生活。

显而易见,那段生活使这位清华大学的学生得到了自理能力的锻炼,这对他今后的生活打好了基础。

今天的孩子将面临一个充满竞争的社会,物竞天择,适者生存。优胜劣汰的竞争将使每个人面临严峻考验。为了使我们的孩子将来能立于不败之地,就应该让他们在慈爱而理性的爱中成长。著名作家高尔基说:"爱孩子是母鸡也会的事,然而,会教育子女就是一件伟大的事了。"放手让孩子出去开阔眼界,让孩子从小学会独立,在"蓝天"下自在飞翔。要做到这些,家长可以从以下几点入手:

**1.让孩子自己安排和自己负责**

当孩子丢三落四,乱发脾气时,妈妈千万不能包揽责任包办代替,而要让孩子意识到自己的不足,并且学着负责到底。

**2.正确地认识和理解孩子**

要了解孩子在各个年龄阶段普遍具备的各种能力,知道在什么年龄,孩子应该会做什么事情了。

**3.给予充分的活动自由**

孩子的独立自主性是在独立活动中产生和发展的,要培养独立自主的孩子,就应该为他提供独立思考和独立解决问题的机会。

智慧寄语

今天的孩子将面临一个充满竞争的社会,物竞天择,适者生存。优胜劣汰的竞争将使每个人面临严峻考验。为了使我们的孩子将来能立于不败之地,就应该让他们在慈爱而理性的爱中成长。著名作家高尔基说:"爱孩子是母鸡也会的事,然而,会教育子女就是一件伟大的事了。"放手让孩子出去开阔眼界,让孩子从小学会独立,在"蓝天"下自在飞翔。

# 培养孩子的记忆力

文文已经上初中了,他学习很刻苦,每天上课都认真听讲,晚上回到家,总是先抓紧时间完成老师布置的家庭作业。但妈妈最欣赏的,还是文文的记忆力好。每次老师要求背诵的课文、英语单词、数学公式,他都是班上记得最快最好的,经常得到老师的表扬,妈妈很为他自豪。

从案例中可以知道,文文不仅学习努力用功,还具备了非常好的记忆能力。记忆能力是重要的学习能力之一,也是一个人综合素质的重要内容。同任何能力一样,人的记忆能力也不是天生的,而是在培养、训练中产生并不断提高的。文文在学习中表现出了这种能力,其实是在小的时候,妈妈就有意识地激发了文文的记忆潜能,使他养成了良好的记忆习惯。

多数的大人很难回忆起 3 岁前做的事情,所以就误认为 3 岁前孩子缺乏记忆力,教育最好从 3 岁以后开始。实际上孩子的记忆力几乎与生俱来,即使是 1 岁的孩子,当他肚子饿了,一听到妈妈的声音,就兴奋起来,因为他记住了妈妈的声音,知道有奶喝了。再如,即使只是一个不够两岁的孩子,也会把自己喜欢的玩具从多个玩具里挑出来,因为他记得这个玩具好玩。这些都表明孩子是有记忆力的。

其实,从心理学的角度来讲,当孩子感触到外界物体的刺激,这种刺激就会在大脑神经突触里留下印记,刺激越深的,印记就越深,这些印记就是记忆。孩子早期的"记忆"通常从他的经验中表现出来。这也就是说,当孩子能用自己的眼睛和大脑去感知这个五彩缤纷的世界的时候,他大脑里的记忆功能就已经开启了。

正是基于以上的原因,我们在这里提醒:作为与孩子朝夕相处的妈妈来讲,一定要注意培养孩子的记忆能力,一定要抓住一切有可能的机会激发孩子的记忆潜能,让孩子从小形成良好的记忆习惯,提高记忆能力。

那么,妈妈应该怎样从小培养孩子的记忆能力呢?

**1. 丰富孩子的生活环境**

有生活经历才有记忆,有的孩子年龄很小,却因为"见多识广",能记住和讲述很多见闻。因此,为了培养孩子的记忆能力,妈妈应该给孩子提供丰富多彩的生活环境,例如给孩子玩各种颜色、有声的、能活动的玩具,让孩子听听音乐,多与孩子讲话,给孩子念儿歌、诗歌,讲故事,带孩子去公园、动物园、商店,和孩子一起做游戏……这些都会在孩子的小脑袋里留下深刻印象,能在较长时间内保持记忆力。拥有这些印象,孩子在遇到新的事物时会引起联想,更容易记住新的东西。

### 2. 多让孩子观察周围的环境

观察好比是孩子摄取知识经验的大门，记忆则是储存知识经验的库房。多让孩子观察，能让孩子在观察中记忆具体的形象事物，对孩子记忆力的培养非常有帮助。例如，妈妈可以在带孩子外出时，事先提出要求，让孩子记住行走的路线、方向，注意观察周围及拐弯处有什么特点，乘坐哪一路电汽车等，返回时请他带路。

### 3. 有意地给孩子布置识记任务

为了培养孩子的记忆能力，对满 2 岁的孩子，妈妈就可以给他布置识记任务，最简单的可以从要孩子取一样东西或传一句话做起。随着孩子年龄的增长，布置识记的任务可趋复杂，如要求记住游戏规则等，这对于激发孩子的记忆潜能很有帮助。

### 4. 引导孩子叙述自己的经历，激发其记忆能力

2～5 岁这一阶段的孩子有能力去讲一个故事，而这种简单叙述也许就是开启孩子记忆的一把钥匙。这个阶段的孩子经常会想起一些很具体、很细节的事情，比如会突然想起自己穿着红色的泳衣去海边，还在那里看到了贝壳，而不是说"我想起了大海"，他们通常还会用叙述的方式来表达经历。另外，2～5 岁的孩子已经可以记住一些抽象的概念，如颜色、数字、字母等。他们在短时间里存储了很多信息，并且在需要的时候会努力回忆。

当然，2～5 岁孩子的记忆很多时候还仅仅是机械记忆，并没有真正理解。运用"重复"的记忆手段，是这一时期孩子增强记忆的关键。妈妈可以试着引导孩子把自己以前的经验说出来，可以很好地刺激孩子的记忆潜能。例如妈妈可以经常引导和帮助孩子叙述自己的经历，比如说去海洋馆先后看到了什么，或者在幼儿园里一天发生了什么都可以讲一讲。但要注意的是，提问题的时候要尽可能具体化，例如"你昨天吃的饼干好吃吗？""今天幼儿园的老师穿什么衣服了？"等等。

### 5. 锻炼和强化 5 岁以上孩子的记忆能力

5 岁以上的孩子通常能够读些简单的儿童读物，做基础的加减法，这时的记忆力会承载更多的任务，孩子也有能力自己去做更多的事情。妈妈这个时候应该做的就是采取措施强化和锻炼孩子的记忆能力。例如妈妈可以用这样的语句和孩子交流："宝贝，你自己上楼去睡房的衣柜里拿双干净袜子，再准备好换洗的衣服，然后去卫生间洗澡，千万别忘了把发卡摘下来。洗完澡，到厨房找我，好吗？"这样一系列的嘱托正是在潜移默化地锻炼和强化孩子的记忆能力。当然，孩子不一定能同时记住所有的事情，但这种锻炼是有益的。只要妈妈多个心眼，生活中类似这样的机会很多，妈妈千万不要错过任何一个强化孩子记忆能力的生活细节。

### 6. 针对学龄期的孩子要教会他记忆方法

记忆方法的正确要求：其一，记忆时目的要明确。漫无目的学习，即使形式上轰轰烈烈，到头来还是一个零。有些孩子背诵课文，只是为了下节课的提问，时过境迁，当然易忘。其二，记忆时注意力集中。有些孩子记记玩玩，背诵课文，又想别的事，记忆效率自然不高。其三，记忆时兴趣要浓厚。有些孩子，"读书不求甚解"，兴趣淡薄，没有求知的欲望，应付差事，记忆力当然提不高。其四，记忆时思维要积极。这里有三层意思：一要在对材料充分理解的基础上进行识记，理解越深，识记越好；二要把记忆纳入自己已有的记忆系统中去，成为这个体系中的一部分，记忆便牢；三要把记忆的材料进行概括，分门别类地储存，就像中药铺，丸、散、膏、丹分类存放，取时手到药来。其五，记忆时要有多个感官参与。实验表明，人们学习如果只靠眼看，3 小时后保持72%，3 天后剩下20%；如果只靠耳听，3 小时后保持70%，3 天后剩下10%；如果视听

并用,则3小时后保持85%,3天后仍记住65%。多种感官共同参与记忆活动,记忆效率定然倍增。

智慧寄语

作为与孩子朝夕相处的妈妈来讲,一定要注意培养孩子的记忆能力,一定要抓住一切有可能的机会激发孩子的记忆潜能,让孩子从小形成良好的记忆习惯,养成良好的记忆能力。

# 培养孩子的创造力

情景一:

晚饭之后,妈妈正在收拾碗筷,4岁的凯凯却正忙着把他剩下的晚饭变成一场科学实验。首先他往牛奶中放入几粒豌豆,然后加入一些芥末,再铲点鸡肉和米饭,最后把这些东西在一起搅拌。那混合物的样子看起来真是难以想象,但凯凯眼看着就要把这一碗看上去令人"恶心"的杰作吃下去了。就在凯凯把碗送到嘴边的时候,凯凯的妈妈走过来一把手就把碗夺走了,还生气地对凯凯说:"让你正经吃饭的时候,你干什么去了? 求你多少遍了,你一口也不吃,你看你把一碗好好的饭弄成什么样子了? 这还能吃吗? 恶心不恶心?"凯凯眼看着自己的"杰作"被妈妈倒进了垃圾桶,一下子心痛地大哭起来。

其实,这个小故事中的4岁的凯凯正在经历一次让他难以忘记的创新,他最后虽然没有品尝到自己的成功果实,然而这一次经历同样也让他难以忘记:妈妈对他的粗暴态度会永远留在他的记忆里,从此以后他可能永远不会再有类似这样的"创举"了。这是一件多么悲哀的事情!

情景二:

有一次,一个美国的妈妈状告孩子的幼儿园,因为她的孩子在幼儿园的老师教字母"O"之前,把这个字母想象成苹果啊,小嘴巴啊等等。结果在幼儿园的老师教了之后,她的孩子就只说是字母"O"了! 这个官司引起很大的关注,最后,法院判决那位妈妈赢了!

把上面两个妈妈的做法对比一下,我们就不难发现:我们的孩子没有创造力是有原因的。因为很多妈妈在孩子很小的时候就把他的创造力扼杀在摇篮里,扼杀在萌芽时期了。这是十分不幸的!

有一年,澳大利亚、新西兰、印度、中国等国家和地区参加的"未来家庭娱乐产品概念设计大赛",中国共有20所学校1300多名选手参赛,真可谓阵容强大。然而,比赛结果却令人寒心,两个组的冠军、亚军、季军,中国孩子连边也没沾上,最后只获得一个带有鼓励性质的纪念奖。在人家闪耀着想象大胆、构思独特的作品面前,中国孩子的作品显得那样苍白,缺乏独创性。这怎能不令中国的家长们感到震惊!

中华民族是一个富有智慧的民族,中国孩子智商高,在各类知识性考试中往往是出类拔萃的,但我们的孩子的思考力和创造力为什么不如人家呢?

所谓创造能力,通俗地说就是善于创造和创新的能力。这种能力在人的一生发展中具有极其重要的作用。创造力强的人,勇于弃旧求新;不盲从,不轻信,不随便附和他人;他善于创造性地思考,好问好想,好探索,能发明创造崭新的成果。

孩子的创造力不是凭空而来的,而是通过平时仔细观察周围的事物,先在脑海里留下对事物深刻的印象,再经过自己的思维活动,然后进行实践而获得的。任何心智健全的孩子,都具有程度不等的创造潜力，这种潜力能不能被开发出来，关键在于教育。如果教育不得法，创造潜力就会被扼杀、被埋没。

事实证明，在培养孩子创造力方面，家庭教育比学校教育更有优势。因为家庭教育能根据自己孩子的特点，安排适当的环境，提供必要的条件，便于孩子发挥特长。因此，家庭对于培养孩子的创造性有独特的作用。

对于学龄前的孩子来讲，他们的生理和心理正处于一个发展的高峰期。他们正在用自己的理解力探索着这个对他们来说十分新奇的世界。因此，在这个特殊的阶段，孩子的创造力正处于一个十分踊跃的状态。如果与孩子朝夕相处的妈妈能够在这个关键时期"拉孩子一把"，给孩子一点创造的勇气和机会，孩子的创造力将会得到很好的发展，孩子的创造潜能将会被很好地激发出来。

### 1. 经常带孩子接触新鲜事物

为了培养孩子的创新能力，妈妈要带孩子接触各种新鲜事物。我们都知道，知识是一切能力的基础，没有知识，对外面的世界一点儿也不了解、不熟悉，即使智商再高，也是不会有创新能力的。因此妈妈要根据孩子的年龄大小和生活环境的不同，经常利用节假日带领孩子接触各种新鲜事物。认识事物越多，想象的基础就越宽广，就越有可能触发新的灵感，产生新的想法，孩子的创新潜能就会越早地被激发出来。那种只想把孩子关在家里，只想让孩子写字、画画、背诗的方法，只会把孩子培养成书呆子，绝不可能培养出有创新能力的人。

### 2. 保护孩子的好奇心，激发其求知欲

具有好奇心是幼儿的个性特点之一，它表现为儿童对不了解的事物所产生的一种新奇感和兴奋感。例如，孩子听见外面锣鼓响了，总想跑出去看看；看见停在路旁的汽车，总想去摸摸；听到时钟"滴答滴答"地响，总想把它拆开来看个究竟。孩子不但会有这样的行动，而且还会频繁地提出各种问题。妈妈应热情、耐心地对待孩子的提问，绝不能不耐烦地说"去去去，真麻烦"，或很神秘地说"等你以后长大了就明白了"之类的话。

### 3. 注重在游戏活动中培养创造能力

对孩子来说，游戏不仅是娱乐，而且还是学习。孩子往往会通过游戏来对现实生活进行创造性的反映。游戏可以丰富孩子的知识，促进孩子观察、记忆、思维、想象、语言和创造能力的发展。妈妈在孩子很小的时候就要重视孩子的游戏，就要为孩子游戏的开展创设良好的条件。

首先，妈妈要注意留给孩子玩耍和游戏的时间；其次，妈妈要让孩子有一定的游戏空间；再次，妈妈要保证孩子有合适的玩具和游戏材料，玩具和游戏材料是游戏的物质基础，孩子往往在玩中产生联想；最后，妈妈要对孩子的游戏进行指导。

### 4. 鼓励孩子独立从事操作活动

一个没有责任心的人是什么事也做不好的，更不用说创造发明了。妈妈要尽量让孩子去做一些力所能及的事情并取得一定的结果，使孩子体验到独立完成某一活动是很重要的。事情不在大小，也不在做得好坏，只要让孩子去做，就能逐步培养孩子的责任心。研究发现，随着孩子责任心以及能力的增强，他们的创造性能力也越来越活跃并更具有自发性。

*智慧寄语*

孩子的创造力不是凭空而来的，而是通过平时仔细观察周围的事物，先在脑海里留下对事物深刻的印象，再经过自己的思维活动，然后进行实践而获得的。任何心智健全的孩子，都具有程度不等的创造潜力，这种潜力能不能被开发出来，关键在于教育。如果教育不得法，创造潜力就会被扼杀、被埋没。

# 培养孩子的独立思考能力

张肇牧十分喜欢做实验性游戏,当听妈妈说要做有趣的实验游戏时,肇牧非常高兴。与往常一样,由妈妈说,他动手。

"肇牧,从你的玩具中,找出两个同样大的杯子,一个比杯子大的碗或者是锅都行。"肇牧将三样东西拿来了。"妈妈,你看行吗?"妈妈满意地说:"行。你用锅装些水来,并且将水分别倒进两个杯子,要求两个杯子的水要一样多。"肇牧按示意进行。然后妈妈问肇牧:"你看两个杯子的水,是不是一样多?"肇牧左看看右瞧瞧,说:"啊,是一样多。""你将一个杯子的水倒进锅里,你再看看,是锅里的水多呀,还是杯子的水多?"谁知肇牧不假思索地给了妈妈满意的答复:"一样多。""为什么?你看锅里的水这么少,杯子的水那么多,怎么是一样多呢?"肇牧从容地说:"妈妈你看,这是两个同样大的杯子,我倒进的是同样多的水,然后再把这个杯子装的同样多的水倒进了锅里,因为锅比杯子大,所以看起来锅里水好像少些,其实它们一样多。"

谁能相信,这是一个年仅4岁的孩子对液体容量守恒定律如此肯定的回答。而且思维清晰,语言表达准确、完整。

上小学二年级的时候,数学教学正进入直式运算阶段,学生们都能按照老师的要求,从低位向高位顺序运算,唯独肇牧别出心裁从高位到低位进行逆向运算,经老师指出后,他竟"一意孤行"。妈妈问他时,肇牧振振有词:"左边算到右边是妈妈想出来的窍门。"

听他这么一说,妈妈意识到肇牧虽然违背规律进行运算,却透露出一种萌芽状态的独创精神。于是妈妈在对他的"找窍门"给予充分肯定之后,循循善诱地告诉他,对自己周围的事物要多方位观察,对思维结果还需验证,验证的标准就是看它的实际效果。然后,妈妈与他一起分析逆向运算的弊端。最后,他口服心服地忍痛割"爱"了。

在张肇牧身上,我们看到了可贵的独立思考能力。当然,他之所以具备这样的能力,是与妈妈从小有意识地培养分不开的。

妈妈要培养孩子独立思考的能力,因为思考好比播种,行动好比果实,播种愈勤,收获也愈丰。一个善于独立思考的孩子,才能品尝到金秋的琼浆玉液,享受到大地赐予的丰收喜悦。

伟大的物理学家爱因斯坦说:"学会独立思考和独立判断比获得知识更重要。不下决心培养思考习惯的人,便失去了生活的最大乐趣。"有的妈妈把一切事物都安排得十分妥善周到,从来就没有什么事需要孩子自己去考虑,长此以往,会扼杀孩子的思考能力,更谈不上解决问题的能力了。因此,妈妈要培养孩子独立思考的习惯,给孩子创造一个思考的空间。

那么,怎样培养孩子的思考能力呢?

## 1. 创造一个思考的氛围

创造一个思考的氛围对孩子形成独特的个性,表现有创新意识的思维、举动很重要。妈妈不能因为孩子小,需要成人照顾而把他看成成人的附属品。孩子也是一个完整、独立的个体,应该允许他有自己的世界,有自己的空间。有句话说:"什么样的妈妈教出什么样的子女。"因此,在妈妈努力启发孩子思考能力时,不要忘了同时培养自己的思考能力,使妈妈成为能与孩子思考能力互动的主力。不必在孩子与孩子间制造竞争压力,也不必为了培养思考能力,将家庭生活弄得紧张、沉重;更不必一反常态,变成严肃又过分认真的妈妈。真正成功思考能力的培养者,是能与孩子一起学习、一起成长，像挚友般的倾听孩子的心声，了解孩子的行为，知道何时给孩子掌声，何时扶持孩子一把，没有命令、没有压抑。

**2. 让孩子学会思考**

妈妈在与孩子的相处和交谈中，要经常以商量的口气进行讨论式的协商，留给孩子自己思考的余地，要给孩子提出自己想法的机会。妈妈可根据交谈内容经常发问，如"这两者有什么关系""你觉得怎么做会更好""你的想法有什么根据"等问题，以引起孩子的思考。

---

智慧寄语
_____

妈妈要培养孩子独立思考的能力，因为思考好比播种，行动好比果实，播种愈勤，收获也愈丰。一个善于独立思考的孩子，才能品尝到金秋的琼浆玉液，享受到大地赐予的丰收喜悦。

# 培养孩子谦虚的品质

陈坤从5岁开始学拉丁舞，他的舞技日益精进，得到的夸奖也越来越多。陈坤开始骄傲了，有一天，老师对他说："陈坤，你的滑步角度有点儿偏，你看看李宁，他就很标准。"陈坤听后很不服气，顶嘴说："我是按照要求来的啊，和李宁的一样。"

老师又给他示范了一遍，陈坤很不情愿地重做了一遍。晚上，妈妈来接他回家，老师反映了情况。妈妈看着儿子骄傲地抬着头，就没说话领他回家了。回到家，妈妈说："儿子，你的确很棒，你的这些奖杯也是妈妈的骄傲。"

妈妈上网查询了一下，找到了一场有拉丁舞表演的晚会。妈妈买了两张票，周末带着陈坤一起去了。陈坤看完晚会后问："我能有这一天吗？"妈妈说："只要用心于每一个细节，就一定能有这一天，追求艺术的道路是无止境的，你可别为小成绩而自满啊！"

陈坤的妈妈是非常聪明的，她发现孩子身上有骄傲自满的苗头后，没有马上批评教育，而是利用带孩子观看高水平表演的机会，帮孩子认识到自己的不足。

"谦虚使人进步，骄傲使人落后"，这句话是老祖宗留给后人的。妈妈也要把它传给孩子，让孩子养成谦逊的品质，能够在成长中不自满、不自傲，不断地追求进步。

妈妈要从小教育孩子做个谦虚的人。谦虚的人是有自知之明的人，不是一受夸奖就连自己都不认识的人；谦虚的人是能接受别人批评的人，不是自以为是、胡搅蛮缠的人；谦虚的人是能严于律己、宽以待人的人，不是抓小辫子的人；谦虚的人是能虚心向别人学习的人，不是因为自己有长处、优点而自傲的人。那么，妈妈如何培养孩子谦虚的品质呢？

**1. 妈妈要教育孩子正确地面对表扬、夸奖**

妈妈对孩子的表扬、夸奖是对他的鼓励，是希望他进步，孩子也应当把妈妈的夸奖化作争取更好成绩的力量。为此，妈妈要让孩子在掌声中意识到自己的不足，意识到自己离妈妈的期望还有很大距离，启发孩子认清自己的位置，确立新的目标。如果得到了老师的表扬和周围人的喝彩，孩子就翘起尾巴，忽视自己的不足，他就会吃苦头。妈妈要知道，夸奖对孩子成长是必要的，但同时要让孩子努力、谨慎。

**2. 妈妈要让孩子经得住批评、接受批评**

有的孩子只希望得到赞扬，一听批评就不高兴，甚至骂人。比如说她懒惰，指出她作业中的错误，她就翻脸不认人。这是不谦虚的表现。谦虚的人敢于承认错误，勇于接受批评。妈妈要教育孩子懂得谁都会有缺点，都可能犯错误，伟大人物也是这样，要引导孩子努力改正错误。

**3. 妈妈要教孩子不要抓别人的"小辫子"**

抓别人的"小辫子"是为自己护短，是不虚心接受别人批评的表现。我们常见有些孩子受到别人的批评时，就反咬一口"你也怎样怎样"。妈妈要教育孩子宽容别人的小毛病，不要去挑别人的小毛病，更不要抓住别人的小毛病不放。一个人只有不计较别人的小毛病时才会改掉自己的缺点，才会乐意接受别人的批评。

**4. 妈妈要帮助孩子克服"居功自傲"的习惯**

孩子在学习上进步了，在书法、钢琴、舞蹈等方面有突出的表现，并不是他取得优越地位和享有特殊权利的条件。不管孩子取得了多大的成绩，妈妈都要把他放在普通人的位置上鼓励他、奖励他，让孩子懂得自己永远是社会、家庭中与他人平等的成员。

在现实生活中，有些妈妈每逢孩子有一点点进步就大张旗鼓地为他买高档衣服、玩具，带孩子游玩，不让孩子干家务。这实际上是把孩子放在特殊的位置上，只会助长孩子的虚荣心。妈妈对孩子的进步给予奖励的目的，应当是激发孩子作为普通家庭成员的责任心，让孩子意识到自己的努力应给家里带来幸福而不是负担。同时，要引导孩子认识到周围一切人都有值得学习的长处，如孔子所说："三人行，必有我师。"妈妈要让孩子明白他人都有优点和长处，他应当向别人学习，自己不应该骄傲。

*智慧寄语*

妈妈要从小教育孩子做个谦虚的人。谦虚的人是有自知之明的人，不是一受夸奖就连自己都不认识的人；谦虚的人是能接受别人批评的人，不是自以为是、胡搅蛮缠的人；谦虚的人是能严于律己、宽以待人的人，不是抓小辫子的人；谦虚的人是能虚心向别人学习的人，不是因为自己有长处、优点而自傲的人。

# 建立孩子的责任感

玲玲今年已经读小学五年级了，可是却还像小孩子一样，凡事都要妈妈再三叮咛嘱咐，否则就不会主动做好。例如早上，一定让妈妈多次喊叫才会起床；衣服不替她准备好，她就不知道该穿哪一件；早饭，妈妈不催促就吃得很慢，以致上学迟到；文具经常忘在家里，还要麻烦妈妈送到学校。最让妈妈生气的是，她做事没有责任感，不是经常推说忘了，就是虎头蛇尾。每次妈妈批评她，她虽然能接受，但事情过后，又故态复发，妈妈为此整天抱怨却没有办法。

班主任赵老师为了鼓励玲玲，让玲玲当了小组的组长，负责值日时的卫生和平常小组人员的纪律管理。谁知，没过几天，玲玲就被小组全体组员"弹劾"了，原来，玲玲每到值日那天，总忘记安排分工任务，结果，竟然连黑板都没有擦。还有一次，组里的调皮大王去揪前排长辫子女生的辫子，玲玲虽然看见了，却什么也没说，气得长辫子女生大哭起来。组员们一致认为，玲玲没有尽到组长的责任，要求重选小组长。玲玲看到同学们这样批评自己，也急得哭啦。一边哭一边委屈地说："我真不知应该怎么做呀？"

玲玲的例子反映了她的依赖心重，没有责任感，这种现象在现实中经常可以看到。很多妈妈埋怨现在的孩子依赖心理特别强，而应变能力及处事能力特别弱，不仅无法替妈妈分担家务，而且连日常生活中的起床、上学、做功课等小事，都要妈妈催促督导，否则就会拖延、偷懒。

事实上，孩子做事没有责任感，主要是妈妈没有给孩子担负责任的机会，让他去承担不负责任的后果。例如孩子早上因赖床而上学迟到，那么他就应当承担被老师责罚的后果，而不能将责任推卸给妈妈。当然，在此之前，妈妈必须先教孩子如何主动早起，并给他一段学习与适应的时间。例如给孩子一个闹钟，并教他如何使用，然后告诉他主动起床的原因及必要性。或是和孩子约定，妈妈固定在几点钟时叫醒他，如果他不愿意立即起床，妈妈将不会再继续催促他，后果将由他自己负责。为了帮助孩子顺利养成主动早起的习惯，妈妈可在晚上提醒孩子早点睡，并且事先和学校老师取得联系，让老师了解你的用意而能够配合你。

同样的，孩子因早餐吃得太慢而迟到，主要是孩子缺乏时间概念，因此妈妈应当先教孩子如何分配及运用各项例行公事的时间。在适应阶段里，妈妈可以协助孩子订立时间计划表，并提醒孩子是否动作太慢，是否超过了预定的时间，过了一段时期后，妈妈就无须再督促孩子。

至于这篇案例中忘了带文具去学校这类事，虽然是很多孩子常犯的毛病，但是如果妈妈随时替孩子做"限时专送"的工作，久而久之，孩子也会养成依赖的心理。因此，妈妈不妨指导孩子在桌前准备活动式的记事栏，每天放学后用彩色笔在上面登记明日要携带的文具，第二天上学前再检查一遍，养成习惯后自然就不会健忘了。

培养孩子的责任心，可以训练孩子从养成良好的生活习惯做起，具体可从以下方面做起：

(1)有意识地交给孩子一些任务，锻炼孩子独立做事的能力。随着孩子年龄的增长，妈妈要逐步教导孩子自己的事情自己做，之前提出要求，鼓励孩子认真完成。如果孩子遇到困难，妈妈可在语言上给予指导，但是一定不要包办代替，让孩子有机会把事情独立做完。

(2)鼓励孩子做事情要有始有终。孩子好奇心强，什么都想去摸摸、去试试，但是随意性很强，做事总是虎头蛇尾或有头无尾。所以交给孩子做的事情，哪怕是很小的事情，妈妈也要有检查、督促以及对结果的评价，以便培养孩子持之以恒，认真负责的好习惯。

(3)可适当地让孩子了解一些妈妈的忧虑和难处，提出一些问题，引导孩子独立思考和选择，大胆发表自己的见解。让孩子感到家庭的美满幸福，要靠妈妈和自己的共同参与，进而增强孩子对家庭的责任心。

(4)鼓励孩子勇敢地承担责任。例如，孩子跟着妈妈在朋友家做客，不小心损坏了物品。这时应该让孩子知道，是由于自己的过错，才造成了这种后果，应当给予赔偿。之后一定要带孩子一起买东西去朋友家道歉。

每一位妈妈都是爱子女的，但是在慈爱的态度下，还必须有坚决的行动相配合，才能使教养的方法落实于生活中。

**智慧寄语**

每一位妈妈都是爱子女的，但是在慈爱的态度下，还必须有坚决的行动相配合，才能使教养的方法落实于生活中。

# 让孩子具有爱心

某幼儿教师曾对她所教的中班进行心理测试，其中有这样一个题目："一个小妹妹病了，冷得直哆嗦，你愿意借给她外衣吗？"当听到这个问题时，原本表现欲极强的孩子们顿时变得鸦雀无声，谁也不作回答。无奈老师只好点名。

第一个孩子说:"病了要传染的,她穿了我的衣服,那我也该生病了。我妈妈还得花钱。"第二个孩子则说:"我妈妈不让。我妈妈会打我的。"结果,半数以上的孩子都找出种种理由,表示不愿意借衣服给生病的小妹妹。

巧的是,这位老师的孩子也在该班,她实在不甘心这样的结果,就问自己4岁的儿子:"一个小朋友没吃早点,饿得直哭,你正吃早点,该怎么做呢?"见儿子不回答,她又引导:"你给他吃吗?""不给!"儿子十分干脆地回答。妈妈又劝:"可是,那个小朋友都饿哭了呀!"儿子竟然答:"他活该!"

现实生活中这样的例子比比皆是,孩子们的有些举动足以让人瞠目结舌。究竟是什么使这些孩子这样冷酷无情?其根本原因在于我们忽视了孩子的爱心教育。妈妈在给孩子无私的爱的时候,一定要考虑这样的问题:孩子们是否意识到自己在得到爱和帮助的同时也应该为别人做点什么? 如果没有意识到这一点,还以为享受这一切天经地义,那么,孩子很有可能会变成一个自私自利,只会关心自己的人。

大多数自利之人都是从小养成的习惯,然而许多妈妈在孩子小的时候却很难注意到他们的自私行为。其实,假如把孩子置身于一个集体中,这种自私表现就非常明显了。自私的孩子总怕自己吃亏,也绝不让自己吃亏。劳动时拈轻怕重;发新书时,把好书留给自己,把破书留给别人;出去坐车时,他总跑在最前头抢占最好的座位。关心他人的孩子却恰恰相反,他首先想到的不是自己,而是别人;他不怕吃亏,乐于助人。

另外,培养孩子的同情心也是体现爱心的一个方面。能为他人设身处地的着想,真正发自内心感觉到他人的感受,而不只是冷漠地保持距离观察别人。同情心可说是道德的基石,此处所指的"道德"可简单定义为"努力地对待他人以友善及公平"。

除了同情心之外,若要孩子具备道德心,孩子应学会用妈妈日常的教诲来约束自己。例如当孩子想抢别人的玩具或生气打人时,便会想起妈妈时常说的话来提醒自己,"打人或抢人家的东西是不对的"。若要培养孩子健全的道德观念,最重要的是建立孩子个人的价值标准。这不仅仅是服从妈妈而已,他还必须发展出一套自己终身服从的道德准则,而且并不在乎他人是否赞同。

同情别人,爱别人、关心别人要从家教开始。从孩子刚刚懂事起,就得启发他去主动爱别人,关心别人,只有这样,才能培养孩子拥有一颗善良的心。

要想培养孩子的爱心,就要从生活中的点点滴滴做起:

### 1. 关心他人,妈妈是榜样

俗话说:言传身教。榜样的力量是无穷的,也是最有效的。如果妈妈极具同情心,那么孩子必会在耳濡目染中学会关心别人。妈妈要对周围有困难的人伸出援助的手,孩子便有机会从妈妈对他人的同情中懂得同情别人。

### 2. 营造互相关心的家庭氛围

充满温情的家庭氛围对培养孩子的爱心起着潜移默化的作用。妈妈间经常争吵、谩骂,甚至打闹,孩子时常处在恐惧、忧郁、仇视的环境里,又怎能要求他去关心别人呢? 所以,家庭成员之间要互相关心、相互体贴。

### 3. 让孩子做一些力所能及的事

不要让孩子养成衣来伸手、饭来张口的坏习惯,只有勤快的孩子才会懂事,才会知道关心体贴别人。一般情况下,勤快是培养出来的,所以妈妈要树立这种观念,并付诸行动。要循序渐进地教会孩子做一些力所能及的事,并大胆放手让他去做。

**4.让孩子爱护身边的小动物**

有条件的可以在家中喂养一些小鸡、小鸭、小猫、小狗等，让孩子养成爱惜小生命的品德，有利于培养孩子的爱心。

**5.让孩子有机会了解别人的困难**

作为妈妈要为孩子创造与人交流的机会，在交往的过程中，孩子能亲身体验到别人的感受和想法，这有利于爱心的培养。

*智慧寄语*

培养孩子的同情心也是体现爱心的一个方面。能为他人设身处地的着想，真正发自内心感觉到他人的感受，而不只是冷漠地保持距离观察别人。同情心可说是道德的基石，此处所指的"道德"可简单定义为"努力地对待他人以友善及公平"。

# 德育是育人之本

"你们过分了，垃圾丢得满街都是！"一天中午，49岁的环卫女工因为这样一句话，竟然招来一个13岁女孩用鞋底抽打耳光。让人更为气愤的是，女孩的妈妈非但没有劝阻女儿的行为，反而称："打得好，该打！"

道德是做人的底线，德之不存，何以为人？家庭是道德教育的主要场所，虽然学校老师也会对孩子进行道德教育，但道德是被感染而不是被教导的，课堂上的说教远远不及家庭教育中妈妈的榜样作用大。而妈妈在家庭道德教育中所起的作用更是不可忽视。

妈妈要对孩子进行道德教育，首先自己就要行得正，做得端。不可否认，现在社会上的一些急功近利、拜金主义、享乐主义风气不仅影响了处在道德社会化关键时期的少年儿童，更影响了妈妈。一些妈妈自身的道德修养就不够，更不要说教育孩子了。上面例子中，一个女孩子有这样的行为本来就是不道德的，环卫工也是人，且不说打人本身就不对，仅仅不尊重人、不尊重长辈就足以受到道德谴责，而妈妈的鼓励更是助长了她的嚣张气焰。女孩的行为让人不齿，她妈妈的行为更让人愤怒。也许，她认为教育孩子横行霸道对于孩子将来闯荡社会有好处，但这样的教育会误了孩子一生。

在中国的家庭教育中，孩子的成绩、智力教育常常被看得高于一切。但事实上，一个没有道德而成绩优秀的孩子，比一个有道德而成绩差的孩子要危险得多。分析一些刑事案件就会发现，一些犯罪分子智商并不低，甚至要高于很多人，但他们并没有将自己的聪明才智用于正途，而是用在了犯罪上。

有一位高中生，偷窃了同学的银行卡，取走了卡上几千块的生活费和学费。这位高中生成绩很好，甚至有考上名牌大学的希望。这样一个聪明的学生，却将自己的聪明用到了犯罪上，而且偷窃对象是自己朝夕相处的同学，其行为不能不令人侧目。不久他被警察抓住，等待他的将是法律的严惩。

一个人是否是人才，最重要的一个考核标准是道德品质。所以，妈妈对孩子的教育，应该将德育放在第一位。所谓教育无小事，道德教育也是同样的。道德教育是一件讲究原则的事情，也是一件充满矛盾的事情。

在这个观念冲突的时代,妈妈可以做到"传道",可以做到"授业",然而要做到"解惑"却并不容易,因为在长远利益与近期利益、在整体利益与局部利益、在个人利益与他人利益、在理想与现实等一系列的矛盾中,在众多的说法和纷繁的观念冲突中,做出判断和选择不是件容易的事情。而道德教育又不得不让人做出抉择,这就需要妈妈时时注意提高自身道德修养,以严格的标准来要求自己,在日常生活中感染孩子,并及时纠正孩子在道德方面的偏差。

### 智慧寄语

妈妈要对孩子进行道德教育,首先自己就要行得正,做得端。

# 让孩子学会言而有信

星期天,小羽的妈妈想带她去公园玩,可是小羽却拒绝了。

"你不是早就想让我带你去公园玩的吗?"妈妈感到很奇怪,"好不容易今天我有时间,你怎么又不去了?"

尽管妈妈的语气里已经带有恼怒了,小羽还是坚定地摇了摇头。

原来,小羽昨天答应幼儿园同班的小朋友来家里一起玩游戏。虽然她的确想和妈妈去公园,小朋友也可能不会来,但是她觉得不能对小朋友失信。

"我约了朋友,"小羽说,"我不能说话不算数。"

"我当是什么原因呢,算了吧,说不定你的小朋友早就和妈妈去公园玩了,谁还会记得你的约定啊,小孩子说的话有几句可以当真的。"

听了妈妈的话,刚才还很坚决的小羽有了一丝的动摇,毕竟,她早就想去公园玩了,今天可是一个难得的机会。

在妈妈的劝说下,小羽放弃了在家等小朋友的打算,和妈妈在公园开心地玩了一整天。

"小孩子说的话有几句可以当真的。"上面故事中妈妈的这句话,可以说给小羽带来了非常不好的影响。孩子是单纯的,也是易受其他因素影响的,特别是朝夕相处的妈妈。所以,孩子是否言而有信,与妈妈的教育有直接的关系。如果你希望孩子日后能够诚实守信,那么,你就要以身作则,教会孩子恪守信用。

孔子说过:"人而无信,不知其可也。"意即信用是为人根本,不讲信用,难以在社会上立足。守信可以说是中华民族的传统美德。应让孩子懂得:人活在世上,必然要同周围的人们打交道,然而,同学与同学之间、人与人之间的关系与友情,是需要信用来维系的。古往今来,人们痛恨尔虞我诈、轻诺寡信的行为,崇尚言必信,行必果,一言既出驷马难追,说话算话的君子作风。只有恪守信用的人,才有可能交到知心的朋友。

所以,作为孩子的妈妈应该把培养孩子守信的习惯纳入素质教育范畴,从小给孩子以严格的守信教育。

妈妈教给孩子言而守信,实际上也就是在教孩子如何做人。

妈妈如果向孩子许了诺,到最后就一定要兑现。对于一时不能兑现的,要向孩子解释清楚不能兑现的原因,取得孩子的理解与信任,并约定兑现的时间。妈妈如果遵守诺言,那么自己的孩子才能学会守信。

应该提醒孩子对诺言的责任,许诺前要三思,并且及时提醒孩子兑现诺言。同时也不可因为被许诺的人似乎也不在意，就对自己的诺言放任自流。如果多次这样的话，孩子就会认为不守信也不会有什么不良后果，就会轻视诺言。

另外，妈妈还要注意避免逼孩子许下不可能兑现的诺言。因为这种行为对孩子的心理健康发展是非常不利的。一方面他学会了使用大而空的诺言取悦别人，另一方面许下这种不能兑现或者很难兑现的诺言，将会使诺言的威严和重要性在孩子心中大打折扣。

### 智慧寄语

妈妈如果向孩子许了诺，到最后就一定要兑现。对于一时不能兑现的，要向孩子解释清楚不能兑现的原因，取得孩子的理解与信任，并约定兑现的时间。妈妈如果遵守诺言，那么自己的孩子才能学会守信。

# 让孩子学会尊重

一位中年妇女带着一个小男孩走进位于美国纽约曼哈顿的著名企业"巨象集团"总部大厦楼下的花园中，在一张长椅上坐下。这位妈妈似乎很生气，不停地教训着小男孩。离他们不远的地方，有一位头发花白的老人正拿着一把大剪刀，修剪着花园里的低矮灌木。修剪过的一排灌木丛非常整齐漂亮。

忽然，这位妈妈从随身携带的挎包里揪出一团卫生纸，随手扔到了刚修剪过的灌木上，破坏了灌木的美感。正在修剪其他灌木的老人看见了，诧异地转过脸看着小男孩的妈妈，而她也满不在乎地看着老人。老人什么也没说，默默地走过去，捡起那团纸扔进了一旁的垃圾桶里，然后继续修剪灌木。

过了一会儿，小男孩的妈妈居然又从挎包里扯了一团卫生纸，扔到了灌木丛上。小男孩惊讶地问："妈妈，你要干什么？"妈妈朝他摆了摆手，示意他不要说话。这次，老人还是默默地捡起了那团纸，扔进了垃圾桶里，然后又继续工作。可是，老人刚拿起剪刀，小男孩的妈妈又扔了一团纸……就这样反复了六七次，老人每次都轻轻地将纸捡起来扔进垃圾桶，丝毫没有表示出厌恶和鄙视的神色。

小男孩的妈妈指着修剪灌木的老人对儿子说："我希望你明白，你如果现在不努力学习，将来就会跟这个老园工一样没出息，只能做这些卑微、低贱的工作！"原来小男孩的妈妈扔了那么多纸是将老人当做活教材来教育儿子要好好学习，免得将来做这些低贱的工作。

一直在专心修剪灌木的老人听见了小男孩妈妈的话，停下手中的工作，走到她面前说："夫人，这里是巨象集团的私家花园，按照规定只有集团员工才能进来。"

小男孩的妈妈傲慢地掏出一张证件冲着老人扬了扬，说："我是巨象集团所属一家公司的部门经理，就在这座大厦里工作。"

老人停了一会儿说："我能借你的手机用一下吗？"

小男孩的妈妈有些不情愿地将自己的手机递给了老人。老人拨了一个号码，简短地说了几句话，就将手机还给了小男孩的妈妈。她收起手机，又对儿子说："你看这些穷人，这么大年纪了连个手机也买不起，你一定要努力学习啊！"

这时候，小男孩的妈妈忽然发现巨象集团人力资源总监匆匆忙忙地向自己这边走过来，她笑着准备跟他打招呼，没想到总监却径直走到了那位修剪灌木的老人面前，毕恭毕敬地站好。老人指着小男孩的妈妈说:"我现在提议免去这位女士在巨象集团的职务!""好的。总裁先生,我立刻按照您的指示去办。"

接着,老人走到小男孩面前,抚摸着小男孩的头,意味深长地说:"孩子,我希望你明白,虽然你要学习的东西很多,但你必须学会尊重每一个人。等你真正理解并学会怎样尊重别人的时候,你带着你的母亲再来找我。"说完,老人又拿起剪刀,继续去修剪灌木了。

有人说:"骂别人就是借别人的口骂自己,打别人就是借别人的手打自己。"换而言之,鄙视别人就是通过别人来鄙视自己,尊重别人也就是尊重自己。上面这个故事形象地阐明了这个道理。

每个人都有自尊,无论是孩子还是成人都竭力想要维护自己的自尊,然而别人的自尊却往往容易被我们忽视。在待人接物上,有的人就习惯以职业、地位、身份、收入、外貌、身体健康状况等外在因素将人分出高低贵贱,区别对待。

一位妈妈带孩子去超市买东西,从入口进去的时候,她忘了推购物车。进入超市卖场之后,看见一位超市员工推着三辆购物车,就走过去对他说:"喂!给我腾出一辆购物车。"超市员工见这位妈妈态度傲慢,便不耐烦地说:"我这些都是要用的,你自己去找。"这位妈妈一边拉着孩子走开,一边生气地说:"切!你凶什么凶,不过是个小小的服务员。"超市员工忍着怒气走开了。这一切都被孩子看在眼里。购物出门之后,妈妈带着孩子回家。在路上,孩子一边走一边吃零食,还把零食袋扔在路上。清洁工人看见了,就劝孩子:"小朋友,垃圾要扔到垃圾桶里。"孩子不屑地说:"我要是都扔到垃圾桶里了,还要你们做什么?"

一个人无论从事的是什么职业,无论他收入如何,无论他身体状况如何,他都希望得到别人的尊重。尊重是一种美德,值得传承。如果妈妈或者亲朋好友中有人不尊重那些身份、地位、条件比自己差的人,那么孩子看得多了,也会不尊重他人。

比如,妈妈经常表现出对金钱、物质享受的羡慕和崇拜,那么孩子也会形成对金钱、物质的崇拜,从而对那些有钱的同学另眼相看。在学校里,同学之间相互攀比的现象很普遍,如果孩子的同学中谁有缺陷,经常被其他同学谈论,那么孩子也可能会跟着一起嘲笑这个同学的缺陷;如果老师不喜欢某个学生,那么孩子很有可能也会冷落这个同学。孩子看到社会上一些人看不起身份、地位低微的人,那么孩子也会瞧不起那些职业不够光鲜、地位并不显赫的人。如教育者认为拾荒是低贱、卑微的职业,瞧不起拾荒者,孩子们因而也瞧不起这些拾荒者。

学校里同学之间的攀比、某些老师的看法、社会上其他人的看法,妈妈都无法管控,但妈妈可以管好自己,通过自己的言传身教,告诉孩子:"每个人不论家庭背景、职业、地位、钱多或钱少、成绩好或者坏、健康或者残疾……都是平等的,我们要尊重他们。你给予别人尊重,别人才会尊重你,所以尊重别人也就是尊重自己。"

尊重是一种修养,一个人在对待他人时,无论对方是谁,都给予尊重,那么他无疑是有修养的。

有位妈妈是高级工程师,她经常在小区里碰到一位收废品的外地人,每次她都微笑着跟这位外地人打招呼。外地人有些受宠若惊,因为小区里住的都是这个城市的精英人群,很多人对他视而不见,而这位女士是唯一主动跟他打招呼的人。孩子问妈妈:"妈妈,为什么其他人都不理这位收废品的叔叔呢?"妈妈说:"因为有些人认为自己的身份比他高贵。"孩子接着问:"那妈妈认为自己的身份不比叔叔高贵吗?"妈妈说:"是的,我们都是平等的。这位叔叔收废品是在工作,妈妈做工程师也是在工作,我们都是工作者,所以我们是平等的。"妈妈接着说:"如果我们的条件比别人好,那么我们要尊重别人,不能瞧不起他们;如果我们的条件比别人差，那么我们要尊重自己，不能自己瞧不起自己。你明白吗?"孩子点点头。

这位妈妈用行动告诉孩子：人们是平等的，身份、地位并不能成为判定一个人是高贵还是卑贱的依据，她教给了孩子尊重。

尊重是一种心态，如果孩子习惯于外在条件的比较，那么在碰到比自己条件好的人时，就会产生自卑、羡慕、嫉妒等心理；碰到条件比自己差的人时，又会产生高人一等、妄自尊大、目空一切、傲慢的心理。无论是哪种心理都不利于孩子的健康成长。而抱着众人平等、尊重他人心态的孩子，则能做到宠辱不惊、保持情绪的稳定和心态平和。所以，妈妈要教孩子学会尊重他人。

妈妈是孩子的榜样，要教孩子尊重他人，妈妈首先要做到。处于人之下，尊重自己，不谄媚，不逢迎，不妄自菲薄；位于人之上，尊重他人，不嘲讽，不贬斥，不妄自尊大。

尊重体现在日常生活的点点滴滴之中：孩子跟年长者接触时，不管熟悉或者陌生，给予尊称而不是直呼其名，是尊重的体现；在商场里，看见清洁工人正在拖地，孩子连忙绕道，以免弄脏了刚刚拖干净的地面，是尊重的体现；孩子跟妈妈、长辈说话或者提要求时，不乱发脾气，语气平和，是尊重的体现……

尊重是一种习惯，不是一朝一夕能够养成的，所以妈妈要善于利用点点滴滴的小事，教导孩子尊重他人，尊重他人的劳动。

### 智慧寄语

每个人都有自尊，无论是孩子还是成人都竭力想要维护自己的自尊，然而别人的自尊却往往容易被我们忽视。在待人接物上，我们不能以职业、地位、身份、收入、外貌、身体健康状况等外在因素将人分出高低贵贱，区别对待。